IDENTIFICAÇÃO ESPECTROMÉTRICA DE COMPOSTOS ORGÂNICOS

O GEN | Grupo Editorial Nacional – maior plataforma editorial brasileira no segmento científico, técnico e profissional – publica conteúdos nas áreas de ciências exatas, humanas, jurídicas, da saúde e sociais aplicadas, além de prover serviços direcionados à educação continuada e à preparação para concursos.

As editoras que integram o GEN, das mais respeitadas no mercado editorial, construíram catálogos inigualáveis, com obras decisivas para a formação acadêmica e o aperfeiçoamento de várias gerações de profissionais e estudantes, tendo se tornado sinônimo de qualidade e seriedade.

A missão do GEN e dos núcleos de conteúdo que o compõem é prover a melhor informação científica e distribuí-la de maneira flexível e conveniente, a preços justos, gerando benefícios e servindo a autores, docentes, livreiros, funcionários, colaboradores e acionistas.

Nosso comportamento ético incondicional e nossa responsabilidade social e ambiental são reforçados pela natureza educacional de nossa atividade e dão sustentabilidade ao crescimento contínuo e à rentabilidade do grupo.

OITAVA EDIÇÃO

IDENTIFICAÇÃO ESPECTROMÉTRICA DE COMPOSTOS ORGÂNICOS

ROBERT M. SILVERSTEIN
FRANCIS X. WEBSTER
DAVID J. KIEMLE
State University of New York
College of Environmental Science & Forestry

DAVID L. BRYCE
University of Ottawa

Tradução e Revisão Técnica
Ricardo Bicca de Alencastro
Professor Emérito da Universidade Federal do Rio de Janeiro

Os autores e a editora empenharam-se para citar adequadamente e dar o devido crédito a todos os detentores dos direitos autorais de qualquer material utilizado neste livro, dispondo-se a possíveis acertos caso, inadvertidamente, a identificação de algum deles tenha sido omitida.

Não é responsabilidade da editora, nem dos autores, nem dos tradutores a ocorrência de eventuais perdas ou danos a pessoas ou bens que tenham origem no uso desta publicação.

Apesar dos melhores esforços dos autores, do tradutor, do editor e dos revisores, é inevitável que surjam erros no texto. Assim, são bem-vindas as comunicações de usuários sobre correções ou sugestões referentes ao conteúdo ou ao nível pedagógico que auxiliem o aprimoramento de edições futuras. Os comentários dos leitores podem ser encaminhados à **LTC — Livros Técnicos e Científicos Editora** pelo e-mail faleconosco@grupogen.com.br.

Traduzido de
SPECTROMETRIC: IDENTIFICATION OF ORGANIC COMPOUNDS, EIGHTH EDITION
Copyright © 2015, 2005, 1998, 1991 John Wiley & Sons, Inc.
All Rights Reserved. This translation published under license with the original publisher John Wiley & Sons Inc.
ISBN: 978-0-470-61637-6

Direitos exclusivos para a língua portuguesa
Copyright © 2019 by
LTC — Livros Técnicos e Científicos Editora Ltda.
Uma editora integrante do GEN | Grupo Editorial Nacional

Reservados todos os direitos. É proibida a duplicação ou reprodução deste volume, no todo ou em parte, sob quaisquer formas ou por quaisquer meios (eletrônico, mecânico, gravação, fotocópia, distribuição na internet ou outros), sem permissão expressa da editora.

Travessa do Ouvidor, 11
Rio de Janeiro, RJ – CEP 20040-040
Tels.: 21-3543-0770 / 11-5080-0770
Fax: 21-3543-0896
faleconosco@grupogen.com.br
www.grupogen.com.br

Capa: Kenji Ngieng
Imagem de capa: © David J. Kiemle
Editoração Eletrônica: IO Design

CIP-BRASIL. CATALOGAÇÃO NA PUBLICAÇÃO
SINDICATO NACIONAL DOS EDITORES DE LIVROS, RJ.

I22
8. ed.

Identificação espectrométrica de compostos orgânicos / Robert M. Silverstein ... [et al.]. ; tradução e revisão técnica Ricardo Bicca de Alencastro. - 8. ed. - Rio de Janeiro : LTC, 2019.
 ; 28 cm.

Tradução de: Spectrometric : identification of organic compounds
Inclui bibliografia e índice
ISBN 978-85-216-3637-3

1. Análise espectral. 2. Compostos orgânicos - Espectros. I. Silverstein, Robert M. (Robert Milton), 1916-2007. II. Alencastro, Ricardo Bicca de.

19-56991   CDD: 543.5
           CDU: 543.4

Meri Gleice Rodrigues de Souza - Bibliotecária CRB-7/6439

PREFÁCIO À OITAVA EDIÇÃO

Este livro-texto de resolução de problemas, conhecido como "Silverstein" por muitos de suas gerações de leitores, tem sido um recurso muito útil para estudantes e professores nos últimos 50 anos. O livro possui um enfoque unificado para a determinação da estrutura de compostos orgânicos, baseado principalmente na espectrometria de massas (EM), na espectroscopia de infravermelho (IV) e nas espectroscopias de ressonância magnética nuclear multinuclear e multidimensional (RMN). Estamos muito felizes em apresentar a oitava edição revista. A eficácia pela qual a *Identificação Espectrométrica de Compostos Orgânicos* é conhecida foi preservada e atualizada. Essa eficácia inclui o tratamento pragmático da resolução de problemas e a riqueza de dados úteis de RMN e de espectrometria de massas disponíveis em forma de tabelas. Algumas das alterações mais importantes feitas nesta edição do livro estão brevemente detalhadas a seguir.

Em todo o texto, a nomenclatura foi atualizada para ganhar coerência e refletir melhor o uso atual. Substituímos no texto a terminologia antiga "espectrometria" e "espectrométrico", no que diz respeito ao IV e ao RMN, por "espectroscopia" e "espectroscópico", ainda que conheçamos argumentos válidos para manter o uso anterior. Todavia, o título original e familiar do livro foi mantido. Novas informações sobre polímeros e grupos funcionais envolvendo fósforo foram incluídos no Capítulo 2 sobre a espectroscopia de IV. O Capítulo 3 sobre a espectroscopia de RMN de hidrogênio foi reorganizado, algumas seções tendo sido completamente revistas. As técnicas mais recentes de intensificação de sinais de RMN foram destacadas. Tentamos manter um balanço apropriado entre a teoria e a prática. Os conceitos de equivalência química e magnética, importantes para o entendimento de muitos espectros de RMN, são explicados com mais clareza. Os Capítulos 4 e 5 sobre RMN de ^{13}C e bidimensional apresentam explicações mais claras e seções revistas, que mostram mais acuradamente como funcionam alguns dos experimentos. Os papéis importantes dos gradientes e dos métodos mais avançados de aquisição de dados na pesquisa moderna em RMN também são brevemente focalizados no Capítulo 5. O Capítulo 6, sobre a ressonância magnética multinuclear, inclui detalhes de outros isótopos de interesse para o químico e várias tabelas adicionais de deslocamentos químicos e constantes de acoplamento. Espera-se que este capítulo encoraje o leitor a continuar a estudar outros isótopos além de ^{1}H e ^{13}C presentes nas moléculas de seu interesse. Os Capítulos 7 e 8, com problemas resolvidos e propostos, foram revistos, porém seu conteúdo básico é o mesmo da edição anterior. Revisores têm notado consistentemente o valor dos problemas desses dois capítulos para os estudantes.

Gostaríamos de agradecer ao pessoal da Wiley, incluindo Jennifer Yee, Ellen Keohane e Mary O'Sullivan, por seu trabalho duro e dedicação a este projeto. Também agradecemos aos seguintes revisores por suas sugestões preciosas que melhoraram em muito o manuscrito:

Scott Burt, Brigham Young University, Provo, Utah

Charles Garner, Baylor University, Waco, Texas

Kevin Gwaltney, Kennesaw State University, Kennesaw, Georgia

Vera Kolb, University of Wisconsin-Parkside

James Nowick, University of California, Irvine

Michael Wntzel, Augsburg College, Minneapolis, Minnesota

David L. Bryce, Ottawa, Ontario
Francis X. Webster, Syracuse, New York
Davis J. Kiemle, Syracuse, New York

Material Suplementar

Este livro conta com os seguintes materiais suplementares:

- Capítulo 7 Suplementar - Espectroscopia de Ultravioleta, em formato (.pdf) (acesso livre);

- Ilustrações da obra em formato de apresentação, em (.pdf) (restrito a docentes);

- Problemas Extras e Respostas dos Capítulos, em formato (.pdf) (restrito a docentes);

- Problemas Extras, em formato (.pdf) (acesso livre);

- Referências: referências bibliográficas dos capítulos, em formato (.pdf) (acesso livre);

- Respostas dos Exercícios para os Estudantes: soluções dos exercícios em (.pdf) (restrito a docentes).

O acesso ao material suplementar é gratuito. Basta que o leitor se cadastre em nosso *site* (www.grupogen.com.br), faça seu *login* e clique em GEN-IO, no menu superior do lado direito. É rápido e fácil.

Caso haja alguma mudança no sistema ou dificuldade de acesso, entre em contato conosco (gendigital@grupogen.com.br).

GEN-IO (GEN | Informação Online) é o ambiente virtual de aprendizagem do GEN | Grupo Editorial Nacional, maior conglomerado brasileiro de editoras do ramo científico-técnico-profissional, composto por Guanabara Koogan, Santos, Roca, AC Farmacêutica, Forense, Método, Atlas, LTC, E.P.U. e Forense Universitária. Os materiais suplementares ficam disponíveis para acesso durante a vigência das edições atuais dos livros a que eles correspondem.

PREFÁCIO À PRIMEIRA EDIÇÃO

Nos últimos anos, estivemos empenhados na tarefa de isolar pequenas quantidades de compostos orgânicos a partir de misturas complexas e em sua identificação espectrométrica. Por sugestão do Dr. A. J. Castro, do San Jose State College, organizamos, durante a primavera de 1962, uma disciplina de pós-graduação intitulada "Identificação Espectrométrica de Compostos Orgânicos", dirigida a um grupo de alunos de pós-graduação e químicos industriais. O presente livro desenvolveu-se a partir do material coletado para o curso e, por isso, leva o mesmo título.* Gostaríamos de agradecer primeiramente o apoio financeiro recebido de duas fontes: The Perkin-Elmer Corporation e Stanford Research Institute. Somos muito agradecidos igualmente a nossos colegas do Stanford Research Institute. Aproveitamo-nos tanto da generosidade de muitos deles, que se torna difícil listá-los individualmente. Gostaríamos, entretanto, de agradecer, em particular, ao Dr. S. A. Fuqua, pelas numerosas e estimulantes conversas sobre a espectrometria de RMN. Gostaríamos também de agradecer a cooperação da direção, através do Dr. C. M. Himel, Chefe do Departamento de Pesquisa Orgânica, e do Dr. D. M. Coulson, Chefe do Departamento de Pesquisa Analítica. A Varian Associates contribuiu com o tempo e o talento dos membros do Laboratório de Aplicações de RMN. Agradecemos ao Sr. N. S. Bhacca, ao Sr. L. F. Johnson e ao Dr. J. N. Shoolery pelos espectros de RMN e por seu auxílio generoso em certos detalhes da interpretação. O convite para lecionar no San Jose State College foi possível graças ao Dr. Bert M. Morris, Chefe do Departamento de Química, que gentilmente solucionou os detalhes administrativos. O manuscrito original foi lido em sua maior parte pelo Dr. R. H. Eastman, da Stanford University, e seus comentários, muito apreciados, nos foram muito úteis. Gostaríamos, finalmente, de agradecer a nossas esposas. Não há nada melhor para testar a paciência das esposas do que maridos em plena agonia do trabalho de composição de um texto. Nossas esposas não só resistiram como ainda nos incentivaram, ajudaram e inspiraram.

R. M. Silverstein Menlo *Park, Califórnia*
G. C. Bassler *Abril de 1963*

---
*Uma pequena descrição da metodologia está publicada em R. M. Silverstein and G. C. Bassler, J. Chem. Educ. **39**, 546 (1962).

SUMÁRIO

CAPÍTULO 1 *ESPECTROMETRIA DE MASSAS* **1**

1.1 Introdução **1**
1.2 Instrumentação **2**
1.3 Métodos de Ionização **3**
    1.3.1 Métodos de Ionização em Fase Gás **3**
        1.3.1.1 Ionização por Impacto de Elétrons **3**
        1.3.1.2 Ionização Química **3**
    1.3.2 Métodos de Ionização por Dessorção **4**
        1.3.2.1 Ionização por Dessorção de Campo **4**
        1.3.2.2 Bombardeio por Átomos Rápidos **4**
        1.3.2.3 Ionização por Dessorção com Plasma **5**
        1.3.2.4 Dessorção/Ionização com Laser **6**
    1.3.3 Métodos de Ionização por Evaporação **6**
        1.3.3.1 Espectrometria de Massas por Nebulização Térmica **6**
        1.3.3.2 Espectrometria de Massas por Nebulização com Elétrons **6**
1.4 Analisadores de Massas **8**
    1.4.1 Espectrômetros de Massas com Setores Magnéticos **8**
    1.4.2 Espectrômetros de Massas com Quadrupolo **10**
    1.4.3 Espectrometria de Massas por Captura de Íons **10**
    1.4.4 Espectrômetro de Massas por Tempo de Voo **11**
    1.4.5 Espectrômetros de Massas com Transformações de Fourier **12**
    1.4.6 Espectrometria de Massas em Sequência **12**
1.5 Interpretação dos Espectros de Massa EI **13**
    1.5.1 Reconhecimento do Pico do Íon Molecular **13**
    1.5.2 Determinação da Fórmula Molecular **14**
        1.5.2.1 Íon de Massa Molecular Unitária e Picos de Isótopos **14**
        1.5.2.2 Íon Molecular com Alta Resolução **15**
    1.5.3 Uso da Fórmula Molecular. Índice de Deficiência de Hidrogênios **15**
    1.5.4 Fragmentação **16**
    1.5.5 Rearranjos **18**
1.6 Espectros de Massas de Algumas Classes Químicas **18**
    1.6.1 Hidrocarbonetos **19**
        1.6.1.1 Hidrocarbonetos Saturados **19**
        1.6.1.2 Alquenos (Olefinas) **20**
        1.6.1.3 Hidrocarbonetos Aromáticos e Alquil-aromáticos **21**
    1.6.2 Compostos Hidroxilados **22**
        1.6.2.1 Álcoois **22**
        1.6.2.2 Fenóis **24**
    1.6.3 Éteres **24**
        1.6.3.1 Éteres Alifáticos (e Acetais) **24**
        1.6.3.2 Éteres Aromáticos **25**
    1.6.4 Cetonas **25**
        1.6.4.1 Cetonas Alifáticas **25**
        1.6.4.2 Cetonas Cíclicas **26**
        1.6.4.3 Cetonas Aromáticas **26**
    1.6.5 Aldeídos **28**
        1.6.5.1 Aldeídos Alifáticos **28**
        1.6.5.2 Aldeídos Aromáticos **28**
    1.6.6 Ácidos Carboxílicos **28**
        1.6.6.1 Ácidos Alifáticos **28**
        1.6.6.2 Ácidos Aromáticos **29**
    1.6.7 Ésteres Carboxílicos **29**
        1.6.7.1 Ésteres Alifáticos **29**
        1.6.7.2 Ésteres de Benzila e de Fenila **30**
        1.6.7.3 Ésteres de Ácidos Aromáticos **30**
    1.6.8 Lactonas **31**
    1.6.9 Aminas **31**
        1.6.9.1 Aminas Alifáticas **31**
        1.6.9.2 Aminas Cíclicas **32**
        1.6.9.3 Aminas Aromáticas (Anilinas) **32**
    1.6.10 Amidas **32**
        1.6.10.1 Amidas Alifáticas **32**
        1.6.10.2 Amidas Aromáticas **32**
    1.6.11 Nitrilas Alifáticas **32**
    1.6.12 Nitrocompostos **33**
        1.6.12.1 Compostos Nitroalifáticos **33**
        1.6.12.2 Compostos Nitroaromáticos **33**
    1.6.13 Nitritos Alifáticos **33**
    1.6.14 Nitratos Alifáticos **33**
    1.6.15 Compostos de Enxofre **33**
        1.6.15.1 Mercaptans Alifáticos (Tióis) **33**
        1.6.15.2 Sulfetos Alifáticos **34**
        1.6.15.3 Dissulfetos Alifáticos **35**
    1.6.16 Compostos Halogenados **35**
        1.6.16.1 Cloretos Alifáticos **36**
        1.6.16.2 Brometos Alifáticos **36**
        1.6.16.3 Iodetos Alifáticos **36**
        1.6.16.4 Fluoretos Alifáticos **36**
        1.6.16.5 Halogenetos de Benzila **37**
        1.6.16.6 Halogenetos Aromáticos **37**
    1.6.17 Compostos Heteroaromáticos **37**

Referências **37**

Exercícios para os Estudantes **37**

Apêndices **46**
    A Massas de Fragmentos (Fm) de Diversas Combinações de Carbono, Hidrogênio, Nitrogênio e Oxigênio **46**
    B Fragmentos Iônicos Comuns **67**
    C Fragmentos Eliminados Comuns **69**

CAPÍTULO 2 *ESPECTROMETRIA NO INFRAVERMELHO* **71**

2.1 Introdução **71**
2.2 Teoria **71**
    2.2.1 Interações de Acoplamento **74**
    2.2.2 Ligações Hidrogênio **75**
2.3 Instrumentação **76**
    2.3.1 Espectrômetro de Infravermelho por Dispersão **76**
    2.3.2 Espectrômetro de Infravermelho com Transformações de Fourier (Interferômetro) **76**
2.4 Manuseio da Amostra **77**

2.5 Interpretação dos Espectros **78**

2.6 Absorções Características de Grupos em Moléculas Orgânicas **81**

    2.6.1 Alcanos Normais (Parafinas) **81**
        2.6.1.1 Vibrações de Deformação Axial de C—H **81**
        2.6.1.2 Vibrações de Deformação Angular de C—H **82**
    2.6.2 Alcanos Ramificados **82**
        2.6.2.1 Vibrações de Deformação Axial de C—H Grupos C—H Terciários **83**
        2.6.2.2 Vibrações de Deformação Angular de C—H Grupamentos Dimetila Geminados **83**
        2.6.2.3 Vibrações de Deformação Angular de C—H **83**
    2.6.3 Cicloalcanos **83**
        2.6.3.1 Vibrações de Deformação Axial de C—H **83**
        2.6.3.2 Vibrações de Deformação Angular de C—H **83**
    2.6.4 Alquenos **83**
        2.6.4.1 Vibrações de Deformação Axial de C=C de Alquenos Lineares Não Conjugados **83**
        2.6.4.2 Vibrações de Deformação Axial de C—H de Alquenos **84**
        2.6.4.3 Vibrações de Deformação Angular de C—H de Alquenos **84**
    2.6.5 Alquinos **85**
        2.6.5.1 Vibrações de Deformação Axial de C≡C **85**
        2.6.5.2 Vibrações de Deformação Axial de C—H de Alquinos **85**
        2.6.5.3 Vibrações de Deformação Angular de C—H de Alquinos **85**
    2.6.6 Hidrocarbonetos Aromáticos Mononucleares **85**
        2.6.6.1 Vibrações de Deformação Angular Fora do Plano de C—H **85**
    2.6.7 Hidrocarbonetos Aromáticos Polinucleares **86**
    2.6.8 Polímeros **86**
    2.6.9 Álcoois e Fenóis **88**
        2.6.9.1 Vibrações de Deformação Axial de O—H **89**
        2.6.9.2 Vibrações de Deformação Axial de C—O **89**
        2.6.9.3 Vibrações de Deformação Angular de O—H **91**
    2.6.10 Éteres, Epóxidos e Peróxidos **91**
        2.6.10.1 Vibrações de Deformação Axial de C—O **91**
    2.6.11 Cetonas **92**
        2.6.11.1 Vibrações de Deformação Axial de C=O **92**
        2.6.11.2 Vibrações das Deformações Axial e Angular de C—C(=O)—C **94**
    2.6.12 Aldeídos **94**
        2.6.12.1 Vibrações de Deformação Axial de C=O **94**
        2.6.12.2 Vibrações de Deformação Axial de C—H **94**
    2.6.13 Ácidos Carboxílicos **95**
        2.6.13.1 Vibrações de Deformação Axial de O—H **95**
        2.6.13.2 Vibrações de Deformação Axial de C=O **96**
        2.6.13.3 Vibrações de Deformação Axial de C—O e de Deformação Angular de O—H **96**
    2.6.14 Ânion Carboxilato **96**
    2.6.15 Ésteres e Lactonas **96**
        2.6.15.1 Vibrações de Deformação Axial de C=O **97**
        2.6.15.2 Vibrações de Deformação Axial de C—O **98**
    2.6.16 Halogenetos de Acila **98**
        2.6.16.1 Vibrações de Deformação Axial de C=O **98**
    2.6.17 Anidridos de Ácidos Carboxílicos **98**
        2.6.17.1 Vibrações de Deformação Axial de C=O **98**
        2.6.17.2 Vibrações de Deformação Axial de C—O **99**
    2.6.18 Amidas e Lactamas **99**
        2.6.18.1 Vibrações de Deformação Axial de N—H **99**
        2.6.18.2 Vibrações de Deformação Axial de C=O (Banda de Amida I) **100**
        2.6.18.3 Vibrações de Deformação Angular de N—H (Banda de Amida II) **100**
        2.6.18.4 Outras Bandas de Vibração **100**
        2.6.18.5 Vibrações de Deformação Axial de C=O de Lactamas **100**
    2.6.19 Aminas **100**
        2.6.19.1 Vibrações de Deformação Axial de N—H **100**
        2.6.19.2 Vibrações de Deformação Angular de N—H **101**
        2.6.19.3 Vibrações de Deformação Axial de C—N **101**
    2.6.20 Sais de Amônio **101**
        2.6.20.1 Vibrações de Deformação Axial de N—H **101**
        2.6.20.2 Vibrações de Deformação Angular de N—H **102**
    2.6.21 Aminoácidos e Sais de Aminoácidos **102**
    2.6.22 Nitrilas **103**
    2.6.23 Isonitrilas (R—$\overset{+}{N}$≡$\overset{-}{C}$), Cianatos (R—O—C≡N), Isocianatos (R—N=C=O), Tiocianatos (R—S—C≡N) e Isotiocianatos (R—N=C=S) **103**
    2.6.24 Compostos que Contêm o Grupo —N=N **103**
    2.6.25 Compostos Covalentes que Contêm Ligações Nitrogênio–Oxigênio **103**
        2.6.25.1 Vibrações de Deformação Axial de N=O **103**
    2.6.26 Compostos Orgânicos de Enxofre **104**
        2.6.26.1 Vibrações de Deformação Axial de S—H de Mercaptans **104**
        2.6.26.2 Vibrações de Deformação Axial de C—S e C=S **104**
    2.6.27 Compostos que Contêm Ligações Enxofre–Oxigênio **105**
        2.6.27.1 Vibrações de Deformação Axial de S=O **105**
    2.6.28 Compostos Orgânicos Halogenados **106**
    2.6.29 Compostos de Silício **106**
        2.6.29.1 Vibrações de Si—H **106**
        2.6.29.2 Vibrações de SiO—H e Si—O **106**
        2.6.29.3 Vibrações de Deformação Axial de Silício–Halogênio **107**
    2.6.30 Compostos de Fósforo **107**
        2.6.30.1 Vibrações de Deformação Axial de P—H, P—C e P=O **107**
    2.6.31 Compostos de Fósforo **108**
        2.6.31.1 Vibrações de Deformação Axial de C—H **108**
        2.6.31.2 Vibrações de Deformação Axial de N—H **108**
        2.6.31.3 Vibrações de Deformação Axial do Anel (Bandas do Esqueleto) **108**
        2.6.31.4 Deformação Angular Fora do Plano de C—H **108**

Referências **108**

Exercícios para os Estudantes **109**

Apêndices **118**
    A Regiões Transparentes de Solventes e Óleos de Moagem **118**
    B Absorções Características de Grupos **119**
    C Absorções de Alquenos **124**
    D Absorções de Compostos de Fósforo **125**
    E Absorções de Heteroaromáticos **125**

CAPÍTULO 3 *ESPECTROSCOPIA DE RMN DE HIDROGÊNIO* **126**

3.1 Introdução **126**

3.2 Teoria **126**
    3.2.1 Propriedades Magnéticas dos Núcleos **126**
    3.2.2 Excitação dos Núcleos com Spin $\frac{1}{2}$ **127**
    3.2.3 Relaxação **129**

3.3 Instrumentação e Manipulação da Amostra **129**
    3.3.1 Instrumentação **129**
    3.3.2 Sensibilidade dos Experimentos de RMN **130**
    3.3.3 Seleção do Solvente e Manipulação da Amostra **131**

3.4 Deslocamento Químico **132**

3.5 Acoplamento de Spin, Multipletos, Sistemas de Spins **137**

- **3.5.1** Multipletos de Primeira Ordem Simples e Complexos **137**
- **3.5.2** Sistemas de Spins de Primeira Ordem **140**
- **3.5.3** Notação de Pople **141**
- **3.5.4** Outros Exemplos de Sistemas de Spins Simples de Primeira Ordem **141**
- **3.5.5** Análise dos Multipletos de Primeira Ordem **143**

3.6 Hidrogênios Ligados a Oxigênio, Nitrogênio e Enxofre: Hidrogênios que podem ser Trocados **144**

- **3.6.1** Hidrogênios Ligados a Oxigênio **144**
  - 3.6.1.1 Álcoois **144**
  - 3.6.1.2 Água **146**
  - 3.6.1.3 Fenóis **146**
  - 3.6.1.4 Enóis **147**
  - 3.6.1.5 Ácidos Carboxílicos **147**
- **3.6.2** Hidrogênios Ligados a Nitrogênio **147**
- **3.6.3** Hidrogênios Ligados a Enxofre **149**
- **3.6.4** Hidrogênios em Compostos de Cloro, Bromo ou Iodo **149**

3.7 Hidrogênios Acoplados com Outros Núcleos Importantes (^{19}F, D (^{2}H), ^{31}P, ^{29}Si E ^{13}C) **149**

- **3.7.1** Hidrogênios Acoplados com ^{19}F **149**
- **3.7.2** Acoplamento de Hidrogênio com D (^{2}H) **149**
- **3.7.3** Acoplamento de Hidrogênio com ^{31}P **150**
- **3.7.4** Acoplamento de Hidrogênio com ^{29}Si **150**
- **3.7.5** Acoplamento de Hidrogênio com ^{13}C **150**

3.8 Equivalência do Deslocamento Químico **150**

- **3.8.1** Determinação da Equivalência de Deslocamentos Químicos por Troca Através de Operações de Simetria **150**
- **3.8.2** Determinação da Equivalência de Deslocamento Químico por Marcação (ou Substituição) **151**
- **3.8.3** Equivalência de Deslocamento Químico por Interconversão Rápida de Estruturas **151**
  - 3.8.3.1 Interconversão Cetoenol **151**
  - 3.8.3.2 Interconversão em Torno de uma Ligação Dupla Parcial (Rotação Restrita) **151**
  - 3.8.3.3 Interconversão em Torno das Ligações Simples de Anéis **152**
  - 3.8.3.4 Interconversão em Torno de Ligações Simples de Cadeias **152**

3.9 Equivalência Magnética **153**

3.10 Sistemas Rígidos AMX, ABX e ABC com Três Constantes de Acoplamento **155**

3.11 Sistemas de Cadeia Aberta, Conformacionalmente Flexíveis. Acoplamento Virtual **156**

- **3.11.1** Sistemas Fracamente Acoplados **156**
  - 3.11.1.1 1-Nitropropano **156**
- **3.11.2** Sistemas Fortemente Acoplados **156**
  - 3.11.2.1 1-Hexanol **156**
  - 3.11.2.2 Ácido 3-Metilglutárico **158**

3.12 Quiralidade **159**

3.13 Magnitude das Constantes de Acoplamento Vicinal e Geminal **160**

3.14 Acoplamento a Longa Distância **161**

3.15 Desacoplamento Seletivo de Spins. Ressonância Dupla **162**

3.16 Efeito Nuclear Overhauser **163**

3.17 Conclusão **164**

Referências **164**

Exercícios para os Estudantes **164**

Apêndices **175**

- **A** Carta A.1 Deslocamentos Químicos de Hidrogênios em um Átomo de Carbono Adjacente (Posição α) A um Grupo Funcional em Compostos Alifáticos (M—Y) **175**
Carta A.2 Deslocamentos Químicos de Hidrogênios em um Átomo de Carbono Afastado (Posição β) de um Grupo Funcional em Compostos Alifáticos (M—C—Y) **177**
- **B** Efeito sobre os Deslocamentos Químicos de Dois ou Três Grupos Funcionais Diretamente Ligados ao Carbono **178**
- **C** Deslocamentos Químicos em Anéis Alicíclicos e Heterocíclicos **180**
- **D** Deslocamentos Químicos em Sistemas Insaturados e Aromáticos **181**
Carta D.1 Deslocamento Químico de Hidrogênios em Anéis de Benzeno Monossubstituídos **183**
- **E** Hidrogênios em Ligação Hidrogênio (Hidrogênios em Heteroátomos) **184**
- **F** Constantes de Acoplamento de Spins de Hidrogênios **185**
- **G** Deslocamentos Químicos e Multiplicidades de Hidrogênios Residuais em Solventes Deuterados Comercialmente Disponíveis (MERCK & CO., INC.) **187**
- **H** Deslocamentos Químicos de Solventes Comuns de Laboratório como Traços de Impurezas **188**
- **I** Deslocamentos Químicos na RMN dos Hidrogênios de Aminoácidos em D_2O **190**

CAPÍTULO 4 *ESPECTROSCOPIA DE RMN DE CARBONO-13* **191**

4.1 Introdução **191**

4.2 Teoria **191**

- **4.2.1** Técnicas de Desacoplamento de ^{1}H **191**
- **4.2.2** Escala e Faixa de Deslocamento Químico **193**
- **4.2.3** Relaxação T_1 **193**
- **4.2.4** Efeito Overhauser Nuclear (NOE) **194**
- **4.2.5** Acoplamento de Spin ^{13}C—^{1}H (Valores de J) **196**
- **4.2.6** Sensibilidade **197**
- **4.2.7** Solventes **197**

4.3 Interpretação de um Espectro Simples de ^{13}C: O Ftalato de Dietila **198**

4.4 Análise Quantitativa de ^{13}C **200**

4.5 Equivalência de Deslocamento Químico **200**

4.6 DEPT **201**

4.7 Classes Químicas e Deslocamentos Químicos **204**

- **4.7.1** Alcanos **204**
  - 4.7.1.1 Alcanos Lineares e Ramificados **204**
  - 4.7.1.2 Efeito de Substituintes nos Alcanos **205**
  - 4.7.1.3 Cicloalcanos e Heterociclos Saturados **206**
- **4.7.2** Alquenos **206**
- **4.7.3** Alquinos **208**

4.7.4	Compostos Aromáticos **208**	
4.7.5	Compostos Heteroaromáticos **210**	
4.7.6	Álcoois **210**	
4.7.7	Éteres, Acetais e Epóxidos **210**	
4.7.8	Halogenetos **210**	
4.7.9	Aminas **212**	
4.7.10	Tióis, Sulfetos e Dissulfetos **212**	
4.7.11	Grupos Funcionais que Contêm Carbono **212**	
	4.7.11.1 Cetonas e Aldeídos **212**	
	4.7.11.2 Ácidos Carboxílicos, Ésteres, Cloretos, Anidridos, Amidas e Nitrilas **212**	
	4.7.11.3 Oximas **212**	

Referências **215**

Exercícios para os Estudantes **215**

Apêndices **226**
  A Deslocamentos Químicos de ^{13}C, Acoplamentos e Multiplicidades de Solventes Comuns de RMN **226**
  B Deslocamentos de ^{13}C de Solventes Comuns de Laboratório como Traços de Impurezas **227**
  C Carta de Correlação de ^{13}C para as Classes Químicas **228**
  D Deslocamentos Químicos de ^{13}C-RMN (ppm) de Vários Produtos Naturais **230**

CAPÍTULO 5 ESPECTROSCOPIA DE RMN EM DUAS DIMENSÕES **231**

5.1 Introdução **231**

5.2 Teoria **232**

5.3 Espectrometria de Correlação **234**
  5.3.1 Correlação ^{1}H—^{1}H: COSY **236**

5.4 Ipsenol: COSY ^{1}H—^{1}H **236**
  5.4.1 Ipsenol: COSY ^{1}H—^{1}H com Filtro Duplo-Quântico **239**
  5.4.2 Detecção do Carbono COSY ^{13}C—^{1}H: HETCOR **239**
  5.4.3 HETCOR ^{1}H—^{13}C com Detecção de Hidrogênio: HMQC **240**
  5.4.4 Ipsenol: HETCOR e HMQC **240**
  5.4.5 Ipsenol: Correlação Heteronuclear ^{1}H—^{13}C de Longa Distância com Detecção de Hidrogênio: HMBC **242**

5.5 Óxido de Cariofileno **244**
  5.5.1 Óxido de Cariofileno: DQF-COSY **244**
  5.5.2 Óxido de Cariofileno: HMQC **244**
  5.5.3 Óxido de Cariofileno: HMBC **248**

5.6 Correlações ^{13}C—^{13}C: Inadequate **250**
  5.6.1 INADEQUATE: Óxido de Cariofileno **252**

5.7 Lactose **252**
  5.7.1 DQF-COSY: Lactose **252**
  5.7.2 HMQC: Lactose **255**
  5.7.3 HMBC: Lactose **255**

5.8 Transferência Coerente Modulada: TOCSY **255**
  5.8.1 TOCSY 2-D: Lactose **255**
  5.8.2 TOCSY 1-D: Lactose **258**

5.9 HMQC-TOCSY **258**
  5.9.1 HMQC-TOCSY: Lactose **260**

5.10 ROESY **260**
  5.10.1 ROESY: Lactose **260**

5.11 VGSE **260**
  5.11.1 COSY: VGSE **264**
  5.11.2 TOCSY: VGSE **264**
  5.11.3 HMQC: VGSE **265**
  5.11.4 HMBC: VGSE **266**
  5.11.5 ROESY: VGSE **268**

5.12 RMN COM GRADIENTE DE CAMPO **268**

Referências **269**

Exercícios para os Estudantes **269**

CAPÍTULO 6 ESPECTROSCOPIA DE RESSONÂNCIA MAGNÉTICA MULTINUCLEAR **299**

6.1 Introdução **299**

6.2 Ressonância Magnética Nuclear de ^{15}N **300**

6.3 Ressonância Magnética Nuclear de ^{19}F **305**

6.4 Ressonância Magnética Nuclear de ^{29}Si **310**

6.5 Ressonância Magnética Nuclear de ^{31}P **313**

6.6 Conclusão **316**

Referências **316**

Exercícios para os Estudantes **316**

Apêndices **321**
  A Propriedades de Núcleos Magneticamente Ativos **321**

CAPÍTULO 7 PROBLEMAS RESOLVIDOS **324**

7.1 Introdução **324**

Problema 7.1 Discussão **328**

Problema 7.2 Discussão **332**

Problema 7.3 Discussão **336**

Problema 7.4 Discussão **343**

Problema 7.5 Discussão **349**

Problema 7.6 Discussão **355**

Exercícios para os Estudantes **356**

CAPÍTULO 8 PROBLEMAS PROPOSTOS **363**

8.1 Introdução **363**

ÍNDICE **452**

CAPÍTULO 1
ESPECTROMETRIA DE MASSAS

1.1 INTRODUÇÃO

O conceito de espectrometria de massas é relativamente simples. Um composto é ionizado (método de ionização), os íons são separados na base da razão massa/carga (método da separação dos íons) e o número de íons que correspondem a cada "unidade" de massa/carga é registrado na forma de um espectro. Existem muitos métodos de ionização e separação dos íons resultantes (veja a Seção 1.2). Na técnica muito usada do impacto de elétrons (EI), por exemplo, o espectrômetro de massas bombardeia com um feixe de elétrons de alta energia moléculas que estão na fase vapor e registra o espectro dos íons positivos, depois de separados na base da razão massa/carga (m/z).*

A Figura 1.1 mostra, a título de ilustração, o espectro de massas EI da benzamida registrado como um gráfico da abundância dos íons (% do pico base, o pico mais intenso do espectro) contra m/z. O pico do íon positivo em m/z 121

*A unidade de massas é o dalton (Da), definida como 1/12 da massa de um átomo do isótopo ^{12}C, cuja massa arbitrária é 12,0000 ... unidades de massa.

corresponde à molécula intacta (M) com menos um elétron, removido pelo impacto do feixe de elétrons. Ele é chamado de íon molecular $M^{•+}$. A decomposição do íon molecular, que tem energia em excesso, leva a uma série de fragmentos iônicos, alguns dos quais são explicados na Figura 1.1.

O acoplamento de um espectrômetro de massas a algum tipo de instrumento cromatográfico, como um cromatógrafo a gás (CG-EM) ou um cromatógrafo a líquido (CL-EM), é comum. Os espectrômetros de massas são muito úteis na análise de compostos cujo espectro de massas é conhecido e na análise de compostos de estrutura completamente desconhecida. No caso de compostos conhecidos, uma busca computadorizada compara o espectro de massas do composto em questão com uma biblioteca de espectros de massas. A espectrometria de massas por impacto de elétrons é particularmente útil desse ponto de vista porque produz considerável fragmentação. A coincidência dos espectros de massas é uma evidência convincente da identificação que é, muitas vezes, aceita em procedimentos legais. No caso de compostos desconhecidos, o íon molecular, a sequência de fragmentações e evidências de outros tipos de espectrometria (por exemplo, IV e RMN) podem levar à identificação de novos compostos.

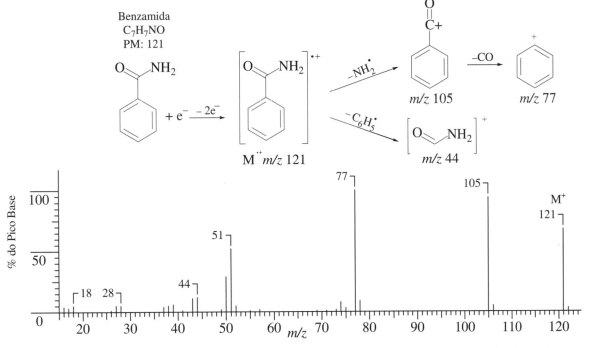

FIGURA 1.1 Espectro de massas EI da benzamida, acima, com um caminho de fragmentação que explica alguns dos íons mais importantes.

Nosso foco e o objetivo deste capítulo é o desenvolvimento da capacidade de identificação, para uso posterior, especialmente utilizando o método EI. Para outras aplicações e mais detalhes, use textos em espectrometria de massas e compilações de espectros listados na rede no GEN-IO, ambiente virtual de aprendizagem do GEN.

1.2 INSTRUMENTAÇÃO

Esta última década assistiu a rápido crescimento e a muitas mudanças na instrumentação da espectrometria de massas. Em vez de discutir cada instrumento, vamos dividi-los por tipo: (1) métodos de ionização e (2) métodos de separação. Em geral, o método de ionização é independente do método de separação de íons, e vice-versa, embora existam exceções. Alguns métodos de ionização dependem de uma entrada cromatográfica específica (por exemplo, CL-EM), enquanto outros não permitem o uso de cromatografia para a introdução da amostra (por exemplo, FAB e MALDI). Antes de entrar mais profundamente na instrumentação, faremos a distinção, com base na resolução, entre dois tipos de espectrômetros de massas.

A exigência mínima para o químico orgânico é a capacidade de registrar a massa molecular de determinado composto ao número inteiro mais próximo. Assim, o espectro deveria mostrar um pico, digamos, de m/z 400, que possa ser distinguido de um outro de m/z 399 ou de m/z 401. Para que se possam selecionar possíveis fórmulas moleculares para o composto pela medida das intensidades dos picos de isótopos (veja a Seção 1.5.2.1), os picos adjacentes devem ser separados claramente. Por convenção, um vale entre dois picos adjacentes não deveria ter altura superior a 10% do pico mais intenso. Esse grau de resolução é denominado resolução "unitária" e pode ser obtido para massas até 3000 Da, aproximadamente, nos instrumentos de "resolução unitária" atualmente disponíveis.

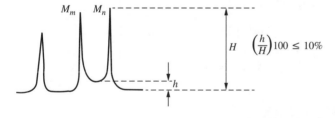

Para determinar a resolução* de um instrumento, escolha dois picos adjacentes de intensidades aproximadamente iguais. Eles devem ser escolhidos de tal modo que a altura do vale entre eles seja inferior a 10% da intensidade dos picos. A resolução (R) é dada por $R = M_n/(M_n - M_m)$, em que M_n é o pico de maior massa dos dois picos adjacentes, e M_m é o pico de menor massa.

Existem duas categorias importantes de espectrômetros de massas: os de baixa resolução (unitária) e os de alta resolução. Os instrumentos de baixa resolução são definidos arbitrariamente como aqueles que separam unidades de massa até m/z 3000 [$R = 3000/(3000 - 2999) = 3000$]. Um instrumento de alta resolução (por exemplo, $R = 20.000$) pode distinguir $C_{16}H_{26}O_2$ de $C_{15}H_{24}NO_2$ [$R = 250,1933/(250,1933 - 250,1807) = 19857$]. Essa importante categoria de espectrômetros de massas, que pode ter R de até 100.000, pode medir a massa de um íon com precisão suficiente para permitir a determinação de sua composição atômica (fórmula molecular). Do ponto de vista prático, o termo espectrometria de massas de alta resolução será usado para designar *medida acurada da massa*. O número de casas decimais necessárias para uma determinação inequívoca da composição elementar relaciona-se com a massa do íon. Por exemplo, uma acurácia de 0,0025 Da deveria ser suficiente para íons com massas inferiores a 500 Da.

Todos os espectrômetros de massas têm aspectos comuns. (Veja a Figura 1.2.) A introdução da amostra no espectrômetro de massas é uma consideração importante que depende com frequência do tipo do método de ionização (veja a seguir). Todos os espectrômetros de massas têm métodos de ionização da amostra e separação dos íons na base de m/z. Esses métodos serão discutidos em detalhe adiante. Após a separação, os íons devem ser detectados e quantificados. Um coletor típico de íons inclui fendas de colimação que deixam entrar no coletor um conjunto de íons de cada vez. Os íons são, então, detectados e a resposta é amplificada em uma multiplicadora de elétrons. Os detectores de íons são desenhados para equilibrar sensibilidade, acurácia e tempo de resposta. Em geral, tempos de resposta rápidos e alta acurácia são mutuamente excludentes. O método de detecção depende do método de separação dos íons.

*Essa definição é a forma mais comum de estimar a resolução, mas não é a única.

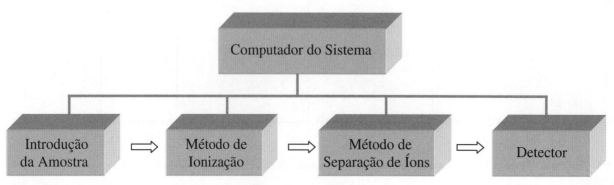

FIGURA 1.2 Diagrama esquemático de um espectrômetro de massas típico.

Praticamente todos os espectrômetros de massas modernos são ligados a um computador que controla a operação do instrumento, inclusive o cromatógrafo, e recolhe e guarda os dados obtidos, além de fornecer os resultados (espectros) na forma de gráficos de barras ou tabelas.

1.3 MÉTODOS DE IONIZAÇÃO

O grande número de métodos de ionização, alguns muito especializados, impede a cobertura completa. Os mais comuns nas três grandes áreas de fase gás, dessorção e ionização por evaporação estão descritos a seguir.

1.3.1 Métodos de Ionização em Fase Gás

Os métodos de ionização em fase gás para a geração de íons na espectrometria de massas estão entre os métodos mais antigos e mais usados pelos químicos orgânicos. Eles se aplicam a compostos que têm pressão de vapor da ordem de 10^{-6} torr em uma temperatura na qual o composto é estável. Esse critério aplica-se a um grande número de moléculas orgânicas não iônicas com PM < 1000 Da.

1.3.1.1 Ionização por Impacto de Elétrons O método do impacto de elétrons (EI) é a técnica mais usada de geração de íons para a espectrometria de massas. Ele é, também, o foco deste capítulo na interpretação dos espectros de massas para a determinação da estrutura. As moléculas de amostra em fase gás são bombardeadas com elétrons de alta energia (geralmente 70 eV), que removem um elétron da molécula de amostra para produzir um cátion-radical, conhecido como o íon molecular. Como o potencial de ionização dos compostos orgânicos típicos é, geralmente, menor do que 15 eV, os elétrons que estão bombardeando as moléculas-alvo acrescentam energia da ordem de 50 eV (ou mais) ao íon molecular recém-criado. Essa energia é dissipada, em parte, pela quebra de ligações covalentes, que têm energias de ligação entre 3 e 10 eV.

A quebra das ligações é normalmente extensiva e, o que é muito importante, muito reproduzível, o que a torna característica do composto. Além disso, o processo de fragmentação também é "previsível", o que permite o aproveitamento do grande potencial de elucidação de estruturas que têm a espectrometria de massas. Com frequência, a energia adicionada ao íon molecular é tão grande que leva a um espectro de massas em que não é possível reconhecer o fragmento do íon molecular. A redução da voltagem de ionização é uma estratégia muito utilizada para obter um íon molecular. A estratégia tem sucesso porque a fragmentação é fortemente reduzida. A desvantagem dessa estratégia é que o espectro muda e não pode ser comparado com os das bibliotecas de espectros "padronizados".

Para muitos químicos orgânicos, espectrometria de massas é sinônimo de espectrometria de massas EI. Isso é compreensível por duas razões. Em primeiro lugar, historicamente, EI tornou-se universalmente disponível antes do desenvolvimento dos outros métodos de ionização. Grande parte dos primeiros trabalhos foi feita com espectrometria de massas com ionização por impacto de elétrons. Em segundo lugar, as principais bibliotecas e bancos de dados de espectros de massas, muito usados e muito citados, são formados por espectros de massas EI. Alguns dos bancos de dados mais acessíveis contêm mais de 390.000 espectros de massas EI em que a procura por algoritmos de computadores eficientes é muito rápida. A unicidade de um espectro de massas EI de dado composto orgânico, até mesmo para estereoisômeros, é quase uma certeza. Essa unicidade, acoplada à grande sensibilidade do método, é o que torna CG-EM um método analítico poderoso e muito utilizado. Começaremos a discutir espectros de massas EI a partir da Seção 1.5.

1.3.1.2 Ionização Química A ionização por impacto de elétrons leva, com frequência, a um grau elevado de fragmentação em que não se observa o íon molecular. Um modo de evitar esse problema é usar técnicas de "ionização branda", entre as quais a ionização química (CI) é a mais comum e está disponível em muitos instrumentos comerciais. No método CI, as moléculas de amostra (na fase gás) não são submetidas ao bombardeio com elétrons de alta energia. Um gás reagente (usualmente metano, isobutano, amônia, porém outros também são usados) é introduzido na fonte e ionizado. As moléculas de amostra, sob pressão relativamente alta, colidem com moléculas ionizadas do gás reagente (CH_5^+, $C_4H_9^+$ etc.) na fonte CI e sofrem ionização secundária por transferência de próton para produzir íons $[M + 1]^+$, por adição eletrofílica para produzir íons $[M + 15]^+$, $[M + 29]^+$, $[M + 41]^+$, ou $[M + 18]^+$, (com íons NH_4^+) ou por troca de carga (raro) para produzir íons $[M]^+$. Os espectros de ionização química têm, às vezes, picos $[M − 1]^+$ importantes por causa da abstração de hidreto. Os íons produzidos dessa maneira são espécies com número ímpar de elétrons. O excesso de energia transferido para as moléculas de amostra durante a fase de ionização é pequeno, geralmente menos de 5 eV, logo o grau de fragmentação é muito menor. Isso tem várias consequências importantes, e a mais útil delas é a grande abundância de íons moleculares e a maior sensibilidade, porque a corrente iônica total está concentrada em poucos íons. Entretanto, tem-se menos informação sobre a estrutura. Os íons quasimoleculares são usualmente muito estáveis e facilmente detectados. Com frequência, observam-se um ou dois fragmentos iônicos e, às vezes, nenhum.

O espectro de massas EI da 3,4-dimetóxi-acetofenona (Figura 1.3), por exemplo, mostra, além do pico do íon molecular em m/z 180, numerosos picos de fragmentação na faixa m/z 15–167, incluindo o pico base em m/z 165 e picos importantes em m/z 137 e m/z 77. O espectro de massas CI (metano, CH_4, como gás reagente) mostra o íon quasimolecular ($[M + 1]^+$, m/z 181) como pico base (100%), e os únicos outros picos com baixa intensidade são o pico do íon molecular m/z 180, m/z 209 ($[M + 29]^+$ ou $M + C_2H_5^+$), e m/z 221 ($[M + 41]^+$ ou $M + C_3H_5^+$). Esses dois últimos picos são o resultado da adição eletrofílica de carbocátions e são muito úteis na identificação do íon molecular. O excesso de gás carreador (metano) é ionizado por impacto de elétrons e forma os íons primários CH_4^+ e CH_3^+. Esses íons reagem com o excesso de metano para dar íons secundários.

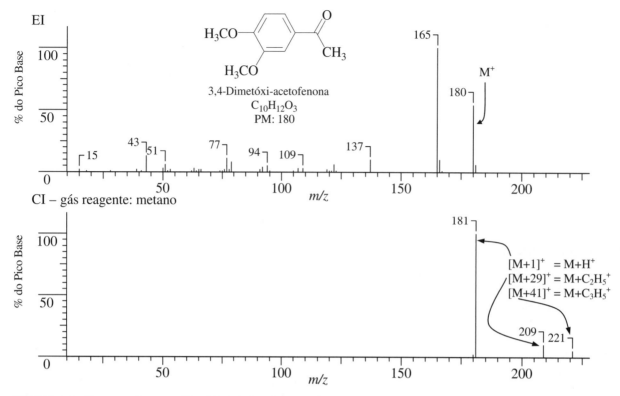

FIGURA 1.3 Espectros de massas EI e CI da 3,4-dimetóxi-acetofenona.

$$CH_3^+ + CH_4 \longrightarrow C_2H_5^+ \text{ e } H_2$$
$$CH_4 + C_2H_5^+ \longrightarrow C_3H_5^+ \text{ e } 2H_2$$

O conteúdo de energia dos vários íons secundários (provenientes de metano, isobutano e amônia, respectivamente) decresce na ordem $C_3H_5^+ > t\text{-}C_4H_9^+ > NH_4^+$. Assim, a escolha do gás carreador permite controlar a tendência que tem o íon $[M + 1]^+$ produzido por CI de se fragmentar. Quando metano é o gás carreador, por exemplo, o ftalato de dioctila mostra o pico $[M + 1]^+$ (m/z 391) como o pico base. Além disso, os picos de fragmentação (por exemplo, m/z 113 e m/z 149) têm intensidades entre 30% e 60% da intensidade do pico base. Quando se usa isobutano como gás carreador, o pico $[M + 1]^+$ ainda é intenso, mas os picos de fragmentação têm intensidades muito menores, cerca de 5% do pico $[M + 1]^+$.

A espectrometria de massas com ionização química não é útil para a comparação de picos (manualmente ou por computador) nem é particularmente útil para a elucidação de estruturas. Seu principal uso é a detecção dos íons moleculares e, portanto, a determinação dos pesos moleculares.

1.3.2 Métodos de Ionização por Dessorção

Os métodos de ionização por dessorção são técnicas em que as moléculas de amostra passam diretamente de uma fase condensada para a fase vapor na forma de íons. Seu uso mais comum é com compostos pesados, não voláteis ou iônicos. Existem algumas desvantagens importantes. Os métodos de dessorção, em geral, não utilizam eficientemente a amostra disponível. Com frequência, a informação obtida é limitada.

No caso de substâncias desconhecidas, seu uso principal é a determinação do peso molecular e, em alguns casos, a obtenção de uma massa exata. Entretanto, mesmo quando o objetivo é esse, eles devem ser usados com cuidado, porque o íon molecular ou o íon quasimolecular podem não ser muito claros. Os espectros obtidos são complicados, com frequência, por abundantes íons da matriz.

1.3.2.1 Ionização por Dessorção de Campo No método de dessorção de campo (FD), a amostra é colocada em um metal emissor em cuja superfície existem agulhas de carbono microscópicas. As agulhas ativam a superfície, que é mantida na voltagem de aceleração e funciona como o anodo. Gradientes de voltagem muito altos na ponta das agulhas removem um elétron da amostra, e o cátion resultante é repelido para longe do emissor. Os íons gerados dessa maneira têm muito pouca energia em excesso e, portanto, ocorre pouca fragmentação. Em outras palavras, o íon molecular é usualmente o único íon que tem intensidade apreciável. Por exemplo, no caso do colesta-5-eno-3,16,22,26-tetrol, os espectros EI e CI não mostram o pico molecular do esteroide. Entretanto, o espectro de massas FD (Figura 1.4) mostra predominantemente o íon molecular com praticamente nenhuma fragmentação.

1.3.2.2 Bombardeio por Átomos Rápidos A técnica do bombardeio por átomos rápidos (FAB) usa átomos de xenônio ou argônio de alta energia (6–10 keV) para bombardear amostras dissolvidas em um líquido de baixa pressão de vapor (por exemplo, glicerol). A matriz protege a amostra de danos excessivos provocados pela radiação. Um método semelhante,

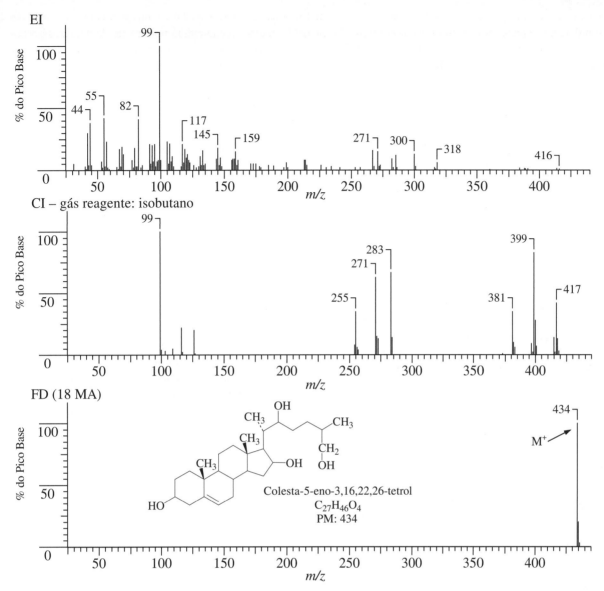

FIGURA 1.4 Espectros de massas por impacto de elétrons (EI), ionização química (CI) e dessorção de campo (FD) do colesta-5-eno-3,16,22,26-tetrol.

a espectrometria de massas por ionização secundária de líquidos (LSIMS), utiliza íons de césio, de maior energia (10–30 keV).

Nos dois métodos, formam-se íons positivos (por adição de cátion [M + 1]$^+$ ou [M + 23, Na]$^+$) e íons negativos (por desprotonação [M − 1]$^−$). Os dois tipos de íons têm, usualmente, carga simples e, dependendo do instrumento, o método FAB pode ser utilizado no modo de alta resolução. A técnica FAB é usada principalmente com moléculas pesadas pouco voláteis, particularmente na determinação do peso molecular. Em muitas classes de compostos, o restante do espectro é de pouca utilidade, em parte porque muitos dos picos de massa menor podem ser provenientes da matriz. Entretanto, no caso de algumas classes de compostos formados por "unidades de construção", como os polissacarídeos e peptídeos, alguma informação estrutural pode ser obtida porque a fragmentação ocorre preferencialmente nas ligações glicosídicas e peptídicas, respectivamente, o que constitui um método de sequenciamento dessas classes de compostos.

O limite superior das massas no caso da ionização FAB (e LSIMS) está entre 10 e 20 kDa, porém a técnica FAB é mais útil quando a massa é inferior a 6 kDa. A técnica FAB é mais usada com instrumentos de dupla focalização com setores magnéticos em que ela tem resolução da ordem de 0,3 m/z em toda a faixa de massas, porém ela pode ser usada com a maior parte dos analisadores de massas. O grande problema do uso da técnica FAB é que o espectro mostra sempre um alto nível de íons gerados pela matriz, o que limita a sensibilidade e pode esconder fragmentos iônicos importantes da amostra.

1.3.2.3 Ionização por Dessorção com Plasma A ionização por dessorção com plasma é uma técnica muito especializada, usada quase exclusivamente com analisadores de massas por tempo de voo (TOF) (Seção 1.4.4). Os produtos de fissão do califórnio 252 (^{252}Cf), com energias da ordem de 80 a 100 MeV, são usados para bombardear e ionizar a amostra. A decomposição de ^{252}Cf produz, a cada evento, duas partículas que se movem em direções diferentes. Uma das partículas atinge um detector e marca um tempo inicial. A outra atinge a matriz que contém a amostra e ejeta alguns íons em um espectrômetro de tempo de voo (TOF-EM). Os íons da amostra são liberados com mais frequência na forma de espécies protonadas, com carga simples, dupla ou tripla. Esses íons têm energias muito baixas, e, em consequência, observam-se muito raramente fragmentos úteis para a análise da estrutura molecular e não se podem obter informações sobre o sequenciamento de polissacarídeos e polipeptídeos. A acurácia das massas obtidas por esse método é limitada pelo espectrômetro de massas por tempo de voo. A técnica é útil para compostos com peso molecular até cerca de 45 kDa.

1.3.2.4 Dessorção/Ionização com Laser
Pode-se usar um feixe pulsado de laser para ionizar amostras para a espectrometria de massas. Como o método é pulsado, ele deve ser usado com um espectrômetro por tempo de voo ou por transformações de Fourier (Seção 1.4.5). Dois tipos de laser são de uso comum: o laser de CO_2, que emite radiação no infravermelho distante, e o laser de neodímio/ítrio-alumínio-granada (Nd/YAG) de frequência quádrupla, que emite radiação na região do ultravioleta, em 266 nm. Sem o recurso à matriz, o método limita-se a moléculas de peso molecular baixo (<2 kDa).

O alcance do método aumenta muito com o uso de matrizes (dessorção/ionização a laser com matriz, ou MALDI). Duas substâncias, o ácido 2,5-di-hidróxi-benzoico e o ácido sinapínico, que têm bandas de absorção que coincidem com as do laser utilizado, são normalmente empregadas, e amostras de pesos moleculares até 200.000 ou 300.000 daltons podem ser analisadas. Alguns picomols da amostra são misturados com a substância da matriz e irradiados com pulsos de laser, o que faz com que íons da amostra (observam-se, normalmente, monômeros com carga simples, porém, às vezes, íons com carga múltipla e dímeros) sejam ejetados da matriz para o espectrômetro de massas.

A energia em excesso dos íons é pequena, e eles tendem a se fragmentar pouco. Por isso, o método pode ser usado para misturas. A acurácia das massas é pequena quando se usa um TOF-EM, porém resoluções muito altas podem ser obtidas com FT-EM. Como acontece com outros métodos em que matrizes são usadas, MALDI é afetado pela interferência de picos da matriz, que aumenta por arraste da matriz. Isso faz com que a determinação do íon molecular de uma amostra desconhecida seja pouco precisa.

1.3.3 Métodos de Ionização por Evaporação

Existem dois métodos importantes com que íons ou, menos frequentemente, moléculas neutras em solução (que contêm, muitas vezes, o ácido fórmico) perdem as moléculas de solvente com ionização simultânea, deixando íons para a análise das massas. O acoplamento com a cromatografia líquida tornou esses métodos muito utilizados.

1.3.3.1 Espectrometria de Massas por Nebulização Térmica
No método de nebulização térmica, introduz-se a solução da amostra no espectrômetro de massas através de um tubo capilar aquecido. O tubo nebuliza e vaporiza parcialmente o solvente, formando uma corrente de pequenas gotas que entram na fonte de íons. Após a evaporação completa do solvente, os íons da amostra podem ser analisados. Esse método pode ser usado com altas velocidades de fluxo e com tampões. Foi um dos primeiros métodos de interfaceamento dos espectrômetros de massas com a cromatografia líquida com água. O método foi praticamente ultrapassado pela nebulização com elétrons.

1.3.3.2 Espectrometria de Massas por Nebulização com Elétrons
A Figura 1.5 mostra o esquema de uma fonte de íons por nebulização com elétrons (ES), que opera em pressões próximas da atmosfera. Por isso, o método é também chamado de ionização à pressão atmosférica ou API. A amostra em solução (usualmente um solvente polar volátil) entra na fonte de íons através de um tubo capilar de aço inoxidável envolvido por um fluxo coaxial de nitrogênio (o gás nebulizador). A extremidade do capilar é mantida em um potencial elevado em relação a um contraeletrodo. A diferença de potencial produz um gradiente de campo da ordem de 5 kV/cm. Quando a solução deixa o tubo capilar, forma-se

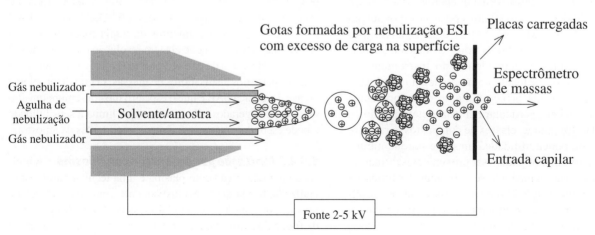

FIGURA 1.5 Diagrama esquemático da evaporação do solvente para formar íons isolados em um instrumento de nebulização com elétrons.

um aerossol de gotículas carregadas. O fluxo do gás nebulizador arrasta o efluente para o espectrômetro de massas.

Com a evaporação do solvente, as gotículas do aerossol diminuem de volume, concentrando, dessa forma, os íons carregados da amostra. Quando a repulsão eletrostática dos íons da amostra atinge um ponto crítico, a gotícula sofre a chamada "explosão coulômbica", que libera os íons para a fase vapor. Já na fase vapor, os íons são focalizados através de certo número de orifícios e passam para o espectrômetro de massas.

A espectrometria de massas por nebulização com elétrons teve grande desenvolvimento no começo dos anos 1990, tendo sido muito utilizada para compostos com muitos átomos capazes de acomodar cargas múltiplas. Em proteínas, por exemplo, formam-se íons com cargas múltiplas. Como o espectrômetro de massas mede a razão massa/carga (m/z) e não a massa, esses íons são observados em valores de massa aparente de 1/2, 1/3, ..., 1/n das massas verdadeiras, em que n é o número de cargas (z). Proteínas muito grandes podem ter 40 ou mais cargas, de modo que moléculas de até 100 kDa podem ser observadas na faixa de espectrômetros convencionais com quadrupolo, com aprisionamento de íons ou com setores magnéticos. O espectro mostra uma série de picos de massas crescentes, que correspondem a íons pseudomoleculares que têm, na sequência, um próton a menos e, portanto, uma carga a menos.

A determinação da massa verdadeira do íon só pode ser feita se a carga do íon for conhecida. Se dois picos que diferem por uma única carga puderem ser identificados, o cálculo reduz-se à álgebra simples. Lembre-se de que cada íon da molécula de amostra (M_s) tem a fórmula geral ($M_s + zH$)$^{z+}$, em que H é a massa do próton (1,0079 Da). Para dois íons que diferem por uma carga, $m_1 = [M_s + (z + 1)H]/(z + 1)$ e $m_2 = [M_s + (zH)/z]$. A resolução das duas equações simultâneas para a carga z, dá $z = (m_1 - H)/(m_2 - m_1)$. Um programa simples de computador automatiza esse cálculo para cada pico do espectro e calcula diretamente a massa.

Muitos fabricantes começaram a produzir espectrômetros de massas de baixo custo dedicados à nebulização com elétrons por duas razões. Em primeiro lugar, o método tem tido muito sucesso e é de uso muito fácil. Em segundo lugar, a análise de proteínas e pequenos peptídeos é cada vez mais importante, e eles são provavelmente analisados com mais eficiência pelo método da nebulização com elétrons.

A Figura 1.6 compara o espectro de massas EI (embaixo da figura) da lactose com seu espectro de massas ES (no alto da figura). A lactose será vista com mais detalhes no Capítulo 5. O espectro de massas EI é completamente inútil, porque a lactose tem pressão de vapor muito baixa, é termicamente lábil e o espectro não mostra picos característicos. O espectro de massas ES mostra um pico do íon molecular de pequena intensidade em m/z 342 e um pico característico [M + 23]$^+$, o pico do íon molecular mais sódio. Como os íons sódio sempre estão presentes nas soluções em água, esses adutos de sódio são muito comuns.

A Figura 1.7 mostra o espectro de massas ES de um tetrapeptídeo que contém valina, glicina, serina e ácido glutâmico (VGSE). VGSE também será examinado no Capítulo 5. O pico base é o íon [M + 1]$^+$ em m/z 391, e o aduto de sódio

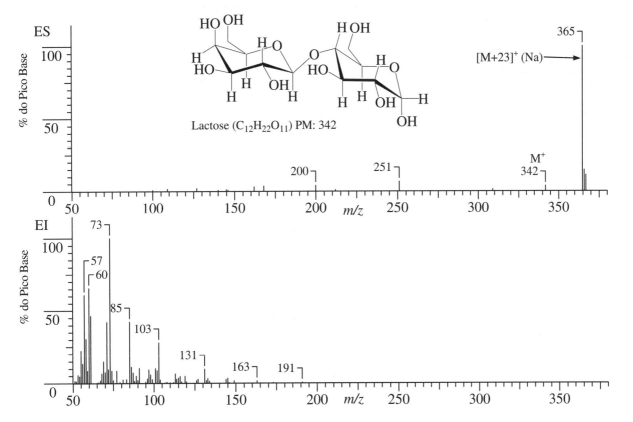

FIGURA 1.6 Espectros de massas EI e ES da lactose.

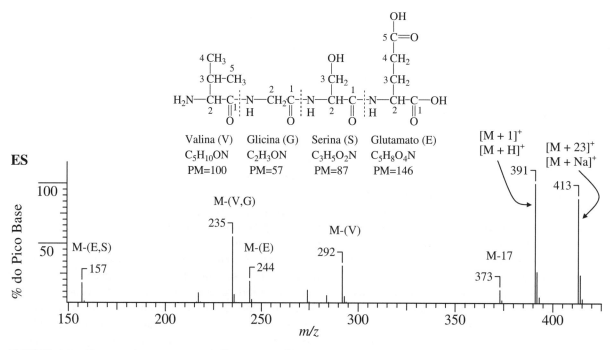

FIGURA 1.7 Espectro de massas por nebulização com elétrons (ES) do tetrapeptídeo cuja estrutura é dada na figura. Veja o texto para uma explicação.

$[M + 23]^+$ é quase 90% do pico base. Além disso, podem-se observar alguns picos de fragmentação característicos de cada um dos amino-ácidos. No caso de peptídeos pequenos, não é difícil obter informações úteis da fragmentação, mas no caso de proteínas isso é pouco provável.

A Tabela 1.1 resume os métodos de ionização.

1.4 ANALISADORES DE MASSAS

O analisador de massas separa a mistura de íons formados durante a etapa de ionização segundo seus *m/z* para gerar um espectro. Ele é o coração do espectrômetro de massas. Existem tipos diferentes de analisadores, com características próprias.

A seguir, estão descritos os tipos mais importantes de analisadores de massas. Esta seção encerra-se com uma pequena discussão sobre métodos acoplados de espectrometria de massas e procedimentos relacionados.

1.4.1 Espectrômetros de Massas com Setores Magnéticos

Os espectrômetros de massas foram originalmente desenvolvidos no começo do século XX. O prêmio Nobel de Química de 1922 foi concedido em parte pelo desenvolvimento do espectrógrafo de massas. Os espectrômetros de massas com setores magnéticos usam um campo magnético para desviar íons em movimento para uma trajetória curva (veja a Figura 1.8). Os primeiros espectrômetros de massas comerciais eram desse tipo, e eles são importantes até hoje. A separação dos íons

TABELA 1.1 Resumo dos Métodos de Ionização

Método de Ionização	Íons Formados	Sensibilidade	Vantagem	Desvantagem
Impacto de elétrons	M^+	ng–pg	Base de dados com procura Informações estruturais	M^+ ocasionalmente ausente
Ionização química	$M + 1, M + 18$ etc	ng–pg	M^+ usualmente presente	Pouca informação estrutural
Dessorção de campo	M^+	µg–ng	Compostos não voláteis	Equipamento especializado
Bombardeio por átomos rápidos	$M + 1, M +$ cátion $M +$ matriz	µg–ng	Compostos não voláteis Informações de sequenciamento	Interferência da matriz Difícil de interpretar
Dessorção com plasma	$M+$	µg–ng	Compostos não voláteis	Interferência da matriz
Dessorção/ionização com laser	$M + 1, M +$ matriz	µg–ng	Compostos não voláteis Informações de sequenciamento	Interferência da matriz
Nebulização térmica	M^+	µg–ng	Compostos não voláteis	Ultrapassado
Nebulização com elétrons	M^+, M^{++}, M^{+++} etc.	ng–pg	Explosão de íons Compostos não voláteis. Faz interface com LC Produz íons com mais de uma carga	Classes limitadas de compostos Pouca informação estrutural

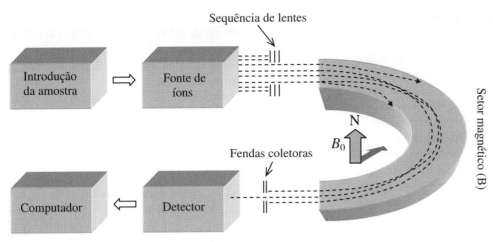

FIGURA 1.8 Esquema de um analisador de massas com focalização simples, setor 180°. O campo magnético é perpendicular à página. O raio de curvatura varia entre instrumentos.

baseia-se na razão massa/carga, e os íons mais leves desviam-se mais do que os mais pesados. A resolução depende da entrada no campo magnético dos íons que vêm da fonte com a mesma energia cinética. Isso é obtido pela aceleração dos íons de carga z com a voltagem V. A energia cinética dos íons passa a ser $E = zV = mv^2/2$. Quando um íon acelerado entra no campo magnético (B), ele sofre o efeito de uma força (Bzv) que modifica a trajetória do íon em uma direção ortogonal à original. O íon passa a movimentar-se em uma trajetória circular de raio r, dada por $Bzv = mv^2/r$. As duas equações podem ser combinadas para dar a conhecida equação do setor magnético $m/z = B^2r^2/2V$. Como o raio do instrumento é fixo, o campo magnético varia para colocar os íons sequencialmente no foco. Como essas equações mostram, os instrumentos com setor magnético separam os íons pelo momento, o produto da massa pela velocidade, e não pela massa apenas. Assim, íons de mesma massa e energias diferentes chegam ao foco em pontos diferentes.

O analisador eletrostático (ESA) pode reduzir muito a distribuição de energias de um feixe de íons, porque força íons de mesma carga (z) e energia cinética (independentemente da massa) a seguir a mesma trajetória. Uma fenda na saída do ESA aumenta a focalização do feixe de íons antes da entrada no detector. A combinação de um ESA e um setor magnético é conhecida como focalização dupla, porque os dois campos contrapõem-se aos efeitos dispersivos de cada um deles sobre a direção e a velocidade.

A resolução de um instrumento de setor magnético com focalização dupla (Figura 1.9) pode chegar a 100.000 quando se usam aberturas de fenda muito pequenas. Essa resolução muito alta permite a medida de "massas exatas", isto é, fórmulas moleculares inequívocas, o que é muito útil. Para efeito de comparação, fendas que permitem a distribuição de energia para resolução aproximada de 5000 atingem a acurácia de pelo menos 0,5 m/z em toda a faixa de massas, isto é, a "resolução unitária" usada em um espectrômetro de massas-padrão. O limite superior de massas dos instrumentos comerciais com setor magnético é de cerca de m/z 15.000. Aumentar esse limite superior é teoricamente possível, mas impraticável.

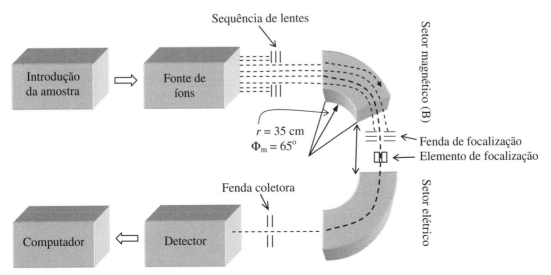

FIGURA 1.9 Esquema de um analisador de massas de dupla focalização.

1.4.2 Espectrômetros de Massas com Quadrupolo

O analisador de massas com quadrupolo, (às vezes abreviado como QMF para filtro de massas com quadrupolo), também conhecido como transmissor com quadrupolo, é muito menor e mais barato do que um espectrômetro de massas com setor magnético. Um arranjo de quadrupolo (visto esquematicamente na Figura 1.10) é formado por quatro tubos cilíndricos (ou de seção hiperbólica) paralelos, de comprimento entre 100 e 200 mm, montados segundo os vértices de um quadrado. A análise matemática completa do analisador de massas com quadrupolo é complexa, mas podemos descrever seu funcionamento de forma simplificada. Uma voltagem DC modificada por uma voltagem de radiofrequência é aplicada nos tubos. Os íons entram em um "túnel" formado pelos quatro cilindros do quadrupolo no centro do quadrado em uma das extremidades dos tubos e passam pelo eixo.

Para cada combinação determinada de voltagem DC e voltagem modificada aplicada na frequência apropriada, somente íons com um certo valor de m/z têm uma trajetória estável e são capazes de atravessar o quadrupolo até o fim e chegar ao detector. Os demais íons, com valores diferentes de m/z, têm oscilações erráticas e colidem com um dos tubos ou saem do quadrupolo. Um modo fácil de entender o analisador de massas com quadrupolo é como um filtro de massas ajustável. Em outras palavras, embora todos os íons entrem por uma extremidade, somente íons com um valor determinado de m/z passam através do filtro. Na prática, a filtração pode ser feita em velocidade muito alta, e toda a faixa de massas é analisada em tempo consideravelmente inferior a 1 segundo.

O desenvolvimento do QMF mudou para sempre a espectrometria de massas. O baixo custo e a facilidade de uso levaram a instrumentos de "bancada", o que, por sua vez, levou a seu uso diário por químicos e técnicos. Os tempos de varredura muito rápidos também permitiram o acoplamento do espectrometro de massas com quadrupolo ao cromatógrafo a gás.

No que diz respeito à resolução e à faixa de massas, o quadrupolo é, em geral, inferior ao setor magnético. Por exemplo, o limite superior atual da faixa de massas é, em geral, inferior a 5000 m/z. Por outro lado, a sensibilidade é, em geral, alta, porque não há necessidade do uso de fendas que removeriam parte dos íons. Uma vantagem importante dos quadrupolos é que sua eficiência é maior com íons de baixa velocidade, o que significa que suas fontes iônicas podem operar próximo ao potencial da terra, isto é, em baixas voltagens. Como os íons que entram têm energias normalmente inferiores a 100 eV, o espectrômetro de massas com quadrupolo é ideal para a interface com sistemas CL e para técnicas de ionização à pressão atmosférica (API), como a nebulização com elétrons (veja a Seção 1.3.3.2). Essas técnicas funcionam melhor com íons de baixa energia, de modo que menos colisões de alta energia ocorrem antes de sua entrada no quadrupolo.

1.4.3 Espectrometria de Massas por Captura de Íons

A espectrometria de massas por captura de íons (armadilha de íons com quadrupolo) é considerada às vezes uma variação do quadrupolo, porque resultou do desenvolvimento da pesquisa nos quadrupolos. Entretanto, a armadilha de íons é potencialmente muito mais versátil e claramente tem maior potencial de desenvolvimento. A armadilha de íons já teve má reputação, porque as primeiras versões tinham resultado inferior ao dos quadrupolos. Esses problemas foram solucionados, e, hoje, os espectros EI obtidos com armadilhas de íons podem ser comparados com espectros de bancos de dados comerciais. Além disso, as armadilhas de íons são mais sensíveis do que os quadrupolos, e as armadilhas de íons são rotineiramente configuradas para operações acopladas sem que haja necessidade de equipamentos especiais.

Em certo sentido, o nome armadilha de íons é apropriado, porque, ao contrário do quadrupolo, que age meramente como um filtro de massas, ela pode "prender" íons por tempos relativamente longos, com importantes consequências. O uso mais

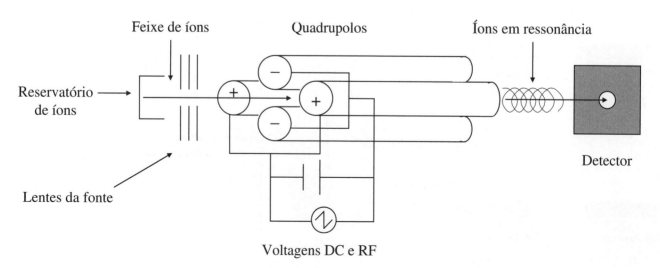

FIGURA 1.10 Esquema do "filtro de massas" com quadrupolo ou separação de íons.

simples dos íons presos é liberá-los em sequência para um detector, com produção de um espectro de massas convencional. Antes da breve descrição de outros usos dos íons presos, é conveniente olhar mais de perto a armadilha de íons.

A armadilha de íons é formada, em geral, por três eletrodos (daí ser chamado com frequência de armadilha de íons com quadrupolo 3D ou 3D QIT): um eletrodo em forma de anel com uma superfície interna hiperbólica e dois eletrodos tampões hiperbólicos em cada extremidade (a Figura 1.11 mostra uma seção de uma armadilha de íons). O eletrodo em anel é operado com um campo de radiofrequência em forma de senoide, e os eletrodos tampões em um de três modos: potencial da terra, com voltagem DC ou com voltagem AC.

A descrição matemática do movimento dos íons na armadilha de íons é dada pela equação de Mathieu. Mais detalhes e uma discussão dos diagramas tridimensionais de estabilidade dos íons podem ser encontrados em March e Hughes (1989) ou em Nourse e Cooks (1990). A beleza da armadilha de íons é que o controle dos três parâmetros de voltagem RF, voltagem AC e voltagem DC permite a fácil realização de uma grande quantidade de experimentos (para detalhes, veja March e Hughes, 1989).

Existem três modos básicos de operação da armadilha de íons. No primeiro, a armadilha de íons é operada com voltagem RF fixa e não há diferença de potencial DC entre os eletrodos tampões e o anel. Todos os íons acima de um determinado valor da razão m/z serão aprisionados. Quando a voltagem RF aumenta, o limite de m/z aumenta de forma controlada e os íons são ejetados e detectados sequencialmente. O resultado é um espectro de massas padrão, e o procedimento é chamado de modo de operação por "instabilidade seletiva das massas". Nesse modo de operação, o potencial RF máximo que pode ser aplicado aos eletrodos limita a massa. Os íons de massa superior ao limite são removidos após o retorno do potencial RF a zero.

O segundo modo de operação usa um potencial DC entre os eletrodos tampões. O resultado é que agora existem um limite superior e um limite inferior para m/z. As possibilidades de experimentos nesse modo de operação são muitas, e a maior parte das operações com as armadilhas de íons é feita desse modo. É possível selecionar até íons de uma só massa. O monitoramento seletivo é uma aplicação muito importante desse modo de operação. Não existe limite prático no número de massas de íons que podem ser selecionadas.

O terceiro modo de operação se assemelha ao segundo, com a diferença de que um campo oscilante auxiliar é colocado entre os eletrodos tampões, o que adiciona energia cinética de forma seletiva a um íon particular. Com um campo auxiliar de pequena amplitude, íons selecionados ganham energia cinética lentamente e durante esse tempo sofrem colisões e fragmentam-se. O resultado pode ser praticamente 100% de eficiência EM-EM. Se a sensibilidade inerente à armadilha de íons é associada à eficiência próxima de 100% do acoplamento EM-EM, as vantagens do uso da armadilha de íons para experimentos de EM acoplados ultrapassam em muito o chamado triplo quadrupolo (ver adiante).

Outra maneira de usar essa energia cinética adicional é eliminar seletivamente da armadilha os íons indesejados. Estes podem ser íons derivados do solvente ou da matriz em experimentos FAB ou LSIMS. A aplicação de um campo de frequência constante em alta voltagem durante o período de ionização faz com que um único íon seja eliminado. Íons múltiplos também podem ser selecionados nesse modo de operação.

1.4.4 Espectrômetro de Massas por Tempo de Voo

O conceito de espectrômetros de massas por tempo de voo (TOF) é simples. Os íons são acelerados por um potencial (V) e passam por um tubo até um detector. Se todos os íons que entram no tubo tiverem a mesma energia, dada por $zeV = mv^2/2$, então íons de massas diferentes terão velocidades diferentes:

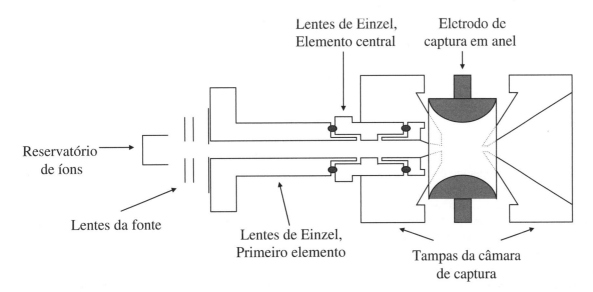

FIGURA 1.11 Seção transversal de uma câmara de captura de íons.

$v = (2zeV/m)^{1/2}$. Se o comprimento do tubo é L, o tempo de vida de um íon é dado por $t = (L^2m/2zeV)^{1/2}$, que permite facilmente o cálculo da massa de determinado íon.

O aspecto crítico desse instrumento, aparentemente tão simples, é a necessidade de produzir os íons em uma posição determinada e em um instante conhecido. Essas exigências geralmente limitam os espectrômetros TOF a técnicas de ionização pulsada, que incluem dessorção por plasma e com laser (por exemplo, MALDI, dessorção/ionização com laser e matriz).

A resolução dos instrumentos TOF é usualmente menor do que 20.000, porque é impossível evitar pequenas variações na energia dos íons. Como, também, as diferenças nos tempos de chegada dos íons ao detector podem ser inferiores a 10^{-7} s, eletrônica rápida é necessária para resolução adequada. No lado positivo, a faixa de massas desses instrumentos é virtualmente ilimitada, e, como os instrumentos com quadrupolo, eles têm sensibilidade excelente pela falta de fendas. Assim, a técnica é muito útil para biomoléculas de grande massa.

1.4.5 Espectrômetros de Massas com Transformações de Fourier

Em um espectrômetro de massas com transformações de Fourier (chamado antigamente de espectrômetro de massas com ressonância de íons com ciclotron), os íons são mantidos em uma célula sob um potencial elétrico de captura e um campo magnético intenso. No interior da célula, cada íon orbita em uma direção perpendicular à do campo magnético, com uma frequência proporcional ao m/z do íon. Um pulso de radiofrequência aplicado à célula faz com que todas as frequências cicloidais entrem em ressonância simultaneamente para dar um interferograma, conceitualmente semelhante ao sinal do decaimento livre induzido (FID) em RMN ou aos interferogramas gerados nos instrumentos de FTIR. O interferograma, que é um espectro no domínio do tempo, sofre uma transformação de Fourier para um espectro no domínio da frequência, que dá o espectro m/z convencional. A espectrometria pulsada com transformação de Fourier aplicada à espectrometria de ressonância magnética nuclear é discutida nos Capítulos 3, 4 e 5.

Como o instrumento é operado em uma intensidade de campo fixa, ímãs supercondutores de campo muito alto podem ser usados. Também, como a faixa de massas é diretamente proporcional à intensidade do campo magnético, é possível a detecção de massas muito altas. Por fim, como todos os íons de um mesmo evento de ionização podem ser capturados e analisados, o método é muito sensível e funciona bem com métodos pulsados de ionização. O aspecto mais atraente do método é sua alta resolução, que torna os espectrômetros de massas com transformações de Fourier uma excelente alternativa a outros analisadores de massas. O espectrômetro de massas com FT pode ser acoplado à instrumentação de cromatografia e a vários métodos de ionização, o que significa que ele pode ser usado com moléculas pequenas. Mais informações sobre os espectrômetros de massas FT podem ser encontradas no livro de Gross (1990).

1.4.6 Espectrometria de Massas em Sequência

A espectrometria de massas em sequência ou MS-MS ("MS ao quadrado") é útil em estudos de compostos conhecidos e desconhecidos. Com certas armadilhas de íons é possível conseguir MS à enésima potência ($MS^{(n)}$), com $n = 2$ a 9. Na prática, n raramente ultrapassa 2 ou 3. Na MS-MS, seleciona-se um íon "principal" da fragmentação inicial (a fragmentação inicial dá origem a um espectro de massas convencional) que se fragmenta novamente (espontaneamente ou por indução) para dar íons "filhos". Em misturas complexas, esses íons filhos fornecem evidência inequívoca da presença de um composto conhecido. No caso de compostos novos ou desconhecidos, esses íons filhos permitem a obtenção de muitas informações estruturais.

Um uso comum da MS-MS envolve a ionização de uma amostra impura, com recuperação seletiva de um íon característico do composto que está sendo estudado e obtenção de um espectro diagnóstico dos íons filhos produzidos por aquele íon. Isso permite a detecção inequívoca de um composto em uma amostra impura sem necessidade do uso de cromatografia ou outras técnicas de separação. Em outras palavras, MS-MS pode ser uma poderosa ferramenta de procura por compostos. Esse tipo de análise reduz a necessidade de separações complexas em muitas análises de rotina. Assim, por exemplo, a análise de amostra de urina humana (ou de outros animais, como cavalos de raça) para detecção de drogas ou seus metabólitos pode ser feita rotineiramente por MS-MS com a urina integral, isto é, sem separação ou purificação. No caso de compostos desconhecidos, esses íons filhos podem fornecer também informações estruturais valiosas.

Um modo de obtenção de MS-MS é ligar em série dois ou mais analisadores de massas para produzir um instrumento capaz de selecionar um único íon (um íon principal ou seus íons filhos) e analisar sua fragmentação. Por exemplo, três quadrupolos podem ser ligados (o chamado triplo quadrupolo) para produzir um espectrômetro de massas em sequência. Nesse arranjo, o primeiro quadrupolo seleciona um íon específico para análise, o segundo funciona como célula de colisão (decomposição por colisão induzida, CID) e é operado apenas por radiofrequência, e o terceiro quadrupolo separa os íons produzidos, fornecendo o espectro dos íons filhos. O campo da espectrometria de massas em sequência já está maduro e existem bons livros disponíveis (Benninghoven et al., 1987; Wilson et al., 1989).

Para que um instrumento possa fazer MS-MS, ele deve ser capaz de executar as três operações listadas anteriormente. Como vimos, entretanto, os sistemas de armadilhas de íons capazes de dar espectros MS-MS e $MS^{(n)}$ não colocam os analisadores de massas em sequência e usam uma única armadilha de íons para as três operações, simultaneamente. Como já dissemos, esses experimentos de espectrometria de massas em sequência são muito sensíveis e são agora de uso fácil. A armadilha de íons leva à bancada a capacidade de obtenção de espectros MS-MS a um preço relativamente baixo.

A Tabela 1.2 mostra um resumo dos analisadores de massas e métodos de ionização.

TABELA 1.2 Resumo dos Analisadores de Massas

Analisador de Massas	Faixa de Massas	Resolução	Sensibilidade	Vantagem	Desvantagem
Setor magnético	1–15.000 m/z	0,0001	Baixa	Alta resolução	Baixa sensibilidade Alto custo Exigências técnicas muito altas
Quadrupolo	1–5000 m/z	Unitária	Alta	Fácil de usar Baixo custo Alta sensibilidade	Baixa resolução Faixa de massas baixas
Armadilha de íons	1–5000 m/z	Unitária	Alta	Fácil de usar Baixo custo Alta sensibilidade MS em sequência (MS^n)	Baixa resolução Faixa de massas baixas
Tempo de voo	Sem limites	0,0001	Alta	Faixa de massas altas Desenho simples	Resolução muito alta
Transformação de Fourier	Até 70 kDa	0,0001	Alta	Resolução e faixa de massas muito alta	Alto custo Exigências técnicas muito altas

1.5 INTERPRETAÇÃO DOS ESPECTROS DE MASSA EI

Nossa discussão da interpretação dos espectros de massas ficará limitada à espectrometria de massas EI. A fragmentação dos espectros de massas EI é muito rica em informações estruturais, e os espectros de massas EI são particularmente úteis para o químico orgânico.

Obtêm-se rotineiramente os espectros de massas (EI) com o uso de um feixe de elétrons de 70 eV. O evento mais simples que ocorre é a remoção de um elétron da molécula na fase gás, com formação do íon molecular, um cátion-radical. Assim, por exemplo, o metanol forma um íon molecular no qual o ponto representa o elétron desemparelhado remanescente, como se pode ver no Esquema 1.1. Quando a carga pode ser localizada em determinado átomo, ela é representada sobre o átomo:

$$CH_3\overset{+\cdot}{\underset{..}{O}}H$$

$$CH_3OH + e^- \rightarrow CH_3OH^{+\cdot} (m/z\ 32) + 2e^-$$

(Esquema 1.1)

Muitos desses íons moleculares desintegram-se rapidamente em 10^{-10} a 10^{-3} s, para dar, no caso mais simples, um fragmento de carga positiva e um radical. Formam-se, então, muitos fragmentos iônicos que podem ser decompostos em fragmentos menores. O Esquema 1.2 mostra exemplos de possíveis quebras no caso do metanol.

$$CH_3OH^{+\cdot} \longrightarrow CH_2OH^+ (m/z\ 31) + H^\cdot$$
$$CH_3OH^{+\cdot} \longrightarrow CH_3^+ (m/z\ 15) + {}^\cdot OH$$
$$CH_2OH^+ \longrightarrow CHO^+ (m/z\ 29) + H_2$$

(Esquema 1.2)

Se alguns dos íons moleculares permanecerem intactos durante um tempo suficientemente longo para alcançar o detector, observa-se um pico correspondente ao íon molecular.

É importante identificar o pico do íon molecular porque ele fornece o peso molecular do composto. No caso da resolução unitária, o peso molecular assim obtido é o número inteiro mais próximo do peso molecular do composto.

Um espectro de massas é um gráfico que apresenta as massas dos fragmentos positivos (incluindo o íon molecular) em suas concentrações relativas. O pico mais intenso do espectro, chamado de pico base, tem arbitrariamente a intensidade 100%. As intensidades (altura do sinal × fator de sensibilidade) dos demais picos, incluindo o pico do íon molecular, aparecem na forma de percentagens do pico base. É claro que o pico do íon molecular pode ser, eventualmente, o pico base. Na Figura 1.1, o pico do íon molecular está em m/z 121 e o pico base em m/z 77.

Pode-se apresentar o espectro na forma de um gráfico ou de uma tabela. O gráfico tem a vantagem de mostrar sequências de fragmentação que, com a prática, podem ser facilmente reconhecidas. O gráfico deve ser feito, entretanto, de tal forma que seja fácil distinguir as unidades de massa. Ler o pico de m/z 79 como se fosse m/z 80, por exemplo, pode levar a enorme confusão. O pico do íon molecular é usualmente o de massa mais alta, sem contar os picos de isótopos.

1.5.1 Reconhecimento do Pico do Íon Molecular

Muito frequentemente, o reconhecimento do pico do íon molecular (M)$^+$ sob impacto de elétrons (EI) é um problema. Comumente, o pico é muito fraco e, às vezes, nem aparece. Como estar seguro de que o pico em questão é o pico do íon molecular e não o pico de um fragmento ou de uma impureza? Normalmente, a melhor solução é obter um espectro de ionização química da amostra (veja a Seção 1.3.1.2). Isso usualmente leva a um pico intenso em [M + 1]$^+$ e a muito pouca fragmentação.

Muitos dos picos podem ser descartados como possíveis íons moleculares em função de exigências estruturais razoáveis. A "regra do nitrogênio" é, com frequência, útil. A regra afirma que uma molécula de peso molecular par não contém nitrogênio ou contém um número par de átomos de nitrogênio. Moléculas de peso molecular ímpar contêm um número ímpar de átomos de nitrogênio.* Essa regra é válida para todos os compostos que contêm carbono, hidrogênio, oxigênio, nitrogênio, enxofre e halogênios, bem como muitos dos elementos menos comuns, como fósforo, boro, silício, arsênio e metais alcalinos.

Um corolário importante da regra é que a fragmentação de uma ligação simples dá um fragmento iônico ímpar a partir de um íon molecular par e um fragmento iônico par a partir de um íon molecular ímpar. Para que esse corolário funcione, é preciso que o fragmento iônico contenha todos os átomos de nitrogênio (se houver algum) do íon molecular.

A observação do modo de fragmentação, juntamente com outras informações, também ajuda na identificação do íon molecular. Lembre-se de que o Apêndice A contém fórmulas de fragmentos além de fórmulas moleculares. Algumas das fórmulas podem ser descartadas como triviais quando usadas na solução de problemas práticos.

A intensidade do pico do íon molecular depende de sua estabilidade. Os íons moleculares mais estáveis são os de sistemas puramente aromáticos. A presença de substituintes que se fragmentam facilmente faz com que o pico do íon molecular fique menos intenso e os picos de fragmentos relativamente mais intensos. Em geral, os seguintes grupos de compostos, em ordem decrescente, darão picos relativamente intensos do íon molecular: compostos aromáticos > alquenos conjugados > compostos cíclicos > sulfetos orgânicos > alcanos normais de cadeia curta > mercaptans. Picos do íon molecular que podem ser reconhecidos são usualmente produzidos (na ordem decrescente) no caso de: cetonas > aminas > ésteres > éteres > ácidos carboxílicos ~ aldeídos ~ amidas ~ halogenetos. O íon molecular com frequência não é observado em álcoois alifáticos, nitritos, nitratos, nitrocompostos, nitrilas e em compostos muito ramificados.

A presença de um pico em M − 15 (perda de CH_3), um pico em M − 18 (perda de H_2O) ou um pico em M − 31 (perda de OCH_3 em ésteres metílicos), e assim por diante, é tomada como confirmação de um pico do íon molecular. A presença de um pico M − 1 é comum. Ocasionalmente, observa-se a presença de um pico M − 2 (perda de H_2 por fragmentação ou termólise), e mesmo um raro pico em M − 3 (no caso de álcoois) é razoável. Picos na faixa de M − 3 a M − 14, porém, indicam a presença de contaminantes ou que o pico tomado como do íon molecular é, na verdade, um pico de fragmentação. Perdas de fragmentos de massas 19 a 25 são também incomuns (exceto pela perda de F = 19 ou HF = 20 em compostos fluorados). Perda de 16 (O), 17 (OH) ou 18 (H_2O) só acontece em moléculas que contêm um átomo de oxigênio.

1.5.2 Determinação da Fórmula Molecular

1.5.2.1 Íon de Massa Molecular Unitária e Picos de Isótopos

Até agora discutimos o espectro de massas em termos de resoluções unitárias. A massa unitária do íon molecular de C_7H_7NO (Figura 1.1) é *m/z* 121 — isto é, a soma das massas unitárias dos isótopos mais abundantes: $(7 \times 12 \text{ [para }^{12}C]) + (7 \times 1 \text{ [para }^{1}H]) + (1 \times 14 \text{ [para }^{14}N] + (1 \times 16 \text{ [para }^{16}O]) = 121$.

Além de moléculas com essa composição, existem espécies moleculares que contêm isótopos menos abundantes. Essas espécies dão origem aos "picos de isótopos" em M + 1, M + 2 etc. Na Figura 1.1, o pico M + 1 tem aproximadamente 8% da intensidade do pico do íon molecular, tomado para esse fim como tendo intensidade 100%. Os isótopos que contribuem para o pico M + 1 são ^{13}C, ^{2}H, ^{15}N e ^{17}O. A Tabela 1.3 mostra as abundâncias desses isótopos em relação ao isótopo de maior abundância. A única contribuição para o pico M + 2 de C_7H_7NO é ^{18}O, cuja abundância relativa é muito baixa. Por isso, o pico M + 2 não é detectado. Se apenas C, H, N, O, F, P e I estão presentes na molécula, as intensidades aproximadas esperadas para os picos M + 1 e M + 2, em percentagem relativa ao pico do íon molecular, podem ser calculadas com o auxílio das seguintes fórmulas para um composto de fórmula $C_nH_mN_xO_y$ (observação: F, P e I só têm um isótopo e podem ser ignorados no cálculo):

$$\% (M + 1) \approx (1{,}1 \cdot n) + (0{,}36 \cdot x) \text{ e } \% (M + 2) \approx (1{,}1 \cdot n)^2/200 + (0{,}2 \cdot y)$$

---

*Para que a regra do nitrogênio funcione, é preciso usar as massas atômicas unitárias (isto é, inteiras) para calcular as fórmulas de massas.

TABELA 1.3 Abundância Relativa dos Isótopos de Elementos Comuns

Elementos	Isótopo	Abundância Relativa	Isótopo	Abundância Relativa	Isótopo	Abundância Relativa
Carbono	^{12}C	100	^{13}C	1,11		
Hidrogênio	^{1}H	100	^{2}H	0,016		
Nitrogênio	^{14}N	100	^{15}N	0,38		
Oxigênio	^{16}O	100	^{17}O	0,04	^{18}O	0,2
Flúor	^{19}F	100				
Silício	^{28}Si	100	^{29}Si	5,1	^{30}SI	3,35
Fósforo	^{31}P	100				
Enxofre	^{32}S	100	^{33}S	0,78	^{34}S	4,4
Cloro	^{35}Cl	100			^{37}Cl	32,5
Bromo	^{79}Br	100			^{81}Br	98
Iodo	^{127}I	100				

Se os picos desses isótopos forem suficientemente intensos para serem medidos com acurácia, os cálculos anteriores podem ser úteis na determinação da fórmula molecular.*

Se enxofre, ou silício, estiver presente na molécula, o pico M + 2 será mais intenso. No caso de um único átomo de enxofre, ^{34}S contribuirá com 4,40%, aproximadamente, para o pico M + 2. No caso de um único átomo de silício na molécula, ^{30}Si contribuirá com 3,35% para o pico M + 2 (veja a Seção 1.6.15). Um único átomo de cloro contribui com 32,50% para o pico M + 2, enquanto um único átomo de bromo contribui com 98,00% para o pico M + 2. O efeito de vários átomos de bromo e de cloro está descrito na Seção 1.6.16. Observe o aparecimento de picos adicionais de isótopos no caso de muitos átomos de bromo e cloro. Obviamente, o espectro de massas deve ser sempre controlado para verificar a presença de picos M + 2, M + 4 e de isótopos mais elevados, e suas intensidades relativas devem ser cuidadosamente medidas. Note que F, P e I são monoisotópicos e podem ser difíceis de detectar.

Para a maior parte dos problemas deste texto, o íon molecular de resolução unitária, usado em conjunto com a técnica de IV e de RMN, será suficiente para determinar a fórmula molecular (use o Apêndice A). No caso de vários dos problemas mais difíceis, as fórmulas de massas de alta resolução — para uso com o Apêndice A (veja a Seção 1.5.2.2) — são fornecidas.

A Tabela 1.3 lista os principais isótopos estáveis dos elementos mais comuns e suas abundâncias relativas, calculadas com base em 100 moléculas que contêm o isótopo mais comum. Observe que esse tipo de apresentação é diferente de muitas tabelas de abundância de isótopos, em que a soma de todos os isótopos de um elemento atinge 100%.

1.5.2.2 Íon Molecular com Alta Resolução
Pode-se obter uma fórmula molecular (ou a fórmula de um fragmento), sem dubiedades, pela medida da massa com acurácia suficiente (espectrometria de massas de alta resolução). Isso é possível porque as massas dos nuclídeos não são números inteiros (veja a Tabela 1.4). Podem-se distinguir, por exemplo, em uma massa nominal de 28 as seguintes espécies: CO, N$_2$, CH$_2$N e C$_2$H$_4$. A massa exata de CO é: 12,0000 (para ^{12}C) + 15,9949 (para ^{16}O) = 27,9949. A massa exata de N$_2$ é: 2 × 14,0031 (para ^{14}N) = 28,0062. Cálculos semelhantes dão a massa exata de 28,0187 para CH$_2$N e 28,0312 para C$_2$H$_4$.

Assim, a massa observada no caso do íon molecular do CO, por exemplo, é a soma das massas exatas dos isótopos mais abundantes do carbono e do oxigênio. Esse valor difere do peso molecular do CO obtido a partir dos pesos atômicos, que são a média ponderada dos pesos de todos os isótopos naturais do elemento (por exemplo, C = 12,01; O = 15,999).

A Tabela 1.4 dá as massas dos nuclídeos mais comuns com quatro ou cinco casas decimais, bem como os pesos atômicos mais familiares (a média dos pesos dos átomos de cada elemento).

TABELA 1.4 Massas Exatas dos Isótopos

Elemento	Peso Atômico	Nuclídeo	Massa
Hidrogênio	1,00794	^{1}H	1,00783
		D(^{2}H)	2,01410
Carbono	12,01115	^{12}C	12,00000 (padrão)
		^{13}C	13,00336
Nitrogênio	14,0067	^{14}N	14,0031
		^{15}N	15,0001
Oxigênio	15,9994	^{16}O	15,9949
		^{17}O	16,9991
		^{18}O	17,9992
Flúor	18,9984	^{19}F	18,9984
Silício	28,0855	^{28}Si	27,9769
		^{29}Si	28,9765
		^{30}Si	29,9738
Fósforo	30,9738	^{31}P	30,9738
Enxofre	32,0660	^{32}S	31,9721
		^{33}S	32,9715
		^{34}S	33,9679
Cloro	35,4527	^{35}Cl	34,9689
		^{37}Cl	36,9659
Bromo	79,9094	^{79}Br	78,9183
		^{81}Br	80,9163
Iodo	126,9045	^{127}I	126,9045

O Apêndice A lista fórmulas de moléculas ou fragmentos, na ordem crescente de unidades de massa. Para cada unidade de massa, as fórmulas estão listadas segundo o sistema usado pelo *Chemical Abstract*. A massa dos fragmentos (FM) é dada com quatro decimais. O Apêndice A foi elaborado para manuseio, supondo que o estudante tenha obtido a massa molecular unitária em um espectrômetro de massas de resolução unitária, além de informações sobre a molécula provenientes de outros tipos de espectro. Observe que constam da tabela somente C, H, N e O.

1.5.3 Uso da Fórmula Molecular. Índice de Deficiência de Hidrogênios

Se os químicos orgânicos tivessem de escolher uma única informação entre todas as possíveis a partir de um espectro ou de manipulações químicas, eles certamente prefeririam conhecer a fórmula molecular.

Além do tipo e do número de átomos, a fórmula molecular dá também o índice de deficiência de hidrogênios. O índice de deficiência de hidrogênios é o número de *pares* de átomos de hidrogênio que devem ser removidos da fórmula "saturada" de modo a produzir a fórmula molecular do composto sob exame. O índice de deficiência de hidrogênios é também chamado de número de "graus (ou sítios) de insaturação". Essa denominação é insatisfatória, uma vez que o índice de deficiência de hidrogênios pode estar ligado a estruturas cíclicas ou a ligações múltiplas. O índice é, portanto, a soma do número de anéis com o número de ligações duplas e com duas vezes o número de ligações triplas.

O índice de deficiência de hidrogênios pode ser calculado para compostos que contêm carbono, oxigênio e enxofre, de fórmula molecular C$_n$H$_m$X$_x$N$_y$O$_z$, com a ajuda da fórmula

$$\text{Índice} = (n) - (m/2) - (x/2) + (y/2) + 1$$

---

*A medida de picos de baixa intensidade apresenta algumas dificuldades e limitações. A razão ^{13}C/^{12}C varia com a origem do composto — sintético ou natural. Produtos naturais provenientes de organismos ou regiões diferentes podem ser diferentes. Além disso, picos de isótopos podem ser mais intensos do que os valores calculados, porque as interações íon–molécula podem variar com a concentração da amostra ou com a classe do composto envolvido.

Assim, o composto C₇H₇NO tem índice igual a 7 − 3,5 + 0,5 + 1 = 5. Observe que os átomos divalentes (oxigênio e enxofre) não são contados na fórmula.

No caso da fórmula molecular geral $\alpha_I \beta_{II} \gamma_{III} \delta_{IV}$, o índice é igual a (IV) − (I/2) + (III/2)+ 1, em que α é H, D ou halogênios (isto é, qualquer átomo monovalente), β é O, S ou qualquer átomo divalente, γ é N, P ou qualquer átomo trivalente e δ é C, Si ou qualquer átomo tetravalente. Os números I a IV correspondem ao número de átomos mono, di, tri e tetravalentes, respectivamente.

Nos casos mais simples, pode-se chegar ao índice por comparação direta da fórmula de interesse com a fórmula molecular do composto saturado correspondente. Compare, por exemplo, C₆H₆ e C₆H₁₄. Nesse caso, o índice é 4 para o primeiro e 0 para o outro.

O índice no caso de C₇H₇NO é 5, e uma possível estrutura é a benzamida (veja a Figura 1.1). É claro que outros isômeros (isto é, compostos de mesma fórmula molecular) são possíveis, como

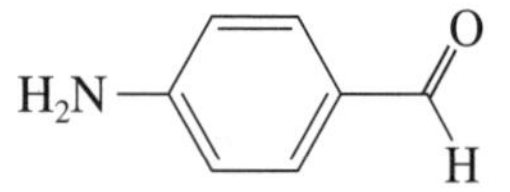

Note que o anel de benzeno corresponde a quatro "graus de insaturação": três para as três ligações duplas e um para o anel.

Estruturas "polares" devem ser usadas para compostos que contêm um átomo em um estado de valência superior, como enxofre ou fósforo. Assim, se tratarmos o enxofre em dimetil-sulfóxido (DMSO) como sendo formalmente um átomo divalente, o índice calculado, 0, é compatível com a estrutura da Figura 1.12. Devem-se usar sempre fórmulas com as camadas de valência completas, isto é, a regra do octeto de Lewis deve ser obedecida.

Do mesmo modo, se tratamos o nitrogênio do nitrometano como um átomo trivalente, o índice é 1, compatível com a Figura 1.12. Se tratarmos o fósforo como trivalente no óxido de trifenilfosfina, o índice é 12, compatível com a estrutura de Lewis da Figura 1.12. Como exemplo, examinemos a fórmula molecular C₁₃H₉N₂O₄BrS. O índice de deficiência de hidrogênios seria 13 − 10/2 + 2/2 + 1 = 10, e uma estrutura compatível seria

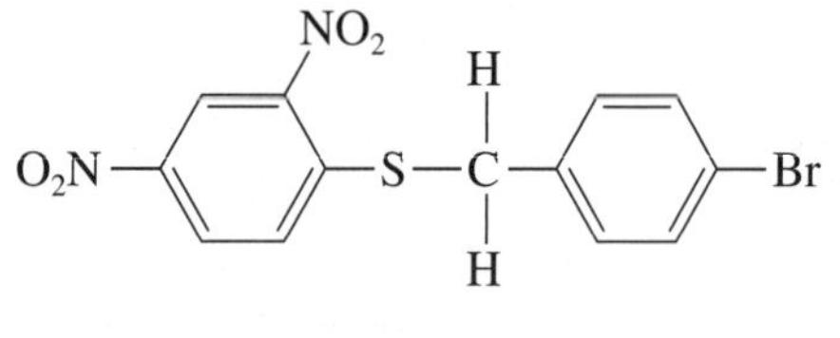

(O índice de deficiência de hidrogênios é igual a 4 por anel de benzeno e 1 por grupo NO₂.)

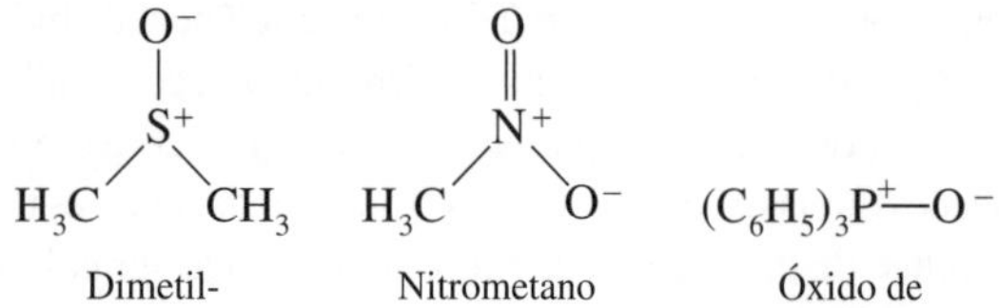

FIGURA 1.12 Estruturas de Lewis "polares" do dimetil-sulfóxido, do nitrometano e do óxido de trifenilfosfina que explicam corretamente o índice de deficiência de hidrogênio.

A fórmula do índice de deficiência de hidrogênios também pode ser aplicada a fragmentos iônicos e ao íon molecular. Quando aplicada a um íon que contém um número par de elétrons (isto é, em que todos os elétrons estão emparelhados), o resultado é sempre um múltiplo ímpar de 0,5. Assim, para C₇H₅O⁺ o índice é 5,5. Uma estrutura compatível é

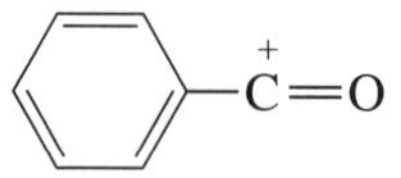

já que 5,5 pares de átomos de hidrogênio seriam necessários para obter a fórmula saturada correspondente C₇H₁₆O (C_nH_{2n+2}O). Fragmentos que contêm número ímpar de elétrons darão sempre valores inteiros para o índice de deficiência de hidrogênios.

Essas considerações simples dão ao químico informações estruturais importantes e fáceis de obter. Pode-se, por exemplo, decidir se um composto que contém um átomo de oxigênio é um éter ou um composto carbonilado contando-se o número de sítios insaturados. Muitas informações estruturais em potencial são facilmente confirmadas com informações dos espectros de IV e RMN (veja os Capítulos 2, 3 e 4).

1.5.4 Fragmentação

À primeira vista, provocar a fragmentação de uma molécula com um grande excesso de energia pode parecer um modo grosseiro de se obter a estrutura molecular. As correlações entre as sequências de fragmentação e as estruturas, entretanto, são elegantes, embora às vezes um tanto arbitrárias. O trabalho de pioneiros como McLafferty, Beynon, Stenhagen, Ryhage e Meyerson levou a alguns mecanismos racionais de fragmentação, habilmente sumariados e desenvolvidos por Biemann (1962), Budzikiewicz et al. (1967) e outros.

A tendência geral é representar o íon molecular com a carga deslocalizada. O método de Budzikiewicz et al. (1967), entretanto, localiza a carga positiva em uma ligação π (exceto em sistemas conjugados) ou em um heteroátomo. Mesmo que esse conceito não seja totalmente rigoroso, pelo menos é útil do ponto de vista pedagógico. Utilizaremos neste livro esse método de representação do íon molecular.

As estruturas **A**, **B** e **C** da Figura 1.13, por exemplo, representam o íon molecular do ciclo-hexadieno. A estrutura **A** é deslocalizada e tem um elétron a menos em relação ao dieno original que é neutro. O elétron desemparelhado e a carga positiva estão deslocalizados em todo o sistema π. Como o elétron removido para formar o íon molecular é um elétron π, outras estruturas como **B** ou **C** (estruturas de ligação de valência) podem ser também usadas. Estruturas como **B** e **C**

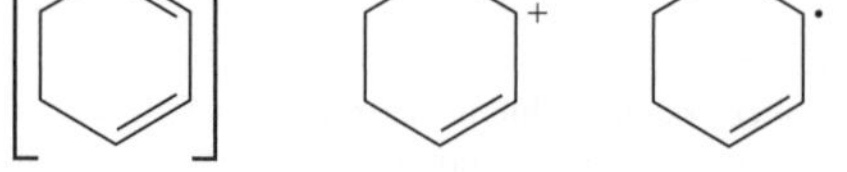

FIGURA 1.13 Representações diferentes do cátion-radical do ciclo-hexadieno.

têm o elétron e a carga positiva localizados e são úteis na descrição de processos de fragmentação.

A fragmentação é iniciada por impacto de elétrons. Como resultado do impacto, uma pequena parte da energia necessária para a fragmentação é transferida. O importante para a fragmentação é o caráter de cátion-radical adotado pela estrutura.

A fragmentação do íon molecular (o cátion-radical M$^{\bullet+}$) que contém um número ímpar de elétrons pode ocorrer por quebra homolítica ou heterolítica de uma ligação simples. Na quebra homolítica (Esquema 1.3, *I*), cada elétron se "desloca" de forma independente, como mostram as setas (usam-se setas de uma farpa). Nesse caso, os fragmentos são um cátion com número par de elétrons e um radical livre (com número ímpar de elétrons). Para evitar confusão, costuma-se mostrar apenas uma das setas de cada par (Esquema 1.3, *II*). Na quebra heterolítica, um par de elétrons desloca-se na direção da carga positiva, como mostra a seta curva convencional. Os fragmentos são também um cátion com um número par de elétrons e um radical, mas aqui a carga aparece no cátion alquila (Esquema 1.3, *III*).

I $\quad CH_3-CH_2-\overset{+}{O}-R \rightarrow \dot{C}H_3 + H_2C=\overset{+}{O}-R$

II $\quad CH_3-CH_2-\overset{+}{O}-R \rightarrow \dot{C}H_3 + H_2C=\overset{+}{O}-R$

III $\quad CH_3-CH_2-CH_2-\overset{\bullet+}{Br} \rightarrow CH_3-CH_2-CH_2^+ + \dot{B}r$

IV $\quad CH_3-CH_2-CH_2^+ \rightarrow CH_3^+ + H_2C=CH$

(Esquema 1.3)

Na ausência de anéis (cuja fragmentação exige a quebra de duas ou mais ligações), a maior parte dos fragmentos importantes de um espectro de massas corresponde a cátions com um número par de elétrons formados, como mostrado anteriormente, por quebra simples. A fragmentação posterior desses cátions leva usualmente a um outro cátion com número par de elétrons e a uma molécula neutra ou fragmento com número par de elétrons (Esquema 1.3, *IV*).

A quebra simultânea ou consecutiva de várias ligações pode ocorrer quando o resultado é a formação de um cátion muito estável, um radical estável ou uma molécula neutra. O processo segue, com frequência, um caminho bem definido de baixa energia. Esses processos serão tratados na Seção 1.5.5 (rearranjos) e na Seção 1.6, na qual são comentadas as várias classes químicas.

A probabilidade de quebra de determinada ligação está relacionada com a energia da ligação, a possibilidade de transições de baixa energia e a estabilidade dos fragmentos neutros e carregados formados no processo de fragmentação. Nosso conhecimento dos processos de pirólise pode, até certo ponto, ser utilizado na previsão dos modos mais prováveis de quebra do íon molecular. Por causa da pressão de vapor muito baixa no interior do espectrômetro de massas, ocorrem poucas colisões que levam a fragmentos. As fragmentações observadas são essencialmente processos unimoleculares de decomposição. Essa suposição, baseada em uma enorme coleção de espectros de referência, é o ponto de partida da imensa quantidade de informações disponíveis nos processos de fragmentação de uma molécula. Enquanto a química orgânica convencional trata de reações iniciadas por reagentes químicos, energia térmica ou luz, a espectrometria de massas trata dos efeitos que sofrem as moléculas orgânicas sob pressão de vapor de aproximadamente 10^{-6} mmHg quando ionizadas por um feixe de elétrons.

O uso de alguns conceitos fundamentais de físico-química orgânica permite estabelecer regras gerais de previsão dos picos mais intensos de um espectro obtido por impacto de elétrons.

1. O íon do pico molecular tem maior altura relativa nos compostos de cadeia linear. A intensidade diminui à medida que o grau de ramificação aumenta (veja a regra 3).
2. A intensidade relativa do pico do íon molecular usualmente diminui com o aumento do peso molecular em uma série homóloga. Os ésteres graxos parecem ser uma exceção.
3. O processo de quebra é favorecido nas ligações dos átomos de carbono ramificados. Quanto mais ramificado o átomo de carbono, mais provável é a quebra. Isso é uma consequência da maior estabilidade dos carbocátions terciários em relação aos secundários e destes em relação aos primários. De modo geral, a maior ramificação é mais rapidamente eliminada como radical. Presume-se que isso ocorra porque um radical de cadeia longa pode alcançar alguma estabilidade por deslocalização do elétron desemparelhado.

Ordem de estabilidade dos cátions:

$$CH_3^+ < R_2CH_2^+ < R_3CH^+ < R_3C^+$$

4. Ligações duplas, estruturas cíclicas e, especialmente, anéis aromáticos (ou heteroaromáticos) estabilizam o íon molecular, aumentando a probabilidade de sua formação.
5. As ligações duplas favorecem a quebra alílica e dão origem a carbocátions alila estabilizados por ressonância. Essa regra não funciona para alquenos simples por causa da migração rápida da ligação dupla, mas funciona para cicloalquenos.
6. Os anéis saturados tendem a perder as cadeias laterais na ligação α. Esse é um caso especial da regra das ramificações (regra 3). A carga positiva tende a ficar no fragmento cíclico. Veja o Esquema 1.4.

$$\left[\underset{}{\bigcirc}R\right]^{\bullet+} \xrightarrow{-R^{\bullet}} \underset{}{\bigcirc}^+$$

(Esquema 1.4)

Os anéis insaturados podem sofrer uma reação do tipo retro-Diels-Alder (veja o Esquema 1.5).

$$\left[\bigcirc\right]^{\bullet+} \rightarrow \left[\bigcirc\right]^{\bullet+} + \begin{matrix}CH_2\\ \| \\ CH_2\end{matrix}$$

(Esquema 1.5)

18 CAPÍTULO 1

7. Nos compostos aromáticos alquil substituídos, a quebra é mais provável na ligação β em relação ao anel para dar o íon benzila, estabilizado por ressonância, ou, como é mais provável, o íon tropílio (veja o Esquema 1.6).

(Esquema 1.6)

8. As ligações C—C próximas de um heteroátomo frequentemente se quebram, deixando a carga no fragmento que contém o heteroátomo, cujos elétrons não ligantes estabilizam o fragmento por ressonância.
9. As quebras estão frequentemente associadas à eliminação de moléculas pequenas, neutras e estáveis, como monóxido de carbono, alquenos, água, amônia, sulfeto de hidrogênio, cianeto de hidrogênio, mercaptans, ceteno ou álcoois, muitas vezes com rearranjo (Seção 1.5.5).

Deve-se ter sempre em mente que as regras de fragmentação anteriores aplicam-se à espectrometria de massas por impacto de elétrons. Como outras técnicas de ionização (CI etc.) produzem íons moleculares com energia muito baixa ou íons quasimoleculares com modos de fragmentação muito diferentes, outras regras governam sua fragmentação.

1.5.5 Rearranjos

Os íons rearranjados são fragmentos cuja formação não pode ser descrita pela quebra simples de ligações do íon principal. Eles são produzidos pelo rearranjo intramolecular dos átomos durante a fragmentação. São muito comuns os rearranjos que envolvem migração de átomos de hidrogênio em moléculas que contêm heteroátomos. Um exemplo importante é o chamado rearranjo de McLafferty, ilustrado no Esquema 1.7 para o caso geral.

(Esquema 1.7)

Para que o rearranjo de McLafferty seja possível, a molécula deve ter um heteroátomo em uma posição apropriada (oxigênio, por exemplo), um sistema π (usualmente uma ligação dupla) e um átomo de hidrogênio, que possa ser abstraído, na posição γ em relação à carbonila.

Esses rearranjos levam frequentemente a picos intensos característicos e são, por isso, muito úteis na identificação de estruturas. Eles são usualmente interpretados na base de transições de baixa energia e no aumento de estabilidade dos produtos. Os rearranjos que resultam na eliminação de uma molécula neutra e estável são comuns (por exemplo, o alqueno produzido no rearranjo de McLafferty) e serão encontrados adiante na discussão dos espectros de massas característicos das classes químicas.

Os picos de rearranjo com perda de uma molécula neutra, podem ser reconhecidos pela massa (m/z) dos fragmentos e dos íons moleculares correspondentes. A quebra simples (sem rearranjo) de um íon molecular de massa par dá origem a um íon de massa ímpar, e a quebra simples de um íon molecular de massa ímpar dá origem a um fragmento de massa par. A observação de um fragmento com massa diferente de uma unidade da esperada para o fragmento resultante da quebra simples (por exemplo, um fragmento de massa par originado de um íon molecular de massa par) indica que um rearranjo de hidrogênio acompanhou a fragmentação. Os picos de rearranjo podem ser reconhecidos considerando-se o corolário da "regra do nitrogênio" (Seção 1.5.1). Assim, um pico de massa par proveniente de um íon molecular de massa par é o resultado de duas quebras que podem envolver um rearranjo.

Rearranjos aparentemente aleatórios de hidrocarbonetos foram observados no início do desenvolvimento da espectrometria de massas na indústria de petróleo. Por exemplo, o rearranjo do cátion-radical *neo*-pentila ao cátion etila, mostrado no Esquema 8, desafia uma explicação direta.

(Esquema 1.8)

1.6 ESPECTROS DE MASSAS DE ALGUMAS CLASSES QUÍMICAS

Os espectros de massas de algumas classes químicas serão descritos brevemente nesta seção, com ênfase nos aspectos mais úteis para a identificação de estruturas. Para mais detalhes, devem-se consultar as referências citadas (em particular, o trabalho de Budzikiewicz, Djerassi e Williams, 1967). Existem bancos de dados comerciais na forma impressa e como parte integrante dos instrumentos. As referências são mais seletivas do que exaustivas. O Apêndice B dá uma tabela dos fragmentos iônicos encontrados com mais frequência. O Apêndice C fornece uma tabela de fragmentos (neutros) que são comumente eliminados e algumas inferências estruturais.

Existem compilações mais completas dos fragmentos iônicos mais comuns (veja as Referências).

1.6.1 Hidrocarbonetos

1.6.1.1 Hidrocarbonetos Saturados
Muito do trabalho inicial em espectrometria de massas foi feito com hidrocarbonetos de interesse da indústria do petróleo. As regras 1 a 3 (Seção 1.5.4) aplicam-se de forma bastante geral. Picos de rearranjo, embora frequentes, não são, em geral, intensos (rearranjos aleatórios), e muitos espectros de referência estão disponíveis.

O pico do íon molecular de um hidrocarboneto linear saturado é sempre observado em compostos de cadeia longa, embora com baixa intensidade. A sequência de fragmentação é caracterizada por aglomerados de picos afastados uns dos outros por 14 unidades de massa (—CH_2—). O maior pico em cada aglomerado corresponde a um fragmento C_nH_{2n+1} que ocorre em $m/z = 14n + 1$ e é acompanhado por fragmentos C_nH_{2n} e C_nH_{2n-1}. Os picos mais intensos ocorrem em C_3 e C_4, e suas intensidades diminuem de modo logarítmico até $[M - C_2H_5]^+$. O pico $[M - CH_3]^+$ é caracteristicamente fraco ou mesmo inexistente. Os compostos com oito ou mais átomos de carbono têm espectros muito semelhantes, e sua identificação depende fundamentalmente, então, do pico do íon molecular.

Os espectros dos hidrocarbonetos saturados ramificados são semelhantes aos dos hidrocarbonetos de cadeia linear, porém a diminuição progressiva das intensidades dos aglomerados é perturbada pelas fragmentações preferenciais correspondentes a cada ramificação. A diminuição suave das intensidades no caso do n-alcano da Figura 1.14 (no alto) é perturbada pela descontinuidade em C_{12} do alcano ramificado (Figura 1.14, embaixo). Essa descontinuidade indica que a ramificação mais longa do 5-metil-pentadecano tem 10 átomos de carbono.

Na Figura 1.14 (embaixo), os picos em m/z 169 e 85 correspondem à quebra em cada lado da ramificação, com retenção de carga no átomo de carbono substituído. A subtração da soma desses fragmentos do peso molecular identifica o fragmento —CH—CH_3. Observe, novamente, a ausência do fragmento C_{11}, que não pode ser formado por uma única quebra. Por fim, a presença de um pico M − 15 distinto confirma a presença de uma ramificação metila. O fragmento produzido na quebra de uma ramificação tem tendência a perder um átomo de hidrogênio, de modo que o pico C_nH_{2n} resultante é importante e é, às vezes, mais intenso do que o pico C_nH_{2n+1} correspondente.

A presença de um anel saturado em um hidrocarboneto aumenta a intensidade relativa do pico do íon molecular e favorece a quebra da ligação entre o anel e o restante da molécula (regra 6, Seção 1.5.4). A fragmentação do anel caracteriza-se pela perda de dois átomos de carbono como C_2H_4 (28) e C_2H_5 (29). Essa tendência de perda de fragmentos de massa par, como C_2H_4, produz espectros que contêm uma proporção maior de íons de massa par do que geralmente ocorre com os hidrocarbonetos acíclicos. Como no caso dos hidrocarbonetos ramificados, a quebra de ligações C—C é acompanhada pela perda de um átomo de hidrogênio. Os picos característicos estão, portanto, nas séries C_nH_{2n-1} e C_nH_{2n-2}.

O espectro de massas do ciclo-hexano (Figura 1.15) mostra um pico do íon molecular muito mais intenso do que o dos compostos acíclicos porque a fragmentação exige a clivagem de duas ligações carbono-carbono. Esse espectro tem o pico base em m/z 56 (pela perda de C_2H_4) e um pico intenso em m/z 41, que é um fragmento da série C_nH_{2n-1}, com $n = 3$.

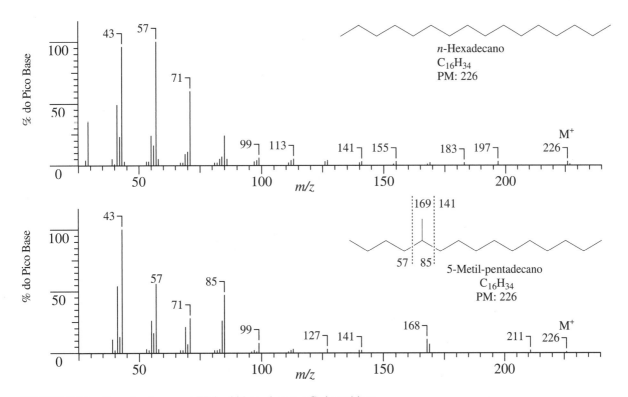

FIGURA 1.14 Espectro de massas EI dos hidrocarbonetos C_{16} isoméricos.

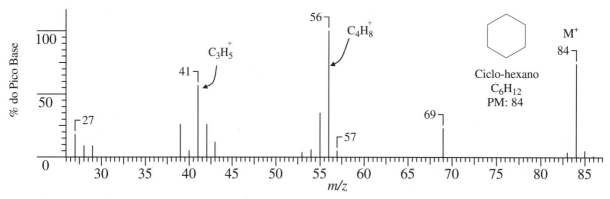

FIGURA 1.15 Espectro de massas EI do ciclo-hexano.

1.6.1.2 Alquenos (Olefinas)

O pico do íon molecular dos alquenos, especialmente os polialquenos, é normalmente fácil de observar. A localização da ligação dupla em alquenos acíclicos é difícil pela facilidade de migração da carga nos fragmentos. Nos alquenos cíclicos (especialmente nos policíclicos), a localização da ligação dupla é frequentemente evidente como resultado da forte tendência à quebra alílica sem muita migração da ligação dupla (regra 5, Seção 1.5.4). A conjugação com um grupamento carbonila também fixa a posição da ligação dupla. Como no caso dos hidrocarbonetos saturados, os alquenos acíclicos são caracterizados por aglomerados de picos observados em intervalos de 14 unidades. Nesses aglomerados, os picos C_nH_{2n-1} e C_nH_{2n} são mais intensos do que os picos C_nH_{2n+1}.

O espectro de massas do β-mirceno, um monoterpeno, aparece na Figura 1.16. Os picos em m/z 41, 55 e 69 correspondem à fórmula C_nH_{2n-1} com n = 3, 4 e 5, respectivamente. A formação do pico em m/z 41 deve envolver isomerização. Os picos em m/z 67 e 69 são os fragmentos resultantes de clivagem bialílica, mostrada no Esquema 1.9.

(Esquema 1.9)

O pico em m/z 93 é explicado no Esquema 1.10 como uma estrutura de fórmula $C_7H_9^+$ formada por isomerização (que aumenta a conjugação), seguida por clivagem alílica. O íon em m/z 93 tem pelo menos duas formas de ressonância importantes que contribuem para sua estabilidade. Encorajamos o leitor, a título de exercício, que as escreva.

(Esquema 1.10)

Os alquenos cíclicos mostram habitualmente um pico do íon molecular distinto. Pode ocorrer um modo especial de quebra semelhante a uma reação *retro*-Diels-Alder. O Esquema 1.11 ilustra essa reação para o caso do limoneno (veja a Figura 1.17). A reação *retro*-Diels-Alder do exemplo dá duas moléculas de isopreno. Como a reação é um exemplo de rearranjo, um dos dois fragmentos isopreno é uma molécula neutra.

(Esquema 1.11)

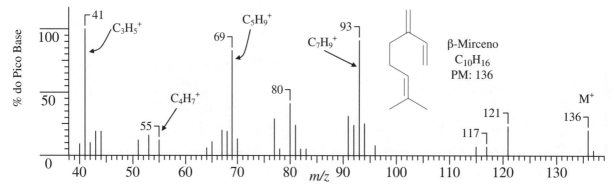

FIGURA 1.16 Espectro de massas EI do β-mirceno.

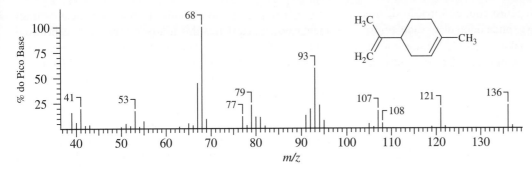

FIGURA 1.17 Espectro de massas EI do limoneno.

1.6.1.3 Hidrocarbonetos Aromáticos e Alquil-aromáticos
A existência de um anel aromático na molécula estabiliza o pico do íon molecular (regra 4, Seção 1.5.4), que, por sua vez, costuma ser suficientemente intenso para permitir a medida razoavelmente precisa dos picos M + 1 e M + 2.

A Figura 1.18 mostra o espectro de massas do naftaleno. O pico do íon molecular é também o pico base, e a intensidade do pico do maior fragmento, m/z 51, é 12,5% do pico do íon molecular.

Um pico intenso (frequentemente o pico base) em m/z 91 ($C_6H_5CH_2^+$) indica um anel de benzeno com cadeia lateral alquila. Ramificações no carbono α da cadeia lateral levam a massas superiores a 91 por incrementos de 14 unidades, e o substituinte maior é eliminado mais rapidamente (regra 3, Seção 1.5.4). A observação isolada da presença do pico de massa 91 não implica a inexistência de ramificação no carbono α, porque esse fragmento, muito estável, pode resultar de rearranjos. Um pico M – 1 distinto e, às vezes, intenso resulta da clivagem benzílica semelhante de uma ligação C—H.

Existem propostas de que, na maior parte dos casos, o íon de massa 91 é o cátion tropílio e não o cátion benzila. Isso explicaria a perda fácil de um grupo metila dos xilenos, que parece violar a regra 7 (Esquema 1.12, veja a Figura 1.19). Por comparação, o tolueno não perde facilmente um grupo metila. O íon molecular incipiente do xileno rearranja-se rapidamente ao íon radical metil-ciclo-heptatrieno, que, por sua vez, quebra-se para dar o íon tropílio ($C_7H_7^+$). Costuma-se observar, igualmente, um pico em m/z 65 produzido pela eliminação de uma molécula neutra de acetileno do íon tropílio.

(Esquema 1.12)

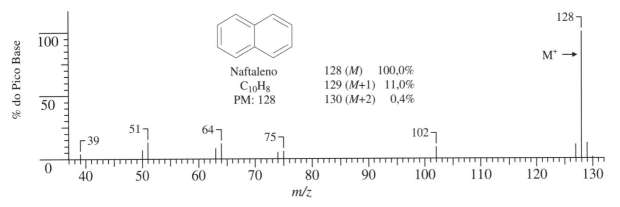

FIGURA 1.18 Espectro de massas EI do naftaleno.

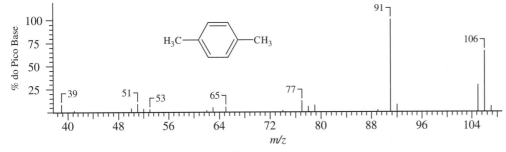

FIGURA 1.19 Espectro de massas EI do p-xileno.

A migração de um hidrogênio com eliminação de uma molécula neutra de alqueno explica o íon observado em *m/z* 92 quando o grupo alquila é maior do que C₂. O Esquema 1.13 ilustra esse ponto com um exemplo geral. Observe que este é outro exemplo de rearranjo.

(Esquema 1.13)

Um aglomerado característico de íons provenientes da clivagem α e migração de hidrogênio aparece, no caso de monoalquil-benzenos, em *m/z* 77 (C₆H₅⁺), 78 (C₆H₆⁺) e 79 (C₆H₇⁺).

Os hidrocarbonetos aromáticos policíclicos alquilados e as polifenilas alquiladas costumam mostrar o mesmo padrão de fragmentação β observado nos alquil-benzenos.

1.6.2 Compostos Hidroxilados

1.6.2.1 Álcoois O pico do íon molecular de álcoois primários e secundários é usualmente pouco intenso e é de observação muito difícil no caso de álcoois terciários. O íon molecular do 1-pentanol é extremamente fraco em comparação com seus homólogos mais próximos. Técnicas especiais, como ionização química ou derivatização, devem ser utilizadas na determinação do peso molecular desses compostos.

Ocorre frequentemente a quebra da ligação C—C vizinha do átomo de oxigênio (regra 8, Seção 1.5.4). Assim, os álcoois primários mostram um pico intenso devido a ⁺CH₂—OH (*m/z* 31). Álcoois secundários e terciários fragmentam-se de modo semelhante para dar um pico intenso devido a ⁺CHR—OH (*m/z* 45, 59, 73 etc.) e ⁺CRR′—OH (*m/z* 59, 73, 87 etc.), respectivamente. O substituinte maior é expelido mais rapidamente (regra 3). Ocasionalmente, a ligação C—H próxima do átomo de oxigênio quebra-se. Esse caminho de fragmentação menos favorecido (ou mínimo) leva a picos M – 1.

Além da quebra da ligação C—C próxima do átomo de oxigênio, os álcoois primários mostram uma série homóloga de picos cuja intensidade decresce progressivamente, que é proveniente da quebra de ligações C—C sucessivamente mais afastadas do átomo de oxigênio. Em álcoois de cadeia longa (>C₆), a fragmentação é dominada pela sequência de fragmentação característica dos hidrocarbonetos. O espectro é muito semelhante, na verdade, ao do alqueno correspondente. O espectro nas vizinhanças do pico do íon molecular, muito fraco e frequentemente inexistente, é, às vezes, complicado pela presença dos picos fracos M – 2 e M – 3.

Um pico distinto e, às vezes, intenso de perda de água pode normalmente ser encontrado em M – 18. Esse pico é observado com mais facilidade no espectro dos álcoois primários. Essa eliminação por impacto de elétrons tem sido interpretada por um mecanismo de perda de um hidrogênio δ (Esquema 1.14 *I*). Um mecanismo semelhante pode ser escrito em que ocorre perda de um hidrogênio γ. O pico M – 18 é frequentemente exagerado pela decomposição térmica dos álcoois superiores nas paredes quentes da câmara de injeção. A eliminação de água juntamente com um alqueno, no caso de álcoois primários (veja o Esquema 1.14 *II*), explica a presença de um pico em M – (alqueno + H₂O), isto é, picos em M – 46, M – 74, M – 102, ...

(Esquema 1.14)

Os álcoois que contêm grupos metila como ramificações (por exemplo, álcoois terpênicos) mostram, com frequência, um pico razoavelmente intenso em M – 33 resultante da perda de CH₃ e H₂O.

Os álcoois cíclicos sofrem fragmentação por caminhos mais complicados. O ciclo-hexanol, por exemplo (M = *m/z* 100) (Figura 1.20), forma C₆H₁₁O⁺ por perda de hidrogênio α, perde H₂O para formar C₆H₁₀⁺ (que parece corresponder a mais de uma estrutura bicíclica em ponte) e forma C₃H₅O⁺ (*m/z* 57) por um mecanismo complexo de quebra do anel.

A existência de um pico em *m/z* 31 (veja anteriormente) é um diagnóstico positivo quase certo para um álcool primário, desde que esse pico seja mais intenso do que os picos em *m/z* 45, 59, 73… No entanto, o primeiro íon que se forma no caso de um álcool secundário pode eventualmente decompor-se para dar um íon moderadamente intenso em *m/z* 31.

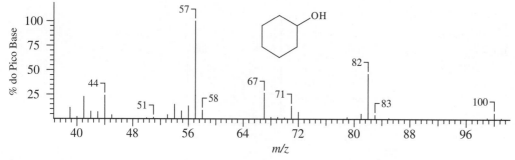

FIGURA 1.20 Espectro de massas EI do ciclo-hexanol.

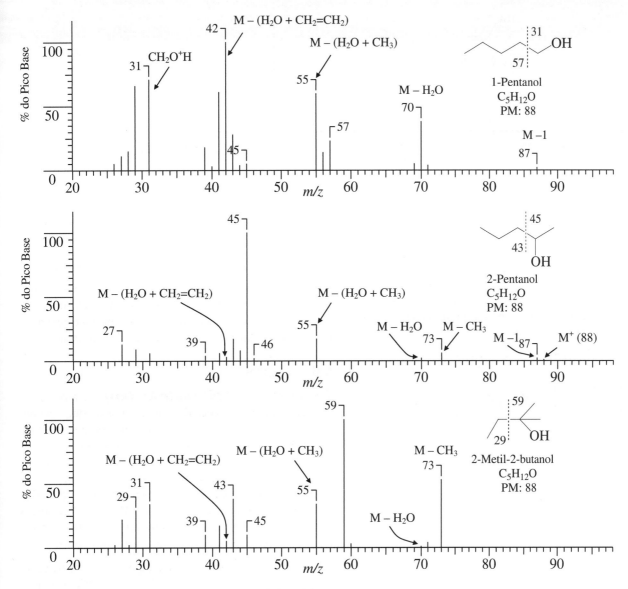

FIGURA 1.21 Espectro de massas EI dos pentanóis isoméricos.

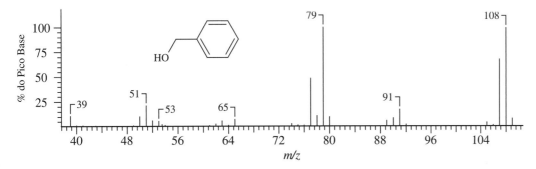

FIGURA 1.22 Espectro de massas EI do álcool benzílico.

A Figura 1.21 mostra os espectros característicos de álcoois de cinco carbonos, primários, secundários e terciários.

O álcool benzílico e seus homólogos e análogos substituídos formam uma classe distinta. O pico base é geralmente intenso. Um pico de benzila (M − OH) de intensidade moderada pode ocorrer em consequência da quebra β em relação ao anel. Uma sequência complicada leva a picos intensos em M − 1, M − 2, M − 3. O álcool benzílico propriamente dito (Figura 1.22) fragmenta-se para fornecer, em sequência, o íon M − 1, o íon $C_6H_7^+$, por perda de CO, e o íon $C_6H_5^+$, por eliminação de H_2 (veja o Esquema 1.15).

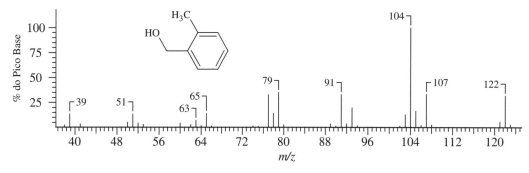

FIGURA 1.23 Espectro de massas EI do álcool *o*-metilbenzílico.

A perda de H₂O para dar um pico distinto em M – 18 é comum. O pico é especialmente intenso e, em alguns álcoois benzílicos substituídos na posição *orto*, é produzido por um mecanismo simples (veja a Figura 1.23). A perda de água, mostrada no Esquema 1.16, funciona igualmente com um átomo de oxigênio na posição *orto* (um fenol). Os picos em *m/z* 77, 78 e 79 provenientes de uma degradação complexa são importantes aqui também.

(Esquema 1.15)

(Esquema 1.16)

1.6.2.2 Fenóis Um pico de íon molecular intenso facilita a identificação dos fenóis. No fenol propriamente dito, o pico do íon molecular é o pico base, e o pico M – 1 é pouco intenso. Nos cresóis, o pico M – 1 é maior do que o pico do íon principal em consequência da clivagem fácil do C—H de benzila. Um pico de rearranjo em *m/z* 77 e picos resultantes da perda de CO (M – 28) e CHO (M – 29) são usualmente encontrados nos em dos fenóis.

A Figura 1.24 mostra o espectro de massas do etil-fenol, um fenol típico. Ele torna claro que um grupo metila é eliminado muito mais facilmente do que um átomo de hidrogênio α.

1.6.3 Éteres

1.6.3.1 Éteres Alifáticos (e Acetais) O pico do íon molecular (duas unidades de massa maior do que a de um hidrocarboneto análogo) é pouco intenso, porém é sempre possível aumentar a quantidade de amostra de modo a torná-lo evidente ou fazer aparecer o pico M + 1 (proveniente da transferência de H˙ durante a colisão íon-molécula).

A presença de um átomo de oxigênio pode ser deduzida pelos picos intensos observados em *m/z* 31, 45, 59, 73... Esses picos correspondem aos fragmentos RO⁺ e ROCH₂⁺. A fragmentação ocorre segundo duas sequências principais:

1. Quebra da ligação C—C próxima do átomo de oxigênio (ligação α, β, regra 8, Seção 1.5.4). Um ou outro desses íons contendo oxigênio pode corresponder ao pico base. No caso da Figura 1.25, a primeira quebra (isto é, a que ocorre no átomo de carbono ramificado com eliminação do fragmento maior) é preferencial. O fragmento inicialmente formado, entretanto, decompõe-se com frequência para dar o pico base. Esse processo é importante quando o carbono α é ramificado (veja o rearranjo de McLafferty, Seção 1.5.5).

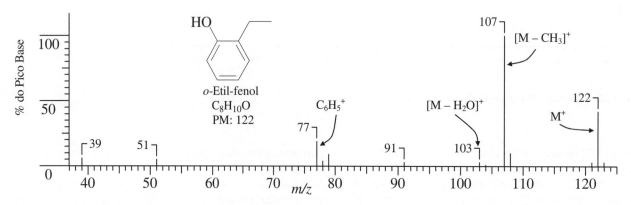

FIGURA 1.24 Espectro de massas EI do *o*-etil-fenol.

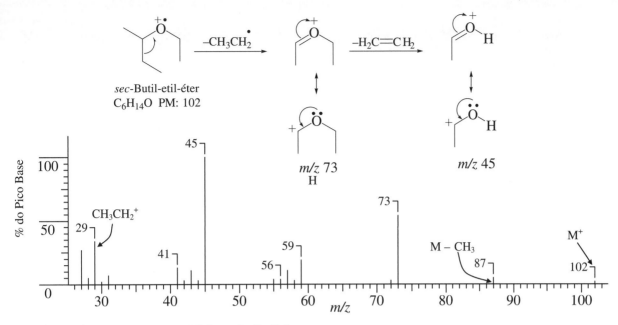

FIGURA 1.25 Espectro de massas EI do *sec*-butil-etil-éter.

2. Quebra da ligação C—O com a carga permanecendo no fragmento alquila. O espectro dos éteres de cadeia longa é dominado pelo modelo de fragmentação dos hidrocarbonetos.

Os acetais são uma classe especial de éteres. Seus espectros de massas são caracterizados por um pico do íon molecular extremamente fraco, por picos intensos em M – R e M – OR (e/ou M – OR′), e por um pico pouco intenso em M – H. As sequências que levam a esses fragmentos são facilitadas pela presença do átomo de oxigênio. Como de hábito, a eliminação do grupo maior é preferencial. Como no caso dos éteres alifáticos, os fragmentos inicialmente formados que contêm oxigênio podem decompor-se com rearranjo de hidrogênio e eliminação de alqueno. Os cetais comportam-se de modo semelhante.

$$R\!-\!\!\overset{\overset{\displaystyle H}{|}}{\underset{\underset{\displaystyle OR'}{|}}{C}}\!-\!OR$$

1.6.3.2 Éteres Aromáticos
O pico do íon molecular dos éteres aromáticos é intenso. A quebra primária ocorre na ligação β ao anel, com decomposição subsequente do íon primário. Assim, o anisol (Figura 1.26, PM 108) dá íons em *m/z* 93 e 65. No caso do anisol, os picos característicos de aromáticos em *m/z* 78 e 77 podem se formar.

Quando a porção alquila de um éter alquil-aromático tem dois ou mais átomos de carbono, a quebra β ao anel é acompanhada por migração de hidrogênio (Esquema 1.17) semelhantemente ao que mostramos anteriormente para os alquil-benzenos. Claramente, a quebra é induzida pelo anel e não pelo átomo de oxigênio, já que a quebra da ligação C—C vizinha do átomo de oxigênio é insignificante. Um exemplo disso é dado pelo espectro do butilfenil-éter, Figura 1.27.

(Esquema 1.17)

Os difenil-éteres mostram picos em M – H, M – CO e M – CHO formados por rearranjos complexos.

1.6.4 Cetonas

1.6.4.1 Cetonas Alifáticas
O pico do íon molecular de cetonas é, em geral, bastante intenso. Os picos de fragmentação mais importantes das cetonas alifáticas resultam da quebra das ligações C—C adjacentes ao átomo de oxigênio. A carga permanece no íon acílio estabilizado por ressonância (Esquema 1.18). Como no caso dos álcoois e éteres, a quebra é facilitada pelo átomo de oxigênio. Essa sequência produz um pico em *m/z* 43 ou 57 ou 71... O pico base provém com frequência da eliminação do maior grupo alquila.

(Esquema 1.18)

Quando um dos grupos alquila ligados ao grupo C=O é C_3 ou maior, a quebra da ligação C—C α,β à carbonila ocorre com migração de hidrogênio para dar um pico intenso (rearranjo de McLafferty, Esquema 1.19). A quebra direta da ligação α,β,

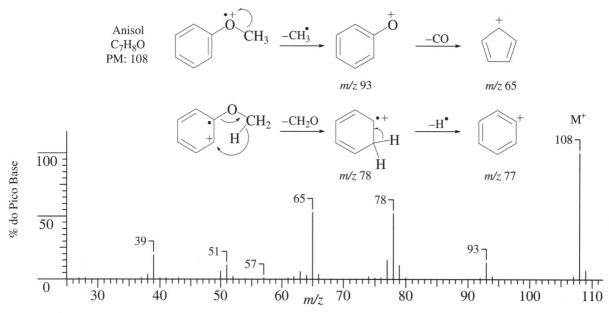

FIGURA 1.26 Espectro de massas EI do anisol.

FIGURA 1.27 Espectro de massas EI do butilfenil-éter.

que não é observada, daria um íon de baixa estabilidade com dois centros positivos adjacentes.

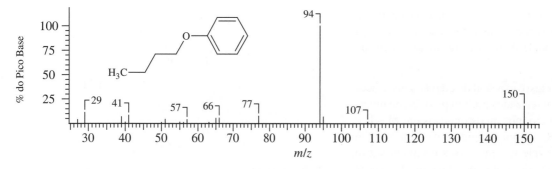

(Esquema 1.19)

Observe que no caso de cetonas alifáticas de cadeia longa os picos de hidrocarboneto são indistinguíveis (sem a ajuda de técnicas de alta resolução) dos picos de acila, porque a massa do fragmento C≡O (28) é igual à de dois fragmentos metileno. Nas cetonas, as diversas sequências de fragmentação tornam algumas vezes difícil a determinação da configuração das cadeias de carbono. A redução da carbonila a um grupo metileno fornece, porém, um hidrocarboneto cuja sequência de fragmentação pode levar à identificação desejada.

1.6.4.2 Cetonas Cíclicas O pico do íon molecular das cetonas cíclicas é bastante intenso. Como no caso das cetonas acíclicas, o processo primário das cetonas cíclicas é a quebra da ligação adjacente ao grupo C=O. O grupo assim formado pode sofrer, no entanto, quebra adicional, com produção de outro fragmento. O pico base dos espectros da ciclo-pentanona e da ciclo-hexanona ocorre em m/z 55 (Figura 1.28). Os mecanismos são semelhantes em ambos os casos: o hidrogênio sofre migração e converte um radical primário em um radical secundário conjugado, havendo, em seguida, fragmentação e formação de um íon estabilizado por ressonância em m/z 55. Os outros picos marcantes do espectro da ciclo-hexanona em m/z 83 e 42 têm sido interpretados como na Figura 1.28.

1.6.4.3 Cetonas Aromáticas O pico do íon molecular das cetonas aromáticas é intenso. A quebra nas alquil-aril-cetonas ocorre na ligação β ao anel, com a formação de um fragmento característico ArC≡O⁺ (m/z 105 quando Ar = fenila), que usualmente leva ao pico base. A eliminação de CO desse fragmento dá o íon "arila" (m/z 77, no caso da acetofenona). A quebra da ligação adjacente ao anel para formar um fragmento RC≡O⁺ (R = alquil) é

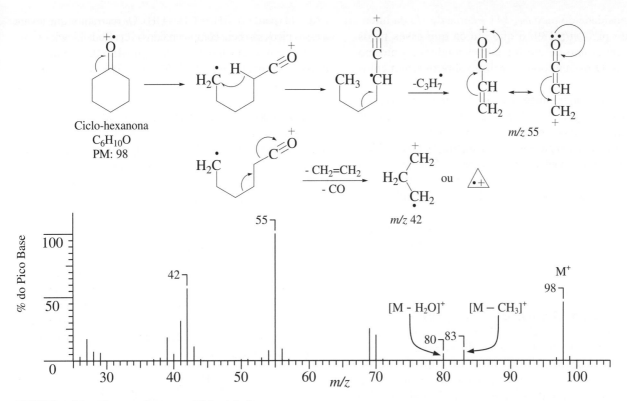

FIGURA 1.28 Espectro de massas EI da ciclo-hexanona.

menos importante, ainda que favorecida pela presença de grupos que atraem elétrons (e desfavorecida pela presença de grupos que doam elétrons) colocados na posição *para* do grupo Ar.

Quando a cadeia alquila é C_3 ou maior, a quebra da ligação C—C α,β ao grupo C=O ocorre com migração de hidrogênio. É o mesmo tipo de quebra observada no caso das cetonas alifáticas e ocorre por meio de um estado de transição cíclico que resulta na eliminação de um alqueno e na formação de um íon estável.

A Figura 1.29 mostra o espectro da massas de uma diarilcetona assimétrica, a *p*-cloro-benzofenona. O pico do íon molecular (*m/z* 216) é intenso, e a intensidade relativa do pico M + 2 (33,99% em relação ao pico do íon molecular) mostra a presença de cloro na estrutura (veja a discussão da Tabela 1.5 e a Figura 1.35 na Seção 1.6.16).

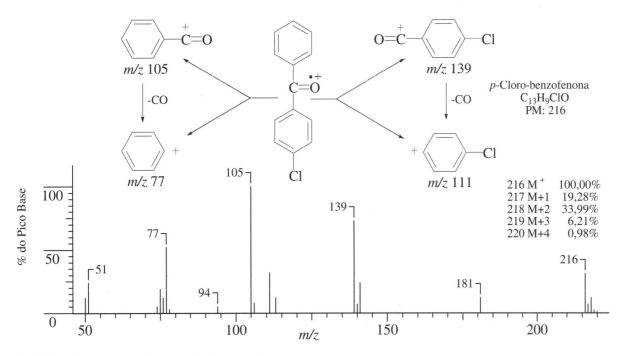

FIGURA 1.29 Espectro de massas EI da *p*-cloro-benzofenona.

A intensidade do pico m/z 141 é cerca de 1/3 da intensidade do pico m/z 139, o que indica que esses picos contêm um átomo de cloro e correspondem ao mesmo fragmento. O mesmo pode ser dito sobre os fragmentos em m/z 111 e 113.

Os caminhos de fragmentação que levam aos picos principais estão na Figura 1.29. O pico de Cl—ArC≡O⁺ é mais intenso do que o pico de Cl—Ar⁺, e o pico de ArC≡O⁺ é mais intenso do que o pico de Ar⁺ (a quebra β é favorecida). Porém, quando se levam em conta os picos [fragmento + 2] associados aos fragmentos que contêm cloro, existe pouca diferença entre as intensidades de Cl—ArCO⁺ e ArCO⁺, ou de Cl—Ar⁺ e Ar⁺. Os efeitos indutivo (retirada de elétrons) e de ressonância (doação de elétrons) do Cl em substituição *para* praticamente se cancelam, como ocorre em reações de substituição em aromáticos.

1.6.5 Aldeídos

1.6.5.1 Aldeídos Alifáticos Pode-se observar, usualmente, o pico do íon molecular dos aldeídos alifáticos. A quebra das ligações C—H e C—C vizinhas do átomo de oxigênio leva à formação de um pico M − 1 e um pico M − R (m/z 29, CHO⁺). O pico M − 1 pode ser usado como evidência na análise mesmo no caso de aldeídos de cadeia longa. O pico em m/z 29 presente em C_4 e aldeídos maiores é devido principalmente ao íon $C_2H_5^+$ da parte hidrocarbônica.

No caso de aldeídos em C_4 ou maiores, a quebra tipo McLafferty da ligação C—C α,β à carbonila leva a picos intensos em m/z 44, 58 ou 72..., dependendo dos substituintes em α. O íon é estabilizado por ressonância (Esquema 1.20) e forma-se por meio do estado de transição cíclico, como vimos no Esquema 1.7, em que Y=H.

(Esquema 1.20)

Nos aldeídos lineares, os outros únicos picos que podem ser usados na identificação ocorrem em M − 18 (perda de água), M − 28 (perda de etileno), M − 43 (perda de CH₂=CH—O•),
e M − 44 (perda de CH₂=CH—OH). Os rearranjos que levam a esses picos são bem compreendidos (veja Budzikiewicz et al., 1967). Com o aumento da cadeia, o modelo de fragmentação de hidrocarboneto (m/z 29, 43, 57, 71, ...) torna-se dominante. Esses fatos são evidentes no espectro do nonanal (Figura 1.30).

1.6.5.2 Aldeídos Aromáticos Os aldeídos aromáticos são caracterizados por um pico de íon molecular intenso e por um pico M − 1 Ar—C≡O⁺ sempre bastante intenso, que pode ser até maior do que o pico do íon molecular. O íon M − 1 C_6H_5—CO⁺, em que Ar = fenila, elimina CO para dar o íon fenila (m/z 77), que, por sua vez, elimina acetileno para dar o íon $C_4H_3^+$ (m/z 51).

1.6.6 Ácidos Carboxílicos

1.6.6.1 Ácidos Alifáticos O pico do íon molecular dos ácidos monocarboxílicos lineares é pouco intenso, porém pode usualmente ser observado. O pico mais característico (que é, às vezes, o pico base) ocorre em m/z 60 e é devido ao rearranjo de McLafferty (Esquema 1.21). Ramificações no carbono α intensificam o fragmento.

(Esquema 1.21)

No caso de ácidos de cadeias mais curtas, os picos em M − OH e M − CO₂H, que correspondem à quebra das ligações vizinhas da carbonila, são intensos. Em ácidos de cadeia longa, o espectro mostra duas séries de picos que resultam da quebra sucessiva das ligações C—C, com retenção de carga pelo fragmento que contém oxigênio (m/z 45, 59, 73, 87, ...) ou pelo fragmento alquila (m/z 29, 43, 57, 71, 85, ...). Como já vimos, o modo de fragmentação dos hidrocarbonetos também mostra

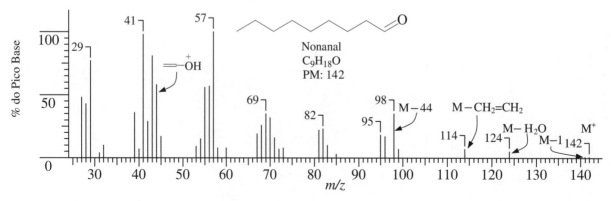

FIGURA 1.30 Espectro de massas EI do nonanal.

ESPECTROMETRIA DE MASSAS   29

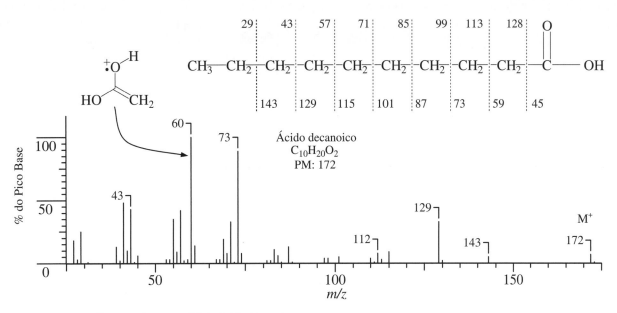

FIGURA 1.31   Espectro de massas EI do ácido decanoico.

picos em m/z 27, 28; 41, 42; 55, 56; 69, 70; ... Em resumo, além do pico de rearranjo de McLafferty, o espectro de um ácido de cadeia longa assemelha-se às séries de aglomerados "hidrocarbônicos" a intervalos de 14 unidades. Em cada aglomerado, entretanto, existe um pico intenso em $C_nH_{2n-1}O_2$. A Figura 1.31 mostra o espectro do ácido decanoico, que ilustra muito claramente muitos dos pontos discutidos.

Os ácidos dibásicos são pouco voláteis e por isso são usualmente convertidos em ésteres para aumentar a pressão de vapor. Os ésteres de trimetil-silila são muito usados.

1.6.6.2 Ácidos Aromáticos
O pico do íon molecular dos ácidos aromáticos é intenso. Outros picos importantes são formados pela eliminação de OH (M – 17) e de CO_2H (M – 45). Observa-se um pico importante de perda de água (M – 18) quando existe no anel um grupo contendo hidrogênio na posição *orto* (Esquema 1.22). Esse é um exemplo do "efeito *orto*" que se observa sempre que os substituintes puderem formar um estado de transição de seis átomos que facilita a eliminação de uma molécula neutra de H_2O, ROH ou NH_3.

Z = OH, OR, NH_2; Y = CH_2, O, NH

(Esquema 1.22)

1.6.7 Ésteres Carboxílicos

1.6.7.1 Ésteres Alifáticos
Pode-se observar, quase sempre, o pico do íon molecular do éster de metila de um ácido alifático de cadeia linear. Mesmo os ésteres graxos mostram, usualmente, um pico do íon molecular de intensidade apreciável. O pico do íon molecular é pouco intenso na faixa de massas entre m/z 130 e 200, aproximadamente, tornando-se mais intenso acima dessa região.

O pico mais característico é devido ao rearranjo de McLafferty (o Esquema 1.23 mostra o rearranjo de um éster), com quebra da ligação β em relação ao grupo C=O. Assim, o éster de metila de um ácido alifático não ramificado no carbono α dá um pico intenso em m/z 74, que é, aliás, o pico base dos ésteres metílicos de cadeia linear na faixa de C_6 a C_{26}. As estruturas do fragmento álcool e do substituinte em α podem ser frequentemente deduzidas pela posição do pico resultante dessa quebra.

(Esquema 1.23)

No caso dos ésteres, quatro íons podem resultar da quebra da ligação α em relação ao grupo C=O.

O íon R^+ é intenso nos ésteres de cadeia curta, mas a intensidade diminui rapidamente com o aumento da cadeia, e dificilmente é perceptível já no hexanoato de metila. O íon R—C≡O$^+$ é característico dos ésteres. No caso dos ésteres de metila, ele é observado em M – 31. Esse sinal é o pico base do acetato de metila e tem intensidade igual a cerca de 4% do pico base no caso do éster de metila de C_{26}. Os íons [OR′]$^+$ e [C(=O)OR′]$^+$ são usualmente de pouca importância. Este último pode ser observado quando R′=CH_3 (veja o pico em m/z 59 na Figura 1.32).

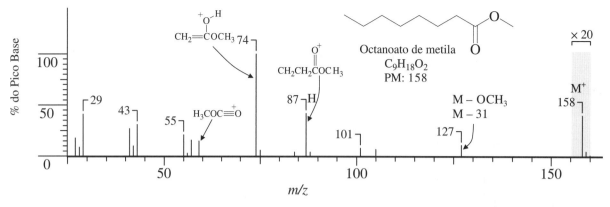

FIGURA 1.32 Espectro de massas EI do octanoato de metila.

Consideremos primeiramente os ésteres nos quais a cadeia acila é maior. A sequência de fragmentação dos ésteres de metila de ácidos de cadeia linear pode ser descrita nos mesmos termos utilizados no caso dos ácidos lineares correspondentes. A quebra sucessiva das ligações C—C dá origem a íons alquila (m/z 29, 43, 57,...) e a íons contendo oxigênio, $C_nH_{2n-1}O_2^+$ (m/z 59, 73, 87,...). Aparecem, assim, aglomerados hidrocarbônicos em intervalos de 14 unidades de massa, e em cada um deles existe um pico intenso em $C_nH_{2n-1}O_2^+$. O pico (m/z 87), que corresponde formalmente ao íon $[CH_2CH_2COOCH_3]^+$, é sempre mais intenso do que seus homólogos, e a razão disso não é tão óbvia. Parece claro, por outro lado, que nem todos os íons $C_nH_{2n-1}O_2^+$ resultam de quebras simples.

O espectro do octanoato de metila (Figura 1.32) ilustra uma das dificuldades que aparecem quando se usa o pico M + 1 para obter a fórmula molecular (veja, anteriormente, a Seção 1.5.2.1). A intensidade medida do pico M + 1 é 12% da intensidade do pico M. O valor calculado é 10%. O valor medido é alto devido a uma reação íon–molécula provocada pela grande quantidade de amostra necessária para se poder observar o pico do íon molecular, que é muito fraco.

Consideremos agora os ésteres em que a cadeia alcoxila é a porção mais importante da molécula. Os ésteres de álcoois graxos, com a exceção dos ésteres de metila, eliminam uma molécula de ácido de maneira análoga à eliminação de água pelos álcoois. Ocorre aqui um esquema semelhante ao já descrito para álcoois, que envolve a transferência de hidrogênio para o oxigênio de álcool no éster. Outro possível mecanismo envolve a transferência de hidreto para o oxigênio da carbonila (rearranjo de McLafferty).

A perda de ácido acético pelo mecanismo descrito anteriormente é tão fácil em acetatos de esteroides que frequentemente esses compostos não mostram o pico do íon molecular. Os esteroides hidroxilados também são especiais porque mostram, com frequência, íons moleculares de alguma intensidade, mesmo que isso não ocorra com os acetatos correspondentes.

Os ésteres de álcoois de cadeia longa mostram um pico característico em m/z 61, 75 ou 89, ..., útil para a identificação, por causa da eliminação do grupamento alquila como alqueno e da transferência de *dois* átomos de hidrogênio para o fragmento que contém os átomos de oxigênio, em essência o ácido carboxílico protonado.

Os ésteres de ácidos dibásicos $ROOC(CH_2)_nCOOR$ produzem, em geral, picos de íon molecular que podem ser reconhecidos. Picos intensos são encontrados em $[ROOC(CH_2)_nC≡O]^+$ e $[ROOC(CH_2)_n]^+$.

1.6.7.2 Ésteres de Benzila e de Fenila
O acetato de benzila (assim como o acetato de furfurila e outros acetatos análogos) e o acetato de fenila eliminam uma molécula neutra de ceteno (Esquema 1.24). O pico resultante é, em geral, o pico base.

(Esquema 1.24)

Além disso, os picos em m/z 43 $(CH_3C≡O)^+$ e m/z 91 $(C_7H_7)^+$ são bastante intensos no caso do acetato de benzila.

1.6.7.3 Ésteres de Ácidos Aromáticos
O pico do íon molecular dos ésteres de metila dos ácidos aromáticos é intenso (ArCOOR, R=CH_3). Com o aumento do tamanho da porção alquila, a intensidade do pico do íon molecular diminui rapidamente, tornando-se praticamente nula acima de C_5. O pico base resulta da eliminação de ·OR, enquanto a eliminação de ·COOR contribui para outro pico intenso. Em ésteres de metila, esses picos ocorrem em M − 31 e M − 59, respectivamente.

Com o aumento da cadeia alquila, três modos de quebra tornam-se importantes: (1) o rearranjo de McLafferty, (2) o rearranjo de dois átomos de hidrogênio com eliminação de um radical alila e (3) a retenção da carga positiva pelo grupo alquila.

O familiar mecanismo de rearranjo de McLafferty dá origem a um pico do ácido aromático $(ArCOOH)^+$. O segundo mecanismo, semelhante, dá o ácido aromático, $(ArCOOH_2)^+$. O terceiro modo de quebra dá o cátion alquila, R^+.

Alguns benzoatos substituídos na posição *orto* eliminam ROH através do efeito "*orto*" geral, descrito aqui anteriormente para ácidos aromáticos. Assim, o pico base no espectro do salicilato de metila ocorre em m/z 120. O íon correspondente elimina ainda monóxido de carbono para dar um pico intenso em m/z 92.

Um pico forte e característico, de massa 149, ocorre em todos os ésteres do ácido ftálico, a partir do éster de dietila. Esse pico não é importante nos ésteres de dimetila e de etila e metila do ácido ftálico ou nos ésteres dos ácidos isoftálico e tereftálico, que dão os picos esperados em M − R, M − 2R, M − CO$_2$R e M − 2CO$_2$R. Como os ésteres ftálicos de cadeia longa são muito usados como plastificantes, um pico intenso em m/z 149 pode indicar contaminação. O fragmento m/z 149 (essencialmente um anidrido ftálico protonado) é provavelmente formado por duas quebras da ligação éster envolvendo o rearranjo de dois átomos de hidrogênio e, depois, rearranjo de outro átomo de hidrogênio, seguido pela eliminação de água.

1.6.8 Lactonas

É possível observar o pico do íon molecular das lactonas em anéis de cinco átomos, porém o sinal torna-se mais fraco quando um substituinte alquila está presente em C$_4$. A quebra fácil da cadeia lateral de C$_4$ (regras 3 e 8, Seção 1.5.4) dá origem a um pico intenso em M − alquila.

O pico base (m/z 56) da γ-valerolactona e o pico correspondente da butirolactona são provavelmente formados pelo caminho descrito na Figura 1.33.

O uso de isótopos permite mostrar que o pico em m/z 56 da γ-valerolactona origina-se, em parte, no íon C$_4$H$_8^+$. Os outros picos intensos da γ-valerolactona ocorrem em m/z 27 (C$_2$H$_3^+$), 28 (C$_2$H$_4^+$), 29 (C$_2$H$_5^+$), 41 (C$_3$H$_5^+$), 43 (C$_3$H$_7^+$) e 85 (C$_4$H$_5$O$_2^+$, perda do grupo metila). Na butirolactona ocorrem picos intensos em m/z 27, 28, 29, 41 e 42 (C$_3$H$_6^+$).

1.6.9 Aminas

1.6.9.1 Aminas Alifáticas O pico do íon molecular de uma monoamina alifática é ímpar e, usualmente, bastante fraco, não sendo observado em aminas de cadeia longa ou muito ramificadas. O pico base resulta frequentemente da quebra C—C α,β em relação ao átomo de nitrogênio (regra 8, α, β, Seção 1.5.4). No caso de aminas primárias não ramificadas no carbono α, a quebra ocorre no carbono α, em m/z 30 (CH$_2$NH$_2^+$), como mostrado no Esquema 1.25. Esse modo de quebra contribui para o pico base em todas as aminas primárias, secundárias ou terciárias não ramificadas no carbono α. Quando o carbono α é substituído, ocorre de preferência eliminação da maior ramificação (· R″ no Esquema 1.25).

$$H_2\overset{.+}{N}-C\overset{R}{\underset{R''}{-}}R' \xrightarrow{-R''} H_2\overset{+}{N}=C\overset{R}{\underset{R'}{}} \longleftrightarrow H_2\overset{..}{N}-\overset{+}{C}\overset{R}{\underset{R'}{}}$$

(Esquema 1.25)

Quando o carbono α não é ramificado, um pico M − 1 é usualmente visível. Esse é o mesmo tipo de fragmentação já mencionado para os álcoois. O efeito é mais pronunciado nas aminas, graças à melhor estabilização do fragmento iônico por ressonância com o átomo de nitrogênio, menos eletronegativo do que o oxigênio.

As aminas primárias lineares mostram uma série homóloga de picos de intensidade progressivamente decrescente (a quebra da ligação ∈ é ligeiramente mais importante do que a das ligações vizinhas) em m/z 30, 44, 58, ... que resultam de quebras sucessivas das ligações C—C, com retenção da carga nos fragmentos que contêm nitrogênio. O resultado é uma sequência de picos semelhante à observada no caso dos íons de hidrocarbonetos C$_n$H$_{2n+1}$, C$_n$H$_{2n}$ e C$_n$H$_{2n-1}$. Observam-se, por isso, aglomerados característicos a intervalos de 14 unidades de massa, cada um deles contendo um pico devido ao íon C$_n$H$_{2n+2}$N. Por causa da formação extremamente fácil do pico base, os picos dessas sequências de fragmentação são extremamente fracos na região de massas elevadas.

Fragmentos cíclicos aparentemente ocorrem durante a fragmentação de aminas de cadeia longa. O fragmento mostrado no Esquema 1.26 dá um anel de seis átomos. Anéis de cinco átomos são também muito encontrados.

(Esquema 1.26)

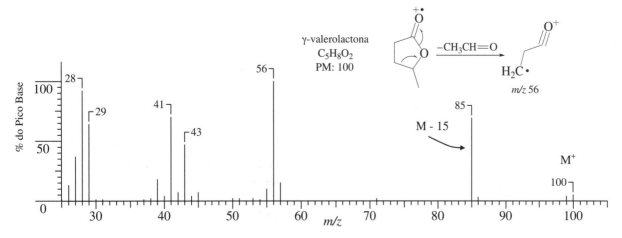

FIGURA 1.33 Espectro de massas EI da γ-valerolactona.

Embora não seja uma identificação conclusiva, um pico em m/z 30 é uma boa evidência para aminas primárias lineares. A decomposição do íon molecular de aminas secundárias ou terciárias conduz a picos em m/z 30, 44, 58, 72,... O processo é semelhante ao que descrevemos para álcoois e éteres alifáticos e, pela mesma razão, é mais acentuado quando ocorre ramificação em um dos átomos de carbono α.

No caso dos ésteres de aminoácidos, a quebra ocorre em ambas as ligações C—C (linhas pontilhadas, adiante) vizinhas do átomo de nitrogênio. A perda do grupo carboalcóxi (—COOR′) é predominante. O fragmento de amina alifática ($^+$NH$_2$=CHCH$_2$CH$_2$R) decompõe-se, então, para dar um pico em m/z 30.

1.6.9.2 Aminas Cíclicas

Ao contrário das aminas acíclicas, o pico do íon molecular das aminas cíclicas é habitualmente intenso, salvo se houver substituição na posição α. Assim, por exemplo, o pico do íon molecular da pirrolidina é intenso. A quebra primária nas ligações vizinhas do átomo de nitrogênio conduz à eliminação de um átomo de hidrogênio α para dar um pico M − 1 intenso, ou à abertura do anel. Esse último processo é acompanhado por eliminação de etileno para dar · CH$_2$—$^+$NH=CH$_2$ (m/z 43, pico base), e por perda de um átomo de hidrogênio para dar CH$_2$=N$^+$=CH$_2$ (m/z 42). A N-metil-pirrolidina dá, ainda, um pico C$_2$H$_4$N$^+$ (m/z 42) por vários caminhos diferentes.

A piperidina mostra um pico de íon molecular intenso e um pico M − 1 que é normalmente o pico base. A abertura do anel, seguida das várias sequências possíveis, conduz a picos característicos em m/z 70, 57, 56, 44, 43, 42, 30, 29 e 28. Os substituintes quebram-se na junção do anel (regra 6, Seção 1.5.4).

1.6.9.3 Aminas Aromáticas (Anilinas)

O pico do íon molecular (m/z ímpar) de uma monoamina aromática é intenso. A eliminação de um dos átomos de hidrogênio do grupo amino da anilina dá um pico moderadamente intenso em M − 1. Já a eliminação de uma molécula neutra de HCN, seguida pela perda de um átomo de hidrogênio, produz picos importantes em m/z 66 e m/z 65, respectivamente.

Vimos, anteriormente, que a fragmentação de alquil-aril-éteres ocorre com rearranjos que envolvem a quebra da ligação ArO—R, isto é, a quebra é controlada pelo anel e não pelo átomo de oxigênio. Nas alquil-aril-aminas, a quebra da ligação C—C vizinha do átomo de nitrogênio é dominante (Esquema 1.27), isto é, o heteroátomo controla a clivagem.

(Esquema 1.27)

1.6.10 Amidas

1.6.10.1 Amidas Alifáticas

Pode-se observar o pico do íon molecular das monoamidas lineares. Os modos dominantes de fragmentação dependem do comprimento da cadeia acila e do número dos grupos alquila ligados ao átomo de nitrogênio e do tamanho de suas cadeias.

O pico base (m/z 59, H$_2$NC(=OH$^+$)CH$_2$·) em todas as amidas primárias lineares maiores do que a propionamida é produzido por um rearranjo de McLafferty. Ramificações no carbono α (CH$_3$ etc.) levam a uma série homóloga de picos em m/z 73 ou 87 etc.

As amidas primárias dão um pico intenso em m/z 44, proveniente da quebra da ligação R—CONH$_2$: (O=C=$^+$NH$_2$). Esse é o pico base das amidas primárias de C$_1$ a C$_3$ e da isobutiramida. Um pico de intensidade moderada em m/z 86 resulta da quebra entre os carbonos γ e δ, possivelmente acompanhada por ciclização (Esquema 1.28).

(Esquema 1.28)

O pico dominante das amidas secundárias e terciárias com um hidrogênio no carbono γ do grupo acila e grupos metila no átomo de nitrogênio provém do rearranjo de McLafferty. Quando os grupos N-alquila são C$_2$ ou maiores e o grupo acila é menor do que C$_3$, outra sequência de fragmentação predomina. A quebra do grupo N-alquila na posição β em relação ao átomo de nitrogênio e a quebra da ligação C—N da carbonila com migração de um átomo de hidrogênio α no grupo acila (eliminando uma molécula neutra de ceteno) para deixar o fragmento $^+$NH$_2$=CH$_2$ (m/z 30).

1.6.10.2 Amidas Aromáticas

A benzamida (Figura 1.1) é um exemplo típico. A perda de NH$_2$ do íon molecular produz o cátion benzoíla estabilizado por ressonância, que, por sua vez, sofre quebra para dar o cátion fenila. Um caminho de fragmentação diferente dá um pico fraco em m/z 44.

1.6.11 Nitrilas Alifáticas

Os picos dos íons moleculares das nitrilas alifáticas (exceto a acetonitrila e a propionitrila) são fracos ou ausentes, porém o pico M + 1 pode usualmente ser localizado por seu comportamento quando o tamanho da amostra aumenta (Seção 1.5.2.1). Um pico fraco, porém útil para a identificação, forma-se em M − 1 por eliminação de um hidrogênio α para formar o íon estável RCH=C=N$^+$.

O pico base das nitrilas lineares de quatro a nove carbonos ocorre em m/z 41. Esse pico corresponde ao íon produzido pelo rearranjo de hidrogênio em um estado de transição de seis átomos, semelhante ao rearranjo de McLafferty, dando um pico em m/z 41 CH$_2$C=N$^+$—H. Esse pico, no entanto, não tem valor como diagnóstico positivo para nitrilas por causa da presença do pico de C$_3$H$_5$ (m/z 41) em todas as moléculas que contêm uma cadeia alifática de carbonos.

Um pico intenso em *m/z* 97 (que é, algumas vezes, o pico base) é característico de nitrilas lineares de oito carbonos ou mais. O mecanismo de formação descrito no Esquema 1.29 tem sido proposto.

(Esquema 1.29)

A quebra simples das ligações C—C (exceto a ligação vizinha do átomo de nitrogênio) dá uma série homóloga de picos característicos com massa par (*m/z* 40, 54, 68, 82, ...), que é devida aos íons $(CH_2)_nC\equiv N^+$. Além dessa série, observam-se ainda os picos usuais do modelo de hidrocarboneto.

1.6.12 Nitrocompostos

1.6.12.1 Compostos Nitroalifáticos O pico do íon molecular (*m/z* ímpar) de um composto mononitroalifático é fraco ou ausente (exceto nos homólogos menores). Os picos principais são atribuídos aos fragmentos de hidrocarboneto da quebra da cadeia até M – NO$_2$. A presença de um grupo nitro é indicada por um pico de intensidade apreciável em *m/z* 30 (NO$^+$) e um pico menos intenso de massa 46 (NO$_2^+$).

1.6.12.2 Compostos Nitroaromáticos O pico do íon molecular dos compostos nitroaromáticos (*m/z* ímpar no caso de um átomo de nitrogênio) é intenso. Picos importantes resultam da eliminação de um radical NO$_2$ (M – 46, o pico base do nitrobenzeno) e de uma molécula neutra de NO com rearranjo para formar um cátion fenoxila (M – 30). Esses picos são boas evidências da presença de compostos nitroaromáticos. A eliminação de acetileno do íon M – 46 explica um pico intenso em M – 72. A eliminação de CO do íon M – 30 dá um pico M – 58. Um pico em *m/z* 30, que tem valor como diagnóstico, corresponde ao íon NO$^+$.

As *o*-, *m*- e *p*-nitroanilinas isoméricas dão íons moleculares intensos (*m/z* par). Nesses compostos, ocorrem picos importantes, que provêm de duas sequências. A primeira leva à perda de um grupo NO$_2$ (M – 46) para dar um pico *m/z* 92. Esse íon perde HCN para dar um pico *m/z* 65. A segunda sequência registra a perda de NO (M – 30) para dar o pico *m/z* 108, que perde CO para dar o pico *m/z* 80.

Exceto pelas diferenças de intensidade, os três isômeros dão espectros muito semelhantes. Os isômeros *meta* e *para* têm um pico pouco intenso em *m/z* 122, que tem origem na eliminação de um átomo de oxigênio. O composto *orto* elimina OH (veja o Esquema 1.30) para dar um pico em *m/z* 121.

(Esquema 1.30)

1.6.13 Nitritos Alifáticos

O pico do íon molecular (*m/z* ímpar) dos nitritos alifáticos (com um nitrogênio) é fraco ou ausente. O pico em *m/z* 30 (NO$^+$) é sempre intenso e é, com frequência, o pico base. Existe, em todos os nitritos que não têm ramificações no carbono α, um pico intenso em *m/z* 60 (CH$_2$=$^+$ONO) proveniente da quebra da ligação C—C vizinha do grupo ONO. Uma ramificação α pode ser identificada por um pico em *m/z* 74, 88 ou 102 etc. A ausência de um pico intenso em *m/z* 46 permite distinguir os nitritos dos nitrocompostos. Os picos de hidrocarboneto são importantes, e sua distribuição e intensidade descrevem o arranjo da cadeia de carbonos.

1.6.14 Nitratos Alifáticos

O pico do íon molecular (*m/z* ímpar, no caso de um átomo de nitrogênio) dos nitratos alifáticos é fraco ou ausente. Um pico importante (com frequência o pico base) forma-se pela quebra da ligação C—C vizinha do grupo ONO$_2$ com perda do grupo alquila mais pesado ligado ao carbono α. O pico de NO$_2^+$ em *m/z* 46 é também importante. Como no caso dos nitritos alifáticos, os fragmentos iônicos provenientes da cadeia alquila são bem característicos.

1.6.15 Compostos de Enxofre

A contribuição (4,4%, veja a Tabela 1.3 e a Figura 1.34) do isótopo ^{34}S para o pico M + 2 e, com frequência, para picos de outros fragmentos mais duas unidades facilita a identificação dos compostos que contêm enxofre. Uma série homóloga de fragmentos que contêm enxofre é quatro unidades de massa maior do que a série de fragmentos oriundos de cadeias de hidrocarbonetos. O número de átomos de enxofre pode ser determinado pela intensidade da contribuição do isótopo ^{34}S para o pico M + 2. A massa do(s) átomo(s) de enxofre presente(s) é subtraída do peso molecular. No caso do di-isopentil-dissulfeto, por exemplo, o peso molecular é 206, e a molécula contém dois átomos de enxofre. A fórmula para o restante da molécula é, portanto, encontrada sob a massa 142, isto é, 206 − (2 × 32).

1.6.15.1 Mercaptans Alifáticos (Tióis) Exceto no caso dos mercaptans terciários superiores, o pico do íon molecular dos mercaptans alifáticos é, usualmente, intenso o bastante para que se possa medir o pico M + 2 com precisão. Em geral, as sequências de fragmentação assemelham-se às dos álcoois. A quebra da ligação C—C (ligação α,β) vizinha do grupo SH dá o íon característico CH$_2$=SH$^+$ (*m/z* 47). O enxofre estabiliza menos o fragmento do que o nitrogênio,

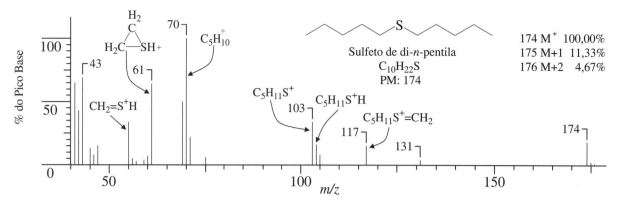

FIGURA 1.34 Espectro de massas EI do sulfeto de di-*n*-pentila.

porém mais do que o oxigênio. A quebra da ligação β, γ produz um pico em *m/z* 61 de intensidade aproximadamente igual à metade da do pico em *m/z* 47. A quebra da ligação γ, δ forma um pequeno pico em *m/z* 75, e a quebra na ligação δ, ∈ dá um pico em *m/z* 89, mais intenso do que o pico em *m/z* 75. Imagina-se que o íon *m/z* 89 seja estabilizado por ciclização:

Como nos álcoois, os mercaptans primários eliminam uma molécula neutra (no caso H_2S) para dar um pico M – 34 intenso, que, por sua vez, elimina etileno para dar origem às séries homólogas M – H_2S – $(CH_2 = CH_2)_n$.

Os mercaptans secundários e terciários sofrem fragmentação no carbono α com perda do grupo maior para dar picos importantes em M – CH_3, M – C_2H_5, M – C_3H_7, ... Entretanto, pode aparecer também um pico de rearranjo em *m/z* 47 em mercaptans secundários e terciários. Um pico em M – 33 (perda de HS) está usualmente presente em mercaptans secundários.

A sequência de fragmentação da cadeia de hidrocarboneto, em mercaptans de cadeia longa, aparece sobreposta à sequência de fragmentação do mercaptan. Assim como nos álcoois, os picos de alquenila (isto é, *m/z* 41, 55, 69, ...) são tão ou mais intensos do que os picos de alquila (*m/z* 43, 57, 71, ...).

1.6.15.2 Sulfetos Alifáticos

O pico do íon molecular dos sulfetos alifáticos é, em geral, suficientemente intenso para que o pico M + 2 possa ser medido com precisão. As sequências de fragmentação assemelham-se geralmente às dos éteres. A quebra de uma ou outra das ligações C—C α, β ocorre com favorecimento da eliminação do maior grupo. Esses íons primários formados decompõem-se a seguir com transferência de hidrogênio e eliminação de um alqueno. As fragmentações típicas de éteres alifáticos ocorrem também no caso dos sulfetos (Esquema 1.31), e o resultado final é o íon $RCH = SH^+$ (veja a Figura 1.34 para um exemplo).

(Esquema 1.31)

No caso dos sulfetos não ramificados nos carbonos δ, esse íon é $CH_2 = SH^+$ (*m/z* 47), e sua intensidade pode levar a confusão com o íon idêntico derivado de um mercaptan. A ausência dos picos M – H_2S ou M – SH no espectro dos sulfetos, entretanto, é suficiente para a distinção.

Um pico de intensidade média a forte em *m/z* 61 costuma estar presente no espectro de todos os sulfetos, exceto os sulfetos terciários (veja a fragmentação do sulfeto de alquila, Figura 1.34). Quando existe um substituinte metila na posição α, o íon em *m/z* 61 que provém da dupla quebra mencionada anteriormente corresponde ao fragmento $CH_3CH = SH^+$. Os sulfetos de metila primários sofrem fragmentação nas ligações α, β para dar o íon $CH_3 - S^+ = CH_2$ em *m/z* 61.

Quando ocorre, entretanto, um pico intenso em *m/z* 61 no espectro de sulfetos de cadeia linear, a explicação tem de ser outra. Uma possível interpretação é dada no Esquema 1.32.

(Esquema 1.32)

Os sulfetos dão um íon característico por quebra da ligação C—S com retenção da carga no enxofre. O íon resultante RS^+ aparece como um pico em *m/z* 32 + CH_3, 32 + C_2H_5, 32 + C_3H_7, ... O íon *m/z* 103 parece ser particularmente favorecido pela formação de um íon cíclico de rearranjo (veja o Esquema 1.33). Essas características são ilustradas pelo espectro do sulfeto de di-*n*-pentila (Figura 1.34).

(Esquema 1.33)

Assim como acontece com os éteres de cadeia longa, o modelo de fragmentação dos hidrocarbonetos pode dominar o espectro dos sulfetos de cadeia longa. Os picos C_nH_{2n} são especialmente importantes. No caso dos sulfetos ramificados, a quebra na ramificação pode reduzir a intensidade relativa dos picos característicos dos sulfetos.

1.6.15.3 Dissulfetos Alifáticos

O pico do íon molecular dos dissulfetos de até 10 carbonos é relativamente intenso. Um dos picos mais intensos desses espectros é produzido na quebra de uma das ligações C—S com retenção da carga no fragmento alquila. Outro pico intenso provém da mesma quebra, com migração, porém, de um átomo de hidrogênio para formar o fragmento RSSH, que retém a carga. Outros picos vêm, aparentemente, da quebra da ligação S—S sem rearranjo ou com migração de um dos átomos de hidrogênio de modo a dar RS^+, $RS^+ - 1$ e $RS^+ - 2$, respectivamente.

1.6.16 Compostos Halogenados

Os compostos que contêm um átomo de cloro têm um pico M + 2 com intensidade aproximadamente igual a um terço da intensidade do pico do íon molecular, por causa da presença de íons moleculares que contêm o isótopo ^{37}Cl (veja a Tabela 1.4). Os compostos que contêm um átomo de bromo têm um pico M + 2 com intensidade aproximadamente igual à do pico do íon molecular, por causa da presença de íons moleculares que contêm o isótopo ^{81}Br. Os compostos que contêm dois átomos de cloro, dois de bromo ou um de cloro e um de bromo mostram, além do pico M + 2, um pico M + 4 que corresponde a íons moleculares que contêm dois átomos de isótopos mais pesados. Em geral, o número de átomos de cloro ou bromo de uma molécula pode ser determinado pelo número de picos alternados que surgem acima do pico do íon molecular. Assim, moléculas com três átomos de cloro terão os picos M + 2, M + 4 e M + 6. Em compostos policlorados, todavia, o pico de massa mais elevada pode ser muito fraco e não ser percebido.

A abundância relativa dos picos (íon molecular, M + 2, M + 4 etc.) foi calculada por Beynon et al. (1968) para compostos que contêm cloro e bromo (outros elementos foram ignorados). A Tabela 1.5 mostra uma parte desses resultados, de forma modificada. É possível obter facilmente, com o auxílio da Tabela 1.5, a combinação de átomos de cloro e bromo presentes em determinada molécula. É conveniente observar que as contribuições isotópicas são apresentadas na forma de percentagem do pico do íon molecular. A Figura 1.35 mostra os resultados na forma de gráficos de barra.

O pico M + 2 do espectro da *p*-cloro-benzofenona (Figura 1.29) obedece à Tabela 1.5 e tem intensidade igual a cerca de um terço da intensidade do pico do íon molecular (*m/z* 218). Como mencionamos, os fragmentos que contêm cloro (*m/z* 141 e 113) mostram picos em (fragmento + 2) com a intensidade adequada.

TABELA 1.5 Intensidades dos Picos dos Isótopos (em Relação ao Pico do Íon Molecular) para Combinações de Bromo e Cloro

Halogênio Presente	% M + 2	% M + 4	% M + 6	% M + 8	% M + 10	% M + 12
Cl	32,6					
Cl$_2$	65,3	10,6				
Cl$_3$	97,8	31,9	3,5			
Cl$_4$	131,0	63,9	14,0	1,2		
Cl$_5$	163,0	106,0	34,7	5,7	0,4	
Cl$_6$	196,0	161,0	69,4	17,0	2,2	0,1
Br	97,9					
Br$_2$	195,0	95,5				
Br$_3$	293,0	286,0	93,4			
BrCl	130,0	31,9				
BrCl$_2$	163,0	74,4	10,4			
Br$_2$Cl	228,0	159,0	31,2			

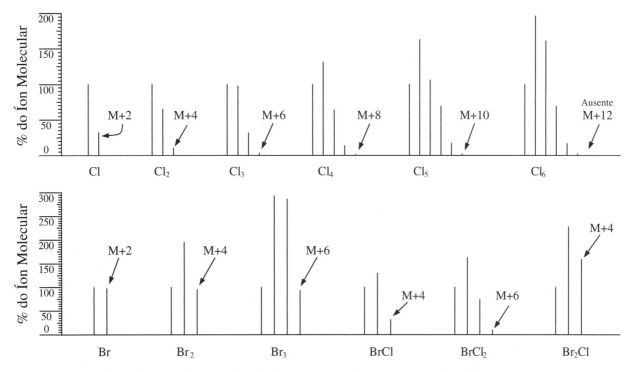

FIGURA 1.35 Picos preditos para M, M + 2, M + 4, ... para compostos com várias combinações de cloro e bromo.

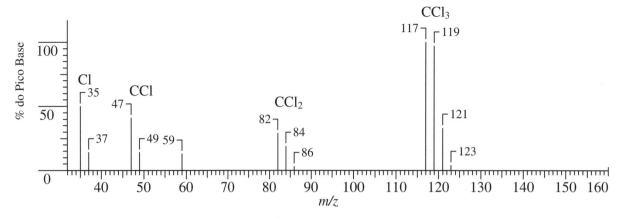

FIGURA 1.36 Espectro EI do tetracloreto de carbono (CCl$_4$).

Infelizmente, o uso das contribuições isotópicas, embora generalizado para compostos aromáticos halogenados, é limitado pelo pico do íon molecular pouco intenso de muitos dos compostos alifáticos halogenados com cadeias lineares com mais de seis átomos de carbono, ou ainda menores quando as cadeias são ramificadas. Entretanto, em monobrometos ou monocloretos os fragmentos que contêm halogênio podem ser reconhecidos pela razão entre os picos do (fragmento + 2) e do fragmento em análise. No caso de compostos policlorados ou polibromados, esses picos (fragmento + 2) formam séries distintas de multipletes (Figura 1.36). Por outro lado, deve-se sempre levar em conta que a coincidência de um pico de isótopo com um fragmento de outra origem também afeta as razões características.

1.6.16.1 Cloretos Alifáticos

O pico do íon molecular só pode ser observado nos compostos monoclorados de baixo peso molecular. A fragmentação do íon molecular é determinada pelo átomo de cloro, porém em um grau muito menor do que no caso dos compostos que contêm oxigênio, nitrogênio ou enxofre. Assim, a quebra da ligação C—C adjacente ao átomo de cloro em um composto monoclorado linear contribui para um pequeno pico em m/z 49 CH$_2$=Cl$^+$ (e, evidentemente, para o pico contendo isótopo em m/z 51).

A quebra de uma ligação C—Cl conduz a um pico Cl$^+$ pouco intenso e a um pico R$^+$, que é importante nos compostos clorados de baixo peso molecular mas que tem intensidade baixa quando a cadeia tem mais de cinco átomos de carbono.

Cloretos com cadeias lineares maiores do que C$_6$ formam os íons C$_3$H$_6$Cl$^+$, C$_4$H$_8$Cl$^+$ e C$_5$H$_{10}$Cl$^+$. O íon C$_4$H$_8$Cl$^+$ corresponde geralmente ao pico mais intenso (e é, algumas vezes, o pico base). Sua estabilidade pode ser explicada por uma estrutura cíclica com um anel de cinco átomos (veja o Esquema 1.34).

(Esquema 1.34)

A perda de HCl ocorre, possivelmente, pela eliminação 1,3 com formação de um fragmento M − 36 (de intensidade baixa ou moderada).

Em geral, o espectro de um monocloreto alifático é dominado pelo modelo de fragmentação da cadeia alquila de maneira mais significativa do que no caso dos álcoois, das aminas ou dos mercaptans correspondentes.

1.6.16.2 Brometos Alifáticos

As observações que fizemos para os cloretos alifáticos aplicam-se, de modo geral, aos brometos correspondentes.

1.6.16.3 Iodetos Alifáticos

O pico do íon molecular dos iodetos alifáticos é o mais forte entre todos os halogenetos alifáticos. Como o iodo é monoisotópico, não há nenhum pico de isótopo característico. A presença de um átomo de iodo pode ser algumas vezes deduzida a partir dos picos isotópicos suspeitosamente baixos em relação ao peso molecular e de vários outros picos característicos. Em compostos poli-iodados, o grande intervalo entre os picos mais intensos do espectro é característico.

A quebra dos iodetos é muito semelhante à dos cloretos e brometos, porém o íon C$_4$H$_8$I$^+$ não é tão evidente como ocorre com os cloretos e brometos correspondentes.

1.6.16.4 Fluoretos Alifáticos

Os fluoretos alifáticos produzem o pico do íon molecular mais fraco dentre todos os halogenetos alifáticos. O flúor é monoisotópico, e sua detecção em compostos polifluorados depende fundamentalmente da baixa intensidade dos picos de isótopos em relação ao pico do íon molecular, dos intervalos entre picos intensos e dos picos característicos. Desses últimos, o mais importante ocorre em m/z 69 e é devido ao íon CF$_3^+$, que é o pico base em todos os perfluorocarbonetos. Podem-se notar picos importantes em m/z 119, 169, 219..., que correspondem a uma série homóloga por incrementos de CF$_2$. Os íons estáveis C$_3$F$_5^+$ e C$_4$F$_7^+$ produzem picos intensos em m/z 131 e m/z 181. O pico M − F é frequentemente visível em compostos perfluorados. Nos monofluoretos, a quebra da ligação α, β C—C é menos importante do que nos demais mono-halogenetos, porém a quebra de uma ligação C—H no carbono α é mais importante. Essa inversão é uma consequência da eletronegatividade elevada do átomo de flúor, por isso se coloca a carga positiva no carbono α quando se descreve o fragmento. O íon carbênio secundário resultante da eliminação de um átomo de hidrogênio (veja o Esquema 1.35) é mais estável do que o íon carbênio primário proveniente da eliminação de um radical alquila.

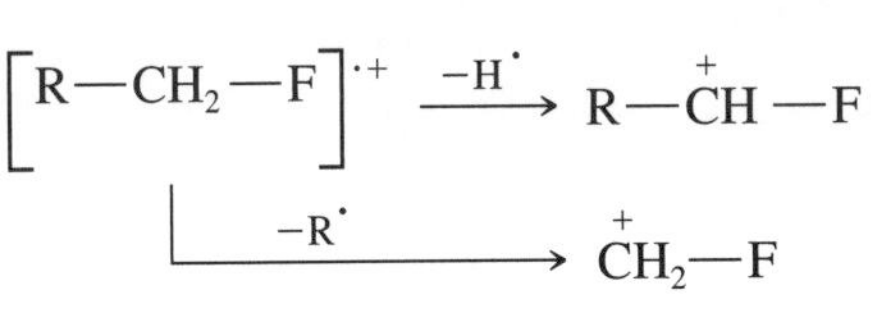

[Esquema 1.35]

1.6.16.5 Halogenetos de Benzila
O pico do íon molecular dos halogenetos de benzila é, normalmente, fácil de se reconhecer. O íon benzila (ou o íon tropílio) proveniente da eliminação de halogeneto (regra 8, Seção 1.5.4) é mais favorecido do que a quebra da ligação β, inclusive no caso de um substituinte alquila. Um íon fenila substituído (quebra da ligação α) é importante quando o anel é polissubstituído.

1.6.16.6 Halogenetos Aromáticos
O pico do íon molecular dos halogenetos de arila é fácil de localizar. O pico M – X é intenso para todos os compostos em que X está ligado diretamente ao anel.

1.6.17 Compostos Heteroaromáticos
O pico do íon molecular dos heteroaromáticos e dos heteroaromáticos alquilados é intenso. Assim como nos alquilbenzenos, a quebra da ligação β ao anel é a regra geral. No caso da piridina, a posição do substituinte determina a facilidade de quebra da ligação β (veja adiante).

A localização da carga do íon molecular no heteroátomo, de preferência à colocação no sistema π do anel, fornece uma explicação satisfatória para o modo de fragmentação observado. O tratamento aqui apresentado segue a interpretação dada por Djerassi (Budzikiewicz et al., 1967).

Os anéis heteroaromáticos de cinco átomos (furano, tiofeno e pirrol) mostram sequências de fragmentação do anel bastante semelhantes. A primeira etapa é a quebra da ligação carbono-heteroátomo, seguida pela perda de uma molécula neutra de acetileno ou por perda de radicais. Assim, o furano tem dois picos importantes: $C_3H_3^+$ (m/z 39) e $HC\equiv O^+$ (m/z 29). O tiofeno tem três: $C_3H_3^+$ (m/z 39), $HC\equiv S^+$ (m/z 45) e $C_2H_2S^+$ (m/z 58). O pirrol tem também três picos importantes: $C_3H_3^+$ (m/z 39), $HC=NH^+$ (m/z 28) e $C_2H_2NH^+$ (m/z 41). No caso do pirrol, ocorre ainda a eliminação de uma molécula de HCN para dar um pico intenso em m/z 40. O pico base do 2,5-dimetil-furano ocorre em m/z 43 ($CH_3C\equiv O^+$).

A quebra da ligação β C—C nas alquil-piridinas (veja o Esquema 1.36) depende da posição de substituição no anel, e é mais pronunciada quando o grupo alquila está na posição 3. Um grupo alquila de mais de três átomos de carbono na posição 2 pode sofrer rearranjo de um átomo de hidrogênio para o nitrogênio do anel.

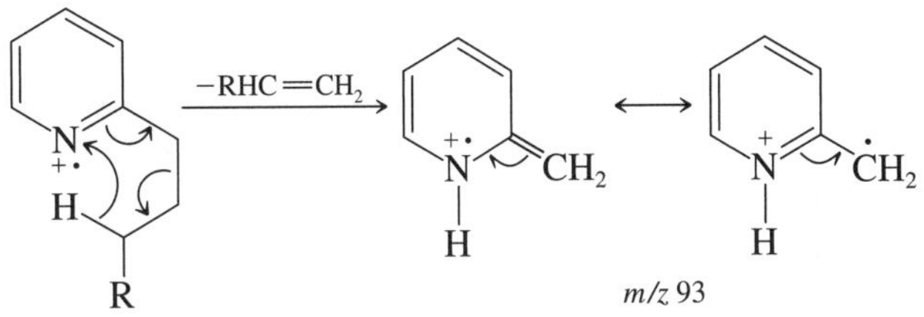

(Esquema 1.36)

Uma quebra semelhante é encontrada nas pirazinas substituídas, uma vez que todos os substituintes do anel estão necessariamente na posição *orto* em relação a um dos átomos de nitrogênio.

REFERÊNCIAS

As referências do capítulo estão disponíveis no GEN-IO, ambiente virtual de aprendizagem do GEN.

EXERCÍCIOS PARA OS ESTUDANTES

1.1 Use a Tabela 1.4 para calcular a massa exata dos compostos (**a–o**) adiante.

1.2 Determine o índice de deficiência de hidrogênio nos compostos adiante.

1.3 Escreva a estrutura dos íons moleculares dos compostos (**a–o**). Mostre, quando possível, a localização do cátion-radical.

1.4 Prediga os três caminhos mais eficientes de fragmentação/rearranjo para os compostos adiante. Para cada um deles, cite a regra da Seção 1.5.4 que apoia sua predição.

1.5 Mostre um mecanismo detalhado para cada um dos caminhos mais eficientes do Exercício 1.4. Use setas tipo anzol ou setas comuns, conforme apropriado.

1.6 Faça corresponder cada uma das massas exatas dadas adiante aos espectros de massas (**A–W**). Observe que dois dos compostos têm a mesma massa e que você deve utilizar o espectro CI quando fornecido. (a) 56,0264, (b) 73,0896, (c) 74,0363, (d) 89,0479, (e) 94,0535, (f) 96,0572, (g) 98,0736, (h) 100,0893, (i) 102,0678, (j) 113,0845, (k) 114,1043, (l) 116,0841, (m) 116,1206, (n) 122,0733, (o) 122,0733, (p) 126,1041, (q) 138,0687, (r) 150,0041, (s) 152,0476, (t) 156,9934, (u) 161,9637, (v) 169,9735, (w) 208,0094.

1.7 Determine, para cada um dos espectros de massas (**A–W**), se estão presentes alguns dos seguintes heteroátomos: S, Cl, Br.

1.8 Determine a fórmula molecular de cada massa exata que corresponde aos espectros de massas (**A–W**). Lembre-se de olhar os heteroátomos determinados no Exercício 1.7.

1.9 Determine o índice de deficiência de hidrogênio de cada uma das fórmulas do Exercício 1.6.

1.10 Liste o pico base e o pico do íon molecular de cada um dos espectros de massas EI (**A–W**).

1.11 Escolha três íons (além do íon molecular) de cada espectro de massas EI (**A–W**, exceto H) e determine a fórmula molecular de cada fragmento iônico. Dê a fórmula molecular do fragmento perdido do íon molecular que produz o fragmento iônico. Indique os íons que resultam de rearranjos.

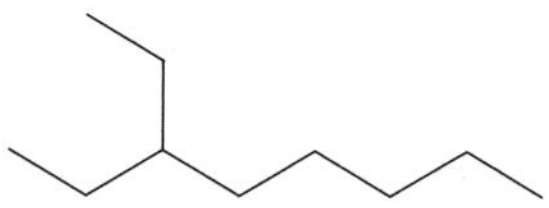

Exercício 1.1

a
b 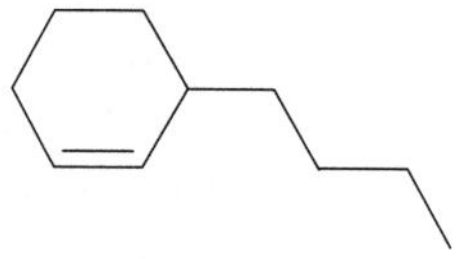
c 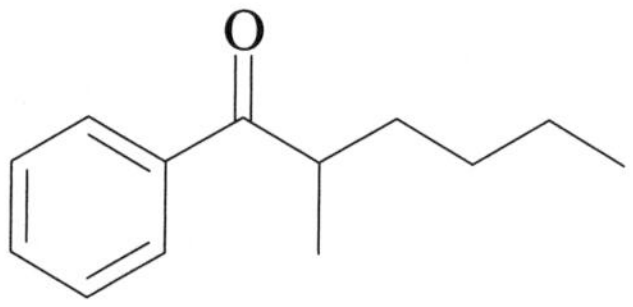
d 
e 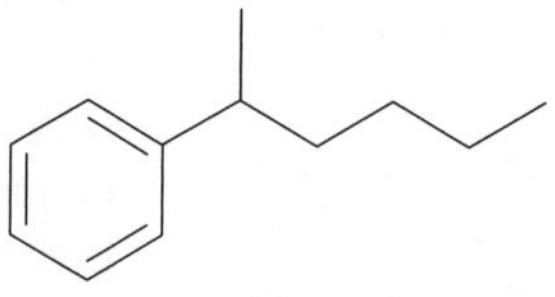
f 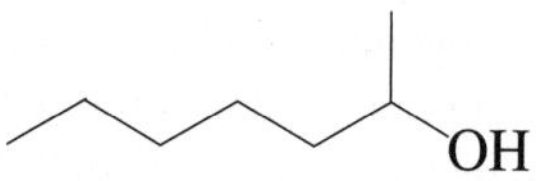
g 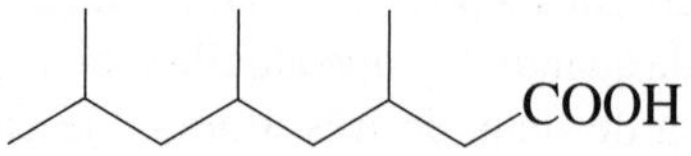
h 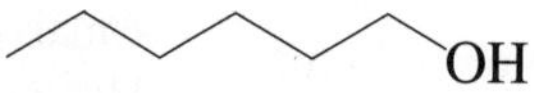
i 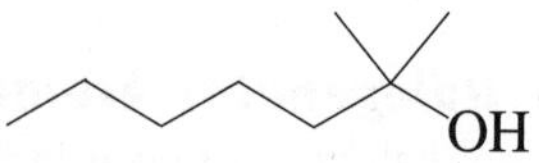
j 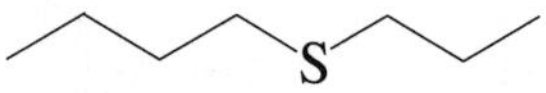
k 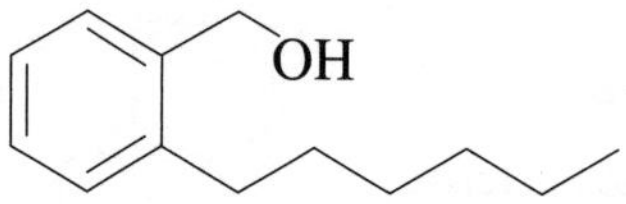
l 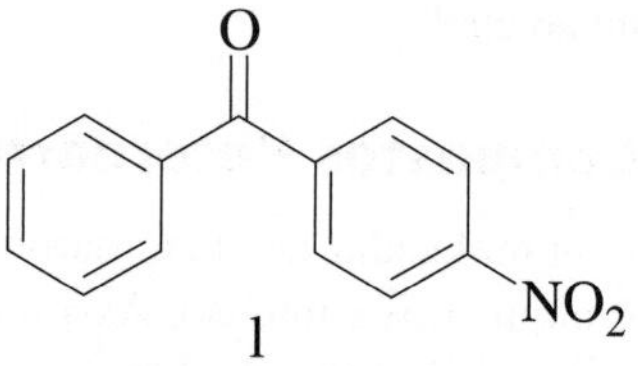
m 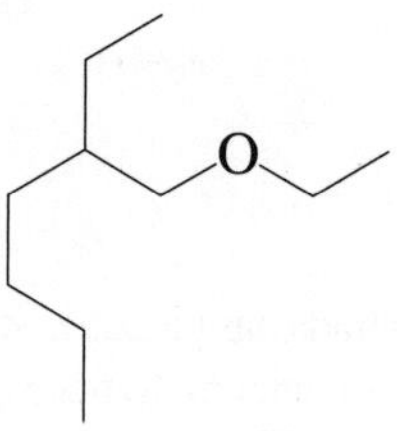
n 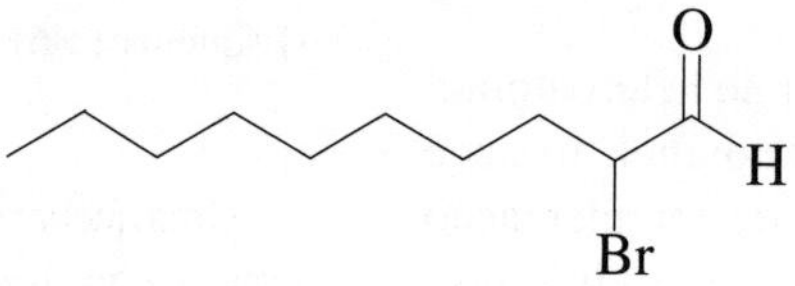
o

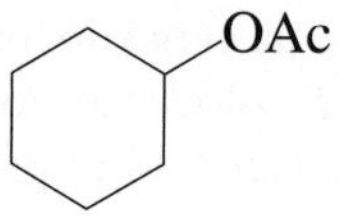

Exercício 1.6 (A–C)

A
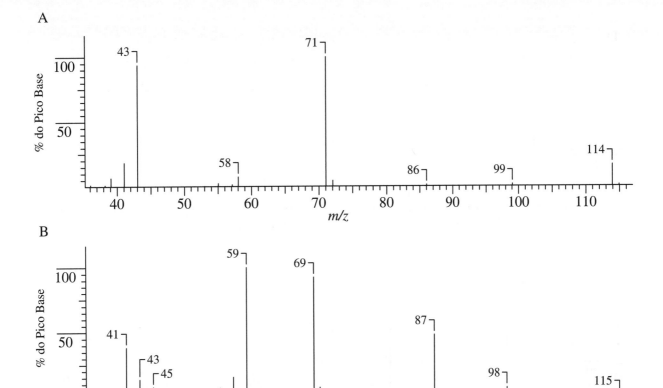

B

B CI – Gás reagente: Metano
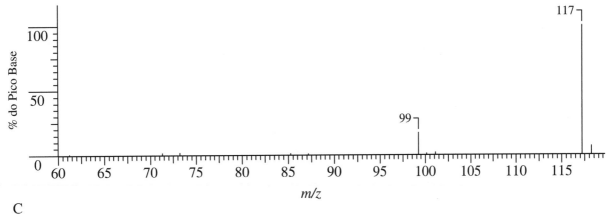

C
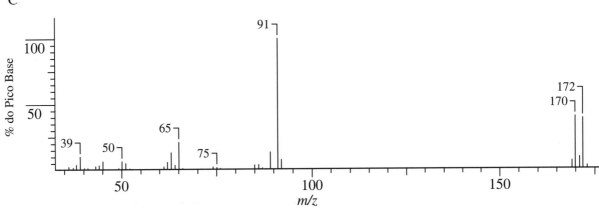

D

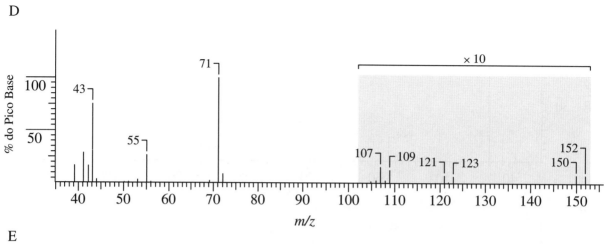

E

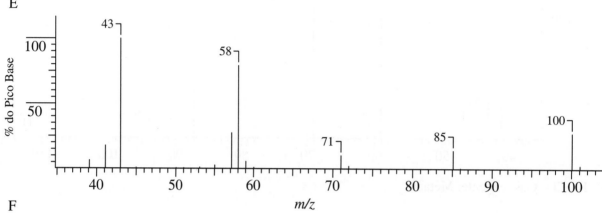

F

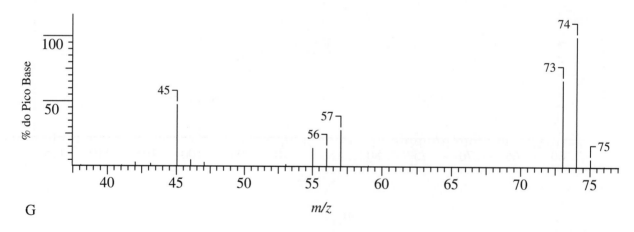

G

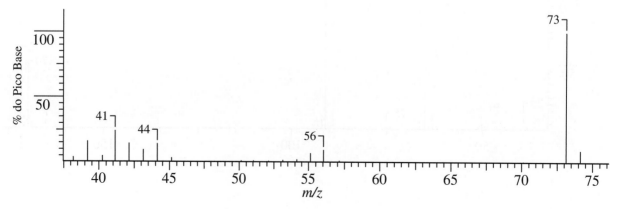

Exercício 1.6 (H–I)

H

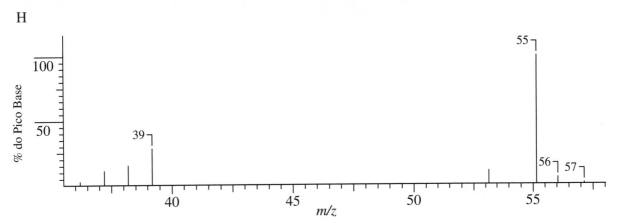

H CI – Gás reagente: Metano

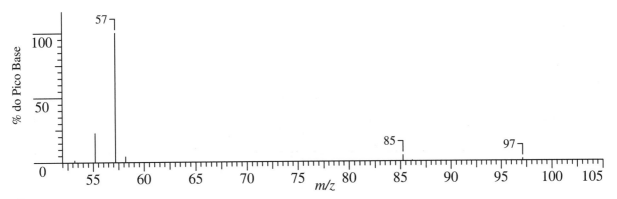

I

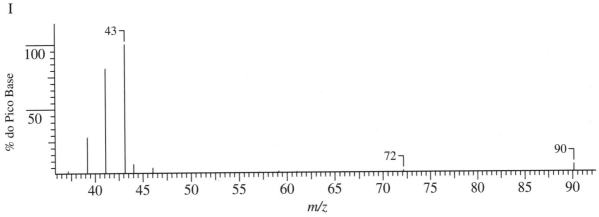

I CI – Gás reagente: Metano

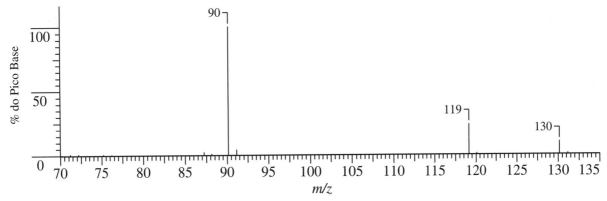

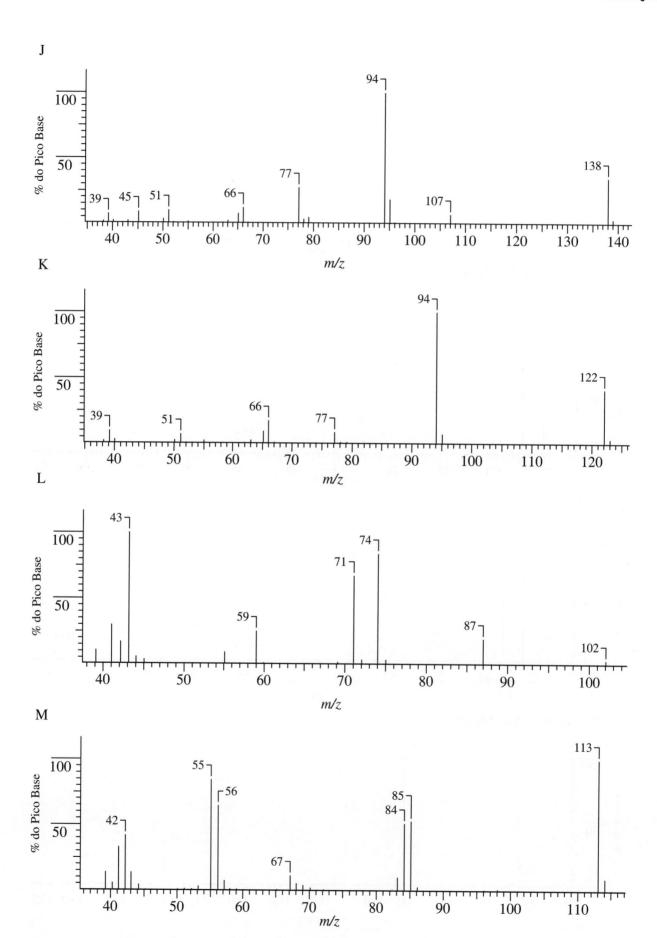

Exercício 1.6 (N–Q) ESPECTROMETRIA DE MASSAS

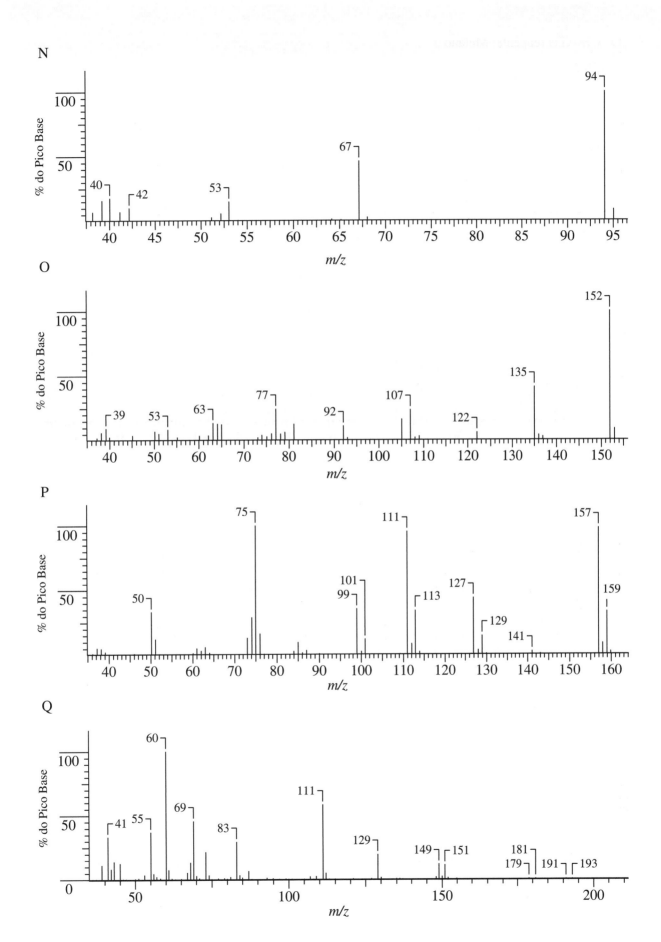

Q CI – Gás reagente: Metano

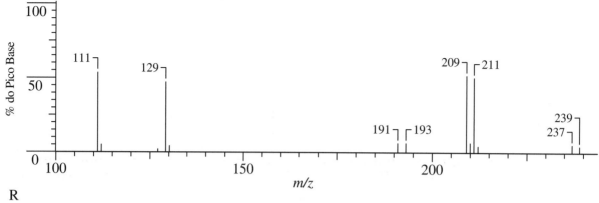

R

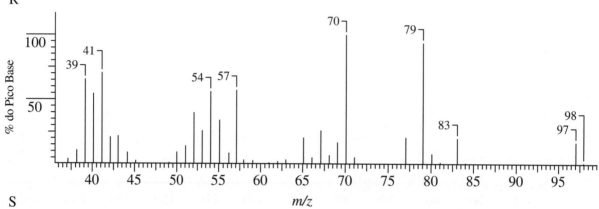

S

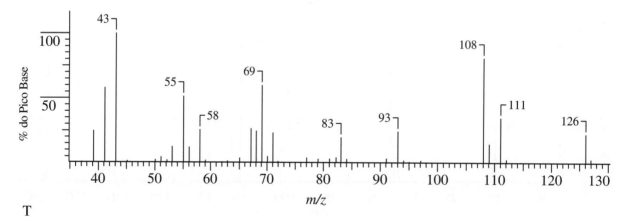

T

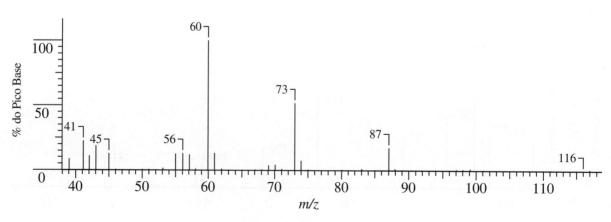

Exercício 1.6 (T–W)

ESPECTROMETRIA DE MASSAS

T CI – Gás reagente: Metano

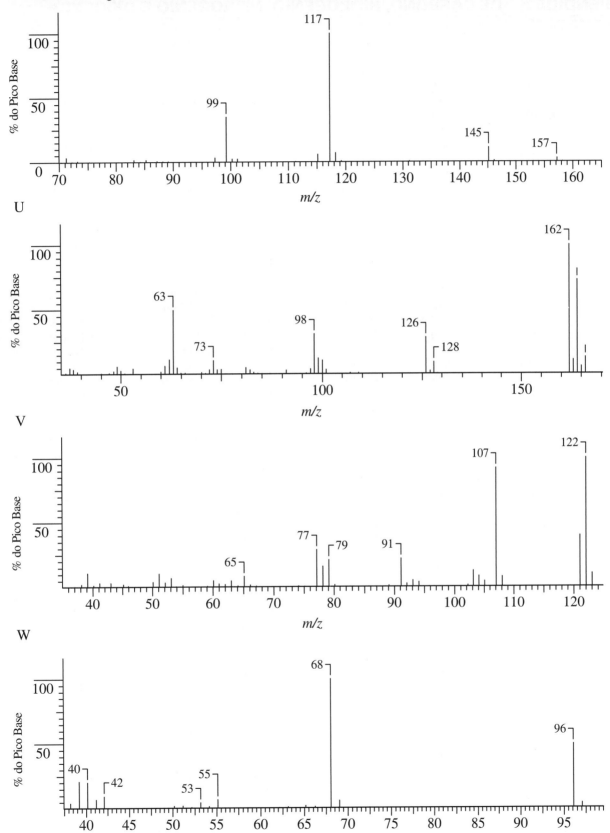

APÊNDICE A — MASSAS DE FRAGMENTOS (FM) DE DIVERSAS COMBINAÇÕES DE CARBONO, HIDROGÊNIO, NITROGÊNIO E OXIGÊNIO[a]

	FM		FM		FM		FM
12		H_4N_2	32,0375	C_2H_6O	46,0419	CH_3N_2O	59,0246
C	12,0000	CH_4O	32,0262	**47**		CH_5N_3	59,0484
13		**33**		HNO_2	47,0007	$C_2H_3O_2$	59,0133
CH	13,0078	HO_2	32,9976	CH_3O_2	47,0133	C_2H_5NO	59,0371
14		H_3NO	33,0215	CH_5NO	47,0371	$C_2H_7N_2$	59,0610
N	14,0031	**34**		**48**		C_3H_7O	59,0497
CH_2	14,0157	H_2O_2	34,0054	O_3	47,9847	C_3H_9N	59,0736
15		**38**		H_2NO_2	48 0085	**60**	
HN	15,0109	C_3H_2	38,0157	H_4N_2O	48,0324	CH_2NO_2	60,0085
CH_3	15,0235	**39**		CH_4O_2	48,0211	CH_4N_2O	60,0324
16		C_2HN	39,0109	**49**		CH_6N_3	60,0563
O	15,9949	C_3H_3	39,0235	H_3NO_2	49,0164	$C_2H_4O_2$	60,0211
H_2N	16,0187	**40**		**52**		C_2H_6NO	60,0450
CH_4	16,0313	C_2H_2N	40,0187	C_4H_4	52,0313	$C_2H_8N_2$	60,0688
17		C_3H_4	40,0313	**53**		C_3H_8O	60,0575
HO	17,0027	**41**		C_3H_3N	53,0266	C_5	60,0000
H_3N	17,0266	CHN_2	41,0140	C_4H_5	53,0391	**61**	
18		C_2H_3N	41,0266	**54**		CH_3NO_2	61,0164
H_2O	18,0106	C_3H_5	41,0391	$C_2H_2N_2$	54,0218	CH_5N_2O	61,0402
24		**42**		C_3H_2O	54,0106	CH_7N_3	61,0641
C_2	24,0000	N_3	42,0093	C_3H_4N	54,0344	$C_2H_5O_2$	61,0289
26		CNO	41,9980	C_4H_6	54,0470	C_2H_7NO	61,0528
CN	26,0031	CH_2N_2	42,0218	**55**		**62**	
C_2H_2	26,0157	C_2H_2O	42,0106	$C_2H_3N_2$	55,0297	CH_2O_3	62,0003
27		C_2H_4N	42,0344	C_3H_3O	55,0184	CH_4NO_2	62,0242
CHN	27,0109	C_3H_6	42,0470	C_3H_5N	55,0422	CH_6N_2O	62,0480
C_2H_3	27,0235	**43**		C_4H_7	55,0548	$C_2H_6O_2$	62,0368
28		HN_3	43,0170	**56**		**63**	
N_2	28,0062	CHNO	43,0058	C_2O_2	55,9898	HNO_3	62,9956
CO	27,9949	CH_3N_2	43,0297	C_2H_2NO	56,0136	CH_5NO_2	63,0320
CH_2N	28,0187	C_2H_3O	43,0184	$C_2H_4N_2$	56,0375	**64**	
C_2H_4	28,0313	C_2H_5N	43,0422	C_3H_4O	56,0262	C_5H_4	64,0313
29		C_3H_7	43,0548	C_3H_6N	56,0501	**65**	
HN_2	29,0140	**44**		C_4H_8	56,0626	C_4H_3N	65,0266
CHO	29,0027	N_2O	44,0011	**57**		C_5H_5	65,0391
CH_3N	29,0266	CO_2	43,9898	C_2H_3NO	57,0215	**66**	
C_2H_5	29,0391	CH_2NO	44,0136	$C_2H_5N_2$	57,0453	C_4H_4N	66,0344
30		CH_4N_2	44,0375	C_3H_5O	57,0340	C_5H_6	66,0470
NO	29,9980	C_2H_4O	44,0262	C_3H_7N	57,0579	**67**	
H_2N_2	30,0218	C_2H_6N	44,0501	C_4H_9	57,0705	$C_3H_3N_2$	67,0297
CH_2O	30,0106	C_3H_8	44,0626	**58**		C_4H_3O	67,0184
CH_4N	30,0344	**45**		CH_2N_2O	58,0167	C_4H_5N	67,0422
C_2H_6	30,0470	CH_3NO	45,0215	CH_4N_3	58,0406	C_5H_7	67,0548
31		CH_5N_2	45,0453	$C_2H_2O_2$	58,0054	**68**	
HNO	31,0058	C_2H_5O	45,0340	C_2H_4NO	58,0293	$C_3H_4N_2$	68,0375
H_3N_2	31,0297	C_2H_7N	45,0579	$C_2H_6N_2$	58,0532	C_4H_4O	68,0262
CH_3O	31,0184	**46**		C_3H_6O	58,0419	C_4H_6N	68,0501
CH_5N	31,0422	NO_2	45,9929	C_3H_8N	58,0657	C_5H_8	68,0626
32		CH_2O_2	46,0054	C_4H_{10}	58,0783	**69**	
O_2	31,9898	CH_4NO	46,0293	**59**		C_3H_3NO	69,0215
H_2NO	32,0136	CH_6N_2	46,0532	$CHNO_2$	59,0007	$C_3H_5N_2$	69,0453

[a] Com permissão de J. H. Beynon, *Mass Spectrometry and Its Application to Organic Chemistry*, Amsterdã, 1960. As colunas FM contêm as *massas dos fragmentos* baseadas nas massas exatas dos isótopos mais abundantes de cada elemento. Estas últimas são baseadas no isótopo mais abundante do carbono, com massa 12,0000. Note que a tabela inclui somente C, H, N e O.

APÊNDICE A (Continuação)

	FM		FM		FM		FM
C_4H_5O	69,0340	$C_2H_6NO_2$	76,0399	$C_4H_9N_2$	85,0767	$C_3H_8NO_2$	90,0555
C_4H_7N	69,0579	$C_2H_8N_2O$	76,0637	C_5H_9O	85,0653	$C_3H_{10}N_2O$	90,0794
C_5H_9	69,0705	$C_3H_8O_2$	76,0524	$C_5H_{11}N$	85,0892	$C_4H_{10}O_2$	90,0681
70		C_5H_2N	76,0187	C_6H_{13}	85,1018	C_7H_6	90,0470
$C_2H_4N_3$	70,0406	C_6H_4	76,0313	**86**		**91**	
$C_3H_2O_2$	70,0054	**77**		$C_2H_2N_2O_2$	86,0116	$C_2H_3O_4$	91,0031
C_3H_4NO	70,0293	CH_3NO_3	77,0113	$C_2H_4N_3O$	86,0355	$C_2H_5NO_3$	91,0269
$C_3H_6N_2$	70,0532	$C_2H_5O_3$	77,0238	$C_2H_6N_4$	86,0594	$C_2H_7N_2O_2$	91,0508
C_4H_6O	70,0419	$C_2H_7NO_2$	77,0477	$C_3H_4NO_2$	86,0242	$C_2H_9N_3O$	91,0746
C_4H_8N	70,0657	C_6H_5	77,0391	$C_3H_6N_2O$	86,0480	$C_3H_7O_3$	91,0395
C_5H_{10}	70,0783	**78**		$C_3H_8N_3$	86,0719	$C_3H_9NO_2$	91,0634
71		$C_2H_6O_3$	78,0317	$C_4H_6O_2$	86,0368	C_6H_5N	91,0422
$C_2H_3N_2O$	71,0246	C_5H_4N	78,0344	C_4H_8NO	86,0606	C_7H_7	91,0548
$C_2H_5N_3$	71,0484	C_6H_6	78,0470	$C_4H_{10}N_2$	86,0845	**92**	
$C_3H_3O_2$	71,0133	**79**		$C_5H_{10}O$	86,0732	$C_2H_4O_4$	92,0109
C_3H_5NO	71,0371	C_5H_5N	79,0422	$C_5H_{12}N$	86,0970	$C_2H_6NO_3$	92,0348
$C_3H_7N_2$	71,0610	C_6H_7	79,0548	C_6H_{14}	86,1096	$C_2H_8N_2O_2$	92,0586
C_4H_7O	71,0497	**80**		**87**		$C_3H_8O_3$	92,0473
C_4H_9N	71,0736	$C_3H_2N_3$	80,0249	$C_2H_7N_4$	87,0672	C_6H_4O	92,0262
C_5H_{11}	71,0861	$C_4H_4N_2$	80,0375	$C_3H_3O_3$	87,0082	C_6H_6N	92,0501
72		C_5H_4O	80,0262	$C_3H_5NO_2$	87,0320	C_7H_8	92,0626
$C_2H_2NO_2$	72,0085	C_5H_6N	80,0501	$C_3H_7N_2O$	87,0559	**93**	
$C_2H_4N_2O$	72,0324	C_6H_8	80,0626	$C_3H_9N_3$	87,0798	$C_2H_5O_4$	93,0187
$C_2H_6N_3$	72,0563	**81**		$C_4H_7O_2$	87,0446	$C_2H_7NO_3$	92,0426
$C_3H_4O_2$	72,0211	$C_3H_3N_3$	81,0328	C_4H_9NO	87,0684	$C_5H_5N_2$	93,0453
C_3H_6NO	72,0449	$C_4H_5N_2$	81,0453	$C_4H_{11}N_2$	87,0923	C_6H_5O	93,0340
$C_3H_8N_2$	72,0688	C_5H_5O	81,0340	$C_5H_{11}O$	87,0810	C_6H_7N	93,0579
C_4H_8O	72,0575	C_5H_7N	81,0579	$C_5H_{13}N$	87,1049	C_7H_9	93,0705
$C_4H_{10}N$	72,0814	C_6H_9	81,0705	**88**		**94**	
C_5H_{12}	72,0939	**82**		$C_2H_4N_2O_2$	88,0273	$C_2H_6O_4$	94,0266
73		$C_3H_4N_3$	82,0406	$C_2H_6N_3O$	88,0511	$C_4H_4N_3$	94,0406
$C_2H_3NO_2$	73,0164	C_4H_4NO	82,0293	$C_2H_8N_4$	88,0750	C_5H_4NO	94,0293
$C_2H_5N_2O$	73,0402	$C_4H_6N_2$	82,0532	$C_3H_4O_3$	88,0160	$C_5H_6N_2$	94,0532
$C_2H_7N_3$	73,0641	C_5H_6O	82,0419	$C_3H_6NO_2$	88,0399	C_6H_6O	94,0419
$C_3H_5O_2$	73,0289	C_5H_8N	82,0657	$C_3H_8N_2O$	88,0637	C_6H_8N	94,0657
C_3H_7NO	73,0528	C_6H_{10}	82,0783	$C_3H_{10}N_3$	88,0876	C_7H_{10}	94,0783
$C_3H_9N_2$	73,0767	**83**		$C_4H_8O_2$	88,0524	**95**	
C_4H_9O	73,0653	$C_3H_5N_3$	83,0484	$C_4H_{10}NO$	88,0763	$C_4H_5N_3$	95,0484
$C_4H_{11}N$	73,0892	$C_4H_3O_2$	83,0133	$C_4H_{12}N_2$	88,1001	C_5H_5NO	95,0371
74		C_4H_5NO	83,0371	$C_5H_{12}O$	88,0888	$C_5H_7N_2$	95,0610
$C_2H_2O_3$	74,0003	$C_4H_7N_2$	83,0610	**89**		C_6H_7O	95,0497
$C_2H_4NO_2$	74,0242	C_5H_7O	83,0497	$C_2H_5N_2O_2$	89,0351	C_6H_9N	95,0736
$C_2H_6N_2O$	74,0480	C_5H_9N	83,0736	$C_2H_7N_3O$	89,0590	C_7H_{11}	95,0861
$C_2H_8N_3$	74,0719	C_6H_{11}	83,0861	$C_2H_9N_4$	89,0829	**96**	
$C_3H_6O_2$	74,0368	**84**		$C_3H_5O_3$	89,0238	$C_4H_6N_3$	96,0563
C_3H_8NO	74,0606	$C_3H_6N_3$	84,0563	$C_3H_7NO_2$	89,0477	$C_5H_4O_2$	96,0211
$C_3H_{10}N_2$	74,0845	$C_4H_4O_2$	84,0211	$C_3H_9N_2O$	89,0715	C_5H_6NO	96,0449
$C_4H_{10}O$	74,0732	C_4H_6NO	84,0449	$C_3H_{11}N_3$	89,0954	$C_5H_8N_2$	96,0688
75		$C_4H_8N_2$	84,0688	$C_4H_9O_2$	89,0603	C_6H_8O	96 0575
$C_2H_3O_3$	75,0082	C_5H_8O	84,0575	$C_4H_{11}NO$	89,0841	$C_6H_{10}N$	96,0814
$C_2H_5NO_2$	75,0320	$C_5H_{10}N$	84,0814	C_7H_5	89,0391	C_7H_{12}	96,0939
$C_2H_7N_2O$	75,0559	C_6H_{12}	84,0939	**90**		**97**	
$C_2H_9N_3$	75,0798	**85**		$C_2H_4NO_3$	90,0191	$C_3H_5N_4$	97,0515
$C_3H_7O_2$	75,0446	$C_3H_5N_2O$	85,0402	$C_2H_6N_2O_2$	90,0429	$C_4H_5N_2O$	97,0402
C_3H_9NO	75,0684	$C_3H_7N_3$	85,0641	$C_2H_8N_3O$	90,0668	$C_5H_5O_2$	97,0289
76		$C_4H_5O_2$	85,0289	$C_2H_{10}N_4$	90,0907	C_5H_7NO	97,0528
$C_2H_4O_3$	76,0160	C_4H_7NO	85,0528	$C_3H_6O_3$	90,0317	$C_5H_9N_2$	97,0767

APÊNDICE A *(Continuação)*

	FM		FM		FM		FM
C_6H_9O	97,0653	**102**		$C_4H_{11}NO_2$	105,0790	$C_4H_6N_4$	110,0594
$C_6H_{11}N$	97,0892	$C_2H_6N_4O$	102,0542	$C_6H_5N_2$	105,0453	$C_5H_6N_2O$	110,0480
C_7H_{13}	97,1018	$C_3H_4NO_3$	102,0191	C_7H_5O	105,0340	$C_5H_8N_3$	110,0719
98		$C_3H_6N_2O_2$	102,0429	C_7H_7N	105,0579	$C_6H_6O_2$	110,0368
$C_3H_4N_3O$	98,0355	$C_3H_8N_3O$	102,0668	C_8H_9	105,0705	C_6H_8NO	110,0606
$C_3H_6N_4$	98,0594	$C_3H_{10}N_4$	102,0907	**106**		$C_6H_{10}N_2$	110,0845
$C_4H_4NO_2$	98,0242	$C_4H_6O_3$	102,0317	$C_2H_4NO_4$	106,0140	$C_7H_{10}O$	110,0732
$C_4H_6N_2O$	98,0480	$C_4H_8NO_2$	102,0555	$C_2H_6N_2O_3$	106,0379	$C_7H_{12}N$	110,0970
$C_4H_8N_3$	98,0719	$C_4H_{10}N_2O$	102,0794	$C_2H_8N_3O_2$	106,0617	C_8H_{14}	110,1096
$C_5H_6O_2$	98,0368	$C_4H_{12}N_3$	102,1032	$C_2H_{10}N_4O$	106,0856	**111**	
C_5H_8NO	98,0606	$C_5H_{10}O_2$	102,0681	$C_3H_6O_4$	106,0266	$C_4H_5N_3O$	111,0433
$C_5H_{10}N_2$	98,0845	$C_5H_{12}NO$	102,0919	$C_3H_8NO_3$	106,0504	$C_4H_7N_4$	111,0672
$C_6H_{10}O$	98,0732	$C_5H_{14}N_2$	102,1158	$C_3H_{10}N_2O_2$	106,0743	$C_5H_5NO_2$	111,0320
$C_6H_{12}N$	98,0970	$C_6H_{14}O$	102,1045	$C_4H_{10}O_3$	106,0630	$C_5H_7N_2O$	111,0559
C_7H_{14}	98,1096	C_8H_6	102,0470	C_6H_4NO	106,0293	$C_5H_9N_3$	111,0789
99		**103**		$C_6H_6N_2$	106,0532	$C_6H_7O_2$	111,0446
$C_3H_5N_3O$	99,0433	$C_2H_5N_3O_2$	103,0382	C_7H_6O	106,0419	C_6H_9NO	111,0684
$C_3H_7N_4$	99,0672	$C_2H_7N_4O$	103,0621	C_7H_8N	106,0657	$C_6H_{11}N_2$	111,0923
$C_4H_3O_3$	99,0082	$C_3H_3O_4$	103,0031	C_8H_{10}	106,0783	$C_7H_{11}O$	111,0810
$C_4H_5NO_2$	99,0320	$C_3H_5NO_3$	103,0269	**107**		$C_7H_{13}N$	111,1049
$C_4H_7N_2O$	99,0559	$C_3H_7N_2O_2$	103,0508	$C_2H_5NO_4$	107,0218	C_8H_{15}	111,1174
$C_4H_9N_3$	99,0798	$C_3H_9N_3O$	103,0746	$C_2H_7N_2O_3$	107,0457	**112**	
$C_5H_7O_2$	99,0446	$C_3H_{11}N_4$	103,0985	$C_2H_9N_3O_2$	107,0695	$C_3H_4N_4O$	112,0386
C_5H_9NO	99,0685	$C_4H_7O_3$	103,0395	$C_3H_7O_4$	107,0344	$C_4H_4N_2O_2$	112,0273
$C_5H_{11}N_2$	99,0923	$C_4H_9NO_2$	103,0634	$C_3H_9NO_3$	107,0583	$C_4H_6N_3O$	112,0511
$C_6H_{11}O$	99,0810	$C_4H_{11}N_2O$	103,0872	$C_5H_5N_3$	107,0484	$C_4H_8N_4$	112,0750
$C_6H_{13}N$	99,1049	$C_4H_{13}N_3$	103,1111	C_6H_5NO	107,0371	$C_5H_4O_3$	112,0160
C_7H_{15}	99,1174	$C_5H_{11}O_2$	103,0759	$C_6H_7N_2$	107,0610	$C_5H_6NO_2$	112,0399
100		$C_5H_{13}NO$	103,0998	C_7H_7O	107,0497	$C_5H_8N_2O$	112,0637
$C_2H_4N_4O$	100,0386	C_7H_5N	103,0422	C_7H_9N	107,0736	$C_5H_{10}N_3$	112,0876
$C_3H_4N_2O_2$	100,0273	C_8H_7	103,0548	C_8H_{11}	107,0861	$C_6H_8O_2$	112,0524
$C_3H_6N_3O$	100,0511	**104**		**108**		$C_6H_{10}NO$	112,0763
$C_3H_8N_4$	100,0750	$C_2H_4N_2O_3$	104,0222	$C_2H_6NO_4$	108,0297	$C_6H_{12}N_2$	112,1001
$C_4H_4O_3$	100,0160	$C_2H_6N_3O_2$	104,0460	$C_2H_8N_2O_3$	108,0535	$C_7H_{12}O$	112,0888
$C_4H_6NO_2$	100,0399	$C_2H_8N_4O$	104,0699	$C_3H_8O_4$	108,0422	$C_7H_{14}N$	112,1127
$C_4H_8N_2O$	100,0637	$C_3H_4O_4$	104,0109	$C_4H_4N_4$	108,0437	C_8H_{16}	112,1253
$C_4H_{10}N_3$	100,0876	$C_3H_6NO_3$	104,0348	$C_5H_4N_2O$	108,0324	**113**	
$C_5H_8O_2$	100,0524	$C_3H_8N_2O_2$	104,0586	$C_5H_6N_3$	108,0563	$C_3H_5N_4O$	113,0464
$C_5H_{10}NO$	100,0763	$C_3H_{10}N_3O$	104,0825	$C_6H_4O_2$	108,0211	$C_4H_5N_2O_2$	113,0351
$C_5H_{12}N_2$	100,1001	$C_3H_{12}N_4$	104,1063	C_6H_6NO	108,0449	$C_4H_7N_3O$	113,0590
$C_6H_{12}O$	100,0888	$C_4H_8O_3$	104,0473	$C_6H_8N_2$	108,0688	$C_4H_9N_4$	113,0829
$C_6H_{14}N$	100,1127	$C_4H_{10}NO_2$	104,0712	C_7H_8O	108,0575	$C_5H_5O_3$	113,0238
C_7H_{16}	100,1253	$C_4H_{12}N_2O$	104,0950	$C_7H_{10}N$	108,0814	$C_5H_7NO_2$	113,0477
101		$C_5H_{12}O_2$	104,0837	C_8H_{12}	108,0939	$C_5H_9N_2O$	113,0715
$C_3H_3NO_3$	101,0113	$C_6H_4N_2$	104,0375	**109**		$C_5H_{11}N_3$	113,0954
$C_3H_5N_2O_2$	101,0351	C_7H_4O	104,0262	$C_2H_7NO_4$	109,0375	$C_6H_9O_2$	113,0603
$C_3H_7N_3O$	101,0590	C_7H_6N	104,0501	$C_4H_5N_4$	109,0515	$C_6H_{11}NO$	113,0841
$C_3H_9N_4$	101,0829	C_8H_8	104,0626	$C_5H_5N_2O$	109,0402	$C_6H_{13}N_2$	113,1080
$C_4H_5O_3$	101,0238	**105**		$C_5H_7N_3$	109,0641	$C_7H_{13}O$	113,0967
$C_4H_7NO_2$	101,0477	$C_2H_5N_2O_3$	105,0300	$C_6H_5O_2$	109,0289	$C_7H_{15}N$	113,1205
$C_4H_9N_2O$	101,0715	$C_2H_7N_3O_2$	105,0539	C_6H_7NO	109,0528	C_8H_{17}	113,1331
$C_4H_{11}N_3$	101,0954	$C_2H_9N_4O$	105,0777	$C_6H_9N_2$	109,0767	**114**	
$C_5H_9O_2$	101,0603	$C_3H_5O_4$	105,0187	C_7H_9O	109,0653	$C_3H_6N_4O$	114,0542
$C_5H_{11}NO$	101,0841	$C_3H_7NO_3$	105,0426	$C_7H_{11}N$	109,0892	$C_4H_4NO_3$	114,0191
$C_5H_{13}N_2$	101,1080	$C_3H_9N_2O_2$	105,0664	C_8H_{13}	109,1018	$C_4H_6N_2O_2$	114,0429
$C_6H_{13}O$	101,0967	$C_3H_{11}N_3O$	105,0903	**110**		$C_4H_8N_3O$	114,0668
$C_6H_{15}N$	101,1205	$C_4H_9O_3$	105,0552	$C_4H_4N_3O$	110,0355	$C_4H_{10}N_4$	114,0907

APÊNDICE A *(Continuação)*

FM		FM		FM		FM	
$C_5H_6O_3$	114,0317	$C_4H_9N_2O_2$	117,0664	$C_4H_8O_4$	120,0422	C_7H_9NO	123,0684
$C_5H_8NO_2$	114,0555	$C_4H_{11}N_3O$	117,0903	$C_4H_{10}NO_3$	120,0661	$C_7H_{11}N_2$	123,0923
$C_5H_{10}N_2O$	114,0794	$C_4H_{13}N_4$	117,1142	$C_4H_{12}N_2O_2$	120,0899	$C_8H_{11}O$	123,0810
$C_5H_{12}N_3$	114,1032	$C_5H_9O_3$	117,0552	$C_5H_4N_4$	120,0437	$C_8H_{13}N$	123,1049
$C_6H_{10}O_2$	114,0681	$C_5H_{11}NO_2$	117,0790	$C_5H_{12}O_3$	120,0786	C_9H_{15}	123,1174
$C_6H_{12}NO$	114,0919	$C_5H_{13}N_2O$	117,1029	$C_6H_4N_2O$	120,0324	**124**	
$C_6H_{14}N_2$	114,1158	$C_5H_{15}N_3$	117,1267	$C_6H_6N_3$	120,0563	$C_2H_8N_2O_4$	124,0484
$C_7H_{14}O$	114,1045	$C_6H_{13}O_2$	117,0916	C_7H_6NO	120,0449	$C_4H_4N_4O$	124,0386
$C_7H_{16}N$	114,1284	$C_6H_{15}NO$	117,1154	$C_7H_8N_2$	120,0688	$C_5H_4N_2O_2$	124,0273
C_8H_{18}	114,1409	C_8H_7N	117,0579	C_8H_8O	120,0575	$C_5H_6N_3O$	124,0511
C_9H_6	114,0470	C_9H_9	117,0705	$C_8H_{10}N$	120,0814	$C_5H_8N_4$	124,0750
115		**118**		C_9H_{12}	120,0939	$C_6H_4O_3$	124,0160
$C_3H_5N_3O_2$	115,0382	$C_2H_4N_3O_3$	118,0253	**121**		$C_6H_6NO_2$	124,0399
$C_3H_7N_4O$	115,0621	$C_2H_6N_4O_2$	118,0491	$C_2H_5N_2O_4$	121,0249	$C_6H_8N_2O$	124,0637
$C_4H_5NO_3$	115,0269	$C_3H_4NO_4$	118,0140	$C_2H_7N_3O_3$	121,0488	$C_6H_{10}N_3$	124,0876
$C_4H_7N_2O_2$	115,0508	$C_3H_6N_2O_3$	118,0379	$C_2H_9N_4O_2$	121,0726	$C_7H_8O_2$	124,0524
$C_4H_9N_3O$	115,0746	$C_3H_8N_3O_2$	118,0617	$C_3H_7NO_4$	121,0375	$C_7H_{10}NO$	124,0763
$C_4H_{11}N_4$	115,0985	$C_3H_{10}N_4O$	118,0856	$C_3H_9N_2O_3$	121,0614	$C_7H_{12}N_2$	124,1001
$C_5H_7O_3$	115,0395	$C_4H_6O_4$	118,0266	$C_3H_{11}N_3O_2$	121,0852	C_8N_2	124,0062
$C_5H_9NO_2$	115,0634	$C_4H_8NO_3$	118,0504	$C_4H_9O_4$	121,0501	$C_8H_{12}O$	124,0888
$C_5H_{11}N_2O$	115,0872	$C_4H_{10}N_2O_2$	118,0743	$C_4H_{11}NO_3$	121,0739	$C_8H_{14}N$	124,1127
$C_5H_{13}N_3$	115,1111	$C_4H_{12}N_3O$	118,0981	$C_5H_5N_4$	121,0515	C_9H_{16}	124,1253
$C_6H_{11}O_2$	115,0759	$C_4H_{14}N_4$	118,1220	$C_6H_5N_2O$	121,0402	**125**	
$C_6H_{13}NO$	115,0998	$C_5H_{10}O_3$	118,0630	$C_6H_7N_3$	121,0641	$C_4H_3N_3O_2$	125,0226
$C_6H_{15}N_2$	115,1236	$C_5H_{12}NO_2$	118,0868	$C_7H_5O_2$	121,0289	$C_4H_5N_4O$	125,0464
$C_7H_{15}O$	115,1123	$C_5H_{14}N_2O$	118,1107	C_7H_7NO	121,0528	$C_5H_5N_2O_2$	125,0351
$C_7H_{17}N$	115,1362	$C_6H_{14}O_2$	118,0994	$C_7H_9N_2$	121,0767	$C_5H_7N_3O$	125,0590
C_9H_7	115,0548	$C_7H_6N_2$	118,0532	C_8H_9O	121,0653	$C_5H_9N_4$	125,0829
116		C_8H_6O	118,0419	$C_8H_{11}N$	121,0892	$C_6H_5O_3$	125,0238
$C_2H_4N_4O_2$	116,0335	C_8H_8N	118,0657	C_9H_{13}	121,1018	$C_6H_7NO_2$	125,0477
$C_3H_4N_2O_3$	116,0222	C_9H_{10}	118,0783	**122**		$C_6H_9N_2O$	125,0715
$C_3H_6N_3O_2$	116,0460	**119**		$C_2H_6N_2O_4$	122,0328	$C_6H_{11}N_3$	125,0954
$C_3H_8N_4O$	116,0699	$C_2H_5N_3O_3$	119,0331	$C_2H_8N_3O_3$	122,0566	$C_7H_9O_2$	125,0603
$C_4H_4O_4$	116,0109	$C_2H_7N_4O_2$	119,0570	$C_2H_{10}N_4O_2$	122,0805	$C_7H_{11}NO$	125,0841
$C_4H_6NO_3$	116,0348	$C_3H_5NO_4$	119,0218	$C_3H_8NO_4$	122,0453	$C_7H_{13}N_2$	125,1080
$C_4H_8N_2O_2$	116,0586	$C_3H_7N_2O_3$	119,0457	$C_3H_{10}N_2O_3$	122,0692	$C_8H_{13}O$	125,0967
$C_4H_{10}N_3O$	116,0825	$C_3H_9N_3O_2$	119,0695	$C_4H_{10}O_4$	122,0579	$C_8H_{15}N$	125,1205
$C_4H_{12}N_4$	116,1063	$C_3H_{11}N_4O$	119,0934	$C_5H_6N_4$	122,0594	C_9H_{17}	125,1331
$C_5H_8O_3$	116,0473	$C_4H_7O_4$	119,0344	$C_6H_4NO_2$	122,0242	**126**	
$C_5H_{10}NO_2$	116,0712	$C_4H_9NO_3$	119,0583	$C_6H_6N_2O$	122,0480	$C_3H_2N_4O_2$	126,0178
$C_5H_{12}N_2O$	116,0950	$C_4H_{11}N_2O_2$	119,0821	$C_6H_8N_3$	122,0719	$C_4H_4N_3O_2$	126,0304
$C_5H_{14}N_3$	116,1189	$C_4H_{13}N_3O$	119,1060	$C_7H_6O_2$	122,0368	$C_4H_6N_4O$	126,0542
$C_6H_{12}O_2$	116,0837	$C_5H_{11}O_3$	119,0708	C_7H_8NO	122,0606	$C_5H_4NO_3$	126,0191
$C_6H_{14}NO$	116,1076	$C_5H_{13}NO_2$	119,0947	$C_7H_{10}N_2$	122,0845	$C_5H_6N_2O_2$	126,0429
$C_6H_{16}N_2$	116,1315	$C_6H_5N_3$	119,0484	$C_8H_{10}O$	122,0732	$C_5H_8N_3O$	126,0668
$C_7H_4N_2$	116,0375	C_7H_5NO	119,0371	$C_8H_{12}N$	122,0970	$C_5H_{10}N_4$	126,0907
$C_7H_{16}O$	116,1202	$C_7H_7N_2$	119,0610	C_9H_{14}	122,1096	$C_6H_6O_3$	126,0317
C_8H_6N	116,0501	C_8H_7O	119,0497	**123**		$C_6H_8NO_2$	126,0555
C_9H_8	116,0626	C_8H_9N	119,0736	$C_2H_7N_2O_4$	123,0406	$C_6H_{10}N_2O$	126,0794
117		C_9H_{11}	119,0861	$C_2H_9N_3O_3$	123,0644	$C_6H_{12}N_3$	126,1032
$C_2H_5N_4O_2$	117,0413	**120**		$C_3H_9NO_4$	123,0532	$C_7H_{10}O_2$	126,0681
$C_3H_3NO_4$	117,0062	$C_2H_6N_3O_3$	120,0410	$C_5H_5N_3O$	123,0433	$C_7H_{12}NO$	126,0919
$C_3H_5N_2O_3$	117,0300	$C_2H_8N_4O_2$	120,0648	$C_5H_7N_4$	123,0672	$C_7H_{14}N_2$	126,1158
$C_3H_7N_3O_2$	117,0539	$C_3H_6NO_4$	120,0297	$C_6H_5NO_2$	123,0320	$C_8H_{14}O$	126,1045
$C_3H_9N_4O$	117,0777	$C_3H_8N_2O_3$	120,0535	$C_6H_7N_2O$	123,0559	$C_8H_{16}N$	126,1284
$C_4H_5O_4$	117,0187	$C_3H_{10}N_3O_2$	120,0774	$C_6H_9N_3$	123,0798	C_9H_{18}	126,1409
$C_4H_7NO_3$	117,0426	$C_3H_{12}N_4O$	120,1012	$C_7H_7O_2$	123,0446	**127**	

ESPECTROMETRIA DE MASSAS 49

APÊNDICE A *(Continuação)*

	FM		FM		FM		FM
$C_3H_3N_4O_2$	127,0257	$C_8H_{19}N$	129,1519	$C_4H_{10}N_3O_2$	132,0774	C_8H_8NO	134,0606
$C_4H_5N_3O_2$	127,0382	C_9H_7N	129,0579	$C_4H_{12}N_4O$	132,1012	$C_8H_{10}N_2$	134,0845
$C_4H_7N_4O$	127,0621	$C_{10}H_9$	129,0705	$C_5H_8O_4$	132,0422	$C_9H_{10}O$	134,0732
$C_5H_5NO_3$	127,0269	**130**		$C_5H_{10}NO_3$	132,0661	$C_9H_{12}N$	134,0970
$C_5H_7N_2O_2$	127,0508	$C_3H_4N_3O_3$	130,0253	$C_5H_{12}N_2O_2$	132,0899	$C_{10}H_{14}$	134,1096
$C_5H_9N_3O$	127,0746	$C_3H_6N_4O_2$	130,0491	$C_5H_{14}N_3O$	132,1138	**135**	
$C_5H_{11}N_4$	127,0985	$C_4H_4NO_4$	130,0140	$C_5H_{16}N_4$	132,1377	$C_3H_7N_2O_4$	135,0406
$C_6H_7O_3$	127,0395	$C_4H_6N_2O_3$	130,0379	$C_6H_4N_4$	132,0437	$C_3H_9N_3O_3$	135,0644
$C_6H_9NO_2$	127,0634	$C_4H_8N_3O_2$	130,0617	$C_6H_{12}O_3$	132,0786	$C_3H_{11}N_4O_2$	135,0883
$C_6H_{11}N_2O$	127,0872	$C_4H_{10}N_4O$	130,0856	$C_6H_{14}NO_2$	132,1025	$C_4H_9NO_4$	135,0532
$C_6H_{13}N_3$	127,1111	$C_5H_6O_4$	130,0266	$C_6H_{16}N_2O$	132,1264	$C_4H_{11}N_2O_3$	135,0770
$C_7H_{11}O_2$	127,0759	$C_5H_8NO_3$	130,0504	$C_7H_9N_3$	132,0563	$C_4H_{13}N_3O_2$	135,1009
$C_7H_{13}NO$	127,0998	$C_5H_{10}N_2O_2$	130,0743	$C_7H_{16}O_2$	132,1151	$C_5H_3N_4O$	135,0308
$C_7H_{15}N_2$	127,1236	$C_5H_{12}N_3O$	130,0981	C_8H_6NO	132,0449	$C_5H_{11}O_4$	135,0657
$C_8H_{15}O$	127,1123	$C_5H_{14}N_4$	130,1220	$C_8H_8N_2$	132,0688	$C_5H_{13}NO_3$	135,0896
$C_8H_{17}N$	127,1362	$C_6H_{10}O_3$	130,0630	C_9H_8O	132,0575	$C_6H_5N_3O$	135,0433
C_9H_{19}	127,1488	$C_6H_{12}NO_2$	130,0868	$C_9H_{10}N$	132,0814	$C_6H_7N_4$	135,0672
128		$C_6H_{14}N_2O$	130,1107	$C_{10}H_{12}$	132,0939	$C_7H_5NO_2$	135,0320
$C_3H_4N_4O_2$	128,0335	$C_6H_{16}N_3$	130,1346	**133**		$C_7H_7N_2O$	135,0559
$C_4H_4N_2O_3$	128,0222	$C_7H_4N_3$	130,0406	$C_3H_5N_2O_4$	133,0249	$C_7H_9N_3$	135,0798
$C_4H_6N_3O_2$	128,0460	$C_7H_{14}O_2$	130,0994	$C_3H_7N_3O_3$	133,0488	$C_8H_7O_2$	135,0446
$C_4H_8N_4O$	128,0699	$C_7H_{16}NO$	130,1233	$C_3H_9N_4O_2$	133,0726	C_8H_9NO	135,0684
$C_5H_4O_4$	128,0109	$C_7H_{18}N_2$	130,1471	$C_4H_7NO_4$	133,0375	$C_8H_{11}N_2$	135,0923
$C_5H_6NO_3$	128,0348	$C_8H_6N_2$	130,0532	$C_4H_9N_2O_3$	133,0614	$C_9H_{11}O$	135,0810
$C_5H_8N_2O_2$	128,0586	$C_8H_{18}O$	130,1358	$C_4H_{11}N_3O_2$	133,0852	$C_9H_{13}N$	135,1049
$C_5H_{10}N_3O$	128,0825	C_9H_8N	130,0657	$C_4H_{13}N_4O$	133,1091	$C_{10}H_{15}$	135,1174
$C_5H_{12}N_4$	128,1063	$C_{10}H_{10}$	130,0783	$C_5H_9O_4$	133,0501	**136**	
$C_6H_8O_3$	128,0473	**131**		$C_5H_{11}NO_3$	133,0739	$C_3H_8N_2O_4$	136,0484
$C_6H_{10}NO_2$	128,0712	$C_3H_3N_2O_4$	131,0093	$C_5H_{13}N_2O_2$	133,0978	$C_3H_{10}N_3O_3$	136,0723
$C_6H_{12}N_2O$	128,0950	$C_3H_5N_3O_3$	131,0331	$C_5H_{15}N_3O$	133,1216	$C_3H_{12}N_4O_2$	136,0961
$C_6H_{14}N_3$	128,1189	$C_3H_7N_4O_2$	131,0570	$C_6H_5N_4$	133,0515	$C_4H_{10}NO_4$	136,0610
$C_7H_{12}O_2$	128,0837	$C_4H_5NO_4$	131,0218	$C_6H_{13}O_3$	133,0865	$C_4H_{12}N_2O_3$	136,0848
$C_7H_{14}NO$	128,1076	$C_4H_7N_2O_3$	131,0457	$C_6H_{15}NO_2$	133,1103	$C_5H_2N_3O_2$	136,0147
$C_7H_{16}N_2$	128,1315	$C_4H_9N_3O_2$	131,0695	$C_7H_5N_2O$	133,0402	$C_5H_4N_4O$	136,0386
$C_8H_{16}O$	128,1202	$C_4H_{11}N_4O$	131,0934	$C_7H_7N_3$	133,0641	$C_5H_{12}O_4$	136,0735
$C_8H_{18}N$	128,1440	$C_5H_7O_4$	131,0344	C_8H_7NO	133,0528	$C_6H_4N_2O_2$	136,0273
C_9H_{20}	128,1566	$C_5H_9NO_3$	131,0583	$C_8H_9N_2$	133,0767	$C_6H_6N_3O$	136,0511
$C_{10}H_8$	128,0626	$C_5H_{11}N_2O_2$	131,0821	C_9H_9O	133,0653	$C_6H_8N_4$	136,0750
129		$C_5H_{13}N_3O$	131,1060	$C_9H_{11}N$	133,0892	$C_7H_4O_3$	136,0160
$C_3H_3N_3O_3$	129,0175	$C_5H_{15}N_4$	131,1298	$C_{10}H_{13}$	133,1018	$C_7H_6NO_2$	136,0399
$C_3H_5N_4O_2$	129,0413	$C_6H_{11}O_3$	131,0708	**134**		$C_7H_8N_2O$	136,0637
$C_4H_5N_2O_3$	129,0300	$C_6H_{13}NO_2$	131,0947	$C_3H_6N_2O_4$	134,0328	$C_7H_{10}N_3$	136,0876
$C_4H_7N_3O_2$	129,0539	$C_6H_{15}N_2O$	131,1185	$C_3H_8N_3O_3$	134,0566	$C_8H_8O_2$	136,0524
$C_4H_9N_4O$	129,0777	$C_6H_{17}N_3$	131,1424	$C_3H_{10}N_4O_2$	134,0805	$C_8H_{10}NO$	136,0763
$C_5H_5O_4$	129,0187	$C_7H_5N_3$	131,0484	$C_4H_8NO_4$	134,0453	$C_8H_{12}N_2$	136,1001
$C_5H_7NO_3$	129,0426	$C_7H_{15}O_2$	131,1072	$C_4H_{10}N_2O_3$	134,0692	$C_9H_{12}O$	136,0888
$C_5H_9N_2O_2$	129,0664	$C_7H_{17}NO$	131,1311	$C_4H_{12}N_3O_2$	134,0930	$C_9H_{14}N$	136,1127
$C_5H_{11}N_3O$	129,0903	$C_8H_7N_2$	131,0610	$C_4H_{14}N_4O$	134,1169	$C_{10}H_{16}$	136,1253
$C_5H_{13}N_4$	129,1142	C_9H_7O	131,0497	$C_5H_{10}O_4$	134,0579	**137**	
$C_6H_9O_3$	129,0552	C_9H_9N	131,0736	$C_5H_{12}NO_3$	134,0817	$C_3H_9N_2O_4$	137,0563
$C_6H_{11}NO_2$	129,0790	$C_{10}H_{11}$	131,0861	$C_5H_{14}N_2O_2$	134,1056	$C_3H_{11}N_3O_3$	137,0801
$C_6H_{13}N_2O$	129,1029	**132**		$C_6H_4N_3O$	134,0355	$C_4H_{11}NO_4$	137,0688
$C_6H_{15}N_3$	129,1267	$C_3H_4N_2O_4$	132,0171	$C_6H_6N_4$	134,0594	$C_5H_3N_3O_2$	137,0226
$C_7H_{13}O_2$	129,0916	$C_3H_6N_3O_3$	132,0410	$C_6H_{14}O_3$	134,0943	$C_5H_5N_4O$	137,0464
$C_7H_{15}NO$	129,1154	$C_3H_8N_4O_2$	132,0648	$C_7H_6N_2O$	134,0480	$C_6H_5N_2O_2$	137,0351
$C_7H_{17}N_2$	129,1393	$C_4H_6NO_4$	132,0297	$C_7H_8N_3$	134,0719	$C_6H_7N_3O$	137,0590
$C_8H_{17}O$	129,1280	$C_4H_8N_2O_3$	132,0535	$C_8H_6O_2$	134,0368	$C_6H_9N_4$	137,0829

APÊNDICE A (Continuação)

FM		FM		FM		FM	
$C_7H_5O_3$	137,0238	$C_6H_8N_2O_2$	140,0586	$C_8H_{16}NO$	142,1233	$C_9H_8N_2$	144,0688
$C_7H_7NO_2$	137,0477	$C_6H_{10}N_3O$	140,0825	$C_8H_{18}N_2$	142,1471	$C_9H_{20}O$	144,1515
$C_7H_9N_2O$	137,0715	$C_6H_{12}N_4$	140,1063	$C_9H_6N_2$	142,0532	$C_{10}H_8O$	144,0575
$C_7H_{11}N_3$	137,0954	$C_7H_8O_3$	140,0473	$C_9H_{18}O$	142,1358	$C_{10}H_{10}N$	144,0814
$C_8H_9O_2$	137,0603	$C_7H_{10}NO_2$	140,0712	$C_9H_{20}N$	142,1597	$C_{11}H_{12}$	144,0939
$C_8H_{11}NO$	137,0841	$C_7H_{12}N_2O$	140,0950	$C_{10}H_8N$	142,0657	**145**	
$C_8H_{13}N_2$	137,1080	$C_7H_{14}N_3$	140,1189	$C_{10}H_{22}$	142,1722	$C_4H_5N_2O_4$	145,0249
$C_9H_{13}O$	137,0967	$C_8H_{12}O_2$	140,0837	$C_{11}H_{10}$	142,0783	$C_4H_7N_3O_3$	145,0488
$C_9H_{15}N$	137,1205	$C_8H_{14}NO$	140,1076	**143**		$C_4H_9N_4O_2$	145,0726
$C_{10}H_{17}$	137,1331	$C_8H_{16}N_2$	140,1315	$C_4H_3N_2O_4$	143,0093	$C_5H_7NO_4$	145,0375
138		$C_9H_{16}O$	140,1202	$C_4H_5N_3O_3$	143,0331	$C_5H_9N_2O_3$	145,0614
$C_3H_{10}N_2O_4$	138,0641	$C_9H_{18}N$	140,1440	$C_4H_7N_4O_2$	143,0570	$C_5H_{11}N_3O_2$	145,0852
$C_5H_4N_3O_2$	138,0304	$C_{10}H_6N$	140,0501	$C_5H_5NO_4$	143,0218	$C_5H_{13}N_4O$	145,1091
$C_5H_6N_4O$	138,0542	$C_{10}H_{20}$	140,1566	$C_5H_7N_2O_3$	143,0457	$C_6H_9O_4$	145,0501
$C_6H_4NO_3$	138,0191	$C_{11}H_8$	140,0626	$C_5H_9N_3O_2$	143,0695	$C_6H_{11}NO_3$	145,0739
$C_6H_6N_2O_2$	138,0429	**141**		$C_5H_{11}N_4O$	143,0934	$C_6H_{13}N_2O_2$	145,0978
$C_6H_8N_3O$	138,0668	$C_4H_3N_3O_3$	141,0175	$C_6H_7O_4$	143,0344	$C_6H_{15}N_3O$	145,1216
$C_6H_{10}N_4$	138,0907	$C_4H_5N_4O_2$	141,0413	$C_6H_9NO_3$	143,0583	$C_6H_{17}N_4$	145,1455
$C_7H_6O_3$	138,0317	$C_5H_3NO_4$	141,0062	$C_6H_{11}N_2O_2$	143,0821	$C_7H_5N_4$	145,0515
$C_7H_8NO_2$	138,0555	$C_5H_5N_2O_3$	141,0300	$C_6H_{13}N_3O$	143,1060	$C_7H_{13}O_3$	145,0865
$C_7H_{10}N_2O$	138,0794	$C_5H_7N_3O_2$	141,0539	$C_6H_{15}N_4$	143,1298	$C_7H_{15}NO_2$	145,1103
$C_7H_{12}N_3$	138,1032	$C_5H_9N_4O$	141,0777	$C_7H_{11}O_3$	143,0708	$C_7H_{17}N_2O$	145,1342
$C_8H_{10}O_2$	138,0681	$C_6H_5O_4$	141,0187	$C_7H_{13}NO_2$	143,0947	$C_7H_{19}N_3$	145,1580
$C_8H_{12}NO$	138,0919	$C_6H_7NO_3$	141,0426	$C_7H_{15}N_2O$	143,1185	$C_8H_5N_2O$	145,0402
$C_8H_{14}N_2$	138,1158	$C_6H_9N_2O_2$	141,0664	$C_7H_{17}N_3$	143,1424	$C_8H_7N_3$	145,0641
$C_9H_{14}O$	138,1045	$C_6H_{11}N_3O$	141,0903	$C_8H_{15}O_2$	143,1072	$C_8H_{17}O_2$	145,1229
$C_9H_{16}N$	138,1284	$C_6H_{13}N_4$	141,1142	$C_8H_{17}NO$	143,1311	$C_8H_{19}NO$	145,1467
$C_{10}H_{18}$	138,1409	$C_7H_9O_3$	141,0552	$C_8H_{19}N_2$	143,1549	C_9H_7NO	145,0528
139		$C_7H_{11}NO_2$	141,0790	$C_9H_7N_2$	143,0610	$C_9H_9N_2$	145,0767
$C_4H_3N_4O_2$	139,0257	$C_7H_{13}N_2O$	141,1029	$C_9H_{19}O$	143,1436	$C_{10}H_9O$	145,0653
$C_5H_3N_2O_3$	139,0144	$C_7H_{15}N_3$	141,1267	$C_9H_{21}N$	143,1675	$C_{10}H_{11}N$	145,0892
$C_5H_5N_3O_2$	139,0382	$C_8H_{13}O_2$	141,0916	$C_{10}H_7O$	143,0497	$C_{11}H_{13}$	145,1018
$C_5H_7N_4O$	139,0621	$C_8H_{15}NO$	141,1154	$C_{10}H_9N$	143,0736	**146**	
$C_6H_5NO_3$	139,0269	$C_8H_{17}N_2$	141,1393	$C_{11}H_{11}$	143,0861	$C_4H_6N_2O_4$	146,0328
$C_6H_7N_2O_2$	139,0508	$C_9H_{17}O$	141,1280	**144**		$C_4H_8N_3O_3$	146,0566
$C_6H_9N_3O$	139,0747	$C_9H_{19}N$	141,1519	$C_4H_4N_2O_4$	144,0171	$C_4H_{10}N_4O_2$	146,0805
$C_6H_{11}N_4$	139,0985	$C_{10}H_7N$	141,0579	$C_4H_6N_3O_3$	144,0410	$C_5H_8NO_4$	146,0453
$C_7H_7O_3$	139,0395	$C_{10}H_{21}$	141,1644	$C_4H_8N_4O_2$	144,0648	$C_5H_{10}N_2O_3$	146,0692
$C_7H_9NO_2$	139,0634	$C_{11}H_9$	141,0705	$C_5H_6NO_4$	144,0297	$C_5H_{12}N_3O_2$	146,0930
$C_7H_{11}N_2O$	139,0872	**142**		$C_5H_8N_2O_3$	144,0535	$C_5H_{14}N_4O$	146,1169
$C_7H_{13}N_3$	139,1111	$C_4H_4N_3O_3$	142,0253	$C_5H_{10}N_3O_2$	144,0774	$C_6H_{10}O_4$	146,0579
$C_8H_{11}O_2$	139,0759	$C_4H_6N_4O_2$	142,0491	$C_5H_{12}N_4O$	144,1012	$C_6H_{12}NO_3$	146,0817
$C_8H_{13}NO$	139,0998	$C_5H_4NO_4$	142,0140	$C_6H_8O_4$	144,0422	$C_6H_{14}N_2O_2$	146,1056
$C_8H_{15}N_2$	139,1236	$C_5H_6N_2O_3$	142,0379	$C_6H_{10}NO_3$	144,0661	$C_6H_{16}N_3O$	146,1295
$C_9H_3N_2$	139,0297	$C_5H_8N_3O_2$	142,0617	$C_6H_{12}N_2O_2$	144,0899	$C_7H_6N_4$	146,0594
$C_9H_{15}O$	139,1123	$C_5H_{10}N_4O$	142,0856	$C_6H_{14}N_3O$	144,1138	$C_7H_{14}O_3$	146,0943
$C_9H_{17}N$	139,1362	$C_6H_6O_4$	142,0266	$C_6H_{16}N_4$	144,1377	$C_7H_{16}NO_2$	146,1182
$C_{10}H_{19}$	139,1488	$C_6H_8NO_3$	142,0504	$C_7H_{12}O_3$	144,0786	$C_7H_{18}N_2O$	146,1420
$C_{11}H_7$	139,0548	$C_6H_{10}N_2O_2$	142,0743	$C_7H_{14}NO_2$	144,1025	$C_8H_2O_3$	146,0003
140		$C_6H_{12}N_3O$	142,0981	$C_7H_{16}N_2O$	144,1264	$C_8H_6N_2O$	146,0480
$C_4H_4N_4O_2$	140,0335	$C_6H_{14}N_4$	142,1220	$C_7H_{18}N_3$	144,1502	$C_8H_8N_3$	146,0719
$C_5H_4N_2O_3$	140,0222	$C_7H_{10}O_3$	142,0630	$C_8H_6N_3$	144,0563	$C_8H_{18}O_2$	146,1307
$C_5H_6N_3O_2$	140,0460	$C_7H_{12}NO_2$	142,0868	$C_8H_{16}O_2$	144,1151	$C_9H_6O_2$	146,0368
$C_5H_8N_4O$	140,0699	$C_7H_{14}N_2O$	142,1107	$C_8H_{18}NO$	144,1389	C_9H_8NO	146,0606
$C_6H_4O_4$	140,0109	$C_7H_{16}N_3$	142,1346	$C_8H_{20}N_2$	144,1628	$C_9H_{10}N_2$	146,0845
$C_6H_6NO_3$	140,0348	$C_8H_{14}O_2$	142,0994	C_9H_6NO	144,0449	$C_{10}H_{10}O$	146,0732

APÊNDICE A (Continuação)

FM		FM		FM		FM	
$C_{10}H_{12}N$	146,0970	$C_5H_{15}N_3O_2$	149,1165	$C_9H_{13}NO$	151,0998	$C_6H_{10}N_4O$	154,0856
$C_{11}H_{14}$	146,1096	$C_6H_5N_4O$	149,0464	$C_9H_{15}N_2$	151,1236	$C_7H_6O_4$	154,0266
147		$C_6H_{13}O_4$	149,0814	$C_{10}H_{15}O$	151,1123	$C_7H_8NO_3$	154,0504
$C_4H_7N_2O_4$	147,0406	$C_6H_{15}NO_3$	149,1052	$C_{10}H_{17}N$	151,1362	$C_7H_{10}N_2O_2$	154,0743
$C_4H_9N_3O_3$	147,0644	$C_7H_5N_2O_2$	149,0351	$C_{11}H_{19}$	151,1488	$C_7H_{12}N_3O$	154,0981
$C_4H_{11}N_4O_2$	147,0883	$C_7H_7N_3O$	149,0590	**152**		$C_7H_{14}N_4$	154,1220
$C_5H_9NO_4$	147,0532	$C_7H_9N_4$	149,0829	$C_4H_{12}N_2O_4$	152,0797	$C_8H_{10}O_3$	154,0630
$C_5H_{11}N_2O_3$	147,0770	$C_8H_5O_3$	149,0238	$C_5H_4N_4O_2$	152,0335	$C_8H_{12}NO_2$	154,0868
$C_5H_{13}N_3O_2$	147,1009	$C_8H_7NO_2$	149,0477	$C_6H_4N_2O_3$	152,0222	$C_8H_{14}N_2O$	154,1107
$C_5H_{15}N_4O$	147,1247	$C_8H_9N_2O$	149,0715	$C_6H_6N_3O_2$	152,0460	$C_8H_{16}N_3$	154,1346
$C_6H_{11}O_4$	147,0657	$C_8H_{11}N_3$	149,0954	$C_6H_8N_4O$	152,0699	$C_9H_{14}O_2$	154,0994
$C_6H_{13}NO_3$	147,0896	$C_9H_9O_2$	149,0603	$C_7H_6NO_3$	152,0348	$C_9H_{16}NO$	154,1233
$C_6H_{15}N_2O_2$	147,1134	$C_9H_{11}NO$	149,0841	$C_7H_8N_2O_2$	152,0586	$C_9H_{18}N_2$	154,1471
$C_6H_{17}N_3O$	147,1373	$C_9H_{13}N_2$	149,1080	$C_7H_{10}N_3O$	152,0825	$C_{10}H_{18}O$	154,1358
$C_7H_5N_3O$	147,0433	$C_{10}H_{13}O$	149,0967	$C_7H_{12}N_4$	152,1063	$C_{10}H_{20}N$	154,1597
$C_7H_7N_4$	147,0672	$C_{10}H_{15}N$	149,1205	$C_8H_8O_3$	152,0473	$C_{11}H_8N$	154,0657
$C_7H_{15}O_3$	147,1021	$C_{11}H_{17}$	149,1331	$C_8H_{10}NO_2$	152,0712	$C_{11}H_{22}$	154,1722
$C_7H_{17}NO_2$	147,1260	**150**		$C_8H_{12}N_2O$	152,0950	$C_{12}H_{10}$	154,0783
$C_8H_5NO_2$	147,0320	$C_4H_{10}N_2O_4$	150,0641	$C_8H_{14}N_3$	152,1189	**155**	
$C_8H_7N_2O$	147,0559	$C_4H_{12}N_3O_3$	150,0879	$C_9H_{12}O_2$	152,0837	$C_5H_3N_2O_4$	155,0093
$C_8H_9N_3$	147,0798	$C_4H_{14}N_4O_2$	150,1118	$C_9H_{14}NO$	152,1076	$C_5H_5N_3O_3$	155,0331
$C_9H_7O_2$	147,0446	$C_5H_{12}NO_4$	150,0766	$C_9H_{16}N_2$	152,1315	$C_5H_7N_4O_2$	155,0570
C_9H_9NO	147,0684	$C_5H_{14}N_2O_3$	150,1005	$C_{10}H_{16}O$	152,1202	$C_6H_5NO_4$	155,0218
$C_9H_{11}N_2$	147,0923	$C_6H_4N_3O_2$	150,0304	$C_{10}H_{18}N$	152,1440	$C_6H_7N_2O_3$	155,0457
$C_{10}H_{11}O$	147,0810	$C_6H_6N_4O$	150,0542	$C_{11}H_6N$	152,0501	$C_6H_9N_3O_2$	155,0695
$C_{10}H_{13}N$	147,1049	$C_6H_{14}O_4$	150,0892	$C_{11}H_{20}$	152,1566	$C_6H_{11}N_4O$	155,0934
$C_{11}H_{15}$	147,1174	$C_7H_6N_2O_2$	150,0429	$C_{12}H_8$	152,0626	$C_7H_7O_4$	155,0344
148		$C_7H_8N_3O$	150,0668	**153**		$C_7H_9NO_3$	155,0583
$C_4H_8N_2O_4$	148,0484	$C_7H_{10}N_4$	150,0907	$C_5H_3N_3O_3$	153,0175	$C_7H_{11}N_2O_2$	155,0821
$C_4H_{10}N_3O_3$	148,0723	$C_8H_6O_3$	150,0317	$C_5H_5N_4O_2$	153,0413	$C_7H_{13}N_3O$	155,1060
$C_4H_{12}N_4O_2$	148,0961	$C_8H_8NO_2$	150,0555	$C_6H_5N_2O_3$	153,0300	$C_8H_{11}O_3$	155,0708
$C_5H_{10}NO_4$	148,0610	$C_8H_{10}N_2O$	150,0794	$C_6H_7N_3O_2$	153,0539	$C_8H_{13}NO_2$	155,0947
$C_5H_{12}N_2O_3$	148,0849	$C_8H_{12}N_3$	150,1032	$C_6H_9N_4O$	153,0777	$C_8H_{15}N_2O$	155,1185
$C_5H_{16}N_4O$	148,1325	$C_9H_{10}O_2$	150,0681	$C_7H_5O_4$	153,0187	$C_8H_{17}N_3$	155,1424
$C_6H_4N_4O$	148,0386	$C_9H_{12}NO$	150,0919	$C_7H_7NO_3$	153,0426	$C_9H_{15}O_2$	155,1072
$C_6H_{12}O_4$	148,0735	$C_9H_{14}N_2$	150,1158	$C_7H_9N_2O_2$	153,0664	$C_9H_{17}NO$	155,1311
$C_6H_{14}NO_3$	148,0974	$C_{10}H_{14}O$	150,1045	$C_7H_{11}N_3O$	153,0903	$C_9H_{19}N_2$	155,1549
$C_6H_{16}N_2O_2$	148,1213	$C_{10}H_{16}N$	150,1284	$C_7H_{13}N_4$	153,1142	$C_{10}H_7N_2$	155,0610
$C_7H_6N_3O$	148,0511	$C_{11}H_{18}$	150,1409	$C_8H_9O_3$	153,0552	$C_{10}H_{19}O$	155,1436
$C_7H_8N_4$	148,0750	**151**		$C_8H_{11}NO_2$	153,0790	$C_{10}H_{21}N$	155,1675
$C_7H_{16}O_3$	148,1100	$C_4H_{11}N_2O_4$	151,0719	$C_8H_{13}N_2O$	153,1029	$C_{11}H_7O$	155,0497
$C_8H_6NO_2$	148,0399	$C_4H_{13}N_3O_3$	151,0958	$C_8H_{15}N_3$	153,1267	$C_{11}H_9N$	155,0736
$C_8H_8N_2O$	148,0637	$C_5H_3N_4O_2$	151,0257	$C_9H_{13}O_2$	153,0916	$C_{11}H_{23}$	155,1801
$C_8H_{10}N_3$	148,0876	$C_5H_{13}NO_4$	151,0845	$C_9H_{15}NO$	153,1154	$C_{12}H_{11}$	155,0861
$C_9H_8O_2$	148,0524	$C_6H_3N_2O_3$	151,0144	$C_9H_{17}N_2$	153,1393	**156**	
$C_9H_{10}NO$	148,0763	$C_6H_5N_3O_2$	151,0382	$C_{10}H_{17}O$	153,1280	$C_5H_4N_2O_4$	156,0171
$C_9H_{12}N_2$	148,1001	$C_6H_7N_4O$	151,0621	$C_{10}H_{19}N$	153,1519	$C_5H_6N_3O_3$	156,0410
$C_{10}H_{12}O$	148,0888	$C_7H_5NO_3$	151,0269	$C_{11}H_7N$	153,0579	$C_5H_8N_4O_2$	156,0648
$C_{10}H_{14}N$	148,1127	$C_7H_7N_2O_2$	151,0508	$C_{11}H_{21}$	153,1644	$C_6H_6NO_4$	156,0297
$C_{11}H_{16}$	148,1253	$C_7H_9N_3O$	151,0746	$C_{12}H_9$	153,0705	$C_6H_8N_2O_3$	156,0535
149		$C_7H_{11}N_4$	151,0985	**154**		$C_6H_{10}N_3O_2$	156,0774
$C_4H_9N_2O_4$	149,0563	$C_8H_7O_3$	151,0395	$C_5H_4N_3O_3$	154,0253	$C_6H_{12}N_4O$	156,1012
$C_4H_{11}N_3O_3$	149,0801	$C_8H_9NO_2$	151,0634	$C_5H_6N_4O_2$	154,0491	$C_7H_8O_4$	156,0422
$C_4H_{13}N_4O_2$	149,1040	$C_8H_{11}N_2O$	151,0872	$C_6H_4NO_4$	154,0140	$C_7H_{10}NO_3$	156,0661
$C_5H_{11}NO_4$	149,0688	$C_8H_{13}N_3$	151,1111	$C_6H_6N_2O_3$	154,0379	$C_7H_{12}N_2O_2$	156,0899
$C_5H_{13}N_2O_3$	149,0927	$C_9H_{11}O_2$	151,0759	$C_6H_8N_3O_2$	154,0617	$C_7H_{14}N_3O$	156,1138

APÊNDICE A (Continuação)

ESPECTROMETRIA DE MASSAS

FM		FM		FM		FM	
$C_7H_{16}N_4$	156,1377	$C_7H_{14}N_2O_2$	158,1056	$C_7H_{14}NO_3$	160,0974	$C_8H_{10}N_4$	162,0907
$C_8H_{12}O_3$	156,0786	$C_7H_{16}N_3O$	158,1295	$C_7H_{16}N_2O_2$	160,1213	$C_8H_{18}O_3$	162,1256
$C_8H_{14}NO_2$	156,1025	$C_7H_{18}N_4$	158,1533	$C_7H_{18}N_3O$	160,1451	$C_9H_6O_3$	162,0317
$C_8H_{16}N_2O$	156,1264	$C_8H_6N_4$	158,0594	$C_7H_{20}N_4$	160,1690	$C_9H_8NO_2$	162,0555
$C_8H_{18}N_3$	156,1502	$C_8H_{14}O_3$	158,0943	$C_8H_6N_3O$	160,0511	$C_9H_{10}N_2O$	162,0794
$C_9H_6N_3$	156,0563	$C_8H_{16}NO_2$	158,1182	$C_8H_8N_4$	160,0750	$C_9H_{12}N_3$	162,1032
$C_9H_{16}O_2$	156,1151	$C_8H_{18}N_2O$	158,1420	$C_8H_{16}O_3$	160,1100	$C_{10}H_{10}O_2$	162,0681
$C_9H_{18}NO$	156,1389	$C_8H_{20}N_3$	158,1659	$C_8H_{18}NO_2$	160,1338	$C_{10}H_{12}NO$	162,0919
$C_9H_{20}N_2$	156,1628	$C_9H_6N_2O$	158,0480	$C_8H_{20}N_2O$	160,1577	$C_{10}H_{14}N_2$	162,1158
$C_{10}H_6NO$	156,0449	$C_9H_8N_3$	158,0719	$C_9H_6NO_2$	160,0399	$C_{11}H_{14}O$	162,1045
$C_{10}H_8N_2$	156,0688	$C_9H_{18}O_2$	158,1307	$C_9H_8N_2O$	160,0637	$C_{11}H_{16}N$	162,1284
$C_{10}H_{20}O$	156,1515	$C_9H_{20}NO$	158,1546	$C_9H_{10}N_3$	160,0876	$C_{12}H_{18}$	162,1409
$C_{10}H_{22}N$	156,1753	$C_{10}H_6O_2$	158,0368	$C_9H_{20}O_2$	160,1464	**163**	
$C_{11}H_8O$	156,0575	$C_{10}H_8NO$	158,0606	$C_{10}H_8O_2$	160,0524	$C_5H_{11}N_2O_4$	163,0719
$C_{11}H_{10}N$	156,0814	$C_{10}H_{10}N_2$	158,0845	$C_{10}H_{10}NO$	160,0763	$C_5H_{13}N_3O_3$	163,0958
$C_{11}H_{24}$	156,1879	$C_{10}H_{22}O$	158,1672	$C_{10}H_{12}N_2$	160,1001	$C_5H_{15}N_4O_2$	163,1196
$C_{12}H_{12}$	156,0939	$C_{11}H_{10}O$	158,0732	$C_{11}H_{12}O$	160,0888	$C_6H_{13}NO_4$	163,0845
157		$C_{11}H_{12}N$	158,0970	$C_{11}H_{14}N$	160,1127	$C_6H_{15}N_2O_3$	163,1083
$C_5H_5N_2O_4$	157,0249	$C_{12}H_{14}$	158,1096	$C_{12}H_{16}$	160,1253	$C_6H_{17}N_3O_2$	163,1322
$C_5H_7N_3O_3$	157,0488	**159**		**161**		$C_7H_5N_3O_2$	163,0382
$C_5H_9N_4O_2$	157,0726	$C_5H_7N_2O_4$	159,0406	$C_5H_9N_2O_4$	161,0563	$C_7H_7N_4O$	163,0621
$C_6H_7NO_4$	157,0375	$C_5H_9N_3O_3$	159,0644	$C_5H_{11}N_3O_3$	161,0801	$C_7H_{15}O_4$	163,0970
$C_6H_9N_2O_3$	157,0614	$C_5H_{11}N_4O_2$	159,0883	$C_5H_{13}N_4O_2$	161,1040	$C_7H_{17}NO_3$	163,1209
$C_6H_{11}N_3O_2$	157,0852	$C_6H_9NO_4$	159,0532	$C_6H_{11}NO_4$	161,0688	$C_8H_5NO_3$	163,0269
$C_6H_{13}N_4O$	157,1091	$C_6H_{11}N_2O_3$	159,0770	$C_6H_{13}N_2O_3$	161,0927	$C_8H_7N_2O_2$	163,0508
$C_7H_9O_4$	157,0501	$C_6H_{13}N_3O_2$	159,1009	$C_6H_{15}N_3O_2$	161,1165	$C_8H_9N_3O$	163,0746
$C_7H_{11}NO_3$	157,0739	$C_6H_{15}N_4O$	159,1247	$C_6H_{17}N_4O$	161,1404	$C_8H_{11}N_4$	163,0985
$C_7H_{13}N_2O_2$	157,0978	$C_7H_{11}O_4$	159,0657	$C_7H_5N_4O$	161,0464	$C_9H_7O_3$	163,0395
$C_7H_{15}N_3O$	157,1216	$C_7H_{13}NO_3$	159,0896	$C_8H_5N_2O_2$	161,0351	$C_9H_9NO_2$	163,0634
$C_7H_{17}N_4$	157,1455	$C_7H_{15}N_2O_2$	159,1134	$C_8H_7N_3O$	161,0590	$C_9H_{11}N_2O$	163,0872
$C_8H_5N_4$	157,0515	$C_7H_{17}N_3O$	159,1373	$C_8H_9N_4$	161,0829	$C_9H_{13}N_3$	163,1111
$C_8H_{13}O_3$	157,0865	$C_8H_5N_3O$	159,0433	$C_8H_{17}O_3$	161,1178	$C_{10}H_{11}O_2$	163,0759
$C_8H_{15}NO_2$	157,1103	$C_8H_7N_4$	159,0672	$C_8H_{19}NO_2$	161,1416	$C_{10}H_{13}NO$	163,0998
$C_8H_{17}N_2O$	157,1342	$C_8H_{15}O_3$	159,1021	$C_9H_5O_3$	161,0238	$C_{10}H_{15}N_2$	163,1236
$C_8H_{19}N_3$	157,1580	$C_8H_{17}NO_2$	159,1260	$C_9H_7NO_2$	161,0477	$C_{11}H_{15}O$	163,1123
$C_9H_5N_2O$	157,0402	$C_8H_{19}N_2O$	159,1498	$C_9H_9N_2O$	161,0715	$C_{11}H_{17}N$	163,1362
$C_9H_7N_3$	157,0641	$C_8H_{21}N_3$	159,1737	$C_9H_{11}N_3$	161,0954	$C_{12}H_{19}$	163,1488
$C_9H_{17}O_2$	157,1229	$C_9H_5NO_2$	159,0320	$C_{10}H_9O_2$	161,0603	**164**	
$C_9H_{19}NO$	157,1467	$C_9H_7N_2O$	159,0559	$C_{10}H_{11}NO$	161,0841	$C_5H_{12}N_2O_4$	164,0797
$C_9H_{21}N_2$	157,1706	$C_9H_9N_3$	159,0798	$C_{10}H_{13}N_2$	161,1080	$C_5H_{14}N_3O_3$	164,1036
$C_{10}H_7NO$	157,0528	$C_9H_{19}O_2$	159,1385	$C_{11}H_{13}O$	161,0967	$C_5H_{16}N_4O_2$	164,1275
$C_{10}H_9N_2$	157,0767	$C_9H_{21}NO$	159,1624	$C_{11}H_{15}N$	161,1205	$C_6H_4N_4O_2$	164,0335
$C_{10}H_{21}O$	157,1593	$C_{10}H_7O_2$	159,0446	$C_{12}H_{17}$	161,1331	$C_6H_{14}NO_4$	164,0923
$C_{10}H_{23}N$	157,1832	$C_{10}H_9NO$	159,0684	**162**		$C_6H_{16}N_2O_3$	164,1162
$C_{11}H_9O$	157,0653	$C_{10}H_{11}N_2$	159,0923	$C_5H_{10}N_2O_4$	162,0641	$C_7H_6N_3O_2$	164,0460
$C_{11}H_{11}N$	157,0892	$C_{11}H_{11}O$	159,0810	$C_5H_{12}N_3O_3$	162,0879	$C_7H_8N_4O$	164,0699
$C_{12}H_{13}$	157,1018	$C_{11}H_{13}N$	159,1049	$C_5H_{14}N_4O_2$	162,1118	$C_7H_{16}O_4$	164,1049
158		$C_{12}H_{15}$	159,1174	$C_6H_{12}NO_4$	162,0766	$C_8H_6NO_3$	164,0348
$C_5H_6N_2O_4$	158,0328	**160**		$C_6H_{14}N_2O_3$	162,1005	$C_8H_8N_2O_2$	164,0586
$C_5H_8N_3O_3$	158,0566	$C_5H_8N_2O_4$	160,0484	$C_6H_{16}N_3O_2$	162,1244	$C_8H_{10}N_3O$	164,0825
$C_5H_{10}N_4O_2$	158,0805	$C_5H_{10}N_3O_3$	160,0723	$C_6H_{18}N_4O$	162,1482	$C_8H_{12}N_4$	164,1063
$C_6H_8NO_4$	158,0453	$C_5H_{12}N_4O_2$	160,0961	$C_7H_6N_4O$	162,0542	$C_9H_8O_3$	164,0473
$C_6H_{10}N_2O_3$	158,0692	$C_6H_{10}NO_4$	160,0610	$C_7H_{14}O_4$	162,0892	$C_9H_{10}NO_2$	164,0712
$C_6H_{12}N_3O_2$	158,0930	$C_6H_{12}N_2O_3$	160,0848	$C_7H_{16}NO_3$	162,1131	$C_9H_{12}N_2O$	164,0950
$C_6H_{14}N_4O$	158,1169	$C_6H_{14}N_3O_2$	160,1087	$C_7H_{18}N_2O_2$	162,1369	$C_9H_{14}N_3$	164,1189
$C_7H_{10}O_4$	158,0579	$C_6H_{16}N_4O$	160,1325	$C_8H_6N_2O_2$	162,0429	$C_{10}H_{12}O_2$	164,0837
$C_7H_{12}NO_3$	158,0817	$C_7H_{12}O_4$	160,0735	$C_8H_8N_3O$	162,0668	$C_{10}H_{14}NO$	164,1076

APÊNDICE A (Continuação)

FM		FM		FM		FM	
$C_{10}H_{16}N_2$	164,1315	$C_7H_7N_2O_3$	167,0457	$C_8H_{11}NO_3$	169,0739	$C_7H_{13}N_3O_2$	171,1009
$C_{11}H_{16}O$	164,1202	$C_7H_9N_3O_2$	167,0695	$C_8H_{13}N_2O_2$	169,0978	$C_7H_{15}N_4O$	171,1247
$C_{11}H_{18}N$	164,1440	$C_7H_{11}N_4O$	167,0934	$C_8H_{15}N_3O$	169,1216	$C_8H_{11}O_4$	171,0657
$C_{12}H_{20}$	164,1566	$C_8H_7O_4$	167,0344	$C_8H_{17}N_4$	169,1455	$C_8H_{13}NO_3$	171,0896
165		$C_8H_9NO_3$	167,0583	$C_9H_{13}O_3$	169,0865	$C_8H_{15}N_2O_2$	171,1134
$C_5H_{13}N_2O_4$	165,0876	$C_8H_{11}N_2O_2$	167,0821	$C_9H_{15}NO_2$	169,1103	$C_8H_{17}N_3O$	171,1373
$C_5H_{15}N_3O_3$	165,1114	$C_8H_{13}N_3O$	167,1060	$C_9H_{17}N_2O$	169,1342	$C_8H_{19}N_4$	171,1611
$C_6H_5N_4O_2$	165,0413	$C_8H_{15}N_4$	167,1298	$C_9H_{19}N_3$	169,1580	$C_9H_5N_3O$	171,0433
$C_6H_{15}NO_4$	165,1001	$C_9H_{11}O_3$	167,0708	$C_{10}H_7N_3$	169,0641	$C_9H_7N_4$	171,0672
$C_7H_5N_2O_3$	165,0300	$C_9H_{13}NO_2$	167,0947	$C_{10}H_{17}O_2$	169,1229	$C_9H_{15}O_3$	171,1021
$C_7H_7N_3O_2$	165,0539	$C_9H_{15}N_2O$	167,1185	$C_{10}H_{19}NO$	169,1467	$C_9H_{17}NO_2$	171,1260
$C_7H_9N_4O$	165,0777	$C_9H_{17}N_3$	167,1424	$C_{10}H_{21}N_2$	169,1706	$C_9H_{19}N_2O$	171,1498
$C_8H_5O_4$	165,0187	$C_{10}H_{15}O_2$	167,1072	$C_{11}H_7NO$	169,0528	$C_9H_{21}N_3$	171,1737
$C_8H_7NO_3$	165,0426	$C_{10}H_{17}NO$	167,1311	$C_{11}H_9N_2$	169,0767	$C_{10}H_7N_2O$	171,0559
$C_8H_9N_2O_2$	165,0664	$C_{10}H_{19}N_2$	167,1549	$C_{11}H_{21}O$	169,1593	$C_{10}H_9N_3$	171,0798
$C_8H_{11}N_3O$	165,0903	$C_{11}H_7N_2$	167,0610	$C_{11}H_{23}N$	169,1832	$C_{10}H_{19}O_2$	171,1385
$C_8H_{13}N_4$	165,1142	$C_{11}H_{19}O$	167,1436	$C_{12}H_9O$	169,0653	$C_{10}H_{21}NO$	171,1624
$C_9H_9O_3$	165,0552	$C_{11}H_{21}N$	167,1675	$C_{12}H_{11}N$	169,0892	$C_{10}H_{23}N_2$	171,1863
$C_9H_{11}NO_2$	165,0790	$C_{12}H_9N$	167,0736	$C_{12}H_{25}$	169,1957	$C_{11}H_7O_2$	171,0446
$C_9H_{13}N_2O$	165,1029	$C_{12}H_{23}$	167,1801	$C_{13}H_{13}$	169,1018	$C_{11}H_9NO$	171,0684
$C_9H_{15}N_3$	165,1267	$C_{13}H_{11}$	167,0861	**170**		$C_{11}H_{11}N_2$	171,0923
$C_{10}H_{13}O_2$	165,0916	**168**		$C_6H_6N_2O_4$	170,0328	$C_{11}H_{23}O$	171,1750
$C_{10}H_{15}NO$	165,1154	$C_6H_4N_2O_4$	168,0171	$C_6H_8N_3O_3$	170,0566	$C_{11}H_{25}N$	171,1988
$C_{10}H_{17}N_2$	165,1393	$C_6H_6N_3O_3$	168,0410	$C_6H_{10}N_4O_2$	170,0805	$C_{12}H_{11}O$	171,0810
$C_{11}H_{17}O$	165,1280	$C_6H_8N_4O_2$	168,0648	$C_7H_8NO_4$	170,0453	$C_{12}H_{13}N$	171,1049
$C_{11}H_{19}N$	165,1519	$C_7H_6NO_4$	168,0297	$C_7H_{10}N_2O_3$	170,0692	$C_{13}H_{15}$	171,1174
$C_{12}H_7N$	165,0579	$C_7H_8N_2O_3$	168,0535	$C_7H_{12}N_3O_2$	170,0930	**172**	
$C_{12}H_{21}$	165,1644	$C_7H_{10}N_3O_2$	168,0774	$C_7H_{14}N_4O$	170,1169	$C_6H_8N_2O_4$	172,0484
$C_{13}H_9$	165,0705	$C_7H_{12}N_4O$	168,1012	$C_8H_{10}O_4$	170,0579	$C_6H_{10}N_3O_3$	172,0723
166		$C_8H_8O_4$	168,0422	$C_8H_{12}NO_3$	170,0817	$C_6H_{12}N_4O_2$	172,0961
$C_5H_{14}N_2O_4$	166,0954	$C_8H_{10}NO_3$	168,0661	$C_8H_{14}N_2O_2$	170,1056	$C_7H_{10}NO_4$	172,0610
$C_6H_4N_3O_3$	166,0253	$C_8H_{12}N_2O_2$	168,0899	$C_8H_{16}N_3O$	170,1295	$C_7H_{12}N_2O_3$	172,0848
$C_6H_6N_4O_2$	166,0491	$C_8H_{14}N_3O$	168,1138	$C_8H_{18}N_4$	170,1533	$C_7H_{14}N_3O_2$	172,1087
$C_7H_6N_2O_3$	166,0379	$C_8H_{16}N_4$	168,1377	$C_9H_6N_4$	170,0594	$C_7H_{16}N_4O$	172,1325
$C_7H_8N_3O_2$	166,0617	$C_9H_{12}O_3$	168,0786	$C_9H_{14}O_3$	170,0943	$C_8H_{12}O_4$	172,0735
$C_7H_{10}N_4O$	166,0856	$C_9H_{14}NO_2$	168,1025	$C_9H_{16}NO_2$	170,1182	$C_8H_{14}NO_3$	172,0974
$C_8H_6O_4$	166,0266	$C_9H_{16}N_2O$	168,1264	$C_9H_{18}N_2O$	170,1420	$C_8H_{16}N_2O_2$	172,1213
$C_8H_8NO_3$	166,0504	$C_9H_{18}N_3$	168,1502	$C_9H_{20}N_3$	170,1659	$C_8H_{18}N_3O$	172,1451
$C_8H_{10}N_2O_2$	166,0743	$C_{10}H_{16}O_2$	168,1151	$C_{10}H_6N_2O$	170,0480	$C_8H_{20}N_4$	172,1690
$C_8H_{12}N_3O$	166,0981	$C_{10}H_{18}NO$	168,1389	$C_{10}H_8N_3$	170,0719	$C_9H_6N_3O$	172,0511
$C_8H_{14}N_4$	166,1220	$C_{10}H_{20}N_2$	168,1628	$C_{10}H_{18}O_2$	170,1307	$C_9H_8N_4$	172,0750
$C_9H_{10}O_3$	166,0630	$C_{11}H_8N_2$	168,0688	$C_{10}H_{20}NO$	170,1546	$C_9H_{16}O_3$	172,1100
$C_9H_{12}NO_2$	166,0868	$C_{11}H_{20}O$	168,1515	$C_{10}H_{22}N_2$	170,1784	$C_9H_{18}NO_2$	172,1338
$C_9H_{14}N_2O$	166,1107	$C_{11}H_{22}N$	168,1753	$C_{11}H_8NO$	170,0606	$C_9H_{20}N_2O$	172,1577
$C_9H_{16}N_3$	166,1346	$C_{12}H_8O$	168,0575	$C_{11}H_{10}N_2$	170,0845	$C_9H_{22}N_3$	172,1815
$C_{10}H_{14}O_2$	166,0994	$C_{12}H_{10}N$	168,0814	$C_{11}H_{22}O$	170,1671	$C_{10}H_6NO_2$	172,0399
$C_{10}H_{16}NO$	166,1233	$C_{12}H_{24}$	168,1879	$C_{11}H_{24}N$	170,1910	$C_{10}H_8N_2O$	172,0637
$C_{10}H_{18}N_2$	166,1471	$C_{13}H_{12}$	168,0939	$C_{12}H_{10}O$	170,0732	$C_{10}H_{10}N_3$	172,0876
$C_{11}H_{18}O$	166,1358	**169**		$C_{12}H_{12}N$	170,0970	$C_{10}H_{20}O_2$	172,1464
$C_{11}H_{20}N$	166,1597	$C_6H_5N_2O_4$	169,0249	$C_{12}H_{26}$	170,2036	$C_{10}H_{22}NO$	172,1702
$C_{12}H_8N$	166,0657	$C_6H_7N_3O_3$	169,0488	$C_{13}H_{14}$	170,1096	$C_{10}H_{24}N_2$	172,1941
$C_{12}H_{22}$	166,1722	$C_6H_9N_4O_2$	169,0726	**171**		$C_{11}H_8O_2$	172,0524
$C_{13}H_{10}$	166,0783	$C_7H_7NO_4$	169,0375	$C_6H_7N_2O_4$	171,0406	$C_{11}H_{10}NO$	172,0763
167		$C_7H_9N_2O_3$	169,0614	$C_6H_9N_3O_3$	171,0644	$C_{11}H_{12}N_2$	172,1001
$C_6H_5N_3O_3$	167,0331	$C_7H_{11}N_3O_2$	169,0852	$C_6H_{11}N_4O_2$	171,0883	$C_{11}H_{24}O$	172,1828
$C_6H_7N_4O_2$	167,0570	$C_7H_{13}N_4O$	169,1091	$C_7H_9NO_4$	171,0532	$C_{12}H_{12}O$	172,0888
$C_7H_5NO_4$	167,0218	$C_8H_9O_4$	169,0501	$C_7H_{11}N_2O_3$	171,0770	$C_{12}H_{14}N$	172,1127

APÊNDICE A (Continuação)

FM		FM		FM		FM	
$C_{13}H_{16}$	172,1253	$C_{11}H_{12}NO$	174,0919	$C_{11}H_{12}O_2$	176,0837	$C_{12}H_{20}N$	178,1597
173		$C_{11}H_{14}N_2$	174,1158	$C_{11}H_{14}NO$	176,1076	$C_{13}H_8N$	178,0657
$C_6H_9N_2O_4$	173,0563	$C_{12}H_{14}O$	174,1045	$C_{11}H_{16}N_2$	176,1315	$C_{13}H_{22}$	178,1722
$C_6H_{11}N_3O_3$	173,0801	$C_{12}H_{16}N$	174,1284	$C_{12}H_{16}O$	176,1202	$C_{14}H_{10}$	178,0783
$C_6H_{13}N_4O_2$	173,1040	$C_{13}H_{18}$	174,1409	$C_{12}H_{18}N$	176,1440	**179**	
$C_7H_{11}NO_4$	173,0688	**175**		$C_{13}H_{20}$	176,1566	$C_6H_{15}N_2O_4$	179,1032
$C_7H_{13}N_2O_3$	173,0927	$C_6H_{11}N_2O_4$	175,0719	**177**		$C_6H_{17}N_3O_3$	179,1271
$C_7H_{15}N_3O_2$	173,1165	$C_6H_{13}N_3O_3$	175,0958	$C_6H_{13}N_2O_4$	177,0876	$C_7H_5N_3O_3$	179,0331
$C_7H_{17}N_4O$	173,1404	$C_6H_{15}N_4O_2$	175,1196	$C_6H_{15}N_3O_3$	177,1114	$C_7H_7N_4O_2$	179,0570
$C_8H_{13}O_4$	173,0814	$C_7H_{13}NO_4$	175,0845	$C_6H_{17}N_4O_2$	177,1353	$C_7H_{17}NO_4$	179,1158
$C_8H_{15}NO_3$	173,1052	$C_7H_{15}N_2O_3$	175,1083	$C_7H_5N_4O_2$	177,0413	$C_8H_5NO_4$	179,0218
$C_8H_{17}N_2O_2$	173,1291	$C_7H_{17}N_3O_2$	175,1322	$C_7H_{15}NO_4$	177,1001	$C_8H_7N_2O_3$	179,0457
$C_8H_{19}N_3O$	173,1529	$C_7H_{19}N_4O$	175,1560	$C_7H_{17}N_2O_3$	177,1240	$C_8H_9N_3O_2$	179,0695
$C_8H_{21}N_4$	173,1768	$C_8H_7N_4O$	175,0621	$C_7H_{19}N_3O_2$	177,1478	$C_8H_{11}N_4O$	179,0934
$C_9H_7N_3O$	173,0590	$C_8H_{15}O_4$	175,0970	$C_8H_5N_2O_3$	177,0300	$C_9H_7O_4$	179,0344
$C_9H_9N_4$	173,0829	$C_8H_{17}NO_3$	175,1209	$C_8H_7N_3O_2$	177,0539	$C_9H_9NO_3$	179,0583
$C_9H_{17}O_3$	173,1178	$C_8H_{19}N_2O_2$	175,1447	$C_8H_9N_4O$	177,0777	$C_9H_{11}N_2O_2$	179,0821
$C_9H_{19}NO_2$	173,1416	$C_8H_{21}N_3O$	175,1686	$C_8H_{17}O_4$	177,1127	$C_9H_{13}N_3O$	179,1060
$C_9H_{21}N_2O$	173,1655	$C_9H_5NO_3$	175,0269	$C_8H_{19}NO_3$	177,1365	$C_9H_{15}N_4$	179,1298
$C_{10}H_5O_3$	173,0238	$C_9H_7N_2O_2$	175,0508	$C_9H_7NO_3$	177,0426	$C_{10}H_{11}O_3$	179,0708
$C_{10}H_7NO_2$	173,0477	$C_9H_9N_3O$	175,0746	$C_9H_9N_2O_2$	177,0664	$C_{10}H_{13}NO_2$	179,0947
$C_{10}H_9N_2O$	173,0715	$C_9H_{11}N_4$	175,0985	$C_9H_{11}N_3O$	177,0903	$C_{10}H_{15}N_2O$	179,1185
$C_{10}H_{11}N_3$	173,0954	$C_9H_{19}O_3$	175,1334	$C_9H_{13}N_4$	177,1142	$C_{10}H_{17}N_3$	179,1424
$C_{10}H_{21}O_2$	173,1542	$C_9H_{21}NO_2$	175,1573	$C_{10}H_9O_3$	177,0552	$C_{11}H_{15}O_2$	179,1072
$C_{10}H_{23}NO$	173,1781	$C_{10}H_7O_3$	175,0395	$C_{10}H_{11}NO_2$	177,0790	$C_{11}H_{17}NO$	179,1311
$C_{11}H_9O_2$	173,0603	$C_{10}H_9NO_2$	175,0634	$C_{10}H_{13}N_2O$	177,1029	$C_{11}H_{19}N_2$	179,1549
$C_{11}H_{11}NO$	173,0841	$C_{10}H_{11}N_2O$	175,0872	$C_{10}H_{15}N_3$	177,1267	$C_{12}H_{19}O$	179,1436
$C_{11}H_{13}N_2$	173,1080	$C_{10}H_{13}N_3$	175,1111	$C_{11}H_{13}O_2$	177,0916	$C_{12}H_{21}N$	179,1675
$C_{12}H_{13}O$	173,0967	$C_{11}H_{11}O_2$	175,0759	$C_{11}H_{15}NO$	177,1154	$C_{13}H_9N$	179,0736
$C_{12}H_{15}NO_2$	173,1205	$C_{11}H_{13}NO$	175,0998	$C_{11}H_{17}N_2$	177,1393	$C_{13}H_{23}$	179,1801
$C_{13}H_{17}$	173,1331	$C_{11}H_{15}N_2$	175,1236	$C_{12}H_{17}O$	177,1280	$C_{14}H_{11}$	179,0861
174		$C_{12}H_{15}O$	175,1123	$C_{12}H_{19}N$	177,1519	**180**	
$C_6H_{10}N_2O_4$	174,0641	$C_{12}H_{17}N$	175,1362	$C_{13}H_{21}$	177,1644	$C_6H_{16}N_2O_4$	180,1111
$C_6H_{12}N_3O_3$	174,0879	$C_{13}H_3O$	175,0184	**178**		$C_7H_6N_3O_3$	180,0410
$C_6H_{14}N_4O_2$	174,1118	$C_{13}H_{19}$	175,1488	$C_6H_{14}N_2O_4$	178,0954	$C_7H_8N_4O_2$	180,0648
$C_7H_{12}NO_4$	174,0766	**176**		$C_6H_{16}N_3O_3$	178,1193	$C_8H_6NO_4$	180,0297
$C_7H_{14}N_2O_3$	174,1005	$C_6H_{12}N_2O_4$	176,0797	$C_6H_{18}N_4O_2$	178,1431	$C_8H_8N_2O_3$	180,0535
$C_7H_{16}N_3O_2$	174,1244	$C_6H_{14}N_3O_3$	176,1036	$C_7H_6N_4O_2$	178,0491	$C_8H_{10}N_3O_2$	180,0774
$C_7H_{18}N_4O$	174,1482	$C_6H_{16}N_4O_2$	176,1275	$C_7H_{16}NO_4$	178,1080	$C_8H_{12}N_4O$	180,1012
$C_7H_{16}N_4O$	174,1244	$C_7H_{14}NO_4$	176,0923	$C_7H_{18}N_2O_3$	178,1318	$C_9H_8O_4$	180,0422
$C_8H_6N_4O$	174,0542	$C_7H_{16}N_2O_3$	176,1162	$C_8H_6N_2O_3$	178,0379	$C_9H_{10}NO_3$	180,0661
$C_8H_{14}O_4$	174,0892	$C_7H_{18}N_3O_2$	176,1400	$C_8H_8N_3O_2$	178,0617	$C_9H_{12}N_2O_2$	180,0899
$C_8H_{16}NO_3$	174,1131	$C_7H_{20}N_4O$	176,1639	$C_8H_{10}N_4O$	178,0856	$C_9H_{14}N_3O$	180,1138
$C_8H_{18}N_2O_2$	174,1369	$C_8H_6N_3O_2$	176,0460	$C_8H_{18}O_4$	178,1205	$C_9H_{16}N_4$	180,1377
$C_8H_{20}N_3O$	174,1608	$C_8H_8N_4O$	176,0699	$C_9H_6O_4$	178,0266	$C_{10}H_{12}O_3$	180,0786
$C_8H_{22}N_4$	174,1846	$C_8H_{16}O_4$	176,1049	$C_9H_8NO_3$	178,0504	$C_{10}H_{14}NO_2$	180,1025
$C_9H_6N_2O_2$	174,0429	$C_8H_{18}NO_3$	176,1287	$C_9H_{10}N_2O_2$	178,0743	$C_{10}H_{16}N_2O$	180,1264
$C_9H_{10}N_4$	174,0907	$C_8H_{20}N_2O_2$	176,1526	$C_9H_{12}N_3O$	178,0981	$C_{10}H_{18}N_3$	180,1502
$C_9H_{18}O_3$	174,1256	$C_9H_6NO_3$	176,0348	$C_9H_{14}N_4$	178,1220	$C_{11}H_{16}O_2$	180,1151
$C_9H_{20}NO_2$	174,1495	$C_9H_8N_2O_2$	176,0586	$C_{10}H_{10}O_3$	178,0630	$C_{11}H_{18}NO$	180,1389
$C_9H_{22}N_2O$	174,1733	$C_9H_{10}N_3O$	176,0825	$C_{10}H_{12}NO_2$	178,0868	$C_{11}H_{20}N_2$	180,1628
$C_{10}H_6O_3$	174,0317	$C_9H_{12}N_4$	176,1063	$C_{10}H_{14}N_2O$	178,1107	$C_{12}H_8N_2$	180,0688
$C_{10}H_8NO_2$	174,0555	$C_9H_{20}O_3$	176,1413	$C_{10}H_{16}N_3$	178,1346	$C_{12}H_{20}O$	180,1515
$C_{10}H_{10}N_2O$	174,0794	$C_{10}H_8O_3$	176,0473	$C_{11}H_{14}O_2$	178,0994	$C_{12}H_{22}N$	180,1753
$C_{10}H_{12}N_3$	174,1032	$C_{10}H_{10}NO_2$	176,0712	$C_{11}H_{16}NO$	178,1233	$C_{13}H_8O$	180,0575
$C_{10}H_{22}O_2$	174,1620	$C_{10}H_{12}N_2O$	176,0950	$C_{11}H_{18}N_2$	178,1471	$C_{13}H_{10}N$	180,0814
$C_{11}H_{10}O_2$	174,0681	$C_{10}H_{14}N_3$	176,1189	$C_{12}H_{18}O$	178,1358	$C_{13}H_{24}$	180,1879

APÊNDICE A (Continuação)

FM		FM		FM		FM	
$C_{14}H_{12}$	180,0939	$C_{13}H_{12}N$	182,0970	$C_{11}H_{22}NO$	184,1702	$C_{10}H_8N_3O$	186,0668
181		$C_{13}H_{26}$	182,2036	$C_{11}H_{24}N_2$	184,1941	$C_{10}H_{10}N_4$	186,0907
$C_7H_5N_2O_4$	181,0249	$C_{14}H_{14}$	182,1096	$C_{12}H_8O_2$	184,0524	$C_{10}H_{18}O_3$	186,1256
$C_7H_7N_3O_3$	181,0488	**183**		$C_{12}H_{10}NO$	184,0763	$C_{10}H_{20}NO_2$	186,1495
$C_7H_9N_4O_2$	181,0726	$C_7H_7N_2O_4$	183,0406	$C_{12}H_{12}N_2$	184,1001	$C_{10}H_{22}N_2O$	186,1733
$C_8H_7NO_4$	181,0375	$C_7H_9N_3O_3$	183,0644	$C_{12}H_{24}O$	184,1828	$C_{10}H_{24}N_3$	186,1972
$C_8H_9N_2O_3$	181,0614	$C_7H_{11}N_4O_2$	183,0883	$C_{12}H_{26}N$	184,2067	$C_{11}H_8NO_2$	186,0555
$C_8H_{11}N_3O_2$	181,0852	$C_8H_9NO_4$	183,0532	$C_{13}H_{12}O$	184,0888	$C_{11}H_{10}N_2O$	186,0794
$C_8H_{13}N_4O$	181,1091	$C_8H_{11}N_2O_3$	183,0770	$C_{13}H_{14}N$	184,1127	$C_{11}H_{12}N_3$	186,1032
$C_9H_9O_4$	181,0501	$C_8H_{13}N_3O_2$	183,1009	$C_{13}H_{28}$	184,2192	$C_{11}H_{22}O_2$	186,1620
$C_9H_{11}NO_3$	181,0739	$C_8H_{15}N_4O$	183,1247	$C_{14}H_{16}$	184,1253	$C_{11}H_{24}NO$	186,1859
$C_9H_{13}N_2O_2$	181,0978	$C_9H_{11}O_4$	183,0657	**185**		$C_{11}H_{26}N_2$	186,2098
$C_9H_{15}N_3O$	181,1216	$C_9H_{13}NO_3$	183,0896	$C_7H_9N_2O_4$	185,0563	$C_{12}H_{10}O_2$	186,0681
$C_9H_{17}N_4$	181,1455	$C_9H_{15}N_2O_2$	183,1134	$C_7H_{11}N_3O_3$	185,0801	$C_{12}H_{12}NO$	186,0919
$C_{10}H_{13}O_3$	181,0865	$C_9H_{17}N_3O$	183,1373	$C_7H_{13}N_4O_2$	185,1040	$C_{12}H_{14}N_2$	186,1158
$C_{10}H_{15}NO_2$	181,1103	$C_9H_{19}N_4$	183,1611	$C_8H_{11}NO_4$	185,0688	$C_{12}H_{26}O$	186,1985
$C_{10}H_{17}N_2O$	181,1342	$C_{10}H_7N_4$	183,0672	$C_8H_{13}N_2O_3$	185,0927	$C_{13}H_{14}O$	186,1045
$C_{10}H_{19}N_3$	181,1580	$C_{10}H_{15}O_3$	183,1021	$C_8H_{15}N_3O_2$	185,1165	$C_{13}H_{16}N$	186,1284
$C_{11}H_7N_3$	181,0641	$C_{10}H_{17}NO_2$	183,1260	$C_8H_{17}N_4O$	185,1404	$C_{14}H_{18}$	186,1409
$C_{11}H_{17}O_2$	181,1229	$C_{10}H_{19}N_2O$	183,1498	$C_9H_{13}O_4$	185,0814	**187**	
$C_{11}H_{19}NO$	181,1467	$C_{10}H_{21}N_3$	183,1737	$C_9H_{15}NO_3$	185,1052	$C_7H_{11}N_2O_4$	187,0719
$C_{11}H_{21}N_2$	181,1706	$C_{11}H_7N_2O$	183,0559	$C_9H_{17}N_2O_2$	185,1291	$C_7H_{13}N_3O_3$	187,0958
$C_{12}H_7NO$	181,0528	$C_{11}H_9N_3$	183,0798	$C_9H_{19}N_3O$	185,1529	$C_7H_{15}N_4O_2$	187,1196
$C_{12}H_9N_2$	181,0767	$C_{11}H_{19}O_2$	183,1385	$C_9H_{21}N_4$	185,1768	$C_8H_{13}NO_4$	187,0845
$C_{12}H_{21}O$	181,1593	$C_{11}H_{21}NO$	183,1624	$C_{10}H_7N_3O$	185,0590	$C_8H_{15}N_2O_3$	187,1083
$C_{12}H_{23}N$	181,1832	$C_{11}H_{23}N_2$	183,1863	$C_{10}H_9N_4$	185,0829	$C_8H_{17}N_3O_2$	187,1322
$C_{13}H_9O$	181,0653	$C_{12}H_7O_2$	183,0446	$C_{10}H_{17}O_3$	185,1178	$C_8H_{19}N_4O$	187,1560
$C_{13}H_{11}N$	181,0892	$C_{12}H_9NO$	183,0684	$C_{10}H_{19}NO_2$	185,1416	$C_9H_7N_4O$	187,0621
$C_{13}H_{25}$	181,1957	$C_{12}H_{11}N_2$	183,0923	$C_{10}H_{21}N_2O$	185,1655	$C_9H_{15}O_4$	187,0970
$C_{14}H_{13}$	181,1018	$C_{12}H_{23}O$	183,1750	$C_{10}H_{23}N_3$	185,1894	$C_9H_{17}NO_3$	187,1209
182		$C_{12}H_{25}N$	183,1988	$C_{11}H_9N_2O$	185,0715	$C_9H_{19}N_2O_2$	187,1447
$C_7H_6N_2O_4$	182,0328	$C_{13}H_{11}O$	183,0810	$C_{11}H_{11}N_3$	185,0954	$C_9H_{21}N_3O$	187,1686
$C_7H_8N_3O_3$	182,0566	$C_{13}H_{13}N$	183,1049	$C_{11}H_{21}O_2$	185,1542	$C_9H_{23}N_4$	187,1925
$C_7H_{10}N_4O_2$	182,0805	$C_{13}H_{27}$	183,2114	$C_{11}H_{23}NO$	185,1781	$C_{10}H_7N_2O_2$	187,0508
$C_8H_8NO_4$	182,0453	$C_{14}H_{15}$	183,1174	$C_{11}H_{25}N_2$	185,2019	$C_{10}H_9N_3O$	187,0746
$C_8H_{10}N_2O_3$	182,0692	**184**		$C_{12}H_9O_2$	185,0603	$C_{10}H_{11}N_4$	187,0985
$C_8H_{12}N_3O_2$	182,0930	$C_7H_8N_2O_4$	184,0484	$C_{12}H_{11}NO$	185,0841	$C_{10}H_{19}O_3$	187,1334
$C_8H_{14}N_4O$	182,1169	$C_7H_{10}N_3O_3$	184,0723	$C_{12}H_{13}N_2$	185,1080	$C_{10}H_{21}NO_2$	187,1573
$C_9H_{10}O_4$	182,0579	$C_7H_{12}N_4O_2$	184,0961	$C_{12}H_{25}O$	185,1906	$C_{10}H_{23}N_2O$	187,1811
$C_9H_{12}NO_3$	182,0817	$C_8H_{10}NO_4$	184,0610	$C_{12}H_{27}N$	185,2145	$C_{10}H_{25}N_3$	187,2050
$C_9H_{14}N_2O_2$	182,1056	$C_8H_{12}N_2O_3$	184,0848	$C_{13}H_{13}O$	185,0967	$C_{11}H_7O_3$	187,0395
$C_9H_{16}N_3O$	182,1295	$C_8H_{14}N_3O_2$	184,1087	$C_{13}H_{15}N$	185,1205	$C_{11}H_9NO_2$	187,0634
$C_9H_{18}N_4$	182,1533	$C_8H_{16}N_4O$	184,1325	$C_{14}H_{17}$	185,1331	$C_{11}H_{11}N_2O$	187,0872
$C_{10}H_6N_4$	182,0594	$C_9H_{12}O_4$	184,0735	**186**		$C_{11}H_{13}N_3$	187,1111
$C_{10}H_{14}O_3$	182,0943	$C_9H_{14}NO_3$	184,0974	$C_7H_{10}N_2O_4$	186,0641	$C_{11}H_{23}O_2$	187,1699
$C_{10}H_{16}NO_2$	182,1182	$C_9H_{16}N_2O_2$	184,1213	$C_7H_{12}N_3O_3$	186,0879	$C_{11}H_{25}NO$	187,1937
$C_{10}H_{18}N_2O$	182,1420	$C_9H_{18}N_3O$	184,1451	$C_7H_{14}N_4O_2$	186,1118	$C_{12}H_{11}O_2$	187,0759
$C_{10}H_{20}N_3$	182,1659	$C_9H_{20}N_4$	184,1690	$C_8H_{12}NO_4$	186,0766	$C_{12}H_{13}NO$	187,0998
$C_{11}H_8N_3$	182,0719	$C_{10}H_6N_3O$	184,0511	$C_8H_{14}N_2O_3$	186,1005	$C_{12}H_{15}N_2$	187,1236
$C_{11}H_{18}O_2$	182,1307	$C_{10}H_8N_4$	184,0750	$C_8H_{16}N_3O_2$	186,1244	$C_{13}H_{15}O$	187,1123
$C_{11}H_{20}NO$	182,1546	$C_{10}H_{16}O_3$	184,1100	$C_8H_{18}N_4O$	186,1482	$C_{13}H_{17}N$	187,1362
$C_{11}H_{22}N_2$	182,1784	$C_{10}H_{18}NO_2$	184,1338	$C_9H_6N_4O$	186,0542	$C_{14}H_{19}$	187,1488
$C_{12}H_8NO$	182,0606	$C_{10}H_{20}N_2O$	184,1577	$C_9H_{14}O_4$	186,0892	**188**	
$C_{12}H_{10}N_2$	182,0845	$C_{10}H_{22}N_3$	184,1815	$C_9H_{16}NO_3$	186,1131	$C_7H_{12}N_2O_4$	188,0797
$C_{12}H_{22}O$	182,1671	$C_{11}H_8N_2O$	184,0637	$C_9H_{18}N_2O_2$	186,1369	$C_7H_{14}N_3O_3$	188,1036
$C_{12}H_{24}N$	182,1910	$C_{11}H_{10}N_3$	184,0876	$C_9H_{20}N_3O$	186,1608	$C_7H_{16}N_4O_2$	188,1275
$C_{13}H_{10}O$	182,0732	$C_{11}H_{20}O_2$	184,1464	$C_{10}H_6N_2O_2$	186,0429	$C_8H_{14}NO_4$	188,0923

APÊNDICE A (Continuação)

FM		FM		FM		FM	
$C_8H_{16}N_2O_3$	188,1162	**190**		$C_{14}H_9N$	191,0736	$C_{13}H_{21}O$	193,1593
$C_8H_{18}N_3O_2$	188,1400	$C_7H_{14}N_2O_4$	190,0954	$C_{14}H_{23}$	191,1801	$C_{13}H_{23}N$	193,1832
$C_8H_{20}N_4O$	188,1639	$C_7H_{16}N_3O_3$	190,1193	$C_{15}H_{11}$	191,0861	$C_{14}H_9O$	193,0653
$C_9H_6N_3O_2$	188,0460	$C_7H_{18}N_4O_2$	190,1431	**192**		$C_{14}H_{11}N$	193,0892
$C_9H_8N_4O$	188,0699	$C_8H_6N_4O_2$	190,0491	$C_7H_{16}N_2O_4$	192,1111	$C_{14}H_{25}$	193,1957
$C_9H_{16}O_4$	188,1049	$C_8H_{16}NO_4$	190,1080	$C_7H_{18}N_3O_3$	192,1349	$C_{15}H_{13}$	193,1018
$C_9H_{18}NO_3$	188,1287	$C_8H_{18}N_2O_3$	190,1318	$C_7H_{20}N_4O_2$	192,1588	**194**	
$C_9H_{20}N_2O_2$	188,1526	$C_8H_{20}N_3O_2$	190,1557	$C_8H_6N_3O_3$	192,0410	$C_7H_{18}N_2O_4$	194,1267
$C_9H_{22}N_3O$	188,1764	$C_8H_{22}N_4O$	190,1795	$C_8H_8N_4O_2$	192,0648	$C_8H_6N_2O_4$	194,0328
$C_9H_{24}N_4$	188,2003	$C_9H_8N_3O_2$	190,0617	$C_8H_{18}NO_4$	192,1236	$C_8H_8N_3O_3$	194,0566
$C_{10}H_8N_2O_2$	188,0586	$C_9H_{10}N_4O$	190,0856	$C_8H_{20}N_2O_3$	192,1475	$C_8H_{10}N_4O_2$	194,0805
$C_{10}H_{10}N_3O$	188,0825	$C_9H_{18}O_4$	190,1205	$C_9H_6NO_4$	192,0297	$C_9H_8NO_4$	194,0453
$C_{10}H_{12}N_4$	188,1063	$C_9H_{20}NO_3$	190,1444	$C_9H_8N_2O_3$	192,0535	$C_9H_{10}N_2O_3$	194,0692
$C_{10}H_{20}O_3$	188,1413	$C_9H_{22}N_2O_2$	190,1682	$C_9H_{10}N_3O_2$	192,0774	$C_9H_{12}N_3O_2$	194,0930
$C_{10}H_{22}NO_2$	188,1651	$C_{10}H_8NO_3$	190,0504	$C_9H_{12}N_4O$	192,1012	$C_9H_{14}N_4O$	194,1169
$C_{10}H_{24}N_2O$	188,1890	$C_{10}H_{10}N_2O_2$	190,0743	$C_9H_{20}O_4$	192,1362	$C_{10}H_{10}O_4$	194,0579
$C_{11}H_8O_3$	188,0473	$C_{10}H_{12}N_3O$	190,0981	$C_{10}H_8O_4$	192,0422	$C_{10}H_{12}NO_3$	194,0817
$C_{11}H_{10}NO_2$	188,0712	$C_{10}H_{14}N_4$	190,1220	$C_{10}H_{10}NO_3$	192,0661	$C_{10}H_{14}N_2O_2$	194,1056
$C_{11}H_{12}N_2O$	188,0950	$C_{10}H_{22}O_3$	190,1569	$C_{10}H_{12}N_2O_2$	192,0899	$C_{10}H_{16}N_3O$	194,1295
$C_{11}H_{14}N_3$	188,1189	$C_{11}H_{10}O_3$	190,0630	$C_{10}H_{14}N_3O$	192,1138	$C_{10}H_{18}N_4$	194,1533
$C_{11}H_{24}O_2$	188,1777	$C_{11}H_{12}NO_2$	190,0868	$C_{10}H_{16}N_4$	192,1377	$C_{11}H_{14}O_3$	194,0943
$C_{12}H_{12}O_2$	188,0837	$C_{11}H_{14}N_2O$	190,1107	$C_{11}H_{12}O_3$	192,0786	$C_{11}H_{16}NO_2$	194,1182
$C_{12}H_{14}NO$	188,1076	$C_{11}H_{16}N_3$	190,1346	$C_{11}H_{14}NO_2$	192,1025	$C_{11}H_{18}N_2O$	194,1420
$C_{12}H_{16}N_2$	188,1315	$C_{12}H_{14}O_2$	190,0994	$C_{11}H_{16}N_2O$	192,1264	$C_{11}H_{20}N_3$	194,1659
$C_{13}H_{16}O$	188,1202	$C_{12}H_{16}NO$	190,1233	$C_{11}H_{18}N_3$	192,1502	$C_{12}H_8N_3$	194,0719
$C_{13}H_{18}N$	188,1440	$C_{12}H_{18}N_2$	190,1471	$C_{12}H_{16}O_2$	192,1151	$C_{12}H_{18}O_2$	194,1307
$C_{14}H_{20}$	188,1566	$C_{13}H_{18}O$	190,1358	$C_{12}H_{18}NO$	192,1389	$C_{12}H_{20}NO$	194,1546
189		$C_{13}H_{20}N$	190,1597	$C_{12}H_{20}N_2$	192,1628	$C_{12}H_{22}N_2$	194,1784
$C_7H_{13}N_2O_4$	189,0876	$C_{14}H_{22}$	190,1722	$C_{13}H_8N_2$	192,0688	$C_{13}H_8NO$	194,0606
$C_7H_{15}N_3O_3$	189,1114	$C_{15}H_{10}$	190,0783	$C_{13}H_{20}O$	192,1515	$C_{13}H_{10}N_2$	194,0845
$C_7H_{17}N_4O_2$	189,1353	**191**		$C_{13}H_{22}N$	192,1753	$C_{13}H_{22}O$	194,1671
$C_8H_{15}NO_4$	189,1001	$C_7H_{15}N_2O_4$	191,1032	$C_{14}H_{10}N$	192,0814	$C_{13}H_{24}N$	194,1910
$C_8H_{17}N_2O_3$	189,1240	$C_7H_{17}N_3O_3$	191,1271	$C_{14}H_{24}$	192,1879	$C_{14}H_{10}O$	194,0732
$C_8H_{19}N_3O_2$	189,1478	$C_7H_{19}N_4O_2$	191,1509	$C_{15}H_{12}$	192,0939	$C_{14}H_{12}N$	194,0970
$C_8H_{21}N_4O$	189,1717	$C_8H_7N_4O_2$	191,0570	**193**		$C_{14}H_{26}$	194,2036
$C_9H_7N_3O_2$	189,0539	$C_8H_{17}NO_4$	191,1158	$C_7H_{17}N_2O_4$	193,1189	$C_{15}H_{14}$	194,1096
$C_9H_9N_4O$	189,0777	$C_8H_{19}N_2O_3$	191,1396	$C_7H_{19}N_3O_3$	193,1427	**195**	
$C_9H_{17}O_4$	189,1127	$C_8H_{21}N_3O_2$	191,1635	$C_8H_7N_3O_3$	193,0488	$C_8H_7N_2O_4$	195,0406
$C_9H_{19}NO_3$	189,1365	$C_9H_7N_2O_3$	191,0457	$C_8H_9N_4O_2$	193,0726	$C_8H_9N_3O_3$	195,0644
$C_9H_{21}N_2O_2$	189,1604	$C_9H_9N_3O_2$	191,0695	$C_8H_{19}NO_4$	193,1315	$C_8H_{11}N_4O_2$	195,0883
$C_9H_{23}N_3O$	189,1842	$C_9H_{11}N_4O$	191,0934	$C_9H_7NO_4$	193,0375	$C_9H_9NO_4$	195,0532
$C_{10}H_7NO_3$	189,0426	$C_9H_{19}O_4$	191,1284	$C_9H_9N_2O_3$	193,0614	$C_9H_{11}N_2O_3$	195,0770
$C_{10}H_9N_2O_2$	189,0664	$C_9H_{21}NO_3$	191,1522	$C_9H_{11}N_3O_2$	193,0852	$C_9H_{13}N_3O_2$	195,1009
$C_{10}H_{11}N_3O$	189,0903	$C_{10}H_7O_4$	191,0344	$C_9H_{13}N_4O$	193,1091	$C_9H_{15}N_4O$	195,1247
$C_{10}H_{13}N_4$	189,1142	$C_{10}H_9NO_3$	191,0583	$C_{10}H_9O_4$	193,0501	$C_{10}H_{11}O_4$	195,0657
$C_{10}H_{21}O_3$	189,1491	$C_{10}H_{11}N_2O_2$	191,0821	$C_{10}H_{11}NO_3$	193,0739	$C_{10}H_{13}NO_3$	195,0896
$C_{10}H_{23}NO_2$	189,1730	$C_{10}H_{13}N_3O$	191,1060	$C_{10}H_{13}N_2O_2$	193,0978	$C_{10}H_{15}N_2O_2$	195,1134
$C_{11}H_9O_3$	189,0552	$C_{10}H_{15}N_4$	191,1298	$C_{10}H_{15}N_3O$	193,1216	$C_{10}H_{17}N_3O$	195,1373
$C_{11}H_{11}NO_2$	189,0790	$C_{11}H_{11}O_3$	191,0708	$C_{10}H_{17}N_4$	193,1455	$C_{10}H_{19}N_4$	195,1611
$C_{11}H_{13}N_2O$	189,1029	$C_{11}H_{13}NO_2$	191,0947	$C_{11}H_{13}O_3$	193,0865	$C_{11}H_7N_4$	195,0672
$C_{11}H_{15}N_3$	189,1267	$C_{11}H_{15}N_2O$	191,1185	$C_{11}H_{15}NO_2$	193,1103	$C_{11}H_{15}O_3$	195,1021
$C_{12}H_{13}O_2$	189,0916	$C_{11}H_{17}N_3$	191,1424	$C_{11}H_{17}N_2O$	193,1342	$C_{11}H_{17}NO_2$	195,1260
$C_{12}H_{15}NO$	189,1154	$C_{12}H_{15}O_2$	191,1072	$C_{11}H_{19}N_3$	193,1580	$C_{11}H_{19}N_2O$	195,1498
$C_{12}H_{17}N_2$	189,1393	$C_{12}H_{17}NO$	191,1311	$C_{12}H_{17}O_2$	193,1229	$C_{11}H_{21}N_3$	195,1737
$C_{13}H_{17}O$	189,1280	$C_{12}H_{19}N_2$	191,1549	$C_{12}H_{19}NO$	193,1467	$C_{12}H_7N_2O$	195,0559
$C_{13}H_{19}N$	189,1519	$C_{13}H_{19}O$	191,1436	$C_{12}H_{21}N_2$	193,1706	$C_{12}H_9N_3$	195,0798
$C_{14}H_{21}$	189,1644	$C_{13}H_{21}N$	191,1675	$C_{13}H_9N_2$	193,0767	$C_{12}H_{19}O_2$	195,1385

APÊNDICE A   *(Continuação)*

FM		FM		FM		FM	
$C_{12}H_{21}NO$	195,1624	$C_{11}H_{17}O_3$	197,1178	$C_9H_{15}N_2O_3$	199,1083	$C_{12}H_{28}N_2$	200,2254
$C_{12}H_{23}N_2$	195,1863	$C_{11}H_{19}NO_2$	197,1416	$C_9H_{17}N_3O_2$	199,1322	$C_{13}H_{12}O_2$	200,0837
$C_{13}H_9NO$	195,0684	$C_{11}H_{21}N_2O$	197,1655	$C_9H_{19}N_4O$	199,1560	$C_{13}H_{14}NO$	200,1076
$C_{13}H_{11}N_2$	195,0923	$C_{11}H_{23}N_3$	197,1894	$C_{10}H_7N_4O$	199,0621	$C_{13}H_{16}N_2$	200,1315
$C_{13}H_{23}O$	195,1750	$C_{12}H_9N_2O$	197,0715	$C_{10}H_{15}O_4$	199,0970	$C_{13}H_{28}O$	200,2141
$C_{13}H_{25}N$	195,1988	$C_{12}H_{11}N_3$	197,0954	$C_{10}H_{17}NO_3$	199,1209	$C_{14}H_{16}O$	200,1202
$C_{14}H_{11}O$	195,0810	$C_{12}H_{21}O_2$	197,1542	$C_{10}H_{19}N_2O_2$	199,1447	$C_{14}H_{18}N$	200,1440
$C_{14}H_{13}N$	195,1049	$C_{12}H_{23}NO$	197,1781	$C_{10}H_{21}N_3O$	199,1686	$C_{15}H_{20}$	200,1566
$C_{14}H_{27}$	195,2114	$C_{12}H_{25}N_2$	197,2019	$C_{10}H_{23}N_4$	199,1925	**201**	
$C_{15}H_{15}$	195,1174	$C_{13}H_9O_2$	197,0603	$C_{11}H_7N_2O_2$	199,0508	$C_8H_{13}N_2O_4$	201,0876
196		$C_{13}H_{11}NO$	197,0841	$C_{11}H_9N_3O$	199,0746	$C_8H_{15}N_3O_3$	201,1114
$C_8H_8N_2O_4$	196,0484	$C_{13}H_{13}N_2$	197,1080	$C_{11}H_{11}N_4$	199,0985	$C_8H_{17}N_4O_2$	201,1353
$C_8H_{10}N_3O_3$	196,0723	$C_{13}H_{25}O$	197,1906	$C_{11}H_{19}O_3$	199,1334	$C_9H_{15}NO_4$	201,1001
$C_8H_{12}N_4O_2$	196,0961	$C_{13}H_{27}N$	197,2145	$C_{11}H_{21}NO_2$	199,1573	$C_9H_{17}N_2O_3$	201,1240
$C_9H_{10}NO_4$	196,0610	$C_{14}H_{13}O$	197,0967	$C_{11}H_{23}N_2O$	199,1811	$C_9H_{19}N_3O_2$	201,1478
$C_9H_{12}N_2O_3$	196,0848	$C_{14}H_{15}N$	197,1205	$C_{11}H_{25}N_3$	199,2050	$C_9H_{21}N_4O$	201,1717
$C_9H_{14}N_3O_2$	196,1087	$C_{14}H_{29}$	197,2270	$C_{12}H_9NO_2$	199,0634	$C_{10}H_7N_3O_2$	201,0539
$C_9H_{16}N_4O$	196,1325	$C_{15}H_{17}$	197,1331	$C_{12}H_{11}N_2O$	199,0872	$C_{10}H_9N_4O$	201,0777
$C_{10}H_{12}O_4$	196,0735	**198**		$C_{12}H_{13}N_3$	199,1111	$C_{10}H_{17}O_4$	201,1127
$C_{10}H_{14}NO_3$	196,0974	$C_8H_{10}N_2O_4$	198,0641	$C_{12}H_{23}O_2$	199,1699	$C_{10}H_{19}NO_3$	201,1365
$C_{10}H_{16}N_2O_2$	196,1213	$C_8H_{12}N_3O_3$	198,0879	$C_{12}H_{25}NO$	199,1937	$C_{10}H_{21}N_2O_2$	201,1604
$C_{10}H_{18}N_3O$	196,1451	$C_8H_{14}N_4O_2$	198,1118	$C_{12}H_{27}N_2$	199,2176	$C_{10}H_{23}N_3O$	201,1842
$C_{10}H_{20}N_4$	196,1690	$C_9H_{12}NO_4$	198,0766	$C_{13}H_{11}O_2$	199,0759	$C_{10}H_{25}N_4$	201,2081
$C_{11}H_8N_4$	196,0750	$C_9H_{14}N_2O_3$	198,1005	$C_{13}H_{13}NO$	199,0998	$C_{11}H_7NO_3$	201,0426
$C_{11}H_{16}O_3$	196,1100	$C_9H_{16}N_3O_2$	198,1244	$C_{13}H_{15}N_2$	199,1236	$C_{11}H_9N_2O_2$	201,0664
$C_{11}H_{18}NO_2$	196,1338	$C_9H_{18}N_4O$	198,1482	$C_{13}H_{27}O$	199,2063	$C_{11}H_{11}N_3O$	201,0903
$C_{11}H_{20}N_2O$	196,1577	$C_{10}H_{14}O_4$	198,0892	$C_{13}H_{29}N$	199,2301	$C_{11}H_{13}N_4$	201,1142
$C_{11}H_{22}N_3$	196,1815	$C_{10}H_{16}NO_3$	198,1131	$C_{14}H_{15}O$	199,1123	$C_{11}H_{21}O_3$	201,1491
$C_{12}H_8N_2O$	196,0637	$C_{10}H_{18}N_2O_2$	198,1369	$C_{14}H_{17}N$	199,1362	$C_{11}H_{23}NO_2$	201,1730
$C_{12}H_{10}N_3$	196,0876	$C_{10}H_{20}N_3O$	198,1608	$C_{15}H_{19}$	199,1488	$C_{11}H_{25}N_2O$	201,1968
$C_{12}H_{20}O_2$	196,1464	$C_{10}H_{22}N_4$	198,1846	**200**		$C_{11}H_{27}N_3$	201,2207
$C_{12}H_{22}NO$	196,1702	$C_{11}H_8N_3O$	198,0668	$C_8H_{12}N_2O_4$	200,0797	$C_{12}H_9O_3$	201,0552
$C_{12}H_{24}N_2$	196,1941	$C_{11}H_{10}N_4$	198,0907	$C_8H_{14}N_3O_3$	200,1036	$C_{12}H_{11}NO_2$	201,0790
$C_{13}H_8O_2$	196,0524	$C_{11}H_{18}O_3$	198,1256	$C_8H_{16}N_4O_2$	200,1275	$C_{12}H_{13}N_2O$	201,1029
$C_{13}H_{10}NO$	196,0763	$C_{11}H_{20}NO_2$	198,1495	$C_9H_{14}NO_4$	200,0923	$C_{12}H_{15}N_3$	201,1267
$C_{13}H_{12}N_2$	196,1001	$C_{11}H_{22}N_2O$	198,1733	$C_9H_{16}N_2O_3$	200,1162	$C_{12}H_{25}O_2$	201,1855
$C_{13}H_{24}O$	196,1828	$C_{11}H_{24}N_3$	198,1972	$C_9H_{18}N_3O_2$	200,1400	$C_{12}H_{27}NO$	201,2094
$C_{13}H_{26}N$	196,2067	$C_{12}H_8NO_2$	198,0555	$C_9H_{20}N_4O$	200,1639	$C_{13}H_{13}O_2$	201,0916
$C_{14}H_{12}O$	196,0888	$C_{12}H_{10}N_2O$	198,0794	$C_{10}H_8N_4O$	200,0699	$C_{13}H_{15}NO$	201,1154
$C_{14}H_{14}N$	196,1127	$C_{12}H_{12}N_3$	198,1032	$C_{10}H_{16}O_4$	200,1049	$C_{13}H_{17}N_2$	201,1393
$C_{14}H_{28}$	196,2192	$C_{12}H_{22}O_2$	198,1620	$C_{10}H_{18}NO_3$	200,1287	$C_{14}H_{17}O$	201,1280
$C_{15}H_{16}$	196,1253	$C_{12}H_{24}NO$	198,1859	$C_{10}H_{20}N_2O_2$	200,1526	$C_{14}H_{19}N$	201,1519
197		$C_{12}H_{26}N_2$	198,2098	$C_{10}H_{22}N_3O$	200,1764	$C_{15}H_{21}$	201,1644
$C_8H_9N_2O_4$	197,0563	$C_{13}H_{10}O_2$	198,0681	$C_{10}H_{24}N_4$	200,2003	**202**	
$C_8H_{11}N_3O_3$	197,0801	$C_{13}H_{12}NO$	198,0919	$C_{11}H_8N_2O_2$	200,0586	$C_8H_{14}N_2O_4$	202,0954
$C_8H_{13}N_4O_2$	197,1040	$C_{13}H_{14}N_2$	198,1158	$C_{11}H_{10}N_3O$	200,0825	$C_8H_{16}N_3O_3$	202,1193
$C_9H_{11}NO_4$	197,0688	$C_{13}H_{26}O$	198,1985	$C_{11}H_{12}N_4$	200,1063	$C_8H_{18}N_4O_2$	202,1431
$C_9H_{13}N_2O_3$	197,0927	$C_{13}H_{28}N$	198,2223	$C_{11}H_{20}O_3$	200,1413	$C_9H_6N_4O_2$	202,0491
$C_9H_{15}N_3O_2$	197,1165	$C_{14}H_{14}O$	198,1045	$C_{11}H_{22}NO_2$	200,1651	$C_9H_{16}NO_4$	202,1080
$C_9H_{17}N_4O$	197,1404	$C_{14}H_{16}N$	198,1284	$C_{11}H_{24}N_2O$	200,1890	$C_9H_{18}N_2O_3$	202,1318
$C_{10}H_{13}O_4$	197,0814	$C_{14}H_{30}$	198,2349	$C_{11}N_{26}N_3$	200,2129	$C_9H_{20}N_3O_2$	202,1557
$C_{10}H_{15}NO_3$	197,1052	$C_{15}H_{18}$	198,1409	$C_{12}H_8O_3$	200,0473	$C_9H_{22}N_4O$	202,1795
$C_{10}H_{17}N_2O_2$	197,1291	**199**		$C_{12}H_{10}NO_2$	200,0712	$C_{10}H_8N_3O_2$	202,0617
$C_{10}H_{19}N_3O$	197,1529	$C_8H_{11}N_2O_4$	199,0719	$C_{12}H_{12}N_2O$	200,0950	$C_{10}H_{10}N_4O$	202,0856
$C_{10}H_{21}N_4$	197,1768	$C_8H_{13}N_3O_3$	199,0958	$C_{12}H_{14}N_3$	200,1189	$C_{10}H_{18}O_4$	202,1205
$C_{11}H_7N_3O$	197,0590	$C_8H_{15}N_4O_2$	199,1196	$C_{12}H_{24}O_2$	200,1777	$C_{10}H_{20}NO_3$	202,1444
$C_{11}H_9N_4$	197,0829	$C_9H_{13}NO_4$	199,0845	$C_{12}H_{26}NO$	200,2015	$C_{10}H_{22}N_2O_2$	202,1682

APÊNDICE A (Continuação)

FM		FM		FM		FM	
$C_{10}H_{24}N_3O$	202,1921	$C_8H_{20}N_4O_2$	204,1588	$C_{13}H_{21}N_2$	205,1706	$C_{11}H_{19}N_4$	207,1611
$C_{10}H_{26}N_4$	202,2160	$C_9H_6N_3O_3$	204,0410	$C_{14}H_9N_2$	205,0767	$C_{12}H_{15}O_3$	207,1021
$C_{11}H_8NO_3$	202,0504	$C_9H_8N_4O_2$	204,0648	$C_{14}H_{21}O$	205,1593	$C_{12}H_{17}NO_2$	207,1260
$C_{11}H_{10}N_2O_2$	202,0743	$C_9H_{18}NO_4$	204,1236	$C_{14}H_{23}N$	205,1832	$C_{12}H_{19}N_2O$	207,1498
$C_{11}H_{12}N_3O$	202,0981	$C_9H_{20}N_2O_3$	204,1475	$C_{15}H_9O$	205,0653	$C_{12}H_{21}N_3$	207,1737
$C_{11}H_{14}N_4$	202,1220	$C_9H_{22}N_3O_2$	204,1713	$C_{15}H_{11}N$	205,0892	$C_{13}H_9N_3$	207,0798
$C_{11}H_{22}O_3$	202,1569	$C_9H_{24}N_4O$	204,1952	$C_{15}H_{25}$	205,1957	$C_{13}H_{19}O_2$	207,1385
$C_{11}H_{24}NO_2$	202,1808	$C_{10}H_8N_2O_3$	204,0535	$C_{16}H_{13}$	205,1018	$C_{13}H_{21}NO$	207,1624
$C_{11}H_{26}N_2O$	202,2046	$C_{10}H_{10}N_3O_2$	204,0774	**206**		$C_{13}H_{23}N_2$	207,1863
$C_{12}H_{10}O_3$	202,0630	$C_{10}H_{12}N_4O$	204,1012	$C_8H_{18}N_2O_4$	206,1267	$C_{14}H_9NO$	207,0684
$C_{12}H_{12}NO_2$	202,0868	$C_{10}H_{20}O_4$	204,1362	$C_8H_{20}N_3O_3$	206,1506	$C_{14}H_{11}N_2$	207,0923
$C_{12}H_{14}N_2O$	202,1107	$C_{10}H_{22}NO_3$	204,1600	$C_8H_{22}N_4O_2$	206,1744	$C_{14}H_{23}O$	207,1750
$C_{12}H_{16}N_3$	202,1346	$C_{10}H_{24}N_2O_2$	204,1839	$C_9H_6N_2O_4$	206,0328	$C_{14}H_{25}N$	207,1988
$C_{12}H_{26}O_2$	202,1934	$C_{11}H_8O_4$	204,0422	$C_9H_8N_3O_3$	206,0566	$C_{15}H_{11}O$	207,0810
$C_{13}H_{14}O_2$	202,0994	$C_{11}H_{10}NO_3$	204,0661	$C_9H_{10}N_4O_2$	206,0805	$C_{15}H_{13}N$	207,1049
$C_{13}H_{16}NO$	202,1233	$C_{11}H_{12}N_2O_2$	204,0899	$C_9H_{20}NO_4$	206,1393	$C_{15}H_{27}$	207,2114
$C_{13}H_{18}N_2$	202,1471	$C_{11}H_{14}N_3O$	204,1138	$C_9H_{22}N_2O_3$	206,1631	$C_{16}H_{15}$	207,1174
$C_{14}H_{18}O$	202,1358	$C_{11}H_{16}N_4$	204,1377	$C_{10}H_8NO_4$	206,0453	**208**	
$C_{14}H_{20}N$	202,1597	$C_{11}H_{24}O_3$	204,1726	$C_{10}H_{10}N_2O_3$	206,0692	$C_8H_{20}N_2O_4$	208,1424
$C_{15}H_{22}$	202,1722	$C_{12}H_{12}O_3$	204,0786	$C_{10}H_{12}N_3O_2$	206,0930	$C_9H_8N_2O_4$	208,0484
203		$C_{12}H_{14}NO_2$	204,1025	$C_{10}H_{14}N_4O$	206,1169	$C_9H_{10}N_3O_3$	208,0723
$C_8H_{15}N_2O_4$	203,1032	$C_{12}H_{16}N_2O$	204,1264	$C_{10}H_{22}O_4$	206,1518	$C_9H_{12}N_4O_2$	208,0961
$C_8H_{17}N_3O_3$	203,1271	$C_{12}H_{18}N_3$	204,1502	$C_{11}H_{10}O_4$	206,0579	$C_{10}H_{10}NO_4$	208,0610
$C_8H_{19}N_4O_2$	203,1509	$C_{13}H_{16}O_2$	204,1151	$C_{11}H_{12}NO_3$	206,0817	$C_{10}H_{12}N_2O_3$	208,0848
$C_9H_7N_4O_2$	203,0570	$C_{13}H_{18}NO$	204,1389	$C_{11}H_{14}N_2O_2$	206,1056	$C_{10}H_{14}N_3O_2$	208,1087
$C_9H_{17}NO_4$	203,1158	$C_{13}H_{20}N_2$	204,1628	$C_{11}H_{16}N_3O$	206,1295	$C_{10}H_{16}N_4O$	208,1325
$C_9H_{19}N_2O_3$	203,1396	$C_{14}H_{20}O$	204,1515	$C_{11}H_{18}N_4$	206,1533	$C_{11}H_{12}O_4$	208,0735
$C_9H_{21}N_3O_2$	203,1635	$C_{14}H_{22}N$	204,1753	$C_{12}H_{14}O_3$	206,0943	$C_{11}H_{14}NO_3$	208,0974
$C_9H_{23}N_4O$	203,1873	$C_{15}H_{10}N$	204,0814	$C_{12}H_{16}NO_2$	206,1182	$C_{11}H_{16}N_2O_2$	208,1213
$C_{10}H_7N_2O_3$	203,0457	$C_{15}H_{24}$	204,1879	$C_{12}H_{18}N_2O$	206,1420	$C_{11}H_{18}N_3O$	208,1451
$C_{10}H_9N_3O_2$	203,0695	$C_{16}H_{12}$	204,0939	$C_{12}H_{20}N_3$	206,1659	$C_{11}H_{20}N_4$	208,1690
$C_{10}H_{11}N_4O$	203,0934	**205**		$C_{13}H_8N_3$	206,0719	$C_{12}H_8N_4$	208,0750
$C_{10}H_{19}O_4$	203,1284	$C_8H_{17}N_2O_4$	205,1189	$C_{13}H_{18}O_2$	206,1307	$C_{12}H_{16}O_3$	208,1100
$C_{10}H_{21}NO_3$	203,1522	$C_8H_{19}N_3O_3$	205,1427	$C_{13}H_{20}NO$	206,1546	$C_{12}H_{18}NO_2$	208,1338
$C_{10}H_{23}N_2O_2$	203,1761	$C_8H_{21}N_4O_2$	205,1666	$C_{13}H_{22}N_2$	206,1784	$C_{12}H_{20}N_2O$	208,1577
$C_{10}H_{25}N_3O$	203,1999	$C_9H_7N_3O_3$	205,0488	$C_{14}H_{10}N_2$	206,0845	$C_{12}H_{22}N_3$	208,1815
$C_{11}H_7O_4$	203,0344	$C_9H_9N_4O_2$	205,0726	$C_{14}H_{22}O$	206,1671	$C_{13}H_8N_2O$	208,0637
$C_{11}H_9NO_3$	203,0583	$C_9H_{19}NO_4$	205,1315	$C_{14}H_{24}N$	206,1910	$C_{13}H_{10}N_3$	208,0876
$C_{11}H_{11}N_2O_2$	203,0821	$C_9H_{21}N_2O_3$	205,1553	$C_{15}H_{10}O$	206,0732	$C_{13}H_{20}O_2$	208,1464
$C_{11}H_{13}N_3O$	203,1060	$C_9H_{23}N_3O_2$	205,1791	$C_{15}H_{12}N$	206,0970	$C_{13}H_{22}NO$	208,1702
$C_{11}H_{15}N_4$	203,1298	$C_{10}H_7NO_4$	205,0375	$C_{15}H_{26}$	206,2036	$C_{13}H_{24}N_2$	208,1941
$C_{11}H_{23}O_3$	203,1648	$C_{10}H_9N_2O_3$	205,0614	$C_{16}H_{14}$	206,1096	$C_{14}H_{10}NO$	208,0763
$C_{11}H_{25}NO_2$	203,1886	$C_{10}H_{11}N_3O_2$	205,0852	**207**		$C_{14}H_{12}N_2$	208,1001
$C_{12}H_{11}O_3$	203,0708	$C_{10}H_{13}N_4O$	205,1091	$C_8H_{19}N_2O_4$	207,1345	$C_{14}H_{24}O$	208,1828
$C_{12}H_{13}NO_2$	203,0947	$C_{10}H_{21}O_4$	205,1440	$C_8H_{21}N_3O_3$	207,1584	$C_{14}H_{26}N$	208,2067
$C_{12}H_{15}N_2O$	203,1185	$C_{10}H_{23}NO_3$	205,1679	$C_9H_7N_2O_4$	207,0406	$C_{15}H_{12}O$	208,0888
$C_{12}H_{17}N_3$	203,1424	$C_{11}H_9O_4$	205,0501	$C_9H_9N_3O_3$	207,0644	$C_{15}H_{14}N$	208,1127
$C_{13}H_{15}O_2$	203,1072	$C_{11}H_{11}NO_3$	205,0739	$C_9H_{11}N_4O_2$	207,0883	$C_{15}H_{28}$	208,2192
$C_{13}H_{17}NO$	203,1311	$C_{11}H_{13}N_2O_2$	205,0978	$C_9H_{21}NO_4$	207,1471	$C_{16}H_{16}$	208,1253
$C_{13}H_{19}N_2$	203,1549	$C_{11}H_{15}N_3O$	205,1216	$C_{10}H_9NO_4$	207,0532	**209**	
$C_{14}H_{19}O$	203,1436	$C_{11}H_{17}N_4$	205,1455	$C_{10}H_{11}N_2O_3$	207,0770	$C_9H_9N_2O_4$	209,0563
$C_{14}H_{21}N$	203,1675	$C_{12}H_{13}O_3$	205,0865	$C_{10}H_{13}N_3O_2$	207,1009	$C_9H_{11}N_3O_3$	209,0801
$C_{15}H_9N$	203,0736	$C_{12}H_{15}NO_2$	205,1103	$C_{10}H_{15}N_4O$	207,1247	$C_9H_{13}N_4O_2$	209,1040
$C_{15}H_{23}$	203,1801	$C_{12}H_{17}N_2O$	205,1342	$C_{11}H_{11}O_4$	207,0657	$C_{10}H_{11}NO_4$	209,0688
204		$C_{12}H_{19}N_3$	205,1580	$C_{11}H_{13}NO_3$	207,0896	$C_{10}H_{13}N_2O_3$	209,0927
$C_8H_{16}N_2O_4$	204,1111	$C_{13}H_{17}O_2$	205,1229	$C_{11}H_{15}N_2O_2$	207,1134	$C_{10}H_{15}N_3O_2$	209,1165
$C_8H_{18}N_3O_3$	204,1349	$C_{13}H_{19}NO$	205,1467	$C_{11}H_{17}N_3O$	207,1373	$C_{10}H_{17}N_4O$	209,1404

APÊNDICE A (Continuação)

FM		FM		FM		FM	
$C_{11}H_{13}O_4$	209,0814	$C_{16}H_{18}$	210,1409	$C_{13}H_8O_3$	212,0473	$C_{10}H_{18}N_2O_3$	214,1318
$C_{11}H_{15}NO_3$	209,1052	**211**		$C_{13}H_{10}NO_2$	212,0712	$C_{10}H_{20}N_3O_2$	214,1557
$C_{11}H_{17}N_2O_2$	209,1291	$C_9H_{11}N_2O_4$	211,0719	$C_{13}H_{12}N_2O$	212,0950	$C_{10}H_{22}N_4O$	214,1795
$C_{11}H_{19}N_3O$	209,1529	$C_9H_{13}N_3O_3$	211,0958	$C_{13}H_{14}N_3$	212,1189	$C_{11}H_8N_3O_2$	214,0617
$C_{11}H_{21}N_4$	209,1768	$C_9H_{15}N_4O_2$	211,1196	$C_{13}H_{24}O_2$	212,1777	$C_{11}H_{10}N_4O$	214,0856
$C_{12}H_9N_4$	209,0829	$C_{10}H_{13}NO_4$	211,0845	$C_{13}H_{26}NO$	212,2015	$C_{11}H_{18}O_4$	214,1205
$C_{12}H_{17}O_3$	209,1178	$C_{10}H_{15}N_2O_3$	211,1083	$C_{13}H_{28}N_2$	212,2254	$C_{11}H_{20}NO_3$	214,1444
$C_{12}H_{19}NO_2$	209,1416	$C_{10}H_{17}N_3O_2$	211,1322	$C_{14}H_{12}O_2$	212,0837	$C_{11}H_{22}N_2O_2$	214,1682
$C_{12}H_{21}N_2O$	209,1655	$C_{10}H_{19}N_4O$	211,1560	$C_{14}H_{14}NO$	212,1076	$C_{11}H_{24}N_3O$	214,1921
$C_{12}H_{23}N_3$	209,1894	$C_{11}H_7N_4O$	211,0621	$C_{14}H_{16}N_2$	212,1315	$C_{11}H_{26}N_4$	214,2160
$C_{13}H_9N_2O$	209,0715	$C_{11}H_{15}O_4$	211,0970	$C_{14}H_{28}O$	212,2141	$C_{12}H_8NO_3$	214,0504
$C_{13}H_{11}N_3$	209,0954	$C_{11}H_{17}NO_3$	211,1209	$C_{14}H_{30}N$	212,2380	$C_{12}H_{10}N_2O_2$	214,0743
$C_{13}H_{21}O_2$	209,1542	$C_{11}H_{19}N_2O_2$	211,1447	$C_{15}H_{16}O$	212,1202	$C_{12}H_{12}N_3O$	214,0981
$C_{13}H_{23}NO$	209,1781	$C_{11}H_{21}N_3O$	211,1686	$C_{15}H_{18}N$	212,1440	$C_{12}H_{14}N_4$	214,1220
$C_{13}H_{25}N_2$	209,2019	$C_{11}H_{23}N_4$	211,1925	$C_{15}H_{32}$	212,2505	$C_{12}H_{22}O_3$	214,1569
$C_{14}H_9O_2$	209,0603	$C_{12}H_9N_3O$	211,0746	$C_{16}H_{20}$	212,1566	$C_{12}H_{24}NO_2$	214,1808
$C_{14}H_{11}NO$	209,0841	$C_{12}H_{11}N_4$	211,0985	**213**		$C_{12}H_{26}N_2O$	214,2046
$C_{14}H_{13}N_2$	209,1080	$C_{12}H_{19}O_3$	211,1334	$C_9H_{13}N_2O_4$	213,0876	$C_{12}H_{28}N_3$	214,2285
$C_{14}H_{25}O$	209,1906	$C_{12}H_{21}NO_2$	211,1573	$C_9H_{15}N_3O_3$	213,1114	$C_{13}H_{10}O_3$	214,0630
$C_{14}H_{27}N$	209,2145	$C_{12}H_{23}N_2O$	211,1811	$C_9H_{17}N_4O_2$	213,1353	$C_{13}H_{12}NO_2$	214,0869
$C_{15}H_{13}O$	209,0967	$C_{12}H_{25}N_3$	211,2050	$C_{10}H_{15}NO_4$	213,1001	$C_{13}H_{14}N_2O$	214,1107
$C_{15}H_{15}N$	209,1205	$C_{13}H_9NO_2$	211,0634	$C_{10}H_{17}N_2O_3$	213,1240	$C_{13}H_{16}N_3$	214,1346
$C_{15}H_{29}$	209,2270	$C_{13}H_{11}N_2O$	211,0872	$C_{10}H_{19}N_3O_2$	213,1478	$C_{13}H_{26}O_2$	214,1934
$C_{16}H_{17}$	209,1331	$C_{13}H_{13}N_3$	211,1111	$C_{10}H_{21}N_4O$	213,1717	$C_{13}H_{28}NO$	214,2172
210		$C_{13}H_{23}O_2$	211,1699	$C_{11}H_7N_3O_2$	213,0539	$C_{13}H_{30}N_2$	214,2411
$C_9H_{10}N_2O_4$	210,0641	$C_{13}H_{25}NO$	211,1937	$C_{11}H_9N_4O$	213,0777	$C_{14}H_{14}O_2$	214,0994
$C_9H_{12}N_3O_3$	210,0879	$C_{13}H_{27}N_2$	211,2176	$C_{11}H_{17}O_4$	213,1127	$C_{14}H_{16}NO$	214,1233
$C_9H_{14}N_4O_2$	210,1118	$C_{14}H_{11}O_2$	211,0759	$C_{11}H_{19}NO_3$	213,1365	$C_{14}H_{18}N_2$	214,1471
$C_{10}H_{12}NO_4$	210,0766	$C_{14}H_{13}NO$	211,0998	$C_{11}H_{21}N_2O_2$	213,1604	$C_{15}H_{18}O$	214,1358
$C_{10}H_{14}N_2O_3$	210,1005	$C_{14}H_{15}N_2$	211,1236	$C_{11}H_{23}N_3O$	213,1842	$C_{15}H_{20}N$	214,1597
$C_{10}H_{16}N_3O_2$	210,1244	$C_{14}H_{27}O$	211,2063	$C_{11}H_{25}N_4$	213,2081	$C_{16}H_{22}$	214,1722
$C_{10}H_{18}N_4O$	210,1482	$C_{14}H_{29}N$	211,2301	$C_{12}H_9N_2O_2$	213,0664	**215**	
$C_{11}H_{14}O_4$	210,0892	$C_{15}H_{15}O$	211,1123	$C_{12}H_{11}N_3O$	213,0903	$C_9H_{15}N_2O_4$	215,1032
$C_{11}H_{16}NO_3$	210,1131	$C_{15}H_{17}N$	211,1362	$C_{12}H_{13}N_4$	213,1142	$C_9H_{17}N_3O_3$	215,1271
$C_{11}H_{18}N_2O_2$	210,1369	$C_{15}H_{31}$	211,2427	$C_{12}H_{21}O_3$	213,1491	$C_9H_{19}N_4O_2$	215,1509
$C_{11}H_{20}N_3O$	210,1608	$C_{16}H_{19}$	211,1488	$C_{12}H_{23}NO_2$	213,1730	$C_{10}H_7N_4O_2$	215,0570
$C_{11}H_{22}N_4$	210,1846	**212**		$C_{12}H_{25}N_2O$	213,1968	$C_{10}H_{17}NO_4$	215,1158
$C_{12}H_8N_3O$	210,0668	$C_9H_{12}N_2O_4$	212,0797	$C_{12}H_{27}N_3$	213,2207	$C_{10}H_{19}N_2O_3$	215,1396
$C_{12}H_{10}N_4$	210,0907	$C_9H_{14}N_3O_3$	212,1036	$C_{13}H_9O_3$	213,0552	$C_{10}H_{21}N_3O_2$	215,1635
$C_{12}H_{18}O_3$	210,1256	$C_9H_{16}N_4O_2$	212,1275	$C_{13}H_{11}NO_2$	213,0790	$C_{10}H_{23}N_4O$	215,1873
$C_{12}H_{20}NO_2$	210,1495	$C_{10}H_{14}NO_4$	212,0923	$C_{13}H_{13}N_2O$	213,1029	$C_{11}H_7N_2O_3$	215,0457
$C_{12}H_{22}N_2O$	210,1733	$C_{10}H_{16}N_2O_3$	212,1162	$C_{13}H_{15}N_3$	213,1267	$C_{11}H_9N_3O_2$	215,0695
$C_{12}H_{24}N_3$	210,1972	$C_{10}H_{18}N_3O_2$	212,1400	$C_{13}H_{25}O_2$	213,1855	$C_{11}H_{11}N_4O$	215,0934
$C_{13}H_8NO_2$	210,0555	$C_{10}H_{20}N_4O$	212,1639	$C_{13}H_{27}NO$	213,2094	$C_{11}H_{19}O_4$	215,1284
$C_{13}H_{10}N_2O$	210,0794	$C_{11}H_8N_4O$	212,0699	$C_{13}H_{29}N_2$	213,2332	$C_{11}H_{21}NO_3$	215,1522
$C_{13}H_{12}N_3$	210,1032	$C_{11}H_{16}O_4$	212,1049	$C_{14}H_{13}O_2$	213,0916	$C_{11}H_{23}N_2O_2$	215,1761
$C_{13}H_{22}O_2$	210,1620	$C_{11}H_{18}NO_3$	212,1287	$C_{14}H_{15}NO$	213,1154	$C_{11}H_{25}N_3O$	215,1999
$C_{13}H_{24}NO$	210,1859	$C_{11}H_{20}N_2O_2$	212,1526	$C_{14}H_{17}N_2$	213,1393	$C_{11}H_{27}N_4$	215,2238
$C_{13}H_{26}N_2$	210,2098	$C_{11}H_{22}N_3O$	212,1764	$C_{14}H_{29}O$	213,2219	$C_{12}H_9NO_3$	215,0583
$C_{14}H_{10}O_2$	210,0681	$C_{11}H_{24}N_4$	212,2003	$C_{15}H_{17}O$	213,1280	$C_{12}H_{11}N_2O_2$	215,0821
$C_{14}H_{12}NO$	210,0919	$C_{12}H_8N_2O_2$	212,0586	$C_{15}H_{19}N$	213,1519	$C_{12}H_{13}N_3O$	215,1060
$C_{14}H_{14}N_2$	210,1158	$C_{12}H_{10}N_3O$	212,0825	$C_{16}H_{21}$	213,1644	$C_{12}H_{15}N_4$	215,1298
$C_{14}H_{26}O$	210,1985	$C_{12}H_{12}N_4$	212,1063	**214**		$C_{12}H_{23}O_3$	215,1648
$C_{14}H_{28}N$	210,2223	$C_{12}H_{20}O_3$	212,1413	$C_9H_{14}N_2O_4$	214,0954	$C_{12}H_{25}NO_2$	215,1886
$C_{15}H_{14}O$	210,1045	$C_{12}H_{22}NO_2$	212,1651	$C_9H_{16}N_3O_3$	214,1193	$C_{12}H_{27}N_2O$	215,2125
$C_{15}H_{16}N$	210,1284	$C_{12}H_{24}N_2O$	212,1890	$C_9H_{18}N_4O_2$	214,1431	$C_{12}H_{29}N_3$	215,2363
$C_{15}H_{30}$	210,2349	$C_{12}H_{26}N_3$	212,2129	$C_{10}H_{16}NO_4$	214,1080	$C_{13}H_{11}O_3$	215,0708

APÊNDICE A (Continuação)

FM		FM		FM		FM	
$C_{13}H_{13}NO_2$	215,0947	$C_{11}H_7NO_4$	217,0375	$C_{14}H_{22}N_2$	218,1784	$C_{11}H_{16}N_4O$	220,1325
$C_{13}H_{15}N_2O$	215,1185	$C_{11}H_9N_2O_3$	217,0614	$C_{15}H_{10}N_2$	218,0845	$C_{12}H_{12}O_4$	220,0735
$C_{13}H_{17}N_3$	215,1424	$C_{11}H_{11}N_3O_2$	217,0852	$C_{15}H_{22}O$	218,1671	$C_{12}H_{14}NO_3$	220,0974
$C_{14}H_{15}O_2$	215,1072	$C_{11}H_{13}N_4O$	217,1091	$C_{15}H_{24}N$	218,1910	$C_{12}H_{16}N_2O_2$	220,1213
$C_{14}H_{17}NO$	215,1311	$C_{11}H_{21}O_4$	217,1440	$C_{16}H_{10}O$	218,0732	$C_{12}H_{18}N_3O$	220,1451
$C_{14}H_{19}N_2$	215,1549	$C_{11}H_{23}NO_3$	217,1679	$C_{16}H_{12}N$	218,0970	$C_{12}H_{20}N_4$	220,1690
$C_{15}H_{19}O$	215,1436	$C_{11}H_{25}N_2O_2$	217,1917	$C_{16}H_{26}$	218,2036	$C_{13}H_8N_4$	220,0750
$C_{15}H_{21}N$	215,1675	$C_{11}H_{27}N_3O$	217,2156	$C_{17}H_{14}$	218,1096	$C_{13}H_{16}O_3$	220,1100
$C_{16}H_{23}$	215,1801	$C_{12}H_9O_4$	217,0501	**219**		$C_{13}H_{18}NO_2$	220,1338
216		$C_{12}H_{11}NO_3$	217,0739	$C_9H_{19}N_2O_4$	219,1345	$C_{13}H_{20}N_2O$	220,1577
$C_9H_{16}N_2O_4$	216,1111	$C_{12}H_{13}N_2O_2$	217,0978	$C_9H_{21}N_3O_3$	219,1584	$C_{13}H_{22}N_3$	220,1815
$C_9H_{18}N_3O_3$	216,1349	$C_{12}H_{15}N_3O$	217,1216	$C_9H_{23}N_4O_2$	219,1822	$C_{14}H_{10}N_3$	220,0876
$C_9H_{20}N_4O_2$	216,1588	$C_{12}H_{17}N_4$	217,1455	$C_{10}H_7N_2O_4$	219,0406	$C_{14}H_{20}O_2$	220,1464
$C_{10}H_8N_4O_2$	216,0648	$C_{12}H_{25}O_3$	217,1804	$C_{10}H_9N_3O_3$	219,0644	$C_{14}H_{22}NO$	220,1702
$C_{10}H_{18}NO_4$	216,1236	$C_{12}H_{27}NO_2$	217,2043	$C_{10}H_{11}N_4O_2$	219,0883	$C_{14}H_{24}N_2$	220,1941
$C_{10}H_{20}N_2O_3$	216,1475	$C_{13}H_{13}O_3$	217,0865	$C_{10}H_{21}NO_4$	219,1471	$C_{15}H_{10}NO$	220,0763
$C_{10}H_{22}N_3O_2$	216,1713	$C_{13}H_{15}NO_2$	217,1103	$C_{10}H_{23}N_2O_3$	219,1710	$C_{15}H_{12}N_2$	220,1001
$C_{10}H_{24}N_4O$	216,1952	$C_{13}H_{17}N_2O$	217,1342	$C_{10}H_{25}N_3O_2$	219,1948	$C_{15}H_{24}O$	220,1828
$C_{11}H_8N_2O_3$	216,0535	$C_{13}H_{19}N_3$	217,1580	$C_{11}H_9NO_4$	219,0532	$C_{15}H_{26}N$	220,2067
$C_{11}H_{10}N_3O_2$	216,0774	$C_{14}H_{17}O_2$	217,1229	$C_{11}H_{11}N_2O_3$	219,0770	$C_{16}H_{12}O$	220,0888
$C_{11}H_{12}N_4O$	216,1012	$C_{14}H_{19}NO$	217,1467	$C_{11}H_{13}N_3O_2$	219,1009	$C_{16}H_{14}N$	220,1127
$C_{11}H_{20}O_4$	216,1362	$C_{14}H_{21}N_2$	217,1706	$C_{11}H_{15}N_4O$	219,1247	$C_{16}H_{28}$	220,2192
$C_{11}H_{22}NO_3$	216,1600	$C_{15}H_9N_2$	217,0767	$C_{11}H_{23}O_4$	219,1597	$C_{17}H_{16}$	220,1253
$C_{11}H_{24}N_2O_2$	216,1839	$C_{15}H_{21}O$	217,1593	$C_{11}H_{25}NO_3$	219,1835	**221**	
$C_{11}H_{26}N_3O$	216,2077	$C_{15}H_{23}N$	217,1832	$C_{12}H_{11}O_4$	219,0657	$C_9H_{21}N_2O_4$	221,1502
$C_{11}H_{28}N_4$	216,2316	$C_{16}H_{11}N$	217,0892	$C_{12}H_{13}NO_3$	219,0896	$C_9H_{23}N_3O_3$	221,1741
$C_{12}H_8O_4$	216,0422	$C_{16}H_{25}$	217,1957	$C_{12}H_{15}N_2O_2$	219,1134	$C_{10}H_9N_2O_4$	221,0563
$C_{12}H_{10}NO_3$	216,0661	$C_{17}H_{13}$	217,1018	$C_{12}H_{17}N_3O$	219,1373	$C_{10}H_{11}N_3O_3$	221,0801
$C_{12}H_{12}N_2O_2$	216,0899	**218**		$C_{12}H_{19}N_4$	219,1611	$C_{10}H_{13}N_4O_2$	221,1040
$C_{12}H_{14}N_3O$	216,1138	$C_9H_{18}N_2O_4$	218,1267	$C_{13}H_{15}O_3$	219,1021	$C_{10}H_{23}NO_4$	221,1628
$C_{12}H_{16}N_4$	216,1377	$C_9H_{20}N_3O_3$	218,1506	$C_{13}H_{17}NO_2$	219,1260	$C_{11}H_{11}NO_4$	221,0688
$C_{12}H_{24}O_3$	216,1726	$C_9H_{22}N_4O_2$	218,1744	$C_{13}H_{19}N_2O$	219,1498	$C_{11}H_{13}N_2O_3$	221,0927
$C_{12}H_{26}NO_2$	216,1965	$C_{10}H_8N_3O_3$	218,0566	$C_{13}H_{21}N_3$	219,1737	$C_{11}H_{15}N_3O_2$	221,1165
$C_{12}H_{28}N_2O$	216,2203	$C_{10}H_{10}N_4O_2$	218,0805	$C_{14}H_9N_3$	219,0798	$C_{11}H_{17}N_4O$	221,1404
$C_{13}H_{12}O_3$	216,0786	$C_{10}H_{20}NO_4$	218,1393	$C_{14}H_{19}O_2$	219,1385	$C_{12}H_{13}O_4$	221,0814
$C_{13}H_{14}NO_2$	216,1025	$C_{10}H_{22}N_2O_3$	218,1631	$C_{14}H_{21}NO$	219,1624	$C_{12}H_{15}NO_3$	221,1052
$C_{13}H_{16}N_2O$	216,1264	$C_{10}H_{24}N_3O_2$	218,1870	$C_{14}H_{23}N_2$	219,1863	$C_{12}H_{17}N_2O_2$	221,1291
$C_{13}H_{18}N_3$	216,1502	$C_{10}H_{26}N_4$	218,2108	$C_{15}H_9NO$	219,0684	$C_{12}H_{19}N_3O$	221,1529
$C_{13}H_{28}O_2$	216,2090	$C_{11}H_8NO_4$	218,0453	$C_{15}H_{11}N_2$	219,0923	$C_{12}H_{21}N_4$	221,1768
$C_{14}H_{16}O_2$	216,1151	$C_{11}H_{10}N_2O_3$	218,0692	$C_{15}H_{23}O$	219,1750	$C_{13}H_9N_4$	221,0829
$C_{14}H_{18}NO$	216,1389	$C_{11}H_{12}N_3O_2$	218,0930	$C_{15}H_{25}N$	219,1988	$C_{13}H_{17}O_3$	221,1178
$C_{14}H_{20}N_2$	216,1628	$C_{11}H_{14}N_4O$	218,1169	$C_{16}H_{11}O$	219,0810	$C_{13}H_{19}NO_2$	221,1416
$C_{15}H_{20}O$	216,1515	$C_{11}H_{22}O_4$	218,1518	$C_{16}H_{13}N$	219,1049	$C_{13}H_{21}N_2O$	221,1655
$C_{15}H_{22}N$	216,1753	$C_{11}H_{24}NO_3$	218,1757	$C_{16}H_{27}$	219,2114	$C_{13}H_{23}N_3$	221,1894
$C_{16}H_{10}N$	216,0814	$C_{11}H_{26}N_2O_2$	218,1996	$C_{17}H_{15}$	219,1174	$C_{14}H_9N_2O$	221,0715
$C_{16}H_{24}$	216,1879	$C_{12}H_{10}O_4$	218,0579	**220**		$C_{14}H_{11}N_3$	221,0954
$C_{17}H_{12}$	216,0939	$C_{12}H_{12}NO_3$	218,0817	$C_9H_{20}N_2O_4$	220,1424	$C_{14}H_{21}O_2$	221,1542
217		$C_{12}H_{14}N_2O_2$	218,1056	$C_9H_{22}N_3O_3$	220,1662	$C_{14}H_{23}NO$	221,1781
$C_9H_{17}N_2O_4$	217,1189	$C_{12}H_{16}N_3O$	218,1295	$C_9H_{24}N_4O_2$	220,1901	$C_{14}H_{25}N_2$	221,2019
$C_9H_{19}N_3O_3$	217,1427	$C_{12}H_{18}N_4$	218,1533	$C_{10}H_8N_2O_4$	220,0484	$C_{15}H_9O_2$	221,0603
$C_9H_{21}N_4O_2$	217,1666	$C_{12}H_{26}O_3$	218,1883	$C_{10}H_{10}N_3O_3$	220,0723	$C_{15}H_{11}NO$	221,0841
$C_{10}H_7N_3O_3$	217,0488	$C_{13}H_{14}O_3$	218,0943	$C_{10}H_{12}N_4O_2$	220,0961	$C_{15}H_{13}N_2$	221,1080
$C_{10}H_9N_4O_2$	217,0726	$C_{13}H_{16}NO_2$	218,1182	$C_{10}H_{22}NO_4$	220,1549	$C_{15}H_{25}O$	221,1906
$C_{10}H_{19}NO_4$	217,1315	$C_{13}H_{18}N_2O$	218,1420	$C_{10}H_{24}N_2O_3$	220,1788	$C_{15}H_{27}N$	221,2145
$C_{10}H_{21}N_2O_3$	217,1553	$C_{13}H_{20}N_3$	218,1659	$C_{11}H_{10}NO_4$	220,0610	$C_{16}H_{13}O$	221,0967
$C_{10}H_{23}N_3O_2$	217,1791	$C_{14}H_{18}O_2$	218,1307	$C_{11}H_{12}N_2O_3$	220,0848	$C_{16}H_{15}N$	221,1205
$C_{10}H_{25}N_4O$	217,2030	$C_{14}H_{20}NO$	218,1546	$C_{11}H_{14}N_3O_2$	220,1087	$C_{16}H_{29}$	221,2270

APÊNDICE A (Continuação)

FM		FM		FM		FM	
$C_{17}H_{17}$	221,1331	$C_{14}H_9NO_2$	223,0634	$C_{11}H_{21}N_4O$	225,1717	$C_{14}H_{28}NO$	226,2172
222		$C_{14}H_{11}N_2O$	223,0872	$C_{12}H_9N_4O$	225,0777	$C_{14}H_{30}N_2$	226,2411
$C_9H_{22}N_2O_4$	222,1580	$C_{14}H_{13}N_3$	223,1111	$C_{12}H_{17}O_4$	225,1127	$C_{15}H_{14}O_2$	226,0994
$C_{10}H_{10}N_2O_4$	222,0641	$C_{14}H_{23}O_2$	223,1699	$C_{12}H_{19}NO_3$	225,1365	$C_{15}H_{16}NO$	226,1233
$C_{10}H_{12}N_3O_3$	222,0879	$C_{14}H_{25}NO$	223,1937	$C_{12}H_{21}N_2O_2$	225,1604	$C_{15}H_{18}N_2$	226,1471
$C_{10}H_{14}N_4O_2$	222,1118	$C_{14}H_{27}N_2$	223,2176	$C_{12}H_{23}N_3O$	225,1842	$C_{15}H_{30}O$	226,2298
$C_{11}H_{12}NO_4$	222,0766	$C_{15}H_{11}O_2$	223,0759	$C_{12}H_{25}N_4$	225,2081	$C_{15}H_{32}N$	226,2536
$C_{11}H_{14}N_2O_3$	222,1005	$C_{15}H_{13}NO$	223,0998	$C_{13}H_9N_2O_2$	225,0664	$C_{16}H_{18}O$	226,1358
$C_{11}H_{16}N_3O_2$	222,1244	$C_{15}H_{27}O$	223,2063	$C_{13}H_{11}N_3O$	225,0903	$C_{16}H_{20}N$	226,1597
$C_{11}H_{18}N_4O$	222,1482	$C_{15}H_{29}N$	223,2301	$C_{13}H_{13}N_4$	225,1142	$C_{16}H_{34}$	226,2662
$C_{11}N_3O_3$	221,9940	$C_{16}H_{15}O$	223,1123	$C_{13}H_{21}O_3$	225,1491	$C_{17}H_{22}$	226,1722
$C_{12}H_{14}O_4$	222,0892	$C_{16}H_{17}N$	223,1362	$C_{13}H_{23}NO_2$	225,1730	**227**	
$C_{12}H_{16}NO_3$	222,1131	$C_{16}H_{31}$	223,2427	$C_{13}H_{25}N_2O$	225,1968	$C_{10}H_{15}N_2O_4$	227,1032
$C_{12}H_{18}N_2O_2$	222,1369	$C_{17}H_{19}$	223,1488	$C_{13}H_{27}N_3$	225,2207	$C_{10}H_{17}N_3O_3$	227,1271
$C_{12}H_{20}N_3O$	222,1608	**224**		$C_{14}H_9O_3$	225,0552	$C_{10}H_{19}N_4O_2$	227,1509
$C_{12}H_{22}N_4$	222,1846	$C_{10}H_{12}N_2O_4$	224,0797	$C_{14}H_{11}NO_2$	225,0790	$C_{11}H_{17}NO_4$	227,1158
$C_{13}H_8N_3O$	222,0668	$C_{10}H_{14}N_3O_3$	224,1036	$C_{14}H_{13}N_2O$	225,1029	$C_{11}H_{21}N_3O_2$	227,1635
$C_{13}H_{10}N_4$	222,0907	$C_{10}H_{16}N_4O_2$	224,1275	$C_{14}H_{15}N_3$	225,1267	$C_{11}H_{23}N_4O$	227,1873
$C_{13}H_{18}O_3$	222,1256	$C_{11}H_{14}NO_4$	224,0923	$C_{14}H_{25}O_2$	225,1855	$C_{12}H_7N_2O_3$	227,0457
$C_{13}H_{20}NO_2$	222,1495	$C_{11}H_{16}N_2O_3$	224,1162	$C_{14}H_{27}NO$	225,2094	$C_{12}H_9N_3O_2$	227,0695
$C_{13}H_{22}N_2O$	222,1733	$C_{11}H_{18}N_3O_2$	224,1400	$C_{14}H_{29}N_2$	225,2332	$C_{12}H_{11}N_4O$	227,0934
$C_{13}H_{24}N_3$	222,1972	$C_{11}H_{20}N_4O$	224,1639	$C_{15}H_{13}O_2$	225,0916	$C_{12}H_{19}O_4$	227,1284
$C_{14}H_{10}N_2O$	222,0794	$C_{12}H_8N_4O$	224,0699	$C_{15}H_{15}NO$	225,1154	$C_{12}H_{21}NO_3$	227,1522
$C_{14}H_{12}N_3$	222,1032	$C_{12}H_{16}O_4$	224,1049	$C_{15}H_{17}N_2$	225,1393	$C_{12}H_{23}N_2O_2$	227,1761
$C_{14}H_{22}O_2$	222,1620	$C_{12}H_{18}NO_3$	224,1287	$C_{15}H_{29}O$	225,2219	$C_{12}H_{25}N_3O$	227,1999
$C_{14}H_{24}NO$	222,1859	$C_{12}H_{20}N_2O_2$	224,1526	$C_{15}H_{31}N$	225,2458	$C_{12}H_{27}N_4$	227,2238
$C_{14}H_{26}N_2$	222,2098	$C_{12}H_{22}N_3O$	224,1764	$C_{16}H_{17}O$	225,1280	$C_{13}H_9NO_3$	227,0583
$C_{15}H_{10}O_2$	222,0681	$C_{12}H_{24}N_4$	224,2003	$C_{16}H_{19}N$	225,1519	$C_{13}H_{11}N_2O_2$	227,0821
$C_{15}H_{12}NO$	222,0919	$C_{13}H_8N_2O_2$	224,0586	$C_{16}H_{33}$	225,2584	$C_{13}H_{13}N_3O$	227,1060
$C_{15}H_{14}N_2$	222,1158	$C_{13}H_{10}N_3O$	224,0825	$C_{17}H_{21}$	225,1644	$C_{13}H_{15}N_4$	227,1298
$C_{15}H_{26}O$	222,1985	$C_{13}H_{12}N_4$	224,1063	**226**		$C_{13}H_{25}NO_2$	227,1886
$C_{15}H_{28}N$	222,2223	$C_{13}H_{20}O_3$	224,1413	$C_{10}H_{14}N_2O_4$	226,0954	$C_{13}H_{27}N_2O$	227,2125
$C_{16}H_{14}O$	222,1045	$C_{13}H_{22}NO_2$	224,1651	$C_{10}H_{16}N_3O_3$	226,1193	$C_{13}H_{29}N_3$	227,2363
$C_{16}H_{16}N$	222,1284	$C_{13}H_{24}N_2O$	224,1890	$C_{10}H_{18}N_4O_2$	226,1431	$C_{14}H_{11}O_3$	227,0708
$C_{16}H_{30}$	222,2349	$C_{13}H_{26}N_3$	224,2129	$C_{11}H_{16}NO_4$	226,1080	$C_{14}H_{13}NO_2$	227,0947
$C_{16}NO$	221,9980	$C_{14}H_{10}NO_2$	224,0712	$C_{11}H_{18}N_2O_3$	226,1318	$C_{14}H_{15}N_2O$	227,1185
$C_{17}H_{18}$	222,1409	$C_{14}H_{12}N_2O$	224,0950	$C_{11}H_{20}N_3O_2$	226,1557	$C_{14}H_{17}N_3$	227,1424
223		$C_{14}H_{14}N_3$	224,1189	$C_{11}H_{22}N_4O$	226,1795	$C_{14}H_{27}O_2$	227,2012
$C_{10}H_{11}N_2O_4$	223,0719	$C_{14}H_{24}O_2$	224,1777	$C_{12}H_8N_3O_2$	226,0617	$C_{14}H_{29}NO$	227,2250
$C_{10}H_{13}N_3O_3$	223,0958	$C_{14}H_{26}NO$	224,2015	$C_{12}H_{10}N_4O$	226,0856	$C_{15}H_{15}O_2$	227,1072
$C_{10}H_{15}N_4O_2$	223,1196	$C_{14}H_{28}N_2$	224,2254	$C_{12}H_{18}O_4$	226,1205	$C_{15}H_{17}NO$	227,1311
$C_{11}H_{13}NO_4$	223,0845	$C_{15}H_{12}O_2$	224,0837	$C_{12}H_{20}NO_3$	226,1444	$C_{15}H_{19}N_2$	227,1549
$C_{11}H_{15}N_2O_3$	223,1083	$C_{15}H_{14}NO$	224,1076	$C_{12}H_{22}N_2O_2$	226,1682	$C_{15}H_{31}O$	227,2376
$C_{11}H_{17}N_3O_2$	223,1322	$C_{15}H_{16}N_2$	224,1315	$C_{12}H_{24}N_3O$	226,1929	$C_{15}H_{33}N$	227,2615
$C_{11}H_{19}N_4O$	223,1560	$C_{15}H_{28}O$	224,2141	$C_{12}H_{26}N_4$	226,2160	$C_{16}H_{19}O$	227,1436
$C_{12}H_7N_4O$	223,0621	$C_{15}H_{30}N$	224,2380	$C_{13}H_{10}N_2O_2$	226,0743	$C_{16}H_{21}N$	227,1675
$C_{12}H_{15}O_4$	223,0970	$C_{16}H_{16}O$	224,1202	$C_{13}H_{12}N_3O$	226,0981	$C_{17}H_{23}$	227,1801
$C_{12}H_{17}NO_3$	223,1209	$C_{16}H_{18}N$	224,1440	$C_{13}H_{14}N_4$	226,1220	**228**	
$C_{12}H_{19}N_2O_2$	223,1447	$C_{16}H_{32}$	224,2505	$C_{13}H_{22}O_3$	226,1569	$C_{10}H_{16}N_2O_2$	228,1111
$C_{12}H_{21}N_3O$	223,1686	$C_{17}H_{20}$	224,1566	$C_{13}H_{24}NO_2$	226,1808	$C_{10}H_{18}N_3O_3$	228,1349
$C_{12}H_{23}N_4$	223,1925	**225**		$C_{13}H_{26}N_2O$	226,2046	$C_{10}H_{20}N_4O_2$	228,1588
$C_{13}H_9N_3O$	223,0746	$C_{10}H_{13}N_2O_4$	225,0876	$C_{13}H_{28}N_3$	226,2285	$C_{11}H_8N_4O_2$	228,0648
$C_{13}H_{11}N_4$	223,0985	$C_{10}H_{15}N_3O_3$	225,1114	$C_{14}H_{10}O_3$	226,0630	$C_{11}H_{18}NO_4$	228,1236
$C_{13}H_{19}O_3$	223,1334	$C_{10}H_{17}N_4O_2$	225,1353	$C_{14}H_{12}NO_2$	226,0868	$C_{11}H_{20}N_2O_3$	228,1475
$C_{13}H_{21}NO_2$	223,1573	$C_{11}H_{15}NO_4$	225,1001	$C_{14}H_{14}N_2O$	226,1107	$C_{11}H_{22}N_3O_2$	228,1713
$C_{13}H_{23}N_2O$	223,1811	$C_{11}H_{17}N_2O_3$	225,1240	$C_{14}H_{16}N_3$	226,1346	$C_{11}H_{24}N_4O$	228,1952
$C_{13}H_{25}N_3$	223,2050	$C_{11}H_{19}N_3O_2$	225,1478	$C_{14}H_{26}O_2$	226,1934	$C_{12}H_8N_2O_3$	228,0535

APÊNDICE A (Continuação)

FM		FM		FM		FM	
$C_{12}H_{12}N_4O$	228,1012	$C_{14}H_{15}NO_2$	229,1103	$C_{10}H_{23}N_4O_2$	231,1822	$C_{13}H_{20}N_4$	232,1690
$C_{12}H_{20}O_4$	228,1362	$C_{14}H_{17}N_2O$	229,1342	$C_{11}H_7N_2O_4$	231,0406	$C_{13}H_{28}O_3$	232,2039
$C_{12}H_{22}NO_3$	228,1600	$C_{14}H_{19}N_3$	229,1580	$C_{11}H_9N_3O_3$	231,0644	$C_{14}H_{16}O_3$	232,1100
$C_{12}H_{24}N_2O_2$	228,1839	$C_{14}H_{29}O_2$	229,2168	$C_{11}H_{11}N_4O_2$	231,0883	$C_{14}H_{18}NO_2$	232,1338
$C_{12}H_{26}N_3O$	228,2077	$C_{14}H_{31}NO$	229,2407	$C_{11}H_{21}NO_4$	231,1471	$C_{14}H_{20}N_2O$	232,1577
$C_{12}H_{28}N_4$	228,2316	$C_{15}H_{17}O_2$	229,1229	$C_{11}H_{23}N_2O_3$	231,1710	$C_{14}H_{22}N_3$	232,1815
$C_{13}H_8O_4$	228,0422	$C_{15}H_{19}NO$	229,1467	$C_{11}H_{25}N_3O_2$	231,1948	$C_{15}H_{10}N_3$	232,0876
$C_{13}H_{10}NO_3$	228,0661	$C_{15}H_{21}N_2$	229,1706	$C_{11}H_{27}N_4O$	231,2187	$C_{15}H_{20}O_2$	232,1464
$C_{13}H_{12}N_2O_2$	228,0899	$C_{16}H_{21}O$	229,1593	$C_{12}H_9NO_4$	231,0532	$C_{15}H_{22}NO$	232,1702
$C_{13}H_{14}N_3O$	228,1138	$C_{16}H_{23}N$	229,1832	$C_{12}H_{11}N_2O_3$	231,0770	$C_{15}H_{24}N_2$	232,1941
$C_{13}H_{24}O_3$	228,1726	$C_{17}H_9O$	229,0653	$C_{12}H_{13}N_3O_2$	231,1009	$C_{16}H_{10}NO$	232,0768
$C_{13}H_{26}NO_2$	228,1965	$C_{17}H_{11}N$	229,0892	$C_{12}H_{15}N_4O$	231,1247	$C_{16}H_{12}N_2$	232,1001
$C_{13}H_{28}N_2O$	228,2203	$C_{18}H_{13}$	229,1018	$C_{12}H_{23}O_4$	231,1597	$C_{16}H_{24}O$	232,1828
$C_{13}H_{30}N_3$	228,2442	**230**		$C_{12}H_{25}NO_3$	231,1835	$C_{16}H_{26}N$	232,2067
$C_{14}H_{12}O_3$	228,0786	$C_{10}H_{18}N_2O_4$	230,1267	$C_{12}H_{27}N_2O_2$	231,2074	$C_{17}H_{12}O$	232,0888
$C_{14}H_{14}NO_2$	228,1025	$C_{10}H_{20}N_3O_3$	230,1506	$C_{12}H_{29}N_3O$	231,2312	$C_{17}H_{14}N$	232,1127
$C_{14}H_{16}N_2O$	228,1264	$C_{10}H_{22}N_4O_2$	230,1744	$C_{13}H_{11}O_4$	231,0657	$C_{17}H_{28}$	232,2192
$C_{14}H_{18}N_3$	228,1502	$C_{11}H_8N_3O_3$	230,0566	$C_{13}H_{13}NO_3$	231,0896	$C_{18}H_{16}$	232,1253
$C_{14}H_{28}O_2$	228,2090	$C_{11}H_{10}N_4O_2$	230,0805	$C_{13}H_{15}N_2O_2$	231,1134	**233**	
$C_{14}H_{30}NO$	228,2329	$C_{11}H_{20}NO_4$	230,1393	$C_{13}H_{17}N_3O$	231,1373	$C_{10}H_{23}N_3O_3$	233,1741
$C_{14}H_{32}N_2$	228,2567	$C_{11}H_{22}N_2O_3$	230,1631	$C_{13}H_{19}N_4$	231,1611	$C_{10}H_{25}N_4O_2$	233,1979
$C_{15}H_{16}O_2$	228,1151	$C_{11}H_{24}N_3O_2$	230,1870	$C_{14}H_{15}O_3$	231,1021	$C_{11}H_9N_2O_4$	233,0563
$C_{15}H_{18}NO$	228,1389	$C_{11}H_{26}N_4O$	230,2108	$C_{14}H_{17}NO_2$	231,1260	$C_{11}H_{11}N_3O_3$	233,0801
$C_{15}H_{20}N_2$	228,1628	$C_{12}H_8NO_4$	230,0453	$C_{14}H_{19}N_2O$	231.1498	$C_{11}H_{23}NO_4$	233,1628
$C_{15}H_{32}O$	228,2454	$C_{12}H_{10}N_2O_3$	230,0692	$C_{14}H_{21}N_3$	231.1737	$C_{11}H_{25}N_2O_3$	233,1866
$C_{16}H_{20}O$	228,1515	$C_{12}H_{12}N_3O_2$	230,0930	$C_{15}H_9N_3$	231,0798	$C_{11}H_{27}N_3O_2$	233,2105
$C_{16}H_{22}N$	228,1753	$C_{12}H_{14}N_4O$	230,1169	$C_{15}H_{19}O_2$	231,1385	$C_{12}H_{11}NO_4$	233,0688
$C_{17}H_{10}N$	228,0814	$C_{12}H_{22}O_4$	230,1518	$C_{15}H_{21}NO$	231,1624	$C_{12}H_{13}N_2O_3$	233,0927
$C_{17}H_{24}$	228,1879	$C_{12}H_{24}NO_3$	230,1757	$C_{15}H_{23}N_2$	231,1863	$C_{12}H_{15}N_3O_2$	233,1165
$C_{18}H_{12}$	228,0939	$C_{12}H_{26}N_2O_2$	230,1996	$C_{16}H_9NO$	231,0684	$C_{12}H_{17}N_4O$	233,1404
229		$C_{12}H_{28}N_3O$	230,2234	$C_{16}H_{11}N_2$	231,0923	$C_{12}H_{25}O_4$	233,1753
$C_{10}H_{17}N_2O_4$	229,1189	$C_{12}H_{30}N_4$	230,2473	$C_{16}H_{23}O$	231,1750	$C_{12}H_{27}NO_3$	233,1992
$C_{10}H_{19}N_3O_3$	229,1427	$C_{13}H_{10}O_4$	230,0579	$C_{17}H_{11}O$	231,0810	$C_{13}H_{13}O_4$	233,0814
$C_{10}H_{21}N_4O_2$	229,1666	$C_{13}H_{12}NO_3$	230,0817	$C_{17}H_{13}N$	231,1049	$C_{13}H_{15}NO_3$	233,1052
$C_{11}H_7N_3O_3$	229,0488	$C_{13}H_{14}N_2O_2$	230,1056	$C_{17}H_{27}$	231,2114	$C_{13}H_{17}N_2O_2$	233,1291
$C_{11}H_9N_4O_2$	229,0726	$C_{13}H_{16}N_3O$	230,1295	$C_{18}H_{15}$	231,1174	$C_{13}H_{19}N_3O$	233,1529
$C_{11}H_{19}NO_4$	229,1315	$C_{13}H_{18}N_4$	230,1533	**232**		$C_{13}H_{21}N_4$	233,1768
$C_{11}H_{21}N_2O_3$	229,1553	$C_{13}H_{26}O_3$	230,1883	$C_{10}H_{20}N_2O_4$	232,1424	$C_{14}H_9N_4$	233,0829
$C_{11}H_{23}N_3O_2$	229,1791	$C_{13}H_{28}NO_2$	230,2121	$C_{10}H_{22}N_3O_3$	232,1662	$C_{14}H_{17}O_3$	233,1178
$C_{11}H_{25}N_4O$	229,2030	$C_{13}H_{30}N_2O$	230,2360	$C_{10}H_{24}N_4O_2$	232,1901	$C_{14}H_{19}NO_2$	233,1416
$C_{12}H_9N_2O_3$	229,0614	$C_{14}H_{14}O_3$	230,0943	$C_{11}H_8N_2O_4$	232,0484	$C_{14}H_{21}N_2O$	233,1655
$C_{12}H_{11}N_3O_2$	229,0852	$C_{14}H_{16}NO_2$	230,1182	$C_{11}H_{10}N_3O_3$	232,0723	$C_{15}H_9N_2O$	233,0715
$C_{12}H_{13}N_4O$	229,1091	$C_{14}H_{18}N_2O$	230,1420	$C_{11}H_{12}N_4O_2$	232,0961	$C_{15}H_{11}N_3$	233,0954
$C_{12}H_{21}O_4$	229,1440	$C_{14}H_{20}N_3$	230,1659	$C_{11}H_{22}NO_4$	232,1549	$C_{15}H_{21}O_2$	233,1542
$C_{12}H_{23}NO_3$	229,1679	$C_{14}H_{30}O_2$	230,2247	$C_{11}H_{24}N_2O_3$	232,1788	$C_{15}H_{23}NO$	233,1781
$C_{12}H_{25}N_2O_2$	229,1917	$C_{15}H_{18}O_2$	230,1307	$C_{11}H_{26}N_3O_2$	232,2026	$C_{15}H_{25}N_2$	233,2019
$C_{12}H_{27}N_3O$	229,2156	$C_{15}H_{20}NO$	230,1546	$C_{11}H_{28}N_4O$	232,2265	$C_{16}H_9O_2$	233,0603
$C_{12}H_{29}N_4$	229,2394	$C_{15}H_{22}N_2$	230,1784	$C_{12}H_{10}NO_4$	232,0610	$C_{16}H_{11}NO$	233,0841
$C_{13}H_9O_4$	229,0501	$C_{16}H_{10}N_2$	230,0845	$C_{12}H_{12}N_2O_3$	232,0848	$C_{16}H_{13}N_2$	233,1080
$C_{13}H_{11}NO_3$	229,0739	$C_{16}H_{22}O$	230,1671	$C_{12}H_{14}N_3O_2$	232,1087	$C_{16}H_{25}O$	233,1906
$C_{13}H_{13}N_2O_2$	229,0978	$C_{16}H_{24}N$	230,1910	$C_{12}H_{16}N_4O$	232,1325	$C_{16}H_{27}N$	233,2145
$C_{13}H_{15}N_3O$	229,1216	$C_{17}H_{10}O$	230,0732	$C_{12}H_{24}O_4$	232,1675	$C_{17}H_{13}O$	233,0967
$C_{13}H_{17}N_4$	229,1455	$C_{17}H_{12}N$	230,0970	$C_{12}H_{26}NO_3$	232,1914	$C_{17}H_{15}N$	233,1205
$C_{13}H_{25}O_3$	229,1804	$C_{17}H_{26}$	230,2036	$C_{12}H_{28}N_2O_2$	232,2152	$C_{17}H_{29}$	233,2270
$C_{13}H_{27}NO_2$	229,2043	$C_{18}H_{14}$	230,1096	$C_{13}H_{12}O_4$	232,0735	$C_{18}H_{17}$	233,1331
$C_{13}H_{29}N_2O$	229,2281	**231**		$C_{13}H_{14}NO_3$	232,0974	**234**	
$C_{13}H_{31}N_3$	229,2520	$C_{10}H_{19}N_2O_4$	231,1345	$C_{13}H_{16}N_2O_2$	232,1213	$C_{10}H_{22}N_2O_4$	234,1580
$C_{14}H_{13}O_3$	229,0865	$C_{10}H_{21}N_3O_3$	231,1584	$C_{13}H_{18}N_3O$	232,1451	$C_{10}H_{24}N_3O_3$	234,1819

APÊNDICE A (Continuação)

FM		FM		FM		FM	
$C_{10}H_{26}N_4O_2$	234,2057	$C_{15}H_{13}N_3$	235,1111	$C_{12}H_{21}N_4O$	237,1717	$C_{15}H_{30}N_2$	238,2411
$C_{11}H_{10}N_2O_4$	234,0641	$C_{15}H_{23}O_2$	235,1699	$C_{13}H_9N_4O$	237,0777	$C_{16}H_{14}O_2$	238,0994
$C_{11}H_{12}N_3O_3$	234,0879	$C_{15}H_{25}NO$	235,1937	$C_{13}H_{17}O_4$	237,1127	$C_{16}H_{16}NO$	238,1233
$C_{11}H_{14}N_4O_2$	234,1118	$C_{15}H_{27}N_2$	235,2176	$C_{13}H_{19}NO_3$	237,1365	$C_{16}H_{18}N_2$	238,1471
$C_{11}H_{24}NO_4$	234,1706	$C_{16}H_{11}O_2$	235,0759	$C_{13}H_{21}N_2O_2$	237,1604	$C_{16}H_{30}O$	238,2298
$C_{11}H_{26}N_2O_3$	234,1945	$C_{16}H_{13}NO$	235,0998	$C_{13}H_{23}N_3O$	237,1842	$C_{16}H_{32}N$	238,2536
$C_{12}H_{12}NO_4$	234,0766	$C_{16}H_{15}N_2$	235,1236	$C_{13}H_{25}N$	237,2081	$C_{17}H_{18}O$	238,1358
$C_{12}H_{14}N_2O_3$	234,1005	$C_{16}H_{27}O$	235,2063	$C_{14}H_9N_2O_2$	237,0664	$C_{17}H_{20}N$	238,1597
$C_{12}H_{16}N_3O_2$	234,1244	$C_{16}H_{29}N$	235,2301	$C_{14}H_{11}N_3O$	237,0903	$C_{17}H_{34}$	238,2662
$C_{12}H_{18}N_4O$	234,1482	$C_{17}H_{15}O$	235,1123	$C_{14}H_{13}N_4$	237,1142	$C_{18}H_{22}$	238,1722
$C_{12}H_{26}O_4$	234,1832	$C_{17}H_{17}N$	235,1362	$C_{14}H_{21}O_3$	237,1491	**239**	
$C_{13}H_{14}O_4$	234,0892	$C_{17}H_{31}$	235,2427	$C_{14}H_{23}NO_2$	237,1730	$C_{11}H_{15}N_2O_4$	239,1032
$C_{13}H_{16}NO_3$	234,1131	$C_{18}H_{19}$	235,1488	$C_{14}H_{25}N_2O$	237,1968	$C_{11}H_{17}N_3O_3$	239,1271
$C_{13}H_{18}N_2O_2$	234,1369	**236**		$C_{14}H_{27}N_3$	237,2207	$C_{11}H_{19}N_4O_2$	239,1509
$C_{13}H_{20}N_3O$	234,1608	$C_{10}H_{24}N_2O_4$	236,1737	$C_{15}H_9O_3$	237,0552	$C_{12}H_{17}NO_4$	239,1158
$C_{13}H_{22}N_4$	234,1846	$C_{11}H_{12}N_2O_4$	236,0797	$C_{15}H_{11}NO_2$	237,0790	$C_{12}H_{19}N_2O_3$	239,1396
$C_{14}H_{10}N_4$	234,0907	$C_{11}H_{14}N_3O_3$	236,1036	$C_{15}H_{13}N_2O$	237,1029	$C_{12}H_{21}N_3O_2$	239,1635
$C_{14}H_{18}O_3$	234,1256	$C_{11}H_{16}N_4O_2$	236,1275	$C_{15}H_{15}N_3$	237,1267	$C_{12}H_{23}N_4O$	239,1873
$C_{14}H_{20}NO_2$	234,1495	$C_{12}H_2N_3O_3$	236,0096	$C_{15}H_{25}O_2$	237,1855	$C_{13}H_9N_3O_2$	239,0695
$C_{14}H_{22}N_2O$	234,1733	$C_{12}H_4N_4O_2$	236,0335	$C_{15}H_{27}NO$	237,2094	$C_{13}H_{11}N_4O$	239,0934
$C_{14}H_{24}N_3$	234,1972	$C_{12}H_{14}NO_4$	236,0923	$C_{15}H_{29}N_2$	237,2332	$C_{13}H_{19}O_4$	239,1284
$C_{15}H_{10}N_2O$	234,0794	$C_{12}H_{16}N_2O_3$	236,1162	$C_{16}H_{13}O_2$	237,0916	$C_{13}H_{21}NO_3$	239,1522
$C_{15}H_{12}N_3$	234,1032	$C_{12}H_{18}N_3O_2$	236,1400	$C_{16}H_{15}NO$	237,1154	$C_{13}H_{23}N_2O_2$	239,1761
$C_{15}H_{22}O_2$	234,1620	$C_{12}H_{20}N_4O$	236,1639	$C_{16}H_{17}N_2$	237,1393	$C_{13}H_{25}N_3O$	239,1999
$C_{15}H_{24}NO$	234,1859	$C_{13}H_8N_4O$	236,0699	$C_{16}H_{29}O$	237,2219	$C_{13}H_{27}N_4$	239,2238
$C_{15}H_{26}N_2$	234,2098	$C_{13}H_{16}O_4$	236,1049	$C_{16}H_{31}N$	237,2458	$C_{14}H_9NO_3$	239,0583
$C_{16}H_{10}O_2$	234,0681	$C_{13}H_{18}NO_3$	236,1287	$C_{17}H_{17}O$	237,1280	$C_{14}H_{11}N_2O_2$	239,0821
$C_{16}H_{12}NO$	234,0919	$C_{13}H_{20}N_2O_2$	236,1526	$C_{17}H_{19}N$	237,1519	$C_{14}H_{13}N_3O$	239,1060
$C_{16}H_{14}N_2$	234,1158	$C_{13}H_{22}N_3O$	236,1764	$C_{17}H_{33}$	237,2584	$C_{14}H_{15}N_4$	239,1298
$C_{16}H_{26}O$	234,1985	$C_{13}H_{24}N_4$	236,2003	$C_{18}H_{21}$	237,1644	$C_{14}H_{23}O_3$	239,1648
$C_{16}H_{28}N$	234,2223	$C_{14}H_{10}N_3O$	236,0825	**238**		$C_{14}H_{25}NO_2$	239,1886
$C_{17}H_{16}N$	234,1284	$C_{14}H_{12}N_4$	236,1063	$C_{11}H_{14}N_2O_4$	238,0954	$C_{14}H_{27}N_2O$	239,2125
$C_{17}H_{30}$	234,2349	$C_{14}H_{20}O_3$	236,1413	$C_{11}H_{16}N_3O_3$	238,1193	$C_{14}H_{29}N_3$	239,2363
$C_{18}H_{18}$	234,1409	$C_{14}H_{22}NO_2$	236,1651	$C_{11}H_{18}N_4O_2$	238,1431	$C_{15}H_{11}O_3$	239,0708
235		$C_{14}H_{24}N_2O$	236,1890	$C_{12}H_{16}NO_4$	238,1080	$C_{15}H_{13}NO_2$	239,0947
$C_{10}H_{23}N_2O_4$	235,1659	$C_{14}H_{26}N_3$	236,2129	$C_{12}H_{18}N_2O_3$	238,1318	$C_{15}H_{15}N_2O$	239,1185
$C_{10}H_{25}N_3O_3$	235,1897	$C_{15}H_{10}NO_2$	236,0712	$C_{12}H_{20}N_3O_2$	238,1557	$C_{15}H_{17}N_3$	239,1424
$C_{11}H_{11}N_2O_4$	235,0719	$C_{15}H_{12}N_2O$	236,0950	$C_{12}H_{22}N_4O$	238,1795	$C_{15}H_{27}O_2$	239,2012
$C_{11}H_{13}N_3O_3$	235,0958	$C_{15}H_{14}N_3$	236,1189	$C_{13}H_8N_3O_2$	238,0617	$C_{15}H_{29}NO$	239,2250
$C_{11}H_{15}N_4O_2$	235,1196	$C_{15}H_{24}O_2$	236,1777	$C_{13}H_{10}N_4O$	238,0856	$C_{15}H_{31}N_2$	239,2489
$C_{11}H_{25}NO_4$	235,1784	$C_{15}H_{26}NO$	236,2015	$C_{13}H_{18}O_4$	238,1205	$C_{16}H_{15}O_2$	239,1072
$C_{12}H_{13}NO_4$	235,0845	$C_{15}H_{28}N_2$	236,2254	$C_{13}H_{20}NO_3$	238,1444	$C_{16}H_{17}NO$	239,1311
$C_{12}H_{15}N_2O_3$	235,1083	$C_{16}H_{12}O_2$	236,0837	$C_{13}H_{22}N_2O_2$	238,1682	$C_{16}H_{19}N_2$	239,1549
$C_{12}H_{17}N_3O_2$	235,1322	$C_{16}H_{14}NO$	236,1076	$C_{13}H_{24}N_3O$	238,1921	$C_{16}H_{31}O$	239,2376
$C_{12}H_{19}N_4O$	235,1560	$C_{16}H_{16}N_2$	236,1315	$C_{13}H_{26}N_4$	238,2160	$C_{16}H_{33}N$	239,2615
$C_{13}H_{15}O_4$	235,0970	$C_{16}H_{28}O$	236,2141	$C_{14}H_{10}N_2O_2$	238,0743	$C_{17}H_{19}O$	239,1436
$C_{13}H_{17}NO_3$	235,1209	$C_{16}H_{30}N$	236,2380	$C_{14}H_{12}N_3O$	238,0981	$C_{17}H_{21}N$	239,1675
$C_{13}H_{19}N_2O_2$	235,1447	$C_{17}H_{16}O$	236,1202	$C_{14}H_{14}N_4$	238,1220	$C_{17}H_{35}$	239,2740
$C_{13}H_{21}N_3O$	235,1686	$C_{17}H_{18}N$	236,1440	$C_{14}H_{22}O_3$	238,1569	$C_{18}H_{23}$	239,1801
$C_{13}H_{23}N_4$	235,1925	$C_{17}H_{32}$	236,2505	$C_{14}H_{24}NO_2$	238,1808	**240**	
$C_{14}H_9N_3O$	235,0746	$C_{18}H_{20}$	236,1566	$C_{14}H_{26}N_2O$	238,2046	$C_{11}H_{16}N_2O_4$	240,1111
$C_{14}H_{11}N_4$	235,0985	**237**		$C_{14}H_{28}N_3$	238,2285	$C_{11}H_{18}N_3O_3$	240,1349
$C_{14}H_{19}O_3$	235,1334	$C_{11}H_{13}N_2O_4$	237,0876	$C_{15}H_{10}O_3$	238,0630	$C_{11}H_{20}N_4O_2$	240,1588
$C_{14}H_{21}NO_2$	235,1573	$C_{11}H_{15}N_3O_3$	237,1114	$C_{15}H_{12}NO_2$	238,0868	$C_{12}H_8N_4O_2$	240,0648
$C_{14}H_{23}N_2O$	235,1811	$C_{11}H_{17}N_4O_2$	237,1353	$C_{15}H_{14}N_2O$	238,1107	$C_{12}H_{18}NO_4$	240,1236
$C_{14}H_{25}N_3$	235,2050	$C_{12}H_{15}NO_4$	237,1001	$C_{15}H_{16}N_3$	238,1346	$C_{12}H_{20}N_2O_3$	240,1475
$C_{15}H_9NO_2$	235,0634	$C_{12}H_{17}N_2O_3$	237,1240	$C_{15}H_{26}O_2$	238,1934	$C_{12}H_{22}N_3O_2$	240,1713
$C_{15}H_{11}N_2O$	235,0872	$C_{12}H_{19}N_3O_2$	237,1478	$C_{15}H_{28}NO$	238,2172	$C_{12}H_{24}N_4O$	240,1952

APÊNDICE A (Continuação)

FM		FM		FM		FM	
$C_{13}H_8N_2O_3$	240,0535	$C_{15}H_{17}N_2O$	241,1342	$C_{17}H_{24}N$	242,1910	$C_{12}H_{24}N_2O_3$	244,1788
$C_{13}H_{10}N_3O_2$	240,0774	$C_{15}H_{19}N_3$	241,1580	$C_{18}H_{10}O$	242,0732	$C_{12}H_{26}N_3O_2$	244,2026
$C_{13}H_{12}N_4O$	240,1012	$C_{15}H_{29}O_2$	241,2168	$C_{18}H_{12}N$	242,0970	$C_{12}H_{28}N_4O$	244,2265
$C_{13}H_{20}O_4$	240,1362	$C_{15}H_{31}NO$	241,2407	$C_{18}H_{26}$	242,2036	$C_{13}H_{10}NO_4$	244,0610
$C_{13}H_{22}NO_3$	240,1600	$C_{15}H_{33}N_2$	241,2646	$C_{19}H_{14}$	242,1096	$C_{13}H_{12}N_2O_3$	244,0848
$C_{13}H_{24}N_2O_2$	240,1839	$C_{16}H_{17}O_2$	241,1229	**243**		$C_{13}H_{14}N_3O_2$	244,1087
$C_{13}H_{28}N_4$	240,2316	$C_{16}H_{19}NO$	241,1467	$C_{11}H_{19}N_2O_4$	243,1345	$C_{13}H_{16}N_4O$	244,1325
$C_{14}H_8O_4$	240,0422	$C_{16}H_{21}N_2$	241,1706	$C_{11}H_{21}N_3O_3$	243,1584	$C_{13}H_{24}O_4$	244,1675
$C_{14}H_{10}NO_3$	240,0661	$C_{16}H_{33}O$	241,2533	$C_{11}H_{23}N_4O_2$	243,1822	$C_{13}H_{26}NO_3$	244,1914
$C_{14}H_{12}N_2O_2$	240,0899	$C_{16}H_{35}N$	241,2771	$C_{12}H_7N_2O_4$	243,0406	$C_{13}H_{28}N_2O_2$	244,2152
$C_{14}H_{14}N_3O$	240,1138	$C_{17}H_{21}O$	241,1593	$C_{12}H_9N_3O_3$	243,0644	$C_{13}H_{30}N_3O$	244,2391
$C_{14}H_{16}N_4$	240,1377	$C_{17}H_{23}N$	241,1832	$C_{12}H_{11}N_4O_2$	243,0883	$C_{13}H_{32}N_4$	244,2629
$C_{14}H_{24}O_3$	240,1726	$C_{18}H_{25}$	241,1957	$C_{12}H_{21}NO_4$	243,1471	$C_{14}H_{12}O_4$	244,0735
$C_{14}H_{26}NO_2$	240,1965	**242**		$C_{12}H_{23}N_2O_3$	243,1710	$C_{14}H_{14}NO_3$	244,0974
$C_{14}H_{28}N_2O$	240,2203	$C_{11}H_{18}N_2O_4$	242,1267	$C_{12}H_{25}N_3O_2$	243,1948	$C_{14}H_{16}N_2O_2$	244,1213
$C_{14}H_{30}N_3$	240,2442	$C_{11}H_{20}N_3O_3$	242,1506	$C_{12}H_{27}N_4O$	243,2187	$C_{14}H_{18}N_3O$	244,1451
$C_{15}H_{12}O_3$	240,0786	$C_{11}H_{22}N_4O_2$	242,1744	$C_{13}H_9NO_4$	243,0532	$C_{14}H_{20}N_4$	244,1690
$C_{15}H_{14}NO_2$	240,1025	$C_{12}H_8N_3O_3$	242,0566	$C_{13}H_{11}N_2O_3$	243,0770	$C_{14}H_{28}O_3$	244,2039
$C_{15}H_{16}N_2O$	240,1264	$C_{12}H_{10}N_4O_2$	242,0805	$C_{13}H_{13}N_3O_2$	243,1009	$C_{14}H_{30}NO_2$	244,2278
$C_{15}H_{18}N_3$	240,1502	$C_{12}H_{20}NO_4$	242,1393	$C_{13}H_{15}N_4O$	243,1247	$C_{14}H_{32}N_2O$	244,2516
$C_{15}H_{28}O_2$	240,2090	$C_{12}H_{22}N_2O_3$	242,1631	$C_{13}H_{23}O_4$	243,1597	$C_{15}H_{16}O_3$	244,1100
$C_{15}H_{30}NO$	240,2329	$C_{12}H_{24}N_3O_2$	242,1870	$C_{13}H_{25}NO_3$	243,1835	$C_{15}H_{18}NO_2$	244,1338
$C_{15}H_{32}N_2$	240,2567	$C_{12}H_{26}N_4O$	242,2108	$C_{13}H_{27}N_2O_2$	243,2074	$C_{15}H_{20}N_2O$	244,1577
$C_{16}H_{16}O_2$	240,1151	$C_{13}H_8NO_4$	242,0453	$C_{13}H_{29}N_3O$	243,2312	$C_{15}H_{22}N_3$	244,1815
$C_{16}H_{20}N_2$	240,1628	$C_{13}H_{10}N_2O_3$	242,0692	$C_{13}H_{31}N_4$	243,2551	$C_{15}H_{32}O_2$	244,2403
$C_{16}H_{18}NO$	240,1389	$C_{13}H_{12}N_3O_2$	242,0930	$C_{14}H_{11}O_4$	243,0657	$C_{16}H_{10}N_3$	244,0876
$C_{16}H_{32}O$	240,2454	$C_{13}H_{14}N_4O$	242,1169	$C_{14}H_{13}NO_3$	243,0896	$C_{16}H_{20}O_2$	244,1464
$C_{16}H_{34}N$	240,2693	$C_{13}H_{22}O_4$	242,1518	$C_{14}H_{15}N_2O_2$	243,1134	$C_{16}H_{22}NO$	244,1702
$C_{17}H_{20}O$	240,1515	$C_{13}H_{24}NO_3$	242,1757	$C_{14}H_{17}N_3O$	243,1373	$C_{16}H_{24}N_2$	244,1941
$C_{17}H_{22}N$	240,1753	$C_{13}H_{26}N_2O_2$	242,1996	$C_{14}H_{19}N_4$	243,1611	$C_{17}H_{10}NO$	244,0763
$C_{17}H_{36}$	240,2819	$C_{13}H_{28}N_3O$	242,2234	$C_{14}H_{27}O_3$	243,1961	$C_{17}H_{12}N_2$	244,1001
$C_{18}H_{24}$	240,1879	$C_{13}H_{30}N_4$	242,2473	$C_{14}H_{29}NO_2$	243,2199	$C_{17}H_{24}O$	244,1828
241		$C_{14}H_{10}O_4$	242,0579	$C_{14}H_{31}N_2O$	243,2438	$C_{17}H_{26}N$	244,2067
$C_{11}H_{17}N_2O_4$	241,1189	$C_{14}H_{12}NO_3$	242,0817	$C_{14}H_{33}N_3$	243,2677	$C_{18}H_{12}O$	244,0888
$C_{11}H_{19}N_3O_3$	241,1427	$C_{14}H_{14}N_2O_2$	242,1056	$C_{15}H_{15}O_3$	243,1021	$C_{18}H_{14}N$	244,1127
$C_{11}H_{21}N_4O_2$	241,1666	$C_{14}H_{16}N_3O$	242,1295	$C_{15}H_{17}NO_2$	243,1260	$C_{18}H_{28}$	244,2192
$C_{12}H_{19}NO_4$	241,1315	$C_{14}H_{18}N_4$	242,1533	$C_{15}H_{19}N_2O$	243,1498	$C_{19}H_{16}$	244,1253
$C_{12}H_{21}N_2O_3$	241,1553	$C_{14}H_{26}O_3$	242,1883	$C_{15}H_{21}N_3$	243,1737	**245**	
$C_{12}H_{23}N_3O_2$	241,1791	$C_{14}H_{28}NO_2$	242,2121	$C_{15}H_{31}O_2$	243,2325	$C_{11}H_{21}N_2O_4$	245,1502
$C_{12}H_{25}N_4O$	241,2030	$C_{14}H_{30}N_2O$	242,2360	$C_{15}H_{33}NO$	243,2564	$C_{11}H_{23}N_3O_3$	245,1741
$C_{13}H_{11}N_3O_2$	241,0852	$C_{14}H_{32}N_3$	242,2598	$C_{16}H_{19}O_2$	243,1385	$C_{11}H_{25}N_4O_2$	245,1979
$C_{13}H_{13}N_4O$	241,1091	$C_{15}H_{14}O_3$	242,0943	$C_{16}H_{21}NO$	243,1624	$C_{12}H_9N_2O_4$	245,0563
$C_{13}H_{21}O_4$	241,1440	$C_{15}H_{16}NO_2$	242,1182	$C_{16}H_{23}N_2$	243,1863	$C_{12}H_{11}N_3O_3$	245,0801
$C_{13}H_{25}N_2O_2$	241,1679	$C_{15}H_{18}N_2O$	242,1420	$C_{17}H_{23}O$	243,1750	$C_{12}H_{13}N_4O_2$	245,1040
$C_{13}H_{25}N_2O_2$	241,1917	$C_{15}H_{20}N_3$	242,1659	$C_{17}H_{25}N$	243,1988	$C_{12}H_{23}NO_4$	245,1628
$C_{13}H_{27}N_3O$	241,2156	$C_{15}H_{30}O_2$	242,2247	$C_{18}H_{11}O$	243,0810	$C_{12}H_{25}N_2O_3$	245,1866
$C_{13}H_{29}N_4$	241,2394	$C_{15}H_{32}NO$	242,2485	$C_{18}H_{13}N$	243,1049	$C_{12}H_{27}N_3O_2$	245,2105
$C_{14}H_{11}NO_3$	241,0739	$C_{15}H_{34}N_2$	242,2724	$C_{18}H_{27}$	243,2114	$C_{12}H_{29}N_4O$	245,2343
$C_{14}H_{13}N_2O_2$	241,0978	$C_{16}H_{18}O_2$	242,1307	$C_{19}H_{15}$	243,1174	$C_{13}H_{11}NO_4$	245,0688
$C_{14}H_{15}N_3O$	241,1216	$C_{16}H_{20}NO$	242,1546	**244**		$C_{13}H_{13}N_2O_3$	245,0927
$C_{14}H_{17}N_4$	241,1445	$C_{16}H_{22}N_2$	242,1784	$C_{11}H_{20}N_2O_4$	244,1424	$C_{13}H_{15}N_3O_2$	245,1165
$C_{14}H_{25}O_3$	241,1804	$C_{16}H_{34}O$	242,2611	$C_{11}H_{22}N_3O_3$	244,1662	$C_{13}H_{17}N_4O$	245,1404
$C_{14}H_{27}NO_2$	241,2043	$C_{16}H_{18}O_2$	242,1307	$C_{11}H_{24}N_4O_2$	244,1901	$C_{13}H_{25}O_4$	245,1753
$C_{14}H_{29}N_2O$	241,2281	$C_{16}H_{20}NO$	242,1546	$C_{12}H_8N_2O_4$	244,0484	$C_{13}H_{27}NO_3$	245,1992
$C_{14}H_{31}N_3$	241,2520	$C_{16}H_{22}N_2$	242,1784	$C_{12}H_{10}N_3O_3$	244,0723	$C_{13}H_{29}N_2O_2$	245,2230
$C_{15}H_{13}O_3$	241,0865	$C_{16}H_{34}O$	242,2611	$C_{12}H_{12}N_4O_2$	244,0961	$C_{13}H_{31}N_3O$	245,2469
$C_{15}H_{15}NO_2$	241,1103	$C_{17}H_{22}O$	242,1871	$C_{12}H_{22}NO_4$	244,1549	$C_{14}H_{13}O_4$	245,0814

APÊNDICE A *(Continuação)*

FM		FM		FM		FM	
$C_{14}H_{15}NO_3$	245,1052	$C_{16}H_{26}N_2$	246,2098	$C_{12}H_{14}N_3O_3$	248,1036	$C_{15}H_{25}N_2O$	249,1968
$C_{14}H_{17}N_2O_2$	245,1291	$C_{17}H_{10}O_2$	246,0681	$C_{12}H_{16}N_4O_2$	248,1275	$C_{15}H_{27}N_3$	249,2207
$C_{14}H_{19}N_3O$	245,1529	$C_{17}H_{12}NO$	246,0919	$C_{12}H_{26}NO_4$	248,1863	$C_{16}H_{11}NO_2$	249,0790
$C_{14}H_{21}N_4$	245,1768	$C_{17}H_{14}N_2$	246,1158	$C_{12}H_{28}N_2O_3$	248,2101	$C_{16}H_{13}N_2O$	249,1029
$C_{14}H_{29}O_3$	245,2117	$C_{17}H_{26}O$	246,1985	$C_{13}H_{14}NO_4$	248,0923	$C_{16}H_{15}N_3$	249,1267
$C_{14}H_{31}NO_2$	245,2356	$C_{17}H_{28}N$	246,2223	$C_{13}H_{16}N_2O_3$	248,1162	$C_{16}H_{25}O_2$	249,1855
$C_{15}H_{17}O_3$	245,1178	$C_{18}H_{14}O$	246,1045	$C_{13}H_{18}N_3O_2$	248,1400	$C_{16}H_{27}NO$	249,2094
$C_{15}H_{19}NO_2$	245,1416	$C_{18}H_{16}N$	246,1284	$C_{13}H_{20}N_4O$	248,1639	$C_{16}H_{29}N_2$	249,2332
$C_{15}H_{21}N_2O$	245,1655	$C_{18}H_{30}$	246,2349	$C_{13}H_{28}O_4$	248,1988	$C_{17}H_{13}O_2$	249,0916
$C_{15}H_{23}N_3$	245,1894	$C_{19}H_{18}$	246,1409	$C_{14}H_{16}O_4$	248,1049	$C_{17}H_{15}NO$	249,1154
$C_{16}H_9N_2O$	245,0715	**247**		$C_{14}H_{20}N_2O_2$	248,1526	$C_{17}H_{17}N_2$	249,1393
$C_{16}H_{11}N_3$	245,0954	$C_{11}H_{23}N_2O_4$	247,1659	$C_{14}H_{22}N_3O$	248,1764	$C_{17}H_{29}O$	249,2219
$C_{16}H_{21}O_2$	245,1542	$C_{11}H_{25}N_3O_3$	247,1897	$C_{14}H_{24}N_4$	248,2003	$C_{17}H_{31}N$	249,2458
$C_{16}H_{23}NO$	245,1781	$C_{11}H_{27}N_4O_2$	247,2136	$C_{15}H_{10}N_3O$	248,0825	$C_{18}H_{17}O$	249,1280
$C_{16}H_{25}N_2$	245,2019	$C_{12}H_{11}N_2O_4$	247,0719	$C_{15}H_{12}N_4$	248,1063	$C_{18}H_{19}N$	249,1519
$C_{17}H_{11}NO$	245,0841	$C_{12}H_{13}N_3O_3$	247,0958	$C_{15}H_{20}O_3$	248,1413	$C_{18}H_{33}$	249,2584
$C_{17}H_{13}N_2$	245,1080	$C_{12}H_{15}N_4O_2$	247,1196	$C_{15}H_{22}NO_2$	248,1651	$C_{19}H_{21}$	249,1644
$C_{17}H_{25}O$	245,1906	$C_{12}H_{25}NO_4$	247,1784	$C_{15}H_{24}N_2O$	248,1890	**250**	
$C_{17}H_{27}N$	245,2145	$C_{12}H_{27}N_2O_3$	247,2023	$C_{15}H_{26}N_3$	248,2129	$C_{11}H_{26}N_2O_4$	250,1894
$C_{18}H_{13}O$	245,0967	$C_{12}H_{29}N_3O_2$	247,2261	$C_{16}H_{10}NO_2$	248,0712	$C_{12}H_{14}N_2O_4$	250,0954
$C_{18}H_{15}N$	245,1205	$C_{13}H_{13}NO_4$	247,0845	$C_{16}H_{12}N_2O$	248,0950	$C_{12}H_{16}N_3O_3$	250,1193
$C_{18}H_{29}$	245,2270	$C_{13}H_{15}N_2O_3$	247,1083	$C_{16}H_{14}N_3$	248,1189	$C_{12}H_{18}N_4O_2$	250,1431
$C_{19}H_{17}$	245,1331	$C_{13}H_{17}N_3O_2$	247,1322	$C_{16}H_{24}O_2$	248,1777	$C_{13}H_{16}NO_4$	250,1080
246		$C_{13}H_{19}N_4O$	247,1560	$C_{16}H_{26}NO$	248,2015	$C_{13}H_{18}N_2O_3$	250,1318
$C_{11}H_{22}N_2O_4$	246,1580	$C_{13}H_{27}O_4$	247,1910	$C_{16}H_{28}N_2$	248,2254	$C_{13}H_{20}N_3O_2$	250,1557
$C_{11}H_{24}N_3O_3$	246,1819	$C_{13}H_{29}NO_3$	247,2148	$C_{17}H_{12}O_2$	248,0837	$C_{13}H_{22}N_4O$	250,1795
$C_{11}H_{26}N_4O_2$	246,2057	$C_{14}H_{15}O_4$	247,0970	$C_{17}H_{14}NO$	248,1076	$C_{14}H_{10}N_4O$	250,0856
$C_{12}H_{10}N_2O_4$	246,0641	$C_{14}H_{17}NO_3$	247,1209	$C_{17}H_{16}N_2$	248,1315	$C_{14}H_{20}NO_3$	250,1444
$C_{12}H_{12}N_3O_3$	246,0879	$C_{14}H_{19}N_2O_2$	247,1448	$C_{17}H_{28}O$	248,2141	$C_{14}H_{22}N_2O_2$	250,1682
$C_{12}H_{14}N_4O_2$	246,1118	$C_{14}H_{21}N_3O$	247,1686	$C_{17}H_{30}N$	248,2380	$C_{14}H_{24}N_3O$	250,1921
$C_{12}H_{24}NO_4$	246,1706	$C_{14}H_{23}N_4$	247,1925	$C_{18}H_{16}O$	248,1202	$C_{14}H_{26}N_4$	250,2160
$C_{12}H_{26}N_2O_3$	246,1945	$C_{15}H_9N_3O$	247,0746	$C_{18}H_{18}N$	248,1440	$C_{15}H_{10}N_2O_2$	250,0743
$C_{12}H_{28}N_3O_2$	246,2183	$C_{15}H_{11}N_4$	247,0985	$C_{18}H_{32}$	248,2505	$C_{15}H_{12}N_3O$	250,0981
$C_{12}H_{30}N_4O$	246,2422	$C_{15}H_{19}O_3$	247,1334	$C_{19}H_{20}$	248,1566	$C_{15}H_{14}N_4$	250,1220
$C_{13}H_{12}NO_4$	246,0766	$C_{15}H_{21}NO_2$	247,1573	**249**		$C_{15}H_{22}O_3$	250,1569
$C_{13}H_{14}N_2O_3$	246,1005	$C_{15}H_{23}N_2O$	247,1811	$C_{11}H_{25}N_2O_4$	249,1815	$C_{15}H_{24}NO_2$	250,1808
$C_{13}H_{16}N_3O_2$	246,1244	$C_{15}H_{25}N_3$	247,2050	$C_{11}H_{27}N_3O_3$	249,2054	$C_{15}H_{26}N_2O$	250,2046
$C_{13}H_{18}N_4O$	246,1482	$C_{16}H_{11}N_2O$	247,0872	$C_{12}H_{13}N_2O_4$	249,0876	$C_{15}H_{28}N_3$	250,2285
$C_{13}H_{26}O_4$	246,1832	$C_{16}H_{13}N_3$	247,1111	$C_{12}H_{15}N_3O_3$	249,1114	$C_{16}H_{10}O_3$	250,0630
$C_{13}H_{28}NO_3$	246,2070	$C_{16}H_{23}O_2$	247,1699	$C_{12}H_{17}N_4O_2$	249,1353	$C_{16}H_{12}NO_2$	250,0868
$C_{13}H_{30}N_2O_2$	246,2309	$C_{16}H_{25}NO$	247,1937	$C_{12}H_{27}NO_4$	249,1941	$C_{16}H_{14}N_2O$	250,1107
$C_{14}H_{14}O_4$	246,0892	$C_{16}H_{27}N_2$	247,2176	$C_{13}H_{15}NO_4$	249,1001	$C_{16}H_{16}N_3$	250,1346
$C_{14}H_{16}NO_3$	246,1131	$C_{17}H_{11}O_2$	247,0759	$C_{13}H_{17}N_2O_3$	249,1240	$C_{16}H_{26}O_2$	250,1934
$C_{14}H_{18}N_2O_2$	246,1369	$C_{17}H_{13}NO$	247,0998	$C_{13}H_{19}N_3O_2$	249,1478	$C_{16}H_{28}NO$	250,2172
$C_{14}H_{20}N_3O$	246,1608	$C_{17}H_{15}N_2$	247,1236	$C_{13}H_{21}N_4O$	249,1717	$C_{16}H_{30}N_2$	250,2411
$C_{14}H_{22}N_4$	246,1846	$C_{17}H_{27}O$	247,2063	$C_{14}H_9N_4O$	249,0777	$C_{17}H_{14}O_2$	250,0994
$C_{14}H_{30}O_3$	246,2196	$C_{17}H_{29}N$	247,2301	$C_{14}H_{17}O_4$	249,1127	$C_{17}H_{16}NO$	250,1233
$C_{15}H_{10}N_4$	246,0907	$C_{18}H_{15}O$	247,1123	$C_{14}H_{19}NO_3$	249,1365	$C_{17}H_{18}N_2$	250,1471
$C_{15}H_{18}O_3$	246,1256	$C_{18}H_{17}N$	247,1362	$C_{14}H_{21}N_2O_2$	249,1604	$C_{17}H_{30}O$	250,2298
$C_{15}H_{20}NO_2$	246,1495	$C_{18}H_{31}$	247,2427	$C_{14}H_{23}N_3O$	249,1842	$C_{17}H_{32}N$	250,2536
$C_{15}H_{22}N_2O$	246,1733	$C_{19}H_{19}$	247,1488	$C_{14}H_{25}N_4$	249,2081	$C_{18}H_{18}O$	250,1358
$C_{15}H_{24}N_3$	246,1972	**248**		$C_{15}H_9N_2O_2$	249,0664	$C_{18}H_{20}N$	250,1597
$C_{16}H_{10}N_2O$	246,0794	$C_{11}H_{24}N_2O_4$	248,1737	$C_{15}H_{11}N_3O$	249,0903	$C_{18}H_{34}$	250,2662
$C_{16}H_{12}N_3$	246,1032	$C_{11}H_{26}N_3O_3$	248,1976	$C_{15}H_{13}N_4$	249,1142	$C_{19}H_{22}$	250,1722
$C_{16}H_{22}O_2$	246,1620	$C_{11}H_{28}N_4O_2$	248,2214	$C_{15}H_{21}O_3$	249,1491		
$C_{16}H_{24}NO$	246,1859	$C_{12}H_{12}N_2O_4$	248,0797	$C_{15}H_{23}NO_2$	249,1730		

APÊNDICE B FRAGMENTOS IÔNICOS COMUNS

Todos os fragmentos listados têm carga +1. Devem ser usados juntamente com o Apêndice C. Nem todos os membros das séries homólogas ou isoméricas são dados. A lista é sugestiva, e não exaustiva. O Apêndice II de Hamming e Foster (1972), a Tabela A-7 do livro interpretativo de McLafferty e Turecek (1993) e os dados de alta resolução de McLafferty e Venkataraghavan (1982) são boas leituras suplementares.

Íons[a] m/z

14 CH_2
15 CH_3
16 O
17 OH
18 H_2O, NH_4
19 F, H_3O
26 C≡N, C_2H_2
27 C_2H_3
28 C_2H_4, CO, N_2 (ar), CH=NH
29 C_2H_5, CHO
30 CH_2NH_2, NO
31 CH_2OH, OCH_3
32 O_2 (ar)
33 SH, CH_2F
34 H_2S
35 ^{35}Cl[b]
36 $H^{35}Cl$[b]
39 C_3H_3
40 CH_2C≡N, Ar (ar)
41 C_3H_5, CH_2C≡N + H, C_2H_2NH
42 C_3H_6, C_2H_2O
43 C_3H_7, CH_3C=O, C_2H_5N
44 CH_2C(=O)H + H, CH_3CHNH_2, CO_2 (ar), NH_2C=O, $(CH_3)_2N$
45 $CH_3CH(OH)$, CH_2CH_2OH, CH_2OCH_3, C(=O)OH
46 NO_2
47 CH_2SH, CH_3S
48 CH_3S + H
49 $CH_2$$^{35}Cl$[b]
51 CH_2F_2, C_4H_3
53 C_4H_5
54 CH_2CH_2C≡N
55 C_4H_7, CH_2=CHC=O
56 C_4H_8
57 C_4H_9, C_2H_5C=O
58 CH_3C(=O)CH_2 + H, $C_2H_5CHNH_2$, $(CH_3)_2NCH_2$, $C_2H_5NHCH_2$, C_2H_5S
59 $(CH_3)_2COH$, $CH_2OC_2H_5$, CO_2CH_3, NH_2C(=O)CH_2 + H, CH_3OCHCH_3, CH_3CHCH_2OH, C_2H_5CHOH
60 CH_2CO_2H + H, CH_2ONO
61 CH_3CO_2 + 2H, CH_2CH_2SH, CH_2SCH_3
65 C_5H_5
66 H_2S_2, ⬠=C_5H_6
67 C_5H_7
68 $CH_2CH_2CH_2$C≡N
69 C_5H_9, CF_3, CH_3CH=CHC=O, CH_2=C(CH_3)C=O

70 C_5H_{10}
71 C_5H_{11}, C_3H_7C=O
72 C_2H_5C(=O)CH_2 + H, $C_3H_7CHNH_2$, $(CH_3)_2N$=C=O, $C_2H_5NHCHCH_3$ e isômeros
73 Homólogos de 59, $(CH_3)_3Si$
74 $CH_2CO_2CH_3$ + H
75 $CO_2C_2H_5$ + 2H, $C_2H_5CO_2$ + 2H, $CH_2SC_2H_5$, $(CH_3)_2CSH$, $(CH_3O)_2CH$, $(CH_3)_2SiOH$
76 C_6H_4 (C_6H_4XY)
77 C_6H_5 (C_6H_5X)
78 C_6H_5 + H
79 C_6H_5 + 2H, ^{79}Br[b]
80 CH_3SS + H, $H^{79}Br$[b],

pirrol-CH_2, N-metil-pirrol

81 furano-CH_2, C_6H_9
82 $(CH_2)_4$C≡N, C_6H_{10}, $C^{35}Cl_2$[b]
83 C_6H_{11}, $CH^{35}Cl_2$[b], tiofeno
85 diidropirano, butirolactona, C_6H_{13}, C_4H_9C=O, $Cl^{35}ClF_2$[b]
86 C_3H_7C(=O)CH_2 + H, $C_4H_9CHNH_2$ e isômeros
87 $C_3H_7CO_2$, Homólogos de 73, $CH_2CH_2CO_2CH_3$
88 $CH_2CO_2C_2H_5$ + H
89 $CO_2C_3H_7$ + 2H, C_6H_5-C
90 C_6H_5-CH, CH_3CHONO_2
91 $(C_6H_5)CH_2$, $(C_6H_5)CH$ + H, $(C_6H_5)C$ + 2H, $(CH_2)_4$$^{35}Cl$[b], $(C_6H_5)N$
92 piridil-CH_2, $(C_6H_5)CH_2$ + H

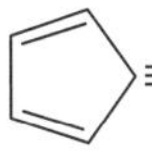

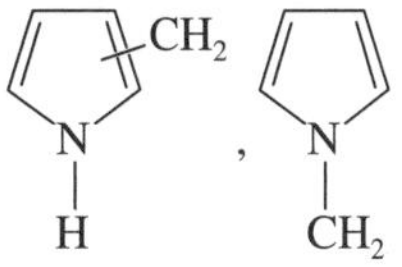

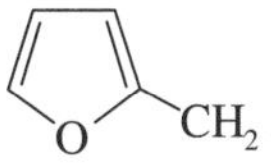

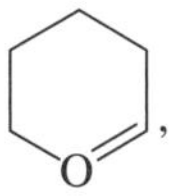

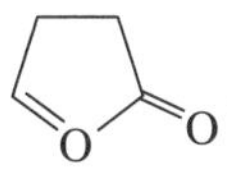

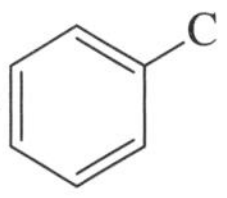

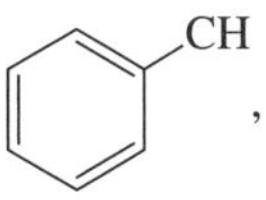

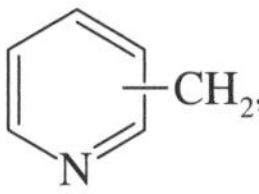

APÊNDICE B   *(Continuação)*

Íons[a] m/z

93 $CH_2{}^{79}Br$[b], C_7H_9, $(C_6H_5)O$, pyrrole-C=O

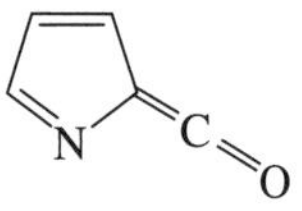

94 $(C_6H_5)O + H$, N-H pyrrole-C=O

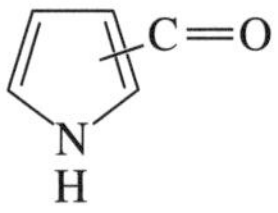

95 furan-C=O

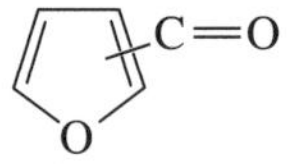

96 $(CH_2)_5C≡N$

97 C_7H_{13}, thiophene-CH$_2$

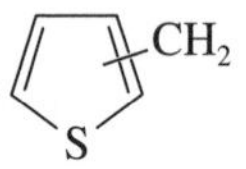

98 furan-CH$_2$O + H

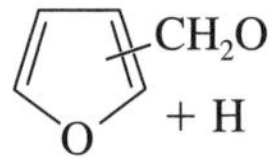

99 C_7H_{15}, $C_6H_{11}O$, δ-valerolactone

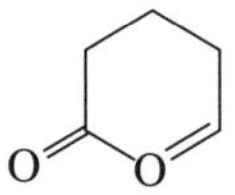

100 $C_4H_9C(=O)CH_2 + H$, $C_5H_{11}CHNH_2$
101 $CO_2C_4H_9$
102 $CH_2CO_2C_2H_7 + H$
103 $CO_2C_4H_9 + 2H$, $C_5H_{11}S$, $CH(OCH_2CH_3)_2$
104 $C_2H_5CHONO_2$
105 $C_6H_5C=O$, $C_6H_5CH_2CH_2$, $C_6H_5CHCH_3$
106 $C_6H_5NHCH_2$
107 $C_6H_5CH_2O$, $HO(C_6H_4)CH_2$, $C_2H_4{}^{79}Br$[b]

108 $C_6H_5CH_2O + H$, N-CH$_3$ pyrrole-C=O

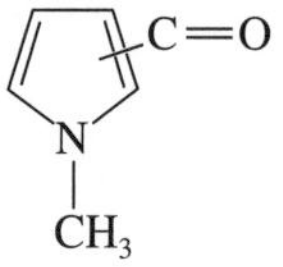

109 cyclohexenyl-C=O

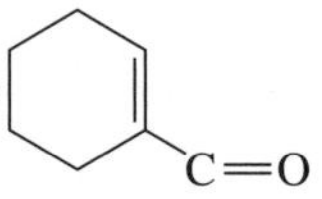

111 thiophene-C=O

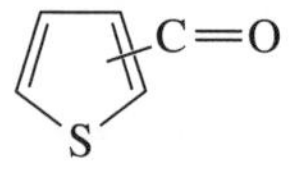

119 CF_3CF_2, $(C_6H_5)C(CH_3)_2$, $CH_3CH(C_6H_4)CH_3$, $CO(C_6H_4)CH_3$

120 cyclohexadienone-C=O

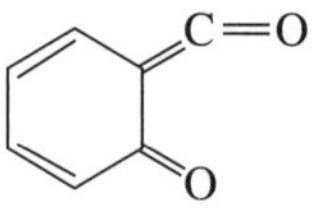

121 C_9H_{13}, C=O benzene-OH, CH$_3$O-benzene-CH$_2$, O=N-cyclohexadiene=NH

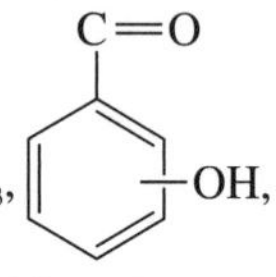

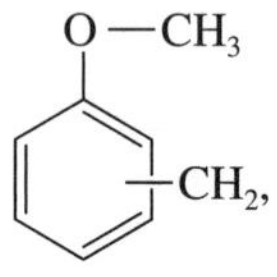

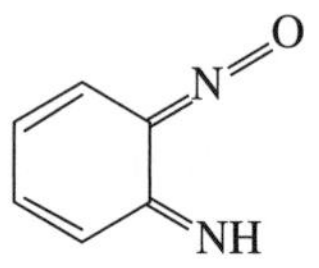

122 $C_6H_5CO_2 + H$
123 $F(C_6H_4)C=O$, $C_6H_5CO_2 + 2H$
125 C_6H_5SO
127 I
128 HI

130 3-methylene-indole

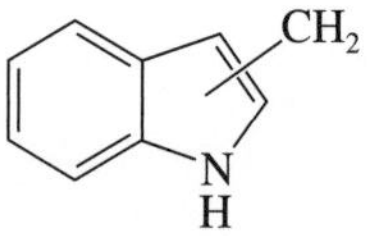

131 C_3F_5, $C_6H_5CH=CHC=O$
135 $(CH_2)_4{}^{79}Br$[b]
138 $CO_2(C_6H_4)OH + H$
139 $^{35}Cl(C_6H_4)C=O$[b]
141 CH_2I
147 $(CH_3)_2Si=O—Si(CH_3)_3$

149 phthalic anhydride + H

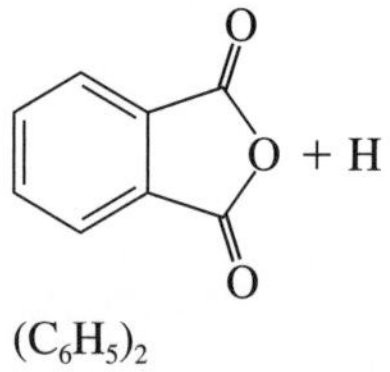

154 $(C_6H_5)_2$

[a] Íons indicados como um fragmento + nH (n + 1,2,3, . . .) são íons que ocorrem por rearranjos que envolvem transferência de hidrogênio.
[b] Só o isótopo mais abundante é indicado.

APÊNDICE C FRAGMENTOS ELIMINADOS COMUNS

Esta lista é sugestiva, não é exaustiva. Deve ser usada com o Apêndice B. A Tabela 5.19 de Hamming e Foster (1972) e a Tabela A-5 de McLafferty e Turecek (1993) são boas leituras suplementares. Todos esses fragmentos são eliminados como espécies neutras.

Íons Moleculares Menos	Fragmento Perdido (Estrutura Inferida)
1	H·
2	2H·
15	CH_3·
16	O ($ArNO_2$, óxidos de aminas, sulfóxidos); · NH_2 (carboxamidas, sulfonamidas)
17	HO·
18	H_2O (álcoois, aldeídos, cetonas)
19	F·
20	HF
26	CH≡CH, ·CH≡N
27	CH_2=CH·, HC≡N (nitritos aromáticos, heterociclos de nitrogênio)
28	CH_2=CH_2, CO, (quinonas) (HCN + H)
29	CH_3CH_2·, (etilcetonas, $ArCH_2CH_2CH_3$), ·CHO
30	NH_2CH_2·, CH_2O ($ArOCH_3$), NO ($ArNO_2$), C_2H_6
31	·OCH_3 (ésteres de metila), ·CH_2OH, CH_3NH_2
32	CH_3OH, S
33	HS· (tióis), (·CH_3 e H_2O)
34	H_2S (tióis)
35	Cl·
36	HCl, $2H_2O$
37	H_2Cl (ou HCl + H)
38	C_3H_2, C_2N, F_2
39	C_3H_3, HC_2N
40	CH_3C≡CH
41	CH_2=$CHCH_2$·
42	CH_2=$CHCH_3$, CH_2=C=O, $H_2C\overset{\overset{H_2}{C}}{\frown}CH_2$, NCO, $NCNH_2$
43	C_3H_7·(propil-cetonas, $ArCH_2$—C_3H_7), $CH_3\overset{O}{\overset{\|}{C}}$·(metilcetonas, $CH_3\overset{O}{\overset{\|}{C}}$G, em que G = vários grupos funcionais), CH_2=CH—O·, (CH_3· e CH_2=CH_2), HCNO
44	CH_2=CHOH, CO_2 (ésteres, anidridos), N_2O, $CONH_2$, $NHCH_2CH_3$
45	CH_3CHOH, CH_3CH_2O·(ésteres de etila), CO_2H, $CH_3CH_2NH_2$
46	(H_2O e CH_2=CH_2), CH_3CH_2OH, ·NO_2 ($ArNO_2$)
47	CH_3S·
48	CH_3SH, SO (sulfóxidos), O_3
49	·CH_2Cl
51	·CHF_2
52	C_4H_4, C_2N_2
53	C_4H_5
54	CH_2=CH—CH=CH_2
55	CH_2=$CHCHCH_3$

APÊNDICE C (Continuação)

Íons Moleculares Menos	Fragmento Perdido (Estrutura Inferida)
56	$CH_2\!\!=\!\!CHCH_2CH_3$, $CH_3CH\!\!=\!\!CHCH_3$, 2CO
57	$C_4H_9\cdot$ (butilcetonas), C_2H_5CO (etilcetonas), $EtC\!\!=\!\!OG$, G = várias unidades estruturais)
58	$\cdot NCS$, (NO + CO), CH_3COCH_3, C_4H_{10}
59	$CH_3O\overset{O}{\overset{\|}{C}}\cdot$, $CH_3\overset{O}{\overset{\|}{C}}NH_2$, $\underset{\triangle}{\overset{H}{\overset{\|}{S\cdot}}}$
60	C_3H_7OH, $CH_2\!\!=\!\!C(OH)_2$ (ésteres acetato)[a]
61	$CH_3CH_2S\cdot$, $\underset{\triangle}{\overset{H}{\overset{\|}{S\cdot}}}$
62	(H_2S e $CH_2\!\!=\!\!CH_2$)
63	$\cdot CH_2CH_2Cl$
64	C_5H_4, S_2, SO_2
68	$CH_2\!\!=\!\!\underset{\underset{CH_3}{\|}}{C}\!\!-\!\!CH\!\!=\!\!CH_2$
69	$CF_3\cdot$, $C_5H_9\cdot$
71	$C_5H_{11}\cdot$
73	$CH_3CH_2O\overset{O}{\overset{\|}{C}}\cdot$
74	C_4H_9OH
75	C_6H_3
76	C_6H_4, CS_2
77	C_6H_5, CS_2H
78	C_6H_6, CS_2H_2, C_5H_4N
79	$Br\cdot$, C_5H_5N
80	HBr
85	$\cdot CClF_2$
100	$CF_2\!\!=\!\!CF_2$
119	$CF_3\!\!-\!\!CF_2\cdot$
122	C_6H_5COOH
127	$I\cdot$
128	HI

[a]Rearranjo de McLafferty.

CAPÍTULO 2
ESPECTROMETRIA NO INFRAVERMELHO

2.1 INTRODUÇÃO

A radiação infravermelha (IV) corresponde aproximadamente à parte do espectro eletromagnético situada entre as regiões do visível e das micro-ondas. A porção de maior utilidade para o químico orgânico está situada entre 4000 cm^{-1} e 400 cm^{-1}. As regiões do infravermelho próximo (14.290–4000 cm^{-1}) e do infravermelho distante (700–200 cm^{-1}) têm também atraído a atenção.

Da rápida discussão teórica que se segue, torna-se claro que mesmo uma molécula muito simples pode dar um espectro muito complexo. O químico orgânico aproveita-se dessa complexidade quando compara o espectro de uma substância desconhecida ao de um composto-padrão. Uma correlação pico a pico é uma excelente evidência para a identidade das amostras. É muito pouco provável que duas substâncias que não sejam enantiômeras deem o mesmo espectro de infravermelho.

Embora o espectro de infravermelho seja característico da molécula como um todo, certos grupos de átomos dão origem a bandas que ocorrem mais ou menos na mesma frequência, independentemente da estrutura da molécula. É justamente a presença dessas bandas características de grupos que permite ao químico a obtenção, pelo exame do espectro e consulta a tabelas, de informações estruturais úteis, e é nesse fato que nos basearemos para fazer a identificação de estruturas.

Como, por outro lado, não dependemos somente do espectro de infravermelho para a identificação dos compostos, a análise detalhada do espectro não será necessária. Seguindo nosso plano geral, apresentaremos apenas a teoria necessária para atingir nosso objetivo: a utilização do espectro de infravermelho em conjunto com outros dados espectrais para determinar ou confirmar a estrutura molecular.

A importância da espectrometria de infravermelho para o trabalho do químico orgânico experimental pode ser medida pelo número de livros publicados que se dedicam, inteiramente ou em parte, à discussão das aplicações da espectrometria IV (veja as referências no GEN-IO, ambiente virtual de aprendizagem do GEN). Existem muitas compilações de espectros, bem como índices para coleções de espectros e para a literatura. Entre estas, as compilações mais comumente utilizadas são as publicadas por Sadtler (1994) e por Aldrich (1989). Existem também numerosos textos especializados que tratam de classes específicas de materiais, como polímeros e plásticos. Exemplos incluem Haslam et al. (1979), Hummel (1980), Koenig (1992) e Everall (2007).

2.2 TEORIA

A radiação no infravermelho em frequências inferiores a 100 cm^{-1}, aproximadamente, converte-se, quando absorvida por uma molécula orgânica, em energia de rotação molecular. O processo de absorção é quantizado, e, em consequência, o espectro de rotação das moléculas consiste em uma série de linhas separadas.

A radiação infravermelha na faixa aproximada de 10.000 cm^{-1} a 100 cm^{-1} converte-se, quando absorvida por uma molécula orgânica, em energia de vibração molecular. O processo também é quantizado, porém o espectro vibracional aparece como uma série de bandas em vez de linhas, porque a cada mudança de nível de energia vibracional corresponde uma série de mudanças de níveis de energia rotacional. São essas bandas de vibração–rotação que utilizaremos, em particular as que ocorrem entre 4000 cm^{-1} e 400 cm^{-1}. A frequência ou o comprimento de onda de uma absorção depende das massas relativas dos átomos, das constantes de força das ligações e do arranjo geométrico dos átomos (isto é, da estrutura molecular).

As posições das bandas no espectro de infravermelho serão apresentadas neste capítulo em número de ondas ($\tilde{\nu}$), cuja unidade é o centímetro inverso (cm^{-1}). Essa unidade é proporcional à energia de vibração, e os instrumentos modernos são lineares em centímetros inversos. A unidade comprimento de onda (λ), dada em micrômetros (1 μm = 10^{-6} m, antes denominado mícron), já foi muito usada. Os números de ondas são o inverso dos comprimentos de ondas.

$$\tilde{\nu} = 1/\lambda$$

Os espectros IV que utilizaremos neste texto são lineares em cm^{-1}, exceto quando indicado. Note que o espectro linear em função do comprimento de onda tem aspecto muito diferente de um espectro linear em função do número de ondas, mas a informação é a mesma (veja a Figura 2.5). Comprimentos de onda (em cm^{-1}) são diretamente proporcionais às frequências (em Hertz), e os dois se relacionam pela velocidade da luz ($\tilde{\nu} = \nu/c$). Portanto, vibrações de frequência mais alta correspondem a números de onda maiores.

As intensidades das bandas podem ser expressas como transmitância (T) ou absorbância (A) (também chamada de absorvância). A transmitância é a razão entre a energia radiante transmitida por uma amostra e a energia radiante que nela incide. A absorbância é o logaritmo decimal do inverso da transmitância, isto é, $A = \log_{10}(1/T)$. Os químicos orgânicos costumam usar termos semiquantitativos (F = forte, m = médio, f = fraco) para indicar as intensidades.

As vibrações moleculares podem ser classificadas em deformações axiais e deformações angulares. Uma vibração de deformação axial é um movimento rítmico ao longo do eixo da ligação que faz com que a distância interatômica aumente e diminua alternadamente. As vibrações de deformação angular correspondem a variações ritmadas de ligações que têm um átomo em comum ou o movimento de um grupo de átomos em relação ao resto da molécula sem que as posições relativas dos átomos do grupo se alterem. Assim, por exemplo, as vibrações de deformação angular (veja adiante) envolvem alteração dos ângulos de ligação em relação a um conjunto arbitrário de coordenadas da molécula.

Somente as vibrações que levam à alteração líquida do momento de dipolo da molécula são observadas no IV convencional. O campo elétrico alternado, produzido pela mudança de distribuição de carga que acompanha a vibração, acopla a vibração molecular com o campo magnético oscilante da radiação eletromagnética.

O número de graus de liberdade de uma molécula é igual ao número total de graus de liberdade de seus átomos considerados individualmente. Cada átomo tem três graus de liberdade, correspondentes às coordenadas do sistema cartesiano (x, y, z) necessárias para descrever suas posições relativas aos demais átomos da molécula. Assim, uma molécula com n átomos terá $3n$ graus de liberdade. No caso das moléculas não lineares, três dos graus de liberdade descrevem a rotação das moléculas e três a translação. Os demais $3n - 6$ graus de liberdade correspondem aos graus de liberdade de vibração ou vibrações fundamentais. As moléculas lineares têm $3n - 5$ graus de liberdade vibracionais, porque somente dois graus de liberdade independentes são necessários para descrever a rotação molecular.

As vibrações fundamentais não envolvem alteração na posição do centro de gravidade da molécula. As três vibrações fundamentais da molécula da água, que é triatômica e não é linear, estão descritas na parte superior da Figura 2.1. Observe a pequena separação entre as vibrações de deformação axial assimétrica e simétrica, que interagem uma com a outra, isto é, estão acopladas, em comparação com a deformação angular simétrica no plano, muito distante.

A molécula de CO_2 é linear e contém três átomos, logo, tem quatro vibrações fundamentais [$(3 \times 3) - 5$] como se pode ver na seção intermediária da Figura 2.1. A deformação axial simétrica em (1) não é ativa no infravermelho porque o momento de dipolo da molécula não se altera durante o movimento. As deformações angulares simétricas no plano em (3) e (4) são equivalentes e são os componentes resolvidos do movimento de deformação angular em qualquer plano que contém o eixo internuclear. Essas deformações têm a mesma frequência e são ditas duplamente degeneradas.

A Figura 2.1 mostra os vários modos de deformação axial e angular possíveis para um grupo AX_2 de uma molécula (por exemplo, o grupo CH_2 de uma molécula de hidrocarboneto). A regra $3n - 6$ não se aplica porque o grupo CH_2 é apenas uma porção da molécula.

O número teórico de vibrações fundamentais (frequências de absorção) raramente é observado porque as bandas correspondentes são acompanhadas por vibrações harmônicas (múltiplos de dada frequência fundamental) e de combinação (a soma de duas outras vibrações). Além disso, outros fenômenos reduzem o número de bandas, como:

1. Frequências fundamentais que caem fora da região 4000–400 cm^{-1}.
2. Vibrações fundamentais muito fracas para serem observadas.
3. Vibrações fundamentais tão próximas que coalescem.
4. Ocorrência de bandas degeneradas provenientes de várias absorções de mesma frequência em moléculas de alta simetria.
5. A não observação de vibrações fundamentais que não provocam alteração no momento de dipolo da molécula.

Pode-se estimar a frequência aproximada das deformações axiais pela aplicação da lei de Hooke. Nesse caso, os dois átomos e a ligação entre eles são tratados como um oscilador harmônico simples formado por duas massas ligadas por uma mola. A equação a seguir, derivada da lei de Hooke, estabelece a relação entre a frequência de oscilação, as massas atômicas e a constante de força da ligação.

$$\tilde{\nu} = \frac{1}{2\pi c} \sqrt{\frac{f}{(M_x M_y)/(M_x + M_y)}}$$

em que ($\tilde{\nu}$) = frequência vibracional (cm^{-1})
c = velocidade da luz (cm/s)
f = constante de força da ligação (dyn/cm)
Mx e My = massa (g) dos átomos x e y, respectivamente.

O valor de f é aproximadamente igual a 5×10^5 dyn/cm para ligações simples e aproximadamente duas e três vezes esse valor para ligações duplas e triplas, respectivamente (veja a Tabela 2.1). A constante de força, f, pode ser vista como uma medida da rigidez da ligação. Essa constante de força pode ser correlacionada com propriedades como ordem de ligação e energia de ligação. Como a frequência é diretamente relacionada com a raiz quadrada da constante de força, sabemos que a frequência das vibrações deve diminuir com o aumento da energia da ligação.

A aplicação da fórmula anterior no caso da deformação axial da ligação C—H, considerando as massas $2,10 \times 10^{-23}$ e $1,67 \times 10^{-24}$ g para o carbono e o hidrogênio, respectivamente, leva à frequência de 3032 cm^{-1} para a vibração axial da ligação C—H. As vibrações de deformação axial associadas aos grupos metila e metileno são geralmente observadas na região 2960–2850 cm^{-1}. O cálculo não é muito preciso devido a fenômenos que não foram considerados na dedução da fórmula, principalmente as interações entre as vibrações dos átomos em questão e o resto da molécula. A frequência de absorção no IV é comumente usada para obter as constantes de força das ligações.

O deslocamento da frequência de absorção causado pela troca de hidrogênio por deutério é muitas vezes utilizado na determinação das frequências de deformação axial de C—H. A equação anterior pode ser usada para estimar as mudanças

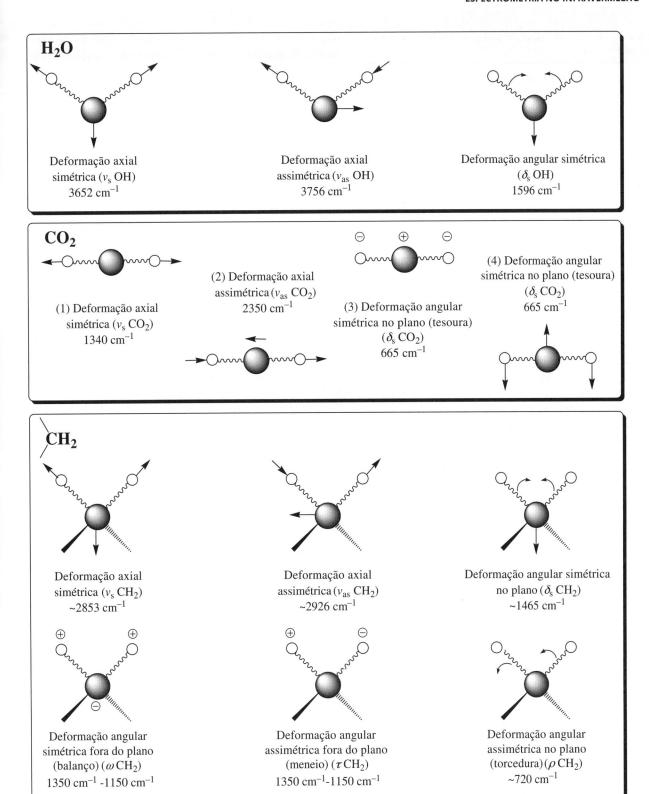

FIGURA 2.1 (No alto) Modos vibracionais de H$_2$O. (No centro) Modos vibracionais de CO$_2$. (Embaixo) Modos vibracionais de um grupo CH$_2$ (+ e − indicam movimento perpendicular ao plano da página).

que ocorrem como resultado da deuteração. O termo $M_xM_y/(M_x + M_y)$ passa a ser $M_CM_H/(M_C + M_H)$ para o composto não deuterado. Como $M_C \gg M_H$, esse termo é aproximadamente igual a M_CM_H/M_C ou M_H. Assim, para o composto deuterado, o termo é igual a M_D. A frequência, pela aplicação da lei de Hooke, é inversamente proporcional à raiz quadrada da massa do isótopo do hidrogênio, e a razão das frequências de deformação axial C—H/C—D deve ser igual a $2^{1/2}$. Se a razão das frequências, após deuteração, for muito menor do que $2^{1/2}$, não se pode considerar que a vibração seja uma deformação axial pura. É mais provável que a vibração em pauta envolva interações (acoplamento) com outros modos de vibração.

TABELA 2.1 Regiões de Absorção no Infravermelho Usando a Lei de Hooke

Tipo de Ligação	Constante de Força f em dyn/cm	Região de Absorção (cm^{-1}) Calculada	Observada
C—O	$5,0 \times 10^5$	1113	1300–800
C—C	$4,5 \times 10^5$	1128	1300–800
C—N	$4,9 \times 10^5$	1135	1250–1000
C═C	$9,7 \times 10^5$	1657	1900–1500
C═O	$12,1 \times 10^5$	1731	1850–1600
C≡C	$15,6 \times 10^5$	2101	2150–2100
C—D	$5,0 \times 10^5$	2225	2250–2080
C—H	$5,0 \times 10^5$	3032	3000–2850
O—H	$7,01 \times 10^5$	3553	3800–2700

O cálculo aproximado, baseado na lei de Hooke, mostra que as frequências de deformação axial das ligações a seguir aparecem nas regiões indicadas pela Tabela 2.1.

O uso da lei de Hooke na obtenção das frequências aproximadas de vibração de deformação axial deve levar em conta as contribuições relativas das forças de ligação e as massas dos átomos envolvidos. Assim, por exemplo, a comparação superficial do grupo C—H com o grupo F—H, com base apenas nas massas atômicas, pode levar à conclusão de que a deformação axial de F—H ocorre em frequências mais baixas do que a deformação axial de C—H. O aumento da constante de força, entretanto, que ocorre da esquerda para a direita nas primeiras duas linhas da tabela periódica, tem um efeito maior do que o aumento de massa. Em consequência, a deformação axial do grupo F—H ocorre em frequência maior (4138 cm^{-1}) do que a deformação axial do grupo C—H (3040 cm^{-1}).

Os grupamentos funcionais que têm momento de dipolo intenso dão origem, em geral, a absorções intensas no infravermelho.

2.2.1 Interações de Acoplamento

Quando dois osciladores ligados compartilham o mesmo átomo, eles raramente se comportam como osciladores independentes, a menos que suas frequências sejam muito diferentes. Isso ocorre porque existe acoplamento mecânico entre os osciladores. Por exemplo, a molécula do dióxido de carbono (veja a Figura 2.1), com duas ligações C═O que compartilham o átomo de carbono, tem duas vibrações fundamentais de deformação axial: o modo simétrico e o modo assimétrico. O modo simétrico corresponde a um movimento de contração e alongamento em fase das ligações C═O, e a absorção ocorre em comprimento de onda maior do que o observado para o grupo carbonila de uma cetona alifática. O modo simétrico não produz mudança de momento de dipolo (μ) da molécula e é "inativo" no infravermelho, porém é facilmente observado no espectro Raman* em 1340 cm^{-1}. No modo assimétrico, o movimento de deformação axial das duas ligações C═O ocorre fora de fase, isto é, uma das ligações C═O se estende e a outra se contrai. O modo assimétrico altera o momento de dipolo e é, portanto, ativo no infravermelho. A absorção (2350 cm^{-1}) ocorre em frequências mais altas (menor comprimento de onda) do que as observadas para o grupo carbonila em cetonas alifáticas.

$$\longleftarrow O═C═O \longrightarrow \qquad \longleftarrow O═\vec{C}═O \longleftarrow$$
$$\text{Simétrico} \qquad\qquad \text{Assimétrico}$$
$$\mu = 0 \qquad\qquad \mu \neq 0$$

A diferença observada entre as frequências de absorção da carbonila no dióxido de carbono resulta de um acoplamento mecânico muito forte entre as vibrações. Em contraste, dois grupamentos carbonila de cetona separados por um ou mais de um átomo de carbono mostram a absorção na posição normal das carbonilas em 1715 cm^{-1} porque o acoplamento mecânico, dificultado pelos átomos da cadeia, é muito menor.

O acoplamento mecânico é igualmente responsável pelas duas bandas de deformação axial de N—H de aminas e amidas primárias na região de 3497–3077 cm^{-1}, pelas duas bandas de deformação axial de C═O de anidridos carboxílicos e de imidas na região de 1818–1720 cm^{-1} e pelas duas deformações axiais observadas para C—H de grupos metila e metileno na região de 3000–2760 cm^{-1}.

As bandas características de grupamentos químicos úteis para a identificação da estrutura molecular envolvem frequentemente vibrações acopladas. O espectro dos álcoois mostra uma banda intensa na região entre 1260 e 1000 cm^{-1}, usualmente designada "banda de deformação axial de C—O". No espectro do metanol, essa banda aparece em 1034 cm^{-1}, e no espectro do etanol, em 1053 cm^{-1}. Ramificações e insaturações produzem bandas de absorção características dessas estruturas (veja a Seção 2.6.9). É evidente que essa absorção não corresponde a uma vibração de C—O isolada e que o acoplamento mecânico que envolve a deformação axial assimétrica da ligação C—C—O é muito forte.

Como as deformações axiais, as vibrações de deformação angular frequentemente sofrem acoplamento. Assim, as frequências de deformação angular fora do plano de C—H nos anéis de moléculas aromáticas dependem do número de átomos de hidrogênio adjacentes, isto é, o acoplamento entre as ligações C—H é importante e é afetado pela deformação angular da ligação C—C do anel a que estão ligadas.

A interação de acoplamento entre deformações axiais e angulares é ilustrada pela absorção de amidas secundárias acíclicas. Esses compostos existem predominantemente na conformação *trans* e mostram absorção forte na região 1563–1515 cm^{-1}. Essa absorção envolve o acoplamento das vibrações de deformação angular de N—H e deformação axial de C—N.

As condições necessárias para o acoplamento efetivo podem ser resumidas da seguinte maneira:

1. Para que a interação ocorra, as vibrações devem pertencer à mesma espécie de simetria.
2. Para que ocorra acoplamento forte entre vibrações de deformação axial é necessário um átomo comum entre os grupos.
3. A interação é tanto maior quanto mais próximas são as frequências de absorção dos grupos acoplados.

---
*Nos espectros Raman, a intensidade depende das mudanças de polarizabilidade, e não de momentos de dipolo.

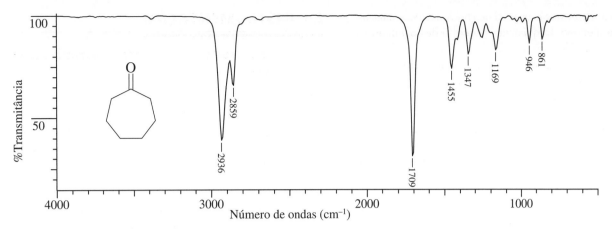

FIGURA 2.2 Ciclo-heptanona, líquido.

4. Pode ocorrer acoplamento entre as vibrações de deformação angular e axial se a ligação envolvida na deformação axial é um dos lados do ângulo que varia na deformação angular.
5. O acoplamento de deformações angulares requer uma ligação em comum.
6. O acoplamento é pouco importante quando os grupos estão separados por um ou mais átomos e as vibrações são mutuamente perpendiculares.

Como vimos quando discutimos as interações, o acoplamento de dois modos fundamentais produz dois novos modos de vibração com frequências maior e menor do que as observadas quando a interação não ocorre. Podem ocorrer também interações entre modos fundamentais e modos harmônicos ou modos de combinação. Uma interação desse tipo é conhecida como ressonância de Fermi. Pode-se observar um exemplo de ressonância de Fermi no espectro do dióxido de carbono. Vimos que a deformação axial simétrica é observada no espectro Raman em 1340 cm^{-1}. Na realidade, duas bandas são observadas: uma em 1286 cm^{-1} e outra em 1388 cm^{-1}. A divisão das bandas resulta do acoplamento entre o modo de deformação axial simétrica fundamental de C=O em 1340 cm^{-1} e a primeira harmônica da deformação angular. O modo fundamental de deformação angular ocorre no caso do CO_2 em 666 cm^{-1} e sua primeira harmônica, em 1334 cm^{-1}.

A ressonância de Fermi é um fenômeno comum nos espectros de infravermelho e Raman. Para que ocorra, os níveis vibracionais devem ter a mesma simetria, e os grupos que interagem devem estar colocados na molécula de modo a que o acoplamento mecânico seja apreciável.

Um exemplo de ressonância de Fermi em uma substância orgânica é o aparecimento da banda de deformação axial de C=O de certas cetonas cíclicas como um dubleto, quando observada sob alta resolução. A Figura 2.2 mostra o espectro da ciclo-heptanona obtido nas condições usuais. O pico da carbonila é observado como um único pico em 1709 cm^{-1}. Com resolução adequada, entretanto, o espectro de infravermelho da região da carbonila da ciclo-pentanona, dado na Figura 2.3 em quatro condições diferentes, mostra um dubleto para o grupo carbonila. Esses dubletos são devidos à ressonância de Fermi da vibração do grupo carbonila com uma harmônica ou uma banda de combinação de um grupo metileno em posição alfa.

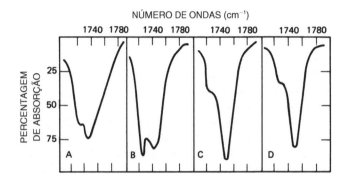

FIGURA 2.3 Espectro da ciclo-pentanona em diversos solventes no infravermelho. A. Solução 0,15 M em tetracloreto de carbono. B. Solução 0,023 M em dissulfeto de carbono. C. Solução 0,025 M em clorofórmio. D. Estado líquido (filme fino). (Fenda espectral calculada 2 cm^{-1}.)

2.2.2 Ligações Hidrogênio

Podem ocorrer ligações hidrogênio em qualquer sistema que contém um grupo doador de prótons (X—H) e um grupo aceptor de prótons (Ÿ), desde que ocorra interação efetiva entre o orbital s do hidrogênio e os orbitais p ou π do grupo aceptor. Os átomos X e Ÿ devem ser eletronegativos, e Ÿ deve ter pelo menos um par de elétrons isolado. Os grupos doadores de prótons mais comuns nas moléculas orgânicas são os grupos carboxila, hidroxila, amina e amida. Os átomos aceptores mais comuns são oxigênio, nitrogênio e halogênios. Grupos insaturados, como a ligação C=C, também podem atuar como aceptores de prótons.

A ligação hidrogênio é mais forte quando o grupo doador de prótons e o eixo do par de elétrons isolado estão em uma mesma linha. A força da ligação é inversamente proporcional à distância entre X e Y.

A formação da ligação hidrogênio altera a constante de força de ambos os grupos nela envolvidos. Com isso, alteram-se as frequências de deformação axial e angular. As bandas de deformação axial de X—H deslocam-se para frequências menores (maiores comprimentos de onda), usualmente com aumento de intensidade e alargamento da banda. A frequência de deformação axial do grupo aceptor, C=O, por exemplo, também diminui, porém o deslocamento é menos pronunciado.

A vibração de deformação angular de H—X desloca-se usualmente para menores frequências, porém o deslocamento é inferior ao das deformações axiais.

As ligações hidrogênio intermoleculares envolvem a associação de duas ou mais moléculas do mesmo composto ou de compostos diferentes. A formação de ligação intermolecular pode produzir dímeros (como no caso dos ácidos carboxílicos) ou polímeros, como acontece com as substâncias puras ou com as soluções concentradas de álcoois mono-hidroxílicos. Formam-se ligações hidrogênio intramoleculares toda vez que o doador de hidrogênio e o aceptor estão na mesma molécula e em uma relação espacial que permita a superposição dos orbitais, como quando há a formação de um anel de cinco ou seis átomos. A formação de ligações hidrogênio intermoleculares ou intramoleculares depende da temperatura. Já o efeito da concentração é marcadamente diferente. Em geral, as bandas que resultam da formação de ligação intermolecular desaparecem em concentrações baixas (inferiores a 0,01 M em solventes não polares). As ligações hidrogênio intramoleculares, entretanto, como são um efeito interno, persistem mesmo em concentrações muito baixas.

A diferença entre a frequência de vibração de OH "livre" e a de OH associado mede a energia da ligação hidrogênio. As tensões no anel, a geometria molecular e a acidez e a basicidade relativas dos grupos doadores e aceptores afetam a energia da ligação hidrogênio. Ligações intramoleculares que envolvem o mesmo tipo de grupos ligantes são mais fortes quando formam anéis de seis átomos do que anéis menores. As ligações hidrogênio são mais fortes quando as estruturas formadas são estabilizadas por ressonância.

A Tabela 2.2 resume os efeitos da ligação hidrogênio sobre as frequências de deformação axial dos grupamentos hidroxila e carbonila. A Figura 2.18 (espectro do ciclohexil-carbinol na região de deformação axial de O—H) ilustra esse efeito.

Um aspecto importante da ligação hidrogênio envolve a interação entre grupos funcionais do solvente e do soluto. Se o soluto for polar, então é importante especificá-lo, bem como a concentração em que o espectro da substância foi obtido.

2.3 INSTRUMENTAÇÃO

2.3.1 Espectrômetro de Infravermelho por Dispersão

Durante muitos anos, obtinham-se os espectros de infravermelho com o auxílio de um feixe de luz infravermelha passado através da amostra. A radiação transmitida era varrida por dispersão na familiar rede de difração (grade de difração). O espectro era obtido pela rotação da rede de difração, e as áreas de absorção (picos) eram detectadas e lançadas em gráficos das frequências contra as intensidades. Como os métodos de FT-IV praticamente substituíram os métodos de dispersão, não há necessidade de desenvolver o assunto.

2.3.2 Espectrômetro de Infravermelho com Transformações de Fourier (Interferômetro)

A espectrometria com transformações de Fourier (FT–IV), desenvolveu-se muito nos últimos 25 anos. FT-IV tem várias vantagens sobre os instrumentos de dispersão, incluindo maior sensibilidade, resolução e velocidade. Portanto, FT-IV tornou-se o único método de espectroscopia de infravermelho usado hoje. Em FT-IV, radiação contendo todos os comprimentos de onda de interesse (4000–400 cm^{-1}, por exemplo) é separada em dois feixes (Figura 2.4). Um deles permanece fixo e o outro se move (espelho móvel).

Fazendo-se variar as distâncias percorridas pelos dois feixes, obtêm-se uma sequência de interferências construtivas e destrutivas e, consequentemente, variações de intensidade: um interferograma. Uma transformação de Fourier converte o interferograma assim obtido, que está no domínio do tempo, para a forma mais familiar de um interferograma no domínio de frequências. A variação contínua do comprimento do pistão ajusta a posição do espelho B e faz variar a distância percorrida pelo feixe B. A transformação de Fourier em posições sucessivas do espelho dá origem ao espectro completo de infravermelho. A passagem da radiação por uma amostra submete-a a uma faixa larga de energias. Em princípio, a

TABELA 2.2 Frequências de Deformação Axial em Ligação Hidrogênio

	Ligação Intermolecular			Ligação Intramolecular		
	Redução da Frequência			Redução da Frequência		
Energia de X—H···Y	νOH	νC═O	Classe do Composto	νOH	νC═O	Classe do Composto
Fraca	300[a]	15[b]	Álcoois, fenóis e ligação intermoleculares da hidroxila para a carbonila	<100[a]	10	1,2-dióis; α-hidróxi- e muitas β-hidróxi-cetonas, o-cloro e o-alcóxi-fenóis
Média				100–300[a]	50	1,3-dióis; algumas β-hidróxi-cetonas; β-hidróxi-amino-compostos; nitrocompostos
Forte	>500[a]	50[b]	RCO$_2$H dímeros	>300[a]	100	o-hidróxi-aril-cetonas; o-hidróxi-aril-ácidos; β-dicetonas; tropolonas

[a] Frequências deslocadas em relação às frequências de deformação axial "livres".
[b] Deformação axial da carbonila somente quando aplicável.

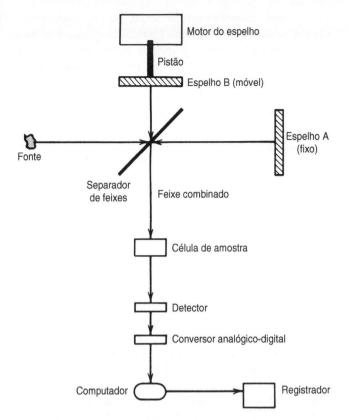

FIGURA 2.4 Esquema de um espectrômetro de FT–IV.

análise dessa faixa de radiação que passa pela amostra dá origem ao espectro completo de infravermelho.

Existem vantagens no uso de transformações de Fourier. Como não se usam monocromadores, a totalidade da faixa de radiação passa simultaneamente pela amostra com enorme ganho de tempo (vantagem de Felgett). Isso permite resoluções extremamente altas ($\leq 0,001$ cm^{-1}). Além disso, como os dados sofrem conversão analógico-digital, os resultados são manipulados facilmente. O resultado de várias varreduras é combinado para diminuir o ruído, e espectros excelentes podem ser obtidos com muito pouca amostra. Outra vantagem do FT-IV é que análises acuradas podem ser feitas em misturas por subtração computadorizada dos espectros. Essa técnica depende de se ter um espectro-padrão de um dos componentes, cujos picos são subtraídos dos da mistura.

O FT-IV pode ser interfaceado com cromatógrafos. As técnicas de cromatografia a gás associada ao FT-IV (GC-FT-IV) e a cromatografia em líquido acoplada ao FT-IV (LC-FT-IV) são particularmente úteis na identificação de compostos em misturas. Os instrumentos de GC-FT-IV são capazes de fornecer espectros em fase gás da ordem de nanogramas de um composto eluído de uma coluna capilar de GC. Os espectros em fase gás se assemelham aos obtidos em alta diluição em um solvente não polar, com os picos dependentes da concentração deslocados para frequências mais altas em comparação com os obtidos de soluções concentradas, filmes finos ou no estado sólido [veja Aldrich (1989)]. A combinação da espectroscopia de FT-IV com a microscopia no visível também tem sido usada em uma larga faixa de aplicações, incluindo a identificação de traços de contaminantes, caracterização de defeitos de produção em áreas de dimensões da ordem do micrômetro e o estudo da ordem e empacotamento de cadeias. A microscopia de FT-IV permite o estudo de células em nível molecular com a obtenção de informações ricas em detalhes estruturais e funcionais (Sasic, 2010).

2.4 MANUSEIO DA AMOSTRA

É possível obter espectros de gases, líquidos e sólidos no infravermelho. Os espectros de gases ou de líquidos de baixo ponto de ebulição podem ser obtidos pela expansão da amostra no interior de uma célula previamente evacuada. Existem células comerciais com passos ópticos que vão desde alguns centímetros até mais de 40 metros. Como é impraticável que a área de amostras de um espectrofotômetro de infravermelho comporte células maiores do que 10 cm, os trajetos mais longos são obtidos através de óptica de múltiplas reflexões.

Os líquidos podem ser examinados em estado puro ou em solução. Os líquidos puros são colocados entre placas de sal, usualmente sem espaçadores. Pressionando-se levemente a amostra líquida entre as placas planas produz-se um filme de espessura de 0,01 mm ou menos, e as placas são mantidas juntas por capilaridade. Essa técnica emprega cerca de 1 a 10 mg de amostra. Quando as amostras de líquidos puros são muito espessas, elas absorvem muito fortemente, o que impede a produção de um espectro satisfatório. Os líquidos voláteis são examinados em células fechadas com espaçadores muito finos. Placas de cloreto de prata podem ser usadas quando as amostras dissolvem as placas de cloreto de sódio.

As soluções são manuseadas em células de espessura constante que variam de 0,1 a 1 mm de passo óptico. São necessários volumes de 0,1 a 1 ml de soluções a 0,05–10% para as células atualmente disponíveis no mercado. Uma célula de compensação contendo o solvente puro costuma ser colocada no feixe de referência. O espectro assim obtido é o espectro do soluto, exceto nas regiões espectrais em que o solvente absorve fortemente. Amostras espessas de tetracloreto de carbono, por exemplo, absorvem fortemente na região de 800 cm^{-1}. A compensação nessa região é ineficaz porque a forte absorção impede que qualquer radiação atinja o detector.

O solvente selecionado deve estar seco e ser razoavelmente transparente na região de interesse. Quando todo o espectro é necessário, devem-se utilizar vários solventes. Um par comum de solventes é tetracloreto de carbono (CCl$_4$) e dissulfeto de carbono (CS$_2$). O tetracloreto de carbono absorve relativamente pouco nas frequências superiores a 1333 cm^{-1}, enquanto o CS$_2$, ao contrário, abaixo desse limite absorve pouco. Combinações de solvente e soluto que resultem em reação química têm de ser evitadas. CS$_2$, por exemplo, não pode ser utilizado como solvente de aminas primárias e secundárias. Os amino-álcoois reagem lentamente com CS$_2$ e CCl$_4$. O Apêndice A mostra as características de absorção de alguns solventes e óleos de moagem comuns.

Examinam-se, geralmente, os sólidos na forma de pó em suspensão, de disco prensado ou como pós, usando um método chamado de refletância difusa. As suspensões são preparadas por moagem exaustiva de 2 a 5 mg de um sólido em um gral de ágata liso. A moagem é continuada após a adição de uma ou duas gotas de óleo de moagem. As partículas suspensas devem ter menos de 2 μm de diâmetro para evitar o espalhamento excessivo da radiação. O pulverizado é examinado, então, como um filme fino entre placas planas de sal. Costuma-se usar Nujol® (um óleo de petróleo de alto ponto de ebulição) como óleo de moagem. Quando as bandas de hidrocarboneto interferem no espectro desejado, utiliza-se Fluorolube® (um polímero per-halogenado que contém F e Cl) ou hexacloro-butadieno. O uso de Nujol e Fluorolube como óleos de moagem torna possível a varredura sem a interferência de bandas dos óleos na região entre 4000 e 250 cm^{-1}.

A técnica da pastilha (disco prensado) é possível porque o brometo de potássio seco e pulverizado (ou outro halogeneto de metal alcalino) pode ser prensado a vácuo para formar discos transparentes. A amostra (0,5 a 1,0 mg) é misturada intimamente com cerca de 100 mg de brometo de potássio seco pulverizado. Faz-se a mistura por moagem em um gral de ágata liso ou, mais eficientemente, com o auxílio de um pequeno moinho de bolas vibrantes ou, ainda, por liofilização. A mistura é prensada em moldes especiais, sob pressão de 70.000 a 100.000 kPa, até formar um disco transparente. Para que o espectro obtido seja de boa qualidade, a mistura deve ser bem-feita, e as partículas não devem ultrapassar 2 μm de diâmetro. Microdiscos de 0,5 a 1,5 mm de diâmetro podem ser utilizados em conjunto com condensadores de feixe. A técnica de microdiscos permite o exame de amostras de até 1 μg. Observam-se, com frequência, bandas em 3448 e 1639 cm^{-1} devidas à umidade do ar quando a técnica do disco prensado é utilizada.

A técnica de disco prensado de KBr era evitada devido à necessidade da obtenção de bons discos. A utilização da mini-prensa, que requer um procedimento simples, veio facilitar um pouco a técnica de KBr. A mistura KBr-amostra é colocada na porção oca do conjunto, com um dos parafusos em seu lugar. O segundo parafuso é colocado, e aplica-se pressão apertando-se os parafusos. A remoção dos parafusos deixa o disco no interior do corpo da prensa, que é, então, utilizada como célula.

A técnica de deposição de um filme sólido é limitada aos casos em que o material pode ser depositado por evaporação do solvente a partir de uma solução ou por resfriamento de uma massa fundida com formação de microcristais ou de um filme vítreo. Os filmes cristalinos provocam, geralmente, perda de intensidade da radiação por espalhamento excessivo de luz. A orientação específica dos cristais pode levar a espectros diferentes dos observados quando a orientação é aleatória, como acontece com emulsões ou discos transparentes. A técnica de deposição de filme é especialmente útil quando se desejam obter espectros de resinas e plásticos. Deve-se, nesse caso, tomar o cuidado de eliminar o solvente por tratamento a vácuo ou por aquecimento brando.

Em geral, as soluções diluídas em um solvente apolar fornecem os melhores espectros (isto é, os menos distorcidos). Os compostos apolares produzem essencialmente o mesmo espectro em fase condensada (isto é, líquido puro, disco de KBr, emulsão ou filme líquido) e em solventes não polares. O mesmo não ocorre, entretanto, com os compostos polares, que frequentemente mostram, em fase condensada, efeitos de ligação hidrogênio. Infelizmente, os compostos polares são habitualmente insolúveis em solventes apolares, e o espectro tem de ser obtido em fase condensada ou em solventes polares. Nesse último caso, pode ocorrer ligação hidrogênio entre moléculas do soluto e do solvente.

Em anos recentes, o desenvolvimento das medidas de IV focalizou os métodos de refletância. Dois métodos comuns são a refletância total atenuada (ATR) e a espectroscopia de refletância difusa por transformações de Fourier (DRIFTS). Ambos os métodos examinam essencialmente a superfície de uma amostra (na profundidade de alguns micrômetros). Esses métodos de análise foram inicialmente desenvolvidos para materiais que não podem ser analisados pelas técnicas de transmissão convencionais. Com pouca preparação, os espectros de IV podem ser efetivamente obtidos para amostras que absorvem muito (como soluções em água e materiais biológicos) e materiais opacos, como polímeros, revestimentos, pós e líquidos.

FT-IV-ATR baseia-se no princípio da espectroscopia de reflexão interna. Assim, quando um feixe de luz passa por um material denso, opticamente transparente (por exemplo, um cristal de grande índice de refração), ele é internamente refletido na interface com um meio de densidade óptica e índice de refração menor. Qualitativamente, a ATR funciona do seguinte modo: as ondas de radiação refletidas no cristal (chamadas de ondas permanentes) perdem uma pequena fração de sua intensidade por absorção pelos grupos funcionais do material que está na interface, em que as ondas que saem (ondas evanescentes) se formam, produzindo-se um espectro. Atenção particular é necessária para estabelecer bom contato óptico entre a amostra e o cristal. Isso pode ser feito de várias maneiras, por exemplo, por deposição a partir de uma solução ou por compressão da amostra na superfície do cristal. Entretanto, é importante notar que a pressão pode afetar a qualidade e a intensidade dos espectros obtidos e, portanto, deve ser uniforme durante todo o experimento.

O método DRIFTS baseia-se no conceito da espectroscopia de refletância difusa. Ela permite o estudo da química de superfície de materiais que podem refletir luz, como catalisadores heterogêneos, compósitos, pós, cristais orgânicos e substâncias farmacêuticas. No acessório DRIFTS, a luz IV é refletida pela superfície (a amostra em pó é preferível) em todos os ângulos, e um espelho parabólico coleta a luz difusa refletida e a focaliza no detector de IV.

Os espectros de FT-IV-ATR e DRIFTS são semelhantes aos espectros de IV convencionais. As posições das bandas de absorção são idênticas; porém, suas intensidades relativas são, com frequência, diferentes.

2.5 INTERPRETAÇÃO DOS ESPECTROS

Não existem regras rígidas para a interpretação de um espectro de infravermelho. Devem-se, todavia, levar em conta certos requisitos antes de tentar a interpretação.

1. O espectro deve ter resolução adequada e intensidade razoável.

2. O composto utilizado deve ser razoavelmente puro.

3. O espectrômetro deve ser calibrado contra padrões, de modo que as bandas sejam observadas nas frequências ou comprimentos de onda corretos. Calibrações bastante confiáveis podem ser feitas com um padrão como um filme de poliestireno.
4. O método de manipulação da amostra deve ser especificado. Se em solução, é preciso indicar o solvente, a concentração da solução e o passo óptico da célula utilizada.

Como o tratamento rigoroso das vibrações de moléculas complexas é pouco prático, costuma-se levar a cabo a interpretação do espectro IV a partir de comparações empíricas com outros espectros e da extrapolação de resultados obtidos com moléculas mais simples. Muitas das questões levantadas pela interpretação de espectros de infravermelho encontram resposta nos dados fornecidos pelos espectros de massas (Capítulo 1) e RMN (Capítulos 3 a 6).

O Apêndice B dá um resumo das frequências de absorção das moléculas orgânicas no infravermelho na forma das frequências características de grupos. Muitas das absorções de grupos variam em uma larga faixa porque as bandas provêm de interações complexas nas moléculas. As bandas de absorção, entretanto, correspondem predominantemente a um único modo vibracional. Certas bandas de absorção, como as provenientes dos modos de deformação axial de C—H, O—H e C=O, permanecem razoavelmente fixas no espectro, independentemente de possíveis interações. A posição exata da banda de absorção e as mudanças nos contornos das bandas revelam detalhes importantes da estrutura.

As duas áreas mais importantes para o exame preliminar dos espectros são as regiões de 4000 a 1300 cm^{-1} e de 900 a 650 cm^{-1}. A região de mais alta frequência é chamada de região dos grupos funcionais. Nessa região, ocorrem as absorções que correspondem a grupos funcionais importantes, como OH, NH e C=O. A ausência de absorção nas regiões características dos vários grupos funcionais é habitualmente usada como evidência para a inexistência desses grupos na estrutura. Deve-se, entretanto, levar em conta que certas características estruturais podem tornar uma banda muito larga, e dificultam seu reconhecimento. Assim, por exemplo, a formação de ligação hidrogênio intramolecular na forma enol da acetilacetona produz uma banda de OH larga e fraca, dificilmente perceptível. A ausência de absorção na região de 1850 a 1540 cm^{-1} exclui estruturas que contêm carbonilas.

Bandas fracas na região de alta frequência, produzidas pelas absorções fundamentais de grupos funcionais como S—H e C=C, podem ser muito importantes na determinação da estrutura. Essas bandas fracas seriam de pouca importância em outras regiões mais complicadas do espectro. Bandas de harmônicas e de combinação de absorções de frequência menor aparecem muitas vezes na região de alta frequência do espectro. Essas bandas são relativamente fracas, a não ser que ocorra ressonância de Fermi. Bandas fortes características do esqueleto aromático e de heteroaromáticos aparecem na região de 1600 a 1300 cm^{-1}.

A ausência de bandas fortes na região de 900 a 650 cm^{-1} indica geralmente que a estrutura em questão não contém anéis aromáticos. Nessa região, os compostos aromáticos e heteroaromáticos produzem bandas intensas, originadas nas deformações angulares fora do plano de C—H e dos anéis, que podem ser correlacionadas com o modo de substituição do anel aromático. A existência de absorção larga e moderadamente intensa na região de baixas frequências sugere a presença de dímeros de ácidos carboxílicos, de aminas ou de amidas, que mostram nessa região bandas devidas à deformação angular fora do plano. Se essa região for ampliada até 1000 cm^{-1}, as bandas características da absorção de alquenos se incluem.

A região intermediária do espectro, 1300–900 cm^{-1}, é usualmente conhecida como a região da "impressão digital". O espectro nela observado é, com frequência, complexo, com as bandas se originando de modos de vibração acoplados. Essa região do espectro é muito importante para a determinação da estrutura quando examinada com referência a outras regiões. Assim, por exemplo, se a absorção de deformação axial de O—H de álcoois ou fenóis aparece na região de alta frequência do espectro, a posição da banda característica de C—C—O na região de 1260–1000 cm^{-1} torna possível muitas vezes identificar a hidroxila como do álcool ou do fenol. A absorção nessa região intermediária é provavelmente diferente para diferentes espécies moleculares.

Qualquer conclusão que se tenha tirado do exame de uma determinada banda deve ser confirmada, se possível, pelo exame de outras porções do espectro. A atribuição, por exemplo, de uma banda de carbonila de um aldeído deve ser confirmada pelo aparecimento, na região de 2900 a 2695 cm^{-1}, de uma banda ou um par de bandas devidas à deformação axial de C—H do grupamento aldeído. Do mesmo modo, se a banda de carbonila for atribuída a um éster, deve-se observar uma banda intensa de deformação axial de C—O na região de 1300 a 1100 cm^{-1}.

Compostos semelhantes podem dar espectros praticamente idênticos em condições normais, porém pequenas diferenças características podem ser observadas com expansão da escala de intensidades (vertical) ou com o uso de amostras mais concentradas (o que faz com que as bandas intensas fiquem fora da escala). Não é possível distinguir pentano e hexano, por exemplo, em condições normais, porém isso é possível quando se usa o registrador em um modo de sensibilidade muito alta.

Por fim, em uma comparação do tipo "impressão digital" ou em qualquer outra situação na qual a forma dos picos é importante, é preciso considerar que a aparência do espectro muda quando a escala é linear em número de ondas ou linear em comprimento de onda (Figura 2.5).

Admitimos que a descrição detalhada das frequências características dos grupos (Apêndice B) pode ser intimidante. As regras descritas a seguir e o quadro simplificado apresentado na Figura 2.6 podem ajudar.

Nossa primeira sugestão é até certo ponto negativa: não tente interpretar um espectro de infravermelho de uma só vez. Ao contrário, procure evidências da presença ou ausência de grupos funcionais que tenham absorções bem características. Comece com os grupos OH, C=O e NH da Figura 2.6, porque é normalmente possível obter uma resposta quanto à presença ou ausência desses grupos. Uma resposta positiva para qualquer

80 CAPÍTULO 2

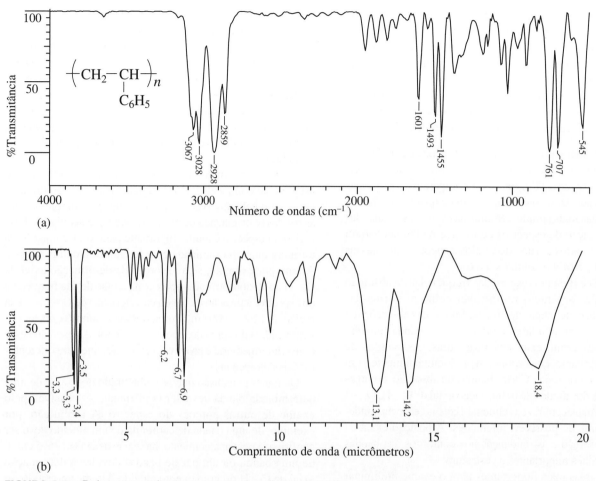

FIGURA 2.5 Dois espectros da mesma amostra de poliestireno: (a) linear em número de ondas (cm^{-1}); (b) linear em comprimento de onda (μm).

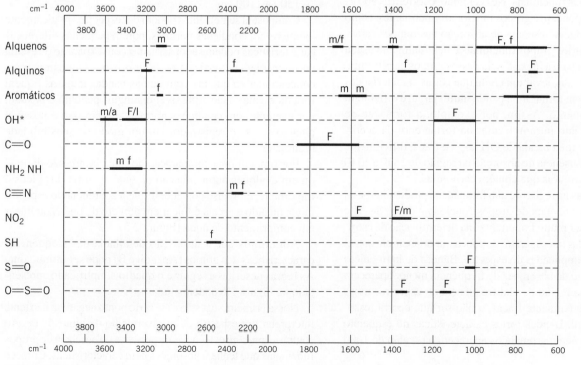

*OH livre, média e aguda; OH associada, forte e larga

FIGURA 2.6 Carta simplificada das frequências características dos grupos funcionais mais comuns. F = forte, m = médio, f = fraco, a = agudo, l = largo.

um desses grupos reduz em muito as possibilidades. Certamente, somada às informações dos espectros de massas (Capítulo 1) e de RMN (Capítulos 3 a 6), contribuirá consideravelmente para a determinação da fórmula molecular do composto. Por outro lado, os resultados da análise dos espectros de massas e de RMN permitirão uma interpretação mais detalhada do espectro de infravermelho.

A Figura 2.6 lista os grupos mais comuns que fornecem suas frequências características. A Seção 2.6 dá informações mais detalhadas, incluindo algumas das dificuldades a enfrentar.

2.6 ABSORÇÕES CARACTERÍSTICAS DE GRUPOS EM MOLÉCULAS ORGÂNICAS

O Apêndice B descreve as frequências de absorções características de grupos. As faixas apresentadas são o resultado do exame de muitos compostos que contêm esses grupos. Embora as faixas sejam bem definidas, a frequência ou o comprimento de onda em que determinado grupo absorve depende de seu ambiente na molécula e do estado físico da amostra.

A presente seção dá uma visão de conjunto dessas absorções características e de sua relação com a estrutura molecular. Quando introduzirmos um tipo ou classe importante de molécula ou de grupo funcional, apresentaremos exemplos de espectros de infravermelho em que os picos importantes são assinalados.

2.6.1 Alcanos Normais (Parafinas)

Os espectros dos alcanos normais (parafinas) podem ser interpretados em termos de quatro vibrações, as deformações axiais e angulares que envolvem as ligações C—H e C—C. A análise detalhada do espectro dos compostos mais simples da série homóloga permitiu a determinação no espectro das posições dos modos de vibração específicos.

Nem todas as bandas de absorção de uma molécula de alcano são importantes na determinação da estrutura. As vibrações de formação angular de C—C, por exemplo, ocorrem em frequências muito baixas (abaixo de 500 cm^{-1}) e, portanto, não aparecem na faixa usual dos espectrômetros. As bandas atribuídas às vibrações axiais de C—C são fracas e aparecem entre 1200 e 800 cm^{-1}. Essas bandas são, em geral, de pouca utilidade na identificação.

As vibrações mais características dessa classe de compostos provêm das deformações axiais e angulares de C—H. Entre elas, as originadas pelas deformações angulares simétrica e assimétrica fora do plano do grupo metileno são usualmente de pouco interesse para a identificação porque são pouco intensas e de posição variável devido ao acoplamento forte com outras vibrações da molécula.

Os modos vibracionais dos alcanos também ocorrem na maior parte das moléculas orgânicas. Por outro lado, embora as posições das frequências de deformação axial e angular de C—H dos grupos metila e metileno permaneçam aproximadamente constantes nos hidrocarbonetos, a ligação de CH_3 ou CH_2 com heteroátomos ou com um grupo carbonila ou um anel aromático pode levar a um deslocamento apreciável da posição das bandas de deformação axial e angular de C—H.

O espectro do dodecano, Figura 2.7, é típico de um hidrocarboneto da cadeia linear.

2.6.1.1 Vibrações de Deformação Axial de C—H

A absorção correspondente à deformação axial de C—H de alcanos ocorre na região de 3000 a 2840 cm^{-1}. A posição das vibrações de deformação axial de C—H está entre as que menos variam posição no espectro.

Grupos Metila O exame dos espectros de um grande número de hidrocarbonetos saturados contendo grupamentos metila mostrou, em todos os casos, duas bandas distintas, uma em 2962 cm^{-1} e outra em 2872 cm^{-1}. A primeira está relacionada com a deformação axial assimétrica(as), em que duas ligações C—H se estendem enquanto a terceira se contrai ($\nu_{as}CH_3$). A segunda está associada com a deformação axial simétrica(s), em que as três ligações C—H se estendem e se contraem em fase ($\nu_s CH_3$). Quando vários grupos metila estão presentes em uma molécula, observa-se forte absorção nessas posições.

Grupos Metileno A deformação axial assimétrica ($\nu_{as}CH_2$) e a deformação axial simétrica ($\nu_s CH_2$) ocorrem em 2926 e

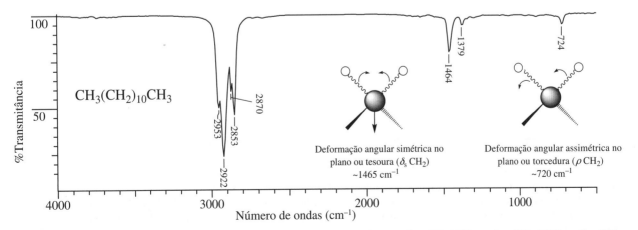

FIGURA 2.7 Dodecano. Deformação axial de C—H: 2953 cm^{-1}, $\nu_{as}CH_3$, 2870 cm^{-1}, $\nu_s CH_3$, 2922 cm^{-1}, $\nu_{as}CH_2$, 2853 cm^{-1}, $\nu_s CH_2$. Deformação angular de C—H: 1464 cm^{-1}, $\delta_s CH_2$, 1450 cm^{-1}, $\delta_{as}CH_3$, 1379 cm^{-1}, $\delta_s CH_3$. Deformação angular assimétrica no plano de CH_2: 724 cm^{-1}, ρCH_2.

2853 cm⁻¹, respectivamente. Nos hidrocarbonetos alifáticos e hidrocarbonetos cíclicos sem tensão, as posições dessas bandas variam ± 10 cm⁻¹, no máximo. A frequência de deformação axial do grupo metileno aumenta quando este faz parte de um anel sob tensão.

2.6.1.2 Vibrações de Deformação Angular de C—H

Grupos Metila Um grupo metila dá origem a duas vibrações de deformação angular. A primeira delas, a vibração de deformação angular simétrica, envolve a deformação angular em fase das ligações C—H (**I**). A segunda, a vibração de deformação angular assimétrica, envolve a vibração fora de fase das ligações C—H (**II**).

Em **I**, as ligações C—H movem-se como as pétalas de uma flor que se abrem ou se fecham. Em **II**, uma das pétalas se abre, enquanto as outras duas se fecham.

A vibração de deformação angular simétrica ($\delta_s CH_3$) está próxima de 1375 cm⁻¹, e a deformação angular assimétrica ($\delta_{as} CH_3$) próxima de 1450 cm⁻¹.

A vibração assimétrica geralmente se superpõe à vibração de deformação angular simétrica no plano do grupo metileno (veja adiante). Em compostos como a dietil-cetona, entretanto, observam-se duas bandas distintas. Em consequência da proximidade da carbonila, nessa molécula, a banda da deformação angular simétrica no plano do grupo metileno desloca-se para frequências mais baixas, 1439–1399 cm⁻¹, com aumento de intensidade.

A banda de absorção observada em 1375 cm⁻¹ origina-se na deformação angular simétrica das ligações C—H do grupamento metila e não varia muito de posição quando o grupamento metila está ligado a um átomo de carbono. A intensidade dessa banda, por grupo metila, é maior do que a das bandas de deformação angular assimétrica de metila e de deformação angular no plano de metileno.

Grupos Metileno A Figura 2.1 mostrou, esquematicamente, as vibrações de deformação angular das ligações C—H do grupo metileno. As quatro vibrações de deformação angular são as vibrações de deformação angular simétrica ("*tesoura*") e assimétrica ("*meneio*") no plano, e as vibrações de deformação angular simétrica ("*balanço*") e assimétrica fora do plano ("*torcedura*").

A banda de deformação angular simétrica no plano ($\delta_s CH_2$) ocorre no espectro dos hidrocarbonetos em uma posição aproximadamente constante, 1465 cm⁻¹ (veja a Figura 2.7).

A banda de deformação angular assimétrica no plano (ρCH_2), na qual todo o grupo metileno se deforma em fase, aparece em 720 cm⁻¹, aproximadamente, em alcanos de cadeia linear de sete ou mais átomos de carbono. No caso de amostras sólidas, pode-se observar um dubleto. No caso de alcanos de menor peso molecular, a banda costuma aparecer em frequências mais altas.

As absorções de deformação angular simétrica e assimétrica fora do plano do metileno são observadas, no caso dos hidrocarbonetos, entre 1350 e 1150 cm⁻¹. Essas bandas são, em geral, mais fracas do que as bandas de deformação angular simétrica no plano do metileno. No caso de amostras sólidas de ácidos, amidas e ésteres de cadeia longa, observa-se uma série de bandas características nessa região.

2.6.2 Alcanos Ramificados

As mudanças observadas nos espectros provocadas por ramificações nos hidrocarbonetos são, em geral, consequência da variação das posições das absorções de deformação axial do esqueleto de carbonos e de deformação angular do grupo metila que ocorrem abaixo de 1500 cm⁻¹. O espectro do iso-octano na Figura 2.8 é um exemplo de hidrocarboneto ramificado típico.

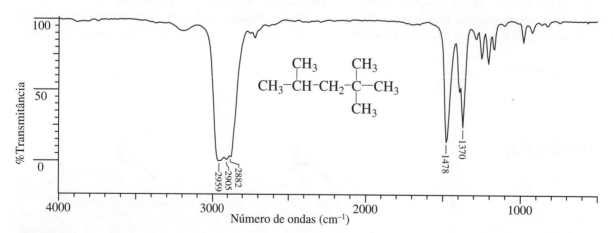

FIGURA 2.8 2,2,4-Trimetil-pentano.* Deformação axial de C—H (veja a Figura 2.7). Deformação angular de C—H (veja a Figura 2.7). Ocorrem dubletos superpostos devido aos grupamentos *t*-butila e isopropila em 1340–1400 cm⁻¹. Compare com a Figura 2.7 e observe que aqui a(s) banda(s) de deformação angular assimétrica no plano de metileno em 800–1000 cm⁻¹ está(ão) ausente(s).

---

*Isooctano é o nome vulgar de 2, 2, 4-trimetil-pentano.

2.6.2.1 Vibrações de Deformação Axial de C—H Grupos C—H Terciários
A absorção resultante desse modo vibracional é muito fraca e geralmente confunde-se com as demais absorções de C—H alifático. Nos hidrocarbonetos, a absorção ocorre em 2890 cm^{-1}, aproximadamente.

2.6.2.2 Vibrações de Deformação Angular de C—H Grupamentos Dimetila Geminados
As configurações em que dois grupos metila estão ligados a um mesmo átomo de carbono exibem absorções características na região de deformação angular de C—H. O grupamento isopropila mostra um dubleto intenso com picos de intensidade semelhante em 1385–1380 cm^{-1} e 1370–1365 cm^{-1}. O grupo butila *terciário* dá origem a duas bandas de deformação axial de C—H, uma entre 1395 e 1385 cm^{-1} e outra próxima de 1370 cm^{-1}. No dubleto do grupo *t*-butila, a banda de maior comprimento de onda é mais intensa. Quando o grupo dimetila *geminado* ocorre em uma posição mais interna da molécula do hidrocarboneto, observa-se o dubleto aproximadamente na mesma posição dos grupos isopropila e *t*-butila. Esses dubletos têm origem na interação das deformações angulares em fase e fora de fase dos grupos CH$_3$ ligados ao mesmo átomo de carbono.

As vibrações de deformação angular assimétrica no plano dos grupos isopropila e *t*-butila dão origem a absorções fracas. Essas vibrações dependem da massa do composto e de interações com os modos de deformação axial do esqueleto de carbonos e, por isso, têm menos importância para a identificação da estrutura do que as vibrações de deformação angular de C—H. A absorção do grupamento isopropila absorve em 922–919 cm^{-1}, e o grupo *t*-butila, em 932–926 cm^{-1}.

2.6.3 Cicloalcanos

2.6.3.1 Vibrações de Deformação Axial de C—H
As vibrações de deformação axial de metileno dos polimetilenos cíclicos sem tensão no anel são praticamente as mesmas observadas no caso dos alcanos acíclicos. O aumento da tensão do anel move as bandas de deformação axial de C—H progressivamente para frequências mais altas. Os grupos CH$_2$ e CH do anel de um monoalquil-ciclopropano absorvem na região de 3100–2990 cm^{-1}.

2.6.3.2 Vibrações de Deformação Angular de C—H
A ciclização diminui a frequência da vibração de deformação angular simétrica no plano de CH$_2$. O ciclo-hexano absorve em 1452 cm^{-1}, já o *n*-hexano absorve em 1468 cm^{-1}. O ciclopentano absorve em 1455 cm^{-1}, e o ciclopropano, em 1442 cm^{-1}. Esses deslocamentos permitem, com frequência, a observação, nessa região, de bandas distintas para a absorção de metileno e de metila.

2.6.4 Alquenos
As estruturas de alquenos (olefinas) introduzem vários novos modos de vibração na molécula de um hidrocarboneto: a vibração de deformação axial da ligação C═C, as vibrações de deformação axial do C—H da ligação dupla e as respectivas deformações angulares no plano e fora do plano do C—H de alqueno. O espectro da Figura 2.9 é de um alqueno terminal típico.

2.6.4.1 Vibrações de Deformação Axial de C═C de Alquenos Lineares Não Conjugados
O modo de deformação axial da ligação C═C de alquenos não conjugados produz usualmente uma banda de absorção de intensidade moderada a fraca em 1667–1640 cm^{-1}. Os alquenos monossubstituídos, isto é, os que contêm grupos vinila, absorvem em cerca de 1640 cm^{-1}, com intensidade moderada. Os alquenos *trans*-dissubstituídos e os alquenos trialquilados e tetra-alquilados absorvem em cerca de 1670 cm^{-1}. Os alquenos *cis*-dissubstituídos e os alquenos com grupo vinilideno absorvem próximo de 1650 cm^{-1}.

A absorção devida à deformação axial de C═C em alquenos *trans*-dissubstituídos ou tetrassubstituídos simétricos pode ser extremamente fraca ou até mesmo não ser observada. Já os *cis*-alquenos, por não terem a simetria da estrutura *trans*, absorvem mais intensamente. As ligações duplas não terminais, em geral, absorvem mais fracamente do que as ligações duplas terminais devido à pseudossimetria.

No caso dos grupos —CH═CF$_2$ e —CF═CF$_2$, observam-se frequências anormalmente altas. A primeira está próxima de 1754 cm^{-1} e a outra, próxima de 1786 cm^{-1}. Quando há substituição de hidrogênio por cloro, bromo ou iodo, por outro lado, a frequência de absorção diminui.

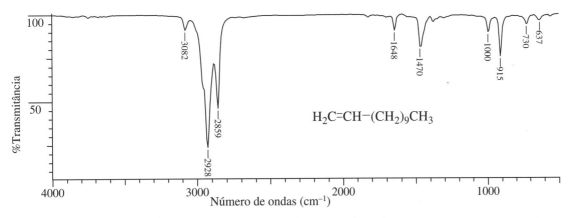

FIGURA 2.9 1-Dodeceno. Deformação axial de C—H (veja a Figura 2.7). Observe a deformação axial de C—H em 3082 cm^{-1}. Deformação axial de C═C em 1648 cm^{-1}, veja o Apêndice C, Tabela C-1. Deformação angular simétrica fora do plano de C—H: 1000 cm^{-1}, (alqueno) 915 cm^{-1}. Deformação angular assimétrica no plano do metileno: 730 cm^{-1}.

Cicloalquenos A absorção da ligação dupla interna dos sistemas ciclo-hexeno que têm pequena tensão de anel é essencialmente a mesma observada no caso do isômero *cis* acíclico correspondente. A vibração de deformação axial da ligação C=C acopla-se com a vibração de deformação axial das ligações C—C adjacentes. Quando o ângulo α

é menor, a interação diminui até atingir o mínimo no ciclobuteno, em que α é 90° (1566 cm^{-1}). No ciclopropeno, a interação torna-se novamente apreciável, e a frequência de absorção aumenta (1641 cm^{-1}).

A substituição de um átomo de hidrogênio por um grupo alquila em anéis sob tensão aumenta a frequência de absorção de C=C. O ciclobuteno absorve em 1566 cm^{-1}, e o 1-metilciclobuteno, em 1641 cm^{-1}.

A frequência de absorção de ligações exocíclicas (externas) aumenta com a diminuição do tamanho do anel. O metilenociclo-hexano absorve em 1650 cm^{-1}, por exemplo, enquanto o metileno-ciclopropano absorve em 1781 cm^{-1}.

Sistemas Conjugados As vibrações de deformação axial da ligação dupla de dienos conjugados que não têm centro de simetria interagem e produzem duas bandas de deformação axial de C=C. O espectro de um dieno conjugado assimétrico, como o 1,3-pentadieno, mostra duas bandas: uma próxima de 1650 cm^{-1} e a outra de 1600 cm^{-1}. Já o 1,3-butadieno, cuja molécula é simétrica, mostra apenas a banda de 1600 cm^{-1} resultante da deformação axial assimétrica. A outra banda, devida à deformação axial simétrica, é inativa no infravermelho. O espectro do isopreno no infravermelho (Figura 2.10) ilustra alguns desses pontos.

A conjugação entre a ligação dupla de um alqueno e anéis aromáticos produz uma banda de absorção intensa próxima de 1625 cm^{-1}.

A frequência de absorção da ligação dupla de um alqueno conjugada com um grupamento carbonila reduz-se de cerca de 30 cm^{-1} em relação à posição original. A conjugação aumenta a intensidade da banda. No caso de estruturas *s-cis*, a absorção pode ser tão intensa quanto a do grupo carbonila. As estruturas *s-trans* absorvem mais fracamente do que as estruturas *s-cis*.

Alquenos Cumulados Um sistema de ligações duplas cumuladas, como nos alenos $\left(\!\!>\!\!C\!=\!C\!=\!CH_2\right)$, absorve entre 2000 cm^{-1} e 1900 cm^{-1}. Essa banda é o resultado da deformação axial assimétrica do sistema C=C=C e pode ser considerada um caso extremo de absorção de C=C exocíclico.

2.6.4.2 Vibrações de Deformação Axial de C—H de Alquenos

Em geral, as bandas de deformação axial de C—H acima de 3000 cm^{-1} resultam de vibrações de aromáticos, heteroaromáticos, alquinos ou alquenos. Encontram-se também, na mesma região, as bandas de deformação axial de C—H de anéis pequenos como o do ciclopropano e de C—H de grupos alquila halogenados. A frequência e a intensidade das absorções de C—H são influenciadas pelo modo de substituição. Com resolução adequada, observam-se bandas múltiplas no caso de estruturas em que podem ocorrer acoplamentos entre deformações axiais. O grupo vinila, por exemplo, produz três bandas de deformação axial de C—H muito próximas. Duas delas provêm das deformações axiais simétrica e assimétrica dos grupos C—H terminais e a terceira da deformação axial do outro grupo C—H.

2.6.4.3 Vibrações de Deformação Angular de C—H de Alquenos

As ligações C—H de alquenos podem sofrer deformação angular no plano da ligação C=C ou em um plano perpendicular. As vibrações de deformação angular podem estar em fase ou fora de fase, uma em relação à outra.

Algumas das bandas de deformação angular no plano, mais intensas e menos variáveis, são bem conhecidas. O grupamento vinila absorve próximo de 1416 cm^{-1} devido à deformação angular simétrica no plano do grupo metileno terminal. A vibração de deformação angular assimétrica no plano de C—H de um alqueno *cis*-dissubstituído também ocorre nessa região.

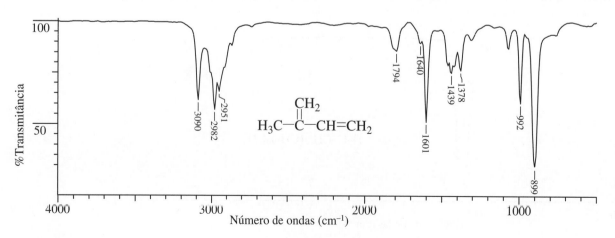

FIGURA 2.10 Isopreno. Deformação axial de C—H: =C—H 3090 cm^{-1}. Deformação axial acoplada de C=C—C=C simétrica em 1640 cm^{-1} (fraca), assimétrica em 1601 cm^{-1} (forte). Deformação angular no plano de C—H (alqueno, saturado), deformação angular fora do plano: 992 cm^{-1}, 899 cm^{-1} (veja vinila, Apêndice Tabela C-1).

Os modos vibracionais mais característicos dos alquenos são as vibrações de deformação angular fora do plano de C—H que ocorrem entre 1000 e 650 cm^{-1}. Essas bandas costumam ser as mais intensas do espectro dos alquenos. Para efeito de identificação, são muito importantes as bandas dos grupos vinila, vinilideno e de alquenos *trans*-dissubstituídos. As absorções de alquenos estão resumidas nas Tabelas C-1 e C-2 do Apêndice.

Nas estruturas do tipo aleno, observa-se uma absorção intensa próxima de 850 cm^{-1}, proveniente da deformação angular simétrica fora do plano do grupo =CH$_2$. A primeira harmônica dessa banda também pode ser observada.

2.6.5 Alquinos

As duas vibrações de deformação axial de alquinos (acetilenos) envolvem a deformação axial de C≡C e de C—H. A absorção de deformação angular de C—H é característica do acetileno e dos alquinos monossubstituídos. A Figura 2.11 mostra o espectro de um alquino terminal típico.

2.6.5.1 Vibrações de Deformação Axial de C≡C

A banda fraca de deformação axial de C≡C dos alquinos ocorre entre 2260 e 2100 cm^{-1}. Por causa da simetria, não se observa no infravermelho nenhuma banda de C≡C nos alquinos simetricamente substituídos. Nos alquinos monossubstituídos, a banda aparece entre 2140 e 2100 cm^{-1}. Nos alquinos dissubstituídos assimétricos, a absorção ocorre entre 2260 e 2190 cm^{-1}. Quando os substituintes têm massas semelhantes ou produzem efeitos indutivo e de ressonância semelhantes, a banda pode ser muito fraca para ser observada. Por questões de simetria, um C≡C terminal produz uma banda mais intensa do que uma ligação C≡C interna (pseudossimetria). A intensidade da banda de deformação axial de C≡C aumenta quando ocorre conjugação com um grupo carbonila.

2.6.5.2 Vibrações de Deformação Axial de C—H de Alquinos
A banda de deformação axial de C—H de alquinos monossubstituídos ocorre, em geral, entre 3333 e 3267 cm^{-1}. Essa banda é mais intensa e mais estreita do que as bandas de OH e NH em ligação hidrogênio que absorvem na mesma região.

2.6.5.3 Vibrações de Deformação Angular de C—H de Alquinos
A vibração de deformação angular de C—H de acetileno ou de alquinos monossubstituídos produz uma absorção intensa e larga entre 700 cm^{-1} e 610 cm^{-1}. A primeira harmônica da vibração de deformação angular de C—H é uma banda fraca e larga que ocorre entre 1370 cm^{-1} e 1220 cm^{-1}.

2.6.6 Hidrocarbonetos Aromáticos Mononucleares

As bandas mais importantes e que dão mais informações sobre a estrutura dos compostos aromáticos são encontradas na região de baixas frequências, entre 900 e 675 cm^{-1}. Essas bandas intensas provêm da deformação angular fora do plano das ligações C—H do anel. As bandas de deformação angular no plano aparecem entre 1300 e 1000 cm^{-1}. Observam-se, ainda, vibrações de esqueleto em 1600–1585 cm^{-1} e em 1500–1400 cm^{-1}, que envolvem a deformação axial das ligações carbono–carbono do anel. As bandas de esqueleto aparecem frequentemente como dubletos, dependendo da natureza dos substituintes do anel.

As bandas de deformação axial de C—H de aromáticos ocorrem entre 3100 e 3000 cm^{-1}. Entre 2000 e 1650 cm^{-1}, aparecem bandas fracas de combinação e de harmônicas. O aspecto das bandas nessa região ajuda a identificação do modo de substituição do anel. Como, porém, essas bandas são fracas, é preciso observá-las sob maior espessura que o habitual. O espectro da Figura 2.12 é típico de um hidrocarboneto aromático (benzenoide).

2.6.6.1 Vibrações de Deformação Angular Fora do Plano de C—H
As deformações em fase fora do plano dos átomos de hidrogênio adjacentes dos anéis aromáticos são fortemente acopladas entre si. Por essa razão, as posições das absorções correspondentes são características do número de

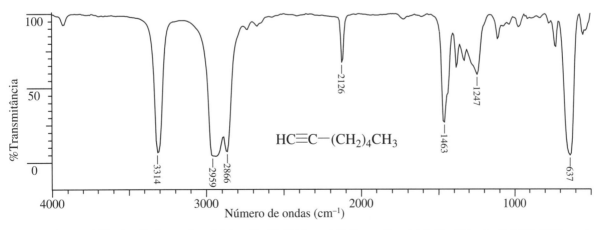

FIGURA 2.11 1-Heptino. Deformação axial de ≡C—H, 3314 cm^{-1}. Deformação axial de C—H de alquila 1450–1360 cm^{-1}, 2860–2960 cm^{-1}. Deformação axial de C≡C, 2126 cm^{-1}. Deformação angular de C—H: 1463 cm^{-1}, δ_sCH$_2$, 1450 cm^{-1}, δ_{as} CH$_3$. Harmônica da vibração de deformação angular de ≡C—H, 1247 cm^{-1}. Fundamental da deformação angular simétrica de ≡C—H, 637 cm^{-1}.

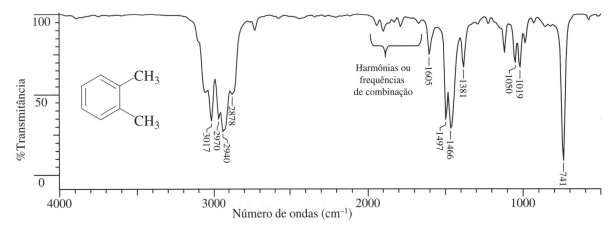

FIGURA 2.12 o-Xileno. Deformação axial de C—H de aromático, 3017 cm⁻¹. Deformação axial de C—H de metila, 3970 cm⁻¹, 2940 cm⁻¹, 2875 cm⁻¹. Harmônicas ou frequências de combinação, 2000–1667 cm⁻¹. Deformação axial de C—C do anel aromático, 1605 cm⁻¹, 1497 cm⁻¹, 1466 cm⁻¹. Deformação angular no plano de C—H, 1050 cm⁻¹, 1019 cm⁻¹. Deformação angular fora do plano de C—H, 741 cm⁻¹.

átomos de hidrogênio adjacentes no anel. As bandas são frequentemente intensas e aparecem entre 900 e 675 cm⁻¹.

A posição das bandas de deformação angular fora do plano de C—H no espectro de derivados de benzeno está registrada na tabela de frequências características de grupos do Apêndice B. Essas atribuições são bastante confiáveis no caso de substituintes alquila, porém deve-se ter cautela ao interpretar os espectros de benzenos substituídos quando grupos polares estão diretamente ligados ao anel, como, em nitrobenzenos e em ácidos aromáticos e seus ésteres e amidas.

A banda de absorção que aparece frequentemente entre 600 e 420 cm⁻¹ no espectro de derivados de benzeno é atribuída à deformação angular fora do plano do anel.

2.6.7 Hidrocarbonetos Aromáticos Polinucleares

Os compostos aromáticos polinucleares, como os compostos aromáticos mononucleares, mostram absorções características em três regiões do espectro.

As vibrações de deformação axial de C—H aromático e as vibrações de esqueleto ocorrem nas mesmas regiões nos dois casos. As absorções mais características provêm da deformação angular fora do plano de C—H entre 900 e 675 cm⁻¹. Essas bandas podem ser correlacionadas com o número de átomos de hidrogênio adjacentes nos diferentes anéis. Muitos dos derivados de naftaleno na posição β, por exemplo, mostram três bandas de absorção devidas às deformações angulares fora do plano de C—H, que correspondem a um átomo de hidrogênio isolado e dois átomos de hidrogênio adjacentes em um dos anéis e quatro átomos de hidrogênio adjacentes no outro anel.

No espectro de derivados de naftaleno na posição α, as bandas correspondentes ao átomo de hidrogênio isolado e aos dois hidrogênios adjacentes observadas no caso dos β-naftalenos, são substituídas por uma banda correspondente a três hidrogênios adjacentes que aparece entre 810 e 785 cm⁻¹. Outras bandas devidas às vibrações de deformação angular

TABELA 2.3 Vibrações de Deformação Angular Fora do Plano de C—H em Naftalenos β-Susbtituídos

Modo de Substituição	Faixa de Absorção (cm⁻¹)
Hidrogênio isolado	862–835
Dois átomos de hidrogênio adjacentes	835–805
Quatro átomos de hidrogênio adjacentes	760–735

do anel também podem ser observadas (veja a Tabela 2.3). A posição das bandas de absorção de derivados polissubstituídos de naftaleno e de outros compostos aromáticos polinucleares foi resumida por Colthup et al. (1990).

2.6.8 Polímeros

Nesta seção, limitaremos a discussão a uma classe particular de macromoléculas sintéticas formadas por um conjunto de unidades químicas repetidas com regularidade (isto é, um monômero). Uma macromolécula com apenas um tipo de unidade química repetida é chamada de homopolímero. Um copolímero é formado por um número muito limitado de tipos diferentes de monômeros ligados pelas extremidades para formar uma cadeia. Os polímeros podem ser lineares, ramificados ou reticulados e podem existir nos estados cristalino, semicristalino ou amorfo. Uma molécula com N átomos tem 3N-6 modos normais de vibração (Seção 2.2), e um polímero pode conter dezenas de milhares de átomos e, portanto, pode ter de dezenas a centenas de milhares de modos normais. Essa situação poderia levar a espectros de infravermelho extremamente complicados. Entretanto, os homopolímeros têm um número grande de unidades químicas idênticas repetidas, cada uma das quais contém um número limitado de átomos. Isso leva a uma redução considerável da complexidade do espectro de infravermelho. Portanto, o espectro de IV de um polímero contém, usualmente, um número de picos da ordem de ≤ 3n, em que n é o número de átomos da unidade química repetida, e não 3N, em que N é o número de átomos da molécula completa. As bandas do espectro de um polímero podem, então, ser atribuídas com base das vibrações de deformação linear e angular dos grupos específicos das unidades repetidas que formam a cadeia polimérica.

A identificação de um polímero desconhecido envolve, então, a detecção de bandas de absorção características de um grupo químico em particular da unidade repetida. Com o uso de uma tabela de correlação de frequências de grupos funcionais de moléculas pequenas (Apêndice B), torna-se relativamente simples, por exemplo, afirmar que o espectro é de um polímero de um hidrocarboneto alifático ou aromático, de um poliéster, de uma poliamida, e assim por diante.

Espectros de FT-IV do polímero mais simples, o polietileno (—CH_2—CH_2—) estão nas Figuras 2.13 e 2.14. O espectro do polietileno de alta densidade (HDPE) (Figura 2.13) mostra uma deformação linear simétrica em 2848 cm^{-1}, uma deformação linear assimétrica em 2915 cm^{-1}, um dubleto em 1461 e 1471 cm^{-1} devido à deformação angular de CH_2, uma deformação angular assimétrica no plano das duas cadeias da célula unitária em 720 cm^{-1} e uma deformação angular simétrica das duas cadeias da célula unitária em 730 cm^{-1}. HDPE é um polímero linear, muito cristalino, com um conteúdo baixo de grupos CH_3, encontrados quase que completamente como grupos terminais do polímero. Assim, $\nu_{as}CH_3$ em 2950 cm^{-1}, $\nu_s CH_3$ em 2870 cm^{-1} e $\delta_s CH_3$ em 1378 cm^{-1} não são visíveis ou têm intensidade muito pequena. LDPE (polietileno de baixa densidade, produzido em altas pressões e temperaturas, 82 a 276 MPa e 405 °C a 605 °C, respectivamente) contém algumas cadeias laterais e, em consequência, um conteúdo mais elevado de grupos $^-CH_3$. Por isso, a deformação angular simétrica de CH_3 em 1378 cm^{-1} do LDPE tem intensidade relativamente alta em comparação com o HDPE (Figura 2.14).

A medida da intensidade relativa da banda de vibração de CH_3 permite a determinação do grau de ramificação do polietileno. Uma banda de deformação angular simétrica fora do plano de CH_2 próxima de 1303 cm^{-1} e uma deformação angular em 1080 cm^{-1} (deformação axial do esqueleto de C—C) estão associadas ao caráter amorfo do polímero, e essas bandas podem ser usadas para estimar o grau de cristalinidade da amostra de polietileno.

A Figura 2.15 mostra o espectro do polipropileno, em que um grupo metila substitui um dos átomos de hidrogênio das unidades do polietileno. O espectro não somente mostra todas as características de um hidrocarboneto alifático saturado, mas também algumas bandas agudas nas regiões de deformação

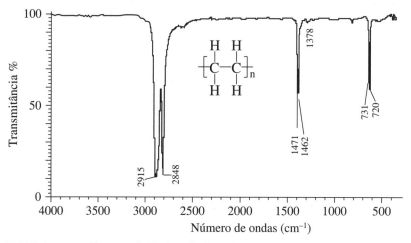

FIGURA 2.13 Espectro de IV do polietileno de alta densidade.

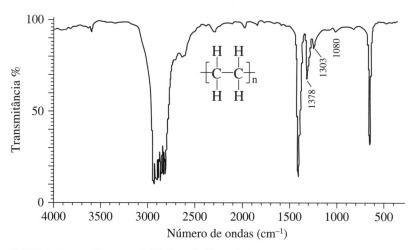

FIGURA 2.14 Espectro de IV do polietileno de baixa densidade.

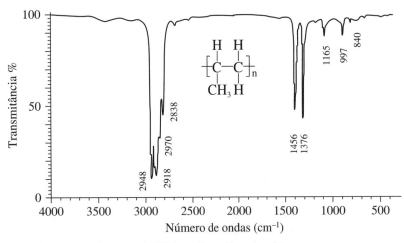

FIGURA 2.15 Espectro de IV do polipropileno isotático.

axial de C—C e de deformação angular de C—H, sugerindo um esqueleto de carbonos bem definido. O polipropileno, como a vinila ou o valideno em sua classe de polímeros, pode existir como isômeros com conformação estereoquímica definida.

O polipropileno existe em três formas, como ilustrado na Figura 2.16: o polipropileno isotático, em que todos os grupos R estão no mesmo lado da cadeia estendida, o sindiotático, em que os grupos R alternam-se nos dois lados da cadeia, e o atático, em que a distribuição dos grupos R é aleatória nos dois lados da cadeia. Essas diferenças têm influência considerável na ordenação e no empacotamento do polímero no estado sólido e, em consequência, afetam os espectros IV do material. A configuração do PP atático não mostra regularidade nas unidades repetidas. O PP isotático enovela-se em uma hélice 3_1 e empacota-se com regularidade para formar arranjos cristalinos. Em geral, o aumento da cristalinidade e da ordem leva a algumas bandas mais agudas e com maior intensidade nos espectros de IV. Por isso, os espectros IV de polímeros atáticos são semelhantes aos do polímero amorfo. Porém, o PP isotático tem intensidades mais pronunciadas nas bandas em 1170, 998 e 841 cm^{-1} do que as formas atáticas.

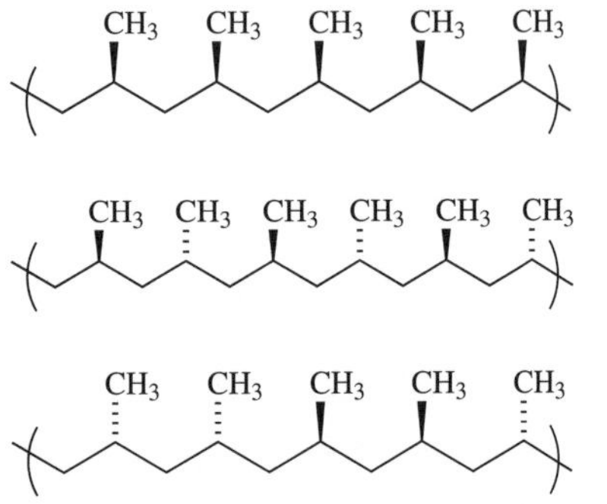

A Figura 2.17 mostra o espectro IV do polibutadieno em que um grupo —CH=CH$_2$ substitui um dos hidrogênios das unidades do polietileno. Bandas características dos modos de deformação fora do plano dos átomos de hidrogênio ligados aos átomos de carbono adjacentes às ligações duplas aparecem em diferentes posições dos espectros de IV. No caso do 1,4-*cis*-polibutadieno, a banda é observada em 740 cm^{-1}, mas, no caso do 1,4-*trans*-polibutadieno, ela está em 966 cm^{-1}.

2.6.9 Álcoois e Fenóis

As bandas características observadas nos espectros de álcoois e fenóis provêm da deformação axial de O—H e de C—O. Essas vibrações são sensíveis à formação de ligação hidrogênio. Os modos de deformação axial de C—O e de deformação

FIGURA 2.16 Configurações estereoquímicas do polipropileno.

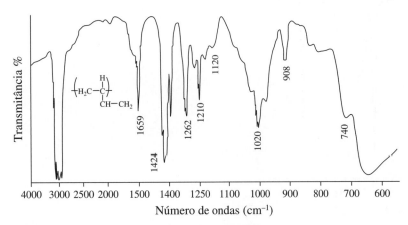

FIGURA 2.17 Espectro de IV do 1,4-*cis*-polibutadieno.

angular de O—H não são independentes e se acoplam com as vibrações de grupos adjacentes.

2.6.9.1 Vibrações de Deformação Axial de O—H

O grupamento hidroxila "livre", isto é, que não participa de ligação hidrogênio, dos álcoois e fenóis absorve fortemente entre 3650 e 3584 cm^{-1}. Essas bandas agudas de hidroxila "livre" são observadas na fase vapor, em soluções muito diluídas em solventes não polares ou em grupos O—H estericamente impedidos. A ligação hidrogênio intermolecular torna-se importante quando a concentração da solução aumenta e outras bandas começam a aparecer em frequências mais baixas, tipicamente 3550–3200 cm^{-1}. Ocorre simultaneamente diminuição da intensidade da banda de hidroxila "livre". A Figura 2.18 mostra as bandas de absorção na região de deformação axial de O—H para duas concentrações diferentes de ciclo-hexilcarbinol em tetracloreto de carbono e ilustra esse efeito. Nas comparações desse tipo, deve-se alterar o caminho óptico da célula quando a concentração muda, de modo a manter constante o número de moléculas que estão absorvendo. A banda em 3623 cm^{-1} provém do monômero e a absorção larga de 3333 cm^{-1} das estruturas "poliméricas".

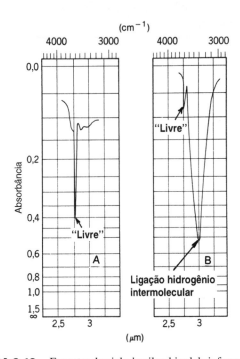

FIGURA 2.18 Espectro do ciclo-hexilcarbinol de infravermelho, em CCl$_4$, região de deformação axial de O—H. Pico A na concentração 0,03 M (célula de 0,406 mm); pico B na concentração 1,00 M (célula de 0,014 mm).

A *o*-hidróxi-acetofenona sofre ligação hidrogênio intramolecular forte, e a absorção correspondente ocorre em 3077 cm^{-1}. Ela é larga, pouco intensa, e não depende da concentração (Figura 2.19).

Já a *p*-hidróxi-acetofenona,

mostra um pico agudo em 3600 cm^{-1}, em CCl$_4$ diluído, característico da hidroxila "livre", bem como uma banda larga e intensa em 3100 cm^{-1} no espectro da substância pura. Em estruturas como o 2,6-di-*t*-butil-fenol, em que o impedimento estérico não permite a formação de ligação hidrogênio, não se observa a banda associada, mesmo na amostra pura.

2.6.9.2 Vibrações de Deformação Axial de C—O

As vibrações de deformação axial de C—O de álcoois (Figuras 2.20 e 2.22) e fenóis (Figura 2.21) produzem uma banda forte entre 1260 e 1000 cm^{-1}.

O modo de deformação axial de C—O acopla-se com a vibração de deformação axial do C—C adjacente. Assim, em álcoois primários, a vibração é descrita mais corretamente como uma deformação axial assimétrica de C—C—O. O modo vibracional complica-se ainda mais com a presença de ramificações e insaturação α,β. A Tabela 2.4 resume esses efeitos para uma série de álcoois secundários (amostras puras).

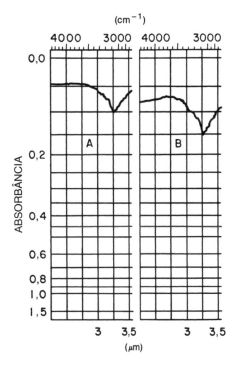

FIGURA 2.19 Espectro parcial da *o*-hidróxi-acetofenona no infravermelho. Pico A, 0,03 M, espessura da célula: 0,41 mm. Pico B, 1,0 M, espessura da célula: 0,015 mm.

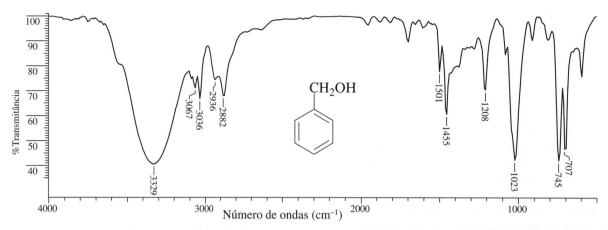

FIGURA 2.20 Álcool benzílico. Deformação axial de O—H em ligação hidrogênio intermolecular, 3329 cm^{-1}. Deformação axial de C—H: aromático 3100–3000 cm^{-1}. Deformação axial de C—H: metileno, 2940-2860 cm^{-1}. Harmônicas ou frequências de combinação, 2000–1667 cm^{-1}. Deformação axial das ligações C—C do anel, 1501 cm^{-1}, 1455 cm^{-1}, cobertas pela deformação angular simétrica no plano de CH$_2$ em 1471 cm^{-1}. Deformação angular de O—H, possivelmente aumentada pela deformação angular no plano de C—H, 1209 cm^{-1}. Deformação axial de C—O de álcoois primários (veja a Tabela 2.5), 1023 cm^{-1}. Deformação angular fora do plano de C—H de aromático, 745 cm^{-1}. Deformação angular de C—C do anel, 707 cm^{-1}.

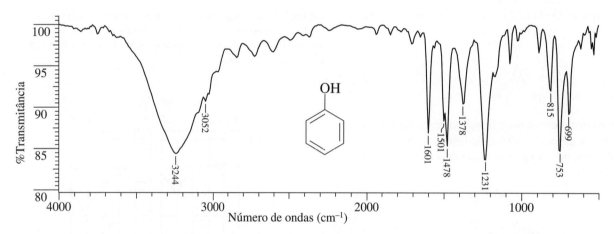

FIGURA 2.21 Fenol (fundido). Deformação axial de O—H, larga, em ligação hidrogênio intermolecular, 3244 cm^{-1}. Deformação axial de C—H de aromáticos, 3052 cm^{-1}. Harmônicas ou bandas de combinação, 2000–1667 cm^{-1}. Deformação axial de C—C do anel, 1601 cm^{-1}, 1501 cm^{-1}, 1478 cm^{-1}. Deformação angular no plano de O—H, 1378 cm^{-1}. Deformação axial de C—O, 1231 cm^{-1}. Deformação angular fora do plano de C—H, 815 cm^{-1}, 753 cm^{-1}. Deformação angular fora do plano de C—C do anel, 699 cm^{-1}. Deformação angular fora do plano de O—H em ligação hidrogênio (larga), cerca de 650 cm^{-1}.

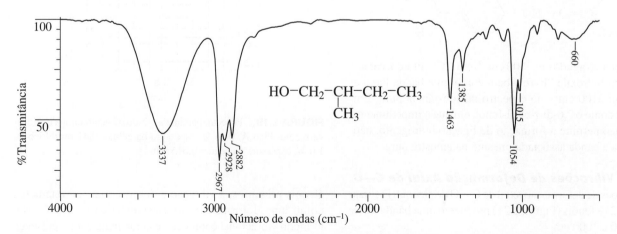

FIGURA 2.22 2-Metil-1-butanol. Deformação axial de O—H em ligação hidrogênio intermolecular, 3337 cm^{-1}. Deformação axial de C—H (3000–2800 cm^{-1}). Deformação angular de C—H (veja a Figura 2.8). Deformação axial de C—O 1054 cm^{-1}.

TABELA 2.4 Absorções de Deformação Axial de C—C—O de Álcoois Secundários

Álcool Secundário	Absorção (cm^{-1})
2-Butanol	1105
3-Metil-2-butanol	1091
1-Fenil-etanol	1073
3-Buteno-2-ol	1058
Difenil-metanol	1014

TABELA 2.5 Absorções de Deformação Axial de C—O de Álcoois

Tipo de Álcool	Faixa de Absorção (cm^{-1})
(1) Terciário saturado (2) Secundário, muito simétrico	1205–1124
(1) Secundário saturado (2) Terciário α-insaturado ou cíclico	1124–1087
(1) Secundário α-insaturado (2) Secundário, com anel alicíclico de cinco ou seis átomos (3) Primário saturado	1085–1050
(1) Terciário, muito α-insaturado (2) Secundário, di-α-insaturado (3) Secundário, α-insaturado e α-ramificado (4) Secundário, com anel alicíclico de sete ou oito átomos (5) Primário, α-insaturado ou α-ramificado	<1050

A Tabela 2.5 mostra as faixas de absorção de vários tipos de álcoois. Os valores foram listados para amostras de álcoois puros.

Os fenóis absorvem, na forma de emulsões, pastilhas ou sólidos fundidos, em 1390–1330 cm^{-1} e em 1260–1180 cm^{-1}. Essas bandas resultam aparentemente da interação entre a deformação angular de O—H e a deformação axial de C—O. A banda de maior comprimento de onda é mais forte, e ambas as bandas aparecem em maiores comprimentos de onda se observadas em solução. O espectro do fenol (Figura 2.21) foi obtido como um sólido fundido para mostrar o alto grau de associação.

2.6.9.3 Vibrações de Deformação Angular de O—H

A vibração de deformação angular no plano de O—H ocorre entre 1420 e 1330 cm^{-1}. Em álcoois primários e secundários, a deformação angular no plano de O—H se acopla com as vibrações de deformação angular simétrica fora do plano de C—H para dar duas bandas, a primeira, próxima de 1420 cm^{-1}, e a segunda, de 1330 cm^{-1}. Essas bandas são pouco importantes para a identificação de estruturas. Os álcoois terciários, em que o acoplamento não é possível, têm uma única banda nessa região, cuja posição depende do grau de formação de ligações hidrogênio (Figura 2.22).

Quando determinados no estado líquido, os espectros de álcoois e fenóis mostram uma banda larga de absorção entre 769 cm^{-1} e 650 cm^{-1}, por causa da deformação angular fora do plano do grupo O—H em ligação hidrogênio.

2.6.10 Éteres, Epóxidos e Peróxidos

2.6.10.1 Vibrações de Deformação Axial de C—O

O aspecto mais característico do espectro de infravermelho dos éteres está associado com a vibração de deformação axial do sistema C—O—C. Como as características vibracionais desse sistema não devem ser muito diferentes das do sistema C—C—C, não é surpreendente que ocorram na mesma região do espectro. Entretanto, como as vibrações que envolvem átomos de oxigênio resultam em variações de momento de dipolo maiores do que as que envolvem átomos de carbono, observam-se bandas mais intensas no infravermelho no caso de éteres do que no de hidrocarbonetos. As bandas de deformação axial de C—O—C, como acontece com as bandas de deformação axial de C—O dos álcoois, envolvem acoplamento com outras vibrações da molécula. O espectro da Figura 2.23 é de um alquil-aril-éter típico.

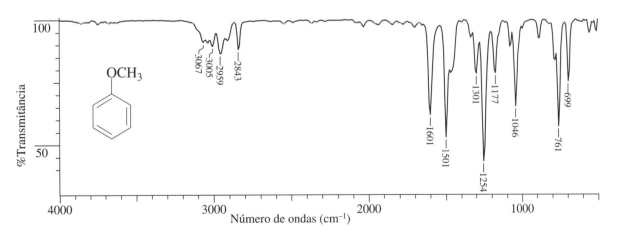

FIGURA 2.23 Anisol. Deformação axial de C—H de aromáticos, 3067 cm^{-1}, 3030 cm^{-1}, 3005 cm^{-1}. Deformação axial de C—H de metila, 2950 cm^{-1}, 2843 cm^{-1}. Harmônicas ou bandas de combinação, 2000–1650 cm^{-1}. Deformação axial das ligações C—C do anel, 1601 cm^{-1}, 1501 cm^{-1}. Deformação axial assimétrica de C—O—C, 1254 cm^{-1}. Deformação axial simétrica de C—O—C, 1046 cm^{-1}. Deformação angular fora do plano de C—H, 784 cm^{-1}, 761 cm^{-1}. Deformação angular fora do plano das ligações C=C do anel, 699 cm^{-1}.

A absorção mais característica do espectro dos éteres alifáticos é uma banda intensa que ocorre entre 1150 e 1085 cm^{-1} e é devida à deformação axial assimétrica de C—O—C. Essa banda aparece usualmente em torno de 1125 cm^{-1}. A banda de deformação axial simétrica é geralmente fraca no infravermelho e mais facilmente observada no espectro Raman.

O grupo C—O—C em um anel de seis átomos absorve na mesma frequência dos éteres acíclicos. Com o aumento de tensão do anel, a vibração de deformação axial assimétrica de C—O—C move-se progressivamente para menores números de onda (maiores comprimentos de onda). Com a deformação axial simétrica de C—O—C (deformação de pulsação do anel) ocorre o oposto, a banda se move para maiores números de onda.

Ramificações nos átomos de carbono adjacentes ao oxigênio levam usualmente à subdivisão da banda de C—O—C. O isopropil-éter, por exemplo, mostra um tripleto na região de 1170–1114 cm^{-1}, com a banda principal em 1114 cm^{-1}.

O espectro dos alquil-aril-éteres mostra uma banda de deformação axial assimétrica de C—O—C em 1275–1200 cm^{-1}, com a deformação axial simétrica aparecendo entre 1075 e 1020 cm^{-1}. Observa-se entre 1225 e 1200 cm^{-1} uma absorção intensa devida à deformação axial assimétrica de C—O—C dos éteres de vinila. A banda de deformação axial simétrica, de intensidade apreciável, ocorre entre 1075 e 1020 cm^{-1}. Estruturas de ressonância explicam o deslocamento da banda de absorção assimétrica de alquil-aril-éteres e vinil-éteres.

A banda de deformação axial da ligação C=C de éteres de vinila ocorre na região 1660–1610 cm^{-1}. Essa banda caracteriza-se por ser mais intensa do que nos alquenos. Além disso, ela aparece, frequentemente, como um dubleto, por causa da existência de isômeros rotacionais.

A coplanaridade no caso do isômero *trans* permite uma interação de ressonância máxima, o que reduz o caráter de ligação dupla da ligação carbono–carbono. No isômero *cis*, o impedimento estérico reduz a ressonância.

As duas bandas de deformação angular simétrica fora do plano de =C—H dos alquenos terminais estão próximas de 1000 e 909 cm^{-1}, respectivamente. No espectro dos éteres de vinila, elas aparecem em comprimentos de onda maiores por causa da ressonância.

deformação angular (balanço) de CH$_2$ terminal, 813 cm^{-1}
deformação angular (balanço) de CH *trans*, 960 cm^{-1}

A absorção de C—C—O dos peróxidos de alquila e de arila ocorre entre 1198 e 1176 cm^{-1}. Os peróxidos de acila e de aroíla têm duas bandas de absorção de carbonila em 1818–1754 cm^{-1}. Observam-se duas bandas devido à interação mecânica entre os modos de deformação axial dos grupamentos carbonila.

Em 1250 cm^{-1}, aproximadamente, observa-se a deformação axial simétrica ou frequência de pulsação do anel epóxido, em que todas as ligações do anel se expandem e se contraem em fase. Atribui-se uma outra banda que aparece entre 950 e 810 cm^{-1} à deformação axial assimétrica do anel, em que a ligação C—C aumenta e a ligação C—O se contrai. Observa-se, também, uma terceira banda, chamada, às vezes, de "banda de 12 mícrons", entre 840 e 750 cm^{-1}. As vibrações de deformação axial de C—H dos anéis epóxido ocorrem entre 3050 e 2990 cm^{-1}.

2.6.11 Cetonas

2.6.11.1 Vibrações de Deformação Axial de C=O

Cetonas e aldeídos, ácidos e ésteres carboxílicos, lactonas, halogenetos de acila, anidridos de ácidos carboxílicos, amidas e lactamas mostram uma banda intensa entre 1870 e 1540 cm^{-1}, que tem origem na deformação axial da ligação C=O. Essa banda não varia muito de posição, é muito intensa e relativamente livre de interferências, por isso é uma das bandas de reconhecimento mais fácil do espectro de infravermelho.

A posição da banda de deformação axial de C=O, dentro da faixa mencionada anteriormente, é determinada pelos seguintes fatores: (1) estado físico da amostra, (2) efeitos eletrônicos e de massa dos grupos vizinhos, (3) conjugação, (4) ligações hidrogênio (intermoleculares e intramoleculares) e (5) tensões de anel. A consideração desses fatores permite a obtenção de informações importantes sobre o ambiente químico do grupo C=O.

Na discussão desses efeitos, é costume referir-se à frequência de absorção de uma amostra pura de uma cetona alifática saturada, observada em 1715 cm^{-1}, como "normal". Acetona e ciclo-hexanona, por exemplo, absorvem em 1715 cm^{-1}. Mudanças no ambiente químico da carbonila podem aumentar ou reduzir a frequência de absorção a partir desse valor "normal". A Figura 2.24 mostra um espectro típico de cetona.

Em solventes apolares, observa-se a absorção em frequência mais alta do que na substância pura. Solventes polares reduzem a frequência de absorção. A faixa total de variação por efeito de solvente não excede 25 cm^{-1}.

A substituição de um grupamento alquila de uma cetona saturada alifática por um heteroátomo (G) desloca a absorção da carbonila. A direção do deslocamento depende da predominância do efeito indutivo (a) ou do efeito de ressonância (b).

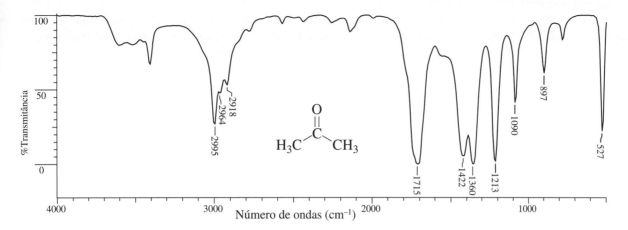

FIGURA 2.24 Acetona. ν_{as}, metila, 2995 cm^{-1}. ν_{as}, metileno, 2964 cm^{-1}. ν_{s}, metila, 2918 cm^{-1}. Deformação axial normal de C=O, 1715 cm^{-1}. δ_{as}, CH$_3$ 1422 cm^{-1}. δ_{s}, CH$_3$ 1360 cm^{-1}. Deformações axial e angular de C—CO—C, 1213 cm^{-1}.

O efeito indutivo reduz o comprimento da ligação C=O e, em consequência, aumenta a constante de força e a frequência da absorção. O efeito de ressonância aumenta o comprimento da ligação C=O e reduz a frequência de absorção.

A Tabela 2.6 resume as absorções de várias classes de compostos carbonilados.

A conjugação com uma ligação C=C aumenta a deslocalização dos elétrons π de ambos os grupos insaturados. No grupo C=O, a deslocalização dos elétrons π reduz o caráter de ligação dupla e leva à absorção em menor número de ondas (maiores comprimentos de onda). A conjugação com um alqueno ou com um grupo fenila leva à absorção em 1685–1666 cm^{-1}. Conjugação adicional pode reduzir ainda mais a frequência de absorção da carbonila. A Figura 2.25 ilustra esse efeito de conjugação.

Os efeitos estéricos que reduzem a coplanaridade do sistema conjugado diminuem o efeito da conjugação. Na ausência de impedimento estérico, um sistema conjugado tende à conformação planar. Assim, as cetonas α,β-insaturadas podem existir nas conformações *s-cis* e *s-trans*. Quando ambas as formas estão presentes, a absorção de cada uma pode ser observada no espectro. A absorção da benzalacetona em CS$_2$ serve como exemplo: as formas *s-cis* e *s-trans* podem ser observadas na temperatura normal.

TABELA 2.6 Absorção da Carbonila de Vários Compostos do Tipo RC(=O)G

Efeito de G Predominantemente Indutivo	
G	νC=O (cm^{-1})
Cl	1815–1785
F	~1869
Br	1812
OH (monômero)	1760
OR	1750–1735

Efeito de G Predominantemente de Ressonância	
G	νC=O (cm^{-1})
NH$_2$	1695–1650
SR	1720–1690

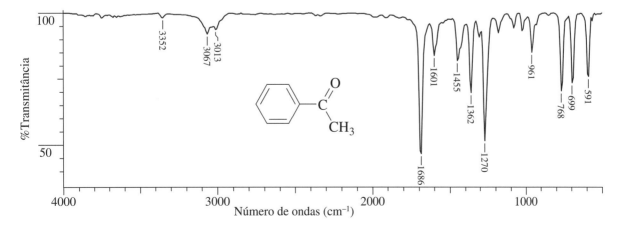

FIGURA 2.25 Acetofenona. Harmônica da deformação axial de C=O 3352 cm^{-1}; a frequência é aproximadamente o dobro da frequência de deformação axial de C=O. Deformação axial de C=O, 1686 cm^{-1}, em frequência mais baixa do que a observada na Figura 2.24 conjugação com o grupo fenila.

s-trans 1674 cm^{-1} s-cis 1699 cm^{-1}

A absorção da ligação C═C de alqueno conjugada com o grupo carbonila ocorre em frequências mais baixas do que a de uma ligação dupla carbono–carbono isolada. A intensidade é maior em um sistema *s-cis* do que em uma ligação dupla isolada.

A formação de ligação hidrogênio intermolecular entre uma cetona e um solvente hidroxilado, como o metanol, por exemplo, diminui ligeiramente a frequência de absorção da carbonila. Assim, uma amostra pura de etil-metilcetona, por exemplo, absorve em 1715 cm^{-1}, enquanto uma solução a 10% da cetona em metanol absorve em 1706 cm^{-1}.

As β-dicetonas existem, habitualmente, como misturas dos tautômeros cetona e enol. A forma enol não mostra absorção de cetona conjugada. Em seu lugar, aparece uma banda larga entre 1640 e 1580 cm^{-1}, muito mais intensa do que a absorção normal das carbonilas. Essa banda larga provém da formação de ligação hidrogênio intramolecular estabilizada por ressonância.

A acetilacetona, por exemplo, é líquida em 40°C e tem 64% da mistura na forma de enol, que absorve em 1613 cm^{-1}. A forma cetona e uma pequena quantidade da forma enol que não está em ligação hidrogênio são provavelmente responsáveis por duas bandas centradas em 1725 cm^{-1}. Já foi sugerido que a interação entre os dois grupos carbonila na forma cetona é que provoca efetivamente o dubleto. A banda de deformação axial da hidroxila da forma enólica aparece como uma banda larga e pouco intensa em 3000–2700 cm^{-1}.

As α-dicetonas, nas quais os grupos carbonila existem em conjugação formal, mostram uma única banda de absorção, próxima da frequência observada para a monocetona correspondente. A biacetila absorve em 1718 cm^{-1}, e benzila, em 1681 cm^{-1}. A conjugação é ineficiente para as α-dicetonas e os grupos C═O não se acoplam como ocorre, por exemplo, com as carbonilas dos anidridos de ácidos carboxílicos (veja a Seção 2.6.17).

As quinonas possuem os grupamentos carbonila em um mesmo anel e absorvem entre 1690 e 1655 cm^{-1}. Quando a conjugação é estendida, isto é, quando os grupos carbonila estão em anéis diferentes, a absorção se desloca para a região 1655–1635 cm^{-1}.

As α-clorocetonas acíclicas absorvem em duas posições diferentes em decorrência de isomeria rotacional. Quando o átomo de cloro está próximo ao oxigênio, seu campo negativo repele os elétrons não ligantes do átomo de oxigênio, aumentando a constante de força da carbonila. Essa conformação absorve em frequência mais alta (1745 cm^{-1}) do que a do outro confôrmero, no qual o oxigênio e o cloro estão mais afastados (1725 cm^{-1}). Em moléculas rígidas, como os monocetoesteroides, a α-halogenação resulta em substituição equatorial ou axial. Na orientação equatorial, o átomo de halogênio está mais próximo do grupamento carbonila e o "efeito de campo" aumenta a frequência de deformação axial de C═O. No isômero em que o átomo de halogênio está em posição axial em relação ao anel e, por isso, está mais distante do grupamento carbonila, não se observa o deslocamento.

Nas cetonas cíclicas, o ângulo de ligação do grupo C─C═O influencia a frequência de absorção da carbonila. A deformação axial de C═O é bastante afetada pela deformação axial da ligação C─C adjacente. Nas cetonas acíclicas e nas cetonas em anéis de seis átomos, o ângulo é de 120°. Nos anéis sob tensão, nos quais o ângulo é inferior a 120°, ocorre interação com a deformação axial da ligação C─C, o que aumenta a energia necessária para produzir a deformação axial de C═O e, em decorrência, a frequência da vibração axial da carbonila. A ciclo-heptanona absorve em 1709 cm^{-1}, a ciclo-hexanona, em 1715 cm^{-1}, a ciclopentanona, em 1751 cm^{-1} e a ciclobutanona, em 1775 cm^{-1}.

2.6.11.2 Vibrações das Deformações Axial e Angular de C─C(═O)─C

As cetonas mostram absorção moderadamente intensa entre 1300 e 1100 cm^{-1}, em consequência das vibrações de deformação axial e angular de C─C─C do grupo C─C(═O)─C. A absorção pode consistir em bandas múltiplas. As cetonas alifáticas absorvem entre 1230 e 1100 cm^{-1}. As cetonas aromáticas absorvem nas frequências mais altas dessa faixa.

2.6.12 Aldeídos

A Figura 2.26 mostra o espectro do octanal, que ilustra as absorções características de um aldeído típico.

2.6.12.1 Vibrações de Deformação Axial de C═O

O grupo carbonila de aldeídos absorve em frequências ligeiramente mais elevadas do que a das metilcetonas correspondentes. Os aldeídos alifáticos absorvem em 1740–1720 cm^{-1}. A absorção da carbonila de aldeídos comporta-se de modo semelhante ao das cetonas com respeito a modificações estruturais. A substituição de hidrogênio por grupos eletronegativos no carbono α aumenta a frequência de absorção da carbonila. O acetaldeído absorve em 1730 cm^{-1} e o tricloroacetaldeído, em 1768 cm^{-1}. A presença de insaturação conjugada, como nos aldeídos α,β-insaturados e derivados do benzaldeído, reduz a frequência da absorção da carbonila, que é encontrada na região de 1710–1685 cm^{-1}. A formação de ligação hidrogênio intramolecular, como ocorre no salicilaldeído, desloca a absorção para menores números de onda (1666 cm^{-1} no salicilaldeído). O glioxal, como as α-dicetonas, mostra apenas um pico de absorção, sem deslocamento da posição de absorção em relação à absorção dos monoaldeídos.

2.6.12.2 Vibrações de Deformação Axial de C─H

A maior parte dos aldeídos tem a absorção de deformação

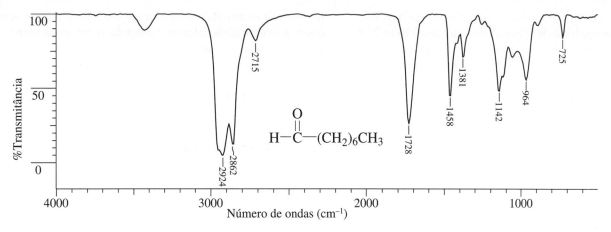

FIGURA 2.26 Octanal. Alifático, 2980–2860 cm^{-1} (veja a Figura 2.8). Deformação axial de C—H de aldeído, 2715 cm^{-1}. Deformação axial de C=O de aldeído, posição normal, 1728 cm^{-1}. Deformação angular do C—H de aldeído, 1381 cm^{-1}.

axial de C—H de aldeído entre 2830 e 2695 cm^{-1}. Duas bandas moderadamente intensas são frequentemente observadas nessa região. O dubleto é atribuído à ressonância de Fermi entre a deformação axial fundamental do C—H de aldeído e a primeira harmônica da deformação angular do C—H de aldeído que aparece normalmente em 1390 cm^{-1}. Observa-se apenas uma banda de deformação axial de C—H nos casos em que a deformação angular ocorre em posição apreciavelmente diferente de 1390 cm^{-1}.

Alguns aldeídos aromáticos com grupos fortemente eletronegativos na posição *orto* podem absorver em até 2900 cm^{-1}.

Uma absorção de intensidade média em torno de 2720 cm^{-1}, acompanhada por uma banda de absorção de carbonila, é uma boa evidência para a presença de um grupamento aldeído.

2.6.13 Ácidos Carboxílicos

2.6.13.1 Vibrações de Deformação Axial de O—H

Por causa da formação de ligações hidrogênio fortes, os ácidos carboxílicos existem como dímeros nos estados líquido ou sólido e em soluções muito mais concentradas do que 0,01 M em tetracloreto de carbono.

A grande contribuição da estrutura de ressonância iônica explica a força da ligação hidrogênio, anormalmente alta. Isso faz com que a vibração de deformação axial da hidroxila livre (que ocorre mais ou menos em 3520 cm^{-1}) só seja observada em solução muito diluída em solventes apolares ou em fase vapor.

A absorção de deformação axial de O—H dos dímeros dos ácidos carboxílicos é intensa e muito larga e é observada entre 3300 e 2500 cm^{-1}. O centro da banda está usualmente em 3000 cm^{-1}. As bandas de deformação axial de C—H da porção alquila, mais fracas, se superpõem geralmente à banda larga de O—H. A estrutura fina que pode ser observada no lado de maior comprimento de onda da banda de O—H é normalmente atribuída a bandas de harmônicas e de combinação que ocorrem a maiores comprimentos de onda. A Figura 2.27 mostra o espectro de um ácido carboxílico alifático típico.

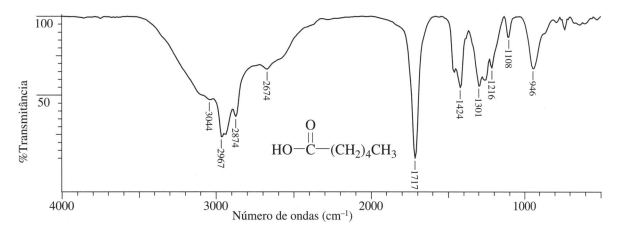

FIGURA 2.27 Ácido hexanoico. Deformação axial de O—H, larga, 3300–2500 cm^{-1}. Deformação axial de C—H (veja a Figura 2.8), 2967 cm^{-1}, 2874 cm^{-1}, 2855 cm^{-1}. Superposta à banda de deformação axial de O—H. Deformação axial de C=O de carboxila do dímero, posição normal, 1717 cm^{-1}. Deformação angular no plano de C—O—H, 1424 cm^{-1}. Deformação axial de C—O, dímero, 1301 cm^{-1}. Deformação angular fora do plano de O—H, 946 cm^{-1}.

As β-dicetonas e outros compostos em que ocorrem ligações hidrogênio fortes também absorvem entre 3300 e 2500 cm^{-1}, porém as bandas correspondentes são usualmente menos intensas. Além disso, as bandas de deformação axial de C=O de estruturas desse tipo também se deslocam para frequências menores do que as observadas no caso dos ácidos carboxílicos.

Os ácidos carboxílicos podem formar ligações hidrogênio intermoleculares com éteres, por exemplo, dioxano e tetra-hidrofurano ou com outros solventes capazes de atuar como aceptores de prótons. O espectro obtido em tais solventes mostra a absorção de O—H associado próxima de 3100 cm^{-1}.

2.6.13.2 Vibrações de Deformação Axial de C=O

As bandas de deformação axial de C=O dos ácidos carboxílicos são consideravelmente mais intensas do que as bandas de C=O das cetonas. Os monômeros dos ácidos alifáticos saturados absorvem em 1760 cm^{-1}, aproximadamente.

O dímero dos ácidos carboxílicos tem centro de simetria. Isso faz com que apenas o modo de deformação axial assimétrico de C=O absorva no infravermelho. A formação de ligação hidrogênio e a ressonância enfraquecem a ligação C=O, provocando absorção em frequências mais baixas do que as observadas no caso do monômero. O grupo C=O dos dímeros dos ácidos alifáticos saturados ocorre em 1720–1706 cm^{-1}.

A formação de ligação hidrogênio interna reduz a frequência da absorção de deformação axial da carbonila mais do que o faz a ligação hidrogênio intermolecular. O ácido salicílico, por exemplo, absorve em 1665 cm^{-1}, enquanto o ácido p-hidróxi-benzoico absorve em 1680 cm^{-1}.

A existência de insaturação conjugada com o grupo carbonila dos ácidos diminui muito pouco a frequência (aumenta o comprimento de onda) da absorção do monômero e do dímero. Em geral, os dímeros dos ácidos aril-conjugados e α,β-insaturados absorvem entre 1710 e 1680 cm^{-1}. A extensão da conjugação para além da posição α,β resulta em um deslocamento adicional muito pequeno da banda de C=O.

A substituição de hidrogênios na posição α por grupos eletronegativos, como os halogênios, por exemplo, aumenta um pouco a frequência de absorção de C=O (10–20 cm^{-1}). O espectro dos ácidos carboxílicos α-halogenados, obtido no estado líquido ou em solução, mostra duas bandas de carbonila devidas à isomeria rotacional (efeito de campo). A banda de frequência mais alta corresponde à conformação na qual o halogênio está mais próximo do grupo carbonila.

2.6.13.3 Vibrações de Deformação Axial de C—O e de Deformação Angular de O—H

Duas bandas, provenientes da deformação axial de C—O e da deformação angular de O—H, aparecem no espectro dos ácidos carboxílicos entre 1320 e 1210 cm^{-1} e entre 1440 e 1395 cm^{-1}, respectivamente. Ambas envolvem interação entre a deformação axial de C—O e a deformação angular no plano de C—O—H. A banda mais intensa, na região 1315–1280 cm^{-1} no caso dos dímeros, é associada, geralmente, à deformação axial de C—O e aparece usualmente como um dubleto no espectro de ácidos graxos de cadeia longa. A banda de deformação angular de C—O—H entre 1440 e 1395 cm^{-1} é de intensidade moderada e ocorre na mesma região em que se observa a vibração de deformação angular simétrica no plano de CH$_2$ adjacente à carbonila.

Uma das bandas características do espectro dos dímeros dos ácidos carboxílicos provém da deformação angular fora do plano do grupo O—H em ligação hidrogênio. A banda está próxima de 920 cm^{-1} e é larga e de intensidade média.

2.6.14 Ânion Carboxilato

O ânion carboxilato possui duas ligações C≈O fortemente acopladas cuja força de ligação é intermediária entre C=O e C—O.

O íon carboxilato dá origem a duas bandas, uma das quais, entre 1650–1550 cm^{-1}, é intensa e provém da deformação axial assimétrica. A outra, mais fraca, é observada em torno de 1400 cm^{-1} e provém da deformação axial simétrica.

A conversão de um ácido carboxílico em um de seus sais pode confirmar a estrutura do ácido. Isso pode ser feito facilmente por adição de uma amina alifática terciária, como a trietilamina, a uma solução do ácido carboxílico em clorofórmio (a reação não ocorre em CCl$_4$). O íon carboxilato formado mostra as duas bandas características da absorção de grupo carbonila e uma banda do íon amônio entre 2700 e 2200 cm^{-1}. A banda de deformação axial de O—H, evidentemente, desaparece. O espectro do benzoato de amônio, Figura 2.28, serve de exemplo.

2.6.15 Ésteres e Lactonas

Os ésteres e as lactonas têm duas bandas de absorção características que são bastante intensas e têm origem nas deformações axiais de C=O e C—O. A intensa vibração de deformação axial de C=O ocorre em frequências mais altas (menores comprimentos de onda) do que a das cetonas normais. A constante de força da ligação carbonila é aumentada pela tendência do átomo de oxigênio adjacente de atrair elétrons (efeito indutivo). Ocorre superposição de bandas entre os ésteres nos quais a frequência normal da carbonila é reduzida e as cetonas nas quais a frequência é aumentada. Uma característica comum dos ésteres e das lactonas é a banda de deformação axial de C—O, razoavelmente intensa. As cetonas mostram nessa região apenas bandas fracas. Ocorre também superposição entre as bandas de C=O de ésteres e lactonas e as de ácidos carboxílicos; porém, é possível fazer a distinção pela presença ou ausência das bandas de deformação axial e angular de OH e pela capacidade de formar sais que caracteriza os ácidos carboxílicos.

Como no caso das cetonas, a frequência da carbonila de ésteres é sensível às variações da estrutura na região do grupo carbonila. O espectro do acetato de fenila, Figura 2.29, ilustra muitos aspectos importantes das absorções características de ésteres.

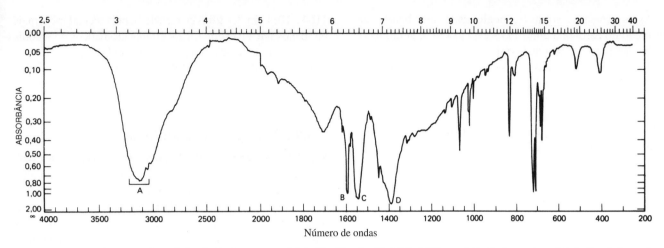

FIGURA 2.28 Benzoato de amônio. A. Deformação axial de N—H e C—H, 3600–2500 cm^{-1}. B. Deformação axial de C—O do anel, 1600 cm^{-1}. C. Deformação axial assimétrica do ânion carboxilato C(—O)$_2^-$, 1550 cm^{-1}. D. Deformação axial simétrica do ânion carboxilato C(—O)$_2^-$, 1385 cm^{-1}.

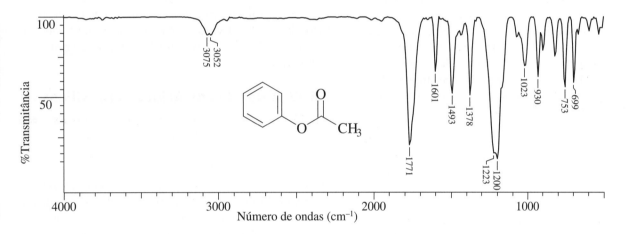

FIGURA 2.29 Acetato de fenila. Deformação axial de C—H aromático, 3075 cm^{-1}, 3052 cm^{-1}. Deformação axial de C═O, 1771 cm^{-1}. A frequência é mais elevada do que em ésteres normais (1740 cm^{-1}, veja a Tabela 2.6) por causa da conjugação do grupo fenila com o oxigênio do álcool. A conjugação do grupo arila ou outra insaturação com o grupo carbonila teria como resultado o abaixamento de frequência (como em benzoatos, que absorvem em 1724 cm^{-1}, aproximadamente). Deformação axial da ligação C—C do anel, 1601 cm^{-1}. δ_{as}, CH$_3$, 1493 cm^{-1}. δ_s, CH$_3$, 1378 cm^{-1}. Deformação axial de C(═O)—O de acetato, 1223 cm^{-1}. Deformação axial assimétrica de O—C—C, 1200 cm^{-1}.

2.6.15.1 Vibrações de Deformação Axial de C═O

A banda de absorção de C═O de ésteres alifáticos saturados (com a exceção dos formatos) ocorre entre 1750 e 1735 cm^{-1}. As bandas de absorção de C═O de formatos e de ésteres α,β-insaturados ou benzoatos ocorrem entre 1730 e 1715 cm^{-1}. Conjugação adicional afeta pouco a frequência de absorção da carbonila.

Nos espectros dos ésteres de vinila ou de fenila, com insaturação adjacente ao grupo C—O—, observa-se aumento marcante na frequência da carbonila, bem como abaixamento da frequência de vibração de C—O. O acetato de vinila, por exemplo, tem a banda de C═O em 1776 cm^{-1}, e o acetato de fenila absorve em 1771 cm^{-1}.

A substituição de hidrogênios na posição α por halogênios provoca o aumento da frequência da deformação axial do C═O. O tricloro-acetato de etila absorve em 1770 cm^{-1}.

Nas α-dicetonas, nos oxalatos e nos α-cetoésteres existe, aparentemente, pouca interação entre os dois grupos carbonila, o que faz com que a absorção ocorra na região normal, 1755–1740 cm^{-1}. No espectro dos β-cetoésteres, entretanto, em que pode ocorrer enolização, observa-se uma banda próxima de 1650 cm^{-1} proveniente da ligação hidrogênio entre o grupo C═O do éster e o grupo hidroxila do enol.

A absorção da carbonila das δ-lactonas saturadas (anel de seis átomos) ocorre na mesma região dos ésteres não conjugados de cadeia linear. A insaturação α à carbonila diminui a frequência de absorção, enquanto a insaturação na posição α ao grupo —O— aumenta a frequência.

As α-pironas mostram frequentemente duas bandas de absorção de carbonila entre 1775 e 1715 cm⁻¹, geralmente atribuídas à ressonância de Fermi.

As γ-lactonas saturadas (anéis de cinco átomos) absorvem em comprimentos de onda menores do que os ésteres ou as δ-lactonas: 1795–1760 cm⁻¹. A δ-valerolactona, por exemplo, absorve em 1770 cm⁻¹. A presença de insaturação na molécula de γ-lactona afeta a absorção da carbonila da mesma maneira que nas δ-lactonas.

Nas lactonas insaturadas com a ligação dupla adjacente ao grupo —O—, observa-se uma absorção intensa entre 1685 e 1660 cm⁻¹ que é devida ao grupo C=C.

2.6.15.2 Vibrações de Deformação Axial de C—O

As chamadas "vibrações de deformação axial de C—O" dos ésteres são, na verdade, duas vibrações assimétricas acopladas: C—C(=O)—O e O—C—C, e a primeira é a mais importante. Essas bandas ocorrem entre 1300 e 1000 cm⁻¹. As vibrações simétricas correspondentes são pouco importantes. As correlações feitas com a vibração de deformação axial do C—O são menos confiáveis do que as feitas com a deformação axial de C=O.

A banda de C—C(=O)—O dos ésteres saturados, com a exceção dos acetatos, é muito intensa e é observada entre 1210 e 1163 cm⁻¹. Essa banda é mais larga e mais forte do que a absorção de deformação axial de C=O. Os acetatos de álcoois saturados têm essa banda em 1240 cm⁻¹. Os acetatos de vinila e de fenila absorvem em uma frequência um pouco menor, 1190–1140 cm⁻¹ (veja a Figura 2.29, por exemplo). A deformação axial de C—C(=O)—O dos ésteres de ácidos α,β-insaturados provoca o aparecimento de mais de uma banda entre 1300 e 1160 cm⁻¹. Os ésteres de ácidos aromáticos absorvem fortemente na região de 1310–1250 cm⁻¹. Nas lactonas, a vibração é observada entre 1250 e 1111 cm⁻¹.

A banda de O—C—C dos ésteres (deformação axial da ligação carbono–oxigênio) de álcoois primários ocorre entre 1164 e 1031 cm⁻¹, e a dos ésteres de álcoois secundários, mais ou menos em 1100 cm⁻¹. Nos ésteres aromáticos de álcoois primários, essa banda está próxima de 1111 cm⁻¹.

Os ésteres de metila de ácidos graxos de cadeia longa apresentam um padrão com três bandas próximas de 1250, 1205 e 1175 cm⁻¹. A última dessas bandas é a mais intensa.

2.6.16 Halogenetos de Acila

2.6.16.1 Vibrações de Deformação Axial de C=O

Os halogenetos de acila mostram absorção intensa na região de deformação axial de C=O. Os cloretos de acila não conjugados absorvem entre 1815 e 1785 cm⁻¹. O fluoreto de acetila em fase gás absorve próximo de 1869 cm⁻¹. Os halogenetos de ácidos conjugados absorvem em uma frequência ligeiramente menor, porque a ressonância reduz a constante de força da ligação C=O. Os cloretos de acila aromáticos absorvem fortemente entre 1800 e 1770 cm⁻¹. Uma banda fraca em 1750–1735 cm⁻¹ que aparece no espectro dos cloretos de aroíla é atribuída à ressonância de Fermi entre a banda de C=O e a harmônica da banda de menor frequência situada em 875 cm⁻¹. O espectro do cloreto de benzoíla está na Figura 2.30.

2.6.17 Anidridos de Ácidos Carboxílicos

2.6.17.1 Vibrações de Deformação Axial de C=O

Os anidridos de ácidos carboxílicos têm duas bandas de deformação axial na região da carbonila em consequência dos modos de deformação axial simétrico e assimétrico de C=O. Os anidridos acíclicos saturados absorvem próximo de 1818 e de 1750 cm⁻¹. Os anidridos acíclicos conjugados absorvem próximo de 1775 e de 1720 cm⁻¹. A diminuição de frequência é devida à ressonância. A banda de frequência mais alta é a mais intensa.

Por causa da tensão no anel, os anidridos cíclicos com anéis de cinco átomos absorvem em frequências mais altas do que os anidridos acíclicos. O anidrido succínico absorve em 1865 cm⁻¹ e 1782 cm⁻¹. A banda de menor frequência dos anidridos cíclicos com anéis de cinco átomos é a mais intensa.

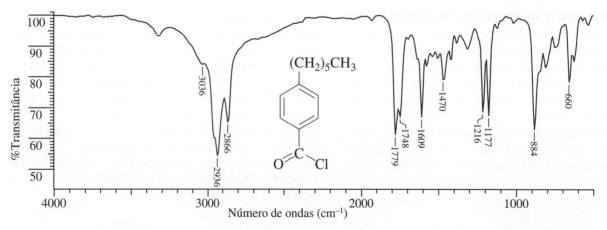

FIGURA 2.30 Cloreto de 4-hexil-benzoíla. Deformação axial de C—H aromático, 3036 cm⁻¹. Deformação axial de C—H, 2936, 2866 cm⁻¹. Deformação axial de C=O, 1779 cm⁻¹. A vibração de deformação axial de C=O em cloretos de ácidos depende muito pouco da conjugação. Os cloretos de aroíla são identificados por uma banda de ressonância de Fermi (entre a deformação axial de C=O e a harmônica da banda de 884 cm⁻¹), 1748 cm⁻¹.

2.6.17.2 Vibrações de Deformação Axial de C—O

Em consequência das vibrações de deformação axial de outras

$$\text{C}-\overset{\overset{\displaystyle O}{\|}}{\text{C}}-\text{O}-\overset{\overset{\displaystyle O}{\|}}{\text{C}}-\text{C}$$

bandas intensas aparecem no espectro dos anidridos. Os anidridos de cadeia linear não conjugada absorvem próximo de 1047 cm^{-1}. Bandas de anidridos cíclicos aparecem em torno de 952–909 cm^{-1} e de 1299–1176 cm^{-1}. A banda de deformação axial de C—O do anidrido acético ocorre em 1125 cm^{-1}.

A Figura 2.31 mostra o espectro do anidrido benzoico, um espectro típico de anidrido aromático.

2.6.18 Amidas e Lactamas

Todas as amidas mostram uma banda de absorção de carbonila, conhecida como banda de amida I. Sua posição depende do grau de ligação hidrogênio e do estado físico do composto.

As amidas primárias mostram duas bandas de deformação axial simétrica e assimétrica de N—H. As amidas secundárias e as lactamas têm apenas uma banda de deformação axial de N—H. Como no caso da deformação axial de O—H, a formação de ligação hidrogênio reduz a frequência da deformação axial de N—H, embora menos. A superposição das frequências de deformação axial de N—H e de O—H torna algumas vezes impossível a diferenciação inequívoca das estruturas desses compostos.

As amidas primárias e secundárias e algumas lactamas têm uma ou mais bandas entre 1650 e 1515 cm^{-1}, devidas à deformação angular de NH$_2$ ou de NH, geralmente chamada de banda de amida II. Essa banda envolve o acoplamento da deformação de N—H com outras vibrações fundamentais e requer geometria *trans*.

A deformação angular simétrica fora do plano do grupo N—H é responsável por uma banda larga e de intensidade média entre 800 e 666 cm^{-1}.

A Figura 2.32 mostra o espectro da acrilamida, um espectro típico das amidas primárias de um ácido insaturado.

2.6.18.1 Vibrações de Deformação Axial de N—H

Em solventes apolares, as amidas primárias diluídas mostram duas bandas moderadamente intensas que provêm

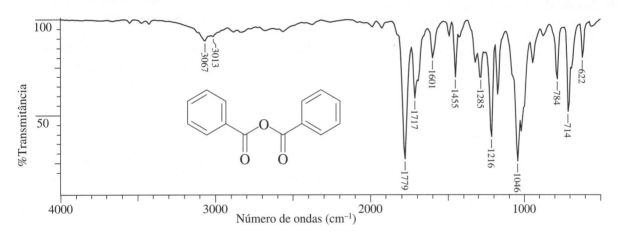

FIGURA 2.31 Anidrido benzoico. Deformação axial de C—H de aromático, 3067 cm^{-1}, 3013 cm^{-1}. Deformações axiais assimétrica e simétrica de C=O acopladas, 1779 cm^{-1} e 1717 cm^{-1}, respectivamente. Veja a Tabela 2.6. Deformação axial de C—CO—O—CO—C, 1046 cm^{-1}.

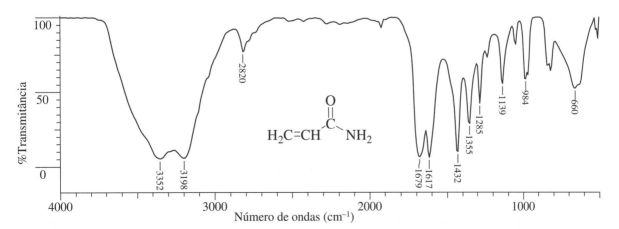

FIGURA 2.32 Acrilamida. Deformação axial de N—H, acoplado, amida primária, em ligação hidrogênio. Assimétrica, 3352 cm^{-1}, simétrica, 3198 cm^{-1}. Bandas em superposição: deformação axial de C=O, banda de amida I, 1679 cm^{-1}, veja a Tabela 2.6, e deformação angular de N—H, banda de amida II, 1617 cm^{-1}. Deformação axial de C—N, 1432 cm^{-1}. Deformação angular fora do plano de N—H, larga, 700–600 cm^{-1}.

das deformações axiais assimétrica e simétrica de N—H. Essas bandas ocorrem próximo de 3520 e de 3400 cm^{-1}, respectivamente. No caso de amostras sólidas, elas estão próximas de 3350 e 3180 cm^{-1} por causa da formação de ligações hidrogênio.

As amidas secundárias existem principalmente na conformação *trans*, e, em soluções diluídas, a vibração de deformação axial de N—H livre é observada entre 3500 e 3400 cm^{-1}. Em soluções mais concentradas e em amostras sólidas, a banda de N—H livre é substituída por bandas múltiplas em 3330–3060 cm^{-1}, devidas a dímeros em conformação *s-cis* e polímeros em conformação *s-trans*.

2.6.18.2 Vibrações de Deformação Axial de C=O (Banda de Amida I)
A absorção de C=O das amidas ocorre em frequências menores ao observado para a carbonila "normal" devido ao efeito de ressonância (veja a Seção 2.6.10.1). A posição da absorção depende dos mesmos fatores que agem sobre a carbonila em outros compostos.

As amidas primárias (exceto a acetamida, em que a banda da carbonila absorve em 1694 cm^{-1}) têm, em fase sólida, uma banda de amida I intensa em 1650 cm^{-1}. Em soluções diluídas, a absorção ocorre em frequências mais altas, mais ou menos 1690 cm^{-1}. Em soluções concentradas, a banda aparece em posições intermediárias, dependendo do grau de ligação hidrogênio.

No estado sólido, as amidas secundárias simples de cadeia aberta absorvem em 1640 cm^{-1}. Em soluções diluídas, a frequência da banda de amida I pode chegar a 1680 cm^{-1} e, até mesmo, a 1700 cm^{-1} no caso das anilidas. Na estrutura das anilidas, existe competição pelo par de elétrons não ligantes do nitrogênio entre o anel e o grupo C=O.

A frequência da carbonila das amidas terciárias não depende do estado físico da amostra porque não pode ocorrer formação de ligação hidrogênio entre dois grupamentos amida terciários. A absorção do grupo C=O ocorre entre 1680 e 1630 cm^{-1}. A posição da banda é influenciada pela formação de ligação hidrogênio com o solvente: N,N-dietil-acetamida absorve em 1647 cm^{-1} em dioxano e em 1615 cm^{-1} em metanol.

A existência de grupos que atraem elétrons ligados ao átomo de nitrogênio aumenta a frequência de absorção porque eles competem com o oxigênio da carbonila pelos elétrons do nitrogênio, aumentando, assim, a constante de força da ligação C=O.

2.6.18.3 Vibrações de Deformação Angular de N—H (Banda de Amida II)
Em solução diluída, todas as amidas primárias mostram uma banda de deformação angular de NH$_2$ bastante aguda (banda de amida II), em uma frequência menor do que a da banda correspondente de C=O. Essa banda tem de metade a um terço da intensidade da banda de C=O. Em sólidos em suspensão ou em pastilhas, a banda ocorre entre 1655 e 1620 cm^{-1}, e é muitas vezes encoberta pela banda da amida I. Nas soluções diluídas, a banda aparece em frequências mais baixas, 1620–1590 cm^{-1}, e o problema do encobrimento não ocorre. No espectro de soluções concentradas, pode aparecer mais de uma banda proveniente de moléculas livres e associadas. A natureza do grupo R—C(=O)—NH$_2$ afeta pouco a posição da banda de amida II.

As amidas secundárias acíclicas mostram no estado sólido uma banda de amida II entre 1570 e 1515 cm^{-1}. Em solução diluída, a banda aparece entre 1550 e 1510 cm^{-1}. Essa absorção tem origem na interação entre a deformação angular de N—H e a deformação axial de C—N do grupo C—N—H. Uma segunda banda, mais fraca, em 1250 cm^{-1} resulta igualmente da interação entre a deformação angular de N—H e a deformação axial de C—N.

2.6.18.4 Outras Bandas de Vibração
A banda de deformação axial de C—N das amidas primárias ocorre próximo de 1400 cm^{-1}. Uma banda média e larga entre 800 e 666 cm^{-1}, observada no espectro das amidas primárias e secundárias, é consequência da deformação angular simétrica fora do plano de N—H.

Nas lactamas de tamanho médio, o grupo amida existe na conformação *s-cis*. Em sólido, as lactamas absorvem fortemente em 3200 cm^{-1} devido à vibração de deformação axial do grupamento N—H. Essa banda é pouco sensível à diluição porque a forma *s-cis* permanece associada mesmo em concentrações relativamente baixas.

2.6.18.5 Vibrações de Deformação Axial de C=O de Lactamas
A absorção de C=O das lactamas com anéis de seis ou mais átomos ocorre em 1650 cm^{-1}. As γ-lactamas, que têm anéis de cinco átomos, absorvem entre 1750 e 1700 cm^{-1}. As β-lactamas, que têm anéis de quatro átomos, não fundidas, absorvem em 1760–1730 cm^{-1}. A fusão do anel de lactama com outro anel geralmente aumenta a frequência de 20 a 50 cm^{-1}.

Muitas lactamas não mostram a banda de 1550 cm^{-1}, que é característica das amidas secundárias *s-trans* acíclicas. A deformação angular simétrica fora do plano de N—H das lactamas provoca uma absorção larga entre 800 e 700 cm^{-1}.

2.6.19 Aminas

A Figura 2.33 mostra o espectro de uma diamina primária alifática típica.

2.6.19.1 Vibrações de Deformação Axial de N—H
Em soluções diluídas, as aminas primárias mostram duas bandas de absorção fracas: a primeira em 3500 cm^{-1} e a outra em 3400 cm^{-1}. Essas bandas correspondem aos modos de deformação axial assimétrica e simétrica do N—H "livre". As aminas secundárias mostram uma única banda, fraca, entre 3350 e 3310 cm^{-1}. A formação de ligação hidrogênio desloca essas bandas para maiores comprimentos de

ESPECTROMETRIA NO INFRAVERMELHO

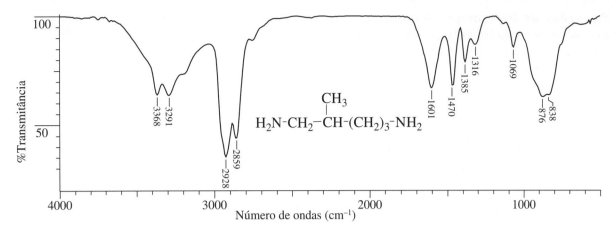

FIGURA 2.33 2-Metil-1,5-pentanodiamina. Deformação axial de N—H, em ligação hidrogênio, dubleto de amina primária, acoplado: assimétrica, 3368 cm^{-1}, simétrica, 3291 cm^{-1}. (Ombro em 3200 cm^{-1}, aproximadamente, ressonância de Fermi com a harmônica da banda em 1601 cm^{-1}.) Deformação axial de C—H alifático, 2928 cm^{-1}, 2859 cm^{-1}. Deformação angular simétrica no plano de N—H (tesoura), 1601 cm^{-1}. δ_s, CH$_2$ (deformação angular simétrica no plano, tesoura), 1470 cm^{-1}. Deformação axial de C—N, 1069 cm^{-1}. Deformação angular simétrica fora do plano de N—H (amostra pura), ~900–700 cm^{-1}.

onda. As bandas de N—H associado são mais fracas e, frequentemente, mais agudas do que as bandas correspondentes de O—H. As aminas primárias alifáticas (amostras puras) absorvem em 3400–3300 cm^{-1} e em 3330–3250 cm^{-1}. As aminas primárias aromáticas absorvem em frequências ligeiramente mais altas. Nos espectros das aminas primárias e secundárias líquidas aparece, às vezes, um ombro no lado de menor frequência da banda de deformação axial de N—H, que é atribuído à harmônica da banda de deformação angular do grupamento NH, intensificada por ressonância de Fermi. As aminas terciárias não absorvem nessa região do espectro.

2.6.19.2 Vibrações de Deformação Angular de N—H

A banda correspondente à deformação angular simétrica no plano de N—H, observada entre 1650 e 1580 cm^{-1}, tem intensidade de média a forte. Quando o composto está associado, a banda desloca-se para frequências ligeiramente mais altas. A banda de deformação angular de N—H é observada com dificuldade no espectro das aminas secundárias alifáticas. Já nas aminas secundárias aromáticas, a banda pode ser encontrada em 1515 cm^{-1}.

As amostras líquidas de aminas primárias e secundárias mostram uma absorção larga de intensidade média a forte na região de 909–666 cm^{-1} do espectro, que tem origem na deformação angular simétrica fora do plano do grupamento N—H. A posição dessa banda é sensível à formação de ligação hidrogênio.

2.6.19.3 Vibrações de Deformação Axial de C—N

Nas aminas alifáticas primárias, secundárias e terciárias, as bandas de absorção da ligação C—N não conjugada aparecem entre 1250 e 1020 cm^{-1}. Elas são bandas de intensidade média a fraca, que têm origem na deformação axial do grupo C—N e estão acopladas com a deformação axial das ligações adjacentes da molécula. A posição da banda depende do tipo de amina e do padrão de substituição do carbono α.

As aminas aromáticas produzem uma absorção forte de deformação axial de C—N entre 1342 e 1266 cm^{-1}. A absorção aparece em frequências mais altas do que as absorções correspondentes das aminas alifáticas porque a constante da força da ligação C—N é aumentada pela ressonância com o anel.

A Tabela 2.7 mostra algumas bandas intensas de C—N características do espectro de aminas aromáticas.

TABELA 2.7 Vibrações de Deformação Axial de C—N de Aminas Aromáticas

Amina Aromática	Região de Absorção (cm^{-1})
Primária	1340–1250
Secundária	1350–1280
Terciária	1360–1310

2.6.20 Sais de Amônio

2.6.20.1 Vibrações de Deformação Axial de N—H

O íon amônio tem entre 3300 e 3030 cm^{-1} uma banda larga e intensa devida à deformação axial da ligação N—H (veja a Figura 2.28). Pode-se observar, igualmente, uma banda de combinação na região 2000–1709 cm^{-1}.

Os sais de aminas primárias mostram uma absorção larga e intensa entre 3000 e 2800 cm^{-1} proveniente das deformações axiais assimétrica e simétrica do grupo NH$_3^+$. Observam-se, também, bandas múltiplas de combinação de intensidade apreciável na região de 2800–2000 cm^{-1}, sendo a banda próxima de 2000 cm^{-1} a de frequência mais intensa. Os sais de aminas secundárias absorvem fortemente entre 3000 e 2700 cm^{-1}, com bandas múltiplas estendendo-se até 2273 cm^{-1}. Uma banda de intensidade média próxima de 2000 cm^{-1} pode ser observada. Os sais de aminas terciárias absorvem em comprimentos de onda maiores do que os sais de aminas primárias e secundárias e aparecem entre 2700 e 2250 cm^{-1}. Os sais quaternários de amônio não tem vibrações de deformação axial de N—H.

2.6.20.2 Vibrações de Deformação Angular de N—H

O íon amônio tem uma banda larga e intensa em 1429 cm^{-1} devida à deformação angular de NH$_4^+$. O grupamento NH$_3^+$ dos sais de aminas primárias absorve entre 1600 e 1575 cm^{-1} e entre 1550 e 1504 cm^{-1}. Essas bandas provêm das deformações angulares assimétrica e simétrica de NH$_3^+$ e são análogas às vibrações correspondentes do grupo CH$_3$. Os sais de aminas secundárias absorvem entre 1620 e 1560 cm^{-1}. A banda de deformação angular de N—H dos sais de aminas terciárias é muito fraca e não tem valor prático.

2.6.21 Aminoácidos e Sais de Aminoácidos

Os aminoácidos são encontrados em três formas:

1. O aminoácido livre (zwitteríon).*

$$-\overset{|}{\underset{\underset{NH_3^+}{|}}{C}}-CO_2^-$$

2. O cloridrato (ou o sal de outro ácido).

$$-\overset{|}{\underset{\underset{NH_3^+\ \ Cl^-}{|}}{C}}-CO_2H$$

---

*Os aminoácidos aromáticos não são zwitteríons. Assim, o ácido *p*-amino benzoico é

$$H_2N-\!\!\left\langle\;\;\right\rangle\!\!-COOH$$

3. O sal de sódio (ou de outro cátion).

$$-\overset{|}{\underset{\underset{NH_2}{|}}{C}}-CO_2^-\ Na^+$$

Os aminoácidos primários livres são caracterizados pelas seguintes absorções (a maior parte do trabalho foi feita com α-aminoácidos, porém as posições relativas dos grupos amino e carboxila parecem ter pouco efeito sobre a posição das bandas):

1. Uma banda larga e intensa de deformação axial de NH$_3$ entre 3100 e 2600 cm^{-1}. Bandas múltiplas de combinação e harmônicas estendem a banda até cerca de 2000 cm^{-1}. Nessa região de harmônicas, costuma-se observar uma banda proeminente entre 2222 e 2000 cm^{-1}, atribuída a uma combinação das vibrações de deformação angular assimétrica e de oscilação de torção do grupo NH$_3^+$. Esta última ocorre em 500 cm^{-1}. A banda de 2000 cm^{-1} não é observada se o átomo de nitrogênio do aminoácido estiver substituído.

2. Uma banda fraca de deformação angular assimétrica de NH$_3^+$ entre 1660 e 1610 cm^{-1} e uma banda relativamente forte de deformação angular simétrica entre 1550 e 1485 cm^{-1}.

3. O grupamento carboxilato $-C\!\!\underset{\underset{O}{\diagdown}}{\overset{\overset{O}{\diagup}}{\!\!\!}}$ absorve fortemente em 1600–1590 cm^{-1} e mais fracamente em 1400 cm^{-1}. Essas bandas provêm das deformações axiais assimétrica e simétrica de C=O$_2$, respectivamente.

O espectro do aminoácido leucina aparece na Figura 2.34 e mostra bem as três categorias de bandas que acabamos de mencionar.

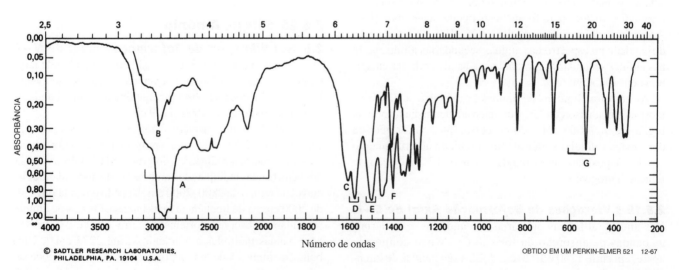

FIGURA 2.34 (±)-Leucina. A. Deformação axial de N—H, larga (—NH$_3^+$) 3100–2000 cm^{-1}, estendida pela banda de combinação em 2140 cm^{-1} e outros tons de combinação e harmônicas. B. Deformação axial de C—H alifático (superposta à deformação axial de N—H), 2967 cm^{-1}. C. Deformação angular assimétrica de N—H (—NH$_3^+$) 1610 cm^{-1}. D. Deformação axial assimétrica do íon carboxilato (C=O)$_2$, 1580 cm^{-1}. E. Deformação angular simétrica de N—H (—NH$_3^+$) 1505 cm^{-1}. F. Deformação axial simétrica do íon carboxilato (C=O)$_2$, 1405 cm^{-1}. G. Oscilação torcional de N—H (—NH$_3^+$), 525 cm^{-1}.

Os cloridratos dos aminoácidos apresentam as seguintes características:

1. Absorção forte e larga na região de 3333 a 2380 cm^{-1}, resultante da superposição das bandas de deformação axial de O—H e NH$_3^+$. A absorção nessa região é caracterizada por estrutura fina no lado de menor frequência.
2. Uma banda fraca de deformação angular assimétrica de NH$_3^+$ na região de 1610 a 1590 cm^{-1} e uma banda relativamente forte de deformação angular simétrica de NH$_3^+$ em 1550–1481 cm^{-1}.
3. Uma banda forte em 1220–1190 cm^{-1} proveniente da deformação axial de C—C(=O)—O.
4. Uma absorção intensa de carbonila entre 1755 e 1730 cm^{-1}, no caso dos cloridratos de α-aminoácidos, e em 1730–1700 cm^{-1}, no caso de cloridratos de outros aminoácidos.

Os sais de sódio dos aminoácidos mostram as vibrações de deformação axial de N—H entre 3400 e 3200 cm^{-1}, que são comuns a outras aminas. As bandas características do íon carboxilato aparecem entre 1600 e 1590 cm^{-1} e em 1400 cm^{-1}.

2.6.22 Nitrilas

O espectro das nitrilas (R—C≡N) caracteriza-se pela absorção de intensidade fraca a média na região de deformação axial da ligação tripla no espectro. As nitrilas alifáticas absorvem entre 2260 e 2240 cm^{-1}. A presença de grupos que atraem elétrons, como oxigênio ou cloro, ligados ao átomo de carbono α em relação ao grupo C≡N, reduz a intensidade de absorção. Como no caso das nitrilas aromáticas, a existência de conjugação reduz a frequência da absorção para 2240–2222 cm^{-1} e aumenta a intensidade. A Figura 2.35 mostra o espectro de uma nitrila típica.

2.6.23 Isonitrilas (R—$\overset{+}{N}$≡$\overset{-}{C}$), Cianatos (R—O—C≡N), Isocianatos (R—N=C=O), Tiocianatos (R—S—C≡N) e Isotiocianatos (R—N=C=S)

Esses grupos apresentam as deformações axiais da ligação tripla e da ligação dupla cumulada na região 2280–2000 cm^{-1}.

2.6.24 Compostos que Contêm o Grupo —N=N

A vibração de deformação axial de N=N de um composto *trans*-azo simétrico é proibida no infravermelho, mas pode ser observada em 1576 cm^{-1} no espectro Raman. Os azobenzenos assimétricos com grupos doadores de elétrons na posição *para* absorvem próximo de 1429 cm^{-1}. As bandas são fracas devido à natureza apolar da ligação.

2.6.25 Compostos Covalentes que Contêm Ligações Nitrogênio-Oxigênio

Os nitrocompostos, nitratos e nitroaminas contêm um grupo NO$_2$. Essas classes de compostos mostram absorções provenientes das deformações axiais assimétrica e simétrica do grupo NO$_2$. A absorção assimétrica provoca uma banda forte entre 1661 e 1499 cm^{-1}. A absorção simétrica ocorre entre 1389 e 1259 cm^{-1}. A posição exata das bandas depende da substituição e da insaturação na vizinhança do grupo NO$_2$.

2.6.25.1 Vibrações de Deformação Axial de N=O
Nos nitroalcanos, as duas bandas ocorrem entre 1550 e 1372 cm^{-1}. A conjugação baixa a frequência de ambas as bandas, levando-as para 1550–1500 cm^{-1} e 1360–1290 cm^{-1}. A presença de grupos eletronegativos ligados ao carbono α de um nitrocomposto aumenta a frequência da banda assimétrica e reduz a frequência da banda simétrica. Assim, por exemplo, a cloropicrina, Cl$_3$CNO$_2$, absorve em 1610 e 1307 cm^{-1}.

Os grupos nitroaromáticos absorvem aproximadamente nas mesmas frequências dos nitrocompostos alifáticos conjugados. Interações entre as frequências de deformação angular fora do plano de NO$_2$ e de C—H do anel tornam pouco confiável o modelo de substituição observado para os nitroaromáticos na região de baixa frequência. Os compostos nitroaromáticos mostram uma vibração de deformação axial de C—N em 870 cm^{-1}. O espectro do nitrobenzeno, Figura 2.36, ilustra a interpretação dada aqui.

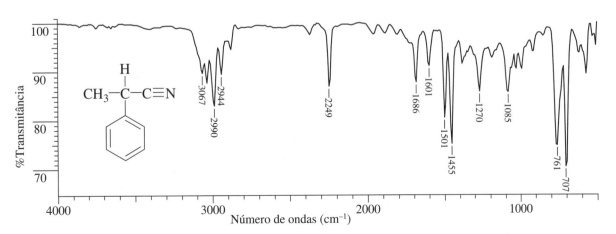

FIGURA 2.35 Cianeto de α-metilbenzila. Deformação axial de C—H aromático, 3067 cm^{-1}, 3030 cm^{-1}. Deformação axial de C—H alifático, 2990 cm^{-1}, 2944 cm^{-1}. Deformação axial de C≡N, 2249 cm^{-1}. Deformação angular fora do plano de C—H (anel aromático), 761 cm^{-1}.

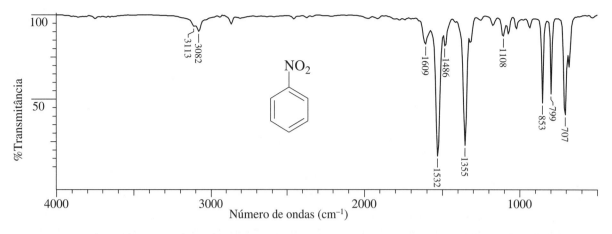

FIGURA 2.36 Nitrobenzeno. Deformação axial de C—H aromático, 3113 cm^{-1}, 3082 cm^{-1}. Deformação axial assimétrica de (N=O)$_2$ (ArNO$_2$), 1532 cm^{-1}. Deformação axial simétrica de (N=O)$_2$ (ArNO$_2$), 1355 cm^{-1}. Deformação axial de C—N de ArNO$_2$, 853 cm^{-1}. As bandas de baixa frequência são de pouca utilidade na identificação do modo de substituição do anel, porque há forte acoplamento entre as frequências de deformação angular fora do plano dos grupos NO$_2$ e C—H aromático. O fato de a região de deformação angular fora do plano não fornecer informações estruturais confiáveis é típico de compostos aromáticos com substituintes muito polares.

Por causa da importante ressonância existente nos sistemas aromáticos que contêm grupos NO$_2$ e grupos doadores de elétrons, como o grupo amino em posição *orto* ou *para*, a vibração simétrica do NO$_2$ desloca-se para frequências mais baixas, e sua intensidade aumenta. A *p*-nitroanilina absorve em 1475 e 1310 cm^{-1}.

As posições das bandas de deformação axial assimétrica e simétrica de NO$_2$ de nitroaminas ⟩N—NO$_2$ e da deformação axial de NO das nitrosoaminas são dadas no Apêndice B.

Nitratos Os nitratos orgânicos apresentam absorções características das deformações axiais de N—O do grupo NO$_2$ e da ligação O—N. A deformação axial assimétrica do grupo NO$_2$ produz uma banda intensa entre 1660 e 1625 cm^{-1}. A deformação simétrica absorve fortemente em 1300–1255 cm^{-1}. A deformação axial das ligações π de N—O é observada entre 870 e 833 cm^{-1}. Outra banda, encontrada em frequências mais baixas, 763–690 cm^{-1}, tem, provavelmente, origem na deformação angular do grupo NO$_2$.

Nitritos Os nitritos produzem duas bandas intensas de deformação axial de N=O. A banda de 1680–1650 cm^{-1} é atribuída ao isômero *trans*. O isômero *cis* absorve em 1625–1610 cm^{-1}. A banda de deformação axial de N—O aparece entre 850 e 750 cm^{-1}. As bandas de absorção de nitrito estão entre as mais fortes observadas em espectros de infravermelho.

Compostos Nitrosos Os compostos *C*-nitrosos alifáticos, primários e secundários, são usualmente instáveis e se rearranjam para dar oximas ou se dimerizam. Já os compostos nitrosos terciários e aromáticos são razoavelmente estáveis, existindo como monômeros em fase gasosa ou em solução diluída e como dímeros em amostras puras. Os compostos nitrosos, alifáticos, terciários e monoméricos mostram absorção de N=O na região 1585–1539 cm^{-1}. Os aromáticos monoméricos absorvem entre 1511 e 1495 cm^{-1}.

As absorções de deformação axial de N → O de compostos nitrosos diméricos são caracterizadas como *cis*, *trans*, alifáticas ou aromáticas no Apêndice B. As absorções de nitrosoaminas também são descritas no Apêndice B.

2.6.26 Compostos Orgânicos de Enxofre

2.6.26.1 Vibrações de Deformação Axial de S—H de Mercaptans
Os mercaptans alifáticos e os tiofenóis, líquidos ou em solução, apresentam absorção de deformação axial de S—H na faixa de 2600 a 2550 cm^{-1}. A banda de deformação axial de S—H é muito fraca e é encontrada com dificuldade no espectro de soluções diluídas ou em filme líquido. Como, entretanto, poucos grupos apresentam absorção nessa região, essa banda é útil na detecção de grupos S—H. O espectro do 1,6-hexanoditiol, que aparece na Figura 2.37, mostra uma banda de deformação axial de S—H fácil de se reconhecer. Em certos casos, a banda de S—H pode ser obscurecida pela absorção intensa do grupo carboxila. A ligação hidrogênio é muito mais fraca no caso dos grupos S—H do que no caso dos grupos O—H e N—H.

O grupo S—H dos ácidos tiólicos absorve na mesma região dos mercaptans e tiofenóis.

2.6.26.2 Vibrações de Deformação Axial de C—S e C=S
Sulfetos As vibrações de deformação axial atribuídas à ligação C—S ocorrem entre 700 e 600 cm^{-1}. A intensidade é baixa e a banda varia muito de posição, o que faz com que essa banda tenha pouco valor na determinação de estruturas.

Dissulfetos A vibração de deformação axial de S—S é muito fraca e é observada entre 500 e 400 cm^{-1}.

Compostos Tiocarbonilados Os tiais e tionas alifáticos existem como sulfetos cíclicos trímeros. As aril-alquiltionas podem existir como monômeros ou trímeros, e as diariltionas, como a tiobenzofenona, existem apenas como monômeros. O grupo C=S é menos polar do que o grupo C=O, e a ligação é consideravelmente mais fraca. Em consequência, a banda não é intensa e localiza-se em frequências mais baixas do que

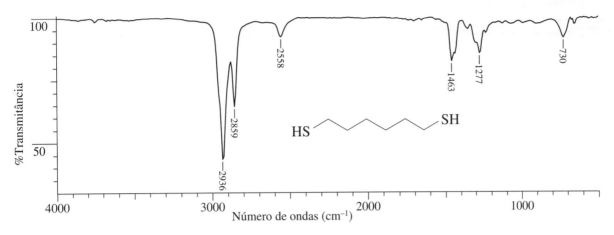

FIGURA 2.37 1,6-Hexanoditiol. Deformação axial de C—H alifático, 2936 cm^{-1}, 2859 cm^{-1}. Deformação axial de S—H, moderadamente fraca, 2558 cm^{-1}. Deformação axial de C—S 730 cm^{-1}.

a da carbonila, sendo, portanto, mais suscetível a efeitos de acoplamento. A identificação é frequentemente difícil e incerta.

Os compostos que contêm grupos tiocarbonila mostram absorção na região de 1250–1020 cm^{-1}. A tiobenzofenona e seus derivados absorvem moderadamente entre 1224 e 1207 cm^{-1}. Como a absorção ocorre na mesma região das deformações axiais de C—O e C—N, considerável interação pode ocorrer entre essas vibrações dentro da molécula.

Os espectros de compostos nos quais o grupo C=S está ligado a um átomo de nitrogênio mostram uma banda de absorção na região habitual de deformação axial de C=S e várias outras na região ampla de 1563 a 700 cm^{-1} que são atribuídas à interação entre as deformações axiais de C=S e de C—N.

Os compostos tiocarbonilados capazes de enolização existem em equilíbrio tautomérico tiocarbonila-tioenol. Tais sistemas mostram absorção de S—H. O tioenol do tiobenzoil-acetato de etila,

tem absorção larga em 2415 cm^{-1} devida à deformação axial de S—H em ligação hidrogênio.

2.6.27 Compostos que Contêm Ligações Enxofre-Oxigênio

2.6.27.1 Vibrações de Deformação Axial de S=O

Sulfóxidos Os alquilsulfóxidos e arilsulfóxidos, líquidos ou em solução, mostram absorção intensa entre 1070 e 1030 cm^{-1}. No caso do dimetilsulfóxido (DMSO), ela ocorre em 1050 cm^{-1}. A conjugação produz uma pequena alteração na frequência observada, ao contrário do que se observa com a deformação axial de C=O. O dialilsulfóxido absorve em 1047 cm^{-1}. O fenilmetilsulfóxido e o ciclo-hexilmetilsulfóxido absorvem em 1055 cm^{-1} em solução diluída em tetracloreto de carbono. Como o grupo sulfóxido participa de ligação hidrogênio, a absorção desloca-se para frequências ligeiramente menores quando se passa de soluções diluídas para o líquido puro. A substituição por grupos eletronegativos causa o aumento da frequência de absorção de S=O.

Sulfonas O espectro das sulfonas mostra bandas de absorção intensas em 1350–1300 cm^{-1} e em 1160–1120 cm^{-1}, originadas, respectivamente, das deformações axiais assimétrica e simétrica do grupo SO$_2$. A formação de ligação hidrogênio leva a absorção para a região inferior dessas faixas, 1300 e 1125 cm^{-1}. Pode ocorrer desdobramento da banda de alta frequência em solução em tetracloreto de carbono ou no estado sólido.

Cloretos de Sulfonila Os cloretos de sulfonila absorvem fortemente em 1410–1380 cm^{-1} e em 1204–1177 cm^{-1}. O aumento observado de frequência em relação às sulfonas resulta da eletronegatividade do átomo de cloro.

Sulfonamidas As soluções de sulfonamidas absorvem fortemente em 1370–1335 cm^{-1} e em 1170–1155 cm^{-1}. Em fase sólida, essas frequências se reduzem de 10 a 20 cm^{-1}, a banda de maior frequência alarga-se e observa-se usualmente estrutura fina.

No estado sólido, as sulfonamidas primárias mostram bandas de deformação axial de N—H intensas em 3390–3330 cm^{-1} e em 3300–3247 cm^{-1}. As sulfonamidas secundárias absorvem em 3265 cm^{-1}.

Sulfonatos, Sulfatos e Ácidos Sulfônicos As faixas de frequência das deformações axiais assimétrica (maior frequência, menor comprimento de onda) e simétrica do grupamento S=O estão na Tabela 2.8.

TABELA 2.8 Frequências de Deformação Axial de Sulfonatos, Sulfatos, Ácidos Sulfônicos e Sais de Ácidos Sulfônicos

Classe	Frequências de Deformação Axial (cm^{-1})
Sulfonatos (covalentes)	1372–1335, 1195–1168
Sulfatos (orgânicos)	1415–1380, 1200–1185
Ácidos sulfônicos	1350–1342, 1165–1150
Sais de ácidos sulfônicos	1175, 1055

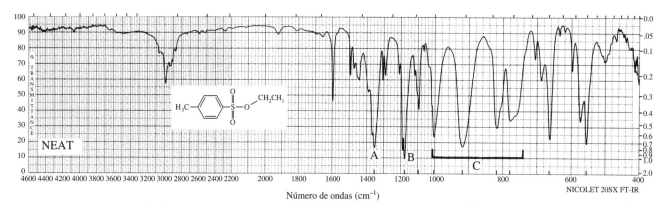

FIGURA 2.38 *p*-Toluenossulfonato de etila. A. Deformação axial assimétrica do grupo S(=O)$_2$, 1355 cm^{-1}. B. Deformação axial simétrica do grupo S(=O)$_2$, 1177 cm^{-1}. C. Várias deformações axiais do sistema S—O—C (fortes), 1000–769 cm^{-1}.

O espectro de um alquil-arenossulfonato típico aparece na Figura 2.38. A deformação axial assimétrica aparece como um dubleto em praticamente todos os sulfonatos. Os alquilsulfonatos e arilsulfonatos apresentam poucas diferenças. A existência de grupos doadores de elétrons na posição *para* dos arenossulfonatos causa absorção em frequência mais alta.

As faixas de absorção listadas anteriormente para os ácidos sulfônicos são bastante estreitas. Isso só se aplica às formas anidras. Esses ácidos hidratam-se rapidamente, dando bandas largas, devidas provavelmente à formação de sais de hidrôniosulfonato na região 1230–1120 cm^{-1}.

2.6.28 Compostos Orgânicos Halogenados

A absorção intensa dos hidrocarbonetos halogenados provém das vibrações de deformação axial da ligação carbono–halogênio (Tabela 2.9).

A absorção de C—Cl alifático é observada entre 850 e 550 cm^{-1}. Quando vários átomos de cloro estão ligados a um mesmo átomo de carbono, as bandas são mais intensas e localizam-se no extremo de maior frequência dessa faixa. O tetracloreto de carbono tem uma banda intensa em 797 cm^{-1}. As primeiras harmônicas das bandas fundamentais são frequentemente observadas. Os compostos bromados absorvem entre 690 e 515 cm^{-1} e os compostos iodados, entre 600 e 500 cm^{-1}. Observa-se na região de 1300–1150 cm^{-1} uma banda intensa de deformação angular simétrica fora do plano de CH$_2$ localizada no grupamento CH$_2$X (X = Cl, Br, I).

Por causa dos modos de deformação axial do C—F, os compostos que contêm flúor absorvem fortemente em uma ampla faixa de frequência, 1400–1000 cm^{-1}. Os monofluoroalcanos têm banda intensa na região 1100–1000 cm^{-1}. Com o aumento do número de átomos de flúor em moléculas alifáticas, o padrão das bandas fica mais complexo e aparecem bandas intensas na região de absorção de C—F. Os grupos CF$_3$ e CF$_2$ absorvem fortemente na região de 1350–1120 cm^{-1}.

Os clorobenzenos absorvem entre 1096 e 1089 cm^{-1}. A posição dentro dessa faixa depende do padrão de substituição. Os fluoretos de arila absorvem entre 1250 e 1100 cm^{-1}. Um anel benzênico monofluorado produz uma banda de absorção forte e aguda próxima de 1230 cm^{-1}.

Como os halogênios têm alta eletronegatividade, a substituição por halogênios tem efeito importante no espectro das frequências de grupos vizinhos, inclusive hidrogênios. Deslocamentos significativos das frequências de C—H podem ocorrer. A direção do deslocamento depende da localização do grupo C—H e se o halogênio aumenta (frequências maiores) ou diminui (frequências menores) a densidade de elétrons da ligação C—H.

2.6.29 Compostos de Silício

2.6.29.1 Vibrações de Si—H As vibrações das ligações Si—H incluem a deformação axial de Si—H (cerca de 2200 cm^{-1}) e a deformação angular de Si—H (800–950 cm^{-1}). As frequências de deformação axial de Si—H aumentam quando um grupo eletronegativo se liga ao silício.

2.6.29.2 Vibrações de SiO—H e Si—O As vibrações de deformação axial de OH do grupo SiOH ocorrem na mesma região dos álcoois, 3700–3200 cm^{-1}. Bandas intensas atribuídas a Si—O ocorrem em 830–1110 cm^{-1}. Como no caso dos álcoois, as características de absorção dependem do grau de ligação hidrogênio.

TABELA 2.9 Números de Onda no IV de Compostos Organo-Halogenados Alifáticos

Grupo Funcional	Número de Ondas (cm^{-1})	Atribuição
C—F	1100 a 1000	Deformação axial de C—F de monofluoroalcanos
	1350 a 1120	CF$_3$ e CF$_3$
C—Cl	850 a 550	Deformação axial de C—Cl de clorocompostos alifáticos
C—Br	690 a 515	Deformação axial de C—Br de bromocompostos alifáticos
C—I	600 a 500	Deformação axial de C—I de iodocompostos alifáticos
CH$_2$X (X = Cl, Br e I)	1300 a 1500	Deformação angular fora do plano de CH$_2$

2.6.29.3 Vibrações de Deformação Axial de Silício-Halogênio
As absorções devidas à deformação axial de Si—F ocorrem entre 1000 e 800 cm^{-1}.

As deformações axiais de Si—Cl ocorrem em frequências inferiores a 666 cm^{-1}.

2.6.30 Compostos de Fósforo

2.6.30.1 Vibrações de Deformação Axial de P—H, P—C e P=O
A ligação P—H, que ocorre em muitos compostos orgânicos de fósforo, tem vibrações de deformação axial na região de 2350 a 2440 cm^{-1} e de deformação angular em 1120 a 950 cm^{-1}. Essas últimas podem ser recobertas por outras bandas intensas não relacionadas com a ligação P—H. A substituição de hidrogênio por deutério produz um deslocamento isotópico importante (cerca de 650 cm^{-1}), levando as bandas de deformação axial de P—D para cerca de 1750 cm^{-1}.

As vibrações de deformação axial de P—C de óxidos alifáticos de fosfina aparecem na faixa de 750 a 650 cm^{-1}, embora o tamanho e a estrutura dos grupos alquila e a identidade de outros substituintes do átomo de fósforo possam influenciar a posição das bandas. Quando um anel aromático está diretamente ligado ao fósforo, ele mostra as frequências características de aromáticos de modo análogo ao anel aromático dos hidrocarbonetos (Seção 2.6.6). Existem mais duas bandas em cerca de 1000 e 1440 cm^{-1} em compostos que contêm um anel aromático diretamente ligado ao átomo de fósforo. A banda de 1000 cm^{-1} é usualmente mais intensa do que a de 1440 cm^{-1}.

No grupo fosforila (P=O), ao contrário de C=O, o oxigênio liga-se ao fósforo por uma ligação muito polar, frequentemente representada como um grupo ($\overset{+}{P}$—$\overset{-}{O}$). Isso sugere que o espectro de IV do grupo P=O pode ser, em grande parte, interpretado como uma ligação σ. A absorção de deformação axial do grupo fosforila ocorre em uma faixa ampla, que se estende de 1310 a 1150 cm^{-1} (Figura 2.39). A frequência dessa banda é extremamente sensível a outros substituintes do átomo de fósforo, e existe uma correlação entre a frequência da fosforila e a eletronegatividade dos outros substituintes do átomo de fósforo. A Tabela 2.10 lista os efeitos de alguns substituintes na frequência da fosforila no IV.

TABELA 2.10 Efeito da Eletronegatividade de Substituintes sobre o Número de Ondas do Grupo Fosforila

Composto	Número de Substituintes Eletronegativos	Número de Ondas no IV (cm^{-1})
Fluorofosfato de dimetila	3	1305
Fosfato de trimetila	3	1275
p-Clorofenilfosfonato de dietila	2	1265
Fenilfosfonato de dietila	2	1257
Óxido de difenilclorofosfina	1	1236
Óxido de trimetilfosfina	0	1190

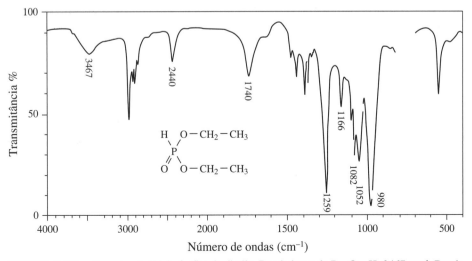

FIGURA 2.39 Espectro de IV do fosfito de dietila. Banda larga de P—O—H, 3467 cm^{-1}. Banda de P–H, 2440 cm^{-1}. Deformação axial de P=O, 1259 cm^{-1}. Banda de P—O—C, 1166(f), 1062(m), 1052(m), 980(F) cm^{-1}.

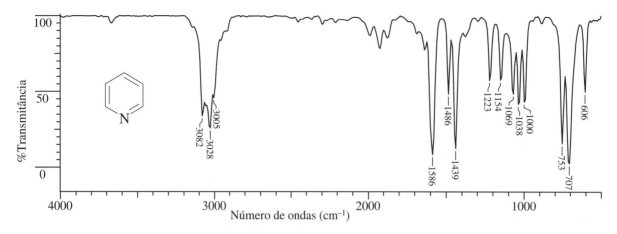

FIGURA 2.40 Piridina. Deformação axial de C—H aromático, 3090–3000 cm^{-1}. Deformação axial de C—C e C—N do anel (bandas de esqueleto), 1600–1430 cm^{-1}. Deformação angular fora do plano de C—H, 753 cm^{-1}, 707 cm^{-1}. Veja o Apêndice E, Tabela E-1, para uma explicação das bandas da região C das piridinas substituídas.

O grupo fosforila pode interagir por meio do átomo de oxigênio com grupos hidroxila para formar ligações hidrogênio ou complexos com metais pesados de outros compostos, que podem deslocar significativamente a posição das bandas para frequências menores. A ligação com metais pesados pode reduzir a banda de absorção de P=O por mais de 100 cm^{-1}. Em complexos formados entre o fosfato de tributila e nitratos de tório, cério(V) ou uranila, a deformação axial de P=O desloca-se de 1280 cm^{-1} para cerca de 1180 cm^{-1}.

Os ésteres orgânicos têm uma banda característica em cerca de 1110 cm^{-1}, atribuída à ligação C—O—C. A substituição do carbono por fósforo no grupo éster alifático normalmente desloca a banda de absorção para frequências menores. A absorção do grupo P—O—C de fosfatos alifáticos é uma banda larga de intensidade intensa a moderada observada em cerca de 1050 cm^{-1}. Uma exceção é P—O—CH$_3$, em que a banda de absorção aparece como uma banda intensa e aguda em 1190 cm^{-1}. Também está associada ao grupo P—O—C uma banda de intensidade média entre 835 e 715 cm^{-1}, que se torna fraca se o grupo alifático é maior do que metila ou etila. No caso de fosfatos aromáticos, essa absorção desloca-se para números de onda maiores (1260–1160 cm^{-1}).

2.6.31 Compostos Heteroaromáticos

O espectro dos compostos heteroaromáticos resulta primariamente dos mesmos modos vibracionais observados para os aromáticos.

2.6.31.1 Vibrações de Deformação Axial de C—H

Os heteroaromáticos, como as piridinas, pirazinas, pirróis, furanos e tiofenos, apresentam bandas de deformação axial de C—H na região 3077–3003 cm^{-1}.

2.6.31.2 Vibrações de Deformação Axial de N—H

Os heteroátomos que contêm um grupo N—H mostram absorção de deformação axial de N—H na região 3500–3220 cm^{-1}. A frequência de absorção é sensível ao grau de formação de ligação hidrogênio e, em consequência, depende do estado físico da amostra e da polaridade do solvente. O pirrol e o indol em solução diluída em solventes não polares apresentam uma banda aguda próxima de 3495 cm^{-1}. Em soluções concentradas, a banda é larga e centrada em 3400 cm^{-1}. Em concentrações intermediárias, é possível observar ambas as bandas.

2.6.31.3 Vibrações de Deformação Axial do Anel (Bandas do Esqueleto)

As vibrações de deformação axial das ligações do anel ocorrem, em geral, na região entre 1600 e 1300 cm^{-1}. A absorção envolve a expansão e a contração de todas as ligações do anel. O número de bandas e suas intensidades relativas dependem do padrão de substituição e da natureza dos substituintes.

A piridina (Figura 2.40) mostra quatro bandas nessa região, aparentando-se, portanto, a um benzeno monossubstituído. Os furanos, pirróis e tiofenos mostram de duas a quatro bandas nessa região.

2.6.31.4 Deformação Angular Fora do Plano de C—H

O padrão de absorção da deformação angular fora do plano de C—H (γ-CH) dos heteroaromáticos é determinado pelo número de átomos de hidrogênio adjacentes que se deformam em fase. As absorções de deformação angular fora do plano de C—H e do anel (β-anel) das alquilpiridinas estão resumidas no Apêndice E, Tabela E-1.

Os dados referentes aos modos de deformação angular fora do plano de C—H (γ-CH) e deformação angular (β-anel) de três compostos heteroaromáticos com anéis de cinco átomos encontram-se no Apêndice E, Tabela E-2. As faixas de absorção na Tabela E-2 incluem substituintes polares e apolares do anel.

REFERÊNCIAS

As referências do capítulo estão disponíveis no GEN-IO, ambiente virtual de aprendizagem do GEN.

EXERCÍCIOS PARA OS ESTUDANTES

2.1 Os halogenetos de hidrogênio têm os seguintes números de ondas: 4148,3 cm^{-1} (HF), 2988,9 cm^{-1} (HCl), 2649,7 cm^{-1} (HBr), 2309,5 cm^{-1} (HI). Use a lei de Hooke para calcular as constantes de força das ligações hidrogênio-halogênio. Com base em seus cálculos, prediga as correspondentes frequências dos halogenetos de deutério.

2.2 Quais das seguintes moléculas podem mostrar espectros de absorção no infravermelho? Por quê?
(a) CH$_3$CH$_3$, (b) CH$_4$, (c) CH$_3$Cl, (d) N$_2$.

2.3 Quantos modos normais de vibração existem para cada uma das seguintes moléculas:
(a) C$_6$H$_6$, (b) C$_6$H$_5$CH$_3$, (c) HC≡C—C≡CH.

2.4 O espectro ATR-IV dos três isômeros do xileno (*m-*, *o-*, *p-*xileno) estão a seguir. Examine os espectros e atribua uma estrutura a cada um deles.

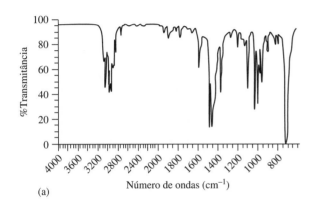

(a)

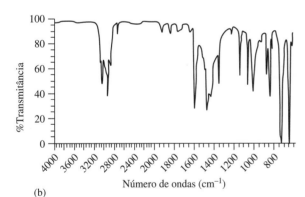

(b)

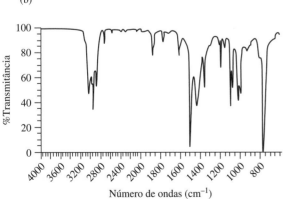

(c)

2.5 Selecione o composto que melhor se enquadra em cada um dos conjuntos de dados de infravermelho a seguir (bandas em cm^{-1}). Cada conjunto inclui uma lista de bandas importantes para cada composto.

Ácido benzoico	Difenilsulfona
Ácido fórmico	1,4-Dioxano
Benzamida	Isobutilamina
Benzonitrila	1-Nitropropano dioxano
Bifenila	

a. 3080 (F), não apresenta bandas em 3000–2800, 2230 (F), 1450 (F), 760 (F), 688 (F)
b. 3380 (m), 3300 (m), não apresenta bandas em 3200–3000, 2980 (F), 2870 (m), 1610 (m), ~900–700 (l)
c. 3080 (f), não apresenta bandas em 3000–2800, 1315 (F), 1300 (F), 1155 (F)
d. 2955 (F), 2850 (5), 1120 (F)
e. 2946 (F), 2930 (m), 1550 (F), 1386 (m)
f. 2900 (l, F), 1720 (l, F)
g. 3030 (m), 730 (s), 690 (F)
h. 3200–2400 (5), 1685 (l, F), 705 (F)
i. 3350 (5), 3060 (m), 1635 (s)
F = forte, m = médio, f = fraco, l = largo

2.6 Os espectros de infravermelho do ácido butírico e do butirato de etila mostram uma absorção intensa de singleto em 1725 cm^{-1} e 1740 cm^{-1}, respectivamente. Em contraste, o espectro de IV do anidrido butírico mostra um dubleto largo e agudo em 1750 cm^{-1} e 1825 cm^{-1}. Por quê?

2.7 O que são "bandas de combinação"? O que são "harmônicas"? Como elas contribuem para a interpretação de um espectro de IV? Você pode dar um exemplo?

2.8 Coloque os seguintes compostos de fósforo na ordem crescente das frequências de deformação axial de P=O no IV.

$$O=P(OCH_3)(OCH_3)(CH_3) \quad O=P(F)(OCH_3)(OCH_3) \quad O=P(CH_3)(CH_3)(CH_3) \quad O=P(OCH_3)(OCH_3)(OCH_3)$$

$$O=P(OC_6H_5)(OCH_3)(OCH_3) \quad O=P(OCH_2CH_3)(OCH_2CH_3)(OCH_2CH_3) \quad O=P(CH_3)(OCH_2CH_3)(OCH_2CH_3)$$

2.9 Para cada um dos seguintes espectros de infravermelho (A–W), liste os grupos funcionais (a) presentes e (b) ausentes. Os espectros de massas desses compostos estão no Capítulo 1 (Exercício 1.6).

Problema 2.9 Espectro A

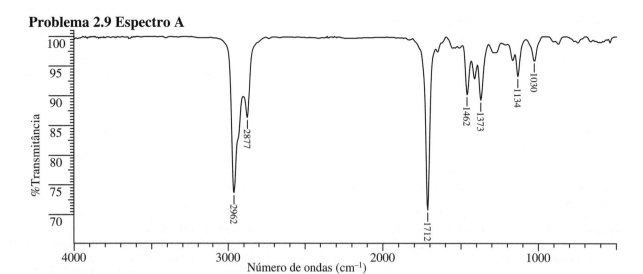

Problema 2.9 Espectro B

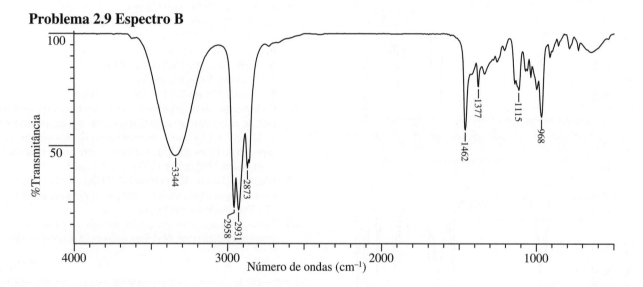

Problema 2.9 Espectro C

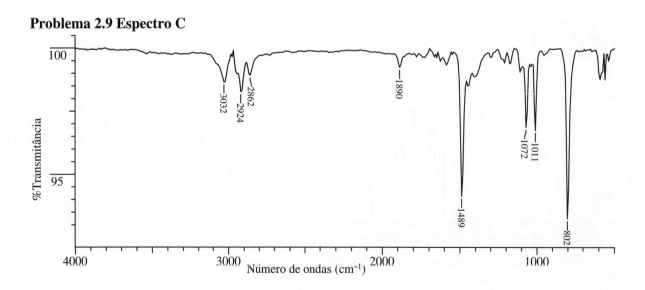

Exercício 2.9

Problema 2.9 Espectro D

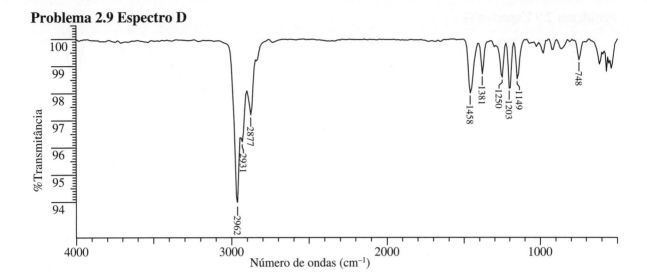

Problema 2.9 Espectro E

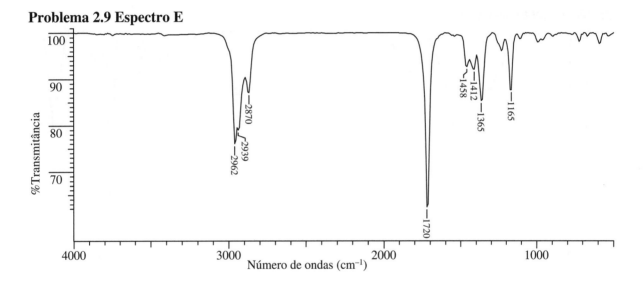

Problema 2.9 Espectro F

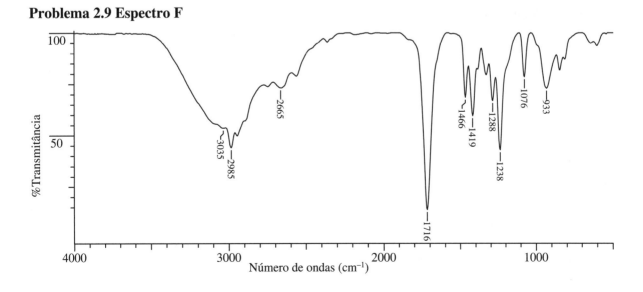

Problema 2.9 Espectro G

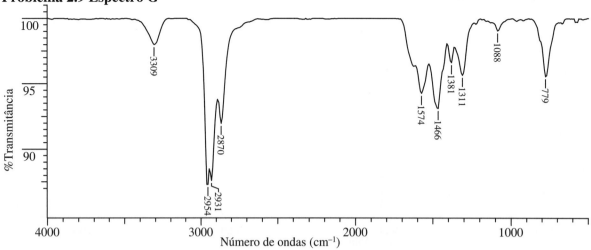

Problema 2.9 Espectro H

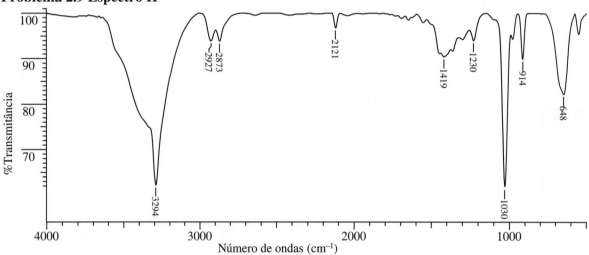

Problema 2.9 Espectro I

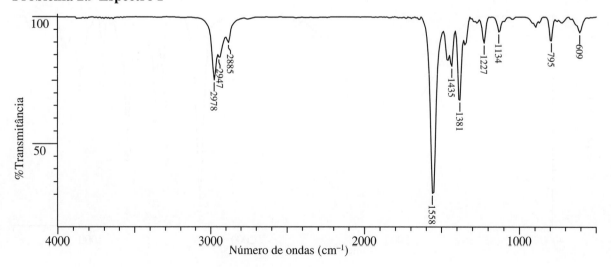

Exercício 2.9

Problema 2.9 Espectro J

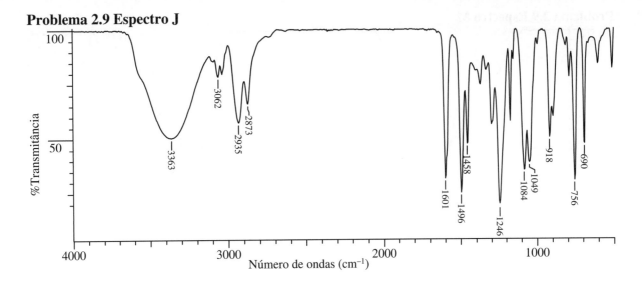

Problema 2.9 Espectro K

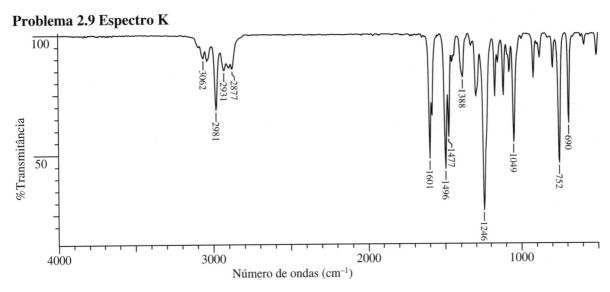

Problema 2.9 Espectro L

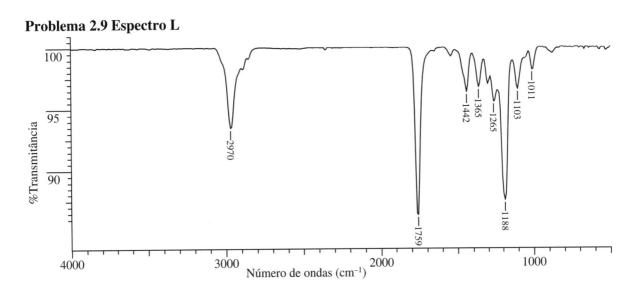

Problema 2.9 Espectro M

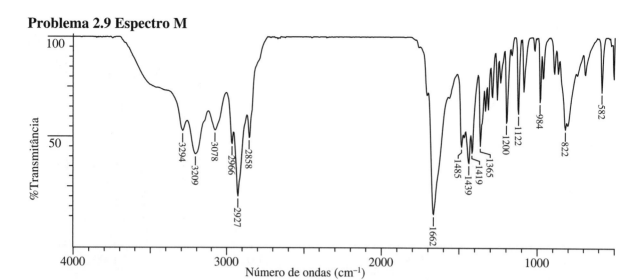

Problema 2.9 Espectro N

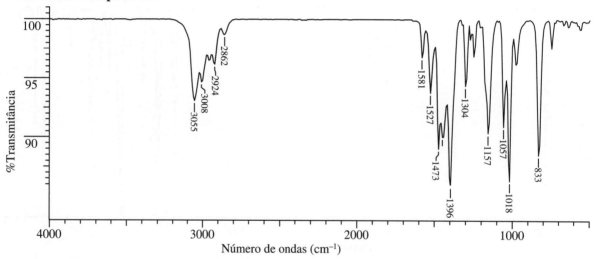

Problema 2.9 Espectro O

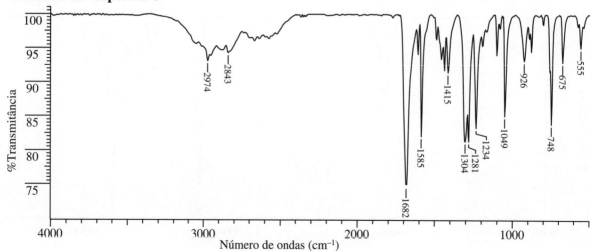

Exercício 2.9

Problema 2.9 Espectro P

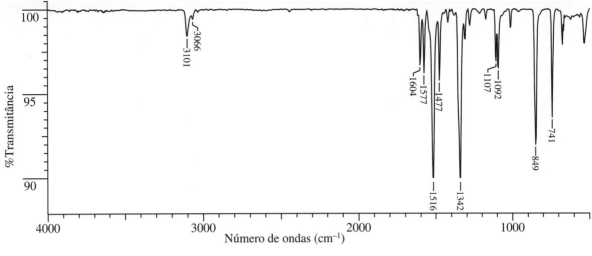

Problema 2.9 Espectro Q

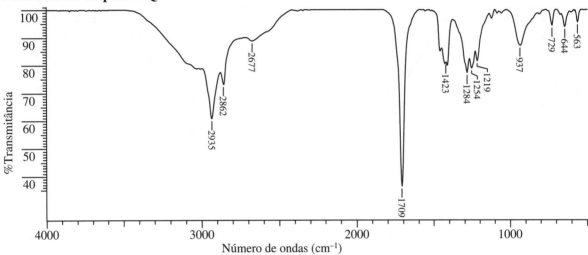

Problema 2.9 Espectro R

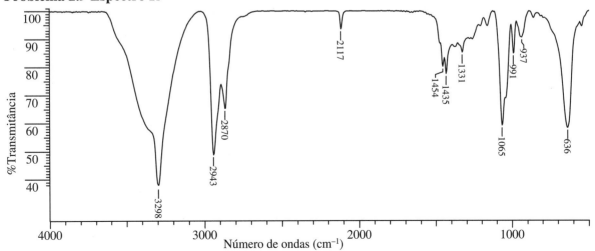

Problema 2.9 Espectro S

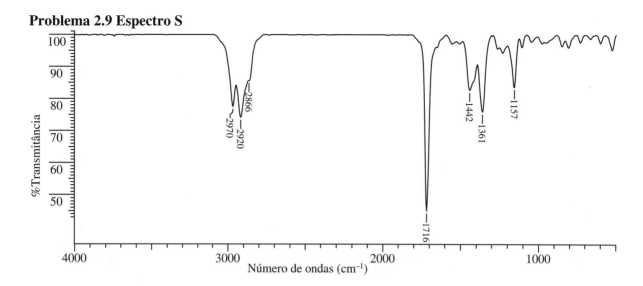

Problema 2.9 Espectro T

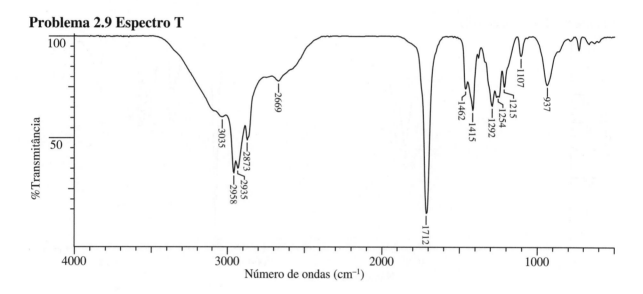

Problema 2.9 Espectro U

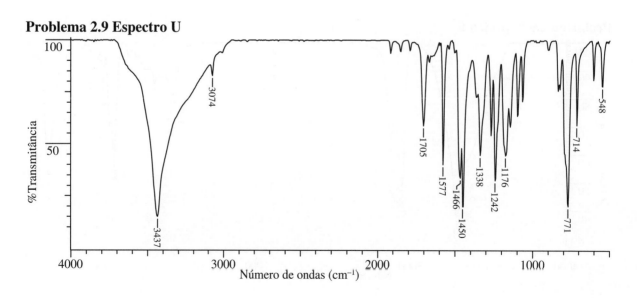

Exercício 2.9

Problema 2.9 Espectro V

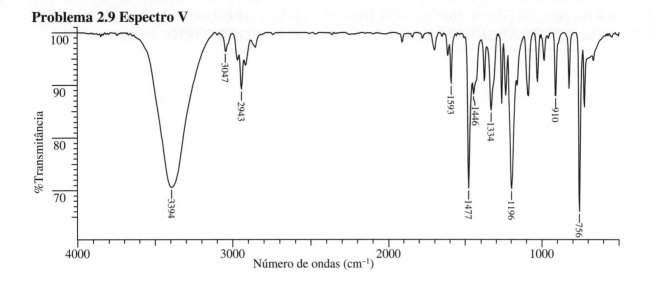

Problema 2.9 Espectro W

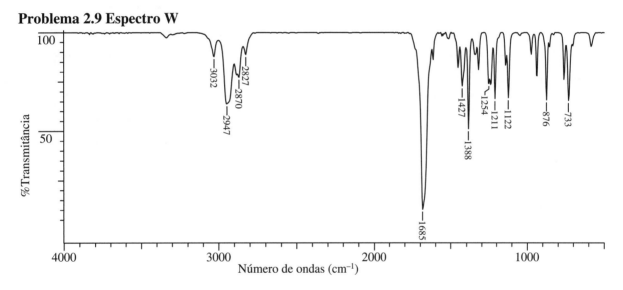

FAIXAS DE ABSORÇÃO E ESPECTROS DE SOLVENTES ORGÂNICOS, ÓLEOS DE MOAGEM E OUTRAS SUBSTÂNCIAS COMUNS DE LABORATÓRIO

APÊNDICE A REGIÕES TRANSPARENTES DE SOLVENTES E ÓLEOS DE MOAGEM

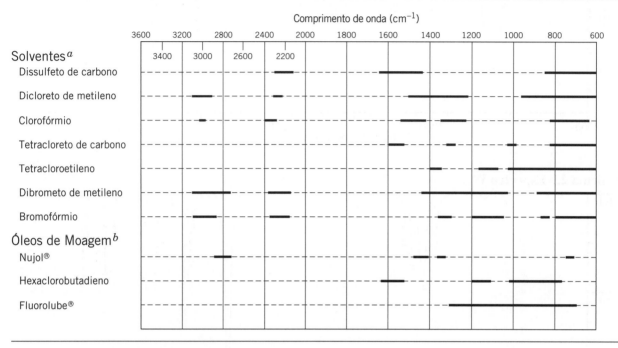

[a]As regiões abertas são aquelas em que o solvente transmite mais do que 25% da luz incidente na espessura de 1 mm.
[b]As regiões abertas dos óleos de moagem indicam a transparência de filmes finos.

APÊNDICE B — ABSORÇÕES CARACTERÍSTICAS DE GRUPOS[a]

ESPECTROMETRIA NO INFRAVERMELHO

Grupo	Faixas de absorção (cm^{-1})
ALCANOS	bandas m em ~3000; m, m em ~1450-1400; m em ~1200-800; f em ~750
ALQUENOS	
VINIL	m ~3080; m ~1640; m ~1420; F ~990, F ~910
TRANS	m ~3020; f ~1670; F ~970
CIS	m ~3020; m ~1650; F ~700
VINILIDENO	m ~3080; m ~1780; m ~1650; F ~890
TRISSUBSTITUÍDO	m ~3020; m ~1670; m ~820
TETRASSUBSTITUÍDO	f ~1670
CONJUGADO	m ~3020; f ~1600
CUMULADO (>C=C=CH$_2$)	m ~3000; F ~1950; f ~850
CÍCLICO	m; m
ALQUINOS	
MONOSSUBSTITUÍDO	F ~3300; f ~2100; f ~1250; F ~650
DISSUBSTITUÍDO	f ~2200
AROMÁTICOS MONONUCLEARES	
BENZENO	f ~3030; f ~2000-1660; F ~1500; m ~1050; F^d ~680
MONOSSUBSTITUÍDO	m, m ~1600-1580; m, m ~1070-1020; F, F ~750, 690
1,2-DISSUBSTITUÍDO	m, m ~1050; F ~750
1,3-DISSUBSTITUÍDO	m, m ~1080; m F ~780; F^d ~690
1,4-DISSUBSTITUÍDO	m, m ~1100; F ~820
1,2,4-TRISSUBSTITUÍDO	m F ~870, 820
1,2,3-TRISSUBSTITUÍDO	F ~780; m^d ~720
1,3,5-TRISSUBSTITUÍDO	F ~840; m^d ~700
ÁLCOOIS E FENÓIS	
OH LIVRE	m 3700-3450 agudo
EM LIGAÇÃO INTRAMOLECULAR (FRACA)	m 3704-3509 agudo
EM LIGAÇÃO INTRAMOLECULAR (FORTE)	l ~3200
EM LIGAÇÃO INTERMOLECULAR	F l ~3400
TERCIÁRIO SATURADO / SECUNDÁRIO MUITO SIMÉTRICO	F ~1200
SECUNDÁRIO SATURADO / TERCIÁRIO α-INSATURADO OU CÍCLICO	F ~1150
SECUNDÁRIO α-INSATURADO / SECUNDÁRIO ALICÍCLICO (ANEL DE 5 OU 6 ÁTOMOS) / PRIMÁRIO SATURADO	F ~1100
TERCIÁRIO α-INSATURADO / SECUNDÁRIO α-INSATURADO E α-RAMIFICADO / SECUNDÁRIO Di-α-INSATURADO / SECUNDÁRIO ALICÍCLICO (ANEL DE 7 OU 8 ÁTOMOS) / PRIMÁRIO α-INSATURADO OU α-RAMIFICADO	F ~1050

[a] As absorções correspondem às barras em negrito. F = forte, m = médio, f = fraco, l = largo. Duas letras sobre uma barra significa que duas bandas podem estar presentes.
[b] Pode estar ausente.
[c] Com frequência um dubleto.
[d] Bandas de deformação angular de anel.

APÊNDICE B *(Continuação)*

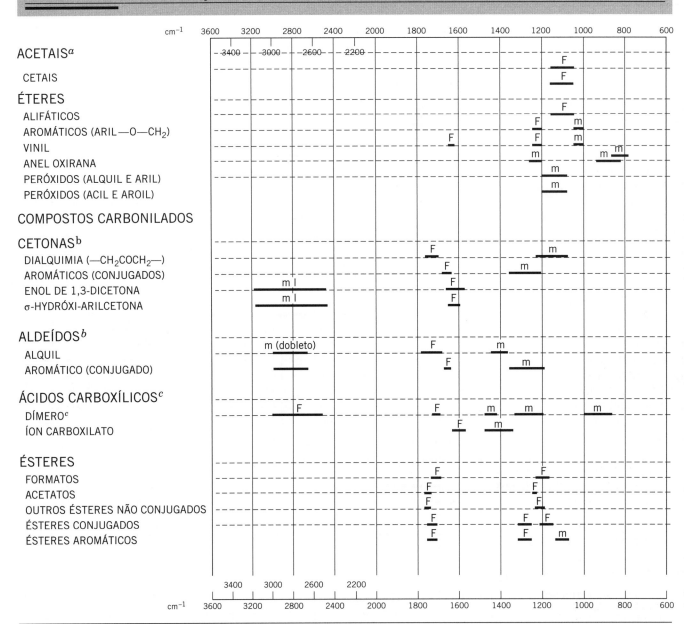

[a] Três bandas, algumas vezes quatro para cetais e uma quinta banda para acetais.
[b] Exemplos de alifáticos conjugados mostram deformação axial C=O virtualmente na mesma posição das estruturas aromáticas.
[c] Exemplos de conjugados mostram deformação axial C=O em números de onda mais baixos (1710–1680 cm^{-1}). A deformação axial de O—H (3300–2600 cm^{-1}) é muito larga.

APÊNDICE B (Continuação)

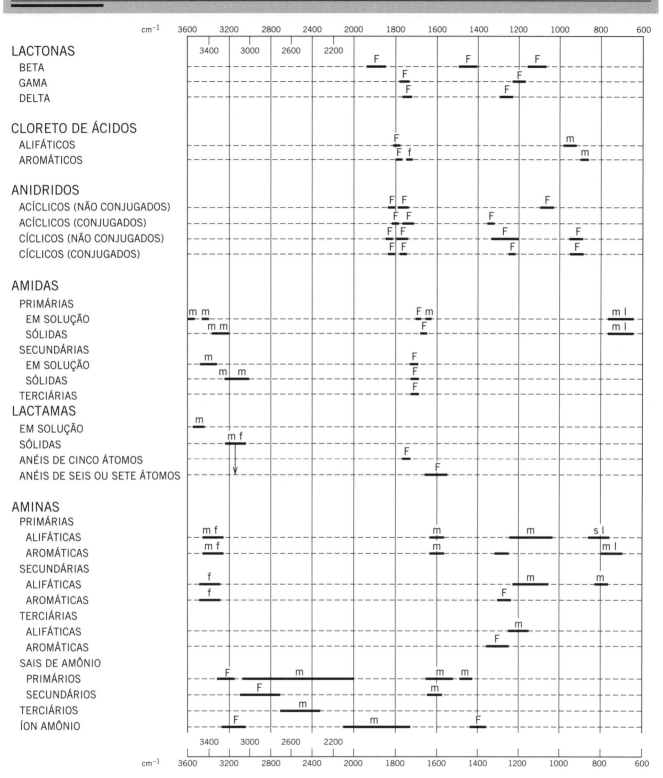

APÊNDICE B   (Continuação)

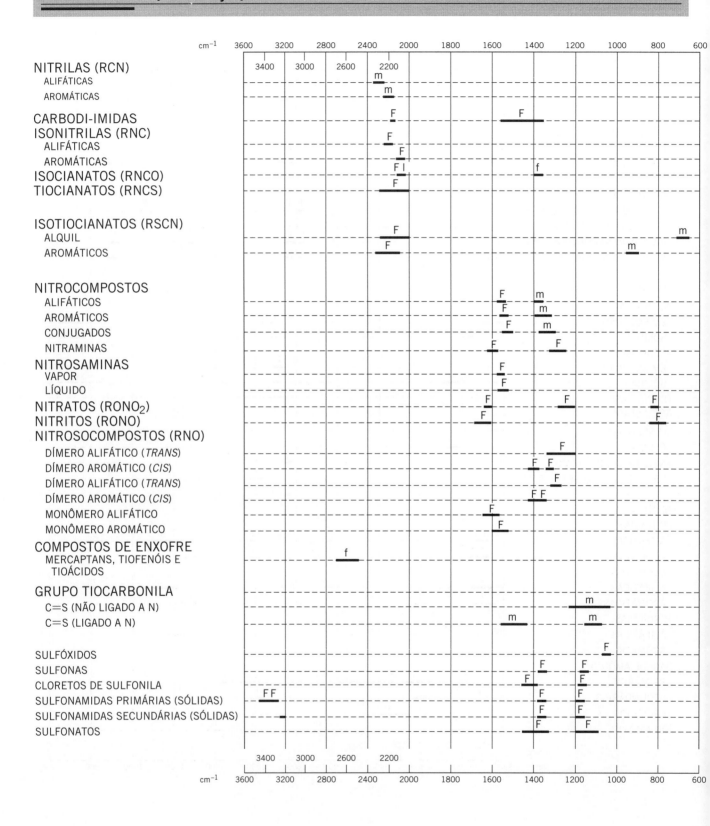

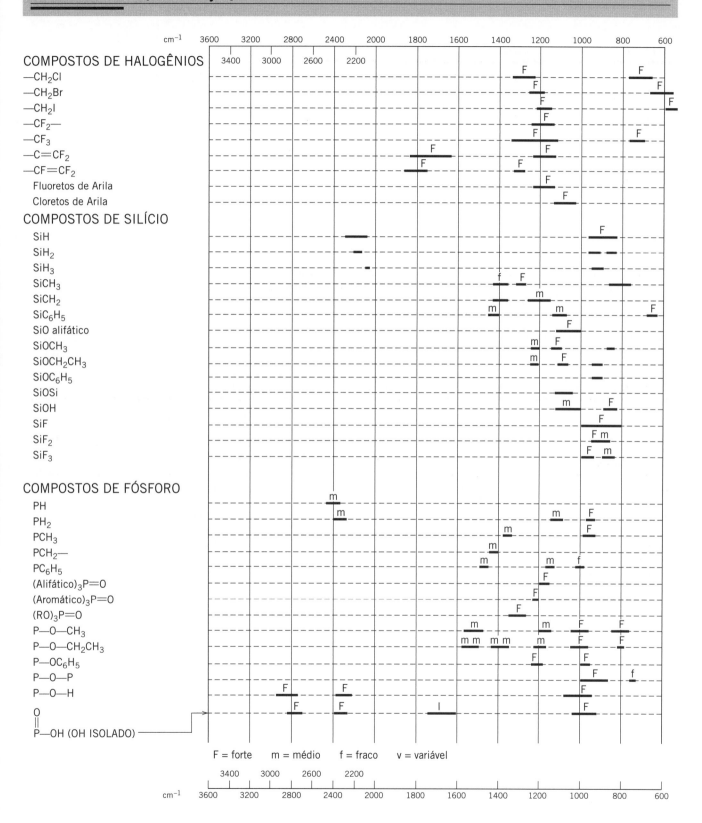

APÊNDICE C ABSORÇÕES DE ALQUENOS

TABELA C-1 Absorções de Alquenos[a]

Vinila	cis	trans
1648–1638 cm^{-1}	1662–1626 cm^{-1} (v)	1678–1668 cm^{-1} (v)
995–985 cm^{-1} (F)[b]	730–665 cm^{-1} (F)	980–960 cm^{-1} (F)[c]
915–905 cm^{-1} (F)		

Vinilideno	Trissubstituído	Tetrassubstituído
1658–1648 cm^{-1} (m)	1675–1665 cm^{-1} (f)	1675–1665 cm^{-1} muito fraco
895–885 cm^{-1} (F)	840–790 cm^{-1} (m)	ou ausente.

[a] F = forte, m = médio, f = fraco, v = variável.
[b] Mostra também absorção intensa da harmônica.
[c] Em sistemas conjugados *trans-trans*, como nos ésteres do ácido sórbico, ocorre próximo de 1000 cm^{-1}.

TABELA C-2 Frequências de Deformação Axial de C=C em Sistemas Cíclicos e Acíclicos (cm^{-1})

Anel[a] ou Cadeia	H,H / C,C	H,CH$_3$ / C,C	CH$_3$,CH$_3$ / C,C	C,C / C=CH$_2$
Cadeia *cis*	1661	1681	1672	1661
Cadeia *trans*	1676			
Anel de três átomos	1641		1890	1780
Anel de quatro átomos	1566		1685	1678
Anel de cinco átomos	1611	1658	1686	1657
Anel de seis átomos	1649	1678	1685	1651
Anel de sete átomos	1651	1673		
Anel de oito átomos	1653			

[a] Todos os anéis têm ligações duplas *cis*.

APÊNDICE D ABSORÇÕES DE COMPOSTOS DE FÓSFORO

TABELA D-1 Vibrações de Deformação Axial de P=O e P—O

Grupo	Posição (em cm^{-1})^a	v_{P-O} Bandas^a (cm^{-1})
Deformação axial de P=O		
Óxidos de fosfina		
Alifáticos	~1150	
Aromáticos	~1190	
Ésteres fosfato^b	1299–1250	
P—OH	1040–910 (F)	
P—O—P	1000–870 (F)	~700 (f)
P—O—C (alifáticos)	1050–970 (F)^c	830–740 (F)^d
P—O—C (aromáticos)	1260–1160 (F)	994–855 (F)

^{a}F = forte; f = fraco.
^{b}O aumento de frequência de deformação axial de P=O do éster em relação aos óxidos é consequência da eletronegatividade dos grupos alcoxila a ele ligados.
^{c}Pode ser um dubleto.
^{d}Pode estar ausente.

APÊNDICE E ABSORÇÕES DE HETEROAROMÁTICOS

TABELA E-1 Bandas de γ-CH e Deformações Angulares do Anel (β-Anel) de Piridinas^a

Substituição	Número de Átomos H-Adjacentes	γ-CH (cm^{-1})	β-Anel
2-	4	781–740	752–746
3-	3	810–789	715–712
4-	2	820–794	775–709

^{a}As notações γ e β são explicadas no texto e no livro de Katritzky (1963).

TABELA E-2 Bandas Características de γ-CH ou β-Anel de Furanos, Tiofenos e Pirróis

Anel	Posição de Substituição	Fase	Modos de γ-CH ou β-Anel^a cm^{-1}	cm^{-1}	cm^{-1}	cm^{-1}
Furano	2-	CHCl$_3$	~925	~884	835–780	
	2-	Líquida	960–915	890–875		780–725
	2-	Sólida	955–906	887–860	821–793	750–723
	3-	Líquida		885–870	741	
Tiofeno	2-	CHCl$_3$	~925	~853	843–803	
	3-	Líquida				755
Pirrol	2-Acil	Sólida			774–740	~755

^{a}As notações γ e β são explicadas no texto e no livro de Katritzky (1963).

CAPÍTULO 3

ESPECTROSCOPIA DE RMN DE HIDROGÊNIO

3.1 INTRODUÇÃO

A ressonância magnética nuclear (RMN) é a ferramenta analítica mais importante para o químico orgânico. É impossível exagerar o impacto que a RMN, em todas as suas formas, tem para o avanço da química orgânica e os campos relacionados, como a bioquímica e a química de polímeros. A espectroscopia de RMN é basicamente outra forma de espectroscopia de absorção, semelhante à espectrometria de infravermelho e à de ultravioleta. Sob condições apropriadas *em um campo magnético*, uma amostra pode absorver radiação eletromagnética na região de radiofrequências (rf) em uma frequência regida pelas características estruturais da amostra. Entretanto, devido à maneira como experimento de RMN é feito, não discutiremos mais o conceito de absorção. Vamos nos referir a "picos" e "sinais" de RMN ou "ressonâncias". O espectro de RMN é um gráfico da intensidade dos picos contra a frequência. Nossa abordagem será dar pouco peso à teoria e nos concentrar na interpretação. O leitor pode consultar Levitt (2008) para um tratamento mais teórico da base física da RMN. Este capítulo cobre a espectroscopia de ressonância magnética nuclear de hidrogênio (^{1}H-RMN), além de alguns aspectos gerais da RMN.

Com algum domínio da teoria básica, a interpretação dos espectros de RMN, meramente por inspeção, pode ser feita em mais detalhes do que no caso dos espectros de infravermelho ou de massas. O conteúdo do presente capítulo será suficiente para o objetivo limitado e imediato de identificar os compostos orgânicos com o auxílio dos demais métodos espectrofotométricos. No final do capítulo são oferecidas referências.

3.2 TEORIA

3.2.1 Propriedades Magnéticas dos Núcleos

Começaremos por descrever algumas das propriedades magnéticas dos núcleos que levam à RMN. Todos os núcleos têm carga. Um conceito de um modelo em que a carga gira que às vezes é útil, embora tecnicamente inexato, leva a um dipolo magnético associado a certos núcleos (Figura 3.1). Na verdade, os núcleos não estão girando. O conceito de *spin nuclear* descreve o momento angular intrínseco associado ao núcleo magnético. Alguns núcleos têm spin intrínseco, como têm outras propriedades intrínsecas como a massa. Lembremos que o spin nuclear é um fenômeno quantomecânico. Nosso tratamento, porém, vai se basear em modelos mecânicos clássicos.

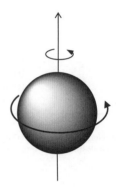

FIGURA 3.1 Vários nuclídeos, inclusive ^{1}H, têm momento angular intrínseco denominado "spin".

Embora esse enfoque tenha um apelo visual óbvio, ele tem limitações que devem ser reconhecidas desde o princípio.

O momento angular do spin nuclear pode ser descrito em termos do número quântico de spin I, que pode assumir os valores $0, \frac{1}{2}, 1, \frac{3}{2}$ etc. ($I = 0$ significa que não há spin.) A magnitude do dipolo gerado é expressa em termos do momento magnético nuclear, μ.

Algumas propriedades relevantes, incluindo o número de spin I de alguns núcleos, estão no Capítulo 6, Apêndice A. Embora não possamos predizer, em geral, o valor exato de I para cada isótopo, algumas restrições úteis de seus valores possíveis podem ser determinadas a partir da massa atômica e do número atômico, como se vê na Tabela 3.1. É melhor memorizar os valores de I de isótopos comuns como ^{1}H e ^{13}C ($I = \frac{1}{2}$). Em termos quantomecânicos, o número de spin I determina o número de estados quantomecânicos que um spin isolado pode assumir em um campo magnético externo uniforme, de acordo com a fórmula $2I + 1$. Os estados possíveis podem ser representados por um segundo número quântico, m.

TABELA 3.1 Tipos de Número de Spin Nuclear, I, com Várias Combinações de Massa e Número Atômico

I	Massa Atômica	Número Atômico	Exemplos de Núcleo
Meio inteiro	Ímpar	Ímpar	$^1_1$H$(\frac{1}{2})$, $^3_1$H$(\frac{1}{2})$, $^{15}_7$N$(\frac{1}{2})$, $^{19}_9$F$(\frac{1}{2})$, $^{31}_{15}$P$(\frac{1}{2})$
Meio inteiro	Ímpar	Par	$^{13}_6$C$(\frac{1}{2})$, $^{17}_8$O$(\frac{5}{2})$, $^{29}_{14}$Si$(\frac{1}{2})$
Inteiro	Par	Ímpar	$^2_1$H(1), $^{14}_7$N(1), $^{10}_5$B(3)
Zero	Par	Par	$^{12}_6$C(0), $^{16}_8$O(0), $^{34}_{16}$S(0)

126

Pode-se obter facilmente o espectro de vários núcleos que possuem número de spin, I, igual a $\frac{1}{2}$ (por exemplo, ^1_1H, $^{13}_6C$, $^{15}_7N$, $^{19}_9F$, $^{31}_{15}P$) e, portanto, distribuição de carga esférica e uniforme (Figura 3.1). Dentre esses, os mais amplamente utilizados na espectrometria de RMN são ^1H (assunto deste capítulo) e ^{13}C (Capítulo 4). Os núcleos com número de spin, I, um ou superior têm distribuição de carga não esférica. Essa assimetria é descrita por um momento elétrico de quadrupolo, o qual, como veremos adiante, afeta o tempo de relaxação e, consequentemente, a largura do sinal e o acoplamento com os núcleos vizinhos. No momento, estamos interessados no hidrogênio (^1H), cujo número de spin, I, é $\frac{1}{2}$.

3.2.2 Excitação dos Núcleos com Spin $\frac{1}{2}$

No caso dos núcleos com spin $\frac{1}{2}$ (Figura 3.2), existem dois níveis de energia com um pequeno excesso de população dos hidrogênios no estado de energia mais baixa ($N_\alpha > N_\beta$), de acordo com a distribuição de Boltzmann. Os estados são identificados como α e β ou como $\frac{1}{2}$ e $-\frac{1}{2}$. ΔE é dado por

$$\Delta E = (h\gamma/2\pi)B_0$$

em que h é a constante de Planck, o que significa apenas que ΔE é proporcional a B_0 (Figura 3.2), uma vez que h, g e p são constantes. B_0 é a intensidade do campo magnético.* Há uma diferença sutil, mas importante aqui, em comparação com muitas outras formas de espectroscopia, como IV: os níveis de energia e, portanto, as frequências dos picos no espectro dependem não apenas da estrutura da molécula, mas também da intensidade do campo magnético aplicado.

Estabelecidos os dois níveis de energia para o núcleo do hidrogênio, podemos introduzir energia na forma de radiofrequência (ν_1), de modo a induzir a transição entre esses níveis de energia em um campo magnético estacionário de intensidade B_0. A equação fundamental da RMN, que correlaciona a radiofrequência aplicada conhecida como frequência de Larmor, ν, com a intensidade do campo magnético, é

$$\nu_1 = (\gamma/2\pi)B_0$$

uma vez que

$$\Delta E = h\nu$$

A radiofrequência ν é da ordem de mega-hertz (MHz). Para o hidrogênio, a frequência é 300 MHz em um campo magnético B_0 igual a 7,05 tesla (T) (ou outra combinação qualquer na razão $\gamma/2\pi$ entre ν_1 e B_0. Veja o Capítulo 6, Apêndice A). Nessa razão, o sistema está em *ressonância*, e energia é absorvida pelo hidrogênio, que passa para o estado de energia mais alta, daí resultando o espectro. Por isso, usamos o nome *espectroscopia de ressonância magnética nuclear*. A constante γ, a razão magnetogírica, é uma constante nuclear fundamental específica para cada nuclídeo. A razão magnetogírica é a constante de proporcionalidade entre o momento magnético, μ, e o número de spin I.

$$\gamma = 2\pi\mu/hI$$

A equação fundamental da RMN permite a escolha de dois métodos de descrição de dado instrumento: poderíamos usar (i) a intensidade do campo magnético ou (ii) a frequência de Larmor. Como os instrumentos modernos usam ímãs supercondutores cujos campos magnéticos são extremamente constantes, faria sentido referir-se a um instrumento usando a intensidade de seu campo em unidades tesla. Esse modo, que segue o senso comum, geralmente não é usado. Em vez disso, usa-se a frequência de ressonância de ^1H. Assim, um instrumento que tem um ímã de 7,05 T é chamado de espectrômetro de 300 MHz.[†]

O método-padrão de registrar os espectros de RMN é a transformação de Fourier (FT) pulsada. A amostra é colocada em uma sonda de RMN no campo magnético e irradiada com um pulso curto (da ordem de microssegundos) de radiofrequências de alta energia. O pulso excita simultaneamente todos os núcleos de um mesmo tipo (por exemplo, ^1H) da amostra. Imediatamente após o pulso, os spins excitados sofrem juntos precessão no campo magnético externo, criando uma corrente na bobina da sonda de RMN. O sinal resultante, conhecido como sinal de decaimento livre (FID), é registrado e digitalizado em um computador. A informação contida no FID, que é função do tempo, é convertida em um espectro compreensível no domínio da frequência por meio de uma operação matemática conhecida como transformação de Fourier (veja a Figura 3.9).

Vamos considerar um grande número de núcleos idênticos (^1H, hidrogênios) em um campo magnético estacionário intenso. O eixo magnético do núcleo de hidrogênio terá um movimento de precessão ao redor do eixo z do campo magnético B_0, de maneira análoga à de um pião (ou um giroscópio) sob a influência do campo gravitacional (Figura 3.3). A frequência de precessão do dipolo magnético nuclear, μ, em torno do eixo z é igual à frequência de Larmor, ν.

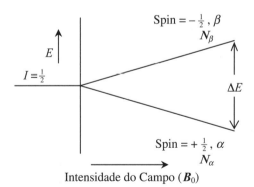

FIGURA 3.2 Dois níveis de energia dos núcleos de hidrogênio, como descritos pela mecânica quântica, em um campo magnético de magnitude B_0. N é a população nos estados de energia mais alta (N_β) e mais baixa (N_α). A direção do campo magnético (B_0) está para cima, paralelo à ordenada, e a intensidade do campo (B_0) aumenta para a direita. Campos B_0 maiores aumentam ΔE.

---

*A designação B (indução magnética ou densidade de fluxo) substitui H (intensidade do campo magnético). A unidade SI tesla (T), a unidade de B, tem preferência sobre o termo gauss (G); 1 T = 10^4 G. A unidade de frequência hertz (Hz) deve ser usada de preferência a ciclos por segundo (cps). MHz significa mega-hertz (10^6 Hz).

[†]O uso da frequência no lugar da intensidade do campo está relacionado com a antiga implementação da RMN por "onda contínua", em que a frequência era mantida constante e o campo magnético variava durante o experimento.

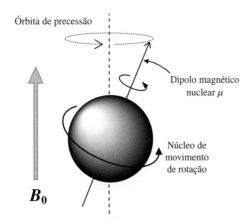

FIGURA 3.3 Representação clássica de um núcleo de hidrogênio em precessão em um campo magnético de magnitude B_0, por analogia com um pião em precessão.

Antes do pulso de radiofrequência, os membros individuais de um grande grupo de spins nucleares estarão em precessão em torno do eixo z de forma aleatória ou em fase aleatória. Na Figura 3.4, vemos os núcleos em precessão representados por seus vetores de spin individuais. Observe que alguns dos vetores têm componentes z positivos (apontam para cima), e outros têm componentes z negativos (apontam para baixo). Esses dois tipos de spins representam os que estão nos estados de energia baixa (α) e alta (β), respectivamente. Observe também que há um pequeno excesso de spins no estado de energia baixa (apontam para cima). Na Figura 3.4, existem oito vetores apontando para cima e só seis para baixo. Se somarmos todos esses vetores, vamos obter um único vetor total, cuja direção está no eixo z e cuja magnitude depende da distribuição de Boltzmann dos spins. Observe que quaisquer componentes no plano xy se anulam como resultado dessa soma (veja o lado direito da Figura 3.4). O vetor resultante é chamado de vetor magnético resultante, M_0.

A Figura 3.5 mostra o que ocorre com o vetor magnético resultante durante um experimento simples de RMN pulsado. Quando se aplica um pulso rápido de radiofrequência, um torque é exercido no vetor magnético resultante, M_0, e ele se afasta do eixo z na direção do plano xy (Figura 3.5a). O componente

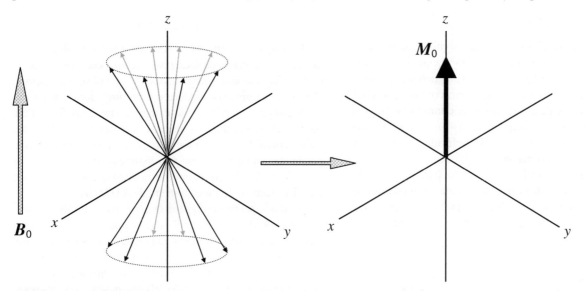

FIGURA 3.4 Conjunto de núcleos em movimento de precessão com magnetização resultante M_0 na direção do campo magnético estacionário aplicado B_0.

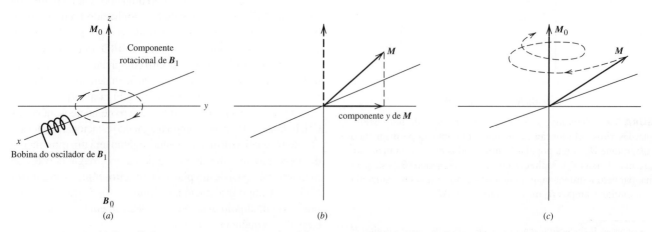

FIGURA 3.5 (a e b) O oscilador gera o componente rotacional do campo magnético aplicado B_1. A magnetização resultante M_0 é empurrada para M, que sofre precessão em torno do eixo z, gerando um componente da magnetização no plano horizontal. (c) A relaxação longitudinal de M a M_0 segue uma bobina decrescente. A relaxação transversa T_2 (fora de fase em relação a M) foi omitida. As coordenadas cartesianas estão fixas.

magnético gerado no plano xy (o FID) pode ser detectado em função do tempo por uma bobina receptora montada no eixo xy (que pode ser a mesma bobina que gerou o pulso de rf inicial). O torque experimentado pelo vetor magnético resultante pode ser explicado com mais precisão como o resultado do fato de o campo magnético oscilante associado à radiação aplicada girar exatamente com a mesma frequência dos spins nucleares individuais. Esse é um modo de explicar o conceito de ressonância. Outros detalhes técnicos estão além do escopo deste livro.

3.2.3 Relaxação

A relaxação é o processo de estabelecimento ou restabelecimento do estado de equilíbrio da magnetização do spin nuclear. O equilíbrio é alcançado quando M_0 retorna ao eixo z após um pulso. A relaxação não é o processo que dá origem a um FID. Relaxação é um assunto complexo, mas é importante ter uma ideia básica de seus fundamentos para entender melhor os experimentos de espectros de RMN.

Existem dois tipos principais de relaxação que discutiremos brevemente. O primeiro é a relaxação longitudinal de spin, também conhecido como relaxação de spin-rede, quantificado por uma constante de tempo T_1. O segundo é a relaxação transversa de spin, também conhecida como relaxação spin-spin, que é quantificada por uma constante de tempo T_2. Essas constantes de tempo podem variar bastante, dependendo da natureza da amostra e do tipo de núcleo estudado. Para estudos de ^{1}H-RMN de moléculas pequenas em solução, seus valores são da ordem de segundos. Para moléculas orgânicas pequenas, os valores de T_1 e T_2 de ^{1}H são aproximadamente iguais entre si. De modo geral, $T_1 \geq T_2$.

A relaxação T_1 é que permite que os componentes z dos vetores de magnetização do spin nuclear reestabeleçam o equilíbrio de acordo com a distribuição de Boltzmann. O valor de T_1, portanto, determina quanto tempo o experimentalista tem de esperar após um FID antes de repetir o processo de aplicação de um pulso rf e aquisição de outro FID. Um valor alto de T_1 significa que é necessário um tempo relativamente longo para a magnetização ao longo do eixo z ser estabelecida após a colocação da amostra no ímã ou após o pulso e a aquisição de um FID. O papel da relaxação T_1 na aquisição e na interpretação dos espectros de ^{13}C será discutido no Capítulo 4.

A relaxação T_2 permite que a magnetização no plano xy caia a zero, isto é, atinja o estado de equilíbrio após o pulso de radiofrequência. Podem-se ver os efeitos da relaxação T_2 em um FID. Ela faz com que o sinal caia exponencialmente ao ser adquirido (veja a Figura 3.9). Na verdade, por causa das inomogeneidades do campo magnético associadas ao ímã do espectrômetro, e não à molécula em exame, a constante de tempo de relaxação observada é menor do que T_2 e é representada por T_2^*. O valor de T_2^* tem papel prático na aparência dos espectros de RMN (Figura 3.6): ele está inversamente relacionado com a largura do pico de RMN à meia altura ($\Delta v_{\frac{1}{2}}$).

$$\Delta v_{\frac{1}{2}} = 1/(\pi T_2^*)$$

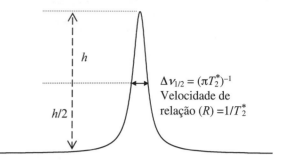

FIGURA 3.6 A largura do pico à meia altura ($h/2$) é inversamente proporcional à constante do tempo de relaxação transversa.

Uma relaxação de spin rápida leva a um FID mais curto e um pico largo de RMN. Uma relaxação de spin lenta leva a um FID mais longo e um pico agudo de RMN.

3.3 INSTRUMENTAÇÃO E MANIPULAÇÃO DA AMOSTRA

3.3.1 Instrumentação

Em 1953, apareceu o primeiro instrumento comercial de RMN. Os instrumentos da época usavam ímãs permanentes ou eletroímãs, com campos de 1,41, 1,87, 2,20 ou 2,35 T, correspondendo a 60, 80, 90 ou 100 MHz, respectivamente, para a ressonância magnética do hidrogênio.

A necessidade de resolução e sensibilidade maiores levou ao desenvolvimento de instrumentos de 300 a 800 MHz, hoje muito disseminados. A resolução, em termos gerais, refere-se à capacidade de resolver ou diferenciar picos do espectro no eixo das frequências. Os espectrômetros comerciais mais poderosos no momento são de 1000 MHz ou 1 GHz, e o desenvolvimento de espectrômetros de 1,1 e 1,2 MHz está avançado. Todos os instrumentos acima de 100 MHz baseiam-se em ímãs supercondutores (solenoides) resfriados com hélio e operam no modo pulsado com transformações de Fourier (FT). Os outros requisitos básicos, além dos campos altos, são a estabilidade, a homogeneidade do campo de radiofrequências e uma interface computadorizada (veja a Figura 3.7). O computador é usado para registrar os dados, executar as transformações de Fourier e processar e analisar os espectros resultantes.

A amostra (normalmente uma solução em solvente deuterado contida em um tubo de vidro de 5 mm de diâmetro) é colocada no compartimento da amostra (*probe*), onde estão as bobinas transmissora e receptora e um orifício de onde sai ar comprimido sobre o tubo, causando rotação em torno do eixo vertical para compensar as inomogeneidades do campo magnético.

O espectro de RMN do hidrogênio é registrado como uma série de picos cujas áreas são proporcionais ao número de hidrogênios que eles representam. As áreas dos picos são medidas digitalmente e são mostradas com frequência como uma linha em degraus cujas alturas são proporcionais às áreas dos picos

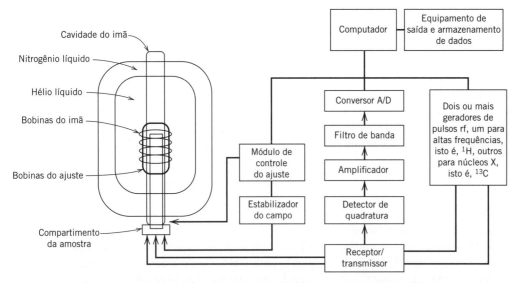

FIGURA 3.7 Diagrama esquemático de um espectrômetro de RMN com transformações de Fourier e um ímã supercondutor. O compartimento de amostra é paralelo ao eixo z do ímã, que é resfriado por hélio líquido circundado por nitrogênio líquido, em um grande frasco de Dewar.

(veja a Figura 3.8).* A contagem dos hidrogênios a partir da integração é útil para determinar ou confirmar fórmulas moleculares, detectar picos sobrepostos, determinar a pureza de amostras e efetuar análises quantitativas. As posições dos picos (deslocamentos químicos, Seção 3.4) são medidas em unidades de frequência a partir de um pico de referência.

*Hidrogênios quimicamente diferentes entram em ressonância em frequências ligeiramente diferentes — diferenças da ordem de 5000 hertz na frequência de 300 MHz. A utilidade da espectroscopia de RMN na química orgânica foi demonstrada pela primeira vez em um experimento realizado nos laboratórios da Varian Associates, em que os cientistas obtiveram três picos correspondentes aos hidrogênios quimicamente diferentes de CH_3CH_2OH com áreas relativas na razão 3:2:1. [Arnold J.T., Dharmatti S.S. e Packard. M.E. *J. Chem. Phys.* **19**, 507.]

3.3.2 Sensibilidade dos Experimentos de RMN

A sensibilidade, neste contexto, refere-se à razão sinal-ruído do experimento de RMN. A razão sinal-ruído (S/N) de um FID ou de um espectro de RMN depende de muitos fatores, e as expressões explícitas dependem das aproximações usadas e dos detalhes da montagem experimental. Uma expressão útil é

$$S/N \propto NQ\gamma_{exc}\gamma_{det}^{\frac{3}{2}} B_0^{\frac{3}{2}} T_2^{*\frac{1}{2}} T^{\frac{-3}{2}} ns^{\frac{1}{2}}$$

em que N é o número de spins da amostra; Q é o fator de qualidade da sonda; γ_{exc} e γ_{det} são as razões giromagnéticas

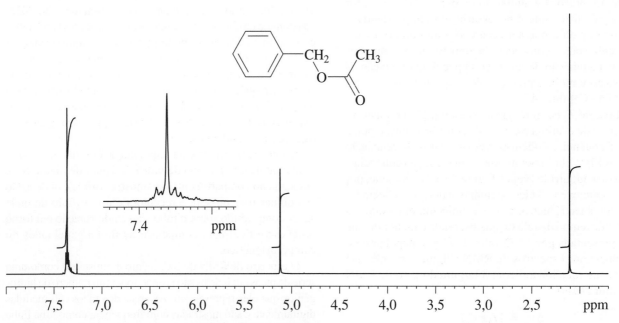

FIGURA 3.8 Espectro do acetato de benzila em CDCl3, 300 MHz.

dos núcleos excitados e detectados, respectivamente; B_0 é o campo magnético externo aplicado; T_2^* é a constante de tempo de relaxação efetiva; T é a temperatura da amostra; e ns é o número de varreduras. Para os espectros de ¹H-RMN discutidos neste capítulo, γ_{exc} e γ_{det} são iguais.

É importante saber quais são os fatores mais importantes que o experimentalista dispõe para aumentar a razão sinal-ruído. O modo conceitualmente mais simples e mais efetivo é o químico orgânico aumentar o número de spins de sua amostra, isto é, aumentar sua concentração. S/N aumenta linearmente com o número de spins da amostra. Por outro lado, a aquisição de mais varreduras (sinal médio do FID) também aumenta S/N, porém somente com a raiz quadrada do número de varreduras. A redução da temperatura aumenta S/N, com frequência, por causa da redução do ruído térmico na eletrônica da sonda e também, mais obviamente, pela maior polarização dos spins nucleares de acordo com a distribuição de Boltzmann. Pode-se alterar a distribuição de Boltzmann aumentando o campo magnético aplicado B_0. Acontece que S/N aumenta, tipicamente, com $B_0^{\frac{3}{2}}$. Núcleos com razões giromagnéticas maiores também dão espectros com maior S/N. Observe que a abundância natural do isótopo de interesse tem papel importante na determinação do valor de N.

Mencionamos aqui, brevemente, três métodos de ponta da espectroscopia de RMN para aumentar a sensibilidade. Os primeiros dois exploram uma distribuição forçada, não Boltzmann, dos spins nucleares por seus níveis de energia. Por exemplo, a polarização nuclear dinâmica (DNP) explora a maior polarização de elétrons desemparelhados para melhorar o espectro de RMN. A polarização do spin do elétron é transferida para os núcleos, como ¹H, dando-lhes maior polarização do spin nuclear não Boltzmann, com o espectro de RMN sendo caracterizado por um aumento correspondente de S/N. DNP-RMN permite que o experimentalista examine espécies químicas em concentrações muito baixas em um tempo muito curto. A melhoria do ¹H-RMN também pode ser obtida usando *para*-hidrogênio, um isômero por spin nuclear do gás H_2. Reações de *para*-H_2 com compostos de interesse podem gerar produtos com grande distribuição não Boltzmann em determinados sítios ¹H, produzindo espectros com grande S/N. Sondas resfriadas criogenicamente também aumentam S/N pela redução do ruído associado à eletrônica da sonda. Para outras leituras sobre este tópico, veja Ardenjær-Larsen (2003) e Duckett (2011).

3.3.3 Seleção do Solvente e Manipulação da Amostra

A amostra deve ser solúvel para que se possam obter as medidas de RMN em solução.* O solvente ideal deveria não conter hidrogênios e ser inerte, ter baixo ponto de ebulição e ser barato. Solventes deuterados são tipicamente, mas não absolutamente, necessários para os instrumentos modernos, porque dependem de um sinal de deutério para "prender" ou estabilizar o campo B_0 do ímã. Os instrumentos modernos têm um canal de deutério que monitora constantemente e ajusta (prende) o campo B_0 à frequência do solvente deuterado (veja a Figura 3.7). Tipicamente, os sinais de ¹H-RMN têm ordem de 0,1 a vários Hz de largura para 300.000.000 Hz (para um sistema de 300 MHz), logo o campo B_0 tem de ser muito estável e homogêneo.

O sinal de deutério também é tipicamente usado para calçar o campo B_0. Os instrumentos usam pequenos eletroímãs (chamados de calços) para ajustar o campo magnético principal (B_0) para que a homogeneidade do campo seja alta no centro do ímã onde fica a amostra. A maior parte dos instrumentos modernos tem de 20 a 40 calços eletromagnéticos, que são controlados por computador e podem ser ajustados automaticamente. O bom calçamento aumenta o valor de T_2^* e é essencial para a obtenção de picos agudos na RMN. O calçamento é feito manual ou automaticamente por computador cada vez que uma nova amostra é colocada no ímã. Um calçamento ruim levará a valores curtos de T_2^*, bandas largas e espectros inúteis.

Usa-se clorofórmio deuterado ($CDCl_3$) como solvente dos compostos orgânicos na maior parte do tempo. O pico da impureza de $CHCl_3$, em 7,26 ppm, poucas vezes interfere seriamente. Para amostras muito diluídas, deve-se utilizar $CDCl_3$ com pureza próxima de 100%, reduzindo ainda mais a intensidade do pico de $CHCl_3$. Uma lista dos solventes mais comuns disponíveis comercialmente, junto com as posições dos hidrogênios residuais (como $CHCl_3$ em $CDCl_3$), é dada no Apêndice G.

Uma amostra de rotina para ¹H-RMN em um instrumento de 300 MHz deve ter de 5 a 10 mg do composto em cerca de 0,5 mL do solvente em um tubo de vidro de diâmetro de 5 mm. Microssondas que usam tubos de 1,0, 1,7, 2,5 ou 3 mm estão disponíveis e dão maior sensibilidade por massa unitária. Em condições favoráveis, é possível obter um espectro com 100 nmol (ou menos) de um composto de massa molecular relativamente baixa em uma microssonda de 1 mm (volume 5 μL) em um instrumento de 600 MHz. É claro que devemos lembrar que a concentração de spins é que é importante, logo as massas necessárias para a obtenção de um bom espectro variam, dependendo da massa molar do composto.

Traços de impurezas ferromagnéticas causam o alargamento drástico dos picos de absorção, porque ocorre a redução dos tempos de relaxação T_2. São fontes comuns dessas impurezas a água da torneira, as esponjas de aço usadas em limpeza, o níquel de Raney de reduções químicas e as partículas oriundas de espátulas ou outros instrumentos metálicos (Figura 3.9). Essas impurezas podem ser removidas por filtração. O gás oxigênio dissolvido também pode alargar os sinais de RMN. O uso de técnicas de degasagem e tubos selados de RMN (usando tampas especiais ou selagem por chama) podem reduzir esse problema.

Traços de solventes de laboratório podem ser inconvenientes. Veja o Apêndice H ou Fulmer et al. (2010) para uma lista de solventes que podem aparecer como impureza. Outro problema são as graxas e plastificantes (ftalatos em particular). Os solventes de RMN devem ser mantidos em dessecador.

---

*Se a amostra não é solúvel, experimentos de RMN no estado sólido podem ser feitos, embora existam desafios particularmente associados à ¹H-RMN de sólidos. Experimentos desse tipo geralmente utilizam espectrômetros especiais e preparação da amostra. Veja Fyfe, C. A. *Solid State NMR for Chemists*, CFC Press, Guelph, 1983, e Bryce et al. (2001) *Can. J. Anal. Sci. Spectrosc.* **46**, 46-82.

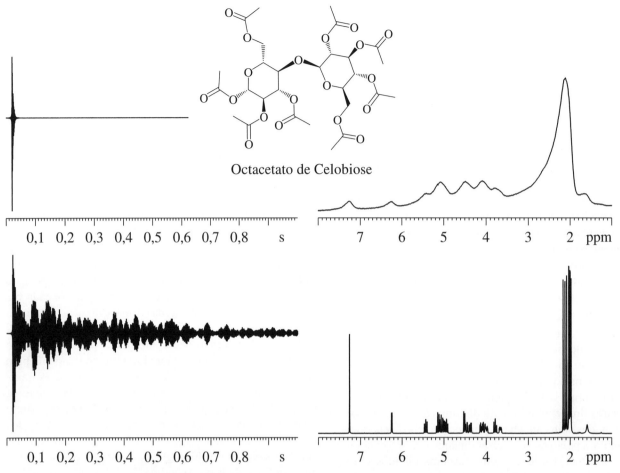

FIGURA 3.9 O efeito de quantidades de traço de partículas ferromagnéticas no FID do hidrogênio e no espectro do octacetato de celobiose é o aumento da relaxação T_2 e o alargamento das bandas do espectro (acima). O FID e o espectro de uma amostra pura livre de contaminação por partículas ferromagnéticas são mostrados abaixo.

3.4 DESLOCAMENTO QUÍMICO

Nossa equação básica da RMN parece insuficiente, porque declara que existe uma única frequência de ressonância (v) para todos os hidrogênios em dada intensidade de campo (B_0):

$$v = (\gamma/2\pi) B_0$$

Felizmente, o que não é surpresa, a situação não é tão simples. Um átomo de hidrogênio ligado por covalência em uma molécula é *blindado* fracamente (na ordem de partes por milhão (10^{-6}) ou ppm) pela estrutura eletrônica da molécula. A densidade da blindagem varia com o *ambiente químico*. Essa variação dá origem a diferenças nas frequências de ressonância que são chamadas de *deslocamentos químicos*. A capacidade de discriminar as ressonâncias individuais (ou picos ou sinais) descreve a espectroscopia de RMN de alta resolução.

A equação básica da RMN para todos os hidrogênios pode ser, então, alterada para um conjunto de hidrogênios equivalentes da molécula:

$$v_{ef} = (\gamma/2\pi) B_0 (1 - \sigma)$$

O símbolo σ é a "constante de blindagem", cujo valor é proporcional ao grau de blindagem. Em dado valor de B_0, a frequência *efetiva* da ressonância é menor do que a frequência aplicada v de um hidrogênio hipoteticamente sem blindagem. Note que σ não é uma constante no sentido de outras constantes fundamentais. Ele é constante apenas para o núcleo que estamos observando em dada molécula. Seu valor muda com o ambiente químico.

Para visualizar essa blindagem, imagine que um par de elétrons sob a influência de um campo magnético circula e, ao fazê-lo, gera seu próprio campo magnético, que se opõe ao campo aplicado, daí o efeito de blindagem (Figura 3.10).

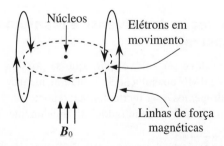

FIGURA 3.10 Blindagem diamagnética do núcleo pelo movimento dos elétrons. As setas, ↑↑↑, representam a direção do campo magnético estacionário de magnitude B_0. Os elétrons em movimento provocam a corrente elétrica, mas a direção da corrente é mostrada na forma convencional, isto é, como um fluxo de cargas positivas.

Esse efeito explica o diamagnetismo exibido por materiais orgânicos. Deve-se notar que essa descrição é aproximada e que teorias mais detalhadas são necessárias para descrever e entender corretamente as constantes de blindagem. No caso de materiais com elétrons desemparelhados, o paramagnetismo associado ao spin total do elétron supera em muito o diamagnetismo dos elétrons emparelhados em circulação.

O grau de blindagem depende dos detalhes da estrutura eletrônica da molécula e é bem descrito pela teoria de Ramsey (veja a seção de Referências). Entretanto, para a interpretação empírica dos espectros de ^{1}H-RMN, o grau de blindagem de um átomo de hidrogênio pode ser racionalizado aproximativamente pela densidade dos elétrons em circulação em volta do hidrogênio. Para um hidrogênio ligado a um átomo de carbono, essa densidade dependerá do efeito indutivo de outros grupos ligados ao carbono. Neste ponto, é importante entender que a *blindagem magnética* é uma propriedade física fundamental, que se traduz pelo *deslocamento químico* observado nos experimentos de RMN. A relação entre as duas quantidades é:

$$\delta = (\sigma_{ref} - \sigma) / (1 - \sigma_{ref})$$

em que σ_{ref} é a constante de blindagem magnética de um composto de referência específico para cada nuclídeo em estudo. Como as constantes de blindagem são da ordem de ppm, a equação anterior é bem aproximada por $\delta = \sigma_{ref} - \sigma$ para nuclídeos leves como ^{1}H e ^{13}C.

Sabemos, agora, que hidrogênios em ambientes químicos "diferentes" têm deslocamentos químicos diferentes. Isso implica dizer que quando os hidrogênios estão no "mesmo" ambiente químico eles têm o mesmo deslocamento químico. Mas o que queremos dizer por "ambientes diferentes" e "mesmo ambiente"? Parece intuitivamente óbvio que os hidrogênios de grupos metileno diferentes em ClCH$_2$CH$_2$OH têm deslocamentos químicos diferentes e que dentro do mesmo grupo metileno os hidrogênios têm o mesmo deslocamento químico. Mas pode não ser tão óbvio reconhecer que os hidrogênios do grupo metileno de C$_6$H$_5$CH$_2$CHBrCl não têm o mesmo deslocamento químico. Vamos considerar, por enquanto, apenas os casos simples. Posteriormente, na Scção 3.8, voltaremos à questão da equivalência dos deslocamentos químicos para um tratamento mais rigoroso.

O tetrametilsilano (TMS), (CH$_3$)$_4$Si, é a referência universalmente aceita para a ^{1}H-RMN e a ^{13}C-RMN (Capítulo 4). Com o desenvolvimento da RMN de hidrogênio, esse material rapidamente se popularizou como referência para o deslocamento químico, porque tem várias propriedades desejáveis: é quimicamente inerte, simétrico, volátil (pe 27°C) e solúvel na maior parte dos solventes orgânicos. O composto produz um único sinal de absorção, agudo e intenso, e seus hidrogênios são mais "blindados" do que quase todos os hidrogênios de compostos orgânicos. Quando se usa água ou óxido de deutério como solvente, pode-se usar TMS em um capilar concêntrico como "referência externa". Os hidrogênios de metila do 2,2-dimetil-2-silapentano-5-sulfonato de sódio (DSS) (CH$_3$)$_3$SiCH$_2$CH$_2$CH$_2$SO$_3$Na são usados como referência interna em soluções aquosas ($\delta = 0,015$ ppm). Harris et al. (2008) descrevem as convenções da IUPAC usadas para referenciar os deslocamentos químicos.

Historicamente, e agora por convenção, o pico de TMS é colocado no extremo direito do espectro e corresponde a zero na escala em Hz ou em δ (definido adiante). Valores positivos em Hz ou em δ aumentam para a *esquerda*, valores negativos aumentam para a direita.* O termo "blindado" significa para a direita, e o termo "desblindado" significa para a esquerda da escala. Isso significa que os hidrogênios fortemente desblindados do dimetil-éter, por exemplo, estão mais expostos do que os do TMS em relação ao campo aplicado, e a ressonância ocorre em frequência mais alta, isto é, à esquerda, da ressonância dos hidrogênios de TMS.

Olhemos as escalas de frequência e deslocamento químico na Figura 3.11 e por convenção coloquemos o pico de TMS em zero na extrema direita. Os deslocamentos químicos são adimensionais. São simplesmente números da ordem de 10^{-6}. Assim, um deslocamento químico de 2 × 10^{-6} é registrado como 2 ppm. Qual é o propósito de usar os deslocamentos químicos em vez de registrar as frequências em Hz? A escala de deslocamentos químicos é útil, porque eles são independentes da frequência de Larmor (e da intensidade do campo magnético) do espectrômetro usado. As frequências (em Hz)

---

*Os termos "para alto campo" e "para baixo campo" estão obsoletos e foram substituídos por "blindado" (menor δ ou à direita) e "desblindado" (maior δ ou à esquerda).

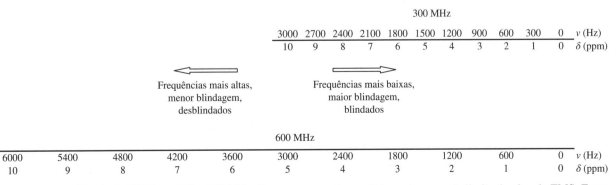

FIGURA 3.11 Escala de RMN em 300 e 600 MHz. Poucos compostos orgânicos absorvem à direita do pico de TMS. Esses sinais de frequência inferior são representados com números negativos (não é mostrado na figura).

dos vários picos não são independentes desses valores. Deslocamentos químicos e frequências se interconvertem como:

$$\delta = v - v_{ref} / v_{ref}$$

em que v é a frequência do pico de interesse do composto estudado, e v_{ref} é a frequência de ressonância do composto de referência (TMS no caso de ^1H). Observe que os deslocamentos químicos podem ser positivos ou negativos. O composto de referência, porém, é normalmente escolhido de modo a que a grande maioria dos deslocamentos químicos de outros compostos sejam positivos.

Na Figura 3.11, por exemplo, um pico de hidrogênio na RMN em, digamos, 1200 Hz na escala de 300 MHz dá o seguinte deslocamento químico relativo a TMS (cuja frequência v_{ref} nesse exemplo é 300 MHz):

$$\frac{(300 \text{ MHz} + 1200 \text{ Hz}) - (300 \text{ MHz})}{300 \text{ MHz}} = 4 \times 10^{-6} = 4 \text{ ppm}$$

Se o mesmo pico é observado em um espectrômetro de 600 MHz, sua frequência muda, mas o deslocamento químico, não. Essa é uma das vantagens do uso de deslocamentos químicos sobre as frequências. A frequência do pico relativa a TMS ($v - v_{ref}$) seria agora 2400 Hz.

$$v - v_{ref} = (\delta)(v_{ref}) = (4 \times 10^{-6})(600 \text{ MHz}) = 2400 \text{ Hz}$$

O campo magnético mais forte disponível deve ser usado para separar os deslocamentos químicos. As Figuras 3.11 e 3.12 (veja também a Figura 3.23) deixam isso claro. Com o aumento do campo magnético aplicado, os sinais do espectro de RMN da acrilonitrila ficam mais separados.

O conceito de eletronegatividade (veja a Tabela 3.2) dos substituintes próximos ao hidrogênio é útil, até certo ponto, na previsão dos deslocamentos químicos. A densidade eletrônica ao redor dos hidrogênios de TMS é alta (o silício é eletropositivo em relação ao carbono), e, portanto, os hidrogênios devem estar muito blindados (veja a Tabela 3.3). Como o carbono é mais eletronegativo do que o hidrogênio, a sequência de absorção do hidrogênio na série CH_4, RCH_3, R_2CH_2, R_3CH aparece da direita para a esquerda no espectro (Apêndice A, Carta A.1). Novamente, é importante lembrar que esses argumentos são empíricos.

A eletronegatividade, juntamente com o conceito de acidez, permite estimar os deslocamentos químicos de um bom número de hidrogênios. Os valores da Tabela 3.3, por exemplo, são coerentes apenas na base da eletronegatividade.

TABELA 3.2 Eletronegatividade de Alguns Elementos, de Acordo com Pauling

H (2,1)						
Li (1,0)	Be (1,5)	B (2,0)	C (2,5)	N (3,0)	O (3,5)	F (4,0)
Na (0,9)	Mg (1,2)	Al (1,5)	Si (1,8)	P (2,1)	S (2,5)	Cl (3,0)
						Br (2,8)
						I (2,5)

TABELA 3.3 Posições Aproximadas dos Deslocamentos Químicos de Acordo com a Eletronegatividade

Composto	δ	Composto	δ
$(CH_3)_4Si$	0,00	CH_3F	4,30
$(CH_3)_2O$	3,27	RCO_2H	~10,80

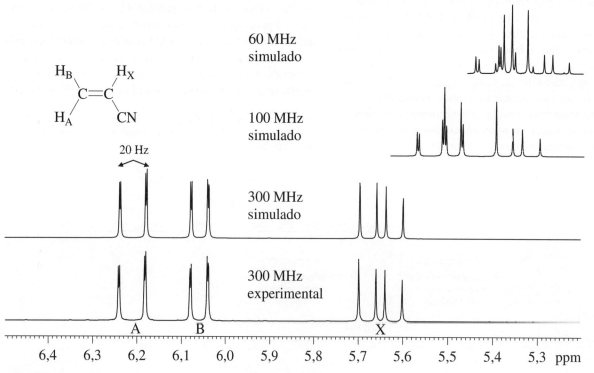

FIGURA 3.12 Espectros simulados de acetonitrila em 60, 100 e 300 MHz. Espectro experimental, 300 MHz (em $CDCl_3$) para comparação.

Observa-se, no entanto, que os hidrogênios do acetileno em δ 1,80 estão mais blindados do que os hidrogênios do etileno (δ 5,25), resultado que, à primeira vista, não está de acordo com o que dissemos anteriormente. É ainda mais evidente, pela observação do hidrogênio de aldeído do acetaldeído em δ 9,97, que o conceito de eletronegatividade não é suficiente para explicar a posição dos deslocamentos químicos de certos grupos. Para explicar essa e outras anomalias aparentes, é necessário utilizar o conceito de anisotropia diamagnética. Isso é particularmente importante no caso da desblindagem anormalmente alta provocada pelo anel de benzeno (δ 7,27).

Comecemos pelo caso do acetileno. A molécula é linear, e a ligação tripla é simétrica em relação ao eixo principal da molécula. Quando o eixo principal está alinhado com o campo magnético aplicado, os elétrons π da ligação circulam em um plano perpendicular ao campo aplicado, induzindo, assim, seu próprio campo magnético em oposição ao campo aplicado. Como os hidrogênios estão dispostos em um eixo que coincide com o eixo magnético, as linhas de força magnética induzidas pelos elétrons em circulação agem de modo a blindar os hidrogênios (Figura 3.13), e o pico de RMN é encontrado mais à direita do que seria esperado na base da eletronegatividade. É claro que apenas um pequeno número de moléculas está alinhado com o campo magnético, porém o deslocamento médio total é afetado por elas.

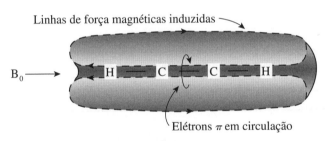

FIGURA 3.13 Blindagem de hidrogênios de alquino.

Esse efeito depende da anisotropia diamagnética, o que significa que a blindagem e a desblindagem dependem da orientação da molécula com relação ao campo magnético aplicado. Argumentos semelhantes podem ser utilizados para a interpretação da posição aparentemente anormal do hidrogênio de aldeído. Nesse caso, o efeito do campo magnético aplicado é maior ao longo do eixo transverso da ligação C=O (isto é, no plano da página na Figura 3.14). A geometria é tal que o hidrogênio de aldeído que se situa acima do plano da página está na porção desblindada do campo magnético induzido. O mesmo argumento pode ser usado para explicar, pelo menos em parte, a excessiva desblindagem dos hidrogênios de alquenos.

O chamado "efeito de corrente de anel" é outro exemplo de anisotropia diamagnética que contribui para a grande desblindagem dos hidrogênios do anel do benzeno. A Figura 3.15 mostra esse efeito e indica que um hidrogênio mantido diretamente acima ou abaixo do anel deverá estar blindado. Por exemplo, os hidrogênios de metileno em 1,4-polimetileno-benzenos (ciclofanos) estão cerca de 2,2 ppm mais blindados do que os do etilbenzeno.

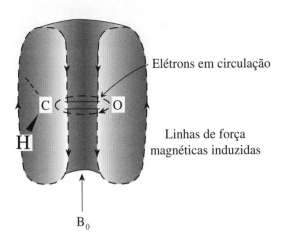

FIGURA 3.14 Desblindagem do hidrogênio de aldeído.

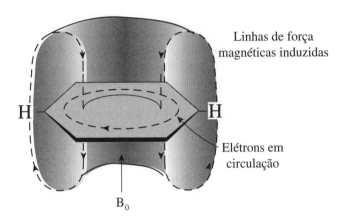

FIGURA 3.15 Efeitos da corrente de anel do benzeno.

Todos os hidrogênios do anel da acetofenona estão desblindados devido à corrente de anel. Entretanto, os hidrogênios em posição *orto* são um pouco mais desblindados (*meta* e *para* em δ ~7,40, e *orto* em δ ~7,85) devido ao efeito de desblindagem adicional do grupo carbonila. A carbonila e o anel fenila são coplanares. Se a molécula estiver orientada de forma que o campo magnético aplicado B_0 esteja perpendicular ao plano da molécula, a circulação dos elétrons π da ligação C=O blindará as zonas cônicas acima e abaixo do plano da molécula e desblindará as zonas laterais nas quais estão os hidrogênios *orto*. Ambos os hidrogênios *orto* são igualmente desblindados, porque é sempre possível definir outra conformação, igualmente populada, na qual os hidrogênios *orto* colocados à esquerda estão mais próximos do cone de anisotropia. O nitrobenzeno sofre um efeito mais forte.

Um exemplo espetacular de blindagem e desblindagem por correntes de anel é observado em alguns anulenos. Em temperaturas baixas (cerca de −60 °C), os hidrogênios colocados na parte externa do anel do [18]-anuleno são fortemente desblindados (δ 9,3), e os colocados na parte interna são fortemente blindados (δ −3,0, isto é, são mais blindados do que o TMS).

[18]-Anuleno

A demonstração da ocorrência de corrente de anel é uma boa evidência para a planaridade e aromaticidade da molécula, pelo menos em temperaturas baixas. Quando a temperatura sobe, os sinais ficam mais largos devido a trocas lentas das conformações do anel. Em temperaturas próximas de 110 °C, só se observa um pico (δ 5,3) devido à troca rápida entre as conformações do anel, que levam a um deslocamento químico médio. Isso aponta para a poderosa capacidade da RMN de estudar a dinâmica das moléculas.

Em contraste com os marcantes efeitos de anisotropia dos elétrons π, os elétrons σ de uma ligação C—C produzem pouco efeito. Assim, por exemplo, o eixo da ligação C—C do ciclo-hexano é o eixo do cone de desblindagem. Isso explica por que o hidrogênio equatorial é sistematicamente encontrado 0,1 a 0,7 ppm à esquerda do hidrogênio axial do mesmo carbono em anéis rígidos de seis átomos.

As tabelas e cartas de deslocamentos químicos encontradas nos Apêndices mostram que os deslocamentos químicos dos hidrogênios de compostos orgânicos situam-se, *grosso modo*, nas oito regiões mostradas na Figura 3.16.

Para ilustrar o uso de parte do material fornecido nos apêndices, vamos determinar os deslocamentos químicos dos hidrogênios do acetato de benzila. No Apêndice A, Carta A.1, podemos ver que o deslocamento químico do grupo CH$_3$ está em torno de δ 2,0. Na Tabela B.1, encontramos o deslocamento químico do grupo CH$_2$ em δ ~5,07. No Apêndice D, Carta D.1, encontramos os hidrogênios aromáticos em δ ~7,2. No espectro do acetato de benzila (Figura 3.8), vemos três sinais agudos, da direita para a esquerda, em δ 1,96; δ 5,00 e δ 7,22. As áreas dos picos (dadas pela altura das curvas de integração) estão na razão 3:2:5 e correspondem a CH$_3$, CH$_2$ e aos cinco hidrogênios do anel aromático.* Todos os picos são singletos. Isso significa que os grupos CH$_3$ e CH$_2$ estão isolados, isto é, não existem hidrogênios em átomos adjacentes para acoplamento (Seção 3.5). Existe, porém, um problema com o que parece um singleto que corresponde aos hidrogênios do anel que não são equivalentes (Seção 3.8.1) e se acoplam entre si. Sob maior resolução vê-se um multipleto. O espectro expandido mostra picos parcialmente resolvidos.

Chamamos novamente a atenção para o fato de que a aplicação dos conceitos de eletronegatividade (efeitos indutivos) e de deslocalização dos elétrons — combinado com o conceito de anisotropia diamagnética — permite tanto o entendimento como a previsão do deslocamento químico aproximado. Alguns exemplos reforçam esse conceito:

1. O hidrogênio β de uma cetona α,β-insaturada está desblindado por ressonância:

---

*A altura das "curvas de integração", isto é, a distância vertical entre as linhas horizontais do traço de integração, é proporcional ao número de hidrogênios correspondentes ao pico (ou multipleto) de absorção. As alturas dão razões entre o número de hidrogênios, não números absolutos. As razões correspondem às áreas sob os picos.

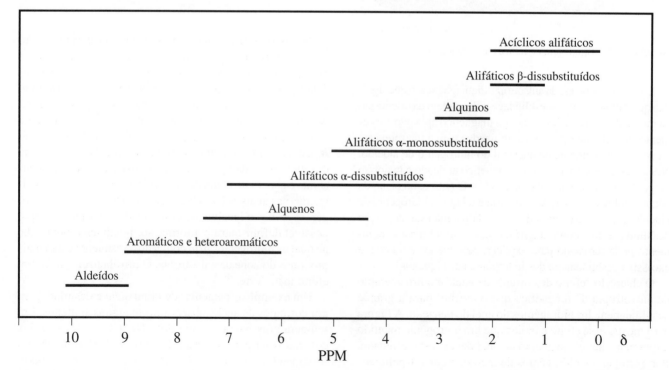

FIGURA 3.16 Regiões características dos deslocamentos químicos. Vários aldeídos, enóis e a maior parte dos ácidos carboxílicos absorvem em frequências superiores a δ 10. Hidretos de metais podem ter deslocamentos químicos de até 50 ppm.

$$\text{H}_3\text{C}-\overset{\overset{\text{H}}{|}}{\underset{\alpha}{\underset{|}{\text{C}}}}\overset{\beta}{=}\underset{\underset{\text{H}}{|}}{\text{C}}\diagdown\text{CH}_3 \quad \longleftrightarrow \quad \text{H}_3\text{C}-\overset{\overset{\text{H}}{|}}{\underset{|}{\text{C}^+}}=\underset{\underset{\text{H}}{|}}{\text{C}}\diagdown\overset{\text{CH}_3}{\underset{\text{O}^-}{}}$$

hidrogênio α δ ~ 6,2
hidrogênio β δ ~ 6,8

2. Em um éter vinílico substituído, o átomo de oxigênio desblinda o hidrogênio α devido ao efeito indutivo e blinda o hidrogênio β por ressonância.

$$\text{H}_3\text{C}-\overset{\overset{\text{H}}{|}}{\underset{\gamma}{\underset{|}{\text{C}}}}=\overset{\beta}{\underset{\underset{\text{H}}{|}}{\text{C}}}\cdots\text{O}-\text{CH}_3$$

hidrogênio α δ ~ 6,2
hidrogênio β δ ~ 4,6

Os valores aproximados apontados anteriormente foram calculados a partir dos dados do Apêndice D. Para comparação, os hidrogênios de alqueno do *trans*-3-hexeno estão em δ 5,40.

Como os incrementos de deslocamento químico são aproximadamente aditivos, é possível calcular os deslocamentos dos hidrogênios do anel de benzenos polissubstituídos a partir dos valores de substituintes (monossubstituintes) dados no Apêndice, Carta D.1. Os incrementos de deslocamento químico dos hidrogênios do anel do *m*-diacetilbenzeno, por exemplo, podem então ser calculados.

Os incrementos de deslocamento químico são os deslocamentos em relação aos hidrogênios do benzeno (δ 7,27). Assim, para um substituinte CH₃C=O (linha 26, Apêndice, Carta D.1), o incremento *orto* é +0,63, e os incrementos *meta* e *para* são +0,28. O hidrogênio de C-2 tem dois substituintes *orto*. Os hidrogênios de C-4 e C-6 são equivalentes e têm substituintes *orto* e *para*. O hidrogênio de C-5 tem dois substituintes *meta*. Assim, os incrementos calculados são +1,26 para C-2, +0,91 para C-4 e C-6 e +0,56 para C-5. O espectro mostra incrementos de +1,13, +0,81 e +0,20, respectivamente. A concordância é adequada.* Temos de enfatizar que esses cálculos são empíricos e que a compreensão avançada dos deslocamentos químicos deve ser obtida com o uso de cálculos quantomecânicos.

---
*Os cálculos são menos satisfatórios no caso de compostos *orto*-dissubstituídos devido a interações estéricas ou de outra natureza entre os substituintes.

Obviamente, a espectrometria de RMN de hidrogênio é uma ferramenta tão poderosa para a elucidação dos modos de substituição de anéis aromáticos como a espectrometria de RMN de ¹³C (veja o Capítulo 4). A espectrometria de RMN em duas dimensões é outra ferramenta poderosa (veja o Capítulo 5).

3.5 ACOPLAMENTO DE SPIN, MULTIPLETOS, SISTEMAS DE SPINS

3.5.1 Multipletos de Primeira Ordem Simples e Complexos

Obtivemos uma série de picos de absorção que representam hidrogênios em ambientes químicos diferentes, cujas áreas de absorção (obtidas por integração) são proporcionais ao número de hidrogênios a que correspondem. Temos, agora, de examinar outro fenômeno, o *acoplamento de spin*, que pode ser descrito como o acoplamento indireto dos spins dos hidrogênios através dos elétrons de ligação. Em um sentido amplo, "acoplamento" entre um par de spins significa que a energia (e, portanto, a frequência na RMN) associada a um spin individual do par depende do estado (isto é, α ou β) do outro spin. De acordo com o princípio de Pauli, os elétrons de ligação se emparelham com os spins antiparalelos. Em um campo magnético, os núcleos tendem a alinhar o spin com um dos elétrons de ligação, portanto, os spins são, em geral, antiparalelos e esse é o estado mais estável. O acoplamento normalmente não é importante além de três ligações, exceto quando existem tensão no anel, como em anéis pequenos ou sistemas em ponte, deslocalização, como em sistemas aromáticos ou insaturados, ou quatro ligações em uma configuração em "W" (Seção 3.14). O acoplamento de duas ligações é chamado de acoplamento *geminal*, o de três ligações, *vicinal*, e além de três ligações, *de longa distância*.

$$\text{H}-\text{C}-\text{H} \qquad \text{H}-\text{C}-\text{C}-\text{H}$$
Acoplamento geminal   Acoplamento vicinal
Duas ligações (²J)   Três ligações (³J)

Suponha que dois hidrogênios vicinais estão em ambientes químicos muito diferentes. Cada hidrogênio corresponderá a uma absorção, e as absorções estarão muito separadas. Entretanto, se os dois spins dos hidrogênios estão acoplados, a frequência de cada um deles é ligeiramente afetada pelos dois estados possíveis (α, β) do *outro* hidrogênio através dos elétrons de ligação, o que faz com que cada absorção apareça como um dubleto (Figura 3.17) com um pico associado a cada um dos dois estados do outro spin. A diferença de frequência em Hz entre os componentes do dubleto é proporcional à eficiência do acoplamento e é dada pela constante de acoplamento J. Embora J seja chamado de "constante" de acoplamento, seu valor varia dependendo da molécula em estudo. Ela é constante com respeito à intensidade do campo magnético aplicado B_0.† Embora os deslocamentos químicos sejam usualmente da ordem de 3750 Hz em 300 MHz, as constantes de acoplamento raramente ultrapassam 20 Hz (veja

---
†O número de ligações entre os núcleos acoplados (hidrogênios, neste capítulo) é designado por J com um sobrescrito à esquerda. Assim, por exemplo, H—C—H é representado por ²J, H—C—C—H, por ³J, H—C=C—C—H, por ⁴J. Ligações duplas ou triplas são contadas como se fossem ligações simples.

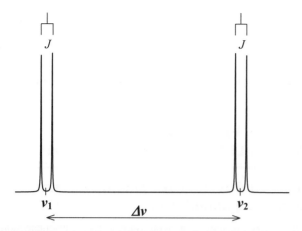

FIGURA 3.17 Espectro de RMN de dois hidrogênios com deslocamentos químicos muito diferentes (cujas frequências são fornecidas pelas marcas em v_1 e v_2), relativo às suas constantes de acoplamento J (um sistema AX de spins).

o Apêndice F). Observe que as constantes de acoplamento J são registradas em unidades de frequência (Hz), enquanto os deslocamentos químicos não têm unidades. Observe na Figura 3.17 que, embora haja quatro picos, só existem dois deslocamentos químicos que estão no centro de cada dubleto.

Quando a diferença de deslocamento químico em hertz (Δv) é muito maior do que a constante de acoplamento (arbitrariamente $\Delta v/J$ maior do que 8), aparecem dois dubletos. O valor de Δv pode ser calculado explicitamente a partir dos deslocamentos químicos como:

$$\Delta v = |(\delta_1 - \delta_2)|(v_{\text{ref}})$$

em que δ_1 e δ_2 são os deslocamentos químicos de interesse, e v_{ref} é a frequência da referência dos deslocamentos químicos (TMS para ^{1}H-RMN).

Quando $\Delta v/J$ é menor, os dubletos se aproximam, os dois sinais interiores aumentam de intensidade e os dois sinais exteriores perdem intensidade (Figura 3.18). A posição do deslocamento químico de cada hidrogênio não está mais entre os dois sinais correspondentes, como na Figura 3.17, mas no "centro de gravidade" (Figura 3.19). O "centro de gravidade" pode ser determinado com certa precisão por inspeção simples.

O espectro (d) da Figura 3.18 (reproduzido na Figura 3.19) consiste em dois dubletos distorcidos e pode ser confundido facilmente com um quarteto. O aumento da frequência aplicada (e, portanto, a frequência de Larmor), não transformaria um quarteto verdadeiro em um par de dubletos. Quando a intensidade dos sinais exteriores do espectro (e) continua a diminuir, a dificuldade de observar os pequenos sinais externos pode levar a confundir os dois sinais interiores com um dubleto. Por fim, quando $\Delta v/J$ se aproxima de zero, os picos externos desaparecem e os sinais interiores coalescem em um único sinal (um singleto aparente) que corresponde a dois hidrogênios. Isso é observado para dois hidrogênios completamente equivalentes.

O próximo nível de complexidade envolve três hidrogênios. Vejamos os grupos metileno e metino do composto hipotético.

$$\text{RO}-\underset{\text{H}}{\overset{\text{OR}}{\underset{|}{\overset{|}{\text{C}}}}}-\text{CH}_2-\text{Ph}$$

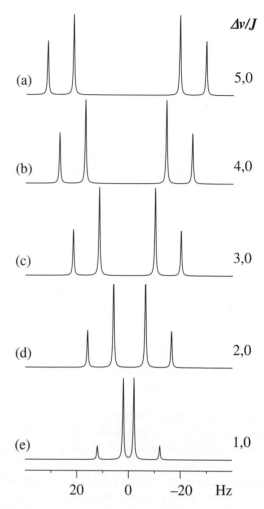

FIGURA 3.18 Um sistema de dois hidrogênios acoplados com a diminuição da diferença entre os deslocamentos químicos e um valor grande de J (10 Hz). A diferença entre as notações AB e AX é explicada no texto.

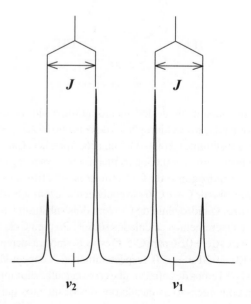

FIGURA 3.19 As posições horizontais das linhas verticais curtas no alto da figura representam os centros de gravidade, em lugar dos pontos médios, para a localização da posição do deslocamento no caso de uma razão $\Delta v/J$ pequena.

no qual o único hidrogênio do grupo metino está em um ambiente químico muito diferente dos dois hidrogênios de metileno. Os dois hidrogênios de CH$_2$ se acoplam igualmente com o hidrogênio de metino. Na Figura 3.20, podemos ver um tripleto e um dubleto, muito separados, com áreas relativas na proporção 1:2. O dubleto é o resultado da divisão do sinal da absorção do hidrogênio do grupamento CH$_2$ pelo hidrogênio de CH. O tripleto é o resultado da divisão consecutiva da absorção de CH pelos hidrogênios de CH$_2$. Os picos se superpõem porque as constantes de acoplamento são idênticas (veja a Figura 3.21).

Em um "multipleto simples de primeira ordem", o número de picos é determinado pelo número de hidrogênios vizinhos acoplados com a mesma constante de acoplamento (ou muito próxima). Os hidrogênios vizinhos podem ser geminais ou vicinais, isto é, envolver duas ou três ligações. As constantes de acoplamento de longa distância são usualmente muito menores (veja a Seção 3.14). Como vimos, um hidrogênio vizinho produz um dubleto, e dois hidrogênios igualmente acoplados produzem um tripleto. A multiplicidade (o número de picos em m múltiplo) é, portanto, $n + 1$, em que n é o número de hidrogênios. Isso é conhecido como a "regra $n + 1$". A fórmula geral, válida para todos os núcleos, é $2nI + 1$, em que I é o número de spin (veja a Seção 3.2.1). As intensidades relativas dos picos de um multipleto simples de primeira ordem dependem também de n. Para núcleos de spin $\frac{1}{2}$, os picos de um dubleto ($n = 1$) estão na proporção 1:1, os de um tripleto ($n = 2$), na proporção 1:2:1, os de um quarteto ($n = 3$), na proporção 1:3:3:1 e assim por diante. As intensidades dos picos dos multipletos são dadas pelos coeficientes da forma expandida da equação $(x + 1)^n$, em que n é o número de hidrogênios vizinhos. O triângulo de Pascal (veja a Figura 3.22) dá a multiplicidade e as intensidades de um multipleto.

As exigências e a aparência de um multipleto simples de primeira ordem envolvendo núcleos de spin $\frac{1}{2}$ podem ser resumidas como:

- A razão $\Delta v/J$ deve ser maior do que 8. Δv é a distância em Hz entre os centros dos multipletos acoplados (ou a diferença de deslocamentos químicos expressas em unidades ou frequência). J é a constante de acoplamento.
- O número de picos do multipleto é $n + 1$, em que n é o número de hidrogênios vizinhos com a mesma constante de acoplamento.

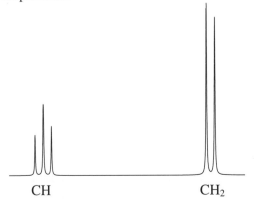

FIGURA 3.20 Espectro de RMN de hidrogênio que mostra os efeitos do acoplamento spin-spin entre os grupos CH e CH$_2$ com deslocamentos químicos diferentes.

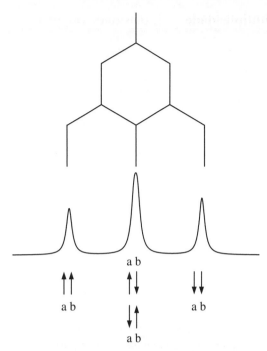

FIGURA 3.21 A aparência de um tripleto pode ser entendida considerando, de cima para baixo nos diagramas, duas divisões consecutivas dos picos em dubletos com a mesma constante de acoplamento.

- A distância em Hz entre os picos de um multipleto simples de primeira ordem é a constante de acoplamento, J.
- O multipleto simples de primeira ordem é centrossimétrico. Os picos mais intensos são os picos centrais (veja o triângulo de Pascal, Figura 3.22).

Um multipleto complexo de primeira ordem é diferente do multipleto simples de primeira ordem porque envolve diferentes constantes de acoplamento. A exigência de $\Delta v/J$ ser maior do que 8 ainda é válida, porém o triângulo de Pascal (pelo menos não um único triângulo de Pascal) não se aplica ao multipleto complexo.

Com alguma experiência, fica óbvio que a exigência da razão $\Delta v/J = 8$ não é rigorosa, mas quando a razão diminui a interpretação é muito mais difícil. A procura pelo aumento da potência do espectrômetro mencionada na Seção 3.3 foi (e ainda é) muito importante para aumentar a razão $\Delta v/J$ porque Δv depende diretamente de frequência de Larmor. O resultado é a simplificação dos espectros, o que permite a interpretação de espectros mais complexos. A Figura 3.23 dá uma ideia desse efeito em 60 MHz, 300 MHz e 600 MHz. O composto é

$$\text{Cl—CH}_2\text{—CH}_2\text{—O—CH}_2\text{—CH}_2\text{—Cl}$$

Em 600 MHz, o espectro é formado por dois tripletos de primeira ordem. Em 300 MHz, o espectro está ligeiramente distorcido e aparecem alguns picos extras que não pode ser explicada usando regras de primeira ordem. Em 60 MHz ocorrem uma óbvia superposição e muitos picos extras. (Os multipletos estão expandidos porque foi usada a mesma escala δ para todos os espectros.) As razões $\Delta v/J$ são 12 em 600 MHz (certamente de primeira ordem) e 6 em 300 MHz

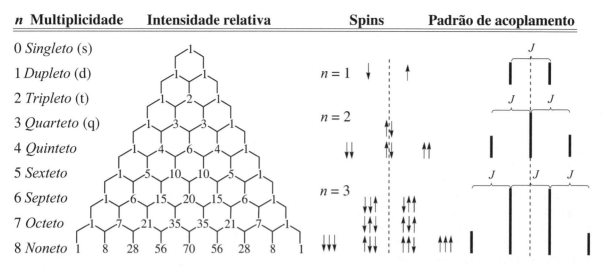

FIGURA 3.22 Intensidades relativas dos multipletos de primeira ordem; n = número de núcleos equivalentes de spin $\frac{1}{2}$ que se acoplam (isto é, núcleos de hidrogênio) e a regra $n + 1$ se aplica. As intensidades relativas seguem o triângulo de Pascal.

(ainda facilmente reconhecido se os desdobramentos adicionais forem ignorados). Os multipletos superpostos do espectro em 60 MHz são descritos como um espectro de "ordem superior". Um olhar no Apêndice A mostra que os substituintes Cl e OR estão quase igualmente desblindados e sugere que interpretar um espectro em 60 MHz por uma análise de múltiplo simples de primeira ordem seria arriscado. Volte à Figura 3.12 para um exemplo mais complexo.

3.5.2 Sistemas de Spins de Primeira Ordem

Um sistema de spins é formado por multipletos que se acoplam uns aos outros, mas não se acoplam fora do sistema. Não é necessário que todos os multipletos do sistema se acoplem com todos os demais. Um sistema de spins é "isolado" dos outros pela ausência de acoplamento devido a, por exemplo, heteroátomos e átomos de carbono tetrassubstituídos (que não têm hidrogênios ligados). Os multipletos podem se acoplar em primeira ordem simples, em primeira ordem complexa e em ordem superior. Pode ocorrer acoplamento a longa distância entre dois sistemas através do átomo de isolamento, mas isso envolve constantes de acoplamento pequenas e provoca alargamento dos picos, não picos adicionais resolvidos.

O espectro em 600 MHz da Figura 3.23 é formado por um sistema simples de spins de primeira ordem. O espectro em 60 MHz é formado por sistemas de spins de ordem superior. É importante perceber aqui que o modo como descrevemos e analisamos um sistema de spin pode mudar com a intensidade

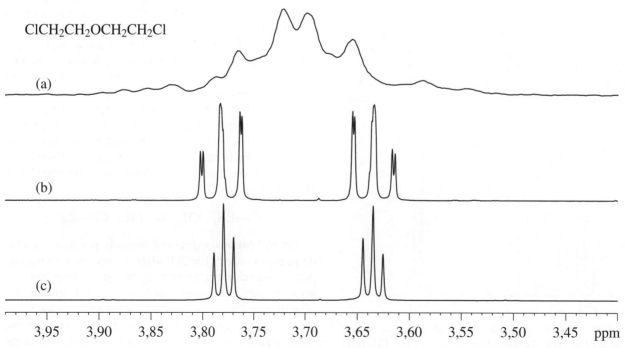

FIGURA 3.23 Espectro de ^{1}H-RMN do (cloroetil)-éter em frequências de Larmor de (a) 60 MHz, (b) 300 MHz, (c) 600 MHz, todos em CDCl$_3$.

do campo magnético aplicado e não está somente relacionado com a estrutura da molécula. Um sistema de spins pode ser formado por um ou mais multipletos de ordem superior. Nesse caso, pode ser difícil determinar por inspeção simples todos os valores de δ, as constantes de acoplamento e multiplicidades.*
Os deslocamentos químicos são dados usualmente com duas casas decimais. Mas será que isso é sempre válido? Eles são com certeza válidos para os tripletos quase perfeitos em 600 MHz da Figura 3.23. Em 60 MHz, entretanto, os deslocamentos dos multipletos superpostos não podem ser medidos acuradamente por inspeção. Entre 60 MHz e 300 MHz, as tentativas de medir os deslocamentos químicos do composto dariam valores aproximados, certamente não acurados até duas casas decimais.

3.5.3 Notação de Pople

A notação de Pople permite descrever multipletos, spins e espectros.† Os multipletos são devidos aos vários conjuntos de núcleos, e cada conjunto é designado por uma letra maiúscula. Um conjunto é um grupo de núcleos equivalentes. Os conjuntos podem ser descritos como estando forte ou fracamente acoplados uns aos outros, dependendo da razão $\Delta\nu/J$. Quanto maior for esse valor, mais fracamente acoplados os spins estão em relação à diferença entre seus deslocamentos químicos, e vice-versa. Se a razão $\Delta\nu/J$ é maior do que 8, os conjuntos são considerados como estando fracamente acoplados. Os sistemas de spin resultantes são designados por letras bem afastadas no alfabeto, como AX. Isso ocorre porque os deslocamentos químicos correspondentes desse sistema também estão bem separados. Se a razão é inferior a 8, usam-se letras como AB. Se existem três conjuntos fracamente acoplados, eles são representados por AMX. Se os dois primeiros conjuntos são fortemente acoplados e os dois últimos fracamente acoplados, usa-se ABX. O número de hidrogênios em um conjunto é designado por números subscritos (Seção 3.9). No caso de um hidrogênio, não se usam subscritos.

Uma coleção de conjuntos isolada de todos os outros conjuntos compõe um sistema de spins. São exemplos de sistemas de spins de primeira ordem: AX (dois dubletos), A_2X (dubleto, tripleto), A_2X_2 (dois tripletos), A_3X_2 (tripleto, quarteto). O raciocínio é óbvio: em A_2X, por exemplo, o conjunto A_2 é desdobrado em um dubleto pelos $n + 1$ vizinhos. Nesse caso só existe um hidrogênio no conjunto X. Os dois hidrogênios do conjunto A_2 explicam o tripleto.

Com dois ou mais conjuntos aparece a complicação das diferentes constantes de acoplamento. Mais importante, deve-se compreender como os vários conjuntos estão acoplados entre si. Nitropropano, por exemplo, pode ser descrito como se segue porque o grupo nitro separa bem os três conjuntos:

$$CH_3-CH_2-CH_2-NO_2$$
$$A_3 \quad M_2 \quad X_2$$

Os grupos A_3 e X_2 se acoplam com o grupo M_2, mas o grupo A_3 não se acopla com o grupo X_2. Neste ponto, dizemos apenas que o espectro é formado por dois tripletos com constantes de acoplamento ligeiramente diferentes e um sexteto com picos ligeiramente alargados.

Na molécula do estireno,

os hidrogênios do grupo vinila estão fracamente acoplados em 600 MHz e formam um sistema de spins AMX (veja a Seção 3.10).

Como dissemos anteriormente, as letras próximas no alfabeto são usadas para descrever sistemas de spins que não são de primeira ordem: AB, A_2B, ABC, $A_3B_2C_2$ etc. Esses sistemas de spins são chamados de sistemas de "ordem superior" e não podem ser interpretados por inspeção simples. Os espectros podem, porém, se transformar em primeira ordem (por exemplo, AB torna-se AX) se um campo magnético suficientemente poderoso estiver disponível.

Além desses sistemas de spins estão os que contêm hidrogênios magneticamente não equivalentes, mas equivalentes quimicamente que são muito comuns e têm uma característica desagradável, pois não podem tornar-se de primeira ordem com o aumento do campo magnético. A notação de Pople para um par de spins quimicamente equivalentes (mas magneticamente não equivalentes) é AA′. Esses sistemas de spins serão mais discutidos em seções subsequentes.

3.5.4 Outros Exemplos de Sistemas de Spins Simples de Primeira Ordem

Conhecendo um pouco os sistemas de spins simples de primeira ordem e a notação de Pople, podemos examinar o seguinte exemplo.

O espectro da Figura 3.24 é formado por dois sistemas de spins isolados por um átomo de carbono que não tem substituinte hidrogênio. O sistema de spins CH_3-CH_2 é formado por um tripleto e um quarteto bem separados, isto é, um sistema A_3X_2, como sugerido pelas multiplicidades dos picos e as razões de integração 5:2:3 (da esquerda para a direita).

O sistema do anel, que tem um eixo de simetria, é formado por dois hidrogênios *orto* intercambiáveis, dois hidrogênios *meta* intercambiáveis e um hidrogênio *para*, todos na região característica dos hidrogênios de anel aromático. O estudante atento que absorveu o conceito da notação de Pople (Seção 3.5.3) provavelmente escreveria A_2B_2C. Ele poderia ir além e predizer que um ímã mais potente produziria um sistema A_2M_2X para o anel. Entretanto, veremos na Seção 3.9 que, embora o ímã mais potente separe os deslocamentos químicos dos hidrogênios do anel, ele não produz um sistema de primeira ordem. Em resumo, o problema é que nem os hidrogênios *orto* nem os hidrogênios *meta* são "magneticamente equivalentes", são só quimicamente equivalentes.

---

*As constantes de acoplamento podem ser positivas ou negativas. Os sinais, entretanto, não alteram os sistemas de primeira ordem, nos quais podemos medir *J* por inspeção, mas não o sinal. Assim, não precisamos levar os sinais em conta.

†Pople, J.A., Schneider, W.G. and Bernstein, H.J. (1959). *High Resolution NMR*, New York, McGraw-Hill.

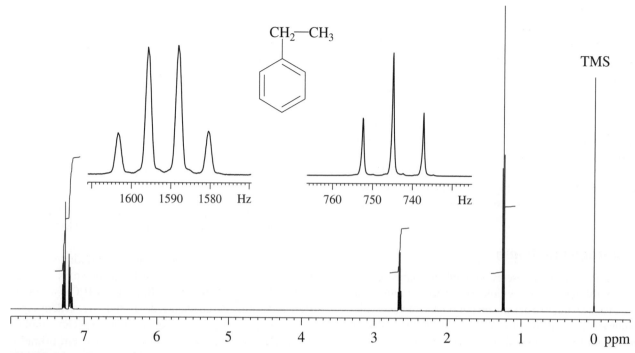

FIGURA 3.24 Espectro de RMN de hidrogênio do etilbenzeno em CDCl$_3$, em 600 MHz. O fragmento etila pode ser reconhecido pelo tripleto de CH$_3$ e o quarteto de CH$_2$.

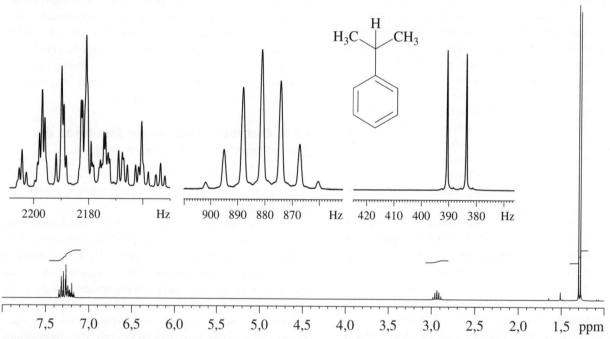

FIGURA 3.25 Espectro de RMN de hidrogênio do cumeno (isopropilbenzeno) em CDCl$_3$, em 300 MHz. O fragmento isopropila pode ser reconhecido pelo dubleto de seis hidrogênios e o septeto de um hidrogênio característicos.

Um detalhe pequeno, mas comum, pode ser observado. Note o ligeiro alargamento do quarteto de CH$_2$. Esse é o resultado de um pequeno acoplamento de longa distância com os hidrogênios *orto* por meio do átomo de carbono isolante. Como visto aqui, divisões devidas a esse acoplamento não são resolvidas e resultam em alargamento.

O espectro do isopropilbenzeno na Figura 3.25 corresponde a um sistema de dois spins simples de primeira ordem.

O hidrogênio de metino mostra um septeto devido ao acoplamento com os seis hidrogênios vizinhos idênticos dos dois grupos CH$_3$, todos com a mesma constante de acoplamento. Os dois grupos CH$_3$ equivalentes (devido à rotação livre) mostram um dubleto de seis hidrogênios devido ao acoplamento com o hidrogênio do grupo metino. Os hidrogênios do anel têm as mesmas dificuldades dos hidrogênios do anel do etilbenzeno (Figura 3.24).

3.5.5 Análise dos Multipletos de Primeira Ordem

O multipleto produzido por um spin (ou um conjunto de spins equivalentes) acoplado a outro spin (ou um conjunto de spins equivalentes) é muito claro e foi explicado na Seção 3.5.1. Vimos lá os dubletos, tripletos e quartetos familiares. Nesta seção, explicamos como fazer a análise, ou fazer a desconvolução, de espectros produzidos por um spin (ou um conjunto de spins equivalentes) acoplado a dois ou mais spins não equivalentes (ou conjuntos) com duas ou mais constantes de acoplamento J diferentes. Como exemplo, vejamos o espectro da Figura 3.26. Deve-se notar que os programas de RMN podem fazer facilmente esse tipo de análise, mas é educativo compreender as origens desse tipo de espectro.

O que se segue são as etapas gerais a serem seguidas na análise de um espectro desse tipo [veja também Hoye et al. (1994) e Mann (1995)]. Lembre-se de que o espectro que estamos vendo é parte de um espectro total de ^{1}H-RMN devido a um spin (ou um conjunto de spins equivalentes).

1. Determine a integração de cada pico e normalize os valores de modo que as integrais dos picos mais externos (em cada extremo dos espectros) sejam iguais a 1. Escreva os valores das integrais sob cada pico (se os valores das integrais não estiverem no espectro, uma boa aproximação é medir a altura dos picos com uma régua). Como confirmação, o espectro e os valores das integrais devem ser centrossimétricos (isto é, iguais dos dois lados do espectro).
2. Verifique se a soma dos valores das integrais é igual a 2^n, em que n é um inteiro. O valor de n é igual ao número total de spins que estão acoplados ao que dá origem ao multipleto da Figura 3.26 (isto é, um dubleto simples teria intensidades 1:1, logo, $2^n = 1 + 1 = 2$ e $n = 1$; isso significa que um spin ($n = 1$) está acoplado ao que estamos observando, dando um dubleto).
3. Desenhe uma linha vertical centrada diretamente em cada pico desdobrado (veja a linha b na Figura 3.26). Cada uma dessas linhas deve ser identificada pelos valores das integrais obtidas na etapa 1.
4. Olhe os valores das integrais associadas às duas linhas mais à esquerda para determinar a multiplicidade. Os valores relativos darão o tipo de multipleto que está contribuindo para o espectro. Por exemplo, se os valores são 1 e 3, o triângulo de Pascal (Figura 3.22) nos diz que temos um quarteto. Na Figura 3.26, os valores são 1 e 1 (linha a), logo temos um dubleto. O uso da regra $n + 1$ permite concluir que um spin levou ao desdobramento.
5. Meça, no eixo horizontal das frequências, as separações entre os dois picos que você identificou na etapa 4. O valor que você obteve, em Hz, é a constante de acoplamento J associada ao multipleto que você encontrou na etapa 4. Voltando à linha a da Figura 3.26, a medida cuidadosa da separação entre os dois picos mais à esquerda dá um valor de $J = 18,5 - 14,5 = 4$ Hz.
6. Combine as várias linhas verticais associadas ao multipleto que você identificou nas etapas 4 e 5, formando uma única linha. Na Figura 3.26, isso significa que estamos combinando na linha c todos os dubletos (duas linhas com a mesma integral) separados por 4 Hz em linhas únicas. Nesse exemplo, 16 linhas passam a ser oito linhas. Com isso, removemos o efeito dos acoplamentos J de 4 Hz do espectro. Os valores das integrais associadas às novas linhas são as do pico mais à esquerda do espectro original (linha a).
7. Volte à etapa 4 e repita a análise até chegar a uma única linha. Cada vez que você repetir o processo obterá as seguintes informações: a multiplicidade (que, pela regra $n + 1$, lhe dá o número de spins acoplados) e a constante de acoplamento J.

O exemplo da Figura 3.26 mostra que o multipleto observado é devido (i) ao acoplamento de um spin com um valor de J igual a 4 Hz, (ii) ao acoplamento de três spins equivalentes com J igual a 7 Hz e (iii) ao acoplamento com um spin com J igual a 12 Hz. Observe que todos esses acoplamentos ocorrem ao mesmo

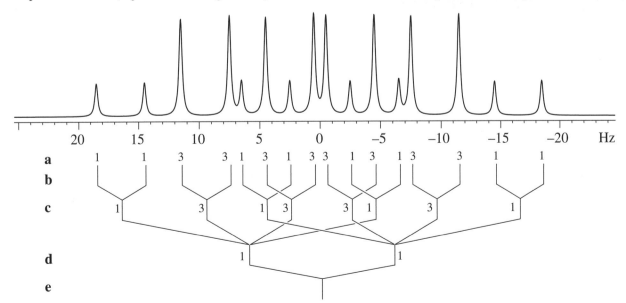

FIGURA 3.26 Análise de um multipleto de primeira ordem. As constantes de acoplamento para este multipleto de primeira ordem são dubletos de 4 e 12 Hz e dois quartetos de 7 Hz. Os números associados às linhas verticais do diagrama são valores de integração relativa.

tempo, ainda que tenhamos analisado o espectro sequencialmente. Nesse exemplo, podemos propor que o hidrogênio que estamos observando esteja acoplado a um hidrogênio de CH, um grupo CH3 e um segundo hidrogênio de CH não equivalente. Essa combinação de grupos funcionais é coerente com as multiplicidades determinadas no espectro observado (regra $n + 1$).

Você pode verificar a correção de sua análise observando se as linhas verticais são sempre centrossimétricas, em termos das posições das linhas e de suas intensidades (veja a Figura 3.26). Lembre-se também de que os picos que você combinou até um único pico na etapa 6 devem estar separados do próximo pela mesma quantidade, isto é, pelo valor de J.

Deve-se notar que a superposição de picos pode levar a valores inesperados das integrais. Por exemplo, para analisar o espectro da Figura 3.27, deve-se perceber que existe um recobrimento fortuito de tripletos e muito cuidado deve ser tomado na atribuição dos valores das integrais e na análise do multipleto.

3.6 HIDROGÊNIOS LIGADOS A OXIGÊNIO, NITROGÊNIO E ENXOFRE: HIDROGÊNIOS QUE PODEM SER TROCADOS

Hidrogênios diretamente ligados a oxigênio, nitrogênio ou enxofre diferem dos hidrogênios ligados a um átomo de carbono porque:

1. podem ser trocados;
2. estão sujeitos à ligação hidrogênio;
3. quando ligados a um átomo de nitrogênio (^{14}N), estão sujeitos a desacoplamento parcial ou total pelos efeitos do quadrupolo elétrico do núcleo ^{14}N, que tem spin 1.

As regiões habituais de deslocamento químico desses hidrogênios estão listadas no Apêndice E. As posições dependem da concentração, da temperatura e do solvente.

3.6.1 Hidrogênios Ligados a Oxigênio

3.6.1.1 Álcoois Dependendo da concentração, o sinal da hidroxila em álcoois é encontrado entre $\delta \sim 0{,}5$ e $\delta \sim 4{,}0$.

Mudanças de temperatura e solvente também afetam a posição do sinal.

A formação de ligação hidrogênio intermolecular explica a dependência do deslocamento químico com a concentração, a temperatura e a polaridade do solvente. A formação de ligação hidrogênio diminui a densidade eletrônica ao redor do hidrogênio (desblindagem) e, assim, causa deslocamento para frequências mais altas. A diluição em solventes apolares diminui a formação da ligação hidrogênio, e o sinal é observado em frequências mais baixas — isto é, as moléculas de álcool estão menos "polimerizadas". O aumento da temperatura tem o mesmo efeito.

$$\text{---O---H---O---H---O---H---}$$
$$\quad\;|\qquad\quad\;|\qquad\quad\;|$$
$$\;\;\text{R}\qquad\;\;\text{R}\qquad\;\;\text{R}$$

As ligações hidrogênio intramoleculares são menos afetadas pelo ambiente do que as ligações hidrogênio intermoleculares. O sinal da absorção da hidroxila de enol de β-dicetonas, por exemplo, é muito pouco afetado por mudanças de concentração ou de solvente, embora desloque-se para frequências mais baixas com o aumento da temperatura. A espectroscopia de ressonância magnética nuclear é uma ferramenta muito poderosa para o estudo das ligações hidrogênio.

A facilidade de troca explica por que o sinal da hidroxila do etanol é usualmente visto como um singleto (Figura 3.28). Nas condições usuais — exposição ao ar, à luz e ao vapor de água —, impurezas ácidas aparecem na solução em CDCl$_3$ que é normalmente utilizada e catalisam a troca rápida do hidrogênio da hidroxila.* O hidrogênio não permanece ligado

---

*O CDCl$_3$ em pequenas ampolas, da Aldrich, é suficientemente puro para que se possa obter um espectro de CH$_3$CH$_2$OH em que o sinal de OH permanece durante várias horas como um tripleto. Após 24 horas de exposição ao ar, a amostra dá um espectro em que o sinal de OH aparece como um singleto (Figura 3.28). A alta diluição, possível nos instrumentos modernos, também contribui para a persistência do sinal de OH acoplado.

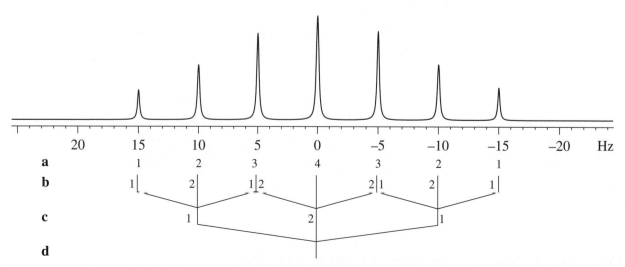

FIGURA 3.27 Coincidência dos picos provocada por um tripleto de tripletos com constantes de acoplamento iguais a 5 e 10 Hz.

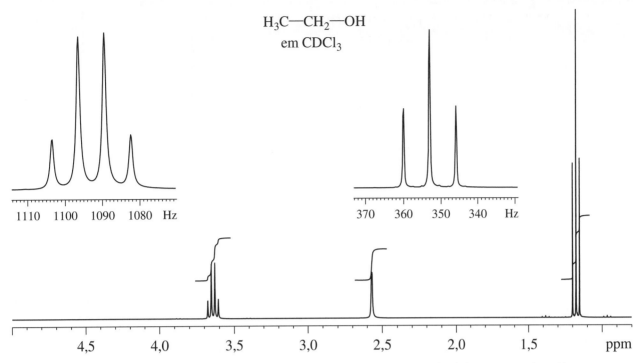

FIGURA 3.28 Espectro de RMN de hidrogênio de CH₃CH₂OH em CDCl₃ em 300 MHz, deixado à temperatura do ambiente e exposto ao ar durante a noite. Os sinais de CH₂ são alargados pelo acoplamento residual com OH, cujo sinal também se alarga um pouco. A umidade absorvida aumentou a intensidade do sinal de OH.

ao oxigênio por tempo suficientemente longo para ser afetado pelos hidrogênios do grupo metileno vizinho, portanto não ocorre acoplamento. O hidrogênio de OH aparece como um singleto; o grupo CH₂, como um quarteto; e o grupo CH₃, como um tripleto.

A velocidade de troca pode ser diminuída pelo abaixamento da temperatura, pelo uso de soluções diluídas ou pelo tratamento do solvente com carbonato de sódio anidro ou com alumina anidra e filtração em um pouco de lã de vidro seca colocada em uma pipeta Pasteur imediatamente antes de obter o espectro. Nessas condições, o hidrogênio de OH se acopla com os hidrogênios de CH₂, e obtêm-se informações úteis: um singleto de OH indica um álcool terciário, um dubleto, um álcool secundário, e um tripleto, um álcool primário.

O uso de DMSO deuterado e seco (DMSO-d₆) ou de acetona deuterada tem o mesmo efeito do tratamento descrito anteriormente. Além disso, o pico de hidrogênio de OH desloca-se para frequências mais altas devido à formação de ligação hidrogênio entre o soluto e o solvente, o que permite separar os picos sobrepostos dos demais hidrogênios (Figura 3.29).

Na Figura 3.29 e no diagrama de "linhas" que se segue, os hidrogênios de CH₂ do etanol estão acoplados com o hidrogênio da hidroxila e com os hidrogênios de CH₃. O diagrama mostra um quarteto de dubletos em sobreposição. O acoplamento de OH é igual a 5 Hz, e o acoplamento de CH₃ é igual a 7 Hz. É usualmente melhor começar um diagrama de acoplamentos pela constante de acoplamento mais elevada.

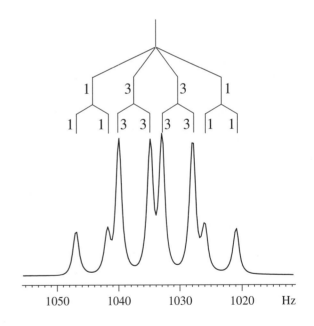

Em velocidades intermediárias de troca, o multipleto da hidroxila aparece como uma banda larga que se transforma, em velocidades maiores de troca, em um singleto (Figura 3.28).*

Um diol pode mostrar sinais diferentes para cada hidrogênio de hidroxila. Nesse caso, a velocidade de troca (em hertz) é

---

*A presença de H₂O como impureza permite a troca de hidrogênios com outros hidrogênios intercambiáveis, dando um sinal único em uma posição média entre os sinais dos hidrogênios envolvidos.

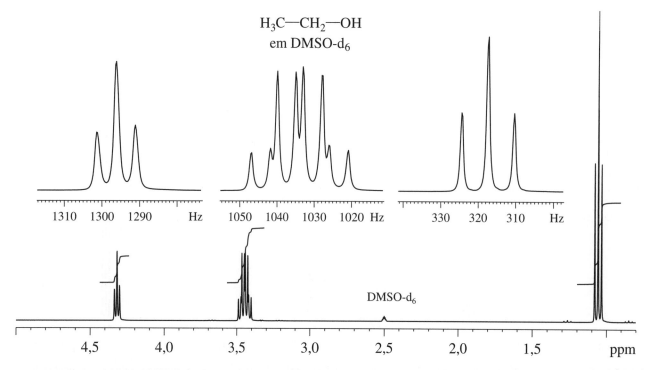

FIGURA 3.29 Espectro RMN de hidrogênio de CH₃CH₂OH em DMSO deuterado seco, 300 MHz. Da esquerda para a direita, os picos representam OH, CH₂, CH₃. A pequena absorção em 2,5 ppm corresponde a uma impureza de ¹H do DMSO-d₆ (veja o Apêndice G).

muito menor do que a diferença (em hertz) entre as absorções separadas. Quando a velocidade de troca aumenta (pela presença de traços de catalisador ácido, por exemplo), os dois sinais alargam-se e, eventualmente, se fundem, tornando-se um pico largo. Nesse ponto, a velocidade de troca (k), em hertz, é aproximadamente igual a duas vezes a separação original, em hertz, dos picos. Quando a velocidade de troca aumenta ainda mais, o sinal largo torna-se mais agudo. A posição relativa de cada sinal depende da formação de ligação hidrogênio por cada um dos hidrogênios das hidroxilas.

O espectro de um composto que contém hidrogênios permutáveis pode ser simplificado com a remoção dos hidrogênios em questão por agitação da solução com excesso de óxido de deutério ou pela obtenção do espectro diretamente em óxido de deutério, se a solubilidade o permitir. Observa-se um sinal que corresponde a HOD, geralmente entre δ 5,0 e δ 4,5 em solventes apolares e em δ 3,3 em DMSO (veja o Apêndice E). Pode-se agitar vigorosamente, por alguns segundos, uma solução em CDCl₃ ou em CCl₄ com uma ou duas gotas de D₂O, deixando-se a mistura em repouso ou centrifugando-a até que as duas fases se separem. A fase aquosa superior não interfere.

A acetilação ou a benzoilação de um grupamento hidroxila desloca cerca de 0,5 ppm, para a esquerda, o sinal dos hidrogênios de CH₂OH de um álcool primário e cerca de 1,0 a 1,2 ppm, também para a esquerda, o sinal de hidrogênio de CHOH de um álcool secundário. Esses deslocamentos podem ser tomados como confirmação da presença de um álcool primário ou secundário.

3.6.1.2 Água Além dos problemas de troca rápida discutidos anteriormente, a água, impureza presente em quase todas as amostras, interfere com outros picos extremamente importantes. A presença de água na forma de gotículas em suspensão ou de filmes nas paredes do tubo de amostra é responsável por um sinal em $\delta \sim 4,7$ em CDCl₃ (HOD é encontrado nos experimentos de troca de D₂O mencionados na Seção 3.6.1.1).

A água dissolvida absorve em $\delta \sim 1,55$ em CDCl₃ e pode interferir seriamente, no caso de soluções diluídas, em uma região importante do espectro.* O uso de C₆D₆ (H₂O dissolvida em δ 0,4) evita essa interferência. Uma tabela com os valores das absorções da água em vários solventes deuterados de uso comum pode ser encontrada no Apêndice H.

3.6.1.3 Fenóis O comportamento do hidrogênio da hidroxila de fenóis assemelha-se ao do hidrogênio da hidroxila de álcoois. O sinal correspondente é, usualmente, um singleto agudo (troca rápida sem acoplamento), e a região em que aparece depende da concentração, do solvente e da temperatura, estando geralmente à esquerda ($\delta \sim 7,5$ a $\delta \sim 4,0$) do sinal do hidrogênio da hidroxila dos álcoois. Um grupamento carbonila na posição *orto* desloca a absorção da hidroxila do fenol para a faixa $\delta \sim 12,0$ a $\delta \sim 10,0$ devido à formação de ligação hidrogênio intramolecular. A *o*-hidróxi-acetofenona, por exemplo, apresenta um sinal em δ 12,05 que varia muito pouco com a concentração. A ligação hidrogênio intramolecular, muito mais fraca no *o*-clorofenol, explica a variação

---
*Webster, F.X. and Silverstein, R.M. (1985). *Aldrichimica Acta* **18** (3), 58.

do sinal desse composto (de $\delta \sim 6{,}3$, na concentração 1,0 M, a $\delta \sim 5{,}6$, em diluição infinita), uma faixa larga em comparação com a da *o*-hidróxi-acetofenona, mas estreita em relação à do fenol.

3.6.1.4 Enóis
O equilíbrio tautomérico familiar entre as formas ceto e enol da acetilacetona está descrito na Seção 3.8.3.1. A forma enol predomina sobre a forma ceto nas condições ali descritas.

Ordinariamente, não se leva em conta a forma enol da acetona, ou a forma ceto do fenol, embora pequenas quantidades desses tautômeros existam em equilíbrio. No caso da acetilacetona, entretanto, ambas as formas são vistas no espectro de RMN porque o equilíbrio é lento na escala da RMN e porque a forma enol é estabilizada por ligação hidrogênio intramolecular. Já a forma enol da acetona e a forma ceto do fenol não têm esse tipo de estabilização. Além disso, a ressonância do anel aromático favorece fortemente a forma enol dos fenóis.

No caso das α-dicetonas, como a 2,3-butanodiona, por exemplo, somente a forma ceto é vista no espectro de RMN. Entretanto, se a forma enol de uma α-dicetona for estabilizada por ligação hidrogênio — como é o caso das α-dicetonas cíclicas a seguir —, observa-se, no espectro de RMN, apenas a forma enol.

7,43 ppm   6,53 ppm

3.6.1.5 Ácidos Carboxílicos
Os ácidos carboxílicos existem, em solventes apolares, como dímeros estáveis, mantidos por ligação hidrogênio mesmo em grande diluição. Em consequência, o hidrogênio da carboxila absorve em uma região estreita, muito característica, entre $\delta \sim 13{,}2$ e $\delta \sim 10{,}0$, isto é, a concentração afeta pouco a absorção. Solventes polares rompem parcialmente o dímero e deslocam a posição de absorção.

Na temperatura normal, a largura do sinal varia de agudo a largo, dependendo da velocidade de troca do ácido. A troca é rápida com os hidrogênios da água ou de álcoois (ou com os grupos hidroxila de hidróxi-ácidos), produzindo um único sinal cuja posição depende da concentração. No caso dos hidrogênios de sulfidrila e dos enóis, a troca com os prótons da carboxila não é rápida, observando-se sinais separados.

3.6.2 Hidrogênios Ligados a Nitrogênio
O núcleo ^{14}N* tem número de spin I igual a 1 e, de acordo com a fórmula $2nI + 1$, deveria fazer com que um hidrogênio a ele ligado, ou um hidrogênio em um átomo de carbono adjacente, aparecesse como um conjunto de três picos de igual intensidade. Dois fatores, entretanto, complicam esse esquema: a velocidade de troca do hidrogênio do átomo de nitrogênio e o momento de quadrupolo elétrico do núcleo ^{14}N (veja a Seção 3.2.1).

Hidrogênios ligados a um átomo de nitrogênio podem sofrer troca rápida, intermediária ou lenta. Se a troca é rápida, os hidrogênios são desacoplados do átomo de nitrogênio e dos hidrogênios ligados ao átomo de carbono adjacente. O sinal de NH aparece como um singleto agudo, e os hidrogênios dos carbonos adjacentes não se subdividem. Isso acontece com a maior parte das aminas alifáticas.†

Em velocidades intermediárias de troca, o hidrogênio de NH está parcialmente desacoplado, e isso leva a um pico largo de NH. Os hidrogênios do carbono adjacente não se subdividem. Isso acontece com a *N*-metil-*p*-nitroanilina.

Se a velocidade da troca é lenta, o sinal de NH ainda é largo, devido à relaxação moderadamente eficiente induzida pelo momento de quadrupolo elétrico do núcleo do nitrogênio e ao consequente aumento da meia-vida dos estados de spin do núcleo do nitrogênio. O hidrogênio sofre, assim, o efeito dos três estados de spin do núcleo do nitrogênio (número de spin = 1), que estão mudando a uma velocidade moderada, e responde produzindo um pico largo. Observa-se, nesse caso, o acoplamento do hidrogênio de NH com os hidrogênios do carbono adjacente. Isso acontece com os pirróis, indóis, amidas primárias e secundárias e carbamatos (Figura 3.30).

Observe que o acoplamento H—N—C—H ocorre através das ligações C—H, C—N e N—H, mas o acoplamento entre o núcleo de nitrogênio e os hidrogênios do carbono adjacente é desprezível. Observa-se o acoplamento hidrogênio–hidrogênio no hidrogênio do carbono adjacente, e o sinal do hidrogênio ligado ao nitrogênio é bastante alargado pela interação quadrupolar ^{14}N.

No espectro do *N*-metilcarbamato de etila (Figura 3.30), o hidrogênio de NH apresenta uma absorção larga centrada em cerca de δ 4,70 e a absorção de N—CH$_3$ em δ 2,78 aparece desdobrada em um dubleto ($J \sim 5$ Hz) pelo hidrogênio de NH. Os hidrogênios do grupamento etoxila são representados por um tripleto em δ 1,23 e um quarteto em δ 4,14.

Os hidrogênios de NH das aminas alifáticas e aminas cíclicas absorvem entre cerca de δ 3,0 e 0,5. As aminas aromáticas absorvem entre cerca de δ 5,0 e 3,0 em CDCl$_3$ (veja o Apêndice E) porque as aminas estão sujeitas à formação de ligação hidrogênio e a posição do sinal depende da concentração, do solvente e da temperatura. O sinal de NH das amidas, pirróis e indóis é observado entre cerca de δ 8,5 e 5,0. Aqui, o efeito da concentração, do solvente e da temperatura é geralmente menor do que no caso das aminas.

A não equivalência dos hidrogênios ligados ao nitrogênio no caso de amidas primárias e dos grupos metila de *N*,*N*-dimetil-amidas é causada pela rotação lenta da ligação CN provocada pela contribuição da forma canônica $\begin{matrix} C=N^+ \\ | \\ O^- \end{matrix}$ (Seção 3.8.3.2).

---
*Os espectros de ^{15}N são discutidos no Capítulo 6.

†O acoplamento H—C—N—H já foi observado em algumas aminas após tratamento rigoroso (com liga Na—K) para a remoção de traços de água, que interrompe a troca de hidrogênios na escala de tempo da RMN. [Henold K.L., *Chem. Soc. D., Chem. Commun.*, 1340.]

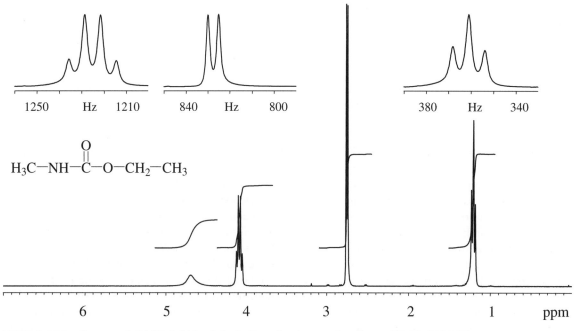

FIGURA 3.30 Espectro de RMN de hidrogênio de *N*-metilcarbamato de etila, em CDCl₃, 300 MHz.

As velocidades de troca dos hidrogênios ligados ao átomo de nitrogênio de um sal de amônio são moderadas e desaparecem no espectro como um sinal largo entre $\delta \sim 8{,}5$ e $\delta \sim 6{,}0$. Existe acoplamento com os hidrogênios dos carbonos adjacentes ($J \sim 7$ Hz).

O uso do ácido trifluoroacético como agente de protonação e como solvente permite, com frequência, a classificação das aminas como primárias, secundárias ou terciárias. A Tabela 3.4 mostra que o número de hidrogênios ligados ao átomo de nitrogênio determina a multiplicidade dos hidrogênios do grupo metileno no sal (Figura 3.31). Algumas vezes, as absorções largas devidas a $^+$NH, $^+$NH₂ ou $^+$NH₃ aparecem como três "corcundas", correspondentes ao desdobramento pelo núcleo de nitrogênio ($J \sim 50$ Hz). Esse desdobramento pode ser observado por causa da alta simetria (quase tetraédrica) do átomo de nitrogênio que reduz a interação quadrupolar do núcleo de ^{14}N. Com boa resolução, é possível observar o desdobramento de cada uma das "corcundas" pelos hidrogênios dos carbonos adjacentes ($J \sim 7$ Hz), mas é mais fácil observar o desdobramento dos sinais mais agudos do CH-α. A Tabela 3.5* sumariza o comportamento dos hidrogênios no sistema H—C—N—H.

*Cortesia do Dr. Donald C. Dittmer (Universidade de Siracusa).

Os deslocamentos químicos de vários tipos de hidrogênios ligados a ^{14}N estão disponíveis no Apêndice E.

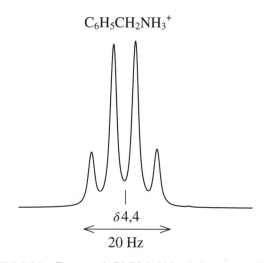

FIGURA 3.31 Espectro de RMN de hidrogênio do α-metileno de uma amina primária em CF₃CO₂H, em uma frequência de Larmor de 100 MHz. Corresponde à primeira linha da Tabela 3.4.

TABELA 3.4 Classificação de Aminas por RMN dos Sais de Amônio com o Ácido Trifluoroacético

Classe de Amina Precursora	Estrutura do Sal de Amônio	Multiplicidade do Fragmento Metileno
Primário	C₆H₅CH₂NH₃⁺	Quarteto (Figura 3.31)
Secundário	C₆H₅CH₂NH₂R⁺	Tripleto
Terciário	C₆H₅CH₂NHR₂⁺	Dubleto

Fonte: Anderson, W.R. Jr., and Silverstein, R.M. *Anal. Chem.*, **37**, 1417.

TABELA 3.5 Efeito da Velocidade de Troca de NH no Acoplamento

	Velocidade de Troca de NH		
	Rápido	**Intermediário**	**Lento**
Efeito em N—H	Singleto, agudo	Singleto, largo	Singleto, largo
Efeito em C—H	Sem acoplamento	Sem acoplamento	Com acoplamento

3.6.3 Hidrogênios Ligados a Enxofre

As velocidades de troca dos hidrogênios de sulfidrila são usualmente muito baixas, e, por isso, eles se acoplam, na temperatura normal, com os hidrogênios dos carbonos adjacentes ($J \sim 8$ Hz). Como não ocorre troca rápida com os hidrogênios das hidroxilas, carboxilas ou enóis, na mesma molécula ou em outra, observam-se sinais separados para esses grupos. Por outro lado, a troca é suficientemente rápida para que a agitação por alguns minutos com óxido de deutério cause o desaparecimento da banda de SH com substituição do hidrogênio da sulfidrila por deutério. A faixa de absorção dos hidrogênios de SH alifático é de δ 2,5 a δ 0,9. No caso de sulfidrilas em aromáticos, a banda aparece entre δ 3,6 e δ 2,8. Variações de concentração, de solvente ou da temperatura afetam a posição do sinal dentro dessas faixas.

3.6.4 Hidrogênios em Compostos de Cloro, Bromo ou Iodo

Os hidrogênios não se acoplam com os núcleos de cloro, bromo e iodo devido aos fortes momentos de quadrupolo dos núcleos dos halogênios. O acoplamento hidrogênio–hidrogênio em CH_3CH_2Cl, por exemplo, não é afetado pela presença do núcleo de cloro. O tripleto e o quarteto são agudos.

3.7 HIDROGÊNIOS ACOPLADOS COM OUTROS NÚCLEOS IMPORTANTES (^{19}F, D (^{2}H), ^{31}P, ^{29}Si E ^{13}C)

3.7.1 Hidrogênios Acoplados com ^{19}F

Como ^{19}F tem número de spin igual a $\frac{1}{2}$, os acoplamentos H—F e H—H obedecem às mesmas regras de multiplicidade. Em geral, as constantes de acoplamento de H—F são maiores do que as de H—H (Apêndice F), e o acoplamento de longa distância de H—F é mais importante.

O espectro da fluoroacetona CH_3—(C=O)—CH_2F, em 300 MHz ($CDCl_3$) (Figura 3.32), mostra o grupo CH_3 como um dubleto em δ 2,2 (J = 4,3 Hz), como resultado do acoplamento de longa distância com o núcleo ^{19}F. O dubleto em δ 4,75 (J = 48 Hz) corresponde aos hidrogênios do grupo CH_2 acoplados com o núcleo ^{19}F geminal. O núcleo ^{19}F tem cerca de 80% da sensibilidade do hidrogênio e pode ser facilmente observado na frequência e no campo magnético apropriados (veja o Capítulo 6).

3.7.2 Acoplamento de Hidrogênio com D (^{2}H)

Para os fins da espectroscopia de RMN utiliza-se deutério (D ou ^{2}H) em uma molécula para detectar um determinado grupo ou simplificar um espectro. O deutério tem número de spin igual a 1, tem pequena constante de acoplamento com os hidrogênios e tem momento de quadrupolo elétrico pequeno. A razão entre os valores de J de H—H e H—D é de cerca de 6,5.

Vamos supor que os hidrogênios do carbono α de uma cetona

$$X-\underset{\gamma}{CH_2}-\underset{\beta}{CH_2}-\underset{\alpha}{CH_2}-\overset{O}{\underset{\|}{C}}-Y$$

fossem substituídos por deutério para dar

$$X-\underset{\gamma}{CH_2}-\underset{\beta}{CH_2}-\underset{\alpha}{CD_2}-\overset{O}{\underset{\|}{C}}-Y$$

O espectro do composto não deuterado seria um tripleto para os hidrogênios α, um quinteto — presumindo-se acoplamentos iguais — para os hidrogênios β e um tripleto para os hidrogênios γ. No composto deuterado, a absorção do hidrogênio α

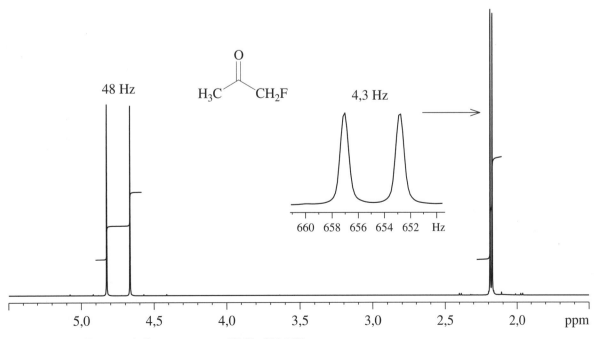

FIGURA 3.32 Espectro de fluoroacetona em $CDCl_3$, 300 MHz.

estará ausente, os hidrogênios β em baixa resolução aparecerão como um tripleto ligeiramente alargado e os hidrogênios γ não serão afetados. Sob alta resolução, como $2nI + 1 = 2 \times 2 \times 1 + 1 = 5$, em que n é o número de núcleos D acoplados aos hidrogênios β, cada pico do tripleto dos hidrogênios β aparece como um quinteto com espaçamento muito pequeno ($J_{H-C-C-D} \sim 1$ Hz).

Muitos solventes deuterados possuem impurezas que contêm hidrogênio. Assim, $(CD_3)_2S=O$ contém traços de $CHD_2-(S=O)-CD_3$, que mostra um quinteto com $J \sim 2$ Hz e intensidades 1:2:3:2:1, de acordo com a regra $2nI + 1$ (veja o Apêndice G).

Por causa do momento de quadrupolo elétrico do núcleo D, obtêm-se sinais largos de absorção nos espectros de núcleos de deutério.

3.7.3 Acoplamento de Hidrogênio com ^{31}P

O núcleo ^{31}P tem abundância natural de 100% e número de spin igual a $\frac{1}{2}$. As regras de multiplicidade do acoplamento fósforo–hidrogênio são as mesmas do acoplamento hidrogênio–hidrogênio. As constantes de acoplamento são grandes ($J_{H-P} \sim 200$ a 700 Hz e J_{HC-P} 0,5 a 20 Hz) (Apêndice F) e podem ser observadas na distância de até quatro ligações. O núcleo ^{31}P pode ser observado na frequência e no campo magnético apropriados (Capítulo 6).

3.7.4 Acoplamento de Hidrogênio com ^{29}Si

A abundância natural do isótopo ^{29}Si, ativo na RMN, é 4,70% (^{28}Si = 92,28%) e o número de spin é $\frac{1}{2}$. A constante de acoplamento J de ^{29}Si—CH é, aproximadamente, 6 Hz. O pequeno dubleto produzido pelo acoplamento ^{29}Si—CH$_3$ pode ser visto, frequentemente, como um par de picos parasitas (± 3 Hz) do sinal amplificado do TMS. O dubleto "satélite" de ^{13}C—H$_3$, de baixa intensidade, pode ser visto em 59 Hz, aproximadamente (Seção 3.7.5). Espectros de RMN de ^{29}Si podem ser vistos na frequência de Larmor apropriados para um campo magnético específico (Capítulo 6).

3.7.5 Acoplamento de Hidrogênio com ^{13}C

O isótopo ^{13}C tem abundância natural relativa a ^{12}C igual a 1,1% e número de spin é $\frac{1}{2}$. Hidrogênios diretamente ligados a ^{13}C aparecem como um dubleto com uma constante de acoplamento grande, 115–270 Hz para ^{13}C—H. O grupo CH$_3$—CH$_2$, por exemplo, é constituído principalmente por ^{12}CH$_3$—^{12}CH$_2$, mas contém uma pequena quantidade de ^{13}CH$_3$—^{12}CH$_2$ e de ^{12}CH$_3$—^{13}CH$_2$. Assim, os hidrogênios de ^{13}CH$_3$ são desdobrados pelo acoplamento com ^{13}C em um dubleto ($J \sim 120$ Hz) e cada pico do dubleto é desdobrado pelo acoplamento com os hidrogênios de ^{12}CH$_2$ ($J \sim 7$ Hz), como mostrado a seguir. Esses picos "satélites" são pequenos, devido à baixa abundância do grupo ^{13}CH$_3$ na molécula, e estão dispostos em ambos os lados de um pico intenso de ^{12}CH$_3$ (por exemplo, o tripleto de ^{12}CH$_3$ mostrado a seguir). Os picos dominantes em um espectro de ^{1}H-RMN, portanto, não mostram os efeitos do acoplamento com ^{13}C. No caso de compostos marcados com ^{13}C, os multipletos têm intensidade mais alta, dependendo do grau de substituição isotópica.

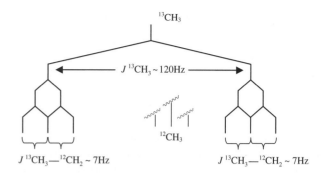

3.8 EQUIVALÊNCIA DO DESLOCAMENTO QUÍMICO

O conceito da equivalência do deslocamento químico é extremamente importante na espectrometria de RMN. Núcleos que possuem deslocamento químico equivalente (isócronos) formam um *conjunto* dentro de um *sistema de spins* (notação de Pople, Seção 3.5.3). O uso correto da notação de Pople e a interpretação do espectro exigem a capacidade de identificar conjuntos de núcleos quimicamente equivalentes.

Os núcleos têm deslocamento químico equivalente *se eles puderem trocar de lugar por uma operação de simetria ou por um processo rápido*. Essa definição geral admite um ambiente aquiral (solvente ou reagente) no experimento de RMN. Os solventes comuns são aquirais.

3.8.1 Determinação da Equivalência de Deslocamentos Químicos por Troca Através de Operações de Simetria

Três operações de simetria são importantes para nós: a rotação em torno de um eixo simples de simetria (C_n), a reflexão em um plano de simetria (σ) e a inversão através de um centro de simetria (i).* Para sermos rigorosos, poderíamos descrever as operações de simetria como C_n e S_n. Essa última operação é a *rotação em torno de um eixo alternado de simetria*. Acontece que S_1 é o mesmo que σ, S_2 é o mesmo que i e os demais S_n são mais raros. Os subscritos determinam o número de rotações necessárias para completar uma rotação de 360°. Assim, C_1 corresponde a uma rotação de 360°, C_2, a uma rotação de 180° etc. S_1 requer a rotação de 360° seguida de uma reflexão no plano perpendicular ao eixo. S_2 corresponde à rotação de 180° seguida de uma reflexão, e assim por diante. Estudantes acostumados ao uso das operações de simetria podem utilizar esses métodos para determinar a equivalência química. Uma discussão detalhada da simetria está fora do escopo deste texto, mas, rapidamente, se os núcleos se relacionam ou podem ser trocados de lugar por uma operação de simetria, então são quimicamente equivalentes. Examine o caso simples dos dois átomos de hidrogênio de uma molécula de água. As posições desses dois hidrogênios podem ser trocadas por uma operação C_2 (rotação de $\frac{360°}{2} = 180°$ em torno de um eixo que passa pelo átomo de oxigênio) ou por reflexão por um plano de simetria (σ) que passa pelo átomo de oxigênio e é perpendicular ao plano da molécula. Como resultado, os dois núcleos de hidrogênio da água são quimicamente equivalentes.

---

*A operação de simetria deve incluir a molécula inteira.

3.8.2 Determinação da Equivalência de Deslocamento Químico por Marcação (ou Substituição)

A questão da equivalência de deslocamento químico de um núcleo específico também pode ser tratada por um processo de marcação ou substituição* no qual duas estruturas idênticas do composto são desenhadas: um átomo de hidrogênio de uma delas é marcado (ou substituído por um átomo diferente) e o outro hidrogênio da segunda estrutura é marcado (ou substituído) exatamente da mesma maneira. As estruturas (ou modelos) são, então, relacionadas uma com a outra como homômeros, enantiômeros ou diastereoisômeros. Os átomos de hidrogênio serão, então, classificados como homotópicos, enantiotópicos ou diastereotópicos, respectivamente. Os exemplos da Figura 3.33 ilustram a ideia.

No primeiro exemplo, os modelos são superponíveis (isto é, são homômeros), no segundo são imagem um do outro no espelho (isto é, são enantiômeros) e no terceiro não são imagem um do outro no espelho (isto é, são diastereoisômeros). Observe que as marcas são permanentes, isto é, H e Ⓗ são tipos diferentes de átomos. Poderíamos substituir um hidrogênio em cada estrutura por Z, representando qualquer núcleo não presente na molécula, e o resultado seria o mesmo. A partir de uma análise das operações de simetria, os átomos ou grupos homotópicos são quimicamente equivalentes em todos os ambientes químicos. Os átomos ou grupos enantiotópicos são quimicamente equivalentes em solventes aquirais. Os átomos ou grupos diastereotópicos não são quimicamente equivalentes em nenhum ambiente químico. Os átomos ou grupos heterotópicos não são quimicamente equivalentes (o que é geralmente óbvio).

Se hidrogênios geminais (CH_2) de uma molécula não podem ser trocados por uma operação de simetria, eles são diastereotópicos entre si, e cada um deles terá um deslocamento químico diferente — exceto no caso de superposição por coincidência (Figura 3.33c). Esse composto tem um centro estereogênico, marcado por um asterisco. Observe, entretanto, que um centro estereogênico não é necessário para a existência de hidrogênios de metileno não equivalentes. Nesse caso, o termo "diastereotópico" não é tecnicamente correto, mas ainda é usado, às vezes, para descrever o par de hidrogênios.

3.8.3 Equivalência de Deslocamento Químico por Interconversão Rápida de Estruturas

Se estruturas químicas podem se interconverter, o espectro resultante depende da temperatura, do catalisador, do solvente e da concentração. Imaginemos, para simplificar, que a concentração não muda e que não ocorre catálise. Vamos tratar quatro casos.

3.8.3.1 Interconversão Cetoenol
A interconversão entre os tautômeros da acetilacetona (Figura 3.34), na temperatura normal, é suficientemente lenta para que os sinais de ambas as formas possam ser observados. A razão cetoenol no equilíbrio pode ser determinada medindo-se as áreas relativas dos sinais de CH_3 das formas ceto e enol. Em temperaturas mais altas, a velocidade de interconversão aumenta progressivamente e, por fim, obtém-se a "média" entre os dois espectros, com equivalência de deslocamento químico para todos os hidrogênios permutáveis. Observe que a escala de tempo de RMN é da mesma ordem de magnitude da separação do deslocamento químico dos hidrogênios permutáveis expressa em hertz, isto é, aproximadamente 10^1 a 10^3 Hz. Processos que ocorrem mais depressa do que esse intervalo levarão a um sinal que é a média entre os sinais envolvidos no processo. Observe também que o sinal do hidrogênio de OH do enol está desblindado em relação ao hidrogênio de OH de álcoois porque a forma enólica é fortemente estabilizada por ligação hidrogênio intramolecular.

3.8.3.2 Interconversão em Torno de uma Ligação Dupla Parcial (Rotação Restrita)
Na temperatura normal, uma amostra pura de dimetilformamida mostra dois sinais de CH_3 porque a rotação em torno da "ligação dupla parcial" é lenta. Em ~123 °C, a velocidade de troca entre os dois grupos metila é suficientemente rápida para que os dois sinais se confundam.

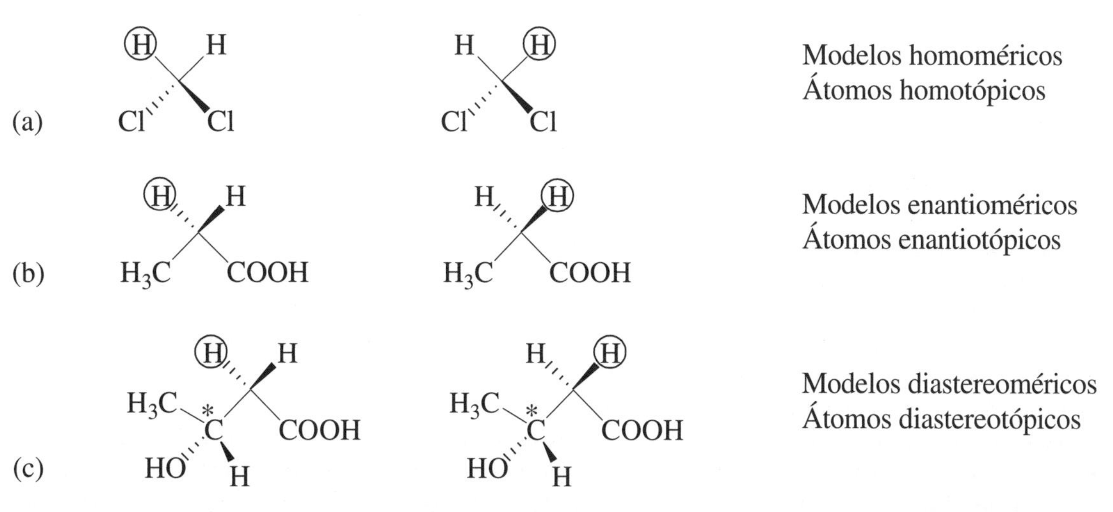

*Ault, A. (1974) *J Chem. Educ.*, **51**, 729.

(a) Modelos homoméricos — Átomos homotópicos

(b) Modelos enantioméricos — Átomos enantiotópicos

(c) Modelos diastereoméricos — Átomos diastereotópicos

FIGURA 3.33 Moléculas marcadas: (a) moléculas equivalentes, (b) enantiômeros, (c) diastereoisômeros.

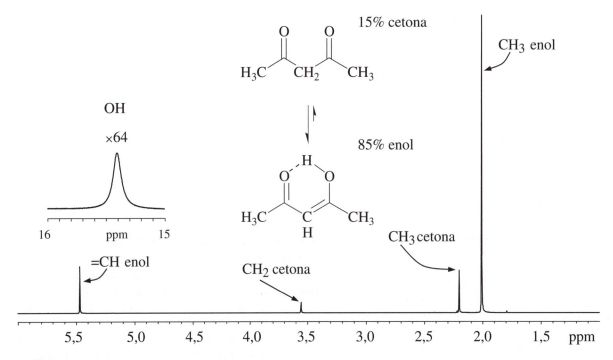

FIGURA 3.34 Espectro de RMN de hidrogênio da acetilacetona em CDCl₃, 300 MHz, 32 °C. A razão enol:cetona foi medida por integração dos sinais de CH₃.

3.8.3.3 Interconversão em Torno das Ligações Simples de Anéis
O ciclo-hexano existe na temperatura normal em duas formas cadeira que se interconvertem.

Um hidrogênio axial torna-se equatorial, e vice-versa, e o espectro corresponde a um único sinal, que é a "média" entre dois sinais. Quando a temperatura diminui, o sinal se alarga progressivamente e, por fim, os dois sinais aparecem — um para os hidrogênios axiais e o outro para os hidrogênios equatoriais. Em outras palavras, na temperatura normal, os hidrogênios equatoriais e axiais são equivalentes em deslocamento químico por troca rápida. Em temperaturas suficientemente baixas, eles não são equivalentes em deslocamento químico. Na verdade, em cada cadeira "congelada" os hidrogênios de cada grupo CH₂ são pares não equivalentes, mas na temperatura normal a velocidade de interconversão é suficientemente alta para que os sinais de deslocamentos químicos dos hidrogênios geminais se confundam.

O metilciclo-hexano existe, na temperatura normal, como uma mistura dos confôrmeros axial e equatorial que se interconvertem rapidamente. Esses confôrmeros não são superponíveis, e em temperaturas baixas observa-se o espectro dos dois confôrmeros.

Em um anel de ciclo-hexano fundido, como os de esteroides, os anéis estão "congelados" na temperatura normal e os hidrogênios axiais e equatoriais de cada grupo CH₂ não são equivalentes em deslocamento químico.

3.8.3.4 Interconversão em Torno de Ligações Simples de Cadeias
A equivalência de deslocamento químico dos hidrogênios de um grupo CH₃ é o resultado da rotação rápida em torno da ligação simples carbono-carbono (não há elemento de simetria envolvido). A Figura 3.35a mostra projeções de Newman dos três rotâmeros em oposição de uma molécula contendo um grupo metila ligado a outro carbono sp^3, com quatro substituintes diferentes, isto é, um centro estereogênico. Em nenhum dos rotâmeros os hidrogênios do grupo CH₃ podem se interconverter por uma operação de simetria. Os hidrogênios, entretanto, mudam rapidamente de posição. O tempo gasto em cada um dos rotâmeros é curto ($\sim 10^{-6}$ s), porque a barreira de energia para a rotação em torno da ligação simples carbono–carbono é pequena. Isso faz com que o deslocamento químico do grupo metila seja a média entre os deslocamentos químicos dos três hidrogênios. Em outras palavras, como cada hidrogênio se converte no outro por rotação rápida, sem identificação dos hidrogênios os rotâmeros não podem ser distinguidos.

O mesmo acontece com os três grupos metila de um grupo *t*-butila, que são equivalentes em deslocamento químico exceto quando ocorre, o que é raro, interferência estérica. Diz-se que o grupo metila e o grupo *t*-butila têm a simetria de um pião que roda.

Os rotâmeros em oposição do 1-bromo-2-cloroetano (Figura 3.35b) podem ser distinguidos. No rotâmero *anti*, entretanto, H_a e H_b, bem como H_c e H_d, são equivalentes em deslocamento químico (enantiotópicos) por permutação através de um plano

ESPECTROSCOPIA DE RMN DE HIDROGÊNIO 153

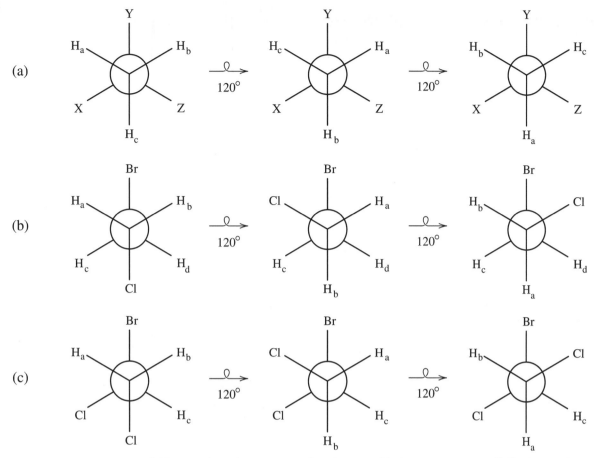

FIGURA 3.35 (a) Projeções de Newman dos rotâmeros em oposição de uma molécula com um grupo metila ligado a um átomo de carbono sp^3 estereogênico. (b) 1-bromo-2-cloro-etano. (c) bromo-1,2-dicloro-etano.

de simetria. Assim, existem dois conjuntos de hidrogênios enantiotópicos. Não existem elementos de simetria em nenhum dos rotâmeros *vici*, porém H_a e H_b e H_c e H_d são equivalentes em deslocamento químico por troca rotacional rápida entre os rotâmeros enantioméricos. Temos, então, dois sinais para H_a e H_b, um do rotâmero *anti* e outro dos rotâmeros *vici*. A troca rápida entre os dois deslocamentos químicos produz um sinal médio (isto é, equivalência de deslocamento químico) para H_a e H_b, e também para H_c e H_d. A notação de Pople é AA′XX′. É útil lembrar que, para qualquer composto da forma X—CH$_2$CH$_2$—Y (X ≠ Y), os quatro hidrogênios de metileno serão descritos por essa notação de Pople (veja a Seção 3.9). Em geral, se os hidrogênios podem ser permutados por uma operação de simetria (por um plano de simetria) em um dos rotâmeros, eles também são equivalentes em deslocamento químico (enantiotópicos) por troca rotacional rápida.*

Examinemos um grupo metileno próximo de um centro quiral, como no 1-bromo-1,2-dicloroetano (Figura 3.35c). Os hidrogênios H_a e H_b não são equivalentes em deslocamento químico porque não podem ser permutados por nenhuma operação de simetria em nenhuma das conformações. A molécula não tem eixos de simetria, planos de simetria, centro de simetria ou eixos de rotação–reflexão. Embora exista rotação rápida em torno da ligação simples carbono–carbono, os hidrogênios de CH$_2$ não se interconvertem por rotação. Os deslocamentos químicos médios de H_a e H_b não são idênticos: o observador pode perceber a diferença antes e depois da rotação do grupo metileno. Os hidrogênios de cada rotâmero são diastereotópicos e cada um deles tem seu deslocamento químico, e ambos estão acoplados. O sistema de spins dessa molécula é descrito pela notação de Pople como ABX. É útil lembrar que qualquer par de hidrogênios de metileno em uma molécula com um centro estereogênico é diastereotópico. Se o centro está muito distante do grupo CH$_2$ (por exemplo, afastado por diversas ligações em um sistema de spins diferente), os hidrogênios podem parecer se comportar como se fossem quimicamente equivalentes.

3.9 EQUIVALÊNCIA MAGNÉTICA

Além das exigências descritas anteriormente para um sistema de spins de primeira ordem, levaremos em conta, agora, o conceito de equivalência magnética comparando-o com o conceito de equivalência química. Para que seja necessário verificar se há equivalência magnética em um conjunto de spins, eles devem já ter sido identificados como quimicamente equivalentes, isto é, a equivalência química é um pré-requisito para a equivalência magnética.

Se dois hidrogênios quimicamente equivalentes acoplam-se igualmente a todos os hidrogênios do sistema de spins, eles são também "magneticamente equivalentes", e as designações

---
*A discussão dos rotâmeros foi em parte extraída de Silverstein, R.M. and LaLonde, R.T. (1980). *J. Chem. Educ.*, **57**, 343.

154 CAPÍTULO 3

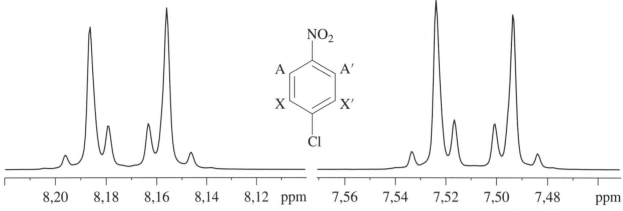

FIGURA 3.36 Espectro de RMN de hidrogênio do *p*-cloronitrobenzeno em CDCl$_3$, 300 MHz.

de Pople A$_2$, B$_2$, X$_2$ e assim por diante se aplicam. Isso não significa que um hidrogênio deve se acoplar igualmente a todos os outros hidrogênios do sistema. Significa que, para qualquer (e todo) terceiro hidrogênio escolhido como spin de teste, os dois hidrogênios quimicamente equivalentes devem se acoplar igualmente com o terceiro hidrogênio. Como mencionado, se dois hidrogênios em um conjunto são equivalentes química e não magneticamente equivalentes, as designações AA′, BB′, XX′ etc. se aplicam. Em outras palavras, dois hidrogênios são magneticamente equivalentes se eles estão dispostos simetricamente em relação a todos os demais hidrogênios do sistema de spins (*excluindo os que estão no conjunto quimicamente equivalente a que eles pertencem*). Por exemplo, para testar se um sistema AA′XX′ também tem equivalências magnéticas que permitam tratá-lo como A$_2$X$_2$, temos de mostrar que os acoplamentos de A a X e de A a X′ são equivalentes (e também que o acoplamento de A′ a X é equivalente ao acoplamento de A′ a X′).

A ocorrência de não equivalência magnética em anéis aromáticos depende do número, do tipo e da distribuição dos substituintes.

Vejamos o *p*-cloronitrobenzeno (veja a Figura 3.36). Existe um eixo de simetria (que passa pelos substituintes) que delimita dois conjuntos de hidrogênios equivalentes em deslocamento químico, AA′XX′. Nenhum dos dois hidrogênios A ou dos dois hidrogênios X é magneticamente equivalente. Isso fica claro se observarmos que o caminho de acoplamento de A a X (três ligações) é diferente do caminho de acoplamento de A a X′ (cinco ligações) (importante: não é relevante que o caminho de acoplamento de A a X seja equivalente ao de A′ a X′). Esse não é um sistema de primeira ordem, e o multipleto não mostra intensidades conforme o triângulo de Pascal (Figura 3.22), e as distâncias (em Hz) entre os picos não correspondem às constantes de acoplamento. Espectros desse tipo não se tornam de primeira ordem em campos magnéticos mais fortes. Designar o sistema como AA′XX′ ou como AA′BB′ depende de modo arbitrário do efeito dos substituintes nos deslocamentos químicos. Em campos mais baixos, esses espectros parecem muito simples. Na era dos espectrômetros em 60 MHz, os estudantes aprendiam a interpretar o conjunto complexo da região de aromáticos como indicativo de substituição *para*. O espectro do *o*-diclorobenzeno tem um aspecto muito semelhante ao do *p*-cloronitrobenzeno pelas mesmas razões (veja a Figura 3.37). Os anéis de heterociclos têm o mesmo comportamento.

Os três difluoroetilenos isômeros são também exemplos de núcleos equivalentes em deslocamento químico que não são magneticamente equivalentes. Os sistemas são AA′XX′.

Em cada sistema, os átomos de hidrogênio formam um conjunto (AA′) e os átomos de flúor, outro conjunto (XX′) de núcleos quimicamente equivalentes, mas como os núcleos de cada conjunto não são magneticamente equivalentes, os espectros não são de primeira ordem. Um modo fácil de reconhecer que não pode haver equivalência magnética é perceber que cada um dos dois hidrogênios não se acopla de modo equivalente a determinado flúor. As constantes de acoplamento *cis* e *trans* não são iguais.

Compostos de cadeia aberta, conformacionalmente flexíveis, do tipo

têm dois conjuntos de hidrogênios acoplados um ao outro. Os grupos Z e Y não têm elementos quirais nem hidrogênios que se acoplam com os dois conjuntos especificados. As polaridades de Z e Y determinam a diferença entre os deslocamentos químicos dos conjuntos (isto é, Δv). Se a molécula fosse rígida, seria olhada como um sistema AA′XX′ ou AA′BB′, dependendo da magnitude de $\Delta v/J$ (como vimos na Seção 3.8.3.4). Entretanto, para uma molécula como essa, na temperatura normal — desde que não existam preferências conformacionais muito grandes —, os valores de *J* dos vários confôrmeros rotacionais são muito semelhantes, e, na prática, observam-se espectros que se aproximam de A$_2$X$_2$ ou A$_2$B$_2$. Um sistema A$_2$X$_2$ "fracamente acoplado" resultaria em dois tripletos, e um sistema A$_2$B$_2$ "fortemente acoplado" daria um espectro complexo de ordem maior.

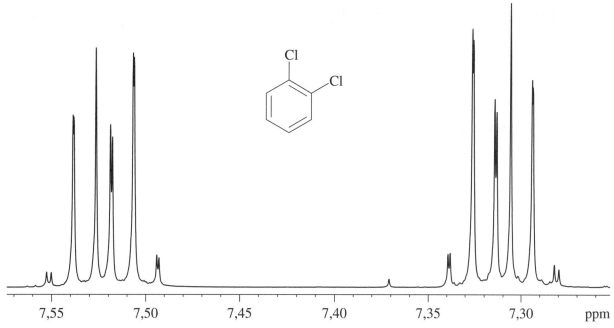

FIGURA 3.37 Espectro de ¹H-RMN de *o*-diclorobenzeno em CDCl₃, 300 MHz.

3.10 SISTEMAS RÍGIDOS AMX, ABX E ABC COM TRÊS CONSTANTES DE ACOPLAMENTO

Discutimos na Seção 3.5 os sistemas simples AX, de primeira ordem. Quando a razão $\Delta v/J$ diminui, os dois dubletos se aproximam um do outro, com a característica distorção das alturas dos sinais, para dar um sistema AB, sem que apareçam novos sinais. Quando, entretanto, um sistema A_2X — um tripleto e um dubleto — se transforma em um sistema A_2B, aparecem novos sinais e o sistema dá um espectro de ordem maior: os valores de J não coincidem mais com as diferenças medidas entre picos [veja os espectros simulados em Bovey (1988)].

Podemos, agora, examinar os sistemas AMX, ABX e ABC, começando com um sistema rígido. O estireno, cujo grupo vinila rígido dá um espectro AMX de primeira ordem em 600 MHz, é um bom exemplo (veja a Figura 3.38).

A correlação da estrutura de um composto com seu espectro de RMN é relativamente fácil em comparação com a interpretação do espectro de um composto desconhecido, mas é instrutiva.

Como no estireno existe rotação livre em torno da ligação do substituinte com o anel, existem dois planos de simetria na molécula. Em uma das conformações, o grupo vinila e o anel são coplanares e todos os hidrogênios estão no plano de simetria, logo não são intercambiáveis. Na outra conformação, o grupo vinila e o anel são perpendiculares entre si. Os hidrogênios de vinila estão novamente no plano de simetria. Os seguintes dados do grupo vinila são relevantes:

Existem três conjuntos no sistema vinila, AMX, e cada conjunto é formado por um hidrogênio.

Os deslocamentos químicos são X = δ 6,73, M = δ 5,75, A = δ 5,25.
Δv_{XM} = 588 Hz, Δv_{XA} = 888 Hz, Δv_{AM} = 300 Hz.
J_{XM} = 17 Hz, J_{XA} = 11 Hz, J_{AM} = 1,0 Hz.
As razões $\Delta v/J$ são: XM = 35, XA = 88, MA = 300.

Cada conjunto é um dubleto de dubletos (observe o diagrama de linhas da Figura 3.38). O hidrogênio X é o mais fortemente desblindado pelo anel aromático, e o hidrogênio A é o menos desblindado. O hidrogênio X tem acoplamento *trans*, através da ligação dupla, com o hidrogênio M com a maior constante de acoplamento, e *cis*, com o hidrogênio A, com uma constante de acoplamento ligeiramente menor. O resultado é o dubleto de dubletos centrado em δ 6,73 com duas constantes de acoplamento grandes.

O hidrogênio M, é claro, tem acoplamento *trans* com o hidrogênio X e acoplamento geminal com o hidrogênio A, com uma constante de acoplamento muito pequena. O resultado é um dubleto de dubletos centrado em δ 5,75 com uma constante de acoplamento grande e outra muito pequena.

O hidrogênio A tem acoplamento *cis*, através da ligação dupla, com o hidrogênio X com uma constante de acoplamento ligeiramente menor (em comparação com o acoplamento *trans*). O hidrogênio A tem acoplamento vicinal com o hidrogênio M com a constante de acoplamento muito pequena mencionada anteriormente. O resultado é um dubleto de dubletos centrado em δ 5,25 com uma constante de acoplamento grande (porém menor do que a do acoplamento *trans*) e uma constante de acoplamento muito pequena (do acoplamento geminal).

Na conformação da molécula com o plano de simetria perpendicular, os hidrogênios *orto* do sistema do anel são intercambiáveis. O mesmo acontece com os hidrogênios *meta*. Como os hidrogênios em cada um desses conjuntos não são magneticamente equivalentes, o sistema de spins é AA'BB'C. É um sistema de ordem superior. Em 600 MHz, é possível atribuir os deslocamentos químicos (da esquerda para a direita): δ 7,42, δ 7,33 e δ 7,26.

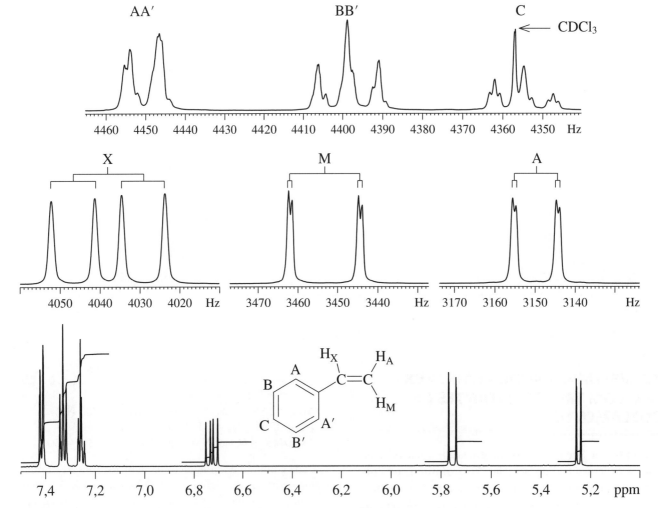

FIGURA 3.38 Espectro de RMN de hidrogênio de estireno em CDCl₃, 600 MHz.

A razão de integração (2:2:1:1:1:1, da esquerda para a direita) identifica o hidrogênio em δ 7,26 como *para*. Os hidrogênios *orto* são os mais desblindados devido ao efeito diamagnético da ligação dupla vinila.

3.11 SISTEMAS DE CADEIA ABERTA, CONFORMACIONALMENTE FLEXÍVEIS. ACOPLAMENTO VIRTUAL

Esta seção compara sistemas fracamente acoplados relativamente fáceis de interpretar e sistemas fortemente acoplados que são mais complicados.

3.11.1 Sistemas Fracamente Acoplados

3.11.1.1 1-Nitropropano Como vimos na Seção 3.9, a maior parte dos compostos de cadeia aberta — exceto quando existe interferência estérica muito grande — é conformacionalmente flexível na temperatura normal. Nessas condições, os hidrogênios de cada conjunto aproximam-se da média e tornam-se magneticamente equivalentes. Assim, em 300 MHz, o espectro do 1-nitropropano na temperatura normal é descrito como um sistema $A_3M_2X_2$, e não como um sistema $A_3MM'XX'$. As regras de primeira ordem se aplicam (veja a Figura 3.39).

Os hidrogênios X_2 são fortemente desblindados pelo grupo NO_2, os hidrogênios M_2, um pouco menos, e os hidrogênios A_3, muito pouco. Existem duas constantes de acoplamento, J_{AM} e J_{MX}, que são muito semelhantes, mas não são iguais. Na verdade, em 300 MHz, a absorção de M_2 é enganosamente simples, um sexteto ligeiramente alargado ($n_A + n_X + 1 = 6$). Com resolução suficientemente alta, 12 sinais são possíveis: $(n_A + 1)(n_X + 1) = 12$. As absorções de A_3 e de X_2 são tripletos com constantes de acoplamento ligeiramente diferentes.

3.11.2 Sistemas Fortemente Acoplados

3.11.2.1 1-Hexanol Vejamos agora o espectro do 1-hexanol em 300 e 600 MHz (Figura 3.40). À primeira vista, o tripleto de três hidrogênios em δ 0,87 no espectro obtido em 300 MHz parece estranho para o grupo CH_3 porque as intensidades dos picos não estão na razão 1:2:1. Além disso, outras contribuições estão claras, apesar do valor 13 para $\Delta v/J$, razoável para os grupos CH_2—CH_3 (A_3B_2).

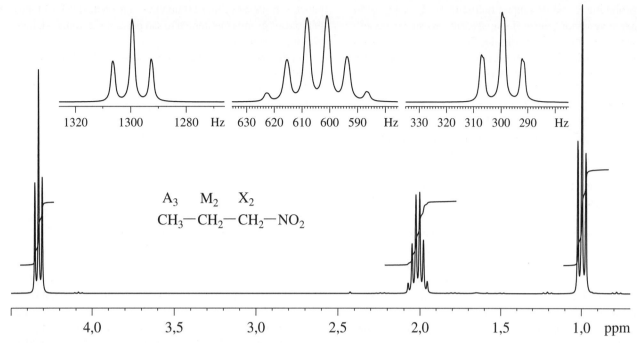

FIGURA 3.39 Espectro de RMN de hidrogênio de 1-nitropropano em CDCl$_3$, 300 MHz.

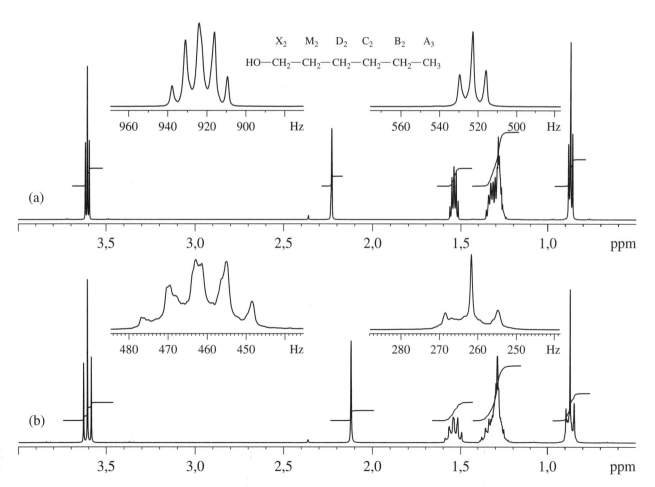

FIGURA 3.40 Espectro de RMN de hidrogênio de 1-hexanol em CDCl$_3$ (a) 600 MHz, (b) 300 MHz.

O problema é que os grupos metileno B₂, C₂ e D₂ estão fortemente acoplados entre si e aparecem no espectro como uma banda parcialmente resolvida. Eles agem em conjunto para se acoplar com o grupo metila, que está formalmente acoplado apenas com o grupo CH₂ adjacente. Esse efeito é chamado de "acoplamento virtual".

Em 600 MHz, o valor de $\Delta v/J$ para CH₂—CH₃ é 26, e o multipleto de CH₃ torna-se um tripleto de primeira ordem. Os multipletos B₂, C₂ e D₂ permanecem fortemente agrupados em 300 MHz, mas o multipleto M é suficientemente desacoplado pelo grupamento OH para produzir um quinteto distorcido (desdobramento pelos hidrogênios D e X). Em 600 MHz, vê-se claramente um quinteto de primeira ordem. Em ambos os espectros, o tripleto fortemente desblindado corresponde aos hidrogênios de metileno X₂, desdobrados pelos hidrogênios de metileno M₂. O singleto de um hidrogênio corresponde ao hidrogênio de OH. Para impedir a ligação hidrogênio de OH com o hidrogênio de X, traços de ácido *p*-toluenossulfônico foram adicionados à solução em CDCl₃. Isso é necessário devido à alta pureza de CDCl₃ (veja a Seção 3.6.1.1) e à baixa concentração do soluto usada no trabalho em campos magnéticos mais altos.

3.11.2.2 Ácido 3-Metilglutárico
Outro exemplo de acoplamento virtual aparece no ácido 3-metilglutárico. Por causa do substituinte que está na posição 3, não existe um plano de simetria através da cadeia de carbonos no plano do papel. Em consequência, como vimos na Seção 3.8.1, os hidrogênios dos grupos metileno não são permutáveis entre si, logo, são diastereotópicos.

Poderíamos ser novamente induzidos a erro pelo que parece ser um sistema de primeira ordem, pelo menos em 300 MHz (veja a Figura 3.41a).

Em outras palavras, as razões $\Delta v/J$ para

$$H_3C-\underset{\underset{CH_2}{|}}{\overset{\overset{CH_2}{|}}{CH}}$$

parecem adequadas, e nossa expectativa para um dubleto simples para o grupo CH₃ parece razoável.

A dificuldade é que os grupos COOH desblindam os grupos CH₂, reduzindo a razão $\Delta v/J$ para CH₂—CH. O acoplamento virtual produz um "dubleto" largo e distorcido em 300 MHz. Com alguma experiência, essas distorções são aceitáveis. Os picos sobrepostos de CH₂—CH—CH₂ são, porém, de interpretação impossível por simples inspeção em 300 MHz.

Em 600 MHz (veja a Figura 3.41b), o grupo CH₃ é um dubleto simples que resulta do acoplamento com o hidrogênio de CH, que não se sobrepõe aos multipletos de CH₂. O hidrogênio de CH se acopla igualmente com todos os sete hidrogênios vizinhos. Isso significa que o multipleto de CH deveria conter oito picos. Isso acontece, porém o oitavo pico se confunde

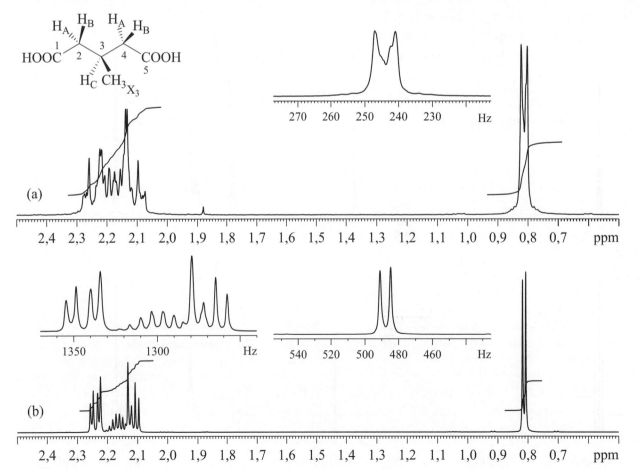

FIGURA 3.41 Espectro de RMN de hidrogênio do ácido 3-metilglutárico em D₂O. (a) em 300 MHz, (b) em 600 MHz. O hidrogênio de COOH foi trocado com D₂O e o pico de RMN correspondente não aparece.

com a extremidade de um dos multipletos de CH$_2$, que por sua vez são dubletos de dubletos, um pouco distorcidos. Como vimos anteriormente, os hidrogênios de cada grupo CH$_2$ são diastereótipos — isto é, têm dois deslocamentos químicos. Os hidrogênios de cada grupo CH$_2$ se acoplam entre si (acoplamento geminal) e com o hidrogênio de CH (acoplamento vicinal). O acoplamento geminal é o maior — daí os dois multipletos de dubletos de dubletos.

3.12 QUIRALIDADE

O químico orgânico — em particular o químico de produtos naturais — deve estar sempre consciente da *quiralidade* quando estiver interpretando espectros de RMN. Um exemplo interessante e desafiador é o álcool terpênico, 2-metil-6-metileno-7-octeno-4-ol (ipsenol, Figura 3.42). A primeira coisa que podemos notar é que os dois grupos metila (parte de um grupo isopropila) são diastereotópicos. Compare esse resultado com o isopropilbenzeno (Figura 3.25), em que os dois grupos metila são enantiotópicos e, por conseguinte, quimicamente equivalentes.

Como os grupos metila não equivalentes são desdobrados, cada um deles pelo CH vicinal, espera-se ver dois dubletos separados. Em 300 MHz, infelizmente, o modelo parece ser um tripleto clássico, que usualmente indicaria um fragmento CH$_3$—CH$_2$, conclusão que não pode se conciliar com a fórmula estrutural nem com a curva de integração. O uso de resolução mais alta levaria à divisão do sinal central em dois dubletos.

Para evitar a coincidência dos sinais centrais que causam o tripleto aparente, utilizamos a técnica, muito útil, da adição de benzeno deuterado,* que fornece evidências convincentes dos dois dubletos em 20% C$_6$D$_6$/80% CDCl$_3$ e resultados ótimos com uma mistura 50:50 (Figura 3.42). Em 600 MHz, observam-se dois dubletos isolados.

Observe também que o centro quiral explica o fato de os hidrogênios de cada um dos grupos CH$_2$ serem também diastereotópicos. O resultado é que essa estrutura aparentemente simples leva a um espectro de interpretação difícil.

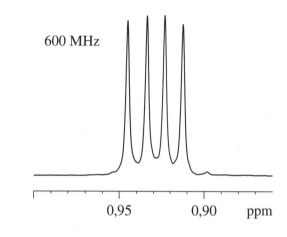

*Sanders, J.K.M. and Hunter, B.K. (1993). *Modern NMR Spectroscopy*, 2nd ed. Oxford: Oxford University Press, p. 289.

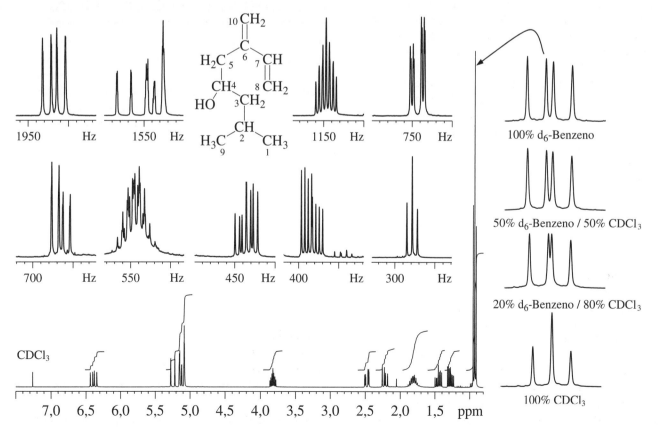

FIGURA 3.42 Espectro de RMN de hidrogênio do 2-Metil-6-metileno-7-octeno-4-ol (ipsenol) em CDCl$_3$, 300 MHz. Efeito da titulação com C$_6$D$_6$. A amostra foi um presente de Phero Tech, Inc. Vancouver, BC, Canadá.

As razões de integração dos hidrogênios são, da esquerda para a direita: 1:4:1:1:1:2:1:1:6, e explicam os 18 hidrogênios da fórmula molecular $C_{10}H_{18}O$, porém existem algumas discrepâncias intrigantes. A integração de seis hidrogênios em δ 0,92 corresponde aos hidrogênios diastereotópicos de metila descritos anteriormente, e a integração de um hidrogênio em δ 3,82 com várias constantes de acoplamento diferentes deve corresponder ao hidrogênio de C**H**OH (veja o Apêndice A, Carta A.1). Até aqui tudo bem, porém existem quatro grupos CH_2 na estrutura e aparentemente apenas um na curva de integração, e mesmo assim a razão de integração é enganosa.

Ajuda, neste ponto, perceber que a molécula é formada por três sistemas de spins com "isolamento" em C-6 (veja a Seção 3.5.2). O sistema alquila é formado por H-1, H-2, H-3, H-4, H-5 e H-9. Um sistema alqueno é formado por H-7 e H-8, e um outro sistema, por H-10. O sistema alquila explica os multipletos da direita do espectro, e os alquenos, os multipletos da esquerda do espectro. Ajuda também lembrar que os hidrogênios de um grupo CH_2 de alquila são diastereotópicos na presença de um centro quiral. O mesmo acontece com os hidrogênios de um grupo $=CH_2$ de alqueno.

Já deveria ser óbvio que os hidrogênios diastereotópicos de cada grupo alquila CH_2 ocorrem em pares. Um par (H-3) está em δ 1,28 e δ 1,42; o outro (H-5), em δ 2,21 e δ 2,48. O multipleto de dois hidrogênios em δ 1,80 será discutido adiante.

Além disso, os hidrogênios de H-5 estão em frequência mais alta porque eles são desblindados pelo grupo OH e pelo grupo $C=CH_2$, enquanto os hidrogênios de H-3 são desblindados somente pelo grupo OH. Os hidrogênios de H-5 têm acoplamento geminal, e cada hidrogênio tem um acoplamento vicinal. Assim, observa-se um dubleto de dubletos (primeira ordem) para cada hidrogênio de C-5. Os hidrogênios H-3 têm acoplamento geminal e vicinal com dois hidrogênios; o resultado para H-3 (em 300 MHz) são dois multipletos complexos. Um valor de $\Delta\nu$ mais alto (em Hz) entre os dois multipletos de H-5 também concorre para o espectro de primeira ordem.

A absorção misteriosa em δ 1,80 pode ser agora identificada como o hidrogênio de H-2, fortemente acoplado, sobreposto na absorção larga de OH, o que pode ser confirmado por aquecimento, por troca de solvente ou por agitação com D_2O para remoção (veja a Seção 3.6.1.1). A diluição leva o pico para frequências mais baixas. O pico muito pequeno em δ 2,05 é uma impureza.

Como esperado, o hidrogênio H-7 de alqueno está no lado de alta frequência do espectro. Ele tem acoplamento *trans* (J = 18 Hz) e *cis* (J = 10,5 Hz) pela ligação dupla com os hidrogênios H-8 para dar um dubleto de dubletos (veja o Apêndice F).

As absorções entre 1585 Hz e 1525 Hz contêm os picos dos hidrogênios H-8 e H-10. No lado esquerdo existe um dubleto de 18 Hz que corresponde a um dos hidrogênios de H-8 em acoplamento *trans* pela ligação dupla com H-7. Esses dubletos estão em 1585 Hz e 1567 Hz.

Em 1546 Hz e 1525 Hz estão os dois picos simples (não um dubleto) dos hidrogênios de H-10. O acoplamento geminal muito pequeno resulta em algum alargamento. Isso pode ser visto nos extremos, devido a acoplamento a longa distância. Note que a altura do pico à direita é anormal.

Tendo determinado o acoplamento *trans* de um dos hidrogênios H-8, devemos procurar o dubleto correspondente ao acoplamento *cis*. Infelizmente, só resta um singleto em 1585 Hz, mas é aceitável que o pico que está faltando esteja escondido pelo pico surpreendentemente largo à extrema direita. O exame dos sistemas de spins dos dienos em 600 MHz mostra claramente o dubleto de 10,5 Hz de H-8, apropriado para o acoplamento *cis*, e justifica as conclusões anteriores. O espectro de RMN do ipsenol é de interpretação difícil (mas não impossível) nesse ponto. É encorajador saber que a interpretação fica muito mais fácil com os métodos de correlação explicados em detalhes no Capítulo 5.

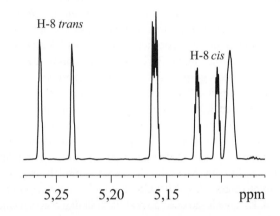

3.13 MAGNITUDE DAS CONSTANTES DE ACOPLAMENTO VICINAL E GEMINAL

O acoplamento entre hidrogênios em átomos de carbono vizinhos depende primariamente do ângulo diedro ϕ entre os planos H—C—C′ e C—C′—H′. Esse ângulo pode ser visualizado através de uma vista de topo (projeção de Newman) da ligação entre os átomos de carbono vicinais e pela perspectiva da Figura 3.43, na qual mostramos a relação entre a constante de acoplamento vicinal e o ângulo diedro.

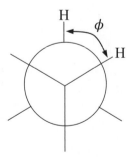

Karplus* deixou bem claro que seus cálculos são aproximados e não levam em conta fatores como substituintes eletronegativos, ângulos de ligação θ (<H—C—C′ e < C—C′—H′) e comprimentos de ligação. As deduções de ângulos diedros a partir das constantes de acoplamento medidas só são confiáveis quando a comparação é feita entre

---
*Karplus, M. (1959). *J. Chem. Phys.* **30**, 11.

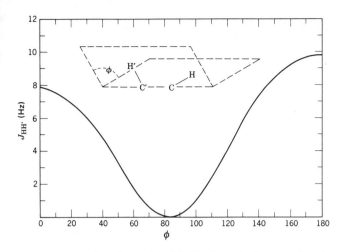

FIGURA 3.43 Correlação vicinal de Karplus: relação entre o ângulo diedro (ϕ) e a constante de acoplamento para hidrogênios vicinais.

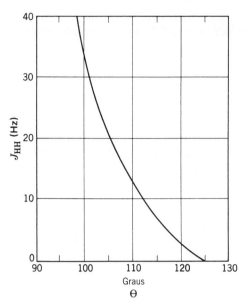

FIGURA 3.44 Correlação geminal de Karplus: J_{HH} de grupos CH_2 em função de H—C—H. Note o acoplamento zero próximo de 125°.

TABELA 3.6 Constantes de Acoplamento, J, Calculadas e Observadas no Ciclo-hexano, com Base no Ângulo de Ligação

	Ângulo Diedro	J Calculado (Hz)	J Observado (Hz)
Axial-axial	180°	9	8–14 (usualmente 8–10)
Axial-equatorial	60°	1,8	1–7 (usualmente 2–3)
Equatorial-equatorial	60°	1,8	1–7 (usualmente 2–3)

compostos semelhantes, como no caso de séries de ciclopentanos, ciclo-hexanos, carboidratos e sistemas policíclicos em ponte. Nos ciclopentanos, os valores observados de 8 Hz para os hidrogênios vicinais *cis* e de 0 Hz para os hidrogênios vicinais *trans* estão de acordo com os ângulos correspondentes 0° e 90°, respectivamente. No caso de ciclo-hexanos e piranoses substituídos, a conformação cadeira é a preferida; as relações da Tabela 3.6 são satisfeitas e os ângulos diedros dos substituintes são obtidos dos acoplamentos ^3J.

Observe o acoplamento quase nulo em 90°. Isso é uma fonte de frustração nas tentativas de ajuste das estruturas propostas aos espectros de RMN.

Uma equação de Karplus modificada pode ser aplicada ao acoplamento virtual em alquenos. Pode-se prever, assim, que o acoplamento *trans* ($\phi = 180°$) deverá ser maior do que o acoplamento *cis* ($\phi = 0°$). O acoplamento *cis* em anéis insaturados diminui com o tamanho do anel (maior ângulo de ligação): ciclo-hexenos $^3J = 8{,}8–10{,}5$, ciclopentenos $^3J = 5{,}1–7{,}0$, ciclobutenos $^3J = 2{,}5–4{,}0$ e ciclopropenos $^3J = 0{,}5–2{,}0$.

O acoplamento geminal de CH_2 depende do ângulo de ligação θ de H—C—H, como na Figura 3.44. Essa relação é bastante dependente de outras influências e deve ser utilizada com cuidado. Entretanto, ela é útil na caracterização de grupos metileno em anéis de ciclo-hexano fundidos (aproximadamente tetraédricos, $^2J \sim 12–18 Hz$), grupos metileno de anéis de ciclopropano ($^2J \sim 5 Hz$) e grupos metileno terminais $=CH_2$ ($^2J \sim 0–3 Hz$). Substituintes eletronegativos reduzem a constante de acoplamento geminal, e átomos de carbono hibridados sp^2 ou sp aumentam essa constante.

As constantes de acoplamento geminal são usualmente números negativos, mas isso pode ser ignorado, exceto em cálculos. Observe que só se veem acoplamentos geminais nos espectros de rotina quando os hidrogênios do grupo metileno são diastereotópicos.

Diante dos muitos fatores, além da dependência do ângulo, que influenciam as constantes de acoplamento, não é surpreendente que tenha havido mau uso da equação de Karplus. A leitura direta do ângulo a partir do valor de ^2J é arriscada.

3.14 ACOPLAMENTO A LONGA DISTÂNCIA

O acoplamento além de três ligações (^3J) é usualmente inferior a 1 Hz, mas acoplamentos a longa distância podem ocorrer em estruturas rígidas como alquenos, alquinos, heteroaromáticos e anéis muito tensionados (anéis pequenos ou em ponte). O acoplamento alílico (H—C—C=C—H) pode chegar a 1,6 Hz. O acoplamento através de cinco ligações no butadieno, muito conjugado, é 1,3 Hz. O acoplamento através de cadeias de polialquino conjugadas pode ocorrer através de até nove ligações. O acoplamento *meta* nos anéis de benzeno é 1–3 Hz, e o acoplamento *para*, 0–1 Hz. Em anéis de cinco átomos de heteroaromáticos, o acoplamento entre os hidrogênios das posições 2 e 4 é 0–2 Hz. $^4J_{AB}$ no biciclo[2.1.1]-hexano é cerca de 7 Hz.

Esse grande acoplamento a longa distância, incomum, é atribuído à "conformação W" das quatro ligações σ entre H_A e H_B.

$$H_A\text{-}C\text{-}C\text{-}C\text{-}H_B$$

Acoplamento W de longa distância

3.15 DESACOPLAMENTO SELETIVO DE SPINS. RESSONÂNCIA DUPLA

A irradiação intensa de um hidrogênio (ou hidrogênios equivalentes) de um sistema com acoplamento de spin remove o efeito daquele hidrogênio sobre os hidrogênios com os quais ele se acoplaria. A irradiação sucessiva dos hidrogênios do 1-propanol, por exemplo, teria o seguinte resultado:

Irradiado
↓
H_3C—CH_2—CH_2OH ⟶ H_3C—CH_2—CH_2OH
Tripleto Sexteto Tripleto   Tripleto Quarteto

Irradiado
↓
H_3C—CH_2—CH_2OH ⟶ H_3C—CH_2—CH_2OH
                               Singleto Singleto

Irradiado
↓
H_3C—CH_2—CH_2OH ⟶ H_3C—CH_2—CH_2OH
                                Tripleto Tripleto

Temos, então, uma ferramenta poderosa para determinar a conectividade dos hidrogênios através da cadeia e para assinalar os sinais dos hidrogênios no espectro. Além disso, é possível, também, simplificar os espectros de sinais sobrepostos eliminando um dos acoplamentos.

A Figura 3.45 mostra o efeito do desacoplamento seletivo dos spins de hidrogênios no caso do 3-butino-1-ol.

No espectro 3.45a, da esquerda para a direita, o multipleto H-1 é um tripleto ($J = 6$ Hz), o multipleto H-2 é um tripleto de dubletos ($J = 6$ Hz e 3 Hz) e o multipleto H-4 é um tripleto ($J = 3$ Hz). O singleto de OH está em δ 2,03. De novo, da direita para a esquerda, as razões de integração dos multipletos são 2:2:1:1 (não são mostradas).

No espectro (b), os hidrogênios de H-1 foram irradiados e o tripleto de dubletos H-2 transformou-se em um dubleto ($J = 3$ Hz). Esse dubleto é o resultado do acoplamento a longa distância com H-4. No espectro (c) o tripleto de dubletos H-2 foi irradiado, o tripleto H-1 transformou-se em um singleto e H-4 também transformou-se em um singleto.

No espectro (d), o tripleto H-4 foi irradiado e o tripleto de dubletos H-2 transformou-se em um tripleto ($J = 6$ Hz).

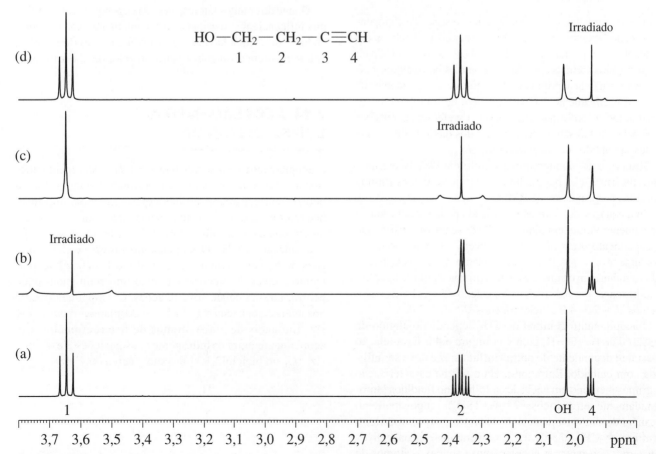

FIGURA 3.45 (a) Espectro de RMN de hidrogênio em 300 MHz do 3-butino-1-ol em CDCl_3. (b) Hidrogênios irradiados em C-1. (c) Hidrogênios irradiados em C-2. (d) Hidrogênios irradiados em C-4. A irradiação pode causar alterações no deslocamento químico de picos próximos.

A informação relevante obtida do desacoplamento seletivo é a "conectividade", isto é, a progressão através dos hidrogênios da cadeia de carbonos.

Também é possível simplificar dois multipletos sobrepostos pela irradiação seletiva do hidrogênio vizinho, que revela a multiplicidade e as constantes de acoplamento do multipleto residual.

Outros métodos que têm certas vantagens para o estabelecimento das relações $^1H^1H$ serão descritos no Capítulo 5, porém o acoplamento seletivo dos spins continua a ser útil.

3.16 EFEITO NUCLEAR OVERHAUSER

O efeito Overhauser nuclear (NOE) é o resultado de um tipo de relaxação do spin nuclear que envolve pares de spins, chamado de relaxação cruzada. Os detalhes técnicos do funcionamento do NOE estão fora do escopo de nossa discussão, mas veremos aqui e no Capítulo 4 várias aplicações do uso de NOE para resolver problemas estruturais por RMN. Nosso foco agora é o NOE ^1H–^1H: trata-se de um efeito que ocorre por meio do espaço e que diminui com a sexta potência da distância entre os spins. Não ocorre intervenção de ligações químicas nem acoplamento J entre os spins. Em vez disso, o NOE depende de uma interação dipolar entre os spins. Uma das aplicações úteis do NOE é determinar que hidrogênios estão próximos no espaço de outros hidrogênios (tipicamente ~4 Å). O NOE pode ser observado quando se irradia um pico correspondente a determinado hidrogênio da amostra com radiação de potência mais baixa do que a usada para o desacoplamento. O sinal de RMN de um hidrogênio próximo do hidrogênio irradiado tem sua intensidade aumentada. Essa é uma das manifestações do NOE. (Isso é geralmente válido para pequenas moléculas. No caso de grandes moléculas como proteínas, o sinal pode diminuir em vez de aumentar.) O aumento usualmente observado é inferior a 20%. Para aumentar a sensibilidade, usamos o experimento de *diferença* de NOE, em que um espectro convencional de ^1H-RMN é subtraído de um espectro com hidrogênios irradiados. O resultado é um espectro que só contém os picos que foram aumentados devido ao NOE, isto é, só mostra sinais devidos a hidrogênios próximos no espaço dos que foram irradiados.

Vejamos o exemplo da Figura 3.46 [veja também Charlton et al. (1993)]. O composto é um análogo de um feromônio sexual natural da barata de listras castanhas.

Observe que, na Figura 3.46, o espectro convencional de ^1H-RMN está em (c). A Figura 3.46b mostra o espectro de diferença de NOE obtido por irradiação do pico correspondente aos hidrogênios de 3-metila, e a Figura 3.46c mostra o espectro de diferença de NOE obtido pela irradiação do pico correspondente aos hidrogênios de 5-metila. Lembre-se de que os picos que permanecem nos espectros de diferença indicam que os hidrogênios correspondentes estão próximos no espaço dos hidrogênios que foram irradiados. Assim, vemos que a irradiação dos grupos 5-metila aumenta as ressonâncias de H-4 e H6, enquanto a irradiação do grupo 3-metila aumenta somente o sinal de H-4. O grupo 5-metila está próximo de H-4 e de H-6, enquanto o grupo 3-metila só está perto de H-4.

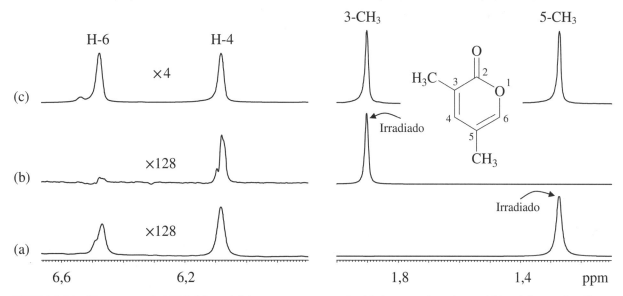

FIGURA 3.46 Espectroscopia NOE diferencial do composto mostrado. (a) Aumento de ambos os hidrogênios por irradiação do grupo 5-metila. (b) Aumento do hidrogênio 4H por irradiação do grupo 3 metila. (c) Espectro normal de 1H-RMN, 300 MHz em CDCl$_3$.

3.17 CONCLUSÃO

A espectroscopia de ^{1}H-RMN será a base de nossa compreensão da ressonância magnética de outros núcleos, especialmente ^{13}C, que permite importantes experimentos de correlação avançados. Começamos pela descrição das propriedades magnéticas dos núcleos, enfatizando a importância dos núcleos com spins $\frac{1}{2}$. Por questões práticas, o estudo do núcleo ^{1}H levou à RMN de "alta resolução" e à fabricação de instrumentos comerciais.

A interpretação dos espectros de RMN baseia-se em três tipos de informações: a integração dos picos, o deslocamento químico e o acoplamento spin-spin. A integração dos picos dá a razão entre os átomos de hidrogênio do composto. O conceito de deslocamento químico relaciona a posição do pico no espectro com o ambiente químico. Os acoplamentos spin-spin explicam a interação dos núcleos magnéticos em um conjunto de núcleos. Entre outras coisas, o acoplamento spin-spin dá informações estruturais importantes sobre os núcleos vizinhos. Os próximos capítulos tratarão integralmente da RMN (Capítulos 4, 5 e 6) ou principalmente da RMN (Capítulos 7 e 8).

REFERÊNCIAS

As referências do capítulo estão disponíveis no GEN-IO, ambiente virtual de aprendizagem do GEN.

EXERCÍCIOS PARA OS ESTUDANTES

3.1 Descreva, para cada composto dado a seguir (a–o), todos os sistemas de spins (use a notação de Pople onde for necessário), os hidrogênios quimicamente equivalentes, os hidrogênios magneticamente equivalentes e os hidrogênios enantiotópicos e diastereotópicos.

3.2 Prediga os deslocamentos químicos de cada conjunto de hidrogênios dos compostos mencionados em 3.1. Indique a fonte (tabela ou apêndice) utilizada na predição.

3.3 Desenhe o espectro de ^{1}H-RMN de cada um dos compostos do Exercício 3.1. Admita multipletos de primeira ordem onde possível.

3.4 Deduza as estruturas dos compostos A–W a partir dos espectros de ^{1}H-RMN. Todos foram obtidos em 300 MHz em CDCl$_3$. Os espectros de massas foram dados no Capítulo 1 (Exercício 1.6), e os espectros de infravermelho, no Capítulo 2 (Execício 2.9).

3.5 Após determinar as estruturas do Exercício 3.4, calcule $\Delta v/J$ para os multipletos apropriadamente acoplados dos espectros A, E, F, G, H, I, K, L, Q e U. Use uma régua para medir ou estimar as constantes J de acoplamento.

3.6 Para cada estrutura determinada no Exercício 3.4, descreva todos os sistemas de spins (use a notação de Pople onde apropriado), hidrogênios quimicamente equivalentes, hidrogênios magneticamente equivalentes e hidrogênios enantiotópicos e diastereotópicos.

3.7 Esquematize os seguintes sistemas de spins (use diagramas de linhas): AX, A$_2$X, A$_3$X, A$_2$X$_2$, A$_3$X$_2$.

3.8 Esquematize os seguintes sistemas de spins (use diagramas de linhas): AMX, A$_2$MX, A$_3$MX, A$_2$MX$_2$, A$_2$MX$_3$, A$_3$MX$_3$. Imagine que A não se acople com X e que $J_{AM} = J_{MX}$.

3.9 Esquematize os seguintes sistemas de spins (use diagramas de linhas): AMX, A$_2$MX, A$_3$MX, A$_2$MX$_2$, A$_2$MX$_3$, A$_3$MX$_3$. Imagine que A não se acople com X e que $J_{AM} = 10$ Hz e $J_{MX} = 5$ Hz.

3.10 Esquematize um diagrama de linhas para cada multipleto de primeira ordem de cada sistema de spins das três simulações seguintes (em 300 MHz); após determinar um multipleto em cada sistema de spins, use os outros dois multipletos para verificar sua análise.

Exercício 3.1

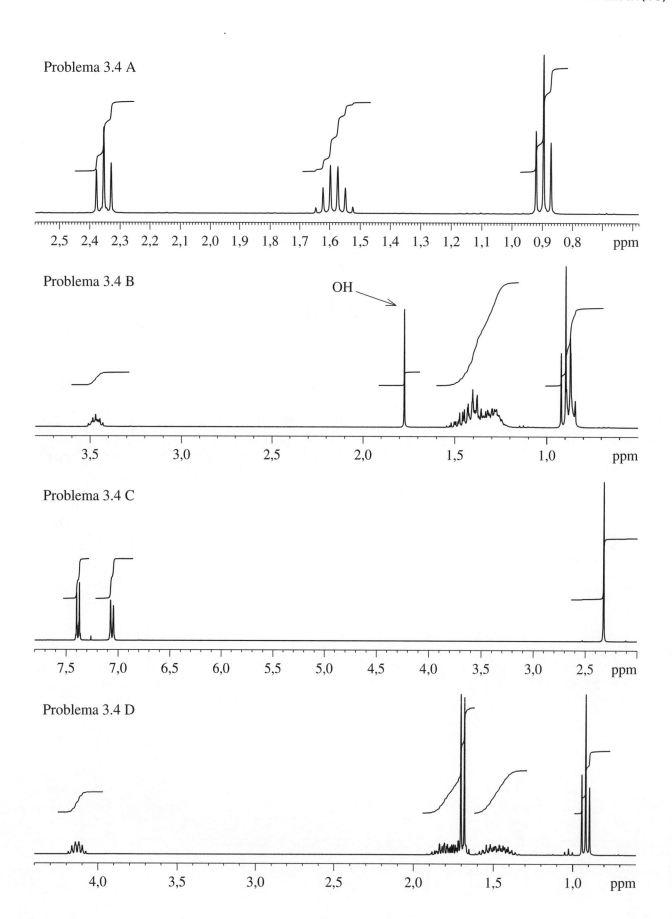

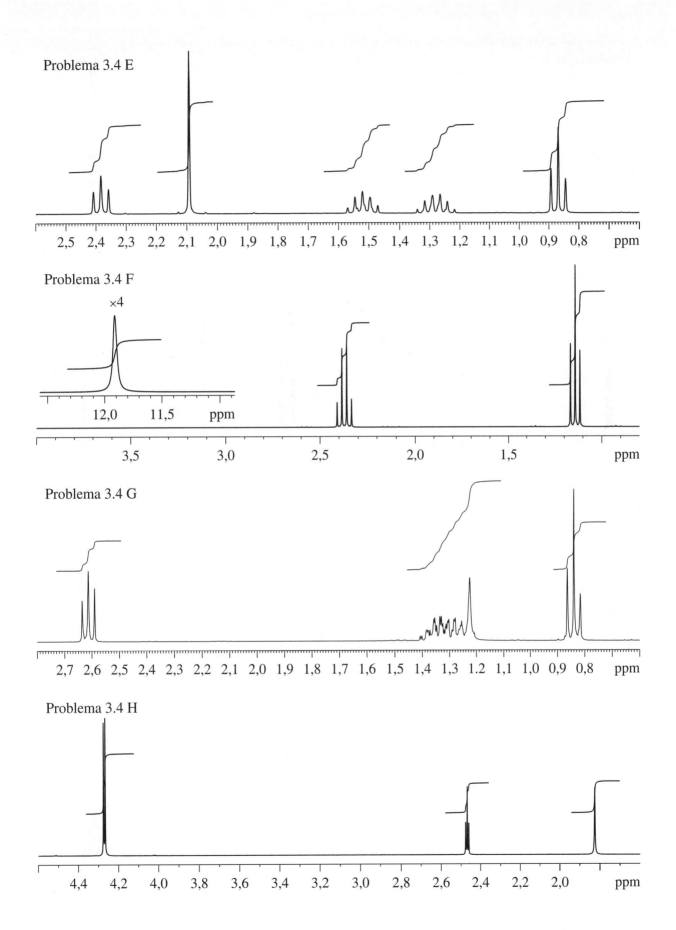

Problema 3.4 I

Problema 3.4 J

Problema 3.4 K

Problema 3.4 L

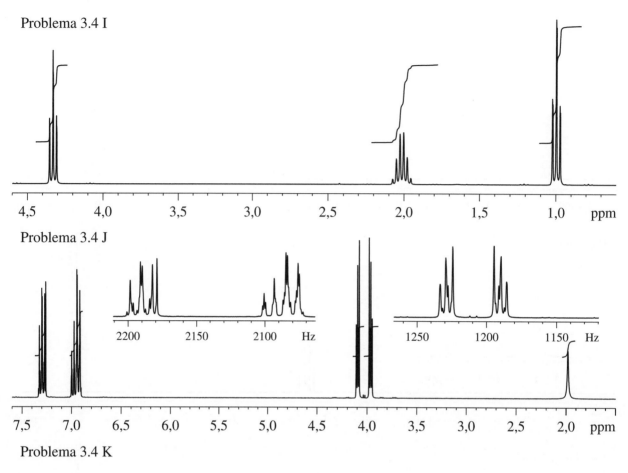
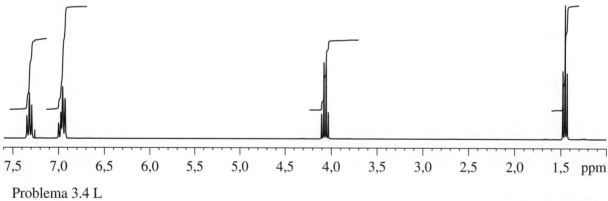
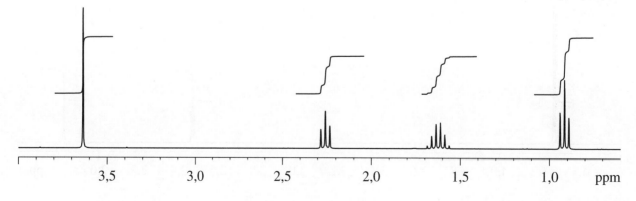

Exercício 3.4 (M–P)

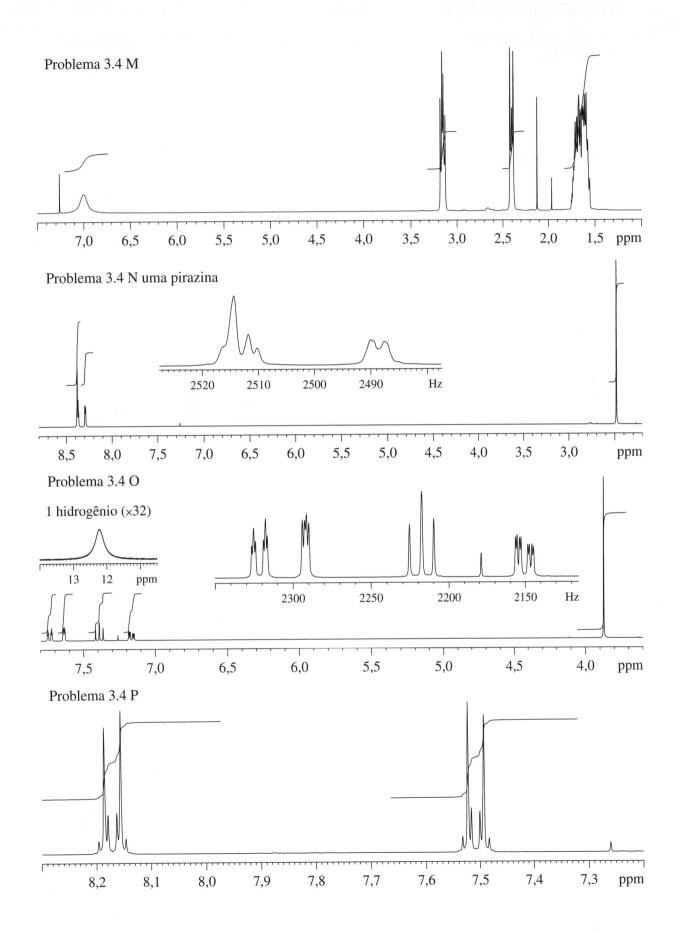

Problema 3.4 M

Problema 3.4 N uma pirazina

Problema 3.4 O

1 hidrogênio (×32)

Problema 3.4 P

Problema 3.4 Q

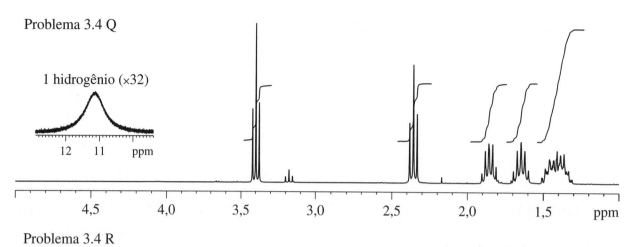

Problema 3.4 R

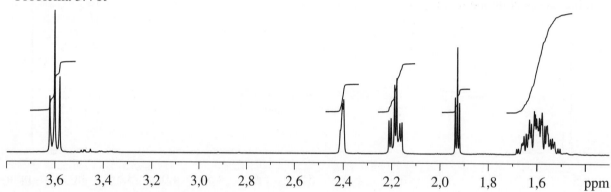

Problema 3.4 S Cetona insaturada

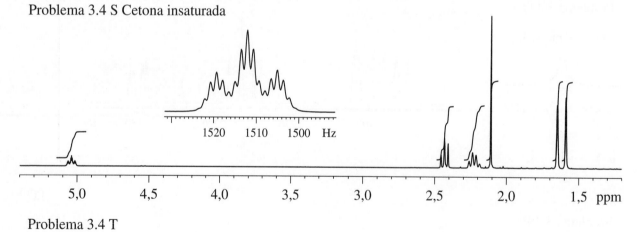

Problema 3.4 T

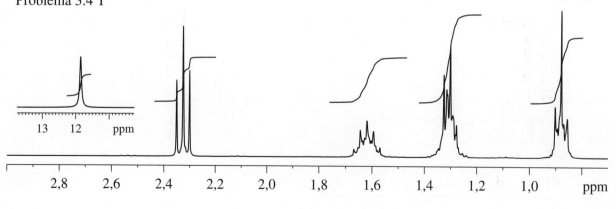

Exercício 3.4 (U–W)

Problema 3.4 U

Problema 3.4 V

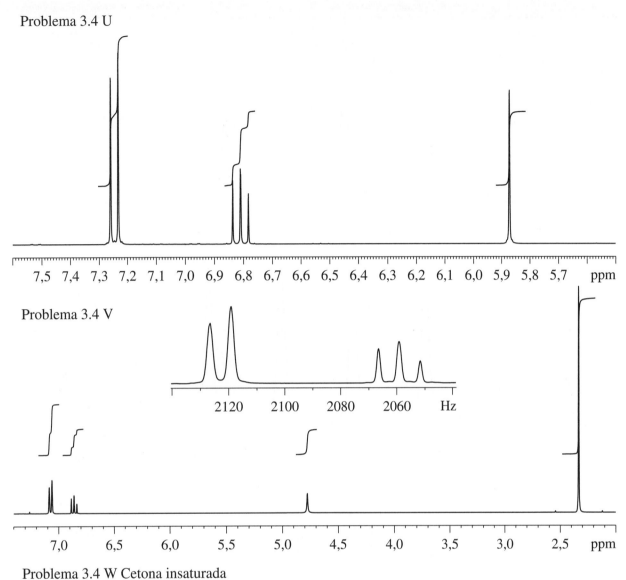

Problema 3.4 W Cetona insaturada

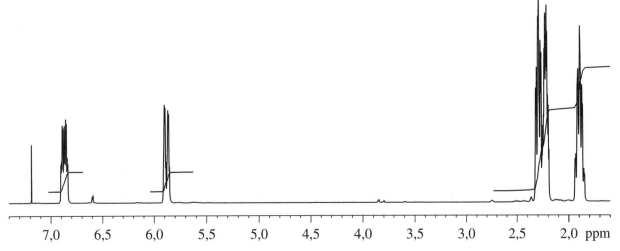

172 CAPÍTULO 3 | Exercício 3.10A

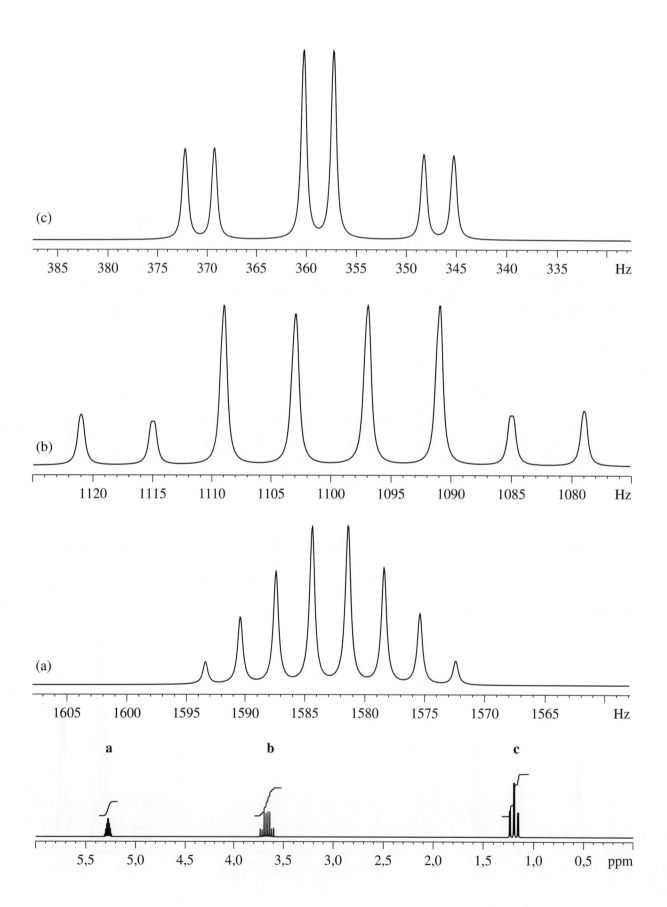

Exercício 3.10B   ESPECTROSCOPIA DE RMN DE HIDROGÊNIO   **173**

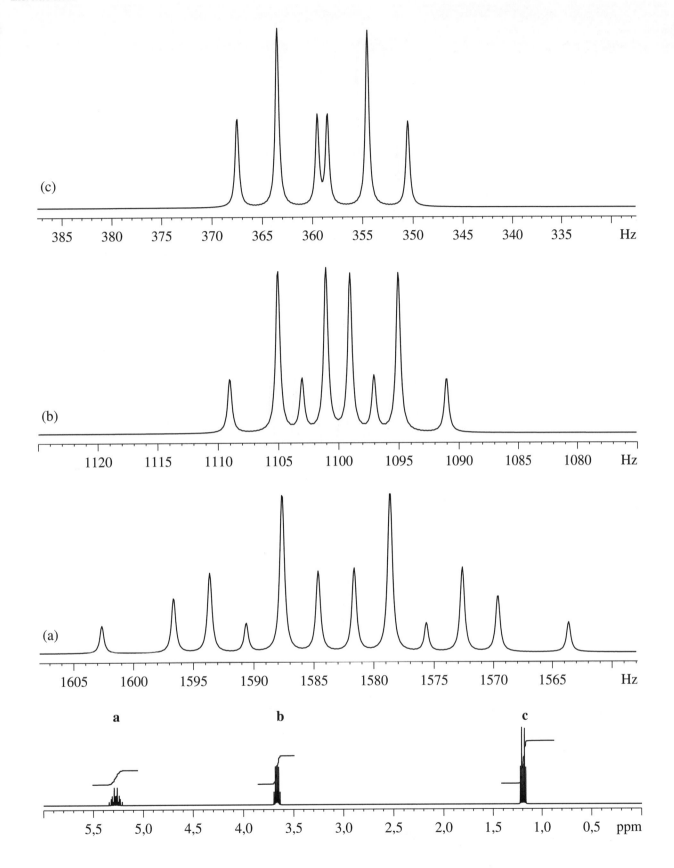

Exercício 3.10C

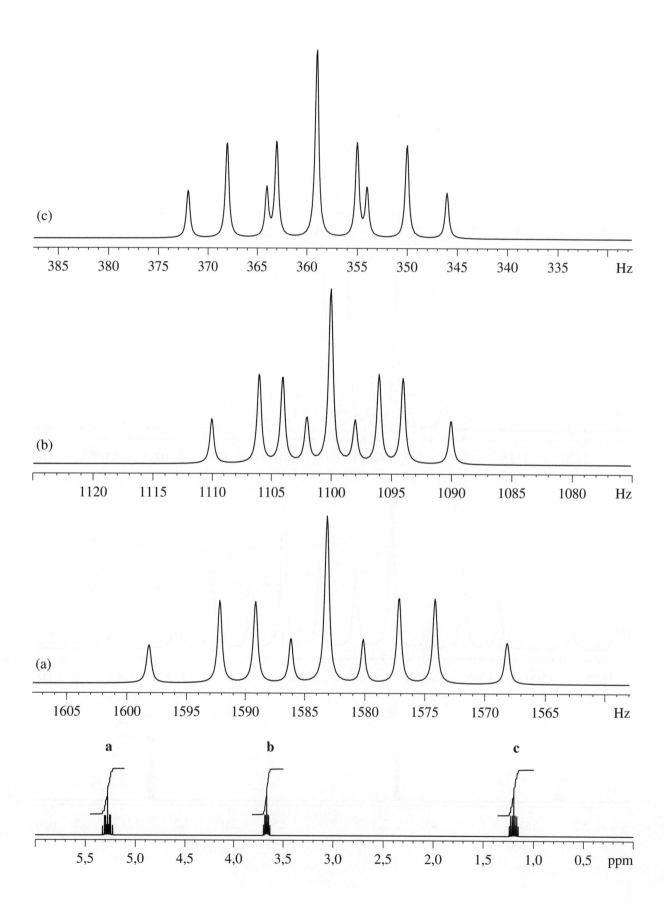

APÊNDICE A

CARTA A.1 DESLOCAMENTOS QUÍMICOS DE HIDROGÊNIOS EM UM ÁTOMO DE CARBONO ADJACENTE (POSIÇÃO α) A UM GRUPO FUNCIONAL EM COMPOSTOS ALIFÁTICOS (M—Y)

ESPECTROSCOPIA DE RMN DE HIDROGÊNIO   175

APÊNDICE A *(Continuação)*

Grupo	δ (ppm)
M–N=C	~5,0; ~3,2
M–N=C=O	~3,3
M–O–C≡N	~4,6
M–N=C=S	~4,3; ~3,6; ~3,1
M–S–C≡N	~3,2; ~2,8
M–O–N=O	~4,6
M–SH	~3,1; ~2,6; ~1,5
M–SR	~3,1; ~2,6; ~1,5
M–SPh	~2,6
M–SSR	~2,9; ~2,6
M–SOR	~3,2
M–SO₂R	~3,2
M–SO₃R	~3,0
M–PR₂	~2,4
M–P⁺Cl₃	~3,3
M–P(=O)R₂	~2,4
M–P(=S)R₂	~2,8

*OTS é —O—S(=O)(=O)—C₆H₄—CH₃

APÊNDICE A — CARTA A.2 DESLOCAMENTOS QUÍMICOS DE HIDROGÊNIOS EM UM ÁTOMO DE CARBONO AFASTADO (POSIÇÃO β) DE UM GRUPO FUNCIONAL EM COMPOSTOS ALIFÁTICOS (M—C—Y)

APÊNDICE B — EFEITO SOBRE OS DESLOCAMENTOS QUÍMICOS DE DOIS OU TRÊS GRUPOS FUNCIONAIS DIRETAMENTE LIGADOS AO CARBONO

$$Y-CH_2-Z \quad e \quad Y-CH(W)-Z$$

O deslocamento químico de um grupo metileno ligado a dois grupos funcionais pode ser calculado com o auxílio das constantes de substituição (σ) da Tabela B.1. A regra de Shoolery* determina que as constantes de cada grupo funcional sejam adicionadas a δ 0,23, o deslocamento químico de CH_4:

$$\delta(Y-CH_2-Z) = 0{,}23 + \sigma_Y + \sigma_Z$$

O deslocamento químico dos hidrogênios do grupo metileno de $C_6H_5CH_2Br$, por exemplo, pode ser calculado a partir dos valores de σ tirados da Tabela B.1.

$$\begin{array}{r} 0{,}23 \\ \sigma_{Ph} = 1{,}85 \\ \underline{\sigma_{Br} = 2{,}33} \\ \delta = 4{,}41 \end{array} \quad \text{Encontrado, 4,43 ppm}$$

As constantes originais de Shoolery foram revistas e seu número aumentado (Tabela B.1). Os deslocamentos químicos observados e calculados para 62% das amostras testadas estavam em torno de ±0,2 ppm, 92% em torno de ±0,3 ppm, 96% em torno de ±0,4 ppm e 99% em torno de ±0,5 ppm.† A Tabela B.1 contém constantes de substituição (Friedrich e Runkle, 1984) para os grupos funcionais mais comuns. Observe que os deslocamentos químicos dos grupos metila podem ser calculados usando a constante do grupo H (0,34). Por exemplo, $H-CH_2-Br$ é o mesmo que CH_3Br.

Tabelas B.2a, B.2b e B.2c: Correlações de Deslocamento Químico para Hidrogênios do Grupo Metino

A Tabela B.2a dá as constantes de substituição** a serem usadas com

$$\delta\,CHXYZ = 2{,}50 + \sigma_X + \sigma_Y + \sigma_Z$$

que dá resultados satisfatórios se pelo menos dois dos substituintes forem grupos que retiram elétrons. Em outras palavras, somente um dos grupos pode ser um grupo alquila (R). Dentro desses limites, o erro padrão estimado é igual a 0,20 ppm. Assim, por exemplo, o deslocamento químico do hidrogênio de metino em

$$CH_3-CH(OEt)-OEt$$

é calculado, a partir da Tabela B.2a, da seguinte forma:

$$\delta = 2{,}50 + 1{,}14 + 1{,}14 + 0{,}00 = 4{,}78 \text{ ppm}$$

O valor encontrado é 4,72 ppm.

As Tabelas B.2b e B.2c são usadas conjuntamente para hidrogênios do grupo metino substituídos por pelo menos dois grupos

TABELA B.1 Constantes de Substituição de Hidrogênios de Grupos Metileno (e Metila)

Y ou Z	Constantes de Substituição (σ)	Y ou Z	Constantes de Substituição (σ)
—H	0,34	—OC(=O)R	3,01
—CH₃	0,68	—OC(=O)Ph	3,27
—C—C	1,32	—C(=O)R	1,50
—C≡C	1,44	—C(=O)Ph	1,90
—Ph	1,83	—C(=O)OR	1,46
—CF₂	1,12	—C(=O)NR₂(H₂)	1,47
—CF₃	1,14	—C≡N	1,59
—F	3,30	—NR₂(H₂)	1,57
—Cl	2,53	—NHPh	2,04
—Br	2,33	—NHC(=O)R	2,27
—I	2,19	—N₃	1,97
—OH	2,56	—NO₂	3,36
—OR	2,36	—SR(H)	1,64
—OPh	2,94	—OSO₂R	3,13

*Shoolery, J.N. (1959). Varian Technical Information Bulletin, Vol. 2, No. 3. Palo Alto, CA: Varian Associates.
†Dados de Friedrich E.C. and Runkle, K.G. (1984). *J. Chem. Educ.* **61**, 830; (1986)**63**, 127.

TABELA B.2a Constantes de Substituição de Hidrogênios de Grupos Metino

Grupo	(σ)
—F	1,59
—Cl	1,56
—Br	1,53
—NO₂	1,84
—NH₂	0,64
—NH₃⁺	1,34
—NHCOR	1,80
—OH, —OR	1,14
—OAr	1,79
—OCOR	2,07
—Ar	0,99
—C=C	0,46
—C≡C	0,79
—C≡N	0,66
—COR, —COOR, —COOH	0,47
—CONH₂	0,60
—COAr	1,22
—SH, —SR	0,61
SO₂R	0,94
—R	0

Bell, H.M., Bowles, D.B. and Senese, F. (1981). *Org. Magn. Reson.*, (now changed to Magnetic Resonance in Chemistry) **16, 285. Com permissão.

TABELA B.2b Deslocamentos Químicos de Hidrogênio Observados para Derivados de Isopropila

(CH₃)₂CHZ		(CH₃)₂CHZ	
Z	δ (ppm) obs	Z	δ (ppm) obs
H	1,33	HO	3,94
H₃C	1,56	RO	3,55
R	1,50	C₆H₅O	4,51
XCH₂	1,85	R(H)C(=O)O	4,94
R(H)C(=O)	2,54	C₆H₅C(=O)O	5,22
C₆H₅C(=O)	3,58	F₃CC(=O)O	5,20
R(H)OC(=O)	2,52	ArSO₂O	4,70
R₂(H₂)NC(=O)	2,44		
C₆H₅	2,89	R(H)S	3,16
R₂(H₂)C=CR(H)	2,62	RSS	2,63
R(H)C≡C	2,59		
N≡C	2,67	F	4,50
		Cl	4,14
R₂(H₂)N	3,07	Br	4,21
R(H)C(=O)NH	4,01	I	4,24
O₂N	4,67		

TABELA B.2c Fatores de Correção para os Substituintes Metino de Baixa Polaridade

Sistemas de Hidrogênios de Metino em Cadeia Aberta	Δxy	Sistemas de Hidrogênios de Metino em Cadeia Cíclica	Δxy
CH₃—C$\underline{H}$(Z)—CH₃	0,00	ciclopropano (Z, H)	−1,0
CH₃—C$\underline{H}$(Z)—R	−0,20	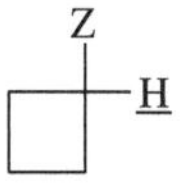 ciclobutano (Z, H)	+0,40
R—C$\underline{H}$(Z)—R	−0,40	 ciclopentano (Z, H)	+0,20
CH₃—C$\underline{H}$(Z)—CH₂X	+0,20	ciclohexano (Z, H) monossubstituído −0,20 axial H −0,45	
CH₃—C$\underline{H}$(Z)—CH=CH₂	+0,40		equatorial H +0,25
CH₃—C$\underline{H}$(Z)—C₆H₅	+1,15	 cicloheptano (Z, H)	0,00
R—C$\underline{H}$(Z)—C₆H₅	+0,90	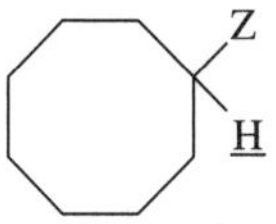 ciclooctano (Z, H)	0,00

alquila (ou outros grupos de baixa polaridade). Friedrich e Runkle propuseram a relação

$$\delta_{\text{CHXYZ}} = \delta_{(\text{CH}_3)_2\text{CHZ}} = \Delta xy$$

na qual os substituintes X e Y são grupos alquila ou outros grupos de baixa polaridade. O substituinte Z cobre uma faixa razoável de polaridade. Δxy é um fator de correção. A relação anterior estabelece que o deslocamento químico de um hidrogênio de metino com pelo menos dois substituintes de baixa polaridade é equivalente ao deslocamento químico de um hidrogênio de metino do grupo isopropila somado a um fator de correção.

As constantes de substituição de um substituinte Z em um hidrogênio de metino do grupo isopropila são dadas na Tabela B.2b. As correções Δxy são dadas na Tabela B.2c.

O exemplo seguinte ilustra o uso das Tabelas B.2b e B.2c, com CH₃, CH=CH₂ e C₆H₅ como substituintes. O substituinte mais polar é sempre Z.

$$\delta\ \text{X—C}\underline{H}(\text{Z})\text{—Y} = \delta\ \text{CH}_3\text{—C}\underline{H}(\text{Z})\text{—CH=CH}_2 = \delta\ \text{CH}_3\text{—C}\underline{H}(\text{C}_6\text{H}_5)\text{—CH}_3 + \Delta xy$$

Da Tabela B.2b, δ = 2,89 para CH₃—C$\underline{H}$(C₆H₅)—CH₃

Da Tabela B.2c, Δxy = 0,00 para CH₃. Δxy = 0,40 para CH=CH₂.

Assim,

$$\delta\ \text{CH}_3\text{—C}\underline{H}(\text{C}_6\text{H}_5)\text{—CH=CH}_2 = 2,89 + 0,00 + 0,40 = 3,29$$

(Encontrado δ = 3,44.)

APÊNDICE C — DESLOCAMENTOS QUÍMICOS EM ANÉIS ALICÍCLICOS E HETEROCÍCLICOS

TABELA C.1 Deslocamentos Químicos em Anéis Alicíclicos

Ciclopropano: 0,22
Ciclobutano: 1,96
Ciclopentano: 1,51
Ciclohexano: 1,44
Cicloheptano: 1,54
Ciclooctano: 1,78

Ciclopropanona: 1,65
Ciclobutanona: 1,96 ; 3,03
Ciclopentanona: 2,06 ; 2,02
Ciclohexanona: 2,22 ; −1,8 ; −1,8
Cicloheptanona: 2,38
Ciclooctanona: 2,30 ; −1,94 ; −1,52 ; −1,52

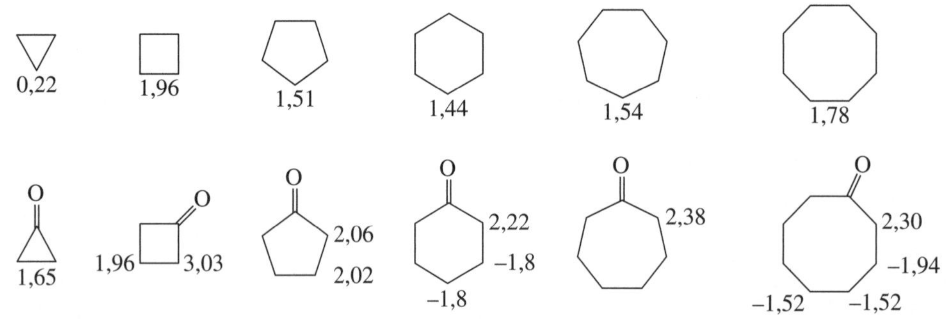

TABELA C.2 Deslocamentos Químicos em Anéis Heterocíclicos

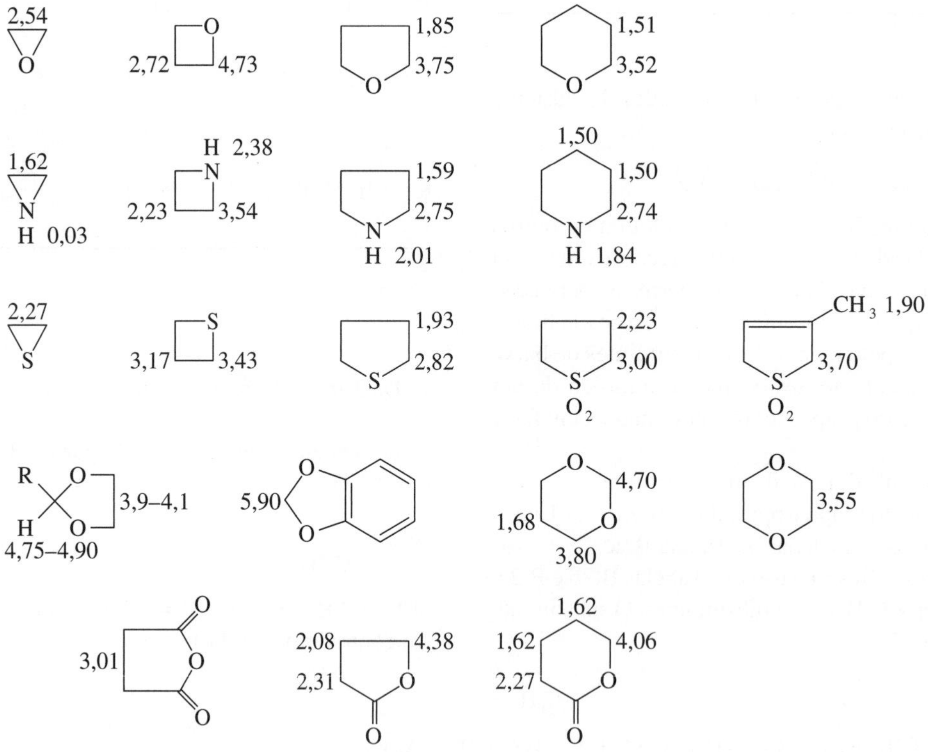

Oxirano: 2,54
Oxetano: 2,72 ; 4,73
Tetrahidrofurano: 1,85 ; 3,75
Tetrahidropirano: 1,51 ; 3,52

Aziridina: 1,62 ; N–H 0,03
Azetidina: H–N 2,38 ; 2,23 ; 3,54
Pirrolidina: 1,59 ; 2,75 ; N–H 2,01
Piperidina: 1,50 ; 1,50 ; 2,74 ; N–H 1,84

Tiirano: 2,27
Tietano: 3,17 ; 3,43
Tetrahidrotiofeno: 1,93 ; 2,82
Sulfolano (S O₂): 2,23 ; 3,00
3-Metil-2,5-di-hidrotiofeno-1,1-dióxido: CH₃ 1,90 ; 3,70

1,3-Dioxolano (R, H): 3,9–4,1 ; 4,75–4,90
Benzo[d][1,3]dioxol: 5,90
1,3-Dioxano: 4,70 ; 1,68 ; 3,80
1,4-Dioxano: 3,55

Anidrido succínico: 3,01
γ-Butirolactona: 2,08 ; 4,38 ; 2,31
δ-Valerolactona: 1,62 ; 1,62 ; 4,06 ; 2,27

APÊNDICE D — DESLOCAMENTOS QUÍMICOS EM SISTEMAS INSATURADOS E AROMÁTICOS

(Veja a Tabela D.1)

$$\delta_H = 5{,}25 + Z_{gem} + Z_{cis} + Z_{trans}$$

Assim, por exemplo, os deslocamentos químicos dos hidrogênios de alqueno em

são calculados:

H_a	$C_6H_{5\,gem}$	1,35	5,25
	OR_{trans}	−1,28	0,07
		0,07	δ 5,32
H_b	OR_{gem}	1,18	5,25
	$C_6H_{5\,trans}$	−0,10	1,08
		1,08	δ 6,33

TABELA D.1 Constantes de Substituição (Z) para os Deslocamentos Químicos de Etilenos Substituídos

Substituinte R	gem	cis	trans	Substituinte R	gem	cis	trans
—H	0	0	0	—C(H)=O	1,03	0,97	1,21
—Alquila	0,44	−0,26	−0,29				
—Alquila-anel[a]	0,71	−0,33	−0,30				
—CH₂O, —CH₂I	0,67	−0,02	−0,07	—C(N)=O	1,37	0,93	0,35
—CH₂S	0,53	−0,15	−0,15				
—CH₂Cl, —CH₂Br	0,72	0,12	0,07	—C(Cl)=O	1,10	1,41	0,99
—CH₂N	0,66	−0,05	−0,23				
—C≡C	0,50	0,35	0,10				
—C≡N	0,23	0,78	0,58	—OR, R: alifático	1,18	−1,06	−1,28
—C=C	0,98	−0,04	−0,21	—OR, R: conjugado[b]	1,14	−0,65	−1,05
—C=C conjugado[b]	1,26	0,08	−0,01	—OCOR	2,09	−0,40	−0,67
—C=O	1,10	1,13	0,81	—Aromático	1,35	0,37	−0,10
—C=O conjugado[b]	1,06	1,01	0,95	—Cl	1,00	0,19	0,03
—COOH	1,00	1,35	0,74	—Br	1,04	0,40	0,55
—COOH conjugado[b]	0,69	0,97	0,39	—NR₂ R:alifático	0,69	−1,19	−1,31
—COOR	0,84	1,15	0,56	—NR₂ R:conjugado[b]	2,30	−0,73	−0,81
—COOR conjugado[b]	0,68	1,02	0,33	—SR	1,00	−0,24	−0,04
				—SO₂	1,58	1,15	0,95

[a]Alquila-anel significa que a ligação é parte do anel.

[b]O fator Z para o substituinte conjugado é usado quando ou o substituinte ou a ligação dupla está conjugado com outros grupos.

Fonte: Pascual C., Meier, J., and Simon, W. (1966) *Helv. Chim. Acta*, **49**, 164.

182 CAPÍTULO 3

TABELA D.2 Deslocamentos Químicos de Diversos Alquenos

[Chemical structure diagrams showing various alkenes with their chemical shifts, including:]

R = C(=O)OCH₃ series: various vinyl esters with shifts 6.73, 1.73, 1.95; 1.97, 5.98, 1.93; 2.12, 1.84, 5.62

R = C(=O)CH₃: 2.06, 1.86, 5.97

R = OC(=O)CH₃: 1.65, 1.65, 6.67

Silyl enol ethers: CH₂ 3.92 with H₃C 2.00, CH₂ 1.06, OSiMe₃; H₅C₂ at 6.19, H 4.90, OSi(CH₃)₃; 4.35 H, 5.97 H, H₅C₂, OSi(CH₃)₃; cyclohexenyl OSi(CH₃)₃ 5.65

Dienes: R-CH=CH₂ systems 5.02, 5.70, 6.50; ethyl sorbate 6.01, 7.16, 1.71, 6.08, 5.62, OC₂H₅

Enamine: N-piperidinyl cyclohexene 4.55

Cyclopropene 7.05, 0.92; cyclobutene 2.57, 5.95, 1.90; cyclopentadiene 5.60, 2.28

Cyclopentadiene 6.50, 6.42, 2.90; cyclohexene 1.65, 1.96, 5.59; cyclohexadiene 2.15, 5.80, 5.92; benzene 7.36; norbornadiene 2.02, 3.61, 6.79; methylcyclopropenone 6.40, 2.13; cyclopentenone 2.20, 7.71, 2.66, 6.10; cyclohexenone 6.88, 5.93

Quinones and furans: 4-benzyl-cyclohexadienone 6.05, 6.75, CH₂Ph; benzoquinone 6.72; 2,3-dihydrofuran 5.78, 4.43, 4.20; 2,5-dihydrofuran 2.53, 4.82, 6.22; 2H-pyran 1.90, 4.65, 3.97, 6.37; 4H-pyran 2.66, 4.63, 6.16; chromene 3.34, 4.83, 6.83; butenolide 6.15, 7.63, 4.92

Lactone with 2.40, 1.41, 6.94, 5.89, H 4.53; coumarin 7.53, 7.72, 7.28, 7.50, 7.32, 6.42; maleic anhydride 7.10; piperitona 5.90; linalool 5.90, 5.05, 5.25, 5.11, OH; α-terpineno 5.60

TABELA D.3 Deslocamentos Químicos de Hidrogênios de Alquino

HC≡CR	1,73–1,88	HC≡C—COH	2,23
HC≡C—C≡CR	1,95	HC≡CH	1,80
HC≡C—Ph	2,71–3,37	HC≡C—CH=CR₂	2,60–3,10

TABELA D.4 Deslocamentos Químicos de Hidrogênios em Anéis Aromáticos Fundidos

Naphthalene: 7.81, 7.46; anthracene: 8.31, 7.91, 7.39; phenanthrene: 7.60, 7.89, 7.65, 7.74, 8.69; [4-ring]: 8.00, 7.61, 7.88, 7.67, 7.81, 9.13; triphenylene: 8.64, 7.64, 7.75; [5-ring]: 8.79, 8.73, 8.02, 7.65, 8.01

CARTA D.1 — DESLOCAMENTO QUÍMICO DE HIDROGÊNIOS EM ANÉIS DE BENZENO MONOSSUBSTITUÍDOS

Substituinte	Deslocamento químico (δ)
Benzeno[a]	~7,27
CH₃ (omp)	~7,2
CH₃CH₂ (omp)	~7,2
(CH₃)₂CH (omp)	~7,2
(CH₃)₃C o,m,p	~7,3 (o); ~7,2 (m,p)
C=CH₂ (omp)	~7,3
C≡CH o, (mp)	~7,4 (o); ~7,3 (mp)
Fenil o, m, p	~7,4 (o); ~7,3 (m,p)
CF₃ (omp)	~7,4
CH₂Cl (omp)	~7,3
CHCl₂ (omp)	~7,4
CCl₃ o, (mp)	~7,8 (o); ~7,4 (mp)
CH₂OH (omp)	~7,2
CH₂OR (omp)	~7,3
CH₂OC(=O)CH₃ (omp)	~7,3
CH₂NH₂ (omp)	~7,3
F m,p,o	~7,2 (m); ~7,0 (p,o)
Cl (omp)	~7,3
Br o, (pm)	~7,5 (o); ~7,3 (pm)
I o,p,m	~7,6 (o); ~7,3 (p); ~7,0 (m)
OH m,p,o	~7,2 (m); ~6,9 (p); ~6,8 (o)
OR m, (op)	~7,3 (m); ~6,9 (op)
OC(=O)CH₃ m,p,o	~7,3 (m); ~7,2 (p,o)
OTs[b] (mp), o	~7,3 (mp); ~7,2 (o)
CH(=O) o,p,m	~7,8 (o); ~7,6 (p,m)
C(=O)CH₃ o, (mp)	~7,9 (o); ~7,5 (mp)
C(=O)OH o, p, m	~8,0 (o); ~7,5 (p,m)
C(=O)OR o, p, m	~8,0 (o); ~7,5 (p,m)
C(=O)Cl o, p, m	~8,1 (o); ~7,5 (p,m)
C≡N (omp)	~7,5
NH₂ m,p,o	~7,1 (m); ~6,7 (p); ~6,5 (o)
N(CH₃)₂ m(op)	~7,2 (m); ~6,7 (op)
NHC(=O)R o,m,p	~7,5 (o); ~7,3 (m,p)
NH₃⁺ o (mp)	~7,8 (o); ~7,5 (mp)
NO₂ o,p,m	~8,2 (o); ~7,6 (p,m)
SR (omp)	~7,3
N=C=O (omp)	~7,1

[a] O hidrogênio do anel do benzeno está em δ 7,27, a partir do qual os incrementos de deslocamento são calculados, como mostramos no fim da Seção 3.4.
[b] OTS = grupo p-toluenossulfonil-óxi.

184 CAPÍTULO 3

TABELA D.5 Deslocamentos Químicos de Hidrogênios em Anéis Heteroaromáticos

TABELA D.6 Deslocamentos Químicos de Hidrogênios de HC=O, HC=N e HC(O)₃

RCH=O	9,70	HC(=O)OR	8,05	RCH=NOH *cis*	7,25
PhCH=O	9,98	HC(=O)NR₂	8,05	RCH=NOH *trans*	6,65
RCH=CHCH=O	9,78	HC(OR)₃	5,00		6,05

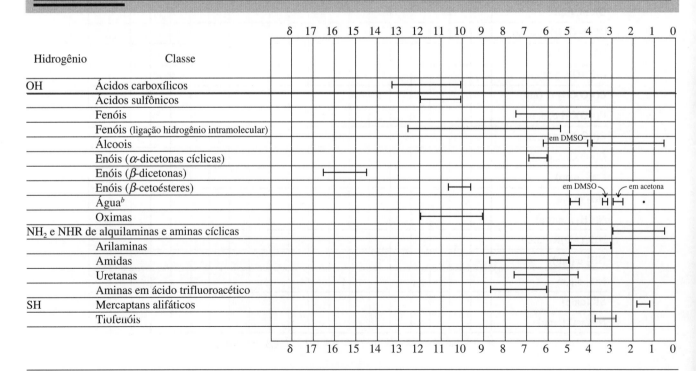

APÊNDICE E — HIDROGÊNIOS EM LIGAÇÃO HIDROGÊNIO (HIDROGÊNIOS EM HETEROÁTOMOS)[a]

Hidrogênio	Classe
OH	Ácidos carboxílicos
	Ácidos sulfônicos
	Fenóis
	Fenóis (ligação hidrogênio intramolecular)
	Álcoois
	Enóis (α-dicetonas cíclicas)
	Enóis (β-dicetonas)
	Enóis (β-cetoésteres)
	Água[b]
	Oximas
NH₂ e NHR	de alquilaminas e aminas cíclicas
	Arilaminas
	Amidas
	Uretanas
	Aminas em ácido trifluoroacético
SH	Mercaptans alifáticos
	Tiofenóis

[a]Solvente CDCl₃. Os deslocamentos químicos dentro da faixa são função da concentração.
[b]Veja a Seção 3.6.1.2.

ESPECTROSCOPIA DE RMN DE HIDROGÊNIO **185**

APÊNDICE F — CONSTANTES DE ACOPLAMENTO DE SPINS DE HIDROGÊNIOS

Tipo	J_{ab} (Hz)	J_{ab} Típico	Tipo	J_{ab} (Hz)	J_{ab} Típico
>C(H$_a$)(H$_b$)	0–30	12–15	H$_a$C=CH$_b$	6–12	10
CH$_a$—CH$_b$ (rotação livre)	6–8	7	CH$_a$(R)C=C(R)CH$_b$	0–3	1–2
CH$_a$—C—CH$_b$	0–1	0	(R)(R)C=C(CH$_a$)(H$_b$)	4–10	7
ciclohexano H$_a$/H$_b$			(R)(R)C=C(CH$_b$)(H$_a$)	0–3	1,5
ax–ax	6–14	8–10	H$_a$(R)C=C(R)CH$_b$	0–3	2
ax–eq	0–5	2–3	C=CH$_a$—CH$_b$—C	9–13	10
eq–eq	0–5	2–3			
ciclopentano H$_a$/H$_b$ (cis ou trans)	cis 5–1 / trans 5–1		H$_a$C=CH$_b$ (anel) 3 membros	0,5–2,0	
			4 membros	2,5–4,0	
			5 membros	5,1–7,0	
ciclobutano H$_a$/H$_b$ (cis ou trans)	cis 4–12 / trans 2–10		6 membros	8,8–11,0	
			7 membros	9–13	
			8 membros	10–13	
			CH$_a$—C≡CH$_b$	2–3	
			—CH$_a$—C≡C—CH$_b$—	2–3	
ciclopropano H$_a$/H$_b$ (cis ou trans)	cis 7–13 / trans 4–9		H$_a$,H$_b$ epóxido (gem)		6
			H$_a$,H$_b$ epóxido (cis)		4
			H$_a$,H$_b$ epóxido (trans)		2,5
CH$_a$—CH$_b$ (sem troca)	4–10	5	benzeno H$_a$/H$_b$ — J (orto)	6–10	9
			J (meta)	1–3	3
			J (para)	0–1	~0
CH$_a$—C(=O)CH$_b$	1–3	2–3	piridina J (2–3)	5–6	5
			J (3–4)	7–9	8
C=CH$_a$—C(=O)CH$_b$	5–8	6	J (2–4)	1–2	1,5
			J (3–5)	1–2	1,5
H$_a$(R)C=C(R)H$_b$ (trans)	12–18	17	J (2–5)	0–1	1
			J (2–6)	0–1	~0
H$_a$(R)C=C(R)H$_b$ (cis)	0–3	0–2	furano J (2–3)	1,3–2,0	1,8
			J (3–4)	3,1–3,8	3,6
			J (2–4)	0–1	~0
			J (2–5)	1–2	1,5

APÊNDICE F (Continuação)

Tipo	J_{ab} (Hz)	J_{ab} Típico	Tipo	J_{ab} (Hz)	J_{ab} Típico
tiofeno (4,5,S,2,3)	$J(2-3)$ 4,9–6,2 $J(3-4)$ 3,4–5,0 $J(2-4)$ 1,2–1,7 $J(2-5)$ 3,2–3,7	5,4 4,0 1,5 3,4			
			Hidrogênio–Flúor		
pirrol (4,5,N-H,2,3)	$J(1-3)$ 2–3 $J(2-3)$ 2–3 $J(3-4)$ 3–4 $J(2-4)$ 1–2 $J(2-5)$ 1,5–2,5		>C(H$_a$)(F$_b$)	44–81	
			>CH$_a$—CF$_b$<	3–25	
pirimidina (5,6,4,N,N,2)	$J(4-5)$ 4–6 $J(2-5)$ 1–2 $J(2-4)$ 0–1 $J(4-6)$ 2–3		>CH$_a$—C—CF$_b$<	0–4	
			H$_a$\C=C/F$_b$ (cis)	1–8	
tiazol (4,5,S,2,N)	$J(4-5)$ 3–4 $J(2-4)$ ~0 $J(2-5)$ 1–2		H$_a$\C=C/\F$_b$ (trans)	12–40	
			fluorobenzeno—H$_a$	o 6–10 m 5–6 p 2	
			αH$_3$C—C(=O)—CH$_2$F γ β	$\alpha\gamma'''$ 4,3 $\beta\gamma'''$ 48	

Hidrogênio–Fósforo

>P(=O)H	630–707	
(CH$_3$)$_3$P	2,7	
(CH$_3$)$_3$P=O	13,4	
(CH$_3$CH$_2$)$_3$P	0,5 (HCCP) 13,7 (HCP)	
(CH$_3$CH$_2$)$_3$P=O	11,9 (HCCP) 16,3 (HCP)	
CH$_3$P(=O)(OR)$_2$	10–13	
CH$_3$C—P(=O)(OR)$_2$	15–20	
CH$_3$OP(OR)$_2$	10,5–12	
P[N(CH$_3$)$_2$]$_3$	8,8	
OP[N(CH$_3$)$_2$]$_3$	9,5	

Fonte: De acordo com Varian Associates. Valores absolutos. Reproduzido com permissão.

APÊNDICE G — DESLOCAMENTOS QUÍMICOS E MULTIPLICIDADES DE HIDROGÊNIOS RESIDUAIS EM SOLVENTES DEUTERADOS COMERCIALMENTE DISPONÍVEIS (MERCK & CO., INC.)

Composto[a]/Peso Molecular	δ_H (multipleto)	Composto[a]/Peso Molecular	δ_H (multipleto)
Ácido acético-d_4[b] 64,078	11,53 (1) 2,03 (5)	Nitrometano-d_3 64,059	4,33 (5)
Acetona-d_6 64,117	2,04 (5)	Álcool isopropílico-d_8 68,146	5,12 (1) 3,89 (largo) 1,10 (largo)
Acetonitrila-d_3 44,071	1,93 (5)		8,71 (largo)
Benzeno-d_6 84,152	7,15 (largo)	Piridina-d_5 84,133	7,55 (largo) 7,19 (largo)
Clorofórmio-d 120,384	7,26 (1)	Tetra-hidrofurano-d_8 80,157	3,58 (largo) 1,73 (largo)
Ciclo-hexano-d_{12} 96,236	1,38 (largo)	Tolueno-d_8 100,191	7,09 (m) 7,00 (largo)
Óxido de deutério 20,028	4,63 (referência DSS)[c] 4,67 (referência TSP)[c]		6,98 (m) 2,09 (5)
1,2-Dicloroetano-d_4 102,985	3,72 (largo)	Ácido trifluoroacético-d 115,030	11,50 (1)
Dietil-éter-d_{10} 84,185	3,34 (m) 1,07 (m)	2,2,2-Álcool trifluoroetílico-d_3 103,059	5,02 (1) 3,88 (4 × 3)
Diglima-d_{14} 148,263	3,49 (largo) 3,40 (largo) 3,22 (5)		
N,N-Dimetil-formamida-d_7 80,138	8,01 (largo) 2,91 (5) 2,74 (5)		
Dimetil-sulfóxido-d_6 84,170	2,49 (5)		
p-Dioxano-d_8 96,156	3,53 (m)		
Álcool etílico-d_6 52,106	5,19 (1) 3,55 (largo) 1,11 (m)		
Glima-d_{10} 100,184	3,40 (m) 3,22 (5)		
Hexafluoroacetona deuterada 198,067	5,26 (1)		
HMPT-d_{18} 197,314	2,53 (2 × 5)		
Álcool metílico-d_4 36,067	4,78 (1) 3,30 (5)		
Cloreto de metileno-d_2 86,945	5,32 (3)		
Nitrobenzeno-d_5 128,143	8,11 (largo) 7,67 (largo) 7,50 (largo)		

[a] Pureza (Átomo %D) até 99,96% ("100%") para muitos solventes.

[b] Os hidrogênios residuais são um de cada tipo em uma molécula quase totalmente deuterada. Por exemplo, o ácido acético deuterado tem dois tipos de hidrogênios residuais: CD_2H—COOD e CD_3—COOH. O hidrogênio de CD_2H, acoplado com dois núcleos de D, está em δ 2,03 com multiplicidade 5 (isto é, $2nI + 1 = 2 \times 2 \times 1 + 1 = 5$). O hidrogênio carboxílico é um singleto em δ 11,53.

[c] DSS é o sal de sódio do ácido 3-(trimetil-silil)-1-propanossulfônico. TPS é o 3-trimetilpropionato-2,2,3,3-d_4 de sódio. Ambos são padrões de referência e usados em solução em água.

APÊNDICE H — DESLOCAMENTOS QUÍMICOS DE SOLVENTES COMUNS DE LABORATÓRIO COMO TRAÇOS DE IMPUREZAS

	Hidrogênio	Multiplicidade	CDCl$_3$	(CD$_3$)$_2$CO	(CD$_3$)$_2$SO	C$_6$D$_6$	CD$_3$CN	CD$_3$OD	D$_2$O
Pico residual do solvente			7,26	2,05	2,50	7,16	1,94	3,31	4,79
H$_2$O		F	1,56	2,84[a]	3,33[a]	0,40	2,13	4,87	
Ácido acético	CH$_3$	F	2,10	1,96	1,91	1,55	1,96	1,99	2,08
Acetona	CH$_3$	F	2,17	2,09	2,09	1,55	2,08	2,15	2,22
Acetonitrila	CH$_3$	F	2,10	2,05	2,07	1,55	1,96	2,03	2,06
Benzeno	CH	F	7,36	7,36	7,37	7,15	7,37	7,33	
Álcool tert-butílico	CH$_3$	F	1,28	1,18	1,11	1,05	1,16	1,40	1,24
	OH[c]	F			4,19	1,55	2,18		
Tert-Butil-metil-éter	CCH$_3$	F	1,19	1,13	1,11	1,07	1,14	1,15	1,21
	OCH$_3$	F	3,22	3,13	3,08	3,04	3,13	3,20	3,22
BHT[b]	ArH	F	6,98	6,96	6,87	7,05	6,97	6,92	
	OH[c]	F	5,01		6,65	4,79	5,20		
	ArCH$_3$	F	2,27	2,22	2,18	2,24	2,22	2,21	
	ArC(CH$_3$)$_3$	F	1,43	1,41	1,36	1,38	1,39	1,40	
Clorofórmio	CH	F	7,26	8,02	8,32	6,15	7,58	7,90	
Ciclo-hexano	CH$_2$	F	1,43	1,43	1,40	1,40	1,44	1,45	
1,2-Dicloroetano	CH$_2$	F	3,73	3,87	3,90	2,90	3,81	3,78	
Diclorometano	CH$_2$	F	5,30	5,63	5,76	4,27	5,44	5,49	
Dietil-éter	CH$_3$	t, 7	1,21	1,11	1,09	1,11	1,12	1,18	1,17
	CH$_2$	q, 7	3,48	3,41	3,38	3,26	3,42	3,49	3,56
Diglima	CH$_2$	m	3,65	3,56	3,51	3,46	3,53	3,61	3,67
	CH$_2$	m	3,57	3,47	3,38	3,34	3,45	3,58	3,61
	OCH$_3$	F	3,39	3,28	3,24	3,11	3,29	3,35	3,37
1,2-Dimetóxi-etano	CH$_3$	F	3,40	3,28	3,24	3,12	3,28	3,35	3,37
	CH$_2$	F	3,55	3,46	3,43	3,33	3,45	3,52	3,60
Dimetil-acetamida	CH$_3$CO	F	2,09	1,97	1,96	1,60	1,97	2,07	2,08
	NCH$_3$	F	3,02	3,00	2,94	2,57	2,96	3,31	3,06
	NCH$_3$	F	2,94	2,83	2,78	2,05	2,83	2,92	2,90
Dimetil-formamida	CH	F	8,02	7,96	7,95	7,63	7,92	7,97	7,92
	CH$_3$	F	2,96	2,94	2,89	2,36	2,89	2,99	3,01
	CH$_3$	F	2,88	2,78	2,73	1,86	2,77	2,86	2,85
Dimetil-sulfóxido	CH$_3$	F	2,62	2,52	2,54	1,68	2,50	2,65	2,71
Dioxano	CH$_2$	F	3,71	3,59	3,57	3,35	3,60	3,66	3,75
Etanol	CH$_3$	t, 7	1,25	1,12	1,06	0,96	1,12	1,19	1,17
	CH$_2$	q, 7[d]	3,72	3,57	3,44	3,34	3,54	3,60	3,65
	OH	F[c,d]	1,32	3,39	4,63		2,47		
Acetato de etila	CH$_3$CO	F	2,05	1,97	1,99	1,65	1,97	2,01	2,07
	CH$_2$CH$_3$	q, 7	4,12	4,05	4,03	3,89	4,06	4,09	4,14
	CH$_2$CH$_3$	t, 7	1,26	1,20	1,17	0,92	1,20	1,24	1,24
Etil-metilcetona	CH$_3$CO	F	2,14	2,07	2,07	1,58	2,06	2,12	2,19
	CH$_2$CH$_3$	q, 7	2,46	2,45	2,43	1,81	2,43	2,50	3,18
	CH$_2$CH$_3$	t, 7	1,06	0,96	0,91	0,85	0,96	1,01	1,26
Etilenoglicol	CH	F[e]	3,76	3,28	3,34	3,41	3,51	3,59	3,65
("graxa")[f]	CH$_3$	m	0,86	0,87		0,92	0,86	0,88	
	CH$_2$	largo f	1,26	1,29		1,36	1,27	1,29	
n-Hexano	CH$_3$	t	0,88	0,88	0,86	0,89	0,89	0,90	
	CH$_2$	m	1,26	1,28	1,25	1,24	1,28	1,29	
HMPA[g]	CH$_3$	d, 9,5	2,85	2,59	2,53	2,40	2,57	2,64	2,61
Metanol	CH$_3$	F[h]	3,49	3,31	3,16	3,07	3,28	3,34	3,34
	OH	F[gh]	1,09	3,12	4,01		2,16		
Nitrometano	CH$_3$	F	4,33	4,43	4,42	2,94	4,31	4,34	4,40
n-Pentano	CH$_3$	t, 7	0,88	0,88	0,86	0,87	0,89	0,90	
	CH$_2$	m	1,27	1,27	1,27	1,23	1,29	1,29	
2-Propanol	CH$_3$	d, 6	1,22	1,10	1,04	0,95	1,09	1,50	1,17
	CH	septeto, 6	4,04	3,90	3,78	3,67	3,87	3,92	4,02

APÊNDICE H *(Continuação)*

	Hidrogênio	Multiplicidade	CDCl$_3$	(CD$_3$)$_2$CO	(CD$_3$)$_2$SO	C$_6$D$_6$	CD$_3$CN	CD$_3$OD	D$_2$O
Piridina	CH(2)	m	8,62	8,58	8,58	8,53	8,57	8,53	8,52
	CH(3)	m	7,29	7,35	7,39	6,66	7,33	7,44	7,45
	CH(4)	m	7,68	7,76	7,79	6,98	7,73	7,85	7,87
Graxa de silicone[i]	CH$_3$	F	0,07	0,13		0,29	0,08	0,10	
Tetra-hidro-furano	CH$_2$	m	1,85	1,79	1,76	1,40	1,80	1,87	1,88
	CH$_2$O	m	3,76	3,63	3,60	3,57	3,64	3,71	3,74
Tolueno	CH$_3$	F	2,36	2,32	2,30	2,11	2,33	2,32	
	CH(o/p)	m	7,17	7,1–7,2	7,18	7,02	7,1–7,3	7,16	
	CH(m)	m	7,25	7,1–7,2	7,25	7,13	7,1–7,3	7,16	
Trietilamina	CH$_3$	t, 7	1,03	0,96	0,93	0,96	0,96	1,05	0,99
	CH$_2$	q, 7	2,53	2,45	2,43	2,40	2,45	2,58	2,57

[a]Nesses solventes, a velocidade de troca intermolecular é suficientemente lenta para que apareça um pico de HDO. Ele aparece em 2,81 e 3,30 ppm em acetona e DMSO, respectivamente. No primeiro solvente, aparece frequentemente como um tripleto 1:1:1, com $^2J_{H,D}$ = 1 Hz.
[b]2,6-Dimetil-4-*terc*-butilfenol.
[c]Os sinais de hidrogênios lábeis nem sempre foram identificados.
[d]Em alguns casos (veja a nota *a*), observa-se o acoplamento entre os hidrogênios de CH$_2$ e OH (*J* = 5 Hz).
[e]No CD$_3$CN, o hidrogênio de OH é visto em δ 2,69 com acoplamento extra no pico de metileno.
[f]Hidrocarbonetos alifáticos lineares de cadeia longa. Sua solubilidade em DMSO é muito baixa para dar picos visíveis.
[g]Hexametilfosforamida.
[h]Em alguns casos (veja as notas *a,d*), o acoplamento entre CH$_3$ e os hidrogênios de OH podem ser observados (*J* = 5,5 Hz).
[i]Poli(dimetilsiloxano). Sua solubilidade em DMSO é muito pequena para dar picos visíveis.

APÊNDICE I — DESLOCAMENTOS QUÍMICOS NA RMN DOS HIDROGÊNIOS DE AMINOÁCIDOS EM D_2O

Ácido Aspártico (Asp) (D): 3,85; 2,70

Ácido Glutâmico (Glu) (E): 2,33; 3,72; 2,06

Alanina (Ala) (A): 1,46; 3,76

Arginina (Arg) (R): 3,22; 1,67; 1,87; 3,74

Asparagina (Asn) (N): 3,97; 2,91

Cisteína (Cys) (C): 3,95; 3,05

Fenilalanina (Phe) (F): 3,11; 3,27; 3,98; 7,40

Glicina (Gly) (G): 3,52

Glutamina (Gln) (Q): 2,43; 3,73; 2,10

Histidina (His) (H): 3,18; 3,98; 7,84; 7,08

Isoleucina (Ilue) (I): 0,92; 1,24; 1,45; 3,64; 1,95; 0,99

Leucina (Leu) (L): 0,96; 1,70; 3,70; 1,70; 0,96

Lisina (Lys) (K): 1,46; 3,02; 3,73; 1,70; 1,87

Metionina (Met) (M): 2,12; 3,83; 2,12; 2,64

Prolina (Pro) (P): 3,34; 4,11; 2,01; 2,07; 2,32

Serina (Ser) (S): 3,93; 3,85

Tirosina (Tyr) (Y): 4,28; 2,97; 3,13; 6,88; 7,20

Treonina (Thr) (T): 4,22; 3,51; 1,31

Triptofano (Trp) (W): 7,20; 7,54; 3,38; 4,24; 7,28; 7,68; 7,32

Valina (Val) (V): 0,97; 1,02; 2,25; 3,59

CAPÍTULO 4

ESPECTROSCOPIA DE RMN DE CARBONO-13*

4.1 INTRODUÇÃO

Se no início do desenvolvimento da ressonância magnética nuclear os químicos orgânicos tivessem podido escolher, a maior parte deles teria certamente escolhido para estudo o núcleo do carbono de preferência ao do hidrogênio. Afinal, os esqueletos de carbono, anéis e cadeias são a base da química orgânica. O problema, claro, é que os esqueletos de carbono contêm quase que exclusivamente átomos de ^{12}C, que não dão espectros de RMN. O especialista só pode contar com uma quantidade muito pequena de ^{13}C.

Existem diferenças suficientes entre as espectroscopia de ^{13}C e de ^{1}H para justificar, do ponto de vista pedagógico, capítulos separados. No entanto, com o conhecimento dos conceitos básicos de RMN adquirido no Capítulo 3, o domínio da espectroscopia de ^{13}C será mais rápido.

O núcleo de ^{12}C não é magneticamente "ativo" (o número de spin, I, é igual a zero). O núcleo de ^{13}C, porém, tem, como o núcleo ^{1}H, número de spin igual a 1/2. Como, entretanto, a abundância natural de ^{13}C é só 1,1% da de ^{12}C e sua razão giromagnética é somente cerca de um quarto da de ^{1}H, a sensibilidade total de ^{13}C em comparação com ^{1}H é de cerca de 1/5870. Por causa da pequena abundância natural de ^{13}C, é baixa a probabilidade de ocorrência de átomos de ^{13}C adjacentes. Isso praticamente elimina a complicação provocada pelos acoplamentos ^{13}C–^{13}C.

4.2 TEORIA

O embasamento teórico da ressonância magnética nuclear já foi apresentado no Capítulo 3. Devemos, entretanto, ressaltar alguns dos principais aspectos da ^{13}C-RMN que diferem da ^{1}H-RMN, listados a seguir:

- Nos espectro de ^{13}C com desacoplamento de hidrogênio comumente usado (veja a Seção 4.2.1), os picos são singletos, exceto quando a molécula contém outros núcleos ativos, como ^{2}H, ^{31}P ou ^{19}F.
- Os picos de ^{13}C distribuem-se em uma faixa mais ampla em comparação com a faixa dos hidrogênios.
- As intensidades dos picos de ^{13}C não se correlacionam com o número de átomos de carbono em um espectro de rotina devido a valores maiores de T_1 e NOE.
- Os núcleos de ^{13}C são muito menos abundantes e muito menos sensíveis do que os hidrogênios. Amostras maiores e maiores tempos de irradiação são necessários.

- As multiplicidades dos picos de ^{13}C e ^{1}H, em um dado solvente deuterado, são diferentes.

À primeira vista, algumas dessas informações poderiam desencorajar o uso dos espectros de ^{13}C. Entretanto, as soluções engenhosas encontradas para essas dificuldades transformaram a espectroscopia de ^{13}C em uma metodologia poderosa, como confirmaremos neste capítulo. Na verdade, a interpretação simultânea dos espectros de ^{13}C e ^{1}H dá informações complementares.

4.2.1 Técnicas de Desacoplamento de ^{1}H

Nos espectros de ^{1}H-RMN, os picos principais não mostram os efeitos do acoplamento J com os átomos de carbono porque 98,9% deles são do isótopo ^{12}C ($I = 0$). Os hidrogênios que se acoplam ao 1,1% de átomos de carbono que são do isótopo ^{13}C *mostram* multipletos de acoplamento J nos espectros de ^{1}H-RMN, mas esses "satélites" dos picos principais só respondem por 1,1% da intensidade espectral total. Ao contrário, porque o isótopo ^{1}H tem abundância de praticamente 100%, os sinais de ^{13}C-RMN mostram claramente os efeitos do acoplamento J com ^{1}H. Por causa dos valores altos de $^{1}J_{CH}$ em ^{13}C—^{1}H (~110–320 Hz) e dos valores apreciáveis de $^{2}J_{CH}$ e $^{3}J_{CH}$ em ^{13}C—C—^{1}H e ^{13}C—C—C—^{1}H (~0–60 Hz), os espectros de ^{13}C com acoplamento com hidrogênios mostram, usualmente, sobreposição complexa de multipletos de difícil interpretação (Figura 4.1a). O espectro do colesterol com acoplamento de hidrogênio é complexo e muito difícil de decifrar.

Um desenvolvimento importante para aliviar esse problema foi o uso do desacoplamento de banda larga, isto é, a irradiação e saturação dos hidrogênios ligados com detecção dos sinais de ^{13}C. A irradiação dos hidrogênios em uma faixa larga de frequências por meio de um gerador de banda larga ou com o desacoplamento com pulso composto** (CPD) remove esses acoplamentos. Na Figura 4.1b, o espectro de ^{13}C do colesterol com desacoplamento de hidrogênio mostra 27 picos simples, cada um correspondendo a um dos átomos de carbono. Para não avançar muito depressa, deixaremos a discussão da interpretação dos espectros de ^{13}C para as Seções 4.3 e 4.7.

A Figura 4.2a mostra o programa padronizado da obtenção de um espectro de ^{13}C com desacoplamento de hidrogênios. A sequência é um atraso de relaxação (R_d) (veja a Seção 4.2.3), um pulso rf (θ) e a aquisição do sinal (t). O desacoplador no

---
*Pressupõe-se familiaridade com o Capítulo 3.

**O desacoplamento com pulso composto é descrito como uma sequência contínua de pulsos compostos. Veja Claridge (1999) nas referências para mais detalhes.

192 CAPÍTULO 4

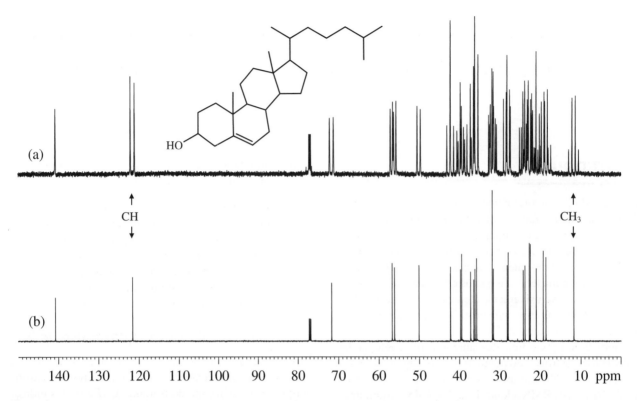

FIGURA 4.1 (a) Espectro de ^{13}C do colesterol com hidrogênios acoplados. (b) Espectro de ^{13}C do colesterol com hidrogênios desacoplados. Ambos em CDCl$_3$ em 150,9 MHz.

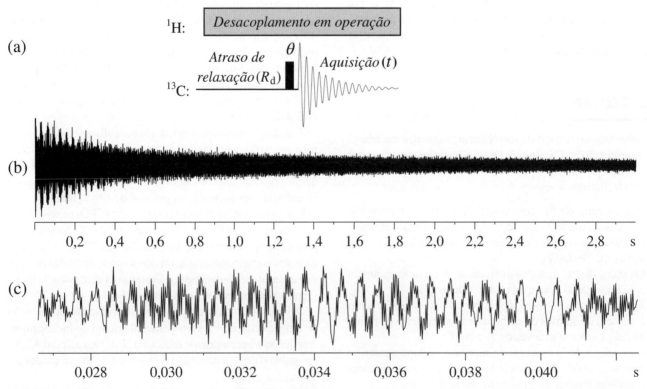

FIGURA 4.2 (a) Sequência padrão de pulsos para o desacoplamento de hidrogênio no espectro de ^{13}C. R_d é o atraso de relaxamento, θ é o ângulo variável de pulso, t é o tempo de aquisição. (b) FID resultante da sequência de pulsos mostrada em (a) para o colesterol em 150,9 MHz em CDCl$_3$. (c) Pequena seção expandida do FID.

canal de hidrogênios remove o acoplamento ¹H—¹³C, enquanto um pulso rf curto e poderoso (da ordem de alguns microssegundos) excita simultaneamente todos os núcleos ¹³C. Como a frequência central do pulso está ligeiramente fora de ressonância em todos os núcleos ¹³C, cada núcleo mostra um FID em forma de senoide com decaimento exponencial. As frequências das ondas senoidais levam diretamente às várias frequências dos picos do espectro de RMN.

A Figura 4.2b é uma representação dos FID do espectro de RMN de ¹³C desacoplado do colesterol. A Figura 4.2c é uma pequena seção expandida dos FID da Figura 4.2b. O FID complexo é o resultado da superposição de várias ondas senoidais que resultam em um padrão de interferência. Uma série de pulsos repetidos, aquisições de sinais e atrasos de relaxação forma o sinal por meio de um processo conhecido como compensação de sinais. A transformação de Fourier feita pelo computador converte os FID acumulados (um espectro no domínio do tempo) no espectro convencional desacoplado de ¹³C-RMN do colesterol, no domínio de frequências (em 150,9 MHz em CDCl₃). Veja a Figura 4.1b.

O resultado, na ausência de outros núcleos capazes de acoplamento, como ²H, ³¹P ou ¹⁹F, é um único sinal agudo para cada átomo ¹³C não equivalente do composto, exceto no caso pouco frequente de coincidência dos deslocamentos químicos de ¹³C. Veja na Figura 4.1b o espectro de ¹³C-RMN do colesterol com desacoplamento de ¹H e compare sua simplicidade com o espectro com acoplamento ¹H na Figura 4.1a. Observe que, quando ¹³C é desacoplado de ¹H, perde-se a informação útil da "multiplicidade" do carbono (regra $n + 1$). Na Figura 4.1a, o grupo metila é um quarteto $(3 + 1)$ e um grupo metino é um dubleto $(1 + 1)$. Uma discussão mais completa dos multipletos se encontra nas Seções 4.2.5 e 4.3. Existem técnicas, porém, como a sequência DEPT (Seção 4.6), que fornecem essa informação de forma mais simples.

4.2.2 Escala e Faixa de Deslocamento Químico

Como acontece na ¹H-RMN, o eixo de frequências da ¹³C-RMN é convertido em uma escala sem unidades. Essa escala está em unidades δ (ppm). Os deslocamentos químicos observados na rotina dos espectros de ¹³C vão até cerca de 220 ppm a partir do TMS, uma faixa aproximadamente 20 vezes maior do que a dos espectros de ¹H-RMN comuns (~10 ppm). Em consequência dessa larga faixa e do fato de os sinais desacoplados serem agudos, as coincidências entre deslocamento químicos de ¹³C são incomuns e as impurezas são facilmente detectadas. Até mesmo os espectros de misturas fornecem informações úteis. (Veja no Apêndice B uma lista de impurezas comuns.) Por exemplo, os diasterômeros, que são de análise difícil por espectroscopia ¹H, mostram usualmente sinais diferenciados de ¹³C-RMN.

A equação fundamental da RMN $[\nu = (\gamma/2\pi)B_0]$ é usada para calcular a frequência de ressonância do núcleo ¹³C em dada intensidade de campo magnético. Por exemplo, um instrumento em 600 MHz (para ¹H) é usado em 150,9 MHz para produzir um espectro de ¹³C. A razão é 4:1. A razão de frequências está diretamente relacionada com as razões magnetogíricas γ, que são (em unidades 10^7 rad.T⁻¹ s⁻¹) 26.753 e 6.728 para ¹H e ¹³C, respectivamente (veja o Apêndice A no Capítulo 6). Por um capricho da história, um instrumento é identificado comumente pela frequência de ressonância do hidrogênio sem levar em conta o núcleo que está sendo estudado.

A Figura 4.3 apoia a declaração de que os deslocamentos químicos de ¹³C são mais ou menos paralelos aos de ¹H, mas é possível perceber algumas discrepâncias que não são facilmente explicáveis e exigem o desenvolvimento de outras habilidades de interpretação (veja a Seção 4.7). Em geral, em comparação com os espectros de ¹H, é mais difícil correlacionar os deslocamentos de ¹³C com a eletronegatividade dos substituintes.

4.2.3 Relaxação T_1

Ao contrário dos espectros de ¹H-RMN, em que a integração dos sinais representa a razão entre os hidrogênios, a integração dos picos de ¹³C nos espectros de rotina não se correlaciona com a razão entre os átomos de carbono. Existem dois fatores importantes que explicam o problema das intensidades dos picos nos espectros de ¹³C-RMN:

- O processo de relaxação spin-rede, representado por T_1 (também chamado de relaxação de longitude), varia muito para átomos de carbono em diferentes grupos funcionais e ambientes químicos.
- Os NOE mais intensos são os dos carbonos ligados a hidrogênios (Seção 4.2.4).

Como vimos na Seção 3.2.3, os tempos de relaxação T_1 e T_2 são curtos para os hidrogênios, o que leva à proporcionalidade entre o número de hidrogênios envolvidos e a área dos picos agudos. Nos espectros de ¹³C com desacoplamento de hidrogênios, entretanto, grandes valores de T_1 para carbonos quaternários, provocados pela ausência de interações dipolo–dipolo com os prótons diretamente ligados podem levar à detecção parcial do sinal possível. Esse efeito pode ser evitado pelo uso de um intervalo de atraso (R_d) entre os pulsos aplicados (veja a Figura 4.2a). O atraso de relaxamento deve ser cuidadosamente verificado na aquisição dos dados de ¹³C, porque os sinais podem ser totalmente perdidos se R_d é muito curto. Na rotina, costuma-se atingir um compromisso entre o tempo do instrumento e a sensibilidade. Costuma-se usar um ângulo de pulso (θ) igual a 45° e um pequeno atraso de poucos segundos (valor ótimo de $1,27T_1$) para moléculas pequenas. Para moléculas maiores, que têm usualmente valores de T_1 muito menores, podem-se usar R_d mais curtos.

Às vezes, é necessário medir T_1 para garantir que os sinais fracos não sejam perdidos no "ruído" ou quando se deseja obter resultados quantitativos. A Figura 4.4 ilustra o método de inversão-recuperação para a determinação de T_1. Em geral, T_1 diminui com o número de hidrogênios diretamente ligados ao núcleo ¹³C. Em outras palavras, os núcleos ¹³C quaternários dão os picos de menor intensidade (Figura 4.4d). Eles também correspondem à recuperação mais lenta no método de inversão–recuperação. Entretanto, é frequentemente difícil discriminar CH₃, CH₂ e CH somente na base dos valores de

T_1 porque outros fatores também estão envolvidos no processo. Os valores de T_1 cobrem uma faixa de vários segundos para os grupos CH_3 até mais de um minuto para alguns núcleos de ^{13}C quaternários. Como referência, valores de T_1 medidos para os vários grupos funcionais de carbono em 3,5-dimetilciclo-hexa-2-eno-1-ona são de dois a seis segundos para os grupos metila, cerca de três segundos para os metilenos, cinco segundos para os metinos, e de 30 a 40 segundos para os carbonos quaternários (Freeman e Hill, 1970). É recomendável usar um atraso de pulso da ordem de $5T_1$, aproximadamente, para os núcleos de ^{13}C que não se ligam a hidrogênios. Esse atraso apreciável deve ser tolerado quando se deseja um espectro quantitativo.

A sequência total de pulsos na Figura 4.4a é a seguinte: Relaxação — pulso de 180° — intervalo de tempo variável — pulso de 90° — aquisição durante o desacoplamento.

Na Figura 4.4b, o momento magnético resultante, M_0, é representado pelo vetor vertical em negrito. O primeiro pulso inverte o vetor no sentido anti-horário (180°) até o eixo $-z$. Após um curto intervalo de tempo ($\Delta\tau$), durante o qual a seta se desloca um pouco para a direção vertical original, aplica-se um pulso de 90° que roda o vetor no sentido horário e o coloca sobre o eixo $-y$, que está para a esquerda em 270°. Nesse ponto, o detector colocado sobre o eixo y lê o sinal como menos intenso e negativo, isto é, apontando para baixo no espectro. Lembramos que o detetor aceita o sinal normal a 90° como positivo, logo apontando para cima no espectro em fase.

Na Figura 4.4c, $\Delta\tau$ aumentou de modo a permitir que o vetor invertido continue a ser recuperado — na verdade, para além do ponto de equilíbrio. Ele está de novo ligeiramente menor e apontando para cima. O pulso de 90° roda o vetor no sentido horário e é registrado como um sinal positivo.

Na Figura 4.4d, a sequência de inversão–recuperação foi repetida oito vezes para o ftalato de dietila (veja a Seção 4.4 para uma interpretação completa do espectro do ftalato de dietila) com incrementos de tempo, $\Delta\tau$, cada vez mais longos. É claro que a maior parte dos sinais tem pontos de equilíbrio diferentes, o que significa que eles têm valores diferentes de T_1. Como vimos anteriormente, o sinal de C=O em cerca de δ 167 tem a recuperação mais lenta no experimento de inversão–recuperação. Seu sinal se inverte entre o sétimo e o oitavo espectro, enquanto o sinal de metila em $\sim\delta$ 13 ppm se inverte entre o quarto e o quinto espectro. T_1 pode ser calculado com a seguinte fórmula: $T_1 = t_{equilíbrio}/\ln(2)$, que dá valores aproximados, suficientes para a maior parte das aplicações.

4.2.4 Efeito Overhauser Nuclear (NOE)

Na Seção 3.16, descrevemos o efeito Overhauser nuclear (NOE) entre hidrogênios. Veremos agora o NOE heteronuclear, que resulta do desacoplamento de hidrogênios com banda larga dos espectros de ^{13}C-RMN (veja a Figura 4.1b). O efeito final do NOE nos espectros de ^{13}C-RMN é o aumento da intensidade dos picos de carbonos ligados a hidrogênios. O aumento de intensidade é consequência da inversão das populações de spins em relação à distribuição de Boltzmann esperada. A extensão do aumento depende do máximo teórico

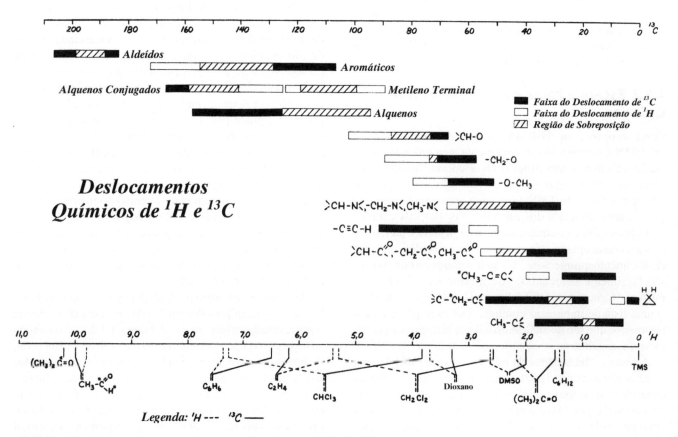

FIGURA 4.3 Comparação entre os deslocamentos químicos de ^1H e de ^{13}C.

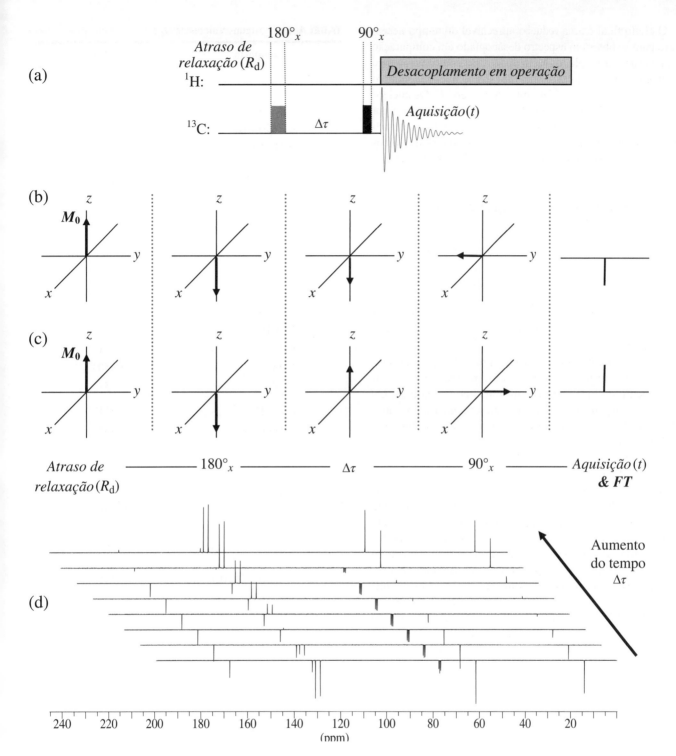

FIGURA 4.4 (a) Sequência de pulsos de recuperação invertida com desacoplamento de hidrogênio controlado inverso para a medida de T_1. (b) Tempo $\Delta\tau$ curto. (c) Tempo $\Delta\tau$ longo. (d) Exemplo de um conjunto de dados de T_1 para o espectro de ^{13}C do ftalato de dietila em 75,5 MHz. Veja a Seção 4.3 para a interpretação completa do espectro do ftalato de dietila.

e do modo de relaxação. O aumento máximo teórico possível é igual à metade da razão das razões magnetogíricas (γ) dos núcleos, mas o aumento observado é proporcional à extensão da relaxação dipolar de ^{13}C—^1H. Em um experimento de ^{13}C com desacoplamento de hidrogênios, o aumento NOE máximo possível é $\gamma_H/(2)\gamma_C$ ou 26,753/(2)6,728, isto é, 1,98. O aumento efetivo da sensibilidade é de quase *três vezes* porque a intensificação NOE se soma à intensidade original.

A intensificação real do sistema ^{13}C—^1H fica entre 0 e 1,98, dependendo do mecanismo de relaxação de cada núcleo. Na prática, a intensificação dos carbonos não ligados a hidrogênios é essencialmente zero porque não há quase nenhuma relaxação dipolar de ^{13}C—^1H. No caso de moléculas orgânicas pequenas ou de tamanho médio, a relaxação dipolar ^{13}C—^1H é muito eficiente para carbonos ligados a hidrogênios e chega perto do aumento ideal de três vezes do sinal.

O efeito final é uma redução apreciável do tempo necessário para se obter um espectro desacoplado em comparação com o espectro acoplado. Além disso, essa contribuição para o aumento da intensidade é uma função não linear do número de hidrogênios ligados a determinado núcleo ^{13}C. Os núcleos ^{13}C que não estão ligados a hidrogênios se caracterizam por picos de baixa intensidade (veja a Figura 4.1b). Essas contribuições erráticas fazem com que as intensidades dos picos não se correlacionem com o número de núcleos ^{13}C que eles deveriam representar.

4.2.5 Acoplamento de Spin ^{13}C—^{1}H (Valores de *J*)

Os valores de *J* — pelo menos em uma primeira aproximação — são menos importantes em ^{13}C-RMN do que em ^{1}H-RMN. Como os espectros de rotina de ^{13}C são usualmente desacoplados, os valores dos acoplamentos ^{13}C—^{1}H são ignorados para que se possam obter os espectros livres de absorções sobrepostas em menos tempo ou com menores quantidades de amostra.

No espectro do colesterol na Figura 4.1a, os acoplamentos *J* foram mantidos, com o uso da técnica do desacoplamento de hidrogênios com pulso controlado (*gated proton decoupling*) em substituição à técnica de desacoplamento com banda larga. A técnica de desacoplamento de hidrogênio com pulso controlado permite reter pelo menos parte do NOE (Seção 4.2.3) e ainda manter o acoplamento C—H, pode-se usar a técnica do "desacoplamento com pulso controlado" (Figura 4.5). Em resumo, o desacoplador de hidrogênio com banda larga é ligado durante o período de atraso de relaxação, depois desligado durante o breve período de aquisição. O NOE (um processo lento) se acumula durante o longo período de atraso (da ordem de segundos). O acoplamento, um processo rápido, ocorre imediatamente e mantém-se durante o período de aquisição. O resultado é um espectro com acoplamento em que parte do NOE foi mantido, salvando tempo em comparação com a aquisição direta de um espectro de ^{13}C com acoplamento de hidrogênio adquirido sem desacoplamento com pulso controlado.

Demonstramos a utilidade do acoplamento de spin na Figura 4.1a, em que os acoplamentos $^{1}J_{CH}$ têm interesse. A Tabela 4.1 dá alguns valores representativos de $^{1}J_{CH}$.

TABELA 4.1 Alguns Valores de $^{1}J_{CH}$

Composto	J(Hz)
sp^3	
CH_4	125,0
CH_3CH_3	124,9
$CH_3\underline{C}H_2CH_3$	119,2
$(CH_3)_3CH$	114,2
ciclohexano—H	123
ciclopentano—H	128
$PhCH_3$	129
CH_3NH_2	133
ciclobutano—H	134
$ROCH_3$	140
CH_3OH	141
CH_3Cl	150
CH_3Br	151
ciclopropano—H	161
$(CH_3O)_2C\underline{H}_2$	162
CH_2Cl_2	178
epóxido—H	180
biciclobutano—H	205
$CHCl_3$	209
sp^2	
$CH_3\underline{C}H{=}C(CH_3)_2$	148
$CH_2{=}CH_2$	156
C_6H_6	159
ciclopenteno—H	160
$C{=}C{=}C—H$	168
ciclobuteno—H	170
$CH_3\underline{C}HO$	172
piridina—H	178
$NH_2\underline{C}H{=}O$	188
${=}COH(OR)$	195
$CH_3\underline{C}HX$, X=halogênio	198
ciclopropeno—H	238
sp	
$CH{\equiv}CH$	249
$C_6H_5C{\equiv}CH$	251
$HC{\equiv}N$	269

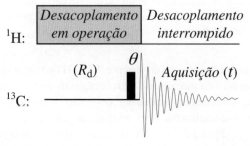

FIGURA 4.5 Sequência de pulsos de desacoplamento de hidrogênio controlado. R_d é o atraso de relaxação, θ é um ângulo de pulso variável, *t* é o tempo de aquisição.

Os acoplamentos ^{13}C—^{1}H ($^{1}J_{CH}$) variam entre 110 e 320 Hz, aumentando com o caráter *s* da ligação ^{13}C—^{1}H, com substituição de grupos que retiram elétrons no átomo de carbono e com a distorção dos ângulos. Acoplamentos ^{13}C—^{1}H apreciáveis também ocorrem através de duas ou mais (*n*) ligações ($^{n}J_{CH}$). A Tabela 4.2 dá alguns valores representativos de $^{2}J_{CH}$, que variam entre 5 e 60 Hz.

Os valores de $^{3}J_{CH}$ são até certo ponto comparáveis aos de $^{2}J_{CH}$ de átomos de carbono sp^3. No caso de anéis aromáticos, porém, os valores de $^{3}J_{CH}$ são caracteristicamente maiores do que os de $^{2}J_{CH}$. No benzeno, $^{3}J_{CH}$ = 7,6 Hz e $^{2}J_{CH}$ = 1,0 Hz (veja a Tabela 4.2).

Acoplamento de ^{13}C com vários outros núcleos, os mais importantes dos quais são ^{31}P, ^{19}F e ^{2}D, pode ser observado nos espectros com desacoplamento de hidrogênio. Constantes de acoplamento representativas estão na Tabela 4.3.

TABELA 4.2 Alguns Valores de $^{2}J_{CH}$

Composto	*J*(Hz)
*sp*³	
CH₃CH₃	−4,5
CH₃CCl₃	5,9
RC(=O)CH₃	6,0
CH₃CH=O	26,7
*sp*²	
*C₆H₆	1,0
CH₂=CH₂	2,4
C=C(CH₃)H	5,0
(CH₃)₂C=O	5,5
CH₂=CHCH=O	26,9
sp	
CH≡CH	49,3
C₆H₅OC≡CH	61,0

*³*J* = 7,6 Hz (>²*J*).

TABELA 4.3 Algumas Constantes de Acoplamento entre ^{13}C e ^{19}F, ^{31}P e D

Composto	¹*J*(Hz)	²*J*(Hz)	³*J*(Hz)	⁴*J*(Hz)
CH₃CF₃	271			
CF₂H₂	235			
CF₃CO₂H	284	43,7		
C₆H₅F	245	21,0	7,7	3,3
(C₄H₉)₃P	10,9	11,7	12,5	
(CH₃CH₂)₄P⁺Br⁻	49,0	4,3		
(C₆H₅)₃P⁺CH₃I⁻	88,0	10,9		
	¹*J*(Hz) de CH₃ = 52			
C₂H₅ (P=O)(OC₂H₅)₂	143		7,1 (J_{COP})	6,9 (J_{CCOP})
(C₆H₅)₃P	12,4		19,6	6,7
CDCl₃	31,5			
CD₃(C=O)CD₃	19,5			
(CD₃)₂SO	22,0			
C₆D₆	25,5			

4.2.6 Sensibilidade

Os núcleos ^{13}C são muito menos abundantes e sensíveis do que os núcleos de hidrogênio. São necessárias amostras maiores e tempos de aquisição mais longos para a obtenção de boas razões sinal-ruído. Voltemos à questão da sensibilidade dos experimentos de RMN-FT pulsados nos quais a relação sinal/ruído (*S/N*) é proporcional a vários fatores dentro do controle do experimento (veja a equação dada na Seção 3.3.2).

Podemos perceber que *S/N* cresce proporcionalmente a $\sqrt{ns}$, em que *ns* é o número de varreduras ou repetições do programa de pulsos. Essa relação não é um problema sério nos experimentos de ^{1}H, em que alguns μg a mg de material são suficientes para a obtenção de boas *S/N* com poucas varreduras. Como mencionamos, ^{13}C é ~6000 vezes menos sensível do que ^{1}H e, portanto, exige mais amostra (*N*) e campos B_0 mais intensos (ou melhor tecnologia de amostragem, isto é, um recipiente de amostra refrigerado) ou o aumento do número de varreduras (*ns*).

Na maioria dos laboratórios, a única alternativa é aumentar *ns*, mas para dobrar *S/N* é necessário aumentar quatro vezes o número de varreduras. O processo aumenta rapidamente o tempo do experimento devido à necessidade de 1, 4, 16, 64, 256, 1024, (1k), 2k, 4k, 16k, 64k... varreduras. Outra solução é apresentada na Seção 5.4.2, em que descrevemos um experimento que aproveita a sensibilidade maior de um núcleo (^{1}H) que transfere energia para outro núcleo (^{13}C) menos sensível.

Um espectro de ^{13}C de rotina em 75,5 MHz normalmente exige cerca de 10 mg de amostra em 0,5 mL de solvente deuterado em um tubo de 5 mm de diâmetro interno. Amostras da ordem de 100 μg podem ser manipuladas em recipientes de amostra que aceitam tubos de 2,5 mm de diâmetro interno, o que aumenta a sensibilidade (veja a Seção 3.3).

4.2.7 Solventes

As amostras para a espectrometria de RMN de ^{13}C são usualmente dissolvidas em CDCl₃, e o pico de ^{13}C do tetrametilsilano (TMS) é usado como referência interna secundária (77,0 ppm em relação ao TMS). O TMS interno também pode ser ajustado para 0 ppm, se presente no solvente. O Apêndice A dá uma lista de solventes deuterados comuns.

Os picos de ^{13}C e ^{1}H de um dado solvente deuterado diferem em multiplicidade. É importante notar a diferença em aparência entre os picos de solvente no espectro de hidrogênio e no espectro de ^{13}C. Por exemplo, o singleto familiar em δ 7,26 no espectro de hidrogênio é resultado de uma pequena quantidade de CHCl₃ presente no solvente CDCl₃. O pico de ^{1}H não se divide porque ^{12}C é magneticamente inativo e o núcleo Cl tem um momento de quadrupolo elétrico muito forte. A pequena quantidade de ^{13}C presente não é suficiente para produzir um dubleto identificável. (Veja a Seção 3.7.) No caso de um outro solvente útil, o dimetilsulfóxido-d₆, o quinteto em δ 2,49 do espectro de hidrogênio é o resultado dos hidrogênios da impureza, divididos por D₂: HCD₂—S(=O)—CD₃. O sinal de hidrogênio é dividido por dois núcleos de deutério com número de spin I igual a um. A multiplicidade pode ser calculada pela fórmula familiar $2nI + 1$, logo, $2 \times 2 \times 1 + 1 = 5$. O grupo —$CD_3$ não interfere porque está em um sistema de spin diferente.

Em um espectro típico de ^{13}C, o solvente $CDCl_3$ deixa um tripleto centrado em $\delta\,77,0$. Agora, porém, a presença de uma pequena quantidade de $CHCl_3$ é irrelevante, porque todos os hidrogênios estão desacoplados devido ao procedimento de desacoplamento de banda larga, e o sinal de $CDCl_3$ é muito mais forte. O tripleto é o resultado da divisão do pico de ^{13}C pelo núcleo D. A fórmula $2nI + 1$ dá $2 \times 1 \times 1 + 1 = 3$. A razão entre as intensidades é 1:1:1. No caso de $CD_3S(\!=\!O)CD_3$, a fórmula dá $2 \times 3 \times 1 + 1 = 7$. O multipleto em δ 39,7 é um septeto com constante de acoplamento igual a 21 Hz. A razão entre as intensidades é 1:3:6:7:6:3:1 (veja o Apêndice A). O diagrama a seguir é o análogo do triângulo de Pascal dos hidrogênios para o deutério (veja a Figura 3.32 para o equivalente dos ^1H).

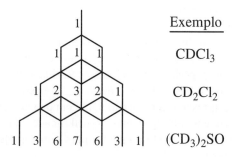

A substituição de H por D em um carbono diminui drasticamente o tamanho do sinal de ^{13}C em um espectro com desacoplamento de banda larga pelas seguintes razões. Como o deutério tem número de spin igual a 1 e momento magnético igual a $\frac{1}{6,5}$ do de ^1H, ele dividirá o pico de ^{13}C em três linhas (razão 1:1:1), com J igual a $0,154 \times J_{CH}$. Além disso, T_1 é mais longo para ^{13}C—D do que para ^{13}C—^1H devido à menor relaxação dipolo–dipolo. Por fim, o NOE é perdido porque o deutério não é irradiado.* Um pico separado também pode ser visto para qualquer resíduo ^{13}C—^1H porque o efeito isotópico usualmente provoca um pequeno deslocamento da absorção de ^{13}C—D para frequências mais baixas (cerca de 0,2 ppm por átomo D). O efeito isotópico também pode reduzir ligeiramente a absorção dos átomos de carbono afastados do carbono deuterado em relação ao solvente não deuterado. Como um exemplo, o benzeno deuterado puro, um solvente comum de RMN, dá um tripleto 1:1:1 centrado em δ 128,0 em um espectro desacoplado. J é igual a 25 Hz. Nas mesmas condições, o benzeno puro (C_6H_6) dá um simpleto em δ 128,5 (veja a Tabela 4.12 e o Apêndice A).

---

*A mesma explicação é válida para os sinais de ^{13}C relativamente fracos dos solventes deuterados. Além disso, as moléculas pequenas dos solventes se movimentam rapidamente, o que aumenta T_1, logo, observam-se picos de ^{13}C menores na ausência de relaxação completa. O clorofórmio deuterado, $CDCl_3$, tem um tripleto 1:1:1, o p-dioxano deuterado, um quinteto 1:2:3:2:1, e o DMSO deuterado um septeto 1:3:6:7:6:3:1, de acordo com a regra $2nI + 1$ (Capítulo 3). O Apêndice A dá os deslocamentos químicos, as constantes de acoplamento e as multiplicidades dos átomos ^{13}C de solventes comuns de RMN.

4.3 INTERPRETAÇÃO DE UM ESPECTRO SIMPLES DE ^{13}C: O FTALATO DE DIETILA

Embora ainda não tenhamos discutido as classes de deslocamentos químicos (Seção 4.7), é possível discutir as atribuições dos picos do ftalato de etila com o que já sabemos, isto é, as intensidades dos picos, o acoplamento ^{13}C—^1H e a expectativa dos deslocamentos químicos em relação ao que já aprendemos no capítulo referente ao hidrogênio. T_1 e NOE afetam as intensidades dos picos, que, portanto, não são representativas do número de carbonos. Isso, porém, é uma vantagem. É possível reconhecer os núcleos que não estão ligados a hidrogênios por sua intensidade baixa (Figura 4.6a $C\!=\!O$ e o pico 1). O mecanismo comum de relaxação spin-rede leva, no caso de ^{13}C, a interações dipolo–dipolo com os hidrogênios diretamente ligados aos carbonos. Assim, os átomos de carbono não hidrogenados têm tempos de relaxação T_1 mais longos, o que, junto com pouco ou nenhum NOE, leva a picos pouco intensos. É, portanto, frequentemente possível reconhecer com facilidade os picos de carbonila (exceto formila), nitrila, alquenos e alquinos não hidrogenados e outros átomos de carbono quaternários.

Como o ftalato de dietila ($C_{12}H_{14}O_4$) tem um eixo de simetria (e um plano de simetria), o espectro totalmente desacoplado da Figura 4.6a tem seis picos. Como não há acoplamentos, os picos são singletos, e não há sobreposição. Ao examinar os deslocamentos químicos, podemos observar semelhanças com a distribuição dos deslocamentos químicos de ^1H (veja a Figura 4.3 e o Apêndice C). Podemos, por exemplo, esperar que os grupos alquila estejam no lado direito do espectro de ^{13}C, com os picos de CH_2 à esquerda dos picos de CH_3. Parece seguro atribuir o conjunto de três picos fortemente desblindados aos carbonos do anel aromático. O grupo $C\!=\!O$ está na extrema esquerda. Podemos perceber que o núcleo de ^{13}C (marcado com o número 1) do anel aromático que não está ligado a hidrogênio dá um sinal muito menos intenso. O mesmo se aplica ao grupo $C\!=\!O$.

O acoplamento ^1J da Figura 4.6b dá as multiplicidades, isto é, o número de hidrogênios diretamente ligados dos carbonos. Esses acoplamentos confirmam a atribuição dos deslocamentos químicos que fizemos. Assim, da direita para a esquerda, vemos o quarteto do grupo CH_3 (a regra $n + 1$) e o tripleto de CH_2. Aparecem, então, um conjunto de dois dubletos dos dois grupos aromáticos CH e o singleto do átomo de carbono que não está ligado a hidrogênios (carbono 1). Por fim, temos o singleto de $C\!=\!O$ na frequência mais alta.

Na Figura 4.6c, podemos ver a expansão do quarteto mostrado na Figura 4.6b. Cada pico é agora um tripleto proveniente do acoplamento ^2J do núcleo ^{13}C de metila com os hidrogênios do grupo CH_2 adjacente. Esses acoplamentos são muito menores do que os acoplamentos ^1J.

Na Figura 4.6d, vemos a expansão do tripleto de CH_2 mostrado na Figura 4.6b, e cada pico é agora um quarteto proveniente do acoplamento ^2J com os hidrogênios de CH_3. Na Figura 4.6e, vemos a expansão do dubleto à direita do conjunto de sinais de aromáticos (2 na Figura 4.6b). Cada pico desse dubleto é dividido por acoplamento ^2J e ^3J com os hidrogênios vizinhos.

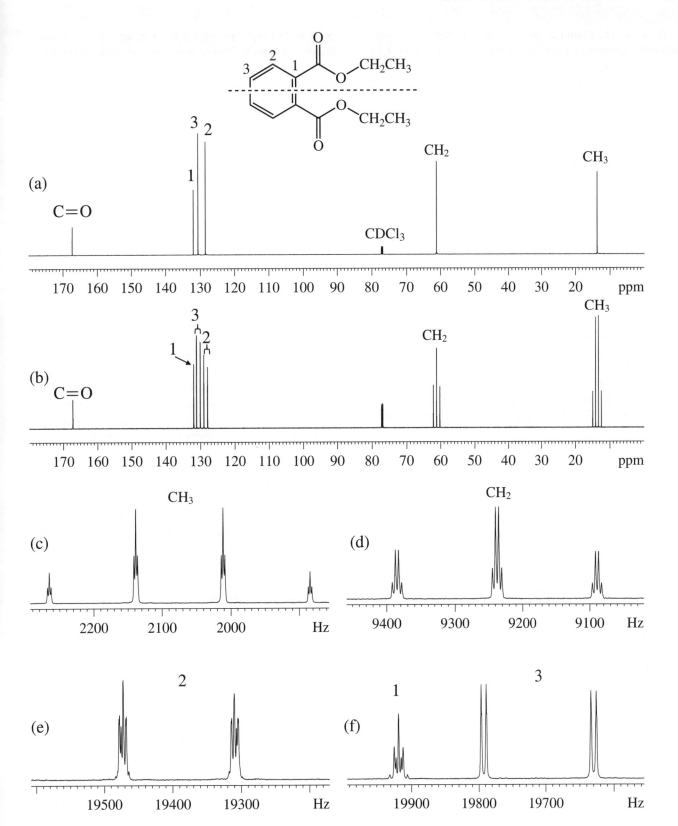

FIGURA 4.6 (a) Espectro ¹³C-RMN do ftalato de dietila com desacoplamento dos hidrogênios na frequência de Larmor 150,9 MHz em CDCl₃. (b) Espectro de ¹³C-RMN acoplado. (c) a (f) Expansões do espectro de ¹³C-RMN acoplado.

A expansão mostrada em 4.6f corresponde ao dubleto da Figura 4.6b (marcado como 3). Cada pico do dubleto é dividido pelos acoplamentos ^2J e ^3J. A expansão do singleto remanescente do conjunto de carbonos do anel aromático (Figura 4.6b) mostra que o pico não é dividido por acoplamento forte porque não existem hidrogênios ligados. Ele é, porém, dividido por acoplamentos fracos ^2J e ^3J e está claramente ligado ao núcleo 1.

O átomo de carbono 2 é *orto* e *meta* em relação aos substituintes e o carbono 3 é *meta* e *para*. O uso da Tabela 4.12 (Seção 4.7.4) leva a δ 129,6 para o pico 2 e δ 133,2 para o pico 3. O espectro da Figura 4.6 leva a δ 128,5 (pico 2) e δ 131,2 (pico 3). É razoável, porém talvez inesperado, se lembrarmos do Capítulo 3, que um substituinte carbonila desblinda a posição *orto* dos hidrogênios mais do que a posição *para*. A Carta D.1 do Capítulo 3 confirma essa impressão, ao menos para um substituinte carbonila. O resultado da comparação *orto* e *para* com *meta* e *para* dá os resultados esperados: δ 8,0 (pico 2) e δ 7,60 (pico 3) para os deslocamentos químicos de ^{1}H.

4.4 ANÁLISE QUANTITATIVA DE ^{13}C

A análise quantitativa por ^{13}C-RMN é desejável em duas situações. A primeira é nas determinações de estrutura em que é claramente útil saber se um sinal é produzido por mais de um carbono com deslocamento químico equivalente. A segunda é que a análise quantitativa de uma mistura de dois ou mais componentes exige que as áreas dos picos sejam proporcionais ao número de átomos que dão origem aos sinais.

Existem duas razões que tornam os espectros de ^{13}C com desacoplamento de banda larga inadequados para a análise quantitativa:

- Os núcleos ^{13}C com tempos de relaxação T_1 longos podem não retornar à distribuição de Boltzmann de equilíbrio no intervalo entre os pulsos. Isso faz com que os sinais não atinjam a amplitude total (veja a Seção 4.2.3).
- O efeito nuclear Overhauser (NOE, veja a Seção 4.2.4) dos diversos núcleos ^{13}C varia, e o mesmo acontece com as intensidades.

Vimos na Seção 4.2.5 a técnica de desacoplamento de hidrogênio com pulso controlado. O objetivo era atingir um nível alto do efeito Overhauser nuclear para se obter um espectro acoplado em um curto período de tempo. Nesta seção, veremos a técnica de desacoplamento de hidrogênio com pulso controlado inverso. O desacoplador de hidrogênios é controlado no começo do processo de atraso de relaxação e ligado no começo do período de aquisição (veja a Figura 4.7). O objetivo é manter o NOE em nível baixo e constante (idealmente zero). Isso é possível porque o NOE se acumula lentamente durante o tempo(*t*) relativamente curto de aquisição do sinal. O resultado final é um espectro que só contém singletos cuja intensidade corresponde ao número de núcleos ^{13}C que representam. Não esqueçamos que é preciso ainda levar em conta o atraso de relaxação T_1 (R_d).

A Figura 4.8 mostra os efeitos de T_1 e NOE sobre as intensidades dos picos. A Figura 4.8a é um espectro de ^{13}C convencional com desacoplamento de hidrogênio com R_d inferior a T_1. Observe que ao pico de metila é atribuída a intensidade 1 e as demais integrais estão colocadas sobre os picos. O espectro não é quantitativo devido aos efeitos NOE e T_1. Na Figura 4.4d (Seção 4.2.3), os átomos de carbono de aromáticos ligados a hidrogênios têm os menores T_1, o que explica as altas integrais desses picos. O espectro da Figura 4.8b foi obtido com a técnica de desacoplamento de hidrogênio com pulso controlado inverso. Observe que a remoção do efeito NOE faz com que as intensidades dos carbonos com hidrogênios ligados sejam mais quantitativas do que as dos carbonos quaternários. R_d é ainda menor do que T_1. A Figura 4.8c mostra que o uso de tempos longos de relaxação ($R_d > 5T_1$) e a minimização do efeito NOE com o uso do desacoplamento de hidrogênio com pulso controlado tornam quantitativos os dados de ^{13}C. Os inconvenientes são que um longo tempo é necessário para a aquisição do espectro porque R_d tem de ser pelo menos cinco vezes superior ao tempo T_1 esperado e que a perda parcial do NOE implica a necessidade de um número maior de repetições para aumentar a intensidade dos sinais. O tempo necessário pode ser reduzido pela adição de um reagente paramagnético de relaxação. Um procedimento comum é adicionar uma quantidade "catalítica" de acetilacetonato de crômio(III), Cr(acac)$_3$, uma substância paramagnética cujos elétrons desemparelhados estimulam eficientemente a transferência de spin e reduzem os tempos de relaxação T_1 e T_2.

4.5 EQUIVALÊNCIA DE DESLOCAMENTO QUÍMICO

A definição de equivalência de deslocamento químico dada para os hidrogênios também se aplica ao carbono: possibilidade de permutação por uma operação de simetria ou por um mecanismo rápido. A existência de átomos de carbono equivalentes (ou a coincidência de deslocamentos químicos) em uma molécula resulta em discrepância entre o número aparente de picos e o número real de átomos de carbono na molécula.

Assim, os átomos de ^{13}C dos grupos metila do álcool *t*-butílico (Figura 4.9), como os átomos de hidrogênio de grupos metila, são equivalentes por rotação rápida. É por essa razão que o espectro de ^{13}C do álcool *t*-butílico mostra dois picos, um deles muito mais intenso do que o outro, porém não exatamente três vezes mais intenso. O pico de carbinila (carbono quaternário) é muito menos intenso do que o pico dos átomos de carbono dos grupos metila.

Na molécula quiral 2,2,4-trimetil-1,3-pentanodiol (Figura 4.10) em 75,5 MHz, pode-se ver que CH$_3$(a) e CH$_3$(b) não são equivalentes. Isso leva à observação de dois picos. Os dois grupos metila, c e c', porém, que também não são equivalentes,

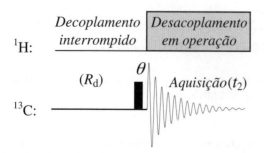

FIGURA 4.7 Sequência de pulsos de desacoplamento de hidrogênio controlado inverso. R_d é o atraso de relaxação, θ é o ângulo de pulso variável, *t* é o tempo de aquisição.

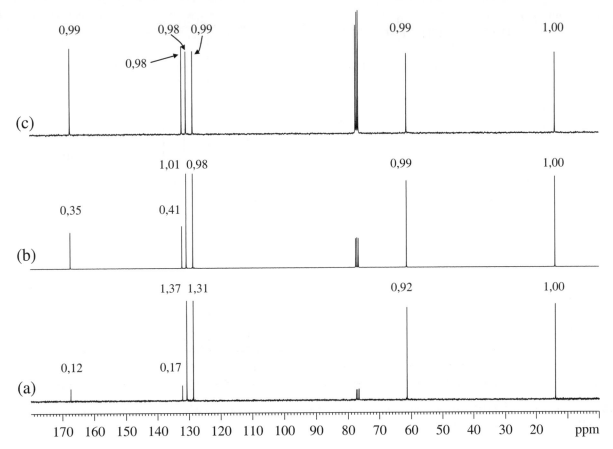

FIGURA 4.8 (a) Espectro de ¹³C-RMN do ftalato de dietila com desacoplamento-padrão de ¹H com atraso de relaxamento $(R_d) < T_1$. (b) Técnica de desacoplamento de hidrogênio controlado inverso com $R_d < T_1$. (c) $R_d > 5T_1$ e desacoplamento controlado inverso para compensar o NOE. O número acima de cada pico corresponde ao valor integrado. Os espectros foram obtidos em 150,9 MHz em CDCl₃.

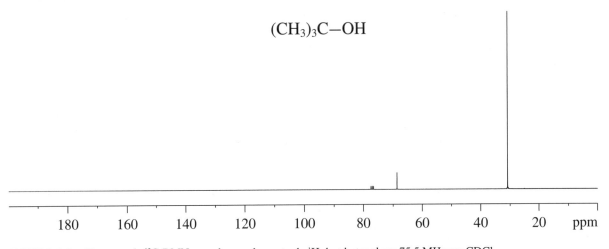

FIGURA 4.9 Espectro de ¹³C-RMN com desacoplamento de ¹H do *t*-butanol em 75,5 MHz em CDCl₃.

coincidem e mostram um só pico. Podem-se ver os dois sinais em intensidade de campo mais alta (150,9 MHz). Observe que as letras minúsculas usadas para marcar os átomos não se relacionam com a notação de Pople.

Vimos, na Seção 3.8.3.2, que os hidrogênios dos grupos CH₃ de (CH₃)₂NCH=O mostram sinais separados na temperatura normal, porém, em 123°C, eles têm deslocamentos químicos equivalentes. Os sinais de ¹³C têm o mesmo comportamento.

4.6 DEPT

O desacoplamento de banda larga do hidrogênio nos espectros de ¹³C-RMN tem vantagens e desvantagens. Por um lado, a simplicidade do espectro, com um pico para cada hidrogênio diferente da molécula, foi e é muito apreciada. Por outro lado, o acoplamento ¹H—¹³C dá informações muito úteis para a determinação da estrutura. Muitos experimentos

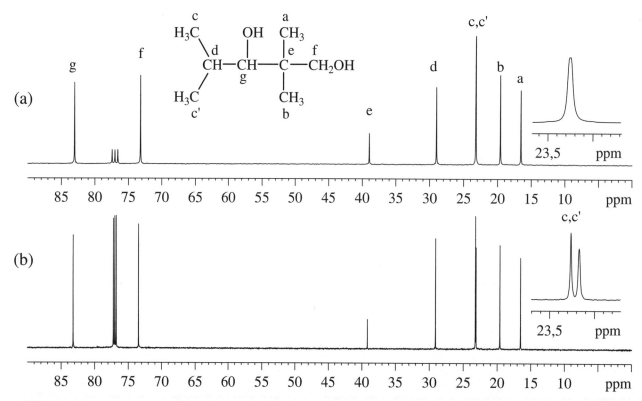

FIGURA 4.10 (a) Espectro de ¹³C-RMN com desacoplamento de ¹H do 2,2,4-trimetil-1,3-pentanodiol. Solvente CDCl₃ na frequência de Larmor 75,5 MHz. (b) O mesmo na frequência de Larmor 150,9 MHz.

desenvolvidos desde então tentaram extrair essa informação sem perder a simplicidade do espectro completamente desacoplado. Vale a pena mencionar dois deles porque foram muito utilizados e são muito comuns na literatura mais antiga. Também parte da terminologia que usamos hoje veio de um desses experimentos.

O primeiro desses experimentos, agora obsoletos, é chamado de espectro com desacoplamento de ¹H fora de ressonância. Nesse experimento, o acoplamento ¹H—¹³C restringe-se a uma ligação (isto é, cada carbono só mostra o acoplamento com os hidrogênios a ele ligados). O desacoplador de banda larga é movido para fora de ressonância, ou seja, é afastado do meio da faixa de deslocamento químico dos hidrogênios. Observe que o valor da constante de acoplamento J_{-CH} de uma ligação é menor do que o valor real como resultado do desacoplamento fora de ressonância. Assim, cada ressonância de carbono dá um singleto (sem hidrogênios ligados), um dubleto (um hidrogênio ligado), um tripleto (dois hidrogênios ligados) ou um quarteto (três hidrogênios ligados). Observe que esses multipletos são uma aplicação das regras de acoplamento de primeira ordem e da regra $n + 1$. Esse experimento também deu origem à prática comum (ainda em uso) de referir-se à ressonância de um carbono por sua "multiplicidade" ("s", "d", "t" ou "q"). Usamos essas descrições de multiplicidade mesmo quando não estamos realizando esse experimento.

O outro experimento que vale a pena mencionar, e que também está obsoleto, é o teste do próton ligado ou APT. Esse experimento baseia-se nas diferentes intensidades dos acoplamentos ¹H—¹³C para os grupos metino, metileno e metila.

Com o ajuste de certos atrasos na sequência de pulsos (que não discutimos), os carbonos quaternários e de metileno podem ser colocados em fase "para cima" e os carbonos de metino e metila, em fase "para baixo". Como a fase é arbitrária, essa ordem pode ser invertida. Essa capacidade de distinguir certos tipos de carbono pela intensidade das constantes de acoplamento respectivas levou à técnica DEPT, hoje muito popular.

A sequência DEPT (intensificação da distorção por transferência de polarização) tornou-se o procedimento preferido para a determinação do número de hidrogênios diretamente ligados a um átomo ¹³C. O experimento DEPT pode ser feito em um tempo razoável com amostras pequenas. Na verdade, ele é várias vezes mais sensível do que o procedimento ¹³C normal. DEPT é atualmente rotineiro em muitos laboratórios, e será muito usado nos Exercícios para os Estudantes deste livro. O aspecto novo da sequência DEPT é um ângulo θ variável do pulso de hidrogênios (veja a Figura 4.11) que é ajustado para 90° para um subespectro e 135° para outro experimento separado.

O espectro DEPT do ipsenol está na Figura 4.12. Ele é formado por um "espectro principal" (a), que é um espectro de ¹³C padrão com desacoplamento de ¹H. Um segundo espectro (b) é um DEPT 135 em que os picos de CH₃ e CH estão para cima e CH₂ para baixo. Um terceiro espectro (c) é um DEPT 90, em que só aparecem os sinais de CH. Os sinais de carbono quaternário não são detectados nos subespectros DEPT. Podemos agora interpretar os picos de ¹³C no espectro principal como de CH₃, CH₂, CH ou C comparando-os com os picos dos subespectros DEPT. A maneira

ESPECTROSCOPIA DE RMN DE CARBONO-13 **203**

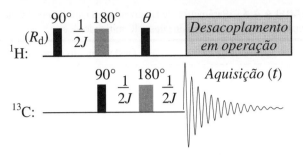

FIGURA 4.11 Sequência de pulsos para DEPT. O valor de 1/2*J* para as constantes de acoplamento são tipicamente de 145 Hz. R_d é o atraso de relaxação, θ é o ângulo de pulso variável, *t* é o tempo de aquisição.

mais fácil de tentar a interpretação dos espectros ^{13}C/DEPT é procurar picos que estejam no espectro de ^{13}C com desacoplamento total de ^{1}H e que não apareçam nos espectros DEPT. Estes correspondem a carbonos quaternários (não têm hidrogênios ligados). Depois, procurar os picos de CH$_2$ no espectro DEPT 135. Eles são facilmente identificados porque estão para baixo. Por fim, identificar CH$_3$ e CH por comparação do DEPT 135 com o DEPT 90. O DEPT 90 só tem os carbonos CH, logo, os outros picos que estão para cima no DEPT 135 são de CH$_3$.

Para ilustrar a simplicidade de interpretação dos espectros ^{13}C/DEPT, voltemos ao ipsenol (Figura 4.12), começando pelo pico de alta frequência à esquerda no espectro principal. Não existem picos diretamente alinhados nos subespectros acima, logo esse pico corresponde a um pico de C, isto é, sem hidrogênios ligados. O próximo pico à direita no espectro principal é um pico de CH, porque os picos alinhados com ele nos dois subespectros acima estão apontados para cima. Os dois picos seguintes no espectro principal são picos de CH$_2$, porque os picos alinhados com eles no subespectro acima apontam para baixo. O próximo pico, à direita do pico tripleto de solvente (CDCl$_3$), é obviamente outro sinal de CH. Os próximos dois picos são de CH$_2$. O seguinte é de CH. Os próximos dois são de CH$_3$, porque os picos alinhados no subespectro acima apontam para cima e não existem os sinais correspondentes no subespectro superior. Em resumo, temos, na ordem de frequência:

6   7   8   10   4   5   3   2   1   9
C, CH, CH$_2$, CH$_2$, solvente, CH, CH$_2$, CH$_2$, CH, CH$_3$, CH$_3$

É verdade que a interpretação de um espectro DEPT exige alguma prática, mas os resultados são muito instrutivos. Não somente temos o número de átomos de carbono e hidrogênio, como temos também a distribuição dos átomos de carbono com o número de átomos de hidrogênio a eles ligados. Entretanto, há uma discrepância entre o número de hidrogênios (veja na Figura 3.42 o espectro de ^{1}H para confirmação) no espectro de hidrogênios e no espectro DEPT porque o grupo OH não é registrado no espectro DEPT. Também não são registrados os hidrogênios ligados a ^{15}N, ^{33}S, ^{29}Si e ^{31}P. Não é difícil correlacionar o espectro DEPT com o espectro de ^{1}H. Na verdade, é notável como os sistemas alquila e olefina estão tão separados nos dois espectros.

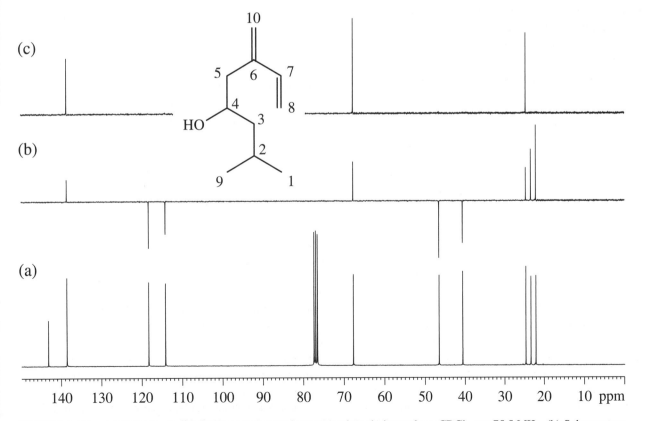

FIGURA 4.12 (a) Espectro de ^{13}C-RMN com desacoplamento-padrão do ipsenol em CDCl$_3$, em 75,5 MHz. (b) Subespectros DEPT: (b) DEPT 135° CH e CH$_3$ para cima, CH$_2$ para baixo. (c) DEPT 90° somente CH.

4.7 CLASSES QUÍMICAS E DESLOCAMENTOS QUÍMICOS

Discutiremos, nesta seção, os deslocamentos químicos dentro das classes químicas mais comuns de compostos orgânicos. Como vimos, a faixa geralmente encontrada de deslocamentos químicos de ^{13}C-RMN é de 220 ppm, aproximadamente.

Para simplificar as coisas, podemos dizer que os deslocamentos químicos de ^{13}C são de certa forma paralelos aos de ^{1}H e por isso algumas correlações utilizadas para os espectros de ^{1}H podem ser também aplicadas aos espectros de ^{13}C-RMN. Além disso, o conceito de aditividade dos efeitos de substituintes (veja as Seções 4.7.1 e 4.7.6) é útil em ambos os casos. Os deslocamentos de ^{13}C estão relacionados principalmente com a hibridação, com a eletronegatividade do substituinte e, em menor medida, com a anisotropia diamagnética. Efeitos de solvente são importantes em ambos os tipos de espectros. Como no caso de ^{1}H, é importante lembrar que essas racionalizações são empíricas e não funcionarão em todos os casos. Os deslocamentos químicos de ^{13}C são afetados por substituições na posição δ. No caso de anéis de benzeno, deslocamentos pronunciados do sinal de ^{13}C são causados por substituintes nas posições *orto*, *meta* e *para*. Os deslocamentos químicos de ^{13}C são também deslocados significativamente para a direita pelo efeito γ-*gauche* (veja a Seção 4.7.1). Podem, também, ocorrer deslocamentos de algumas ppm para a direita por diluição. A ligação hidrogênio com solventes polares pode causar deslocamentos para a esquerda.

Como em outros tipos de espectroscopia, o assinalamento dos sinais é feito com base em compostos de referência. Acumulou-se rapidamente na literatura material de referência para muitas classes de compostos. O ponto de partida do assinalamento dos sinais é a tabela geral de correlação das regiões de deslocamento químico dos átomos de ^{13}C com as classes químicas principais (veja a Figura 4.3 e o Apêndice C). Pequenas mudanças dentro dessas regiões são correlacionadas com variações de estrutura dentro da classe química particular. Os valores de deslocamento químico das tabelas seguintes não devem ser considerados muito literalmente, devido ao uso de vários solventes e concentrações. Assim, por exemplo, a absorção de C=O da acetofenona em CDCl$_3$ é observada com um deslocamento de 2,4 ppm à esquerda em relação ao sinal em CCl$_4$. O efeito nos outros átomos de carbono da acetofenona varia de 0,0 a 1,1 ppm. Além disso, muitos trabalhos antigos usavam vários compostos de referência, e os valores foram corrigidos para partes por milhão a partir do TMS.

O espectro de ^{13}C-RMN permite usualmente a distinção entre os modos de substituição de um anel aromático. Se, por exemplo, existirem dois substituintes aquirais idênticos, os elementos de simetria distinguirão os isômeros *orto*, *meta* e *para*, se os deslocamentos dos átomos de carbono do anel forem suficientemente diferentes. O isômero *para* tem dois eixos e dois planos. Os isômeros *meta* e *orto* têm um eixo e um plano, mas no isômero *meta* os elementos de simetria passam através dos dois átomos de carbono. Existe também

TABELA 4.4 Parâmetros de Deslocamento Químico de ^{13}C de Alguns Hidrocarbonetos Lineares e Ramificados

Átomos de ^{13}C	Deslocamento (ppm) (A)
α	9,1
β	9,4
γ	−2,5
δ	0,3
ϵ	0,1
1°(3°)[a]	−1,1
1°(4°)[a]	−3,4
2°(3°)[a]	−2,5
2°(4°)	−7,2
3°(2°)	−3,7
3°(3°)	−9,5
4°(1°)	−1,5
4°(2°)	−8,4

[a] As notações 1°(3°) e 1°(4°) referem-se a um grupo CH$_3$ ligado a um grupo R$_2$CH e a um grupo R$_3$C, respectivamente. A notação 2°(3°) refere-se a um grupo RCH$_2$ ligado a um grupo R$_2$CH, e assim por diante.

um plano de simetria no plano do anel nos três isômeros que não afeta os átomos de carbono do anel.

No espectro de ^{13}C-RMN do isômero *para*, a região de aromáticos mostra dois sinais, no do isômero *orto*, três sinais, e no do isômero *meta*, quatro sinais. Os sinais dos átomos de carbono substituídos são muito menos intensos do que os sinais dos átomos de carbono não substituídos.

As seções seguintes mostram a aditividade dos incrementos de deslocamento.

4.7.1 Alcanos

4.7.1.1 Alcanos Lineares e Ramificados
Sabemos, a partir da tabela geral de correlações (Apêndice C), que os alcanos absorvem em cerca de 60 ppm. (O metano absorve em −2,5 ppm.) Dentro dessa faixa, podem-se prever os deslocamentos químicos de cada átomo ^{13}C de hidrocarbonetos de cadeia linear ou ramificada a partir dos dados da Tabela 4.4 e da fórmula dada adiante.

A tabela mostra os parâmetros de deslocamento aditivos (A) dos hidrocarbonetos: o efeito α é de +9,1, o efeito β é de +9,4 ppm, o efeito γ é de −2,5, o efeito δ é +0,3 e o efeito ϵ é +0,1. A tabela dá, ainda, as correções de ramificação. Os deslocamentos calculados (e observados) dos átomos de carbono do 3-metilpentano são:

```
                    +19,3 (18,6)
                         6↓
                        CH₃
      1      2      3       4      5
     CH₃ — CH₂ — CH — CH₂ — CH₃
      ↓      ↓      ↓
    +11,3  +29,5  +36,2
   (+11,3)(+29,3)(+36,7)
```

O cálculo dos deslocamentos é feito com a fórmula $\delta = -2,5 + \Sigma nA$, em que δ é o deslocamento previsto para determinado átomo de carbono, A é o parâmetro de deslocamento aditivo e n é o número de átomos de carbono que causa determinado efeito ($-2,5$ é o deslocamento de ^{13}C do metano). Assim, para o átomo de carbono 1, temos 1 átomo de carbono α, 1 β, 2 γ e 1 δ.

$\delta_1 = -2,5 + (9,1 \times 1) + (9,4 \times 1)$
$\quad\quad + (-2,5 \times 2) + (0,3 \times 1) = 11,3$

O átomo de carbono 2 tem 2 átomos de carbono α, 2 β e 1 γ. O átomo de carbono 2 é um carbono secundário ligado a um carbono terciário $[2°(3°) = -2,5]$.

$\delta_2 = -2,5 + (9,1 \times 2) + (9,4 \times 2)$
$\quad\quad + (-2,5 \times 1) + (-2,5 \times 1) = 29,5$

O átomo de carbono 3 tem 3 α e 2 átomos de carbono β e é um carbono terciário ligado a dois carbonos secundários $[3°(2°) = -3,7]$. Assim,

$\delta_3 = -2,5 + (9,1 \times 3) + (9,4 \times 2) + (-3,7 \times 2) = 36,2$.

O átomo de carbono 6 tem 1 átomo de carbono α, 2 β e 2 γ e é um átomo de carbono primário ligado a um terciário $[1°(3°) = -1,1]$. Assim,

$\delta_6 = -2,5 + (9,1 \times 1) + (9,4 \times 2)$
$\quad\quad + (-2,5 \times 2) + (-1,1 \times 1) = 19,3$

Como podemos ver, a concordância desses cálculos é muito boa. Existe outra forma de cálculo que também é útil.* O deslocamento de ^{13}C para mais baixas frequências devido ao carbono γ é atribuído à compressão estérica da ligação vici (γ-gauche), embora não existam exemplos semelhantes no caso dos espectros de ^1H. Esse efeito explica, por exemplo, o deslocamento para a direita de um substituinte metila axial em um anel de ciclo-hexano conformacionalmente rígido, em relação a um substituinte metila equatorial, assim como o deslocamento para a direita dos átomos de carbono γ do anel. A Tabela 4.5 lista os deslocamentos observados em alguns alcanos lineares e ramificados.

4.7.1.2 Efeito de Substituintes nos Alcanos

A Tabela 4.6 mostra o efeito de um substituinte em alcanos lineares e ramificados. O efeito no átomo de carbono α é paralelo à eletronegatividade do substituinte, exceto para bromo e iodo.† Isso mostra, mais uma vez, que cálculos empíricos nem sempre fornecem números de acordo com os deslocamentos

---

*Lindeman, L.P., and Adams J.Q. (1971). *Anal. Chem.* **43**, 1245.
†Veja a Seção 3.4, Tabela 3.2 (tabela de eletronegatividades de Pauling).

TABELA 4.5 Deslocamentos Químicos de ^{13}C de Alguns Alcanos Lineares e Ramificados (ppm a Partir de TMS)

Composto	C-1	C-2	C-3	C-4	C-5
Metano	−2,3				
Etano	5,7				
Propano	15,8	16,3			
Butano	13,4	25,2			
Pentano	13,9	22,8	34,7		
Hexano	14,1	23,1	32,2		
Heptano	14,1	23,2	32,6	29,7	
Octano	14,2	23,2	32,6	29,9	
Nonano	14,2	23,3	32,6	30,0	30,3
Decano	14,2	23,2	32,6	31,1	30,5
Isobutano	24,5	25,4			
Isopentano	22,2	31,1	32,0	11,7	
Iso-hexano	22,7	28,0	42,0	20,9	14,3
Neopentano	31,7	28,1			
2,2-Dimetilbutano	29,1	30,6	36,9	8,9	
3-Metilpentano	11,5	29,5	36,9	(18,8, 3-CH₃)	
2,3-Dimetilbutano	19,5	34,3			
2,2,3-Trimetilbutano	27,4	33,1	38,3	16,1	
2,3-Dimetilpentano	7,0	25,3	36,3	(14,6, 3-CH₃)	

experimentais. O efeito no átomo de carbono β parece ser praticamente constante para todos os substituintes, exceto para os grupos carbonila, ciano e nitro. O deslocamento para a direita do átomo γ resulta, como vimos para os alcanos, da compressão estérica de uma interação vici (*gauche*). Para Y = N, O e F, existe também um deslocamento para a direita quando Y está na conformação *anti*, que é atribuído a efeitos de hiperconjugação.

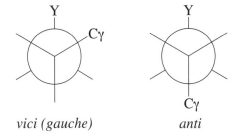

vici (gauche)   anti

A Tabela 4.6 dá os incrementos, por grupos funcionais, que devem ser aplicados aos valores de deslocamento apropriados dos alcanos dados na Tabela 4.5. Podemos, como exemplo, calcular os deslocamentos de ^{13}C do 3-pentanol.

```
      γ      β      α      β      γ
     CH₃ — CH₂ — CH — CH₂ — CH₃
                   |
                   OH
```

O substituinte OH está ligado "internamente" (isto é, não é considerado "término" da cadeia) à cadeia do alcano linear pentano. O ponto de ligação, considerado como o carbono α, corresponde a C-3 no pentano, para o qual a Tabela 4.6 dá o valor 34,7. A esse valor adicionamos o incremento +41, que corresponde ao incremento adequado para um grupo OH ligado internamente ao carbono α do 3-pentanol

TABELA 4.6 Incrementos Devidos ao Efeito de Substituição (ppm) dos Hidrogênios de Alcanos por Y. Y Pode Ser Terminal ou Interno[a]

```
      γ     α                         Y
   ·····    ·····Y         ·····  γ   |   γ   ·····
         β                         β  α  β
                                 Terminal
      Terminal                    Interno
```

Y	α Terminal	α Interno	β Terminal	β Interno	γ
CH₃	9	6	10	8	−2
CH=CH₂	20		6		−0,5
C≡CH	4,5		5,5		−3,5
COOH	21	16	3	2	−2
COO⁻	25	20	5	3	−2
COOR	20	17	3	2	−2
COCl	33	28		2	
CONH₂	22		2,5		−0,5
COR	30	24	1	1	−2
CHO	31				−2
Fenila	23	17	9	7	−2
OH	48	41	10	8	−5
OR	58	51	8	5	−4
OCOR	51	45	6	5	−3
NH₂	29	24	11	10	
NH₃⁺	26	24	8	6	−5
NHR	37	31	8	6	−4
NR₂	42		6		−3
NR₃⁺	31		5		−7
NO₂	63	57	4	4	
CN	4	1	3	3	−3
SH	11	11	12	11	−4
SR	20		7		−3
F	68	63	9	6	−4
Cl	31	32	11	10	−4
Br	20	25	11	10	−3
I	−6	4	11	12	−1

[a]Adicione esses incrementos aos valores dos átomos de carbono apropriados, conforme a Tabela 4.5, ou aos valores calculados a partir da Tabela 4.4.
Fonte: Wehrli et al. (1983).

(veja a linha 12, segunda coluna de números). O deslocamento calculado do átomo de ligação (o átomo α) é, então, 75,7. Os deslocamentos β e γ são calculados a seguir. Os deslocamentos químicos calculados estão em acordo razoável com os valores experimentais (veja a Tabela 4.14).

	Calculado	Experimental (Veja Tabela 4.14)
C_α	34,7 + 41 = 75,7	73,8
C_β	22,8 + 8 = 30,8	29,7
C_γ	13,9 − 5 = 8,9	9,8

TABELA 4.7 Deslocamentos Químicos de ¹³C de Cicloalcanos (ppm a Partir de TMS)

C₃H₆	−2,9	C₇H₁₄	28,4
C₄H₈	22,4	C₈H₁₆	26,9
C₅H₁₀	25,6	C₉H₁₈	26,1
C₆H₁₂	26,9	C₁₀H₂₀	25,3

O 1-pentanol seria tratado da mesma maneira, com o grupo OH sendo agora "terminal" e o átomo de carbono a que o grupo OH está ligado sendo considerado o carbono α.

4.7.1.3 Cicloalcanos e Heterociclos Saturados

Os deslocamentos químicos dos grupos CH₂ de alcanos monocíclicos são dados na Tabela 4.7. O forte deslocamento químico da ¹³C do ciclopropano para a direita destaca-se. O fenômeno é análogo ao observado no caso dos hidrogênios desse composto.

Cada tipo de anel tem seu próprio grupo de parâmetros de deslocamento, porém uma listagem detalhada desses valores está fora do escopo deste texto. Uma primeira estimativa para os anéis substituídos pode ser feita com os incrementos dados na Tabela 4.6. Um efeito importante observado em anéis rígidos de derivados de ciclo-hexano é o deslocamento para a direita causado pela compressão estérica γ-gauche. Assim, um grupo metila axial em C-1 causa um deslocamento para a direita de algumas partes por milhão em C-3 e em C-4.

A Tabela 4.8 mostra os deslocamentos químicos observados em alguns heterociclos saturados.

4.7.2 Alquenos

Os átomos de carbono sp² de alquenos, quando ligados apenas a grupos alquila, absorvem na faixa 110–150 ppm. A ligação dupla tem um efeito pequeno nos deslocamentos dos carbonos sp³ da molécula, como se pode ver nos dados a seguir.

```
                    25,4
         CH₃         CH₃
          |           |
   H₃C—C—CH₂—C=CH₂
   30,4  |   52,2  143,7  114,4
         CH₃
         31,6

                    24,7
         CH₃         CH₃
          |           |
   H₃C—C—CH₂—CH—CH₃
   29,9  |   53,5   25,3
         CH₃
         30,4
```

O sinal do grupo metila do propeno aparece em 18,7 ppm, e o do propano, em 15,8 ppm. Por causa do efeito γ, no (Z)-2-buteno os sinais de metila estão em 12,1 ppm e no (E)-2-buteno, em 17,6 ppm. (Para efeito de comparação, os sinais de metila do butano estão em 13,4 ppm.) Observe o efeito γ em um dos grupos metila geminais do 2-metil-2-buteno (Tabela 4.9).

Em geral, o grupo =CH₂ terminal absorve à direita de um grupo =CH— interno, e os sinais de (Z)—CH=CH— estão à direita dos sinais dos grupos (E) correspondentes. O cálculo dos deslocamentos aproximados pode ser feito a partir dos

ESPECTROSCOPIA DE RMN DE CARBONO-13

TABELA 4.8 Deslocamentos Químicos de ^{13}C de Heterociclos Saturados (ppm a Partir de TMS, Substâncias Puras)

Não substituídos

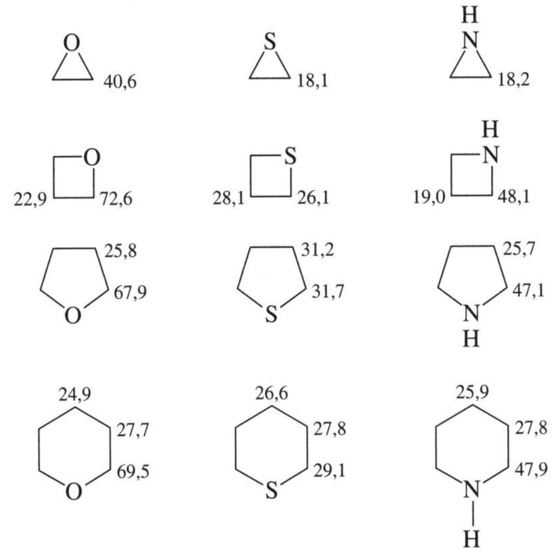

[Estruturas de heterociclos não substituídos com deslocamentos químicos:
- Oxirano: 40,6
- Tiirano: 18,1
- Aziridina (NH): 18,2
- Oxetano: 22,9 / 72,6
- Tietano: 28,1 / 26,1
- Azetidina (NH): 19,0 / 48,1
- Tetraidrofurano: 25,8 / 67,9
- Tetraidrotiofeno: 31,2 / 31,7
- Pirrolidina (NH): 25,7 / 47,1
- Tetraidropirano: 24,9 / 27,7 / 69,5
- Tetraidrotiopirano: 26,6 / 27,8 / 29,1
- Piperidina (NH): 25,9 / 27,8 / 47,9]

Substituídos

[Estruturas substituídas:
- Epóxido substituído: 47,3 / 47,6 / 18,1
- Tietano substituído: 21,8 / 32,4 / 36,5
- Pirrolidina N-substituída: 24,4 / 56,7 / 48,0]

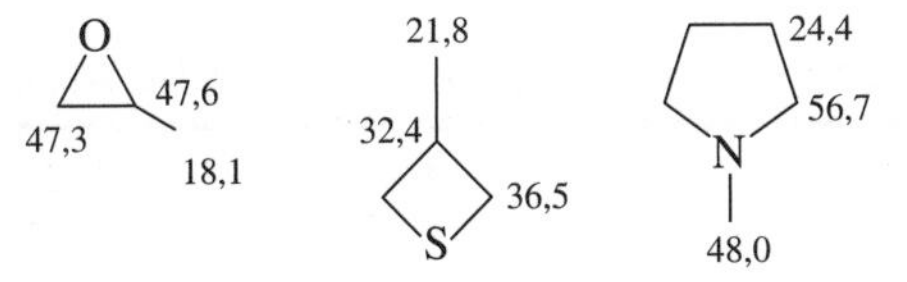

parâmetros dados a seguir, em que α, β e γ representam substituintes que estão do mesmo lado da ligação dupla em que está o carbono de interesse, e α', β' e γ' representam os substituintes que estão do outro lado.

α	10,6
β	7,2
γ	$-1,5$
α'	$-7,9$
β'	$-1,8$
γ'	$-1,5$
Correção Z (cis)	$-1,1$

Esses parâmetros devem ser adicionados a 123,3 ppm, o deslocamento químico do etileno. Assim, os valores calculados para o (Z)-3-metil-2-penteno são:

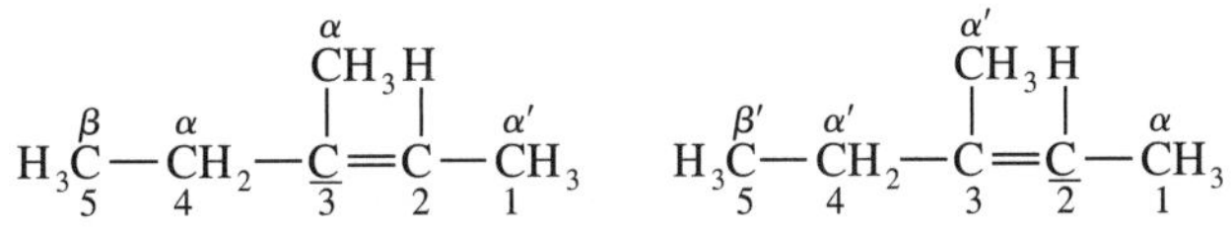

$$H_3\underset{5}{\overset{\beta}{C}}-\underset{4}{\overset{\alpha}{C}}H_2-\underset{3}{\overset{}{C}}=\underset{2}{\overset{}{C}}-\underset{1}{\overset{\alpha'}{C}}H_3 \quad\quad H_3\underset{5}{\overset{\beta'}{C}}-\underset{4}{\overset{\alpha'}{C}}H_2-\underset{3}{\overset{}{C}}=\underset{2}{\overset{}{C}}-\underset{1}{\overset{\alpha}{C}}H_3$$

com CH$_3$H em cima dos carbonos 3 e 2.

$$\delta_3 = 123,3 + (2 \times 10,6) + (1 \times 7,2) + (1 \times -7,9) - 1,1 = 142,7 \text{ ppm}$$

$$\delta_2 = 123,3 + (1 \times 10,6) + (2 \times -7,9) + (1 \times -1,8) - 1,1 = 115,2 \text{ ppm}$$

TABELA 4.9 Deslocamentos Químicos de ^{13}C de Alquenos e Cicloalquenos (ppm a Partir de TMS)

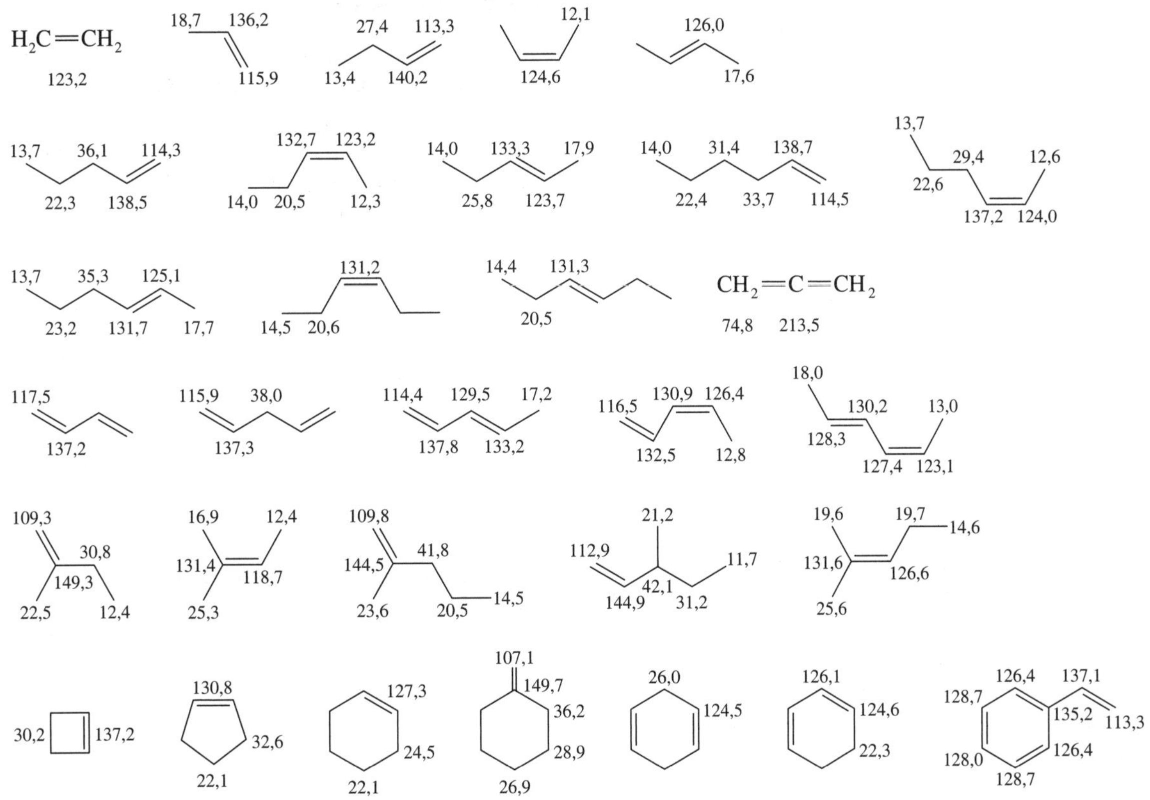

[Estruturas de alquenos e cicloalquenos com deslocamentos químicos:
- H$_2$C=CH$_2$: 123,2
- Propeno: 18,7 / 136,2 / 115,9
- But-1-eno: 27,4 / 113,3 / 13,4 / 140,2
- cis-2-buteno: 12,1 / 124,6
- trans-2-buteno: 126,0 / 17,6
- Pent-1-eno: 13,7 / 36,1 / 114,3 / 22,3 / 138,5
- cis-pent-2-eno: 132,7 / 123,2 / 14,0 / 20,5 / 12,3
- trans-pent-2-eno: 14,0 / 133,3 / 17,9 / 25,8 / 123,7
- Hex-1-eno: 14,0 / 31,4 / 138,7 / 22,4 / 33,7 / 114,5
- cis-hept-2-eno: 13,7 / 29,4 / 12,6 / 22,6 / 137,2 / 124,0
- Hex-2-eno: 13,7 / 35,3 / 125,1 / 23,2 / 131,7 / 17,7
- 131,2 / 14,5 / 20,6
- trans-hex-2-eno: 14,4 / 131,3 / 20,5
- Aleno: CH$_2$=C=CH$_2$: 74,8 / 213,5
- Butadieno: 117,5 / 137,2
- Pentadieno: 115,9 / 38,0 / 137,3
- Hexadieno: 114,4 / 129,5 / 17,2 / 137,8 / 133,2
- 116,5 / 130,9 / 126,4 / 132,5 / 12,8
- 18,0 / 130,2 / 13,0 / 128,3 / 127,4 / 123,1
- Isobuteno: 109,3 / 30,8 / 149,3 / 22,5 / 12,4
- 2-metil-2-buteno: 16,9 / 12,4 / 131,4 / 118,7 / 25,3
- 2-metil-1-penteno: 109,8 / 41,8 / 144,5 / 23,6 / 20,5 / 14,5
- 112,9 / 42,1 / 21,2 / 11,7 / 144,9 / 31,2
- 19,6 / 19,7 / 14,6 / 131,6 / 126,6 / 25,6
- Ciclobuteno: 30,2 / 137,2
- Ciclopenteno: 130,8 / 32,6 / 22,1
- Cicloexeno: 127,3 / 24,5 / 22,1
- 4-metil cicloexeno: 107,1 / 149,7 / 36,2 / 28,9 / 26,9
- Benzeno: 26,0 / 124,5
- Tolueno: 126,1 / 124,6 / 22,3
- Estireno: 126,4 / 137,1 / 128,7 / 135,2 / 113,3 / 128,0 / 126,4 / 128,7]

TABELA 4.10 Deslocamentos Químicos de ¹³C de Alquenos Substituídos (ppm a Partir de TMS)

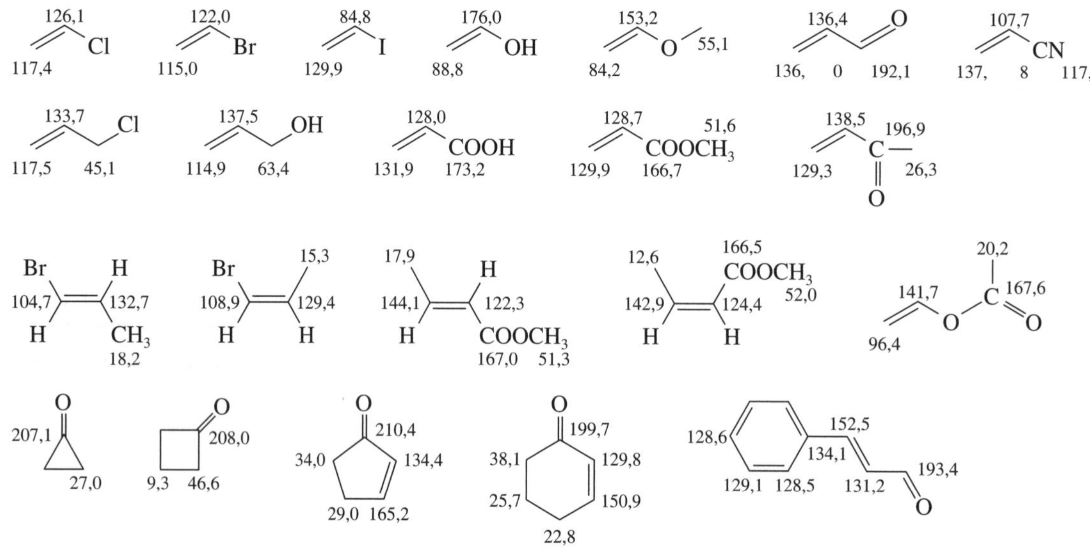

[Tabela de estruturas com deslocamentos químicos:]

- CH₂=CHCl: 126,1 / 117,4
- CH₂=CHBr: 122,0 / 115,0
- CH₂=CHI: 84,8 / 129,9
- CH₂=CHOH: 176,0 / 88,8
- CH₂=CH-O-CH₃: 153,2 / 84,2 / 55,1
- CH₂=CH-CHO: 136,4 / 136,0 / 192,1
- CH₂=CHCN: 107,7 / 137,8 / 117,5

- CH₂=CH-CH₂Cl: 133,7 / 117,5 / 45,1
- CH₂=CH-CH₂OH: 137,5 / 114,9 / 63,4
- CH₂=CH-COOH: 128,0 / 131,9 / 173,2
- CH₂=CH-COOCH₃: 128,7 / 129,9 / 166,7 / 51,6
- CH₂=CH-C(O)-CH₃: 138,5 / 129,3 / 196,9 / 26,3

- (Z)-BrCH=CHCH₃: 104,7 / 132,7 / 18,2
- (E)-BrCH=CH₂ (cis-trans): 108,9 / 129,4 / 15,3
- HC=CH-COOCH₃: 144,1 / 122,3 / 167,0 / 51,3 / 17,9
- (CH₃)CH=CH-COOCH₃: 142,9 / 124,4 / 166,5 / 52,0 / 12,6
- CH₂=CH-O-C(O)-CH₃: 141,7 / 96,4 / 167,6 / 20,2

- Ciclopropanona: 207,1 / 27,0
- Ciclobutanona: 208,0 / 46,6 / 9,3
- Ciclopentenona: 210,4 / 134,4 / 165,2 / 29,0 / 34,0
- Ciclohexenona: 199,7 / 129,8 / 150,9 / 25,7 / 22,8 / 38,1
- Cinamaldeído (Ph-CH=CH-CHO): 128,6 / 129,1 / 128,5 / 134,1 / 152,5 / 131,2 / 193,4

Os valores observados são C-3 = 137,2 e C-2 = 116,8. A concordância é bastante razoável.

Os átomos de carbono ligados diretamente a um grupo (Z) C=C são mais blindados do que os ligados ao estereoisômero (E) por 4 a 6 ppm (Tabela 4.9). Os átomos de carbono de alquenos em polienos são tratados como se fossem substituintes alquila em uma das ligações duplas. Assim, para efeito do cálculo do deslocamento de C-2 no 1,4-pentadieno, C-4 é tratado como se fosse um átomo de carbono β sp^3.

Outros exemplos de alquenos são dados na Tabela 4.9. Não existem regras simples aplicáveis a grupos polares ligados aos carbonos da ligação dupla de alquenos. Os deslocamentos de éteres vinílicos podem ser justificados com base na densidade eletrônica das estruturas que contribuem

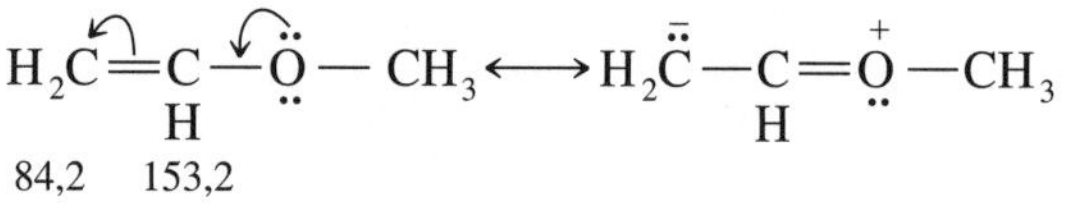

$$H_2C=CH-\ddot{O}-CH_3 \longleftrightarrow H_2\ddot{C}-CH=\overset{+}{\ddot{O}}-CH_3$$
84,2 153,2

e o mesmo ocorre no caso dos deslocamentos das cetonas α, β insaturadas.

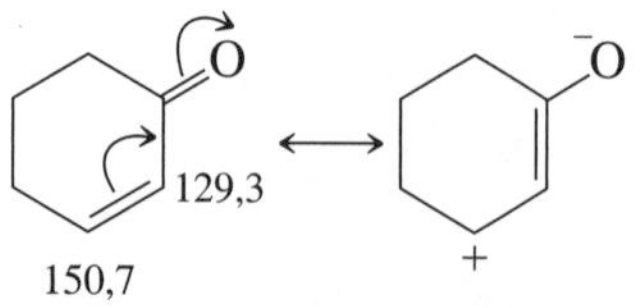

[estruturas de ressonância da ciclohexenona: 129,3 / 150,7]

Dá-se essa mesma explicação para os deslocamentos dos hidrogênios desses compostos. A Tabela 4.10 apresenta alguns dados de alquenos substituídos.

O átomo de carbono central (=C=) de alenos substituídos com grupos alquila absorve na faixa 200–215 ppm. Os átomos de carbono terminais (C=C=C) absorvem na faixa 75–97 ppm.

TABELA 4.11 Deslocamentos Químicos de ¹³C de Alquinos (ppm)

Composto	C-1	C-2	C-3	C-4	C-5	C-6
1-Butino	71,9	86,0	12,3	13,8		
2-Butino	3,3	73,6				
1-Hexino	68,1	84,5	18,1	30,7	21,9	13,5
2-Hexino	2,7	73,7	76,9	19,6	21,6	12,1
3-Hexino	14,5	13,0	80,9			

4.7.3 Alquinos

Os átomos de carbono sp de alquinos substituídos por grupos alquila absorvem na faixa 65–90 ppm (Tabela 4.11). A ligação tripla desloca os átomos de carbono sp^3 diretamente ligados a ela de 5 a 15 ppm para a direita em relação ao alcano correspondente. O ≡CH terminal absorve à direita do ≡CR interno. Os átomos de carbono de alquinos diretamente ligados a grupos polares absorvem na faixa 20–95 ppm.

Estruturas de ressonância polares explicam esses deslocamentos dos éteres de alquinila, que são análogos aos deslocamentos químicos dos éteres vinílicos (Seção 3.4).

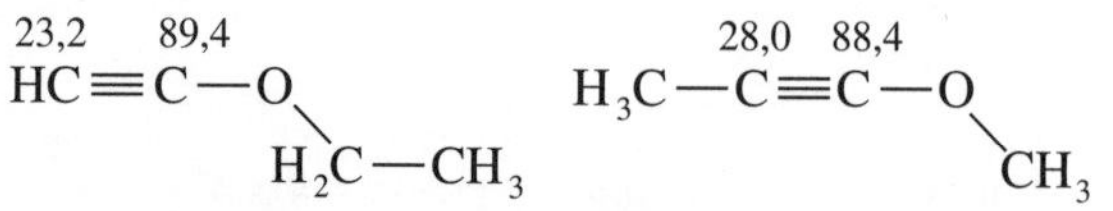

HC≡C—O—CH₂—CH₃ : 23,2 / 89,4
H₃C—C≡C—O—CH₃ : 28,0 / 88,4

4.7.4 Compostos Aromáticos

Os átomos de carbono do benzeno absorvem em 128,5 ppm, no líquido puro ou em solução em CDCl₃. Um substituinte desloca o átomo de carbono do anel a que está ligado até cerca de 35 ppm, para a direita ou para a esquerda. As absorções de anéis fundidos são:

Naftaleno: C-1, 128,1; C-2, 125,9; C-4a, 133,7.
Antraceno: C-1, 130,1; C-2, 125,4; C-4a, 132,2; C-9, 132,6.
Fenantreno: C-1, 128,3; C-2, 126,3: C-3. 126,3; C-4, 122,2; C-4a, 131,9*; C-9, 126,6; C-10a, 130,1.*

Os deslocamentos dos carbonos aromáticos diretamente ligados aos substituintes foram correlacionados, após correção dos efeitos da anisotropia magnética, com a eletronegatividade dos substituintes. Deslocamentos do átomo de carbono aromático *para* foram correlacionados com a constante σ de Hammett. Os deslocamentos do carbono *orto* não são fáceis de prever e podem variar cerca de 15 ppm. Os deslocamentos *meta* são geralmente pequenos — no máximo algumas partes por milhão no caso de um único substituinte.

Os átomos de carbono aromáticos substituídos podem ser distinguidos dos demais átomos de carbono aromáticos pela diminuição da altura do sinal, isto é, com a perda do átomo de hidrogênio eles passam a ter T_1 mais longo e NOE menor.

*Assinalamento incerto.

	I		II		III
C #	Cal	Obs	C #	Obs	C #	Obs
1	−18,0	−16,6	1	−16,0	4	−2,0
2	4,6	5,1	2	3,6	3	1,0
3	0,8	1,3	3	0,6	2	0,2
4	10,7	10,8	4	4,3	1	6,4

A Tabela 4.12 apresenta incrementos do deslocamento, em relação ao benzeno, no caso de átomos de carbono aromáticos de anéis de benzeno monossubstituídos representativos (e deslocamentos em relação ao TMS de substituintes que

TABELA 4.12 Incrementos de Deslocamentos Químicos dos Átomos de Carbono Aromáticos de Benzenos Monossubstituídos (ppm a Partir do Benzeno em 128,5 ppm). Deslocamentos Químicos de ^{13}C dos Substituintes em Partes por milhão a Partir do TMS[a]

Substituinte	C-1 (Ponto de Ligação)	C-2	C-3	C-4	C do Substituinte (ppm a Partir do TMS)
H	0,0	0,0	0,0	0,0	
CH$_3$	9,3	0,7	−0,1	−2,9	21,3
CH$_2$CH$_3$	15,6	−0,5	0,0	−2,6	29,2 (CH$_2$), 15,8 (CH$_3$)
CH(CH$_3$)$_2$	20,1	−2,0	0,0	−2,5	34,4 (CH), 24,1 (CH$_3$)
C(CH$_3$)$_3$	22,2	−3,4	−0,4	−3,1	34,5 (C), 31,4 (CH$_3$)
CH=CH$_2$	9,1	−2,4	0,2	−0,5	137,1 (CH), 113,3 (CH$_2$)
C≡CH	−5,8	6,9	0,1	0,4	84,0 (C), 77,8 (CH)
C$_6$H$_5$	12,1	−1,8	−0,1	−1,6	
CH$_2$OH	13,3	−0,8	−0,6	−0,4	64,5
CH$_2$O(C=O)CH$_3$	7,7	∼0,0	∼0,0	∼0,0	20,7 (CH$_3$), 66,1 (CH$_2$), 170,5 (C=O)
OH	26,6	−12,7	1,6	−7,3	
OCH$_3$	31,4	−14,4	1,0	−7,7	54,1
OC$_6$H$_5$	29,0	−9,4	1,6	−5,3	
O(C=O)CH$_3$	22,4	−7,1	−0,4	−3,2	23,9 (CH$_3$), 169,7 (C=O)
(C=O)H	8,2	1,2	0,6	5,8	192
(C=O)CH$_3$	7,8	−0,4	−0,4	2,8	24,6 (CH$_3$), 195,7 (C=O)
(C=O)C$_6$H$_5$	9,1	1,5	−0,2	3,8	196,4 (C=O)
(C=O)F$_3$	−5,6	1,8	0,7	6,7	
(C=O)OH	2,9	1,3	0,4	4,3	168
(C=O)OCH$_3$	2,0	1,2	−0,1	4,8	51,0 (CH$_3$), 166,8 (C=O)
(C=O)Cl	4,6	2,9	0,6	7,0	168,5
(C=O)NH$_2$	5,0	−1,2	0,0	3,4	
C≡N	−16	3,6	0,6	4,3	119,5
NH$_2$	19,2	−12,4	1,3	−9,5	
N(CH$_3$)$_2$	22,4	−15,7	0,8	−11,8	40,3
NH(C=O)CH$_3$	11,1	−9,9	0,2	−5,6	
NO$_2$	19,6	−5,3	0,9	6,0	
N=C=O	5,7	−3,6	1,2	−2,8	129,5
F	35,1	−14,3	0,9	−4,5	
Cl	6,4	0,2	1,0	−2,0	
Br	−5,4	3,4	2,2	−1,0	
I	−32,2	9,9	2,6	−7,3	
CF$_3$	2,6	−3,1	0,4	3,4	
SH	2,3	0,6	0,2	−3,3	
SCH$_3$	10,2	−1,8	0,4	−3,6	15,9
SO$_2$NH$_2$	15,3	−2,9	0,4	3,3	
Si(CH$_3$)$_3$	13,4	4,4	−1,1	−1,1	

[a] Veja Ewing, D.E., (1979). *Org. Magn. Reson.*, **12**, 499, para os deslocamentos químicos de 709 benzenos monossubstituídos.

contêm carbono). Podem-se obter valores aproximados dos deslocamentos de átomos de carbono de anéis de benzeno polissubstituídos em relação ao benzeno aplicando-se o princípio da aditividade do substituinte. O deslocamento, em relação ao benzeno, de C-2 do composto dissubstituído 4-cloro-benzonitrila, por exemplo, pode ser obtido pela adição do efeito de um grupo CN *orto* (+3,6) ao efeito de um grupo Cl *meta* (+1,0): 128,5 + 3,6 + 1 = 133,1 ppm.

4.7.5 Compostos Heteroaromáticos

Justificativas complicadas já foram apresentadas para os deslocamentos dos átomos de carbono em compostos heteroaromáticos. Como regra geral, o átomo C-2 de um anel que contém oxigênio ou nitrogênio é deslocado para a esquerda em relação a C-3. Efeitos pronunciados de solvente e pH são observados. A Tabela 4.13 dá valores para alguns compostos heterocíclicos de cinco ou seis átomos.

4.7.6 Álcoois

A substituição de um hidrogênio de um alcano por um grupo OH desloca o sinal de C-1 de 35 a 52 ppm para a esquerda, o sinal de C-2 de 5 a 12 ppm para a esquerda e o sinal de C-3 de 0 a 6 ppm para a direita. A Tabela 4.14 dá os deslocamentos de alguns álcoois acíclicos e alicíclicos. A acetilação é um teste útil para o diagnóstico de um álcool: a absorção de C-1 se desloca de 2,5 a 4,5 ppm para a esquerda e a de C-2 sofre deslocamento semelhante para a direita. A interação 1,3-diaxial pode causar um pequeno deslocamento de C-3 para a esquerda (cerca de 1 ppm). A Tabela 4.14 também pode ser empregada para calcular os deslocamentos dos álcoois, como descrito antes.

4.7.7 Éteres, Acetais e Epóxidos

Um substituinte alquilóxi causa o deslocamento de C-1 para a esquerda (~11 ppm). O deslocamento é um pouco maior do que o provocado por um substituinte hidróxi. Isso é atribuído ao fato de C-1′ do grupo alquilóxi ter o mesmo efeito de um C-β em relação a C-1. O átomo O é considerado como se fosse um "C-α" em relação a C-1.

$$\underset{17,6}{CH_3}-\underset{57,0}{CH_2}-OH \qquad \underset{14,7}{\overset{2}{CH_3}}-\underset{67,9}{\overset{1}{CH_2}}-O-\underset{57,6}{\overset{1'}{CH_3}}$$

Observe, também, que o "efeito γ" (deslocamento para a direita) em C-2 pode ser explicado pelo mesmo raciocínio. Pela mesma razão, o grupo etóxi afeta o grupo OCH$_3$ (compare com CH$_3$OH). A Tabela 4.15 dá os deslocamentos químicos de ^{13}C de alguns éteres.

O carbono dioxigenado dos acetais absorve na faixa de 88 a 112 ppm. A oxirana (um epóxido) absorve em 40,6 ppm.

Os átomos de carbono do grupo alquila de alquil-ariléteres têm deslocamentos semelhantes aos dos dialquil-éteres. Observe o forte deslocamento para a direita do carbono *orto* do anel.

$$\begin{array}{c} 129,5 \quad 159,9 \\ 120,8 \quad \text{—OCH}_3 \\ 114,1 \quad 54,1 \end{array}$$

4.7.8 Halogenetos

O efeito de substituição nos halogenetos é complexo. Um átomo de flúor (em CH$_3$F) causa grande deslocamento para a esquerda em relação ao metano, o que está de acordo com a maior eletronegatividade do flúor. Substituições geminais sucessivas resultam, no caso do cloro (CH$_3$Cl, CH$_2$Cl$_2$, CHCl$_3$, CCl$_4$), em deslocamentos crescentes para a esquerda — ainda de acordo com a eletronegatividade. Porém, no caso do bromo e do iodo, passa a ser importante o "efeito de átomo pesado". Os carbonos de H$_3$CBr e CH$_2$Br$_2$ ficam progressivamente mais blindados. A desblindagem de ^{13}C, no caso do iodo, é ainda mais importante: o sinal de CH$_3$I

TABELA 4.13 Deslocamentos Químicos de ^{13}C de Átomos de Carbono de Heteroaromáticos (ppm a Partir de TMS)

Composto	C-2	C-3	C-4	C-5	C-6	Substituinte
Furano	142,7	109,6				
2-Metilfurano	152,2	106,2	110,9	141,2		13,4
Furano-2-carboxaldeído	153,3	121,7	112,9	148,5		178,2
Furoato de 2-metila	144,8	117,9	111,9	146,4		159,1 (C=O), 51,8 (CH$_3$)
Pirrol	118,4	108,0				
2-Metilpirrol	127,2	105,9	108,1	116,7		12,4
Pirrol-2-carboxaldeído	134,0	123,0	112,0	129,0		178,9
Tiofeno	124,4	126,2				
2-Metiltiofeno	139,0	124,7	126,4	122,6		14,8
Tiofeno-2-carboxaldeído	143,3	136,4	128,1	134,6		182,8
Tiazol	152,2		142,4	118,5		
Imidazol	136,2		122,3	122,3		
Piridina	150,2	123,9	135,9			
Pirimidina	159,5		157,4	122,1	157,4	
Pirazina	145,6					
2-Metilpirazina	154,0	141,8[a]	143,8[a]	144,7[a]		21,6

[a]Assinalamento incerto.

ESPECTROSCOPIA DE RMN DE CARBONO-13 **211**

TABELA 4.14 Deslocamentos Químicos de ^{13}C de Álcoois (ppm a Partir do TMS)

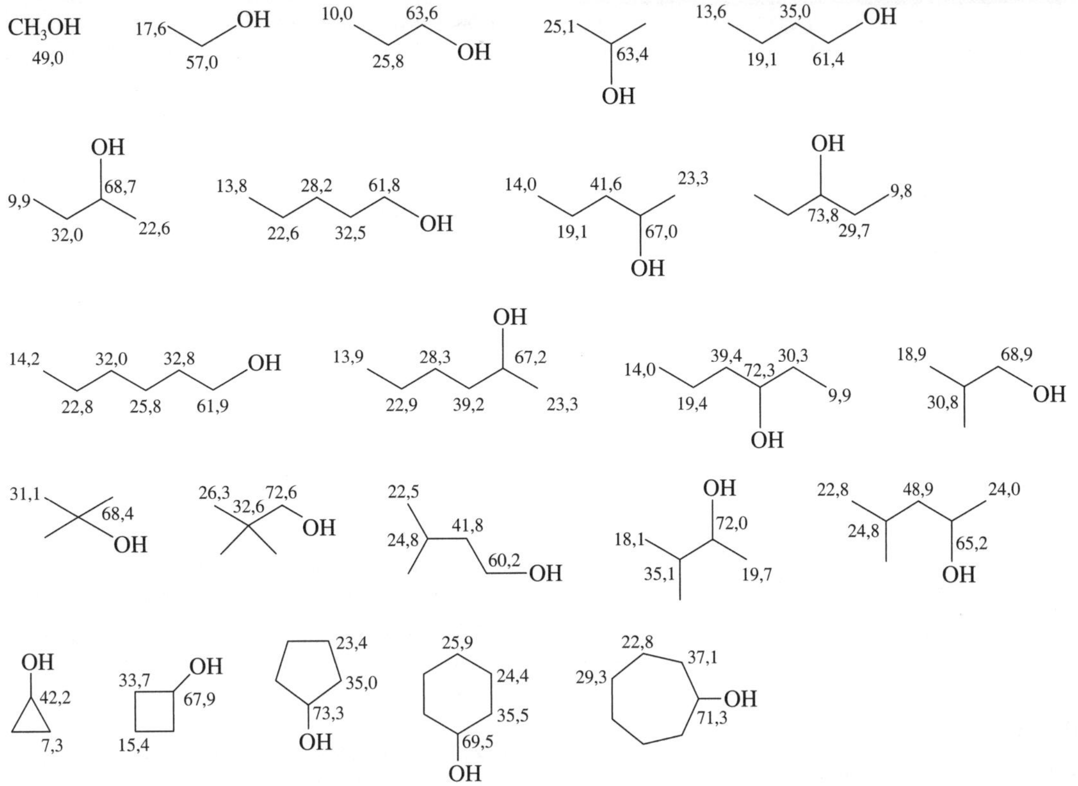

[Structures of alcohols with ^{13}C chemical shifts:

CH$_3$OH: 49,0

Ethanol: CH$_3$(17,6)—CH$_2$OH(57,0)

1-Propanol: 10,0 — 25,8 — 63,6

2-Propanol (isopropanol): (CH$_3$)$_2$(25,1)CHOH(63,4)

1-Butanol: 13,6 — 19,1 — 35,0 — 61,4

2-Butanol: 9,9 — 32,0 — 68,7 — 22,6

1-Pentanol: 13,8 — 22,6 — 28,2 — 32,5 — 61,8

2-Pentanol: 14,0 — 19,1 — 41,6 — 67,0 — 23,3 (OH)

3-Pentanol: 9,8 — 29,7 — 73,8 (OH) — 29,7 — 9,8

1-Hexanol: 14,2 — 22,8 — 32,0 — 25,8 — 32,8 — 61,9

2-Hexanol: 13,9 — 22,9 — 28,3 — 39,2 — 67,2 — 23,3

3-Hexanol: 14,0 — 19,4 — 39,4 — 72,3 — 30,3 — 9,9

2-Methyl-1-propanol (isobutanol): 18,9 — 30,8 — 68,9

tert-Butanol: 31,1 (CH$_3$) — 68,4 (C-OH)

Neopentyl alcohol: 26,3 — 32,6 — 72,6

3-Methyl-1-butanol (isoamyl): 22,5 — 24,8 — 41,8 — 60,2

3-Methyl-2-butanol: 18,1 — 35,1 — 72,0 — 19,7 (OH 23?)

2,3-Dimethyl-2-butanol or similar: 22,8 — 24,8 — 48,9 — 65,2 — 24,0

Cyclopropanol: 42,2 (C-OH), 7,3

Cyclobutanol: 33,7 — 67,9 — 15,4

Cyclopentanol: 23,4 — 35,0 — 73,3 (OH)

Cyclohexanol: 25,9 — 24,4 — 35,5 — 69,5

Cycloheptanol: 22,8 — 29,3 — 37,1 — 71,3]

TABELA 4.15 Deslocamentos Químicos de ^{13}C de Éteres, Acetais e Epóxidos (ppm a Partir do TMS)

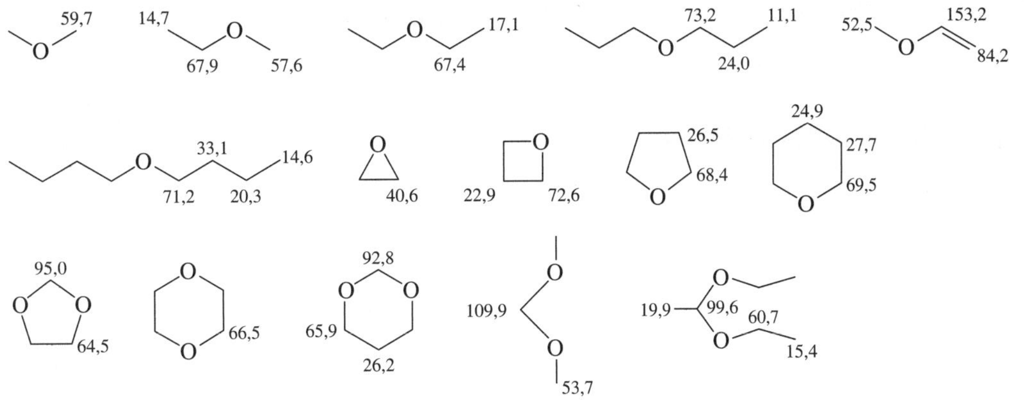

[Structures of ethers, acetals and epoxides:

Dimethyl ether: 59,7

Ethyl methyl ether: 14,7 — 67,9 — 57,6

Diethyl ether: 17,1 — 67,4

Methyl propyl ether (or similar): 73,2 — 24,0 — 11,1

Methyl vinyl ether: 52,5 — 153,2 — 84,2

Butyl ether segment: 71,2 — 33,1 — 20,3 — 14,6

Ethylene oxide: 40,6

Oxetane: 22,9 — 72,6

Tetrahydrofuran: 26,5 — 68,4

Tetrahydropyran: 24,9 — 27,7 — 69,5

1,3-Dioxolane: 95,0 — 64,5

1,4-Dioxane: 66,5

1,3-Dioxane: 92,8 — 65,9 — 26,2

Dimethoxymethane: 109,9 — 53,7

Triethyl orthoformate (or acetal): 19,9 — 99,6 — 60,7 — 15,4]

está mais blindado do que o de CH$_4$. Há uma desblindagem progressiva de C-2 na ordem I > Br > F. Cloro e bromo mostram blindagem γ-*gauche* em C-3, porém o iodo não, possivelmente devido à baixa população do rotâmero vici (*gauche*) impedido. Efeitos relativísticos podem ter um papel na determinação do deslocamento químico de ^{13}C quando o carbono está ligado a um átomo pesado como o iodo. A Tabela 4.16 mostra essas tendências. Esses exemplos indicam claramente que interpretações na base da eletronegatividade ou da densidade eletrônica podem falhar espetacularmente e que se deve ter cuidado ao tentar interpretar deslocamentos com base nessas propriedades.

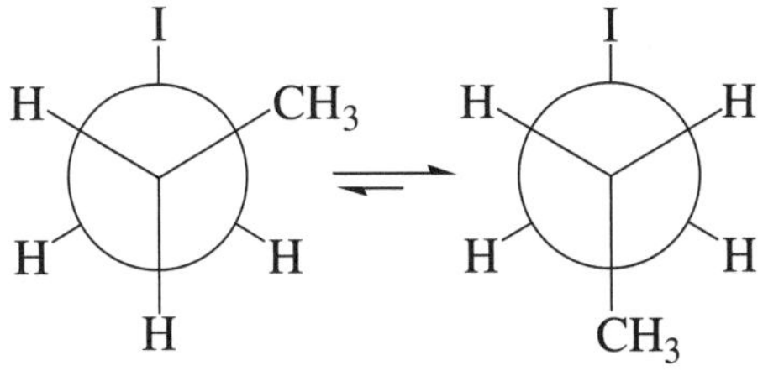

[Newman projections of iodoethane: vici (gauche) ⇌ anti]

Os halogenetos podem apresentar efeitos de solvente bastante pronunciados. O C-1 do iodoetano, por exemplo, aparece em −6,6 ppm em ciclo-hexano e em −0,4 ppm em DMF.

TABELA 4.16 Deslocamentos Químicos de ¹³C de Halogenetos de Alquila (ppm a Partir do TMS, Substâncias Puras)

Composto	C-1	C-2	C-3
CH₄	−2,5		
CH₃F	75,4		
CH₃Cl	24,9		
CH₂Cl₂	54,0		
CHCl₃	77,5		
CCl₄	96,5		
CH₃Br	10,0		
CH₂Br₂	21,4		
CHBr₃	12,1		
CBr4	−28,5		
CH₃I	−20,7		
CH₂I₂	−54,0		
CHI₃	−139,9		
CI₄	−292,5		
CH₃CH₂F	79,3	14,6	
CH₃CH₂Cl	39,9	18,7	
CH₃CH₂Br	28,3	20,3	
CH₃CH₂I	−0,2	21,6	
CH₃CH₂CH₂Cl	46,7	26,5	11,5
CH₃CH₂CH₂Br	35,7	26,8	13,2
CH₃CH₂CH₂I	10,0	27,6	16,2

4.7.9 Aminas

Um grupo NH₂ terminal ligado a uma cadeia alquila causa deslocamento de cerca de 30 ppm para a esquerda em C-1, de 11 ppm para a esquerda em C-2 e deslocamento de 4,0 ppm para a direita em C-3. O grupo NH₃⁺ tem efeito um pouco menos pronunciado. A alquilação no nitrogênio aumenta o deslocamento para a esquerda em C-1 em relação ao grupo NH₂. Os deslocamentos de algumas aminas acíclicas e alicíclicas estão indicados na Tabela 4.17 (veja as aminas heterocíclicas na Tabela 4.8).

4.7.10 Tióis, Sulfetos e Dissulfetos

A substituição por enxofre tem efeito consideravelmente menor do que a do oxigênio, seu efeito é um deslocamento químico menor. A Tabela 4.18 dá alguns exemplos de tióis, sulfetos e dissulfetos.

4.7.11 Grupos Funcionais que Contêm Carbono

A espectroscopia de RMN de carbono-13 permite a observação direta de grupos funcionais que contêm carbono. As faixas de deslocamento observadas estão no Apêndice C. Com exceção do grupo CH=O, eles não poderiam ser descobertos diretamente por ¹H-RMN.

4.7.11.1 Cetonas e Aldeídos Os átomos de carbono de R₂C=O e RCH=O absorvem em uma região característica. A acetona absorve em 203,3 ppm, e o acetaldeído, em 199,3 ppm. A substituição do carbono α por grupos alquila desloca de 2 a 3 ppm a absorção da carbonila para a esquerda até que efeitos estéricos se sobreponham. A substituição de CH₃ de acetona ou acetaldeído por um grupo fenila desloca a absorção da carbonila para a direita (acetofenona, 195,7 ppm; benzaldeído, 190,7 ppm). Do mesmo modo, a presença de uma insaturação α,β causa deslocamento para a direita (acroleína, 192,1 ppm; propionaldeído, 201,5 ppm). A causa provável é a deslocalização de carga pelo anel de benzeno ou pela ligação dupla que torna o carbono da carbonila menos deficiente de elétrons.

Dentre as cicloalcanonas, a ciclopentanona tem deslocamento anômalo para a esquerda. A Tabela 4.19 dá os deslocamentos químicos da carbonila de algumas cetonas e aldeídos. Devido ao pronunciado efeito de solvente, existem diferenças de várias partes por milhão nas várias referências da literatura. A substituição do CH₂ de alcanos por C=O desloca o sinal do carbono α para a esquerda (cerca de 10 a 14 ppm) e o do carbono β para a direita (alguns ppm em compostos acíclicos). Em um espectro acoplado, o aldeído CH=O é um dupleto.

4.7.11.2 Ácidos Carboxílicos, Ésteres, Cloretos, Anidridos, Amidas e Nitrilas Os grupos C=O de ácidos carboxílicos e seus derivados absorvem na faixa de 150 a 185 ppm. A diluição e os efeitos de solvente são marcantes no caso dos ácidos carboxílicos. Os ânions correspondentes são observados mais à esquerda. Os efeitos de substituintes e a deslocalização eletrônica são geralmente semelhantes aos observados nas cetonas. As nitrilas absorvem na faixa de 115 a 125 ppm. Substituintes alquila no nitrogênio de amidas causam um pequeno deslocamento do grupo carbonila para a direita (alguns ppm) (veja a Tabela 4.20).

4.7.11.3 Oximas Os átomos de carbono quaternários de oximas simples absorvem na faixa 145–165 ppm. É possível distinguir os isômeros *E* e *Z* porque o deslocamento aparece mais à direita na forma mais comprimida estericamente, e o deslocamento do substituinte mais impedido (*sin* em relação a OH) ocorre mais à direita do que o do menos impedido.

ESPECTROSCOPIA DE RMN DE CARBONO-13 213

TABELA 4.17 Deslocamentos Químicos de ^{13}C de Aminas Cíclicas e Alicíclicas (em CDCl$_3$, ppm a Partir do TMS)

TABELA 4.18 Deslocamento Químico de ^{13}C de Tióis, Sulfetos e Dissulfetos (ppm a Partir do TMS)

Composto	C-1	C-2	C-3
CH$_3$SH	6,5		
CH$_3$CH$_2$SH	19,8	17,3	
CH$_3$CH$_2$CH$_2$SH	26,4	27,6	12,6
CH$_3$CH$_2$CH$_2$CH$_2$SH	23,7	35,7	21,0
(CH$_3$)$_2$S	19,3		
(CH$_3$CH$_2$)$_2$S	25,5	14,8	
(CH$_3$CH$_2$CH$_2$)$_2$S	34,3	23,2	13,7
(CH$_3$CH$_2$CH$_2$CH$_2$)$_2$S	34,1	31,4	22,0
CH$_3$SSCH$_3$	22,0		
CH$_3$CH$_2$SSCH$_2$CH$_3$	32,8	14,5	

TABELA 4.19 Deslocamentos Químicos de ¹³C do Grupamento C=O e de Outros Átomos de Carbono de Cetonas e Aldeídos (ppm a Partir do TMS)

TABELA 4.20 Deslocamentos Químicos de ¹³C do Grupamento C=O e de Outros Átomos de Carbono de Ácidos Carboxílicos, Ésteres, Lactonas, Cloretos, Anidridos, Amidas, Carbamatos e Nitrilas (ppm a Partir do TMS)

REFERÊNCIAS

As referências do capítulo estão disponíveis no GEN-IO, ambiente virtual de aprendizagem do GEN.

EXERCÍCIOS PARA OS ESTUDANTES

4.1 Identifique todos os átomos de carbono com deslocamentos químicos equivalentes dos compostos adiante (a–o).

4.2 Prediga o deslocamento químico de cada carbono dos compostos a seguir. Identifique a origem dos dados (Tabela ou Apêndice) que você utilizou para chegar ao resultado.

4.3 Desenhe o espectro de RMN de ^{13}C com hidrogênios desacoplados e o espectro DEPT dos compostos da Questão 4.1.

4.4 Confirme a estrutura e assinale todas as ressonâncias de ^{13}C dos espectros A–W dos compostos cujas estruturas foram determinadas a partir dos espectros de RMN de ^{1}H do Problema 3.4. Eles foram todos obtidos em 75,5 MHz em CDCl$_3$. Os espectros de massas foram dados no Capítulo 1 (Questão 1.6), e os espectros de infravermelho, no Capítulo 2 (Questão 2.9).

4.5 Prediga o número de linhas dos espectros de ^{13}C dos seguintes compostos:

$$D-\overset{Cl}{\underset{Cl}{\overset{|}{^{13}C}}}-Cl \quad D-\overset{Cl}{\underset{D}{\overset{|}{^{13}C}}}-Cl \quad D-\overset{Cl}{\underset{D}{\overset{|}{^{13}C}}}-D$$

4.6 Interprete os seguintes espectros ^{13}C-DEPT (4.6A a 4.6F). Confirme as estruturas e assinale todas as ressonâncias de ^{13}C. Dê a fonte (Tabela ou Apêndice) que você usou para chegar ao resultado.

4.7 Quais são os elementos de simetria dos ftalatos de dietila *orto*, *meta* e *para*? Quantos átomos de carbono e de hidrogênio não equivalentes existem para cada composto? Esquematize os espectros de ^{13}C com hidrogênios desacoplados e os espectros DEPT de cada composto.

O livro de Forrest et al. (2011) dá numerosos exercícios adicionais.

Problema 4.4 A

Problema 4.4 B

Problema 4.4 C

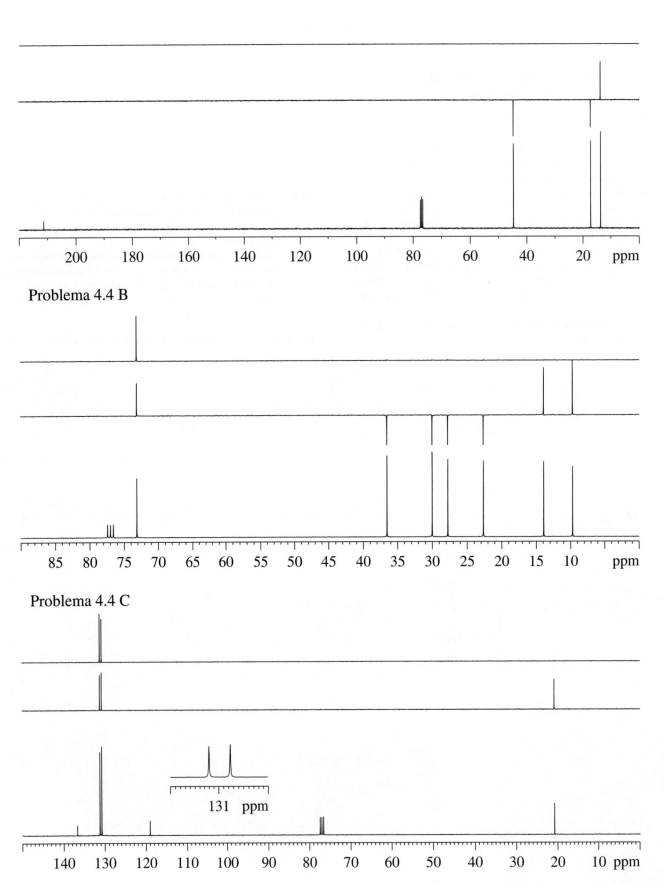

Exercício 4.4 (D-F)

Problema 4.4 D

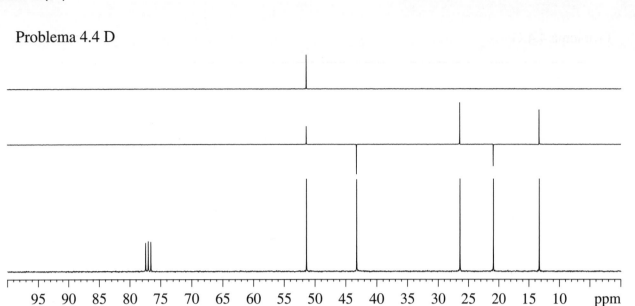

Problema 4.4 E

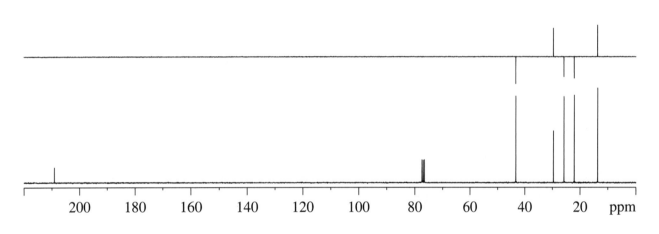

Problema 4.4 F

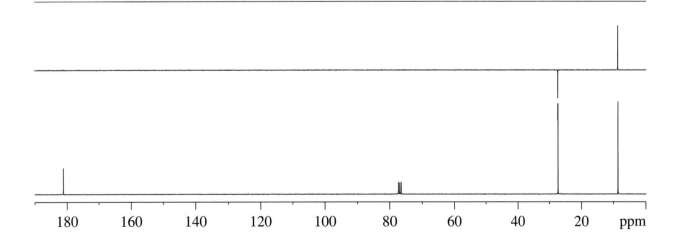

Problema 4.4 G

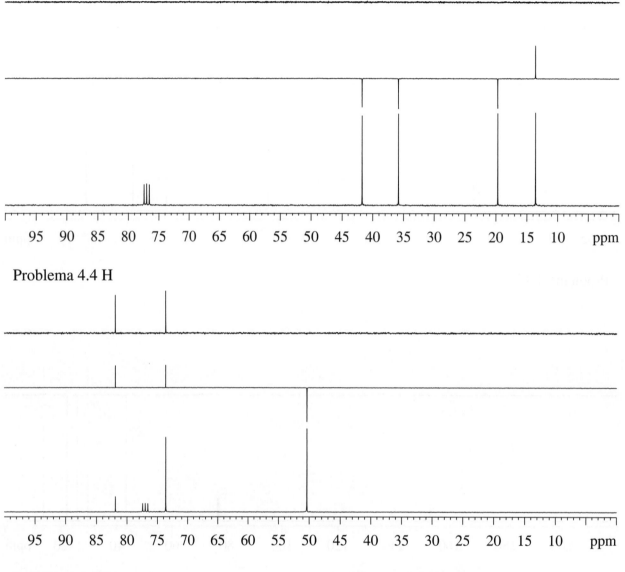

Problema 4.4 H

Problema 4.4 I

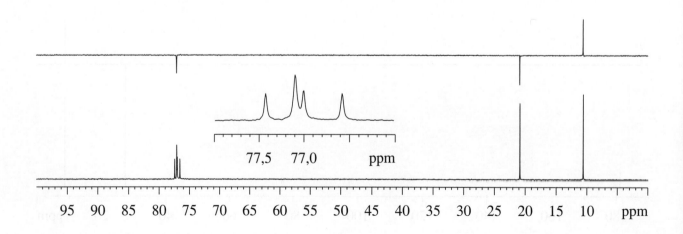

Exercício 4.4 (J-L)

Problema 4.4 J

Problema 4.4 K

Problema 4.4 L

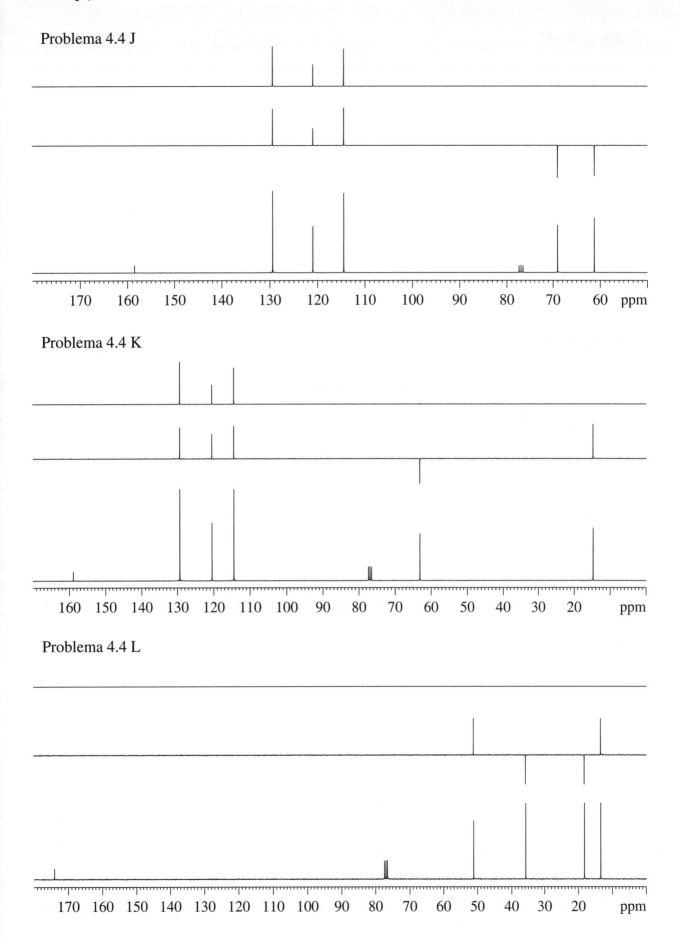

Problema 4.4 M

Problema 4.4 N

Problema 4.4 O

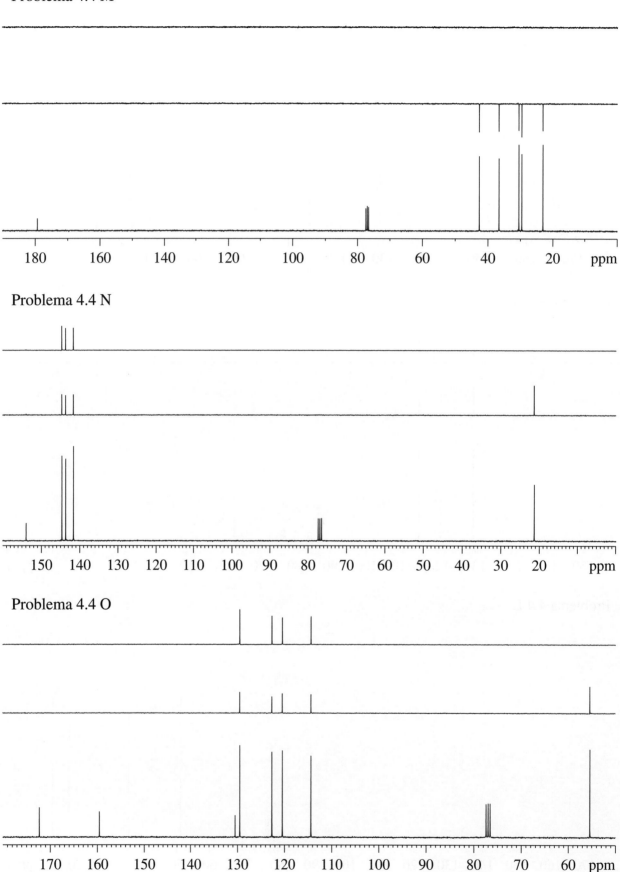

Exercício 4.4 (P-R)

Problema 4.4 P

Problema 4.4 Q

Problema 4.4 R

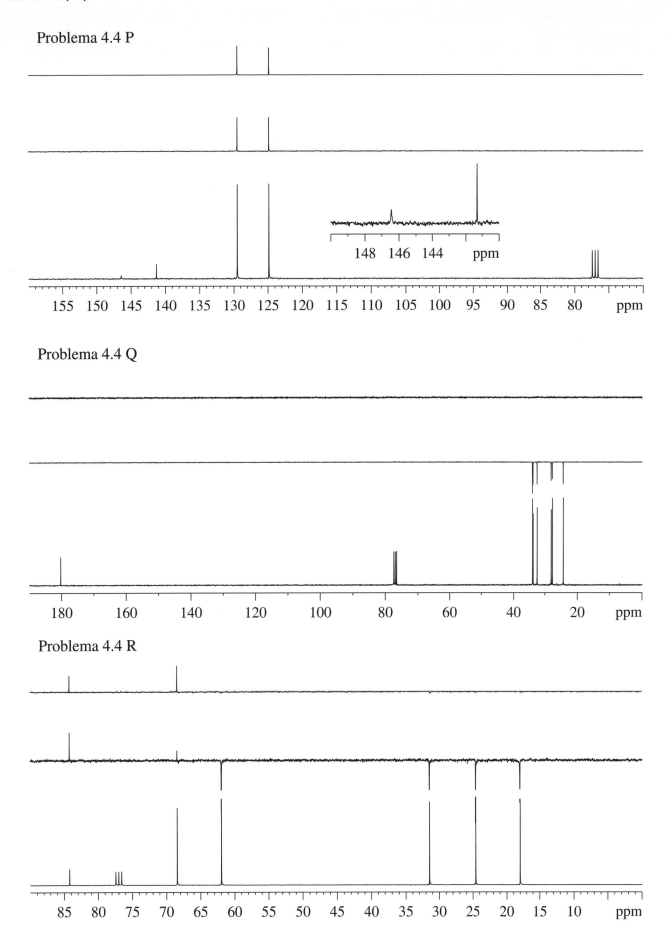

Problema 4.4 S

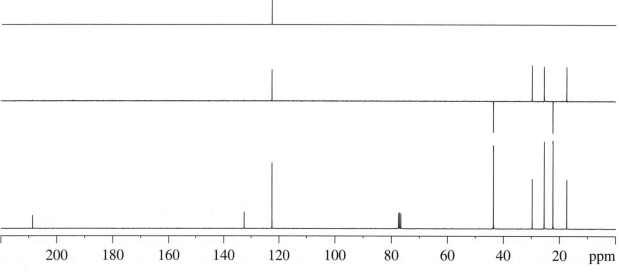

Problema 4.4 T

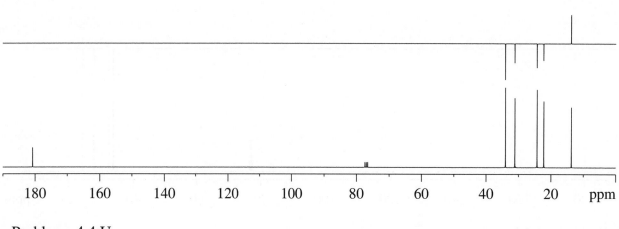

Problema 4.4 U

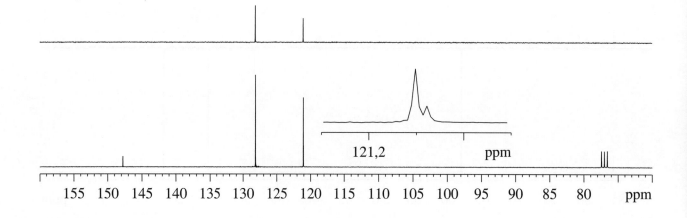

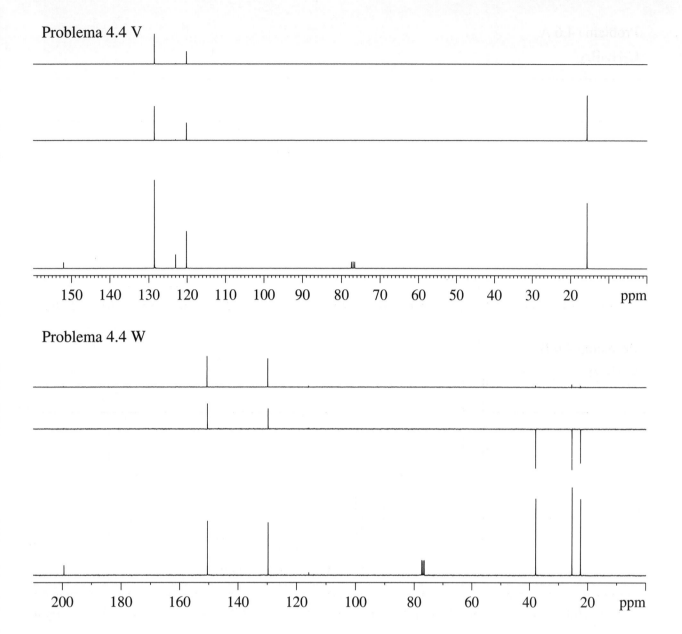

Problema 4.6 A
$C_5H_{10}Br_2$

Problema 4.6 B
$C_8H_8O_2$

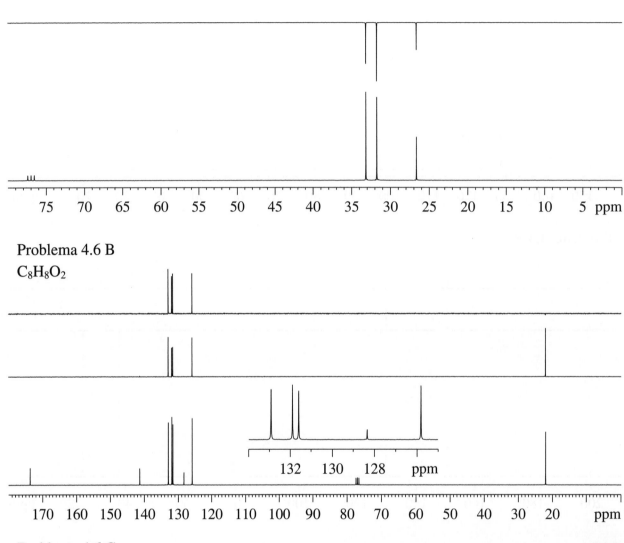

Problema 4.6 C
$C_{12}H_{27}N$

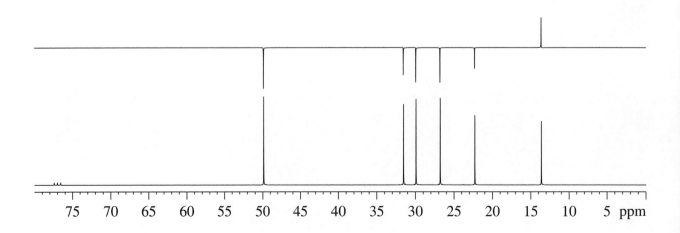

Exercício 4.6 (D-F)

Problema 4.6 D
$C_{16}H_{22}O_4$

Problema 4.6 E
$C_7H_{12}O$

Problema 4.6 F
$C_8H_{14}O$

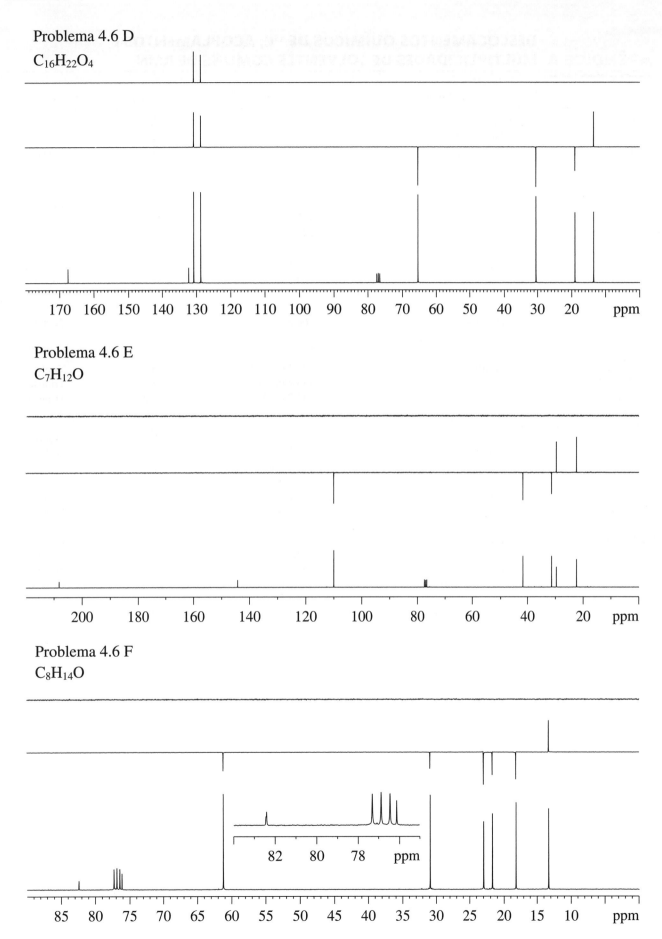

APÊNDICE A — DESLOCAMENTOS QUÍMICOS DE ¹³C, ACOPLAMENTOS E MULTIPLICIDADES DE SOLVENTES COMUNS DE RMN

Estrutura	Nome	δ (ppm)	J_{C-D} (Hz)	Multiplicidade[a]
CDCl₃	Clorofórmio-d_1	77,0	32	Tripleto
CD₃OD	Metanol-d_4	49,0	21,5	Septeto
CD₃SOCD₃	DMSO-d_6	39,7	21	Septeto
DCN(CD₃)₂	DMF-d_7	30,1	21	Septeto
		35,2	21	Septeto
		167,7	30	Tripleto
C₆D₆	Benzeno-d_6	128,0	24	Tripleto
(D₂C–CD₂–O–CD₂–CD₂)	THF-d_8	25,2	20,5	Quinteto
		67,4	22	Quinteto
(dioxano ring)	Dioxano-d_8	66,5	22	Quinteto
(piridina-d_5)	Piridina-d_5	123,5 (C-3,5)	25	Tripleto
		135,5 (C-4)	24,5	Tripleto
		149,2 (C-2,6)	27,5	Tripleto
CD₃CCD₃	Acetona-d_6	29,8 (metila)	20	Septeto
		206,5 (carbonila)	<1	Septeto[b]
CD₃CN	Acetonitrila-d_3	1,3 (metila)	32	Septeto
		118,2 (CN)	<1	Septeto[b]
CD₃NO₂	Nitrometano-d_3	60,5	23,5	Septeto
CD₃CD₂OD	Etanol-d_6	15,8 (C-2)	19,5	Septeto
		55,4 (C-1)	22	Quinteto
(CD₃CD₂)₂O	Éter-d_{10}	13,4 (C-2)	19	Septeto
		64,3 (C-1)	21	Quinteto
[(CD₃)₂N]₃PO	HMPA-d_{18}	35,8	21	Septeto
CD₃CO₂D	Ácido acético-d_4	20,2 (C-2)	20	Septeto
		178,4 (C-1)	<1	Septeto[b]
CD₂Cl₂	Diclorometano-d_2 (Cloreto de metileno-d_2)	53,1	29	Quinteto

[a] Intensidades do tripleto = 1:1:1, quinteto = 1:2:3:2:1, septeto = 1:3:6:7:6:3:1.
[b] Não resolvido; acoplamento de longa distância.

Fonte: Breitmaier e Voelter (1987), p. 109; com permissão. Também Merck & Co., Inc.

APÊNDICE B — DESLOCAMENTOS DE ¹³C DE SOLVENTES COMUNS DE LABORATÓRIO COMO TRAÇOS DE IMPUREZAS

		CDCl₃	(CD₃)₂CO	(CD₃)₂SO	C₆D₆	CD₃CN	CD₃OD	D₂O
Sinais de solvente		77,16 ± 0,06	29,84 ± 0,01	39,52 ± 0,06	128,06 ± 0,02	1,32 ± 0,02	49,00 ± 0,01	
			206,26 ± 0,13			118,26 ± 0,02		
Ácido acético	CO	175,99	172,31	171,93	175,82	173,21	175,11	177,21
	CH₃	20,81	20,51	20,95	20,37	20,73	20,56	21,03
Acetona	CO	207,07	205,87	206,31	204,43	207,43	209,67	215,94
	CH₃	30,92	30,60	30,56	30,14	30,91	30,67	30,89
Acetonitrila	CN	116,43	117,60	117,91	116,02	118,26	118,06	119,68
	CH₃	1,89	1,12	1,03	0,20	1,79	0,85	1,47
Benzeno	CH	128,37	129,15	128,30	128,62	129,32	129,34	
Álcool t-butílico	C	69,15	68,13	66,88	68,19	68,74	69,40	70,36
	CH₃	31,25	30,72	30,38	30,47	30,68	30,91	30,29
t-Butil-metil	OCH₃	49,45	49,35	48,70	49,19	49,52	49,66	49,37
Éter	C	72,87	72,81	72,04	72,40	73,17	74,32	75,62
	CCH₃	26,99	27,24	26,79	27,09	27,28	27,22	26,60
BHT	C(1)	151,55	152,51	151,47	152,05	152,42	152,85	
	C(2)	135,87	138,19	139,12	136,08	138,13	139,09	
	CH(3)	125,55	129,05	127,97	128,52	129,61	129,49	
	C(4)	128,27	126,03	124,85	125,83	126,38	126,11	
	CH₃Ar	21,20	21,31	20,97	21,40	21,23	21,38	
	CH₃C	30,33	31,61	31,25	31,34	31,50	31,15	
	C	34,25	35,00	34,33	34,35	35,05	35,36	
Clorofórmio	CH	77,36	79,19	79,16	77,79	79,17	79,44	
Ciclo-hexano	CH₂	26,94	27,51	26,33	27,23	27,63	27,96	
1,2-Dicloroetano	CH₂	43,50	45,25	45,02	43,59	45,54	45,11	
Diclorometano	CH₂	53,52	54,95	54,84	53,46	55,32	54,78	
Dietil-éter	CH₃	15,20	15,78	15,12	15,46	15,63	15,46	14,77
	CH₂	65,91	66,12	62,05	65,94	66,32	66,88	66,42
Diglima	CH₃	59,01	58,77	57,98	58,66	58,90	59,06	58,67
	CH₂	70,51	71,03	69,54	70,87	70,99	71,33	70,05
	CH₂	71,90	72,63	71,25	72,35	72,63	72,92	71,63
1,2-Dimetóxi-etano	CH₃	59,08	58,45	58,01	58,68	58,89	59,06	58,67
	CH₂	71,84	72,47	17,07	72,21	72,47	72,72	71,49
Dimetilacetamida	CH₃	21,53	21,51	21,29	21,16	21,76	21,32	21,09
	CO	171,07	170,61	169,54	169,95	171,31	173,32	174,57
	NCH₃	35,28	34,89	37,38	34,67	35,17	35,50	35,03
	NCH₃	38,13	37,92	34,42	37,03	38,26	38,43	38,76
Dimetilformamida	CH	162,62	162,79	162,29	162,13	163,31	164,73	165,53
	CH₃	36,50	36,15	35,73	35,25	36,57	36,89	37,54
	CH₃	31,45	31,03	30,73	30,72	31,32	31,61	32,03
Dimetilsulfóxido	CH₃	40,76	41,23	40,45	40,03	41,31	40,45	39,39
Dioxano	CH₂	67,14	67,60	66,36	67,16	67,72	68,11	67,19
Etanol	CH₃	18,41	18,89	18,51	18,72	18,80	18,40	17,47
	CH₂	58,28	57,72	56,07	57,86	57,96	58,26	58,05
Acetato de etila	CH₃CO	21,04	20,83	20,68	20,56	21,16	20,88	21,15
	CO	171,36	170,96	170,31	170,44	171,68	172,89	175,26
	CH₂	60,49	60,56	59,74	60,21	60,98	61,50	62,32
	CH₃	14,19	14,50	14,40	14,19	14,54	14,49	13,92
Etilmetilcetona	CH₃CO	29,49	29,30	29,26	28,56	29,60	29,39	29,49
	CO	209,56	208,30	208,72	206,55	209,88	212,16	218,43
	CH₂CH₃	36,89	36,75	35,83	36,36	37,09	37,34	37,27
	CH₂CH₃	7,86	8,03	7,61	7,91	8,14	8,09	7,87
Etilenoglicol	CH₂	63,79	64,26	62,76	64,34	64,22	64,30	63,17
"Graxa"	CH₂	29,76	30,73	29,20	30,21	30,86	31,29	
n-Hexano	CH₃	14,14	14,34	13,88	14,32	14,43	14,45	
	CH₂(2)	22,70	23,28	22,05	23,04	23,40	23,68	
	CH₂(3)	31,64	32,30	30,95	31,96	32,36	32,73	
HMPA	CH₃	36,87	37,04	36,42	36,88	37,10	37,00	36,46

APÊNDICE B (Continuação)

Metanol	CH₃	50,41	49,77	48,59	49,97	49,90	49,86	49,50
Nitrometano	CH₃	62,50	63,21	63,28	61,16	63,66	63,08	63,22
n-Pentano	CH₃	14,08	14,29	13,28	14,25	14,37	14,39	
	CH₂(2)	22,38	22,98	21,70	22,72	23,08	23,38	
	CH₂(3)	34,16	34,83	33,48	34,45	34,89	35,30	
2-Propanol	CH₃	25,14	25,67	25,43	25,18	25,55	25,27	24,38
	CH	64,50	63,85	64,92	64,23	64,30	64,71	64,88
Piridina	CH(2)	149,90	150,67	149,58	150,27	150,76	150,07	149,18
	CH(3)	123,75	124,57	123,84	123,58	127,76	125,53	125,12
	CH(4)	135,96	136,56	136,05	135,28	136,89	138,35	138,27
Graxa de silicone	CH₃	1,04	1,40		1,38		2,10	
Tetra-hidrofurano	CH₂	25,62	26,15	25,14	25,72	26,27	26,48	25,67
	CH₂O	67,97	68,07	67,03	67,80	68,33	68,83	68,68
Tolueno	CH₃	21,46	21,46	20,99	21,10	21,50	21,50	
	C(i)	137,89	138,48	137,35	137,91	138,90	138,85	
	CH(o)	129,07	129,76	128,88	129,33	129,94	129,91	
	CH(m)	128,26	129,03	128,18	128,56	129,23	129,20	
	CH(p)	125,33	126,12	125,29	125,68	126,28	126,29	
Trietilamina	CH₃	11,61	12,49	11,74	12,35	12,38	11,09	9,07
	CH₂	46,25	47,07	45,74	46,77	47,10	46,96	47,19

APÊNDICE C CARTA DE CORRELAÇÃO DE ¹³C PARA AS CLASSES QUÍMICAS

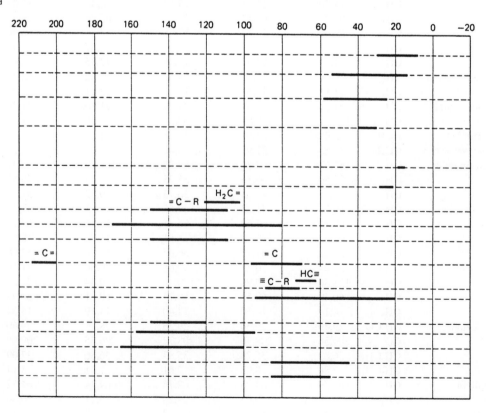

APÊNDICE C *(Continuação)*

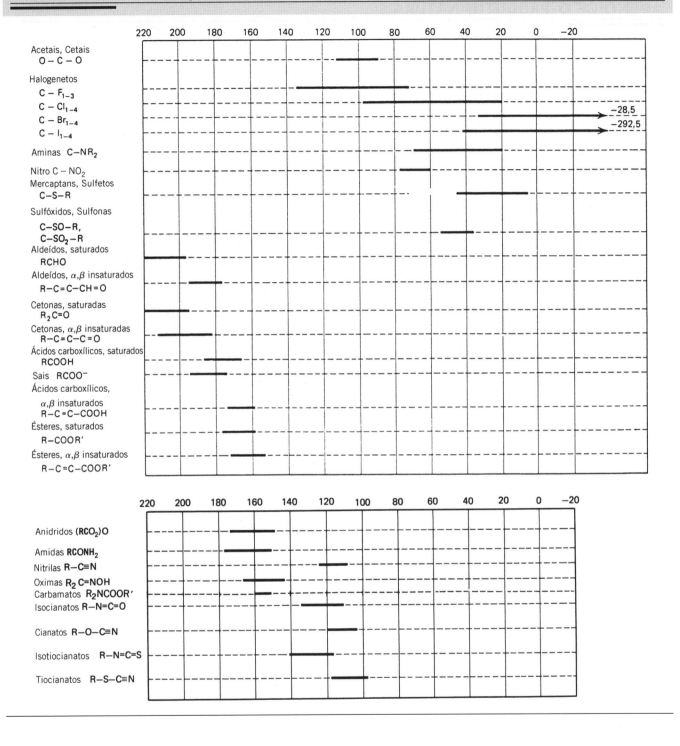

APÊNDICE D — DESLOCAMENTOS QUÍMICOS DE ¹³C-RMN (ppm) DE VÁRIOS PRODUTOS NATURAIS

CAPÍTULO 5

ESPECTROSCOPIA DE RMN EM DUAS DIMENSÕES

5.1 INTRODUÇÃO

Os Capítulos 3 e 4 (com os quais o leitor já deve estar familiarizado) forneceram técnicas e métodos poderosos de elucidação das estruturas de compostos orgânicos, especialmente quando combinados com as informações obtidas das espectrometrias de infravermelho e de massas. Esses métodos de RMN são chamados coletivamente de "técnicas de uma dimensão". Para aumentar nossas opções de trabalho, voltaremos agora à ressonância magnética nuclear. Usaremos quatro compostos como exemplos: o ipsenol (veja o Capítulo 3), o óxido de cariofileno (um derivado epóxi de um sesquiterpeno), a lactose (um dissacarídeo com ligação β) e um peptídeo pequeno (valina-glicina-serina-glutamato, VGSE). A Figura 5.1 mostra as estruturas desses compostos.

Esses compostos têm estruturas variadas. Os dois terpenoides têm os esqueletos de carbonos típicos de isoprenoides e têm grupos metila e metileno diastereotópicos. A lactose é um dissacarídeo com uma ligação β-1,4 entre a galactose e a glicose. A glicose é o resíduo redutor, que em solução em água existe na forma dos dois anômeros. O tetrapeptídeo, VGSE, contém quatro resíduos de aminoácidos diferentes e é um modelo razoável para algumas das propriedades espectroscópicas de uma proteína pequena. Os sinais de RMN associados a esses compostos podem ser difíceis de interpretar somente com o uso dos espectros unidimensionais de RMN de ^{1}H e RMN de ^{13}C.

Neste capítulo, usaremos esses quatro compostos como exemplos para examinar a espectrometria de RMN com correlações, na qual a maior parte dos experimentos úteis, mas não todos, cai na categoria da "ressonância magnética nuclear em duas dimensões". Apresentaremos neste capítulo os espectros de cada composto, independentemente, como conjuntos lógicos. Grande parte dos aspectos gerais de cada experimento será dada na discussão do ipsenol. Outros aspectos serão apresentados juntamente com os compostos mais complexos. O material correspondente ao ipsenol deve ser estudado primeiro. Os outros podem ser vistos independentemente.

As correlações em RMN não são novas para nós. O espectro de RMN de ^{1}H do etilbenzeno (Figura 3.24), por exemplo, mostra um tripleto e um quarteto claros para os grupos metila e metileno, respectivamente. Esses dois grupos estão correlacionados um com o outro porque os spins de cada grupo estão acoplados. As regras de primeira ordem ajudaram a interpretar essas interações entre núcleos vizinhos. O acoplamento entre hidrogênios é um dos tipos de correlação que examinaremos.

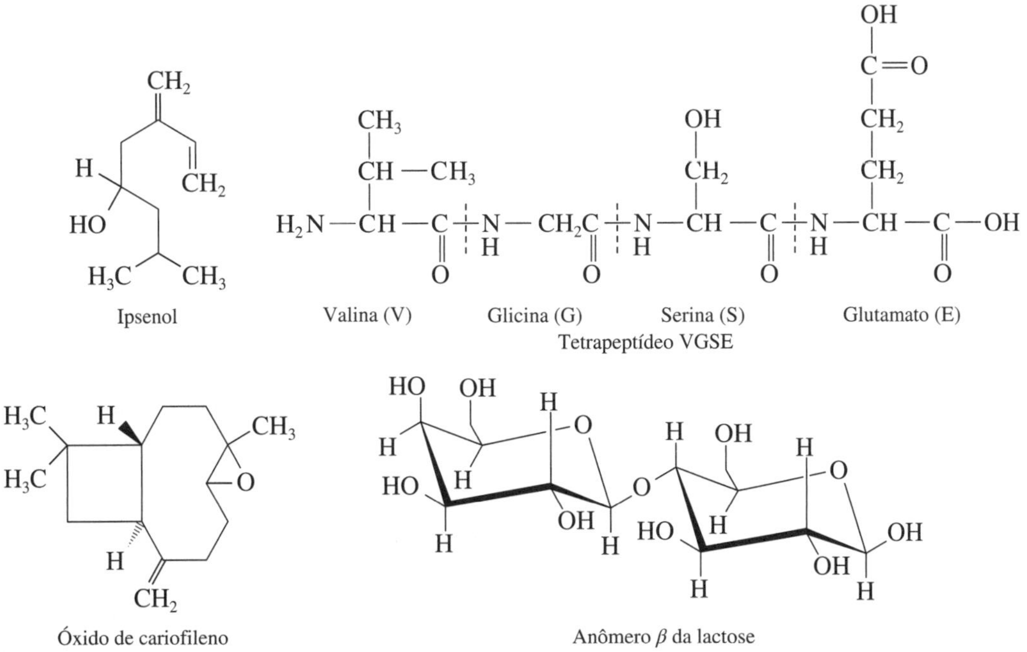

FIGURA 5.1 Estruturas dos quatro compostos usados como exemplos neste capítulo.

Fizemos, no Capítulo 3, um bom trabalho de interpretação da estrutura do ipsenol com o RMN de ¹H, mas usando métodos de correlação podemos fazer melhor, mais rápido e facilmente, e sem ambiguidades. O óxido de cariofileno, a lactose e o VGSE, entretanto, são muito complexos para serem analisados completamente por técnicas unidimensionais de RMN de ¹H e RMN de ¹³C. Antes de descrever experimentos específicos e sua interpretação, vamos examinar mais de perto as sequências de pulso e a transformação de Fourier.

5.2 TEORIA

Vale a pena lembrar que, para obter um espectro de RMN de ¹H ou de RMN de ¹³C de rotina em um experimento pulsado, a "sequência de pulsos" (Figura 5.2) envolve equilibração no campo magnético, um pulso de rf e a aquisição do sinal. A sequência é repetida até que uma razão sinal/ruído satisfatória seja obtida. A transformação de Fourier do FID dá o espectro familiar no domínio das frequências.

A Figura 5.2 tem algumas características interessantes. Existem linhas diferentes para o "canal" de ¹H e para o "canal" de ¹³C. Esses "canais" representam a aparelhagem necessária para irradiação e aquisição do sinal de cada núcleo relevante para o experimento. Após a equilibração, a sequência de pulsos usada para se obter um espectro unidimensional (1-D) de hidrogênio é um pulso $(\pi/2x)$, um atraso e um tempo de aquisição do sinal, da ordem de segundos (Figura 5.2a). Pode-se observar, também, que o canal de ¹³C fica inativo durante o experimento de hidrogênio. Só mostraremos os canais que estiverem em atividade.

A Figura 5.2b mostra a sequência de pulsos usada para um experimento com ¹³C. A sequência do canal de ¹³C é exatamente igual à do canal de ¹H da Figura 5.2a. Os hidrogênios são desacoplados dos núcleos ¹³C por irradiação durante o experimento, isto é, o desacoplador de hidrogênios fica ligado durante o tempo de duração do experimento. Em algumas situações, o desacoplador de determinado núcleo pode ser ligado e desligado para coincidir com os pulsos e atrasos de outro canal (isto é, para desacoplar outro núcleo). Esse processo é chamado de desacoplamento controlado (veja as Seções 4.2.5 e 4.4).

É interessante lembrar (veja os Capítulos 3 e 4) o que acontece com o vetor magnetização resultante, $\mathbf{M_0}$, de um único spin durante essa sequência de pulsos. Em um sistema de coordenadas que gira na frequência de Larmor, $\mathbf{M_0}$ permanece estacionário no eixo z (período de equilibração na Figura 5.2). Um pulso $\pi/2$ $(\theta, 90°)$ leva $\mathbf{M_0}$ ao eixo y. No sistema de coordenadas giratório, o vetor magnetização parece manter-se estacionário embora a magnitude do vetor esteja decrescendo com o tempo (relaxações T_1 e T_2). Voltando, por um instante, ao sistema de referência estático, podemos ver que o vetor magnetização resultante não fica imóvel, ele roda no plano xy em torno do eixo z com a frequência de Larmor. Esse vetor em rotação gera um sinal rf que é detectado como um FID em um experimento de RMN. O vetor magnetização resultante retorna rapidamente ao eixo z, completa-se a relaxação, e a sequência pode ser repetida. Nesse exemplo, o detector registra o componente da magnetização que está ao longo do eixo y. Em um experimento de um pulso, usa-se um pulso $\pi/2$ porque ele produz o sinal mais intenso.* Um pulso (θ) menor ou maior do que $\pi/2$ deixa sempre um pouco do sinal possível no eixo z (ou $-z$). Somente o componente do vetor que está no eixo y gera o sinal.

Vejamos agora experimentos de pulsos múltiplos e a RMN com duas dimensões (2-D). O que significa exatamente uma "dimensão" em RMN? O espectro de hidrogênio familiar é um gráfico de frequência (em unidades δ) contra intensidade (em unidades arbitrárias) que obviamente tem "duas dimensões" mas é classificado como um experimento de RMN em "uma dimensão (1-D)". Em RMN, a dimensão se refere ao eixo de frequências. É importante lembrar que o eixo de frequências com os quais estamos habituados deriva do eixo de tempo (tempo de aquisição) do FID através do processo matemático de transformação de Fourier. Assim, *experimentalmente*, a variável da abscissa de um experimento 1-D é o tempo.

O chamado espectro de RMN 2-D é, na verdade, um gráfico em três dimensões. A dimensão omitida em todos os experimentos de RMN (1-D, 2-D, 3-D etc.) é sempre a intensidade. As duas dimensões a que nos referimos nos espectros RMN 2-D são eixos de frequência. O experimento exige duas transformações de Fourier em ângulos retos em dois eixos de tempo independentes, que levam a dois eixos de frequência ortogonais.

Voltando ao experimento de um pulso, existe somente uma variável temporal que afeta o espectro, o tempo de aquisição, t.

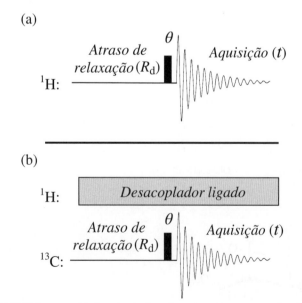

FIGURA 5.2 (a) Sequência de pulsos de um espectro-padrão de RMN de ¹H 1-D. (b) Sequência de pulsos de um espectro-padrão (desacoplado) ¹³C. θ é normalmente um pulso $(\pi/2)_x$ ou 90° no eixo x. R_d é um período de equilibração no campo magnético antes do pulso.

*Isso é verdadeiro se não se considera a relaxação. O ângulo de Ernst (cos $\theta = \exp(-T_r/T_1)$) pode ser usado para determinar o tempo de repetição (T_r) e o ângulo de pulso (θ) para otimizar S/N. O ângulo assim determinado é inferior a 90°, por exemplo, ~45°.

Tratemos, agora, de uma sequência de pulsos múltiplos na qual o período de equilibração é seguido por dois pulsos separados por um intervalo de tempo no qual o pulso final é o pulso de aquisição π/2. Nessas condições, um período de "evolução" entre os pulsos foi inserido. Se variarmos, agora, esse tempo de evolução (t_1) durante muitos experimentos e coletarmos os FID resultantes como um único experimento, estaremos diante de um experimento 2-D. Por exemplo, o aumento de t_1 de 15 vezes significa que 16 FID foram registrados, cada um deles com um t_1 diferente. Transformações de Fourier sucessivas desses FIDs dão um conjunto de "espectros" em que as intensidades dos picos variam como uma senoide (veja a Figura 5.5). Essa primeira série de transformações de Fourier fornece o "segundo" eixo de frequências, ν_2, derivado do tempo de aquisição, t_2, de cada FID. Os resultados sofrem rotação de 90°, e uma segunda transformação de Fourier é feita, perpendicularmente à primeira série de transformações. Essa segunda série de transformações de Fourier fornece o "primeiro" eixo de frequências, ν_1, uma função do tempo de evolução, t_1, que, como o leitor se lembra, havia sido alterado (isto é, aumentado) na sequência de pulsos para cada FID sucessivo.

Apresentamos agora um modelo simples de experimento 2-D, para deixar mais claro o que está acontecendo e, ao mesmo tempo, para servir de base a outros experimentos 2-D mais úteis. Nesse caso simples, a sequência de pulsos (Figura 5.3) consiste em um atraso de relaxação (R_d), um pulso π/2, um intervalo de tempo variável (t_1, o período de evolução), um segundo pulso π/2 de aquisição e a aquisição (t_2). Essa sequência de pulsos (experimento individual) é repetida certo número de vezes (resultando a cada vez em um *novo* FID) com um intervalo de tempo t_1 aumentado.

Vamos escolher para esse experimento um composto simples, a acetona (CH$_3$—(C=O)—CH$_3$), para evitar, por enquanto, a complicação do acoplamento de spins. Podemos ver na Figura 5.4 que, após o primeiro pulso π/2 alinhado com o eixo x, $(\pi/2)_x$, a magnetização $\mathbf{M_0}$ sofreu rotação até $\mathbf{M}$, no eixo y. A evolução durante t_1 para o spin dos hidrogênios equivalentes da acetona é mostrada em um sistema de coordenadas giratório. Estamos ignorando nesse tratamento a relaxação spin-rede, mas estamos incluindo a relaxação transversa com constante de tempo T_2. Se a frequência de Larmor (π_2) está em frequência mais alta do que a frequência de rotação do sistema de referência, $\mathbf{M}$ sofre precessão no sentido anti-horário no plano xy, durante o intervalo de tempo t_1, com o ângulo $2\pi\nu t_1$. Sabemos da trigonometria que o componente y de $\mathbf{M}$ é $\mathbf{M}\cos(2\pi\nu t_1)$ e que o componente x é $\mathbf{M}\sen(2\pi\nu t_1)$.

Após o tempo t_1, o pulso de aquisição $(\pi/2)_x$ gira o componente y na direção do eixo $-z$. Esse componente, portanto, não contribui para o sinal do FID adquirido durante t_2. O componente x, por outro lado, permanece inalterado (no plano xy) e seu "sinal" é registrado como o FID. Quando este FID sofre a transformação de Fourier, obtém-se um sinal com freqüência ν_2 e amplitude $\mathbf{M}\sen(2\pi\nu t_1)$. Se repetirmos esse "experimento" muitas vezes (por exemplo, 1024), aumentando t_1 regularmente, obteremos 1024 FIDs. A transformação de Fourier de cada um desses FIDs dá uma série de "espectros", cada um com um único sinal de frequência ν_2 e amplitude $\mathbf{M}\sen(2\pi\nu t_1)$. Na Figura 5.5a, 22 dos 1024 espectros estão lançados em gráfico sucessivamente. Podemos ver que a amplitude do sinal da acetona varia senoidalmente em função de t_1. Acabamos de estabelecer um dos eixos de frequência (ν_2) de nosso modelo de espectro 2-D.

Antes de estabelecer o segundo eixo, devemos lembrar que cada um dos 1024 "espectros" é formado por uma coleção digitalizada de pontos. Vamos, pois, considerar cada um dos 1024 espectros como formado por 1024 pontos. Temos assim uma matriz quadrada de dados. Se rodarmos mentalmente essa coleção de espectros, podemos executar uma segunda série de transformações de Fourier dos dados, que é ortogonal à primeira série de transformações. Antes de fazer isso, entretanto, vamos olhar os dados da Figura 5.5a mais de perto.

Se rodarmos fisicamente os espectros da Figura 5.5a de modo a poder olhar diretamente pelo eixo ν_2, os dados aparecem como projeções, mostradas na Figura 5.5b. Pequenos círculos foram desenhados nos máximos dos primeiros sete resultados da Figura 5.5a. Os círculos foram

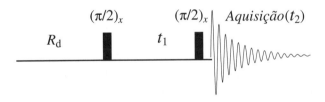

FIGURA 5.3 Sequência modelo de um experimento RMN 2-D. O atraso aumentado, Δt_1, e o tempo de aquisição, t_2, sofrem transformações de Fourier para frequências ν_1 e ν_2, respectivamente. $(\pi/2)_x$ é um pulso de 90° no eixo x. O intervalo t_1 é da ordem de microssegundos a milissegundos, e t_2, da ordem de segundos.

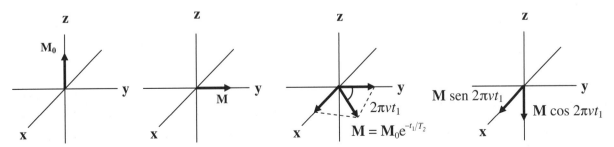

FIGURA 5.4 Evolução no sistema de coordenadas giratórias do hidrogênio da acetona durante o intervalo t_1 após o primeiro pulso. O segundo pulso e a aquisição fornecem um sinal produzido somente pelo componente x de $\mathbf{M}$. A amplitude do sinal varia senoidalmente com t_1. O intervalo t_1 é da ordem de microssegundos a milissegundos, e t_2, da ordem de segundos. A frequência de precessão do hidrogênio é maior do que a do eixo de coordenadas giratórias neste exemplo.

234 CAPÍTULO 5

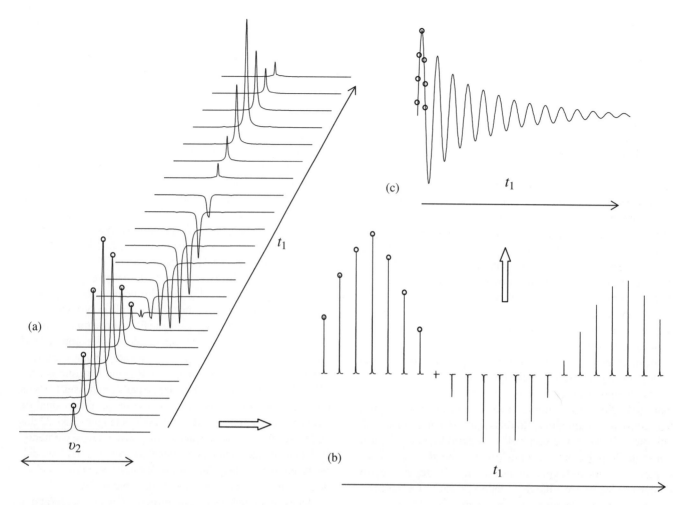

FIGURA 5.5 (a) Arranjo ordenado de 22 "espectros" da acetona adquiridos com o aumento progressivo de t_1. (b) "Projeção" de (a) que mostra o comportamento de senoide dos máximos e mínimos ao longo de t_1. Nessa projeção, o eixo de frequência, ν_2, é perpendicular ao plano da página. (c) Interferograma resultante que é simplesmente um gráfico das intensidades dos picos de (b) em função de t_1. A frequência da oscilação senoidal está relacionada com a posição do pico ao longo da dimensão indireta (ν_1) no espectro final de RMN 2-D.

desenhados novamente na Figura 5.5b (e na Figura 5.5c) para que o leitor possa acompanhar a rotação e a projeção. Se redesenharmos uma coluna de dados da Figura 5.5a — vamos escolher a coluna que corresponde aos máximos (e mínimos) do pico da acetona —, os dados obtidos (Figura 5.5c) assemelham-se a um FID ou um espectro no domínio do tempo, o que na verdade é. É agora uma função do intervalo t_1 de nossa sequência de pulsos. Para facilitar, vamos nos referir aos dados obtidos em tempo real (uma função de t_2) como um FID e ao conjunto de dados construído ponto por ponto em função de t_1 como um interferograma.

Podemos agora fazer a segunda série de transformações de Fourier em cada um dos 1024 interferogramas. O resultado é o espectro 2-D. O problema, agora, é visualizar o resultado. Uma das maneiras é o tipo de gráfico que usamos na Figura 5.5a. Esse gráfico, mostrado na primeira parte da Figura 5.6, dá uma ideia de três dimensões. Note que os dois eixos são agora chamados de F2 e F1 (o mesmo que ν_2 e ν_1), terminologia coerente com o resto do texto e de uso comum. Para esse espectro, esse método é satisfatório, porque não existem picos sobrepostos. Uma única perspectiva é suficiente.

No caso de espectros mais complexos, entretanto, os dados são apresentados como uma série de contornos, semelhantes aos vales e montanhas de mapas topológicos. Podemos ver esse tipo de representação na segunda parte da Figura 5.6. Projeções dos dados são incluídas com frequência nos espectros 2-D, o que é equivalente a "acender uma luz" sobre o pico para revelar sua "sombra", que é obviamente 1-D. Essas projeções são, muitas vezes, substituídas por espectros 1-D adquiridos separadamente. Enquanto não tivermos picos negativos (como acontece no caso de COSY sensível à fase, que não é abordado neste livro), usaremos esse método sem maiores comentários.

5.3 ESPECTROMETRIA DE CORRELAÇÃO

O leitor atento já deve ter visto que o experimento anteriormente descrito, que é um tipo de modulação de frequência, não traz nenhuma informação além do espectro de ^{1}H da acetona. Aí reside, no entanto, a beleza do experimento: tem todos os elementos de um experimento de correlação

ESPECTROSCOPIA DE RMN EM DUAS DIMENSÕES

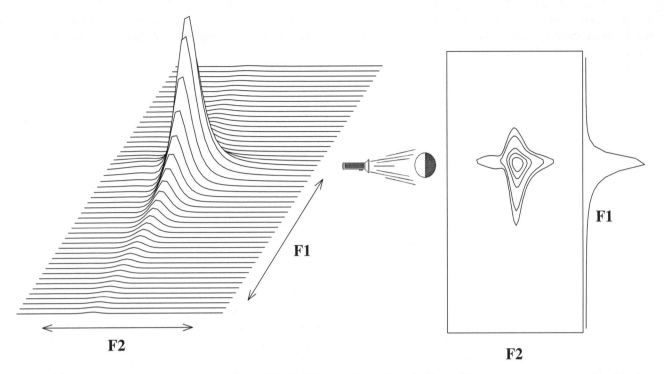

FIGURA 5.6 Transformação de Fourier de uma série de FIDs semelhantes aos da Figura 5.5c que gera o espectro no domínio da frequência, como um pico ou como um contorno. O gráfico de contorno mostra também uma projeção paralela a **F1**.

2-D *e, além disso*, podemos seguir completamente o vetor magnetização resultante da acetona em todas as etapas, usando modelos vetoriais simples. Vamos, agora, colocar esse modelo de sequência de pulsos na forma geral dos experimentos 2-D. Se substituirmos o primeiro pulso $\pi/2$ por um "pulso" generalizado que contém um ou mais pulsos e atrasos e o segundo pulso de aquisição $\pi/2$ por um "pulso de aquisição" generalizado que contém também um ou mais pulsos e atrasos, chegaremos à sequência geral dos experimentos de correlação 2-D, mostrada na Figura 5.7. Não podemos fisicamente descrever, usando modelos vetoriais simples e trigonometria, o resultado do processo que acontece dentro das caixas. Por enquanto, vamos ignorar o que acontece dentro das caixas para nos concentrar no que acontece durante t_1 e t_2.

*Em todos os experimentos 2-D, detectamos um sinal (durante a aquisição) em função de t_2. Esse sinal, entretanto, foi **modulado** em função de t_1.* O experimento da acetona é simples porque a magnetização é modulada do mesmo modo durante t_1 e t_2. Em um experimento em que a magnetização é modulada de forma idêntica durante t_1 e t_2, os picos resultantes terão ν_1 igual a ν_2. No jargão da RMN 2-D, o experimento produz picos diagonais. Para se obterem informações úteis do espectro 2-D, só são realmente interessantes os experimentos em que a magnetização muda com dada frequência durante t_1 e com outra durante t_2. Nesse caso, o experimento dará picos em que ν_1 e ν_2 são diferentes, a que chamamos picos fora da diagonal ou picos cruzados. Precisamos saber duas coisas para interpretar um espectro de RMN 2-D. A primeira é que frequências os

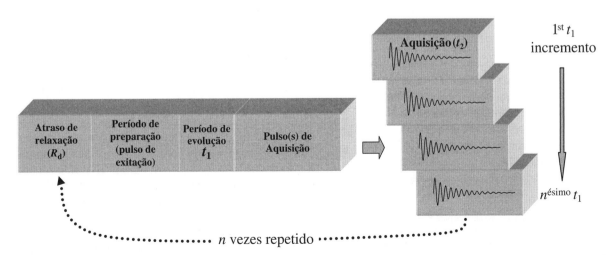

FIGURA 5.7 Sequência clássica de Jeener-Ernst de pulsos generalizada para RMN 2-D. O sinal detectado durante o período de aquisição, t_2, é modulado durante o tempo de atraso, t_1, dando origem aos picos cruzados do espectro 2-D.

eixos representam. Um dos eixos (v_2) sempre representa o núcleo detectado durante a aquisição (t_2). O outro eixo pode representar o mesmo núcleo (por exemplo, COSY ^{1}H—^{1}H), um núcleo diferente (por exemplo, COSY ^{1}H—^{13}C, também chamado HMQC ou HETCOR), ou uma constante de acoplamento (por exemplo, a espectroscopia resolvida em J, não abordada neste capítulo). Também precisamos saber como as magnetizações se relacionam durante t_1 e t_2, o que nos permite explicar e interpretar os picos cruzados.

Se voltarmos, agora, a nosso experimento 2-D modelo e aplicarmos essa sequência de pulsos a um sistema AX, poderemos entender melhor o aumento de tempo t_1. Embora possamos descrevê-la matematicamente com precisão, não podemos mostrar a evolução de t_1 pictoricamente com diagramas vetoriais. (A descrição matemática desse sistema exige mecânica quântica e a solução da matriz de densidades, muito além do escopo deste livro. Veja Levitt (2008) ou Cavanagh et al. (1996) para mais detalhes.) Depois do primeiro pulso $\pi/2$, o sistema pode ser descrito como a soma de dois termos, cada um contendo o spin de um dos dois hidrogênios. Durante o tempo t_1, os spins estão em precessão sob a influência dos deslocamentos químicos *e do acoplamento spin-spin mútuo*. O efeito do acoplamento mútuo é mudar alguns dos termos de cada spin para que eles contenham componentes de magnetização de ambos os núcleos. A seguir, o segundo pulso $\pi/2$ faz com que os spins que estavam em precessão sob a influência do deslocamento químico e do acoplamento mútuo redistribuam magnetização por todos os spins (somente outro nesse caso) com os quais estejam acoplados. A redistribuição de magnetização é detectada em t_2. Assim, uma frequência detectada em t_2 tem a amplitude modulada pelos outros spins (somente um nesse caso) com os quais está acoplada durante t_1, e o processo leva a picos cruzados que ligam os núcleos acoplados. Como a magnetização se redistribui igualmente em ambas as direções (isto é, de A para X e de X para A), os picos cruzados (pelo menos no caso desse experimento) estarão dispostos simetricamente em relação à diagonal. Admitimos que é difícil seguir a descrição de spins em precessão que se misturam durante t_1 e se redistribuem durante o pulso de aquisição (para serem detectados durante t_2) sem figuras explicativas. Não daremos explicações detalhadas das sequências de pulsos por causa dessa dificuldade.

5.3.1 Correlação ^{1}H—^{1}H: COSY

Nosso experimento 2-D simples é, na verdade, um experimento muito importante, às vezes chamado COSY (*COrrelation SpectroscopY* — espectroscopia de correlação), a que chamaremos COSY ^{1}H—^{1}H para indicar claramente os núcleos que estão sendo correlacionados.* A sequência de pulsos para COSY ^{1}H—^{1}H é a que descrevemos anteriormente, na Figura 5.3: dois pulsos $\pi/2$ de hidrogênio separados por um período de evolução t_1, aumentado sistematicamente, e um período de aquisição t_2.

---

*Muitos leitores já devem ter percebido que acrônimos para RMN 2-D proliferaram com o desenvolvimento de novos experimentos. Este capítulo não pretende ser muito extensivo na descrição desses acrônimos e dos experimentos correspondentes. Tentamos, no entanto, cobrir um número suficiente de experimentos importantes que permitam ao leitor interpretar praticamente qualquer experimento 2-D que possa vir a encontrar. O índice relaciona alguns acrônimos.

As sequências de pulsos reais usadas pelos espectrômetros modernos são mais complicadas do que as sequências idealizadas descritas neste texto. Muitos espectrômetros empregam uma técnica conhecida como "ciclagem de fases", em que a fase do pulso de rf é alterada de modo regular (por meio de um ciclo) para cada incremento de t_1. Esses ciclos de fases são *fatores experimentais* extremamente importantes porque ajudam a remover artefatos e outras peculiaridades da detecção em quadratura. Vamos ignorar os ciclos de fases em nossas sequências de pulsos e em nossa discussão, porque eles não afetam nosso entendimento e a interpretação dos experimentos. O leitor interessado nesses e em outros parâmetros experimentais importantes em experimentos 2-D poderá ler Claridge (veja as Referências). Outro ponto a ser desconsiderado em nossa discussão é o uso de gradientes. Uma pequena descrição deles será apresentada no fim deste capítulo.

Na descrição anterior do experimento 2-D de um sistema de spins AX, vimos que durante t_1 os spins que estão mutuamente acoplados movimentam-se sob a influência dos deslocamentos químicos de ambos os núcleos e, por isso, dão origem a picos com v_1 e v_2 diferentes. No caso geral, considera-se para a interpretação dos espectros COSY ^{1}H—^{1}H que os picos fora da diagonal, ou picos cruzados, têm origem na interação entre todos os hidrogênios que têm acoplamento spin-spin significativo. Em outras palavras, os picos cruzados relacionam hidrogênios acoplados. Em um certo sentido, o experimento pode ser imaginado como equivalente a um conjunto de experimentos simultâneos de desacoplamento para identificar os hidrogênios que se acoplam. É claro que não ocorrem desacoplamentos e não se deve imaginar que um experimento COSY ^{1}H—^{1}H substitua experimentos de desacoplamento homonuclear (veja a Seção 3.15).

5.4 IPSENOL: COSY ^{1}H—^{1}H

Continuemos nossa discussão da RMN 2-D pelo espectro COSY ^{1}H—^{1}H do ipsenol, o álcool monoterpênico que estudamos em algum detalhe nas Seções 3.12 e 4.6. Como referência, a Figura 5.8 mostra o espectro típico de RMN 1-D do ipsenol em 300 MHz e sua estrutura.

A parte superior da Figura 5.9 mostra a representação de contornos do espectro COSY simples do ipsenol. A representação que mostramos é típica: F2 está na parte inferior (ou superior), com a escala de hidrogênios usual (da direita para a esquerda). F1 está colocado à direita (ou à esquerda), com a escala de hidrogênios de cima para baixo. Coloca-se, por conveniência, o espectro de hidrogênios no lado oposto das escalas F1, em substituição à projeção, pouco resolvida. O espectro 1-D, que não faz parte do espectro COSY ^{1}H—^{1}H, é adicionado depois do experimento. A "diagonal" vai da direita, na parte de cima, para a esquerda, na parte de baixo. Nela estão as absorções em que v_1 e v_2 são iguais. Os picos da diagonal dão as mesmas informações do espectro de RMN de ^{1}H 1-D usual. De cada lado da diagonal, dispostos de forma simétrica (pelo menos teoricamente), estão os picos cruzados. A simetria, nesse tipo de espectro, é frequentemente imperfeita.

ESPECTROSCOPIA DE RMN EM DUAS DIMENSÕES   **237**

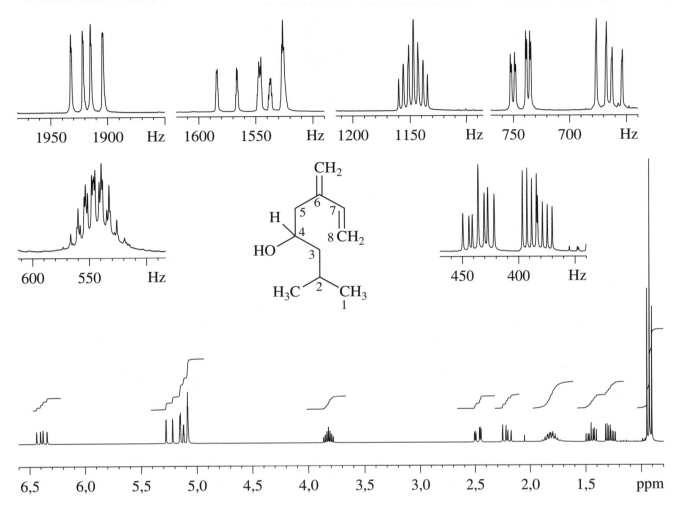

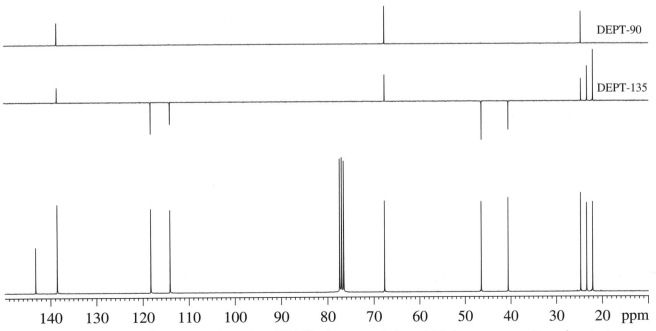

FIGURA 5.8 Espectros ¹H, ¹³C e DEPT do ipsenol em 300 MHz. A estrutura do ipsenol é dada com a numeração usada no texto.

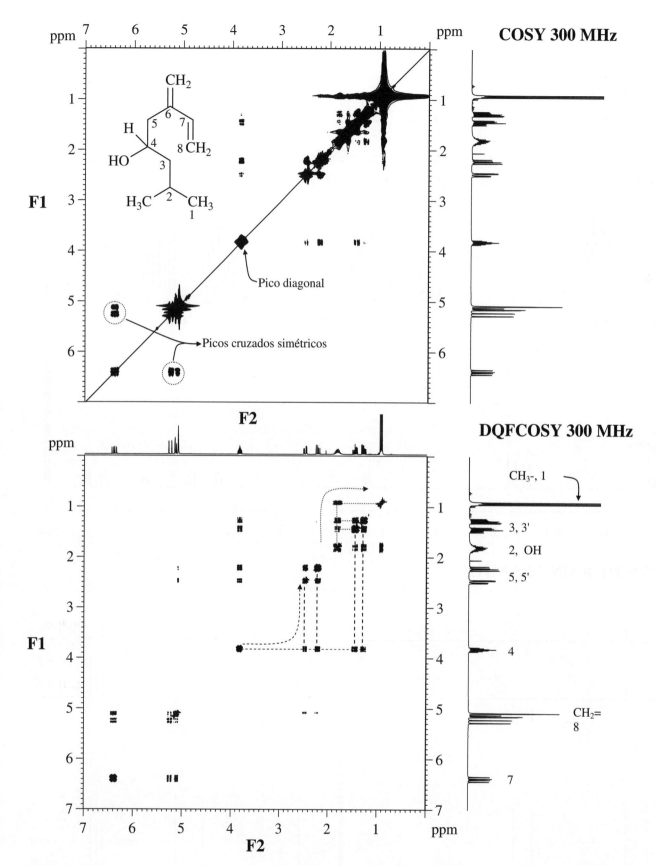

FIGURA 5.9 No topo, o espectro COSY simples, em 300 MHz, do ipsenol; embaixo, o espectro DQF-COSY, em 300 MHz, do ipsenol.

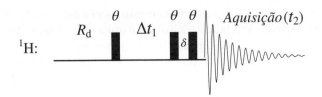

FIGURA 5.10 Sequência de pulsos do espectro ¹H—¹H COSY com filtro duplo-quântico (DQF-COSY). Os θ são pulsos de 90° e δ é um atraso fixo da ordem de alguns microssegundos (não está relacionado com o deslocamento químico).

Antes de entrarmos propriamente na discussão detalhada do espectro COSY ¹H—¹H e da estrutura do ipsenol, temos de mencionar que existe um refinamento experimental que simplifica um pouco a diagonal. No caso do ipsenol não precisaremos dele, mas, às vezes, como no caso do óxido de cariofileno, essa simplificação faz toda a diferença.

5.4.1 Ipsenol: COSY ¹H—¹H com Filtro Duplo-Quântico

Quando adicionamos à nossa sequência COSY um terceiro pulso $\pi/2$ imediatamente após o segundo pulso $\pi/2$, sem alterar mais nada, temos uma nova sequência, o experimento COSY ¹H—¹H com Filtro Duplo-Quântico (*Double Quantum Filtered* — **DQF-COSY**), que é muito utilizado (Figura 5.10). O objetivo do terceiro pulso $\pi/2$ é remover ou "filtrar" transições de um único *quantum*, de modo a permitir apenas transições de dois *quanta* ou maiores. Em termos práticos, o filtro duplo-quântico seleciona sistemas com pelo menos dois spins (no mínimo AB ou AX) e faz com que os singletos de metila (não acoplados) tenham a intensidade muito reduzida. Filtros para número maior de *quanta* são também possíveis, mas não são normalmente usados. Um experimento COSY com filtro triplo-quântico selecionaria sistemas com três spins ou maiores, eliminando sistemas AB e AX, bem como sistemas não acoplados.

A Figura 5.9 (inferior) mostra o espectro DQF-COSY ¹H—¹H do ipsenol. Observe que o espectro parece mais "limpo", principalmente na diagonal, o que torna a interpretação muito mais fácil. Por causa do melhor aspecto dos gráficos DQF-COSY, todas as COSY deste livro foram filtradas.

Antes de começarmos a interpretação do espectro COSY da Figura 5.9, é bom lembrar que esse tipo de espectro mostra correlação entre hidrogênios acoplados. Um bom ponto de partida (isto é, uma absorção característica) para a interpretação do espectro COSY (e de outros tipos de espectros de correlação) é uma das chaves para se obter as informações desejadas. A estrutura do ipsenol permite considerar vários modos de ataque ao problema, por isso vamos selecionar, por exemplo, o metino do carbinol em 3,83 ppm. Se começarmos na diagonal e traçarmos uma linha diretamente para a direita ou para cima (o resultado é o mesmo porque o espectro é simétrico), encontraremos quatro picos fora da diagonal ou picos cruzados. Traçando novas linhas perpendiculares à linha que acabamos de traçar, encontraremos as quatro ressonâncias que estão acopladas. Uma rápida olhada na estrutura do ipsenol mostra os dois pares de hidrogênios de metileno diastereotópicos adjacentes ao metino do carbinol.* Em outras palavras, o hidrogênio em 3,83 ppm está acoplado aos quatro hidrogênios dos dois grupos metileno adjacentes.

Poderíamos continuar a traçar as linhas de correlação a partir desses quatro hidrogênios e o leitor é convidado a fazer isso no fim desta seção. Vamos, em vez disso, selecionar outra absorção característica: o hidrogênio de metino do grupo isopropila em 1,81 ppm. Começando na diagonal, podemos ver, agora, que o metino do grupo isopropila está correlacionado com três ressonâncias distintas. Duas das correlações correspondem aos dois hidrogênios de um dos metilenos diastereotópicos que estavam correlacionados com o metino de carbinol acima. Além disso, achamos uma correlação com os dois dubletos de metila sobrepostos em 0,93 ppm. Essas correlações, é claro, estão perfeitamente de acordo com a estrutura. Na verdade, considerando apenas esses dois hidrogênios, em 3,83 e 1,82 ppm, já estabelecemos correlações (também chamadas de conectividades) com três quintos da molécula. Uma correlação corresponde a uma conectividade, porque o espectro COSY só mostra, tipicamente, picos cruzados para hidrogênios acoplados que estão em átomos de carbono adjacentes (ligados).

Vamos agora examinar os dois hidrogênios do metileno C-5 em 2,48 e 2,22 ppm. Já vimos que eles estão acoplados com o metino do carbinol (o leitor pode e deve verificar esse fato a partir dos hidrogênios do metileno) e podemos ver agora que eles também estão acoplados entre si.† Podemos ver, também, os picos cruzados pouco intensos desses hidrogênios de metileno que se correlacionam com um hidrogênio de olefina em 5,08 ppm. Essa correlação é devida ao acoplamento de longa distância ($^4J_{HH}$ ou acoplamento de quatro ligações) dos hidrogênios de metileno com o hidrogênio *cis* da ligação dupla adjacente. Foi bom achar essa correlação porque ela mostra a conectividade dos hidrogênios com o sistema dieno isolado. Na ausência dessas correlações de longa distância, esses sistemas de spin isolados podem ser "ligados" pelas sequências HMBC e INADEQUATE, que serão descritas adiante. Neste ponto, convidamos o leitor a completar as correlações do ipsenol nesse espectro COSY. As correlações podem ser obtidas para todos os hidrogênios, com exceção do hidrogênio da hidroxila, que tem troca rápida.

5.4.2 Detecção do Carbono COSY ¹³C—¹H: HETCOR

O experimento COSY ¹³C—¹H (HETCOR) correlaciona os núcleos de ¹³C com os hidrogênios diretamente ligados a eles (acoplados), isto é, acoplamentos de uma ligação ($^1J_{CH}$). Os domínios de frequências de F1 (ν_1) e F2 (ν_2) são de núcleos diferentes e por isso não se observa diagonal ou simetria.

A Figura 5.11a mostra a sequência de pulsos usada nesse experimento, comumente chamado **HETCOR** (*HETeronuclear CORrelation* — correlação heteronuclear). Durante o tempo de evolução (t_1), o forte acoplamento J heteronuclear

---
*Deixaremos a discussão dos grupos metileno diastereotópicos para a próxima seção em que veremos o experimento COSY ¹H—¹³C ou HMQC.
†Hidrogênios geminais de metileno (hibridação sp^3) estão sempre acoplados entre si a constante de acoplamento ($^2J_{HH}$) é sempre grande (veja os apêndices, Capítulo 3).

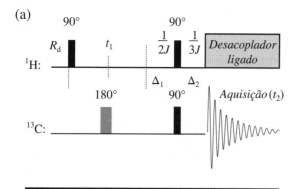

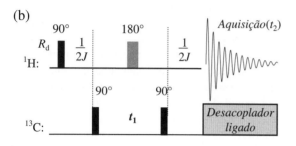

FIGURA 5.11 (a) Sequência de pulsos para uma HETCOR. (b) Sequência de pulsos para uma HMQC. O valor de $^1J_{HC}$ é tipicamente 145 Hz.

(J_1) é usado para a transferência de polarização, e somente são detectados os ^{13}C diretamente ligados a ^{1}H. Para obter a transferência de polarização máxima, um atraso fixo $\Delta_1 = 1/(2J_{CH})$ é adicionado após t_1. O atraso curto (Δ_2) entre o pulso final de ^{13}C e o começo da aquisição é um período de refocalização usado para que as linhas de ^{13}C não tenham fase oposta e não se cancelem quando o desacoplamento de ^{1}H for aplicado. O tempo ótimo de refocalização (Δ_2) depende de ^{13}C pertencer a um grupo CH, CH$_2$ ou CH$_3$. Um valor típico de compromisso, $\Delta_2 = 1/(3J_{CH})$, é normalmente usado.

O eixo F1 (ν_1) que é derivado do atraso t_1, é o eixo dos hidrogênios. O eixo F2 (ν_2), obtido durante t_2, é o eixo dos carbonos. Assim, nosso pulso $\pi/2$ de leitura está no canal ^{13}C, e o FID adquirido durante t_2 representa os núcleos ^{13}C. Por fim, como em um experimento ideal as ressonâncias dos carbonos devem ser singletos e não multipletos, um pulso composto (banda larga) é aplicado no canal de hidrogênios durante a aquisição para transformar os sinais de carbono obtidos em cada FID em singletos. Lembre-se de que em um experimento 2-D a correlação ocorre durante t_1 e, por isso, o desacoplador de hidrogênio não está ligado durante esse período.

5.4.3 HETCOR ^{1}H—^{13}C com Detecção de Hidrogênio: HMQC

Historicamente, o experimento **HMQC** (*Heteronuclear Multiple Quantum Correlation* — Correlação Heteronuclear Múltiplo-Quântica) foi precedido pelo experimento HETCOR. Embora existam muitas diferenças experimentais, a diferença essencial é que no experimento HETCOR o carbono é detectado, e no experimento HMQC o hidrogênio é detectado. Como existem grandes discrepâncias entre as abundâncias relativas e sensibilidade entre o hidrogênio e o carbono, hoje prefere-se a HMQC.

A vantagem dos experimentos inversos sobre a detecção direta é que, neles, detecta-se o núcleo com o maior γ (usualmente ^{1}H), permitindo o aproveitamento da maior sensibilidade.

Como mencionamos no Capítulo 3, a sensibilidade depende das razões giromagnéticas dos núcleos excitados (γ_{exc}) e do núcleo detectado na potência $\frac{3}{2}$ ($\gamma_{det}^{\frac{3}{2}}$). No caso do experimento HETCOR, ^{1}H é o núcleo excitado, e ^{13}C, o núcleo detectado. A sensibilidade é, portanto, proporcional a $\gamma_{1H}\gamma_{13C}^{\frac{3}{2}}$. No caso do experimento HMQC com detecção inversa, 1H é o núcleo excitado e detectado, e a sensibilidade é proporcional a $\gamma_{1H}^{\frac{5}{2}}$. A melhoria da sensibilidade associada do experimento HMQC em comparação com o HETCOR é, portanto, $(\gamma_{1H}/\gamma_{13C})^{\frac{3}{2}}$. Lembre-se de que, embora o experimento HMQC excite e detecte ^{1}H, a magnetização tem também de passar pelo núcleo de ^{13}C e, por isso, a baixa abundância natural de ^{13}C afeta negativamente S/N em comparação com um espectro ^{1}H-RMN unidimensional. A dificuldade com os experimentos de correlação de deslocamento químico com detecção inversa, entretanto, é que os sinais intensos de ^{1}H que não estão diretamente acoplados a um núcleo ^{13}C têm de ser suprimidos. Isso leva a um problema de controle dinâmico que usualmente exigiria ciclagem de fase adicional. A introdução de gradientes de campo pulsado na RMN de alta resolução diminuiu muito o problema da supressão dos sinais de ^{1}H ligado a ^{13}C. A supressão é quase perfeita sem ciclagem de fase adicional, o que aumenta significativamente a qualidade do espectro e exige muito menos tempo.

A Figura 5.11b mostra a sequência de pulsos usada no experimento HMQC. Vale a pena discutir três detalhes dessa sequência de pulsos. O eixo F1 (ν_1), derivado do atraso em incrementos, t_1, é o eixo dos carbonos. O eixo F2 (ν_2), obtido durante t_2, é o eixo dos hidrogênios. Assim, nosso pulso de leitura $\pi/2$ está no canal ^{1}H, e o FID adquirido durante t_2 representa o núcleo ^{1}H. Por fim, essa técnica CPD, **GARP** (*Globally optimized, Alternating phase, Rectangular Pulses* — pulsos retangulares, fase alternada, globalmente otimizada), é aplicada no canal de carbonos durante a aquisição para fazer com que os sinais de hidrogênio obtidos não sejam divididos em dubletos pelos núcleos ^{13}C. Lembre-se de que a HMQC analisa os acoplamentos ^{1}H—^{13}C; logo, somente ~1,1% dos pares C—H diretamente ligados contribuirão para o espectro. Esses mesmos pares dão origem a sinais-satélite de ^{13}C em um espectro 1D normal de ^{1}H-RMN.

5.4.4 Ipsenol: HETCOR e HMQC

A parte superior da Figura 5.12 mostra o espectro HETCOR, e a parte inferior, o espectro HMQC do ipsenol. A apresentação dos dois espectros é a mesma, exceto que os eixos estão trocados. No espectro HETCOR, o eixo F2 mostra a escala do carbono, e o eixo F1, ao lado, mostra a escala do hidrogênio. No espectro HMQC, esses eixos são trocados. A razão para isso é que, por convenção, os dados do núcleo que é diretamente detectado (F2) são colocados no eixo dos x. Teoricamente, as informações contidas nos dois espectros são as mesmas. Encontraremos as mesmas correlações no caso do ipsenol. A diferença prática na comparação dos dois experimentos está na resolução digital do eixo dos carbonos.

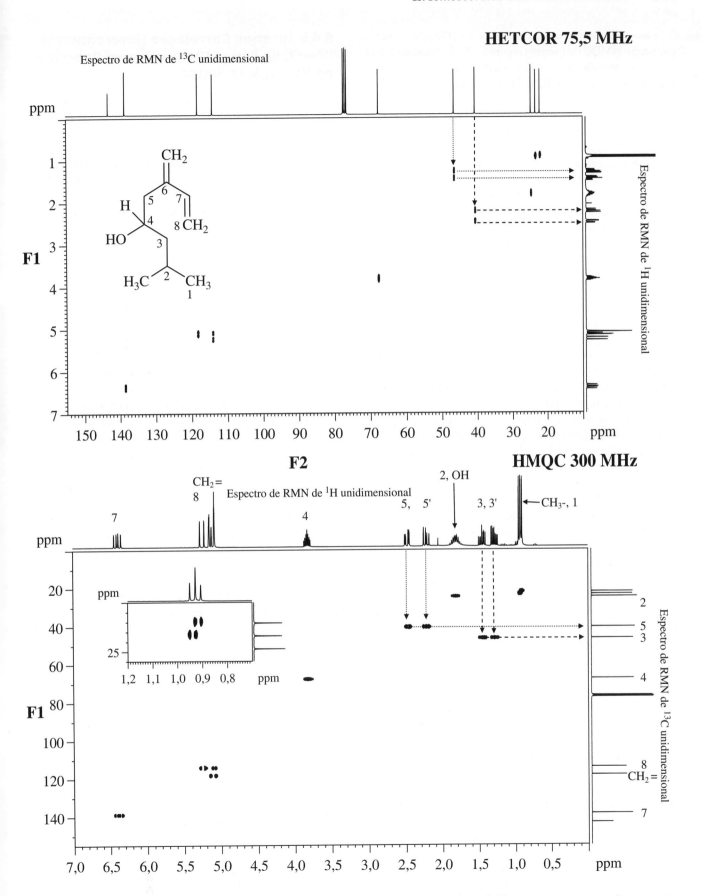

FIGURA 5.12 Embaixo, o espectro HMQC do ipsenol, e no topo o espectro HETCOR do ipsenol. Observe que, por convenção, o espectro do núcleo diretamente detectado (durante t_2) é registrado no eixo x e, então, os núcleos representados nos eixos do espectro HMQC são transpostos relativamente ao espectro HETCOR.

Vamos nos familiarizar com os espectros HMQC analisando o espectro HMQC do ipsenol (Figura 5.12, parte inferior). Fica imediatamente óbvio que não existem diagonal nem simetria. Isso ocorre sempre que F1 e F2 representarem núcleos diferentes. No presente caso, o eixo F1 (carbonos) está à esquerda, e o eixo F2 (hidrogênios) está na parte inferior. Do lado oposto dos eixos, estão os espectros 1-D correspondentes, ali colocados por conveniência, já que não fazem parte do espectro 2-D. A interpretação do espectro é simples. Podemos começar com qualquer átomo de carbono e mentalmente traçar uma linha horizontal até encontrar um pico cruzado.* Outra linha perpendicular à primeira leva ao hidrogênio (ou hidrogênios) com o(s) qual(is) o carbono se correlaciona.

Existem apenas três casos possíveis para cada átomo de carbono. Se a linha vertical não encontra picos cruzados, o átomo de carbono não está ligado a hidrogênios. Se a linha vertical encontra um pico cruzado, o carbono pode estar ligado a um, dois ou três hidrogênios. Se estiver ligado a dois hidrogênios, ou eles são equivalentes em deslocamento químico ou coincidem por acaso. Se a linha vertical encontra dois picos cruzados, então estamos diante do caso especial de dois hidrogênios diastereotópicos ligados a um grupo metileno. Em grande parte, essas informações já foram obtidas do espectro DEPT (veja a Seção 4.6). É, por isso, uma boa ideia considerar, sempre que possível, o espectro HMQC juntamente com o espectro DEPT. O leitor deveria também se lembrar de que existem muitos outros experimentos de correlação bidimensionais que podem dar o mesmo tipo de informação (por exemplo, variantes do experimento HSQC (*heteronuclear single-quantum coherence* — coerência heteronuclear simples-quântica), muitos dos quais utilizam gradientes de campo pulsados (veja a Seção 5.12).

No caso do ipsenol, existem quatro grupos metileno, todos ligados a pares diastereotópicos de hidrogênios. A ressonância de dois deles ocorre no espectro de carbonos em 41 e 47 ppm. Observe com quais hidrogênios esses átomos de carbono estão correlacionados e compare os resultados com os que obtivemos no espectro COSY. Como era de se esperar, os resultados aqui obtidos confirmam nossa interpretação do experimento COSY e ajudam a desenvolver melhor nossa base para o assinalamento dos espectros. Os outros dois átomos de carbono de metileno estão em alta frequência, na região de olefinas, e os picos cruzados do espectro HMQC referentes a essas ressonâncias ajudam a esclarecer as ressonâncias sobrepostas que encontramos no espectro de hidrogênios.

O ipsenol tem dois grupos metila que aparecem como um "tripleto" em 0,93 ppm no espectro de hidrogênios. Um olhar mais cuidadoso na expansão do espectro mostra que ele é um par de dubletos em coincidência. Antes de passar à próxima seção, pense na seguinte questão: será possível assinalar as ressonâncias dos átomos de carbono de metileno de olefina na base das informações dadas pelos espectros COSY e HMQC?

---

*Poderíamos também ter começado com o eixo dos hidrogênios e obteríamos o mesmo resultado. Nem sempre é possível, nos casos de recobrimentos no espectro de hidrogênio, achar todos os bons pontos de partida para a análise. O recobrimento normalmente não é um problema no eixo dos carbonos.

5.4.5 Ipsenol: Correlação Heteronuclear ^1H—^{13}C de Longa Distância com Detecção de Hidrogênio: HMBC

No caso do experimento HMQC, que acabamos de descrever, queríamos eliminar os acoplamentos de longa distância (isto é, de duas e três ligações) entre o hidrogênio e o carbono e, ao mesmo tempo, preservar os acoplamentos entre átomos ligados (isto é, que estão na mesma ligação química), que correlacionamos em um experimento 2-D. O experimento **HMBC** (*Heteronuclear Multiple Bond Coherence* — Coerência Heteronuclear através de Muitas Ligações), que também ocorre com detecção de hidrogênio, utiliza os acoplamentos de duas ou mais ligações e dá um espectro extremamente útil (embora, às vezes, um pouco confuso). Nele, obtêm-se indiretamente as correlações carbono-carbono (embora não as correlações ^{13}C—^{13}C) e as correlações entre carbonos tetrassubstituídos e hidrogênios próximos. Com os acoplamentos ^2J e ^3J presentes, a interpretação pode ser um pouco tediosa. É preciso ser metódico e ter sempre em mente as correlações HMQC.

A interpretação do experimento HMBC requer um grau de flexibilidade, uma vez que nem sempre encontramos o que estamos buscando. Em particular, dependendo da hibridação do carbono e de outros fatores, algumas correlações de duas ligações ($^2J_{CH}$) ou de três ligações ($^3J_{CH}$) às vezes estão ausentes. Além disso, não é frequente encontrar correlações de quatro ligações ($^4J_{CH}$). As variações que podem ser encontradas nas correlações são função de variações na magnitude das constantes de acoplamento de $^2J_{CH}$, $^3J_{CH}$ e $^4J_{CH}$.

Os leitores interessados encontrarão a sequência de pulsos usada em HMBC na Figura 5.13. O tempo de atraso, $1/(2J)$, pode ser otimizado para constantes de acoplamento diferentes. Um valor típico de J é um valor médio de acoplamento por meio de muitas ligações igual a 8 Hz.

O experimento HMBC do ipsenol (Figura 5.14) é semelhante à HMQC, com duas diferenças óbvias: existe um número maior de correlações e as correlações de uma ligação (HMQC) desapareceram. (O espectro foi desmembrado em cinco seções para que haja resolução suficiente para a leitura de todas as correlações.) A interpretação do experimento HMBC é muito simples no caso do ipsenol. Notemos primeiramente, entretanto, um pequeno problema: os satélites ^{13}C de picos intensos de hidrogênio, especialmente de grupos metila. Se traçarmos uma paralela ao eixo dos hidrogênios (F2) a partir de 23 ppm,

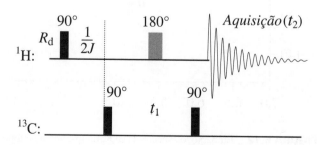

FIGURA 5.13 Sequência de pulsos para a HMBC. J é escolhido para o acoplamento CH de longa distância ($^2J_{HC}$ e $^3J_{HC}$), tipicamente 8 Hz.

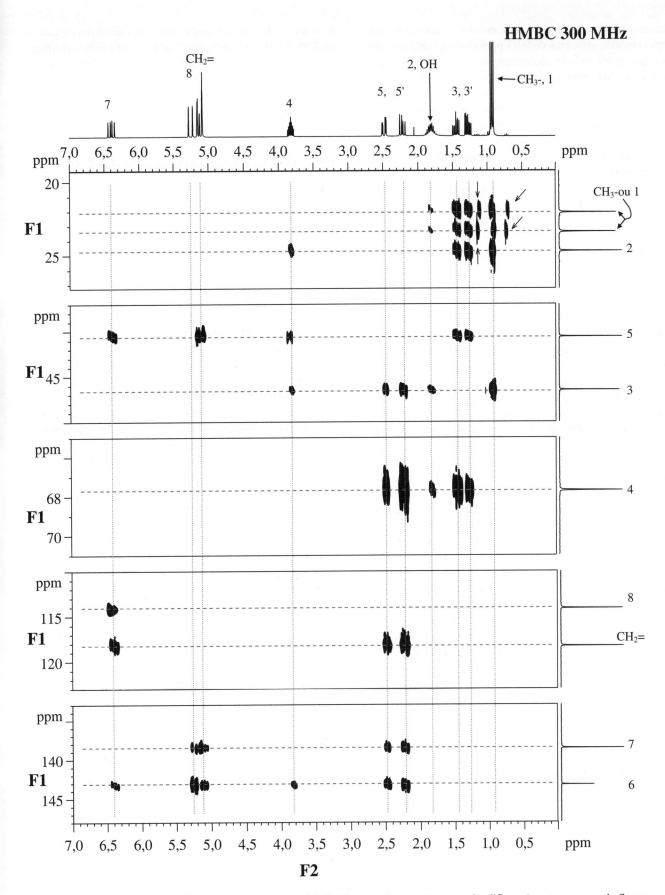

FIGURA 5.14 Espectro HMBC do ipsenol. O espectro foi dividido em cinco seções para simplificar. As setas no topo da figura apontam para os satélites ¹³C. As linhas foram desenhadas para mostrar as correlações.

aproximadamente, no eixo dos carbonos (F1), vamos encontrar picos cruzados em cerca de 0,93 ppm (hidrogênio) que são reais. Em ambos os lados, encontram-se dois "picos cruzados" que não se alinham (não se correlacionam) com nenhum dos hidrogênios de F2. Esses sinais são satélites ^{13}C e devem ser ignorados. Os outros sinais de ressonância de carbono de metila mostram o mesmo problema: os picos satélites estão marcados com setas na figura.

Podemos começar com uma ressonância de carbono ou de hidrogênio e os resultados serão os mesmos. Usaremos o eixo dos carbonos como ponto de partida, porque usualmente ocorre menos sobreposição. Assim, por exemplo, uma linha paralela ao eixo dos hidrogênios em 68 ppm, aproximadamente, no eixo dos carbonos (o carbono de carbinol) intercepta cinco picos cruzados, e nenhuma das cinco correlações corresponde ao hidrogênio ligado a este carbono ($^{1}J_{CH}$), que está em 3,8 ppm. Quatro dos picos cruzados correspondem aos dois pares de grupos metileno diastereotópicos (2,48, 2,22, 1,45 e 1,28 ppm) e representam acoplamentos $^{2}J_{CH}$ (duas ligações). A quinta interação ($^{3}J_{CH}$) correlaciona o átomo de carbono (68 ppm) com o hidrogênio de metino do grupo isopropila (1,81 ppm) que está ligado a um átomo de carbono na posição β. O outro átomo de carbono, na posição β, não está ligado a átomos de hidrogênio e por isso não tem correlação com o átomo de carbono do carbinol. Temos, assim, indiretamente, as conectividades de dois carbonos α e de um dentre dois carbonos β.

Outro exemplo interessante pode ser encontrado traçando-se uma linha a partir da ressonância de carbono em 41 ppm. Esse carbono é o metileno C-5, e as correlações entre ele e os hidrogênios a ele ligados em 2,48 e 2,22 ppm estão ausentes. Somente um dos carbonos α está ligado a um ou mais hidrogênios, e a correlação correspondente ocorre com o hidrogênio do metino do carbinol C-4 em 3,83 ppm.* Existem três carbonos β ligados a hidrogênios. O átomo de carbono do metileno C-3 mostra correlações indiretas através dos hidrogênios diastereotópicos que estão em 1,45 e 1,28 ppm. O hidrogênio do grupo metino de olefina, em C-7, dá um pico cruzado em 6,39 ppm. Os hidrogênios do grupo metileno de olefina em C-6 dão picos cruzados em 5,16 e 5,09 ppm. Como C-6 é um carbono quaternário, o experimento HMBC permite "ver através" desses pontos normalmente isolantes da molécula. A título de exercício, as outras correlações ficam por conta do leitor. O carbono quaternário em cerca de 143 ppm (C-6) é um bom ponto de partida.

5.5 ÓXIDO DE CARIOFILENO

A estrutura do óxido de cariofileno, muito mais complexa, é um desafio digno dos métodos que utilizamos com o ipsenol. Para uso aqui e para referência futura, os espectros ^{1}H, ^{13}C e DEPT são dados na Figura 5.15. Como ajuda na discussão do espectro DQF-COSY do óxido de cariofileno, eis uma descrição do espectro de hidrogênios: existem três singletos de metila, em 0,98, 1,01 e 1,19 ppm, dois "dubletos" de olefinas (pequeno acoplamento geminal de olefina), em 4,86 e 4,97 ppm, e ressonâncias de 13 outros hidrogênios, que dão multipletos entre 0,9 e 3,0 ppm. Mesmo conhecendo a estrutura, não é possível assinalar qualquer um desses hidrogênios, a menos que estabeleçamos uma ou mais hipóteses pouco razoáveis.*

5.5.1 Óxido de Cariofileno: DQF-COSY

A Figura 5.16 mostra o espectro DQF-COSY do óxido de cariofileno. O problema aqui é que *não existe um bom ponto onde começar a interpretação*. Essa declaração não é trivial. Sem um bom ponto de partida, é impossível relacionar as muitas correlações óbvias (desenhadas por conveniência) que podemos ver na fórmula estrutural. Nosso procedimento será, portanto, registrar algumas das correlações que vemos e esperar ter outras informações (isto é, HMQC) antes de tentar traduzir essas correlações em uma estrutura.

Os hidrogênios do metileno exocíclico de olefina mostram correlações COSY óbvias uns com os outros. Além disso, podemos ver picos cruzados entre os hidrogênios de olefina em 4,86 e 4,97 ppm e um aparente grupo metileno diaestereotópico (2,11 e 2,37 ppm), e um quarteto em 2,60 ppm, respectivamente. Essas interações lembram o acoplamento alílico de longa distância que vimos no ipsenol. Poderíamos atribuir essas correlações ao metileno diastereotópico em C-7 e ao metino em C-9. Por enquanto, seremos cuidadosos. Voltaremos a esse ponto adiante, neste capítulo.

A parte de mais baixa frequência desse espectro COSY revela uma interação inesperada. Aparentemente, um ou ambos os singletos de metila mostram acoplamento com ressonâncias em 1,65 e 2,09 ppm. Esse conflito aparente pode ser resolvido pelo exame detalhado do singleto de metila que está em 0,98 ppm. Existe um multipleto pouco comum em baixa frequência (marcado como 3'), parcialmente escondido, do qual não falamos ainda. Informações inesperadas são muito comuns na espectroscopia de correlação porque ressonâncias parcial ou totalmente escondidas usualmente se revelam nos espectros 2-D (veja HMQC, a seguir). Antes de continuar nossa discussão sobre o óxido de cariofileno, vamos olhar as correlações ^{1}H—^{13}C e como as correlações ^{1}H—^{1}H interagem com as correlações ^{1}H—^{13}C.

5.5.2 Óxido de Cariofileno: HMQC

O espectro COSY do óxido de cariofileno pode ser entendido mais claramente quando interpretado em conjunto com o espectro HMQC (Figura 5.17). O espectro DEPT (veja a Figura 5.15) já mostrou que o óxido de cariofileno tem três ressonâncias de carbonos de metila (16,4; 22,6 e 29,3 ppm), seis ressonâncias de carbonos de metileno (26,6; 29,2; 29,5; 38,4; 39,1 e 112,0 ppm), três ressonâncias de carbono de

---

*O outro carbono α em C-6, que era um carbono β em nosso primeiro exemplo, também não mostra correlações no experimento HMQC. O leitor está convidado a mostrar que existem correlações úteis com esse carbono na Figura 5.14.

*Poderíamos imaginar, por exemplo, que o metino alílico da cabeça de ponte fosse o sinal em campo mais baixo e assinalar o dubleto de dubletos em 2,86 ppm a esse hidrogênio (o que está errado). Os métodos deste capítulo nos permitirão fazer o assinalamento sem admitir hipóteses que não tenham base mais sólida.

^{1}H RMN 600 MHz

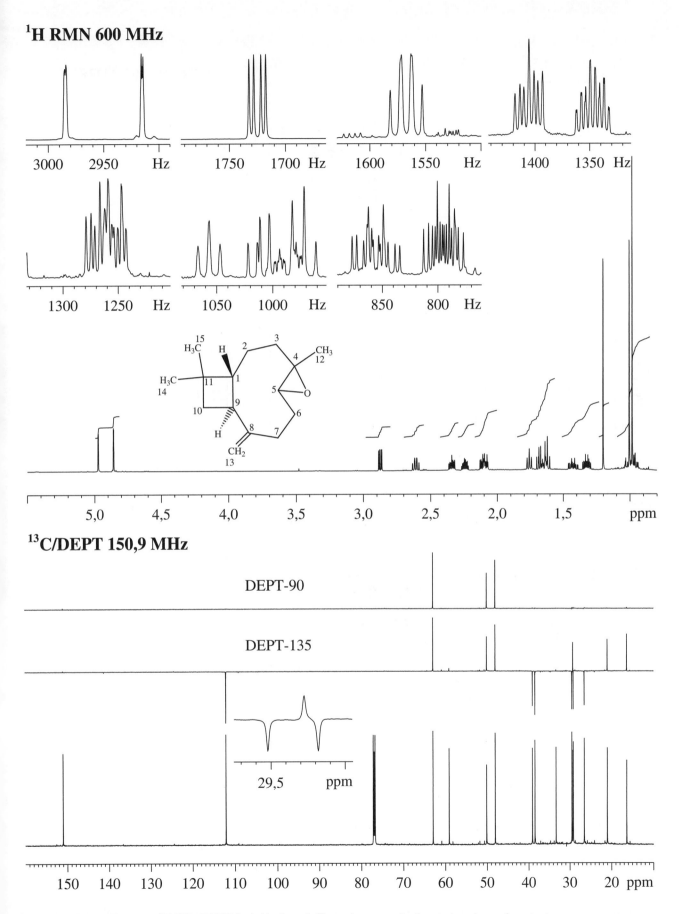

FIGURA 5.15 Espectros ^{1}H, ^{13}C e DEPT do óxido de cariofileno. A numeração da estrutura é a usada no texto.

246 CAPÍTULO 5

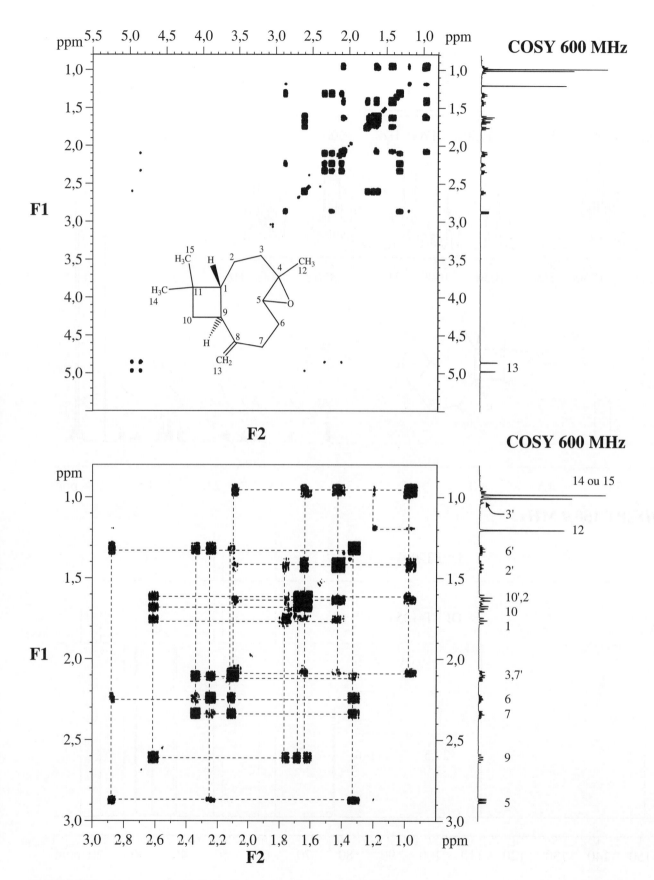

FIGURA 5.16 Espectro DQF-COSY do óxido de cariofileno. Embaixo da figura está uma expansão com as linhas de correlação e assinalamentos dados como ajuda para a interpretação.

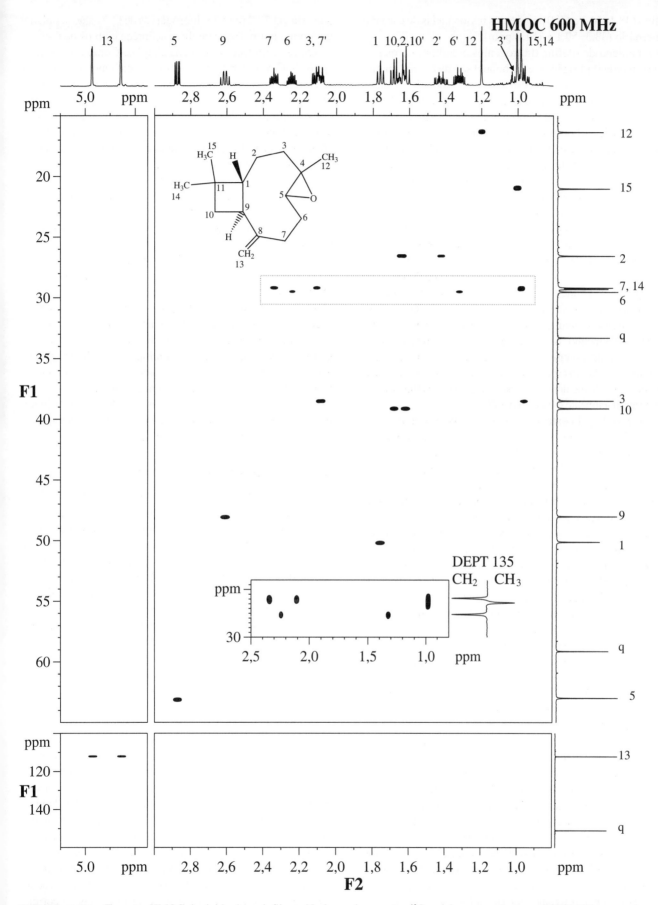

FIGURA 5.17 Espectro HMQC do óxido de cariofileno. No lugar do espectro ¹³C usual, a expansão usa o DEPT 135 para mais clareza.

metino (48,1; 50,1 e 63,0 ppm) e três ressonâncias de carbono quaternário (33,3; 59,1 e 151,0 ppm).

O metileno de olefina (hidrogênios e carbono) e os três grupos metila (hidrogênios e carbonos) são de assinalamento imediato e estão de acordo com a discussão anterior. É mais interessante e útil assinalar os três hidrogênios de metino: o dubleto de dubletos em 2,86 ppm, que se correlaciona com a ressonância de carbono em 63,0 ppm, o quarteto aparente em 2,60 ppm, que se correlaciona com a ressonância de carbono em 48,0 ppm, e um tripleto aparente em 1,76 ppm, que se correlaciona com a ressonância de carbono em 50,1 ppm. Tendo o espectro COSY e conhecendo a estrutura, podemos assinalar todas as três ressonâncias de metino e usar essa informação no espectro COSY para estabelecer novas correlações.

Usando a correlação alílica de longa distância que encontramos no experimento COSY, podemos agora confirmar a atribuição cautelosa que fizemos anteriormente. O dubleto de dubletos em 2,86 ppm corresponde ao hidrogênio do grupo metino do anel epóxido, e seu deslocamento químico pode ser entendido na base do efeito de desacoplamento do oxigênio do anel epóxido. O outro hidrogênio de metino (adjacente ao grupo *gem*-dimetila) corresponde ao multipleto em 1,76 ppm. Com essas informações, já poderíamos voltar ao espectro COSY, porém é melhor assinalar os hidrogênios de metileno antes, porque eles nos ajudarão a interpretar mais facilmente o espectro COSY.

Começando pelo extremo de baixa frequência do espectro de ^{13}C, podemos fazer as seguintes atribuições: o carbono de metileno em 26,6 ppm se correlaciona com as ressonâncias de hidrogênio em 1,45 e 1,63 ppm, o carbono de metileno em 29,2 ppm se correlaciona com as ressonâncias de hidrogênio em 2,11 e 2,37 ppm, o carbono de metileno em 29,5 ppm se correlaciona com as ressonâncias de hidrogênio em 1,33 e 2,23 ppm, o carbono de metileno em 38,4 ppm se correlaciona com as ressonâncias de hidrogênio em 0,96 e 2,09 ppm, o carbono de metileno em 39,1 ppm se correlaciona com as ressonâncias de hidrogênio em 1,62 e 1,68 ppm, e, por fim, o pico de metileno de olefina, que já assinalamos anteriormente. Assim, com pouco esforço, pudemos assinalar um deslocamento químico para todos os hidrogênios do óxido de cariofileno e correlacioná-los com uma ressonância do espectro de ^{13}C. Pudemos agrupar os hidrogênios diastereotópicos de cada grupo metileno e conseguimos três bons pontos diferentes para começar a interpretação do espectro COSY. Antes não tínhamos nenhum. Podemos voltar, agora, ao espectro COSY do óxido de cariofileno e assinalar as correlações à luz de sua estrutura.

A Figura 5.16 mostra a expansão do espectro DQF-COSY do óxido de cariofileno entre 0,8 e 3,0 ppm. Como ajuda para a discussão, a figura inclui as linhas que estabelecem as correlações hidrogênio-hidrogênio. As "conectividades" do espectro COSY permitem a construção de fragmentos de estruturas ou, nesse caso, a confirmação dos fragmentos. Para correlacionar C-5, C-6 e C-7, começamos com H-5 em 2,87 ppm. Esse hidrogênio mostra picos cruzados com as duas ressonâncias em 1,32 e 2,24 ppm. Sabemos, do experimento HMQC, que esses hidrogênios são diastereotópicos e correspondem a H-6 e H-6'. Os hidrogênios ligados a C-6 se correlacionam com os hidrogênios que estão em 2,11 e 2,37 ppm. Atribuímos esses hidrogênios, que também são diastereotópicos, a C-7, que está em 29,2 ppm. Os hidrogênios de C-7 estão acoplados um com o outro, o que também acontece com os de C-6.

Outras correlações são mais simples. Como o sistema de spins de C-5, C-6 e C-7 está isolado, devemos recomeçar a interpretação em outro ponto. Podemos usar, por exemplo, o grupo metino alílico da cabeça de ponte (H-9) que aparece em 2,60 ppm. Já observamos um caso de interação alílica a longa distância. Além disso, encontramos três outras interações que o espectro HMQC ajuda a interpretar. Uma dessas correlações é com o hidrogênio de metino em 1,76 ppm, que correspondemos a H-1. O espectro HMQC mostra também que as outras duas correlações levam a dois hidrogênios diaestereotópicos em 1,62 e 1,68 ppm. Nós os atribuímos a H-10 e H-10'. Os hidrogênios de C-10 são um beco sem saída, e não podemos achar outras correlações com eles.

H-1 está acoplado com ambos os hidrogênios C-2 em 1,45 e 1,63 ppm. A interação é fraca entre H-1 e H-2' em 1,63 ppm. Os hidrogênios de C-2 estão acoplados com ambos os hidrogênios de C-3 em 0,95 e 2,06 ppm, e é possível ver os picos cruzados correspondentes. Desse modo, estabelecemos indiretamente as conectividades de C-10 a C-3, por meio de C-9, C-1 e C-2. O espectro HMQC ajudou muito a interpretação. Muitas questões, entretanto, permanecem. Não temos correlações com nenhum dos três carbonos quaternários nem com os três grupos metila. Os espectros HMQC e COSY juntos dão *suporte* à estrutura conhecida do óxido de cariofileno, mas não eliminam a possibilidade de outras estruturas.

5.5.3 Óxido de Cariofileno: HMBC

O espectro HMBC do óxido de cariofileno (Figura 5.18) permite confirmar a estrutura completa do composto por meio das necessárias conectividades indiretas carbono-carbono. A análise da estrutura do óxido de cariofileno revela que deveria haver 87 picos cruzados. Esse número provém do exame dos 15 átomos de ^{13}C e do número de hidrogênios com diferentes deslocamentos químicos nas posições α e β. Para identificar todas as correlações, é necessário ser metódico.

Um modo de acompanhar os resultados é construir uma tabela com a lista das ressonâncias de carbono em uma direção e de hidrogênio em outra. Na Tabela 5.1, os carbonos estão na parte superior e os hidrogênios na linha lateral. A numeração dos átomos do óxido de cariofileno é a mesma na Tabela 5.1 e em todas as figuras.

Nossa abordagem desse tipo de espectro é a mesma que usamos nos outros. Nesse caso, é mais fácil começar com o eixo de hidrogênios e procurar os picos cruzados com os carbonos listados na Tabela 5.1. Se tivéssemos começado no eixo dos carbonos, o resultado seria o mesmo. Se iniciarmos pelo lado superior esquerdo da tabela com H-1 em 1,76 ppm, veremos que H-1 está ligado a C-1 em 50,1, um resultado que já havíamos encontrado no espectro HMQC. Seguindo a linha, encontramos as oito interações esperadas. Na tabela, cada uma delas é marcada como α ou β, dependendo de sua origem, em um acoplamento de duas ligações ($^{2}J_{CH}$) ou de três ligações ($^{3}J_{CH}$). É claro que no espectro essas distinções não ocorrem, é só para facilitar o trabalho. Todas as interações de H-1 esperadas são observadas no espectro.

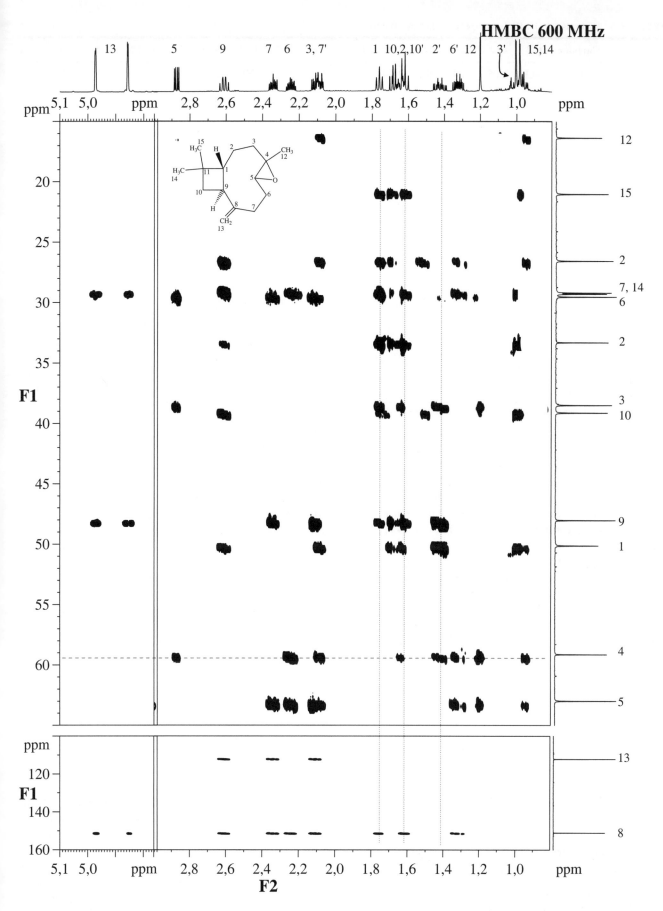

FIGURA 5.18 Espectro HMBC do óxido de cariofileno.

TABELA 5.1 Correlações HMBC para o Óxido de Cariofileno

Hidrogênio	Carbono PPM	C-1 50,1	C-2 26,6	C-3 38,4	C-4 59,1	C-12 16,4	C-5 63,0	C-6 29,5	C-7 29,2	C-8 151	C-13 112	C-9 48,0	C-10 39,1	C-11 33,3	C-15 22,6	C-14 29,3
H-1	1,76	DL*	α	β						β		α	β	α	β	β
H-2	1,45	α	DL	α	β	β						β		β		
H-2′	1,63	α	DL	α	β	β						β		β		
H-3	0,95	β	α	DL	α	β	β									
H-3′	2,06	β	α	DL	α	β	β									
H-12	1,19			β	α	DL	β									
H-5	2,86			β	α	β	DL	α	β							
H-6	1,28				β		α	DL	α	β						
H-6′	2,23				β		α	DL	α	β						
H-7	2,11						β	α	DL	α	β	β				
H-7′	2,37						β	α	DL	α	β	β				
H-13	4,86									β	α	DL	β			
H-13′	4,97									β	α	DL	β			
H-9	2,6	α	β						β	α	β	DL	α	β		
H-10	1,43	β							β			α	DL	α	β	β
H-10′	1,47	β							β			α	DL	α	β	β
H-15	0,98	β											β	α	DL	β
H-14	1,01	β										β	α	β	DL

*Carbono–hidrogênio diretamente ligados que não são vistos no HMBC.

Existem dois hidrogênios ligados a C-2, marcados H-2 e H-2′, com deslocamentos químicos diferentes, que devem atuar de forma semelhante no espectro HMBC. Assim, temos duas maneiras diferentes de verificar nossos assinalamentos no espectro HMBC para cada par de hidrogênios diastereotópicos do óxido de cariofileno. No caso de H-2 em 1,45 ppm, temos as mesmas cinco correlações que encontramos para H-2′ em 1,63 ppm. À medida que estudarmos a tabela e o espectro mais de perto, encontraremos informações estruturais detalhadas que poderemos decifrar com método.

Um ponto importante relativo aos carbonos tetrassubstituídos precisa ser comentado. Até agora, não tivemos nenhuma correlação direta com carbonos não ligados a hidrogênios, nem pudemos utilizar heteroátomos como oxigênio, nitrogênio, enxofre etc. As correlações de duas e três ligações do espectro HMBC nos fornecem essas informações críticas. Assim, no caso do óxido de cariofileno, C-4 em 59,1 ppm não está ligado a hidrogênios e até agora só apareceu no espectro de ^{13}C do composto. Sabemos, além disso, do espectro DEPT, que ele é tetrassubstituído. Se olharmos a coluna de C-4 na Tabela 5.1, encontraremos quatro correlações de duas ligações e quatro correlações de três ligações. O espectro HMBC confirma essa expectativa e dá evidência direta da posição de C-4 na molécula.

5.6 CORRELAÇÕES ^{13}C—^{13}C: INADEQUATE

O experimento HMBC permite estabelecer, indiretamente, o esqueleto de carbonos por meio das conectividades entre os átomos de carbono, porém o processo é tedioso porque não sabemos a priori se as correlações provêm de acoplamentos de duas ou de três ligações. O experimento 2-D, conhecido como **INADEQUATE** (*Incredible Natural Abundance DoublE QUAntum Transfer Experiment* — incrível experimento de transferência duplo-quântica com abundância natural) completa nosso conjunto "básico" de correlações através de ligações: vimos COSY para o acoplamento hidrogênio-hidrogênio, HMQC para acoplamentos carbono–hidrogênio entre carbonos ligados entre si e HMBC para acoplamentos carbono–hidrogênio entre carbonos separados por duas ou três ligações, e, agora, INADEQUATE para o acoplamento entre carbonos diretamente ligados. Esse experimento é, sem sombra de dúvida, o método mais poderoso e menos ambíguo de resolução da estrutura de compostos orgânicos, e, além disso, é fácil de interpretar. Após ler essa última declaração, os pessimistas dirão: qual é o "truque"? Bem, o "truque" é simples: sensibilidade. Vimos no Capítulo 4 que a chance de um átomo de carbono ser o isótopo ^{13}C é de cerca de 0,01. Assim, a probabilidade de dois átomos de carbono vizinhos em uma estrutura serem átomos de ^{13}C (eventos independentes) é de 0,01 × 0,01 ou 0,0001, isto é, cerca de 1 em 10.000 moléculas!

Essa tarefa aparentemente impossível é feita com o auxílio da filtragem duplo-quântica. Vimos em nosso experimento DQF-COSY que a filtragem duplo-quântica remove todas as transições de um spin, o que nesse caso corresponde a átomos de ^{13}C isolados. Isso significa que apenas transições em sistemas com dois spins (sistemas AB e AX) ou mais* são detectadas durante a aquisição. O problema experimental mais importante é a quantidade de amostra, supondo que o composto tenha a solubilidade adequada em um solvente apropriado.

---

*Seguindo o mesmo raciocínio, a probabilidade de encontrar um sistema de três spins em uma amostra não enriquecida é de 1 em 1.000.000.

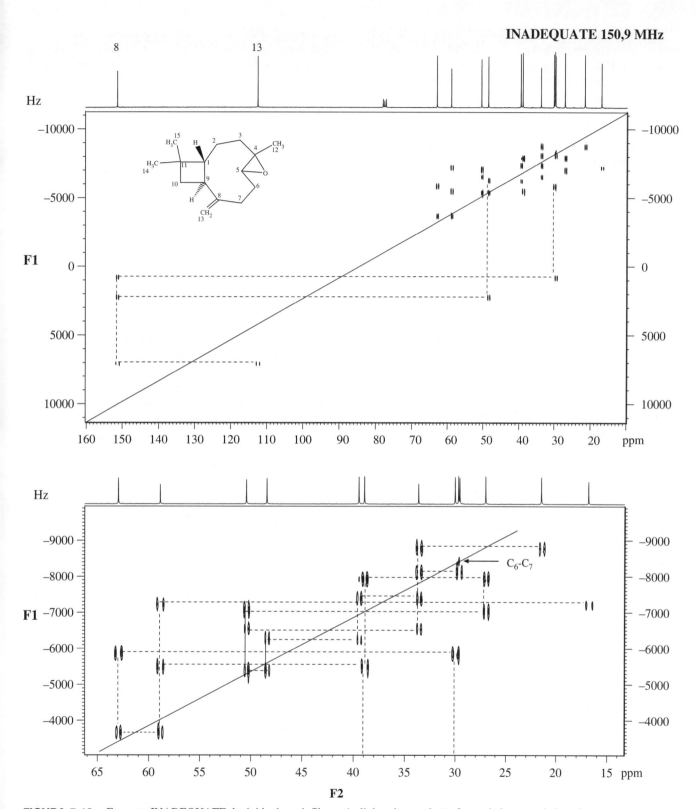

FIGURA 5.19 Espectro INADEQUATE do óxido de cariofileno. As linhas de correlação foram dadas para ajudar a interpretação.

Para compostos de peso molecular baixo (peso atômico menor do que 500 Da) em um espectrômetro moderno de alto campo, 50 a 100 mg da substância dissolvidos em 0,5 ml de um solvente deuterado são suficientes.

Pode-se imaginar esse experimento como um análogo de carbonos de um experimento DQF-COSY, no qual F1 e F2 são ambos eixos de carbono e que, teoricamente, esse experimento é possível. Por questões práticas que têm a ver com a filtração duplo-quântica completa que é necessária, o experimento INADEQUATE é executado de maneira ligeiramente diferente. No espectro do óxido de cariofileno (Figura 5.19), podemos ver que o eixo F2 é o familiar eixo dos carbonos, que podemos, é claro, relacionar com o tempo de aquisição t_2. O eixo F1 não é familiar e merece mais explicações.

Durante t_1, as frequências resultantes não são os deslocamentos químicos dos núcleos acoplados como em um espectro típico DQF-COSY. O que se obtém durante t_1 é a *soma* dos efeitos dos núcleos acoplados sobre a frequência transmitida, e, como ocorre filtração duplo-quântica, somente os dois sistemas de spin AB e AX contribuem significativamente para o espectro INADEQUATE. É por isso que os picos cruzados aparecem como dubletos na dimensão F2. A seleção correta dos parâmetros experimentais da sequência de pulsos permite a seleção dos acoplamentos intensos de uma ligação ($^1J_{CC}$), assegurando, assim, que só estamos registrando correlações entre carbonos diretamente ligados entre si. O eixo F1 é usualmente dado em Hz, e a faixa de registro é o dobro da faixa de F2 (em ppm).

5.6.1 INADEQUATE: Óxido de Cariofileno

A Figura 5.19 mostra o espectro 2-D INADEQUATE do óxido de cariofileno. Picos cruzados (as correlações) são encontrados em ($v_A + v_X$, v_A) e em ($v_A + v_X$, v_X) no sistema de coordenadas (F1, F2) para um dado sistema AX. Os picos cruzados são dubletos (veja o espectro expandido, parte inferior da Figura 5.19) com um espaçamento igual à constante de acoplamento ($^1J_{CC}$). O ponto médio da linha que une os dois conjuntos de dubletos está em ($v_A + v_X$)/2,($v_A + v_X$), isto é, a coleção dos pontos médios de todos os pares de dubletos é uma linha que corre na diagonal do espectro. Essa observação é importante porque pode ser usada para distinguir picos cruzados genuínos de picos espúrios e outros artefatos.

Tendo entendido melhor o que é o eixo F1 e a "diagonal", podemos agora passar à interpretação do espectro. A Tabela 5.1, a que faremos referência nesta discussão, lista, com base na estrutura já mostrada, os números dos carbonos e os respectivos deslocamentos químicos. Usando a Figura 5.19, podemos estabelecer facilmente as correlações de alta frequência. O carbono de mais alta frequência é C-8 em 151,0 ppm. Usando a linha vertical a partir desse ponto em F2, encontramos três picos cruzados, que se "ligam" horizontalmente a C-7 em 29,2 ppm, a C-9 em 48,0 ppm e a C-13 em 112,0 ppm. Indo para frequências mais baixas, o próximo pico é C-13, em 112,0 ppm, que só se liga a C-8 em 151,0 ppm.

Para tornar mais clara a seção de baixa frequência, a Figura 5.19 (inferior) mostra essa área do espectro expandida. A maior resolução dessa figura permite ver mais claramente a estrutura fina de dubletos. Vamos traçar as conectividades de um carbono nessa figura expandida. C-11, em 33,3 ppm, é um carbono quaternário e, em consequência, se liga a quatro picos cruzados. Temos quatro conectividades: de C-11 a C-15 em 22,6 ppm, a C-14 em 29,3 ppm, a C-10 em 39,1 ppm e a C-1 em 50,1 ppm.

Antes de concluir nossa discussão, devemos observar que o espectro INADEQUATE do óxido de cariofileno mostra um fenômeno incomum que merece ser explorado. Os carbonos C-6 e C-7 se sobrepõem no espectro de ^{13}C, entre si e com o grupo metila em C-15. A Tabela 5.1 mostra os deslocamentos químicos em 29,5 e 29,2 ppm. No óxido de cariofileno eles estão ligados e deveriam mostrar correlação no espectro INADEQUATE, porém, em vez do sistema AX, o sistema é AB com $\Delta v/J$ muito inferior a 10. Nesse caso especial, não esperamos dois dubletos simétricos à diagonal. O que se espera é que ocorra um multipleto AB (veja o Capítulo 3) na linha diagonal. Vemos na Figura 5.19 que é exatamente isso que acontece. Encontramos, na diagonal, um pico cruzado diretamente abaixo de C-6 e C-7 que corta a linha diagonal.

Deixamos as demais conectividades do espectro expandido para o leitor, a título de exercício. Resumimos esta seção nos dois pontos seguintes:

- 2-D INADEQUATE dá diretamente as conectividades entre os carbonos e permite estabelecer sem ambiguidade a estrutura de carbonos.
- 2-D INADEQUATE é de uso limitado devido à sensibilidade extremamente baixa, que leva a tempos experimentais muito longos.

5.7 LACTOSE

A Figura 5.1 mostra a estrutura do anômero β da lactose. Os desafios que a estrutura da lactose apresenta para a interpretação dos espectros de ^{1}H e ^{13}C (Figura 5.20) são óbvios, mas as oportunidades para a RMN de correlação são irresistíveis. Em solução, a lactose é uma mistura em equilíbrio dos dois anômeros α e β. Os dois diastereoisômeros são epímeros em apenas um dos 10 centros quirais. Além disso, os dois conjuntos de hidrogênios dos dois resíduos de açúcar de cada diastereoisômero estão isolados um do outro pelo átomo de oxigênio da ligação glicosídica e formam dois sistemas de spins separados. Essa situação é comum a todos os oligossacarídeos e polissacarídeos.

Não perderemos muito tempo na discussão dos espectros 1-D, exceto para anotar algumas de suas características mais óbvias. As ressonâncias dos hidrogênios anoméricos podem ser encontradas em 4,45; 4,67 e 5,23 ppm e as ressonâncias dos carbonos anoméricos, em 91,7; 95,6 e 102,8 ppm. A razão para três hidrogênios e carbonos anoméricos é que os anômeros α e β do resíduo glicose dão dois conjuntos de ressonâncias, enquanto o resíduo galactose, que só existe na forma β, dá um único conjunto de ressonâncias nos espectros de hidrogênios e de carbonos. As outras porções dos espectros, principalmente o de hidrogênios, são muito complicadas e mostram severa sobreposição.

5.7.1 DQF-COSY: Lactose

O espectro DQF-COSY da lactose (Figura 5.21) tem muitas correlações, e pontos de partida são fáceis de achar. Essa figura e outras da lactose usam uma notação simplificada na qual as ressonâncias do resíduo galactose são marcadas como G*n*, em que *n* é a posição do hidrogênio ou do carbono e α*n* e β*n* são as posições nos resíduos α-glicose e β-glicose, respectivamente. Os hidrogênios anoméricos, que são os hidrogênios ligados a C-1 em cada resíduo de açúcar, mostram somente uma correlação com os respectivos hidrogênios de C-2. Por exemplo, o hidrogênio anomérico em 4,67 ppm mostra uma correlação com um hidrogênio (obviamente ligado a C-2) em 3,29 ppm. Esse hidrogênio C-2 em 3,39 ppm mostra uma correlação com um hidrogênio de C-3 em 3,64 ppm.

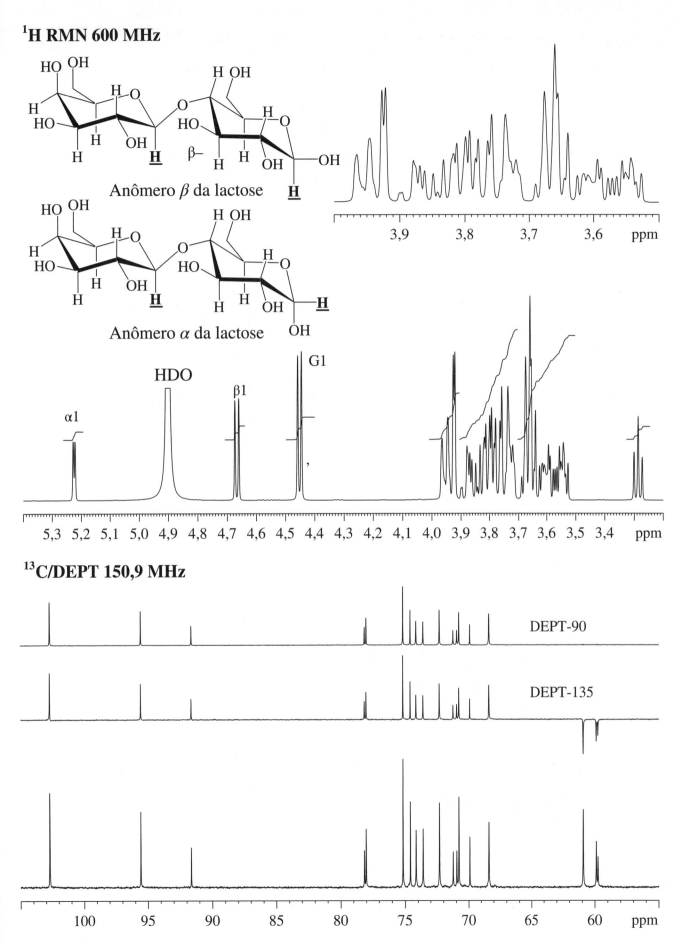

FIGURA 5.20 Espectro ¹H,¹³C e DEPT da β-lactose. Em solução, a lactose é uma mistura dos anômeros.

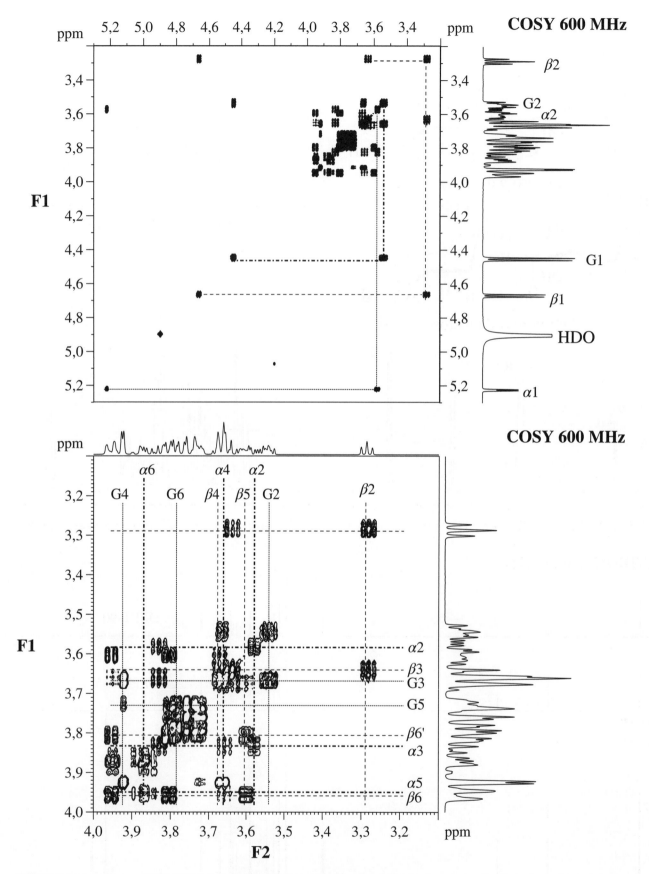

FIGURA 5.21 Espectro DQF-COSY da β-lactose. Veja o texto para uma explicação da notação abreviada das ressonâncias de hidrogênio. As linhas de correlação e os assinalamentos são dados como ajuda para a interpretação.

A continuação desse processo torna-se rapidamente muito complexa por causa da sobreposição dos sinais. Muitas das correlações foram indicadas por meio de diferentes tipos de linhas para os diferentes resíduos na figura expandida. Convidamos o leitor a tentar acompanhar algumas dessas correlações, mas cuidado com a frustração. Voltaremos à lactose adiante, aproveitando outros experimentos que removem a sobreposição.

5.7.2 HMQC: Lactose

A Figura 5.23 mostra o espectro HMQC da lactose em três seções para reduzir a sobreposição e permitir boa resolução no eixo dos carbonos. Como fizemos com o espectro COSY, a figura inclui as atribuições, feitas a partir de informações que ainda não discutimos. (Quando chegarmos ao fim de nossa discussão da lactose, veremos que essas atribuições estão corretas e como foram feitas.) A sobreposição é menos severa, e algumas das atribuições são muito fáceis. O espectro é útil porque permite encontrar o deslocamento químico da maior parte dos hidrogênios, muitos dos quais estão sobrepostos no espectro 1-D.

5.7.3 HMBC: Lactose

Quando se leva em conta a estrutura da lactose, espera-se que o espectro HMBC seja complexo e com muitas sobreposições. Isso é o que revela a Figura 5.24. Encorajamos os estudantes a analisar esse espectro, o que é mais fácil com os assinalamentos já feitos.

Uma correlação importante entre C-4 da glicose (anômeros α e β) e o hidrogênio C-1 da galactose está evidenciada no espectro expandido. Esse acoplamento de três átomos é extremamente importante porque mostra que a ligação glicosídica ocorre entre C-1 da galactose e C-4 da glicose. Como não ocorre sobreposição nessa parte do espectro, a conclusão não é ambígua. A correlação "inversa" entre o carbono C-1 da galactose e os hidrogênios de C-4 da glicose (nos dois anômeros) está lá, provavelmente, porém a sobreposição entre os hidrogênios G3 (que também se correlacionam com C-1 da galactose), α4 e β4 torna difícil o assinalamento.

5.8 TRANSFERÊNCIA COERENTE MODULADA: TOCSY

Até agora, o tema comum de nossos experimentos de correlação foi a liberação do desenvolvimento dos spins durante t_1 sob a influência dos spins nucleares diretamente acoplados. Vimos as possibilidades de uso de COSY, HMQC, HMBC e INADEQUATE na obtenção de informações estruturais detalhadas para o ipsenol, para o óxido de cariofileno e para a lactose. Veremos, nesta seção, outro método de revelar as correlações e sua aplicação a moléculas com sistemas isolados de spins de hidrogênios como os carboidratos, peptídeos e ácidos nucleicos.

Nosso objetivo é a "transferência" da magnetização para além dos spins diretamente acoplados, de modo a permitir que

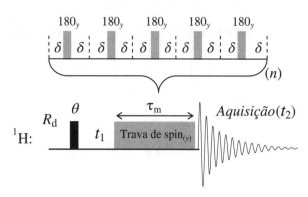

FIGURA 5.22 Sequência de pulsos para a TOCSY 2-D. Note que os atrasos (δ) não estão relacionados com os deslocamentos químicos.

vejamos as correlações entre núcleos que não estão diretamente acoplados no mesmo sistema de spins. O experimento é chamado de **TOCSY** (*TOtal Correlation SpectroscopY* — espectroscopia totalmente correlacionada), que veremos nas versões 1-D e 2-D. A sequência de pulsos da TOCSY 2-D lembra o experimento 2-D original, mas, em vez de um segundo pulso π/2, inserimos um "período de mistura" durante o qual a magnetização fica com o "spin travado" no eixo y (Figura 5.22). Para entender o resultado do experimento, podemos ignorar os detalhes do processo de trava do spin e nos concentrar nas consequências do período de mistura. Durante esse período, a magnetização é transferida de um spin para seu vizinho, depois para o seguinte e assim por diante. Quanto mais longo for o período de mistura, mais longe chegará a transferência de magnetização, em teoria, por meio um sistema de spins completo.

O aspecto do resultado de um experimento TOCSY 2-D lembra muito uma COSY. Os eixos F1 e F2 representam os hidrogênios, a diagonal contém as informações 1-D, e até mesmo os picos cruzados têm a mesma aparência. A diferença é que na COSY os picos cruzados são devidos aos spins acoplados e no espectro TOCSY eles provêm da transferência coerente modulada. Em um espectro TOCSY com tempos longos de mistura, todos os spins de um sistema de spins parecem estar acoplados. Vamos apreciar as vantagens do espectro TOCSY na análise do dissacarídeo lactose, que tem três sistemas distintos (isto é, separados) de spins.

5.8.1 TOCSY 2-D: Lactose

A Figura 5.25 mostra o espectro TOCSY 2-D da lactose. O tempo de mistura desse espectro 2-D foi suficientemente longo para que a coerência magnética fosse relativamente bem transferida pelo sistema de spins de cada resíduo de açúcar. Compare essa figura com o espectro COSY da lactose (Figura 5.21) e note as semelhanças e diferenças.

Como exemplo, podemos procurar todas as ressonâncias dos hidrogênios (e determinar seus deslocamentos químicos) para o anômero α da glicose a partir de seu hidrogênio anomérico em 5,23 ppm. Essas correlações estão marcadas na figura. O assinalamento das ressonâncias dos hidrogênios (mostradas na figura) não pode ser feito somente na base desse espectro, mas seria possível com o auxílio do espectro COSY. O mesmo exercício pode ser feito para as duas outras ressonâncias dos hidrogênios anoméricos, mas essas ficam para o estudante.

256 CAPÍTULO 5

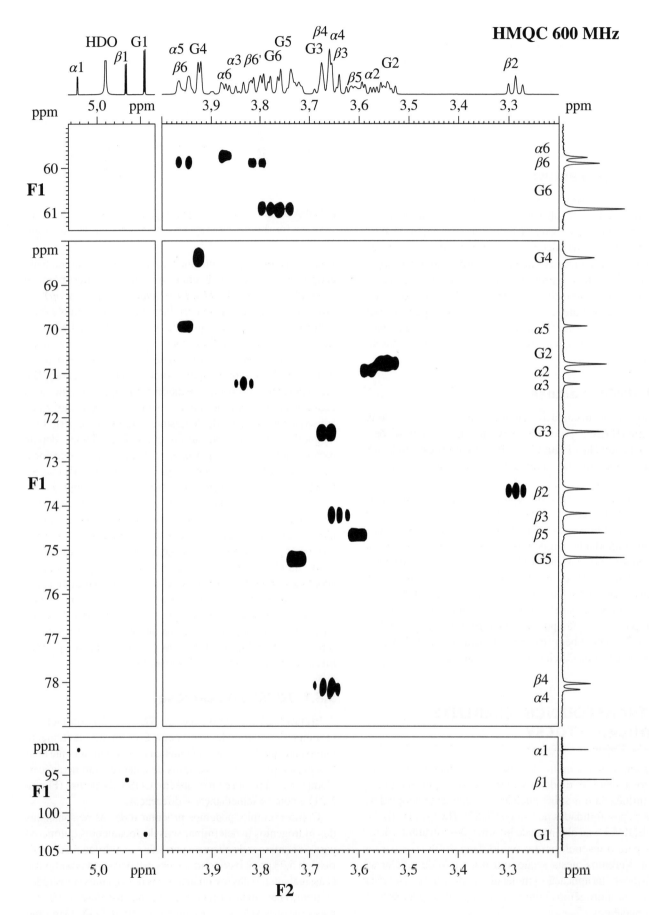

FIGURA 5.23 Espectro HMQC da lactose. Veja o texto para a explicação da notação. Os assinalamentos são dados como ajuda para a interpretação.

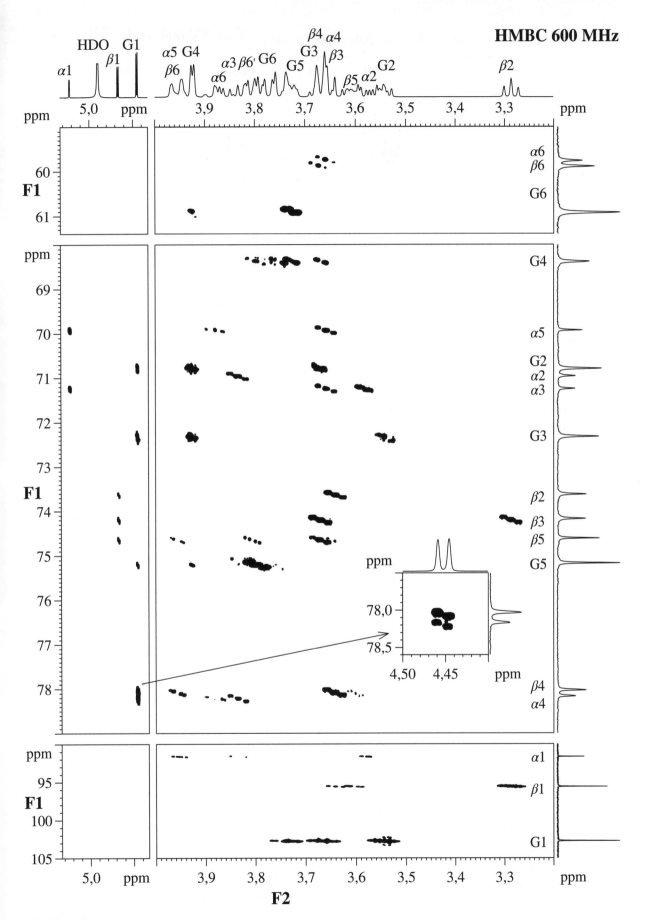

FIGURA 5.24 Espectro HMBC da lactose. Veja o texto para a explicação da expansão.

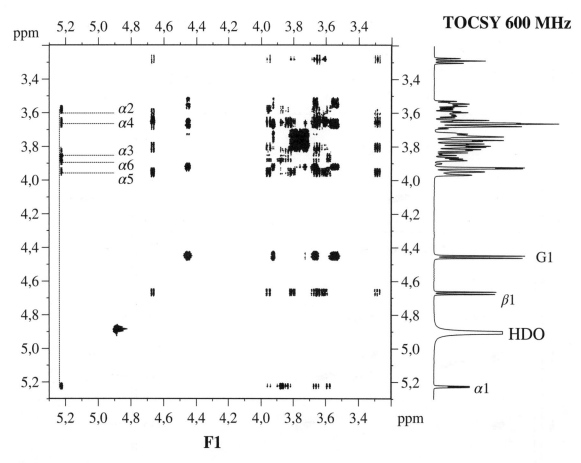

FIGURA 5.25 Espectro TOCSY 2-D da β-lactose. As linhas de correlação e algumas correlações são dadas como ajuda para a interpretação.

5.8.2 TOCSY 1-D: Lactose

Todo experimento 2-D tem um experimento 1-D correspondente. Nossa tendência é imaginar que esses experimentos 1-D são menos eficientes ou informativos, e geralmente o são. É preciso lembrar, porém, que no experimento COSY o desacoplamento homonuclear dá o mesmo tipo de informação. O que temos de fazer é selecionar a ressonância de um hidrogênio, irradiá-lo e comparar o resultado com o espectro 1-D original de hidrogênios. O mesmo procedimento pode ser aplicado a nosso espectro TOCSY 1-D, frequentemente chamado de HOHAHA (*Homonuclear Hartmann-Hann*). Selecionamos e irradiamos a ressonância de um dos hidrogênios, esperamos, sob retenção de spin, o tempo de mistura adequado para que a magnetização se transfira, e passamos à aquisição do espectro 1-D. Os únicos sinais que aparecerão nesse espectro são os sinais para os quais a magnetização foi transferida. Em outras palavras, todos os sinais fora do sistema de spins são ignorados.

Ainda melhor é executar uma série de experimentos TOCSY 1-D nos quais o tempo de mistura é aumentado sistematicamente e o mesmo hidrogênio é sempre irradiado. Para ilustrar esses experimentos, irradiamos o hidrogênio anomérico do anômero β do resíduo glicose da lactose em 4,67 ppm e conduzimos uma série de experimentos variando o tempo de mistura entre 20 e 400 ms. A Figura 5.26 mostra os resultados obtidos.

Com o tempo de mistura de 20 ms, encontramos apenas a ressonância de β2, que é, claramente, um tripleto aparente em 3,29 ppm. Após 40 ms, ocorre transferência para β3 (outro tripleto aparente) e já começa a aparecer o sinal de β4. Com o tempo de mistura de 80 ms, a ressonância de β4 já é um pouco melhor. Após 120 ms, o sinal de β5 já se destaca da linha de base. Após 400 ms, a transferência para todo o sistema de spins já está evidente, e o sinal de H-5 é intenso. O mesmo acontece com o grupo metileno diastereotópico de β6. Essa parte da figura mostra claramente as ressonâncias de β6 e β6′ com constantes de acoplamento diferentes para com β5. Um aspecto negativo de tempos longos de mistura é que a resolução e o sinal se perdem. Podemos, usualmente, diminuir o efeito da perda de sinal adquirindo e somando mais FIDs. A figura mostra também os experimentos com 400 ms (o tempo de mistura mais longo) para o hidrogênio anomérico da galactose e o hidrogênio anomérico α da glicose.

As versões 1-D e 2-D do experimento TOCSY são muito utilizadas na interpretação de sinais sobrepostos que têm origem em sistemas de spins diferentes. A versão 1-D é especialmente interessante porque permite "ir" passo a passo por meio de um sistema de spins com o aumento sistemático do tempo de mistura.

5.9 HMQC-TOCSY

Existem vários experimentos de correlação 2-D "híbridos" que combinam as características de dois experimentos 2-D mais simples. Um exemplo muito útil e comum é o espectro

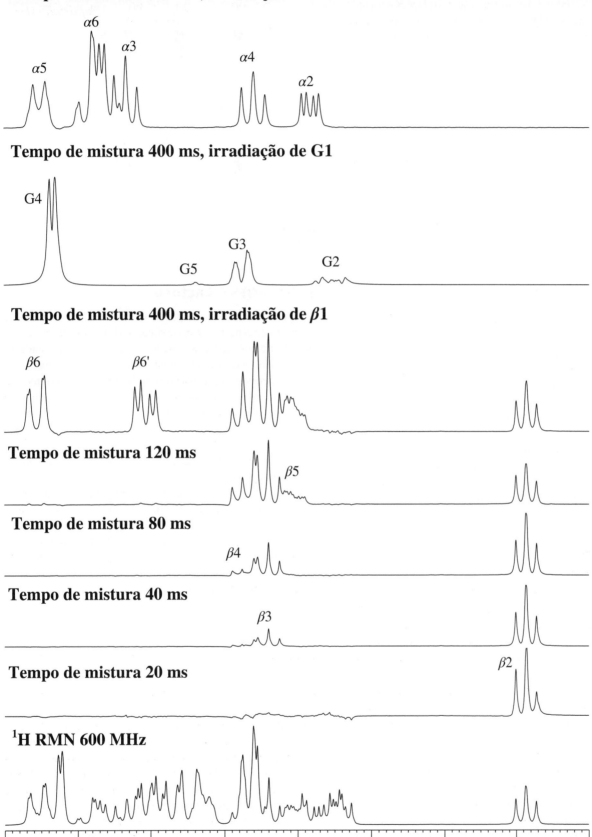

FIGURA 5.26 Gráficos em sequência de um conjunto de experimentos TOCSY 1-D com a β-lactose, usando "tempos crescentes de mistura". Veja o texto para uma explicação. Uma parte do espectro ¹H está reproduzida embaixo da figura como referência.

HMQC-TOCSY que correlaciona acoplamentos de uma ligação ^{1}H—^{13}C (HMQC) e mostra essas correlações para todo o sistema de spins (TOCSY). Esse experimento simplifica sistemas complexos de carboidratos e peptídeos e permite o assinalamento fácil de sistemas de hidrogênios e carbonos.

5.9.1 HMQC-TOCSY: Lactose

A Figura 5.28 mostra o espectro HMQC-TOCSY da lactose com todas as ressonâncias dos hidrogênios e carbonos assinaladas. O espectro lembra uma HMBC, mas as correlações são diferentes. É igualmente interessante começar pelo eixo dos hidrogênios (F2) ou pelo eixo dos carbonos (F1). Se começarmos pelo eixo dos hidrogênios em 5,23 ppm, o hidrogênio anomérico α da glicose (α1), e descermos verticalmente, encontraremos seis correlações com os seis carbonos desse resíduo de glicose. Se voltarmos ao espectro HMQC simples da lactose, encontraremos somente uma correlação para esse hidrogênio. Do mesmo modo, o hidrogênio anomérico do anômero β da glicose em 4,67 ppm também mostra seis correlações com os carbonos de seu resíduo de glicose.

As correlações com o hidrogênio anomérico da galactose (4,46 ppm), entretanto, mostram só quatro correlações no eixo dos carbonos. Esse resultado é condizente com a TOCSY 1-D do hidrogênio anomérico da galactose (Figura 5.26), em que podemos ver que a transferência de coerência não passa além de H-4 (G4). Entretanto, se começarmos em H-4 (G4, 3,93 ppm), todas as seis correlações são encontradas. A título de exercício, tente um procedimento semelhante começando no eixo dos carbonos e acompanhando as correlações HMQC-TOCSY com os hidrogênios horizontalmente para a esquerda. As ressonâncias dos carbonos anoméricos são as mais fáceis de usar, mas vale a pena tentar outras.

5.10 ROESY

O experimento ROESY, a espectroscopia com o efeito Overhauser nuclear com eixos giratórios, é um análogo 2-D útil do experimento diferencial com o efeito Overhauser nuclear. O experimento é usado para moléculas de todos os tamanhos, enquanto o experimento relacionado, NOESY (espectroscopia com o efeito Overhauser nuclear), é pouco útil para moléculas pequenas. NOESY é usado principalmente com macromoléculas biológicas. Os experimentos NOESY e ROESY correlacionam hidrogênios próximos uns dos outros através do espaço, tipicamente 4,5 Å ou menos.

Como o ROESY correlaciona interações hidrogênio–hidrogênio (através do espaço), seu aspecto lembra a COSY. Na verdade, picos de COSY (gerados por acoplamento spin-spin) aparecem nos espectros ROESY. Esses picos COSY são supérfluos e devem ser ignorados. Ocasionalmente, ocorre outra complicação devida à transferência de coerência magnética (tipo TOCSY) entre spins com acoplamento J. A Figura 5.27 mostra a sequência de pulsos para NOESY 2-D e ROESY 2-D. A única diferença entre os dois experimentos é que no ROESY usa-se uma trava de spin durante o tempo de mistura τ_m.

(a)
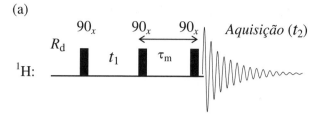

(b)
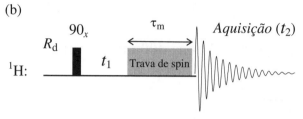

FIGURA 5.27 Sequência de pulsos para (a) NOESY 2-D e (b) ROESY 2-D.

5.10.1 ROESY: Lactose

A Figura 5.29 mostra o espectro ROESY da lactose. Observe o aspecto do espectro na parte superior da figura. Na parte inferior, mostramos a região anomérica expandida. As duas unidades glicose são fáceis de interpretar. O hidrogênio anomérico α mostra apenas uma correlação como se espera de uma interação COSY. Lembre-se de que por definição o anômero α tem uma hidroxila na posição axial e que o hidrogênio C-1 (α1) é equatorial. Na posição equatorial, as interações através do espaço são pouco prováveis e nenhuma é observada.

O outro anômero da glicose, pelo contrário, tem o hidrogênio anomérico (β1) na posição axial. Na conformação cadeira preferencial da glicose, os hidrogênios ocupam todas as outras posições axiais, levando, presumivelmente, a interações diaxiais entre H-1(β1) e H-3(β3) e entre H-1 (β1) e H-5 (β5). O espectro ROESY mostra três interações com o hidrogênio anomérico, β1, em 4,67 ppm. As interações COSY com H-2 estão, é claro, presentes, e as interações NOE diaxiais com H-3 (β3) e H-5 (β5) são evidentes.

5.11 VGSE

Proteínas ou polipeptídeos são polímeros ou oligômeros formados por um número limitado (principalmente) de α-aminoácidos (principalmente) ligados por ligações amida ou peptídicas. Usar um polipeptídeo como exemplo seria muito difícil neste ponto, porém um tetrapeptídeo é tratável e ilustra a maior parte das características importantes de um polipeptídeo verdadeiro. Embora existam na natureza muitos oligopeptídeos pequenos, um número muito grande de pequenos peptídeos pode ser feito em laboratório usando equipamentos próprios para a síntese automatizada.

A Figura 5.1 dá a estrutura do peptídeo pequeno que será usado como exemplo neste capítulo. Começando com o término N, o peptídeo contém os aminoácidos valina, glicina, serina e ácido glutâmico (VGSE) ligados da maneira usual. O espectro RMN 1-D desse composto está na Figura 5.30.

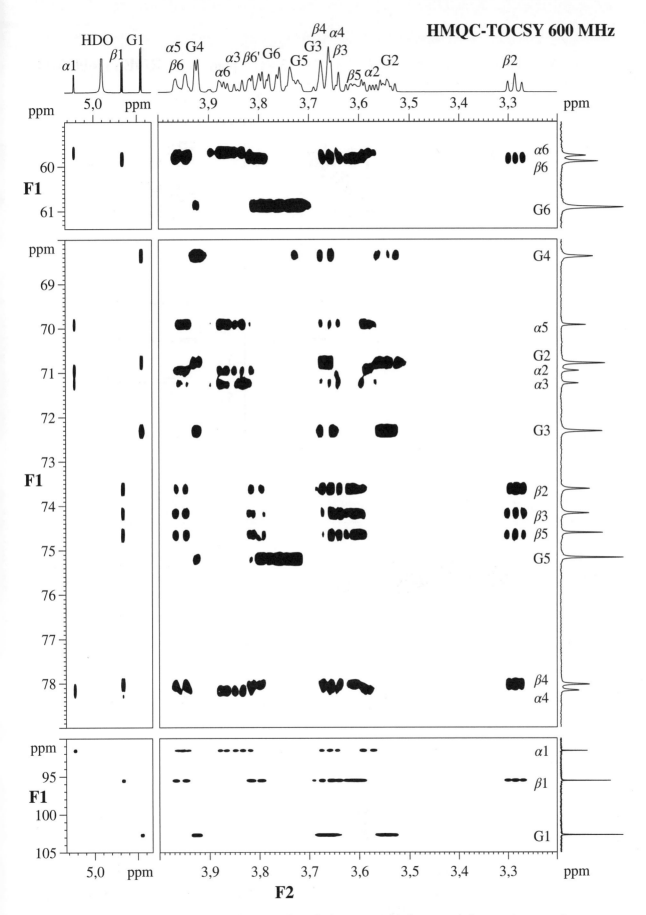

FIGURA 5.28 Espectro HMQC-TOCSY da lactose. Os assinalamentos são dados como ajuda para a interpretação.

262 CAPÍTULO 5

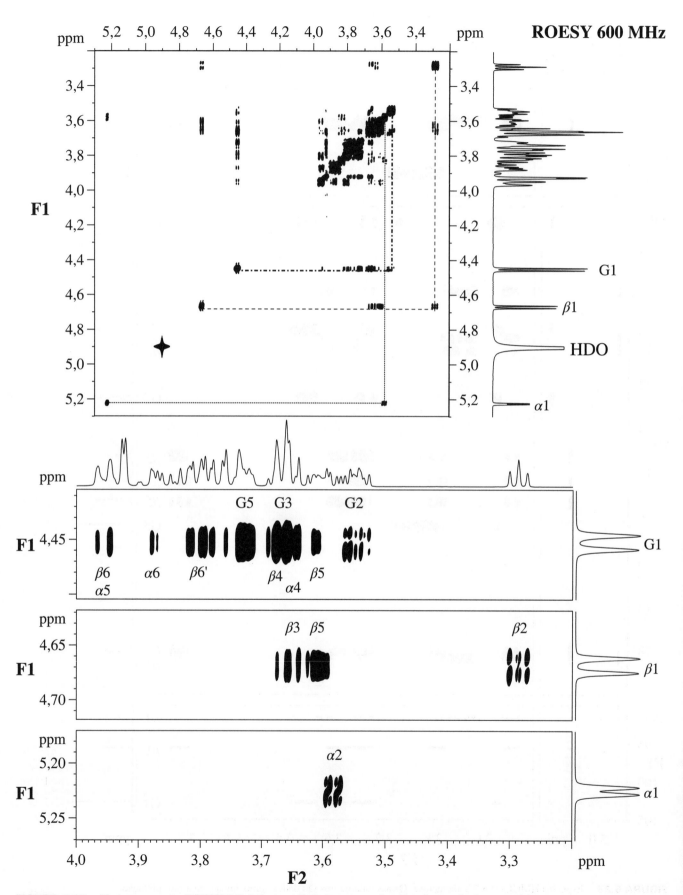

FIGURA 5.29 No topo: espectro ROESY 2-D da lactose. Embaixo: expansões das três correlações anoméricas.

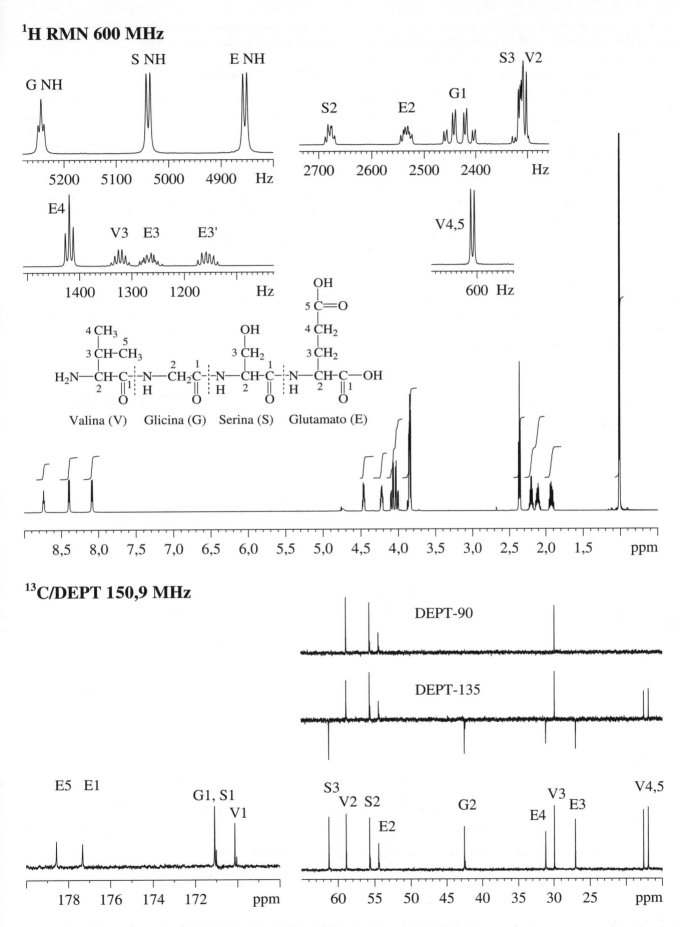

FIGURA 5.30 Espectros ¹H e ¹³C/DEPT do tetrapeptídeo VGSE, em 95% de H₂O e 5% de D₂O.

As posições de cada aminoácido foram marcadas, e as atribuições dos hidrogênios e carbonos foram feitas. Demos os assinalamentos dos picos nessa figura para facilitar a discussão. Eles não podem ser obtidos somente com esses dados.

É importante entender um aspecto das condições experimentais em que esses espectros foram obtidos para que eles possam ser interpretados. Para aumentar a solubilidade e a estabilidade, os peptídeos são geralmente dissolvidos em água tamponada. Lembre-se de que vimos no Capítulo 3 que os compostos preparados para os experimentos de RMN são dissolvidos em solventes deuterados. Isso é necessário para que o espectrômetro permaneça estável durante a realização do experimento pela ação da chave de campo/frequência. O sinal de trancamento vem do sinal de RMN de deutério do solvente. Entretanto, se a amostra de peptídeo fosse dissolvida em D_2O tamponado, todos os hidrogênios que sofrem troca, inclusive os hidrogênios de amida, seriam substituídos por deutério e não seriam vistos. É necessário um compromisso. A amostra foi, então, dissolvida em uma mistura contendo 95% de água tamponada e 5% de D_2O. Observe a presença de três hidrogênios de amida entre 8,0 e 9,0 ppm. Essas ressonâncias de amida, como veremos, são extremamente importantes e estariam ausentes se a amostra fosse dissolvida em D_2O puro.

5.11.1 COSY: VGSE

A Figura 5.31 mostra o espectro DQF-COSY do VGSE. Como ocorreu com a lactose, existem vários bons pontos de partida, especialmente os três hidrogênios de amida. Três dos quatro resíduos de aminoácidos podem ser acompanhados a partir desses hidrogênios. O quarto aminoácido pode ser acompanhado a partir dos grupos metila (os únicos da molécula) em 1,0 ppm. Verifique as correlações que foram desenhadas na Figura 5.31. Cuidado para não confundir valina e serina.

5.11.2 TOCSY: VGSE

A Figura 5.32 mostra o espectro TOCSY 2-D do VGSE. Como a lactose, VGSE é formado por vários sistemas de spins isolados de hidrogênios. Nesse caso, existem quatro conjuntos. Como exemplo de "correlação total", as correlações entre os hidrogênios do ácido glutâmico são dadas na figura. Como no espectro COSY, os hidrogênios de amida são bons pontos para se

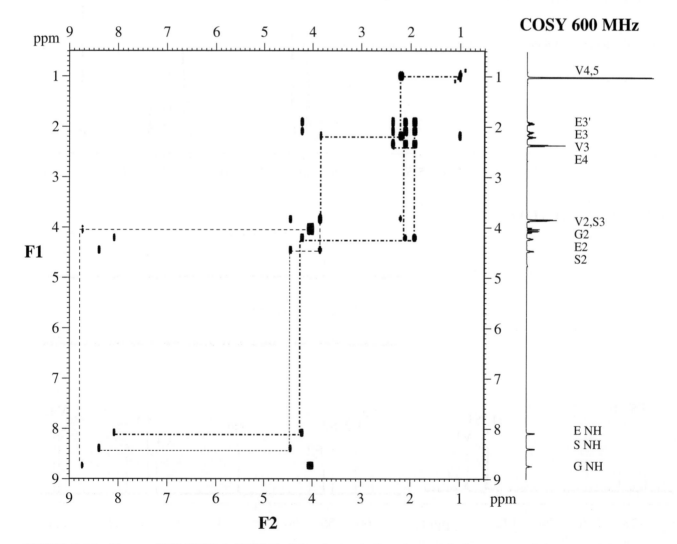

FIGURA 5.31 Espectro DQF COSY do VGSE. As linhas de correlação e alguns assinalamentos são dados como ajuda para a interpretação.

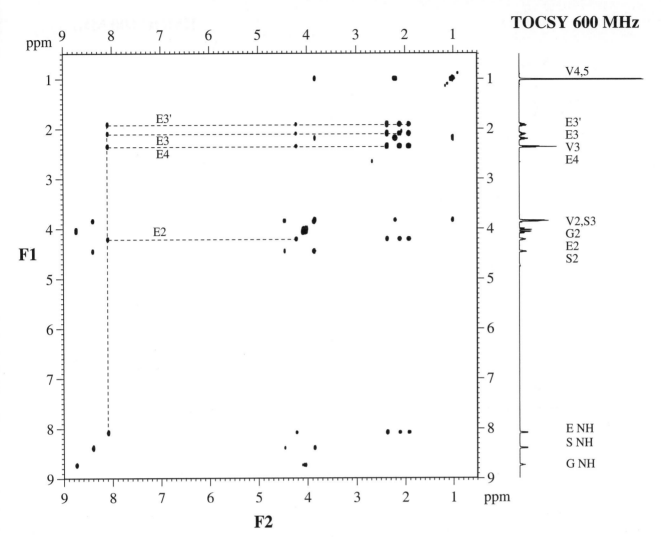

FIGURA 5.32 Espectro TOCSY 2-D do VGSE. As linhas de correlação e alguns assinalamentos são dados como ajuda para a interpretação.

começar a análise. Será que você pode achar um bom ponto de partida para a valina, que não tem hidrogênio de amida?

Sob alguns aspectos, as informações obtidas do espectro COSY do VGSE complementam o espectro TOCSY, e em outros as informações são redundantes. Os dois tipos de espectros permitem a atribuição de todos os sinais de hidrogênio do VSGE de maneiras diferentes. Nesse caso, que espectro dá a informação mais facilmente ou mais claramente?

5.11.3 HMQC: VGSE

Em comparação com o óxido de cariofileno e a lactose, o espectro HMQC do tetrapeptídeo parece relativamente simples (Figura 5.33). O VGSE, é claro, tem somente 10 átomos de carbono com hidrogênios ligados, e o espectro mostra as correlações com nove carbonos. Na verdade, são 10 correlações, como se pode ver na expansão da porção metila do espectro. Vamos resumir as informações que já temos, incluindo o espectro HMQC.

Comecemos nossa análise pela ressonância de carbono em 43 ppm no espectro HMQC, que é um grupo —CH_2—, como podemos ver no espectro DEPT, que pode ser correlacionada com um grupo metileno diastereotópico centrado em 4,04 ppm. Segundo o espectro DQF-COSY (veja a Figura 5.31), o multipleto em 4,04 ppm mostra somente uma correlação com um hidrogênio de amida em 8,75 ppm. Assim, o grupo metileno deve pertencer ao resíduo de glicina. Além disso, o resíduo de glicina não pode ser o término N porque este deve ter um grupo amino livre.

O resíduo de serina pode ser explicado a partir da ressonância de carbono em 62 ppm. O DEPT indica outro grupo metileno, e a HMQC mostra que ela se correlaciona com hidrogênios coincidentes em ressonância em 3,85 ppm. Esses hidrogênios se sobrepõem a outro hidrogênio. O traço cuidadoso de uma linha no DQF-COSY (ou mais facilmente no espectro TOCSY) sugere correlação com o hidrogênio em 4,48 ppm. Esse hidrogênio mostra uma correlação com o átomo de carbono em 56 ppm no espectro HMQC. Aquele hidrogênio também mostra correlação com um hidrogênio de amida em 8,40 ppm na COSY. Como a glicina, o resíduo serina não pode ser o término N.

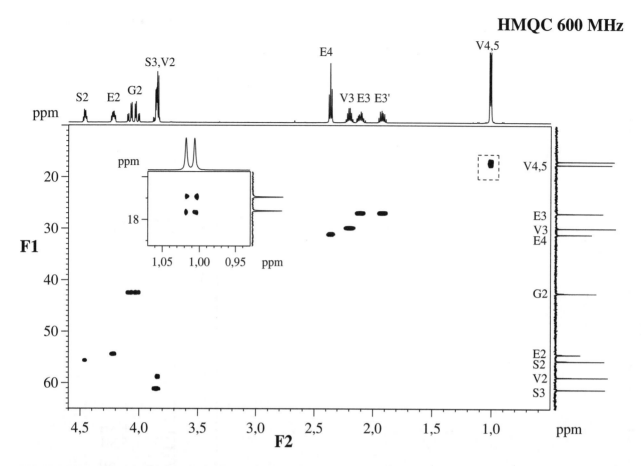

FIGURA 5.33 Espectro HMQC do VGSE. Alguns assinalamentos são dados como ajuda para a interpretação.

Como a valina é o único aminoácido do tetrapeptídeo que tem grupos metila e como os espectros DEPT mostram dois grupos metila em 17 e 18 ppm, aproximadamente, podemos começar por eles na HMQC. Os dois carbonos de metila se correlacionam com um dubleto em 1,01 ppm, ainda que eles sejam obviamente diastereotópicos. (Note que a integração desse dubleto no espectro de hidrogênio [Figura 5.30] corresponde a seis hidrogênios.) Os grupos metila estão acoplados a um hidrogênio de metino em 2,20 ppm (COSY). Por sua vez, a HMQC revela uma correlação entre o hidrogênio de metino e a ressonância de carbono em 31,5 ppm. O metino de isopropila (2,20 ppm) mostra outra correlação na COSY com um metino no multipleto sobreposto em 3,85 ppm. Esse hidrogênio mostra uma correlação na HMQC com o carbono em 59 ppm. Embora seja difícil de ver, esse metino não se correlaciona com outras ressonâncias (isto é, não se acopla com nenhum dos hidrogênios de amida), o que confirma que a valina é o término N.

As atribuições para o último aminoácido (ácido glutâmico) podem começar logicamente pelo carbono ainda não assinalado em 54 ppm. A HMQC nos dá o hidrogênio a ela associado, um multipleto em 4,21 ppm. O espectro COSY mostra correlações com as ressonâncias de hidrogênio em 1,93 e 2,11 ppm. Esses dois hidrogênios são facilmente reconhecidos como diastereotópicos porque correlacionam com o mesmo átomo de carbono (27 ppm) no espectro HMQC. Os dois hidrogênios diastereotópicos correlacionam-se (COSY) com um tripleto em 2,37 ppm, que corresponde aos hidrogênios do segundo grupo metileno do ácido glutâmico. A ressonância de carbono desse grupo metileno aparece na HMQC em 31 ppm. Vale a pena notar que no espectro COSY o hidrogênio de metino em 4,21 ppm está acoplado com o hidrogênio de amida em 8,10 ppm.

No caso do VGSE, a HMQC é o acompanhamento perfeito do DQF-COSY e da TOCSY para o assinalamento de todos os hidrogênios e quase todos os carbonos (exceto as carbonilas). Essa coleção de espectros, entretanto, não permite estabelecer ou confirmar a ordem dos aminoácidos no peptídeo, extremamente importante.

5.11.4 HMBC: VGSE

A Figura 5.34 mostra a HMBC do VGSE. O espectro foi dividido em quatro partes para melhorar a resolução dos picos cruzados. Para assinalar as ressonâncias dos carbonos das carbonilas e a sequência dos aminoácidos, podemos começar por qualquer extremidade da molécula. Já estabelecemos que o resíduo de valina é o aminoácido N-terminal porque seu grupo α-amino não participa de ligação peptídica. Um ponto de partida lógico no resíduo valina é o carbono da carbonila, a que atribuímos o pico em 170,1 ppm, porque existem correlações óbvias com os hidrogênios C-2 da valina (V2) e C-3 da valina (V3). Além disso, existem correlações com o grupo metileno da glicina (G2) e com o hidrogênio de amida da glicina (G NH).

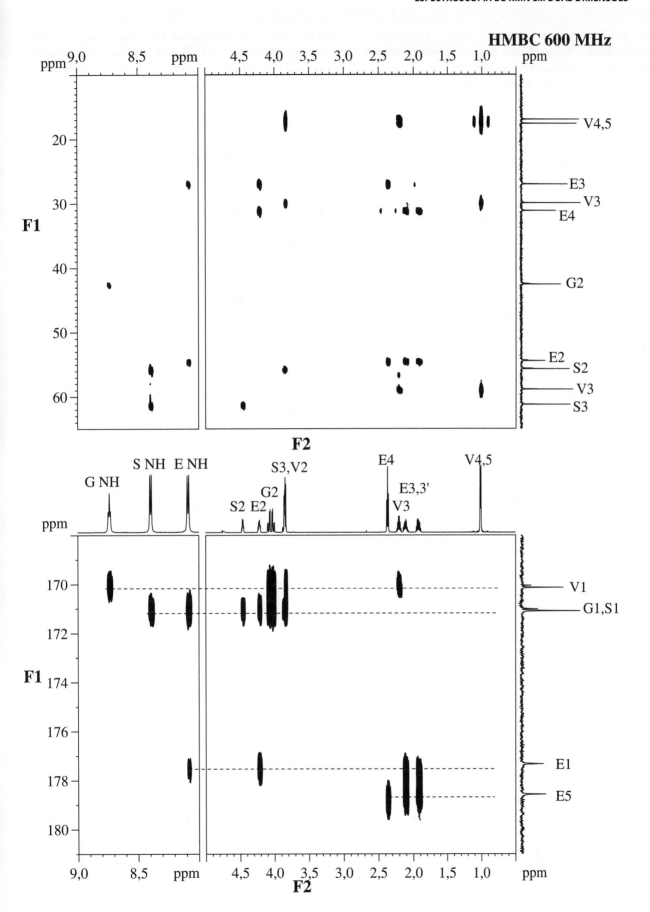

FIGURA 5.34 Espectro HMBC do VGSE. Linhas de correlação importantes e alguns assinalamentos são dados como ajuda para a interpretação.

Essas duas correlações (e, em geral, outras semelhantes) são extremamente importantes no processo de determinação da sequência de aminoácidos. Até agora todas as correlações ocorreram no mesmo resíduo, mas a HMBC permite a determinação das correlações entre resíduos. Desenvolva uma linha de raciocínio para determinar a sequência dos aminoácidos restantes (serina e ácido glutâmico). Note que os carbonos de carbonila da glicina e da serina se sobrepõem no espectro de carbonos.

5.11.5 ROESY: VGSE

Terminamos nossa discussão do VGSE com a comparação das correlações ROESY dos hidrogênios de amida com as interações correspondentes no COSY e na TOCSY. A Figura 5.35 mostra as seções comparáveis dos espectros. Já vimos as porções COSY e TOCSY antes e mostramos como esses espectros, juntamente com a HMQC, podem ser usados para os assinalamentos no interior dos resíduos. As correlações ROESY, por outro lado, reforçam as informações dadas pela HMBC e ajudam a confirmar a sequência dos aminoácidos por meio das correlações entre os resíduos.

Os picos cruzados marcados ilustram a interação pelo espaço do hidrogênio de amida de um aminoácido com o hidrogênio C-2 do aminoácido adjacente. Assim, o hidrogênio de amida da glicina (G NH) correlaciona-se com o hidrogênio C-2 da valina (V2), o hidrogênio de amida da serina (S NH) correlaciona-se com os hidrogênios C-2 da glicina (G2), o hidrogênio de amida do ácido glutâmico (E NH) correlaciona-se com o hidrogênio C-2 (e também com os hidrogênios C-3) da serina (S2 e S3). A apresentação dos dados na Figura 5.35 simplifica muito a interpretação e torna mais significativas as comparações.

5.12 RMN COM GRADIENTE DE CAMPO

Uma das áreas bem desenvovidas da RMN é o uso de "Gradientes de Campo Pulsados" (*Pulsed Field Gradients*), ou PFG-RMN. É irônico lembrar que durante tanto tempo muito esforço foi gasto para manter o campo homogêneo e estável. Os instrumentos modernos de RMN de alto campo estão rotineiramente equipados com bobinas que aumentam rapidamente o campo segundo um dos três eixos ortogonais de referência. Esses gradientes de campo magnético são incorporados na sequência de pulsos em um número muito grande de aplicações.

Estamos incluindo uma breve discussão dos gradientes porque existem muitas aplicações em experimentos de correlação. Trataremos os gradientes de maneira geral. Para um tratamento mais rigoroso e para muitas outras aplicações, consulte a revisão feita por Price (1996).

Mencionamos, na Seção 5.3.1, a rotação da fase como uma parte importante de qualquer sequência de pulsos. Os detalhes

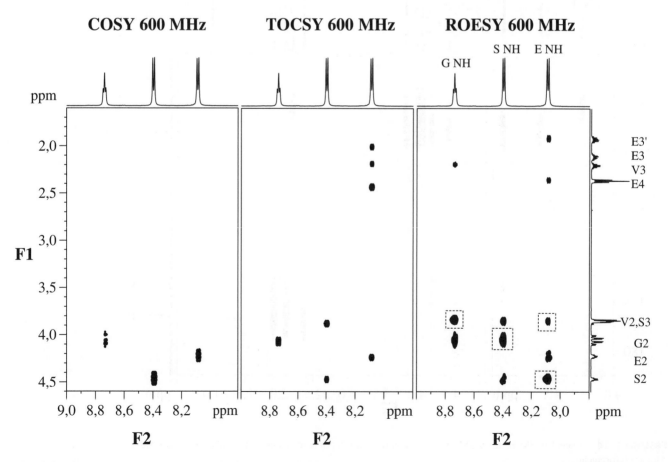

FIGURA 5.35 Comparação dos espectros DQF COSY, TOCSY 2-D e ROESY que mostra as interações entre os hidrogênios de amida.

desse procedimento estão fora do escopo de nosso tratamento (veja Claridge, 1999), mas podemos apreciar facilmente um de seus aspectos negativos, o tempo. Em experimentos de correlação, qualquer coisa entre 4 e 64 ciclos de fase deve ser usada para produzir um FID. Se a razão sinal/ruído é muito baixa, então um ciclo idêntico deve ser repetido até que sinais suficientemente intensos sejam adquiridos. Esses ciclos de fase são um desperdício de tempo do espectrômetro e são uma das razões por que os experimentos 2-D levam tanto tempo.

Em um experimento PFG, a sequência de pulsos pode ser refeita de modo reduzir ou mesmo a eliminar totalmente os ciclos de fase. Assim, se a razão sinal/ruído é suficiente, cada pulso pode ser gravado como um FID em um experimento 2-D. O ganho no tempo de instrumento é enorme: experimentos que antes levariam de horas a um dia inteiro podem, agora, ser feitos em minutos. É confortador, por outro lado, saber que, mesmo se os experimentos são feitos de maneira diferente, os resultados são os mesmos, e sua interpretação pode ser feita do mesmo modo. Deve-se lembrar que o uso de gradientes tipicamente reduz S/N em comparação com o uso de ciclos de fase. Portanto, no caso de amostras diluídas em que o acúmulo extensivo de sinal é sempre necessário, pode ser vantajoso evitar gradientes.

A polarização nuclear dinâmica (DNP), mencionada no Capítulo 3, é um método alternativo cada vez mais importante para economizar ainda mais tempo nos experimentos de RMN multidimensionais.

Embora nosso interesse inicial pela RMN com gradientes venha do fato de experimentos familiares poderem ser feitos mais rápida e eficientemente, mais interessantes ainda são os experimentos que não podem ser feitos sem eles. Os gradientes melhoraram os experimentos de imagem por ressonância magnética (MRI), a microscopia por ressonância magnética, a supressão do solvente (especialmente água), e levaram à criação de novas áreas de investigação como medidas de difusão.

Gradientes também são usados em uma nova classe dos chamados experimentos de RMN multidimensional ultrarrápidos. Uma discussão detalhada desses experimentos está fora do escopo deste texto. Entretanto, o leitor deveria saber que esses métodos podem acelerar os experimentos de RMN multidimensionais por ordens de magnitude. Alternativas para o método-padrão de aumentar sistematicamente t_1 e obter dois conjuntos de transformações de Fourier também oferecem novas oportunidades para a RMN multidimensional. Até mesmo a RMN multidimensional de única varredura é agora possível (veja Tal e Frydman, 2010, e Freeman, 2011). Pode-se mesmo imaginar o acompanhamento por RMN bidimensional, em tempo real, de reações químicas e processos dinâmicos. Esses métodos são particularmente interessantes quando não há limitações de quantidade de amostra. Se a concentração da amostra é muito baixa, a acumulação de sinal será ainda necessária para a obtenção de boas razões sinal-ruído.

REFERÊNCIAS

As referências do capítulo estão disponíveis no GEN-IO, ambiente virtual de aprendizagem do GEN.

EXERCÍCIOS PARA OS ESTUDANTES

5.1 Desenhe os seguintes espectros para os compostos do Problema 3.3 a–o: COSY, HMQC, HNBC e INADEQUATE. Especifique os eixos F1 e F2. Admita as mesmas condições experimentais do Problema 3.3.

5.2 Especifique todas as correlações do ipsenol no espectro DQF-COSY da Figura 5.9. Determine se cada acoplamento é geminal, vicinal ou de longa distância.

5.3 Complete os assinalamentos do ipsenol usando o HMBC da Figura 5.14. Para ajudar, tente construir uma tabela semelhante à Tabela 5.1.

5.4 Identifique o composto $C_6H_{10}O$ usando os espectros ^1H, ^{13}C/DEPT, COSY e HMQC. Mostre todas as correlações.

5.5 Identifique o composto $C_{10}H_{10}O$ usando os espectros ^1H, ^{13}C/DEPT, COSY e HMQC. Mostre todas as correlações.

5.6 Identifique o composto $C_8H_9NO_2$ usando os espectros ^1H, ^{13}C/DEPT, COSY, HMQC e INADEQUATE. Mostre todas as correlações.

5.7 Assinale todas as conectividades dos átomos de carbono do óxido de cariofileno usando o espectro INADEQUATE da Figura 5.19.

5.8 Identifique o composto $C_{10}H_{18}O$ usando os espectros ^1H, ^{13}C/DEPT, COSY, HMQC e INADEQUATE.

5.9 Estabeleça o maior número possível de correlações para a lactose usando o espectro TOCSY 2-D da Figura 5.25. Compare os resultados que você encontrou para o resíduo de glicose com os resultados obtidos no experimento HOHAHA 1-D da Figura 5.26.

5.10 São dados a estrutura e os espectros ^1H, ^{13}C/DEPT, COSY, TOCSY 1-D, TOCSY 2-D, HMQC, HMQC-TOCSY, HMBC e ROESY da rafinose. Confirme a estrutura, assinale todos os hidrogênios e carbonos e mostre todas as correlações possíveis.

5.11 São dados a estrutura e os espectros ^1H, ^{13}C/DEPT, COSY, HMQC, HMQC-TOCSY e HMBC do estigmasterol. Confirme a estrutura, assinale todos os hidrogênios e carbonos e mostre todas as correlações possíveis.

5.12 São dados os espectros ^1H, ^{13}C/DEPT, COSY, TOCSY 2-D, HMQC, HMBC e ROESY de um tripeptídeo que contém os aminoácidos lisina, serina e treonina. Dê a sequência do peptídeo e assinale todos os hidrogênios e carbonos. Mostre todas as correlações possíveis.

Em todos os exercícios, os espectros de ^{13}C-RMN mostrados são, de cima para baixo, DEPT-90, DEPT-135 e ^{13}C-RMN com os hidrogênios totalmente desacoplados.

CAPÍTULO 5

¹H RMN 600 MHz

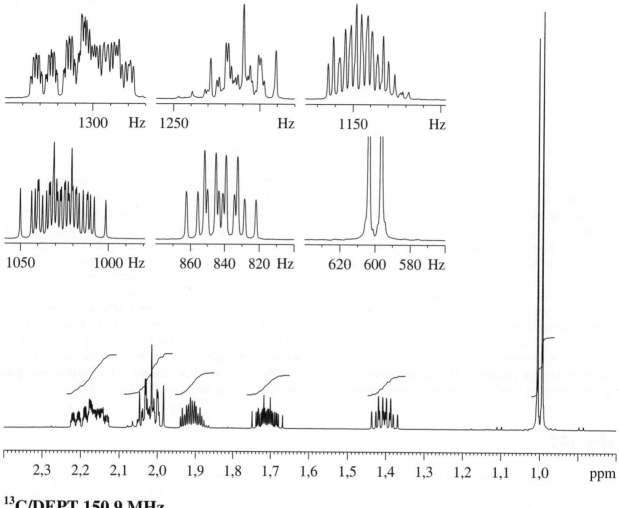

¹³C/DEPT 150,9 MHz

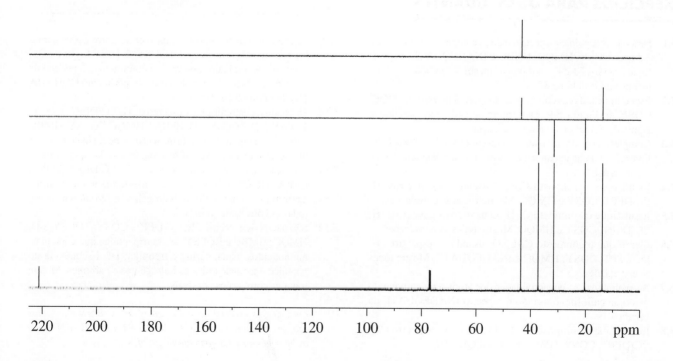

Exercício 5.4

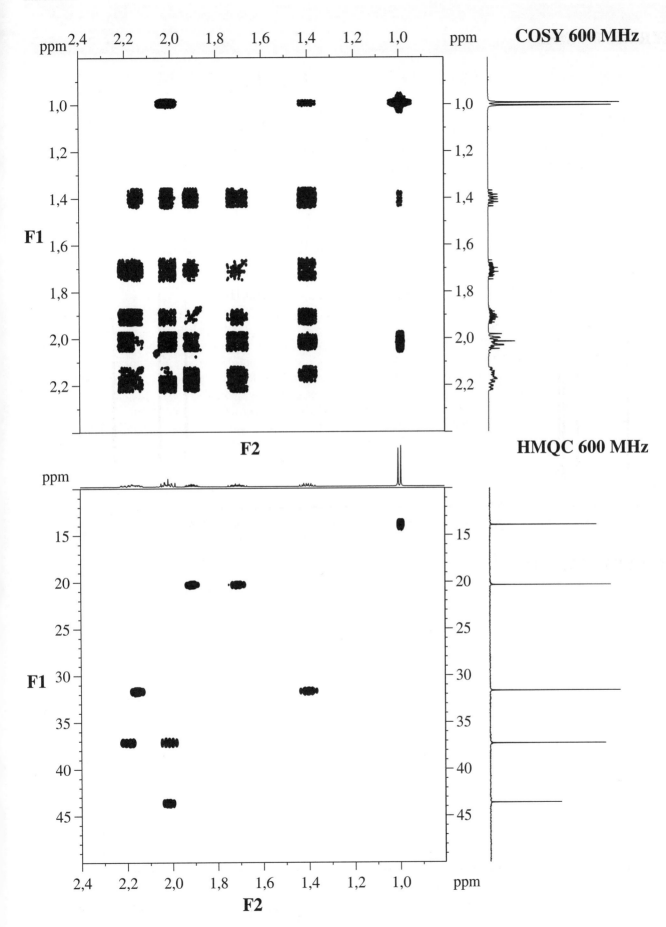

COSY 600 MHz

HMQC 600 MHz

Exercício 5.5

¹H RMN 600 MHz

¹³C/DEPT 150,9 MHz

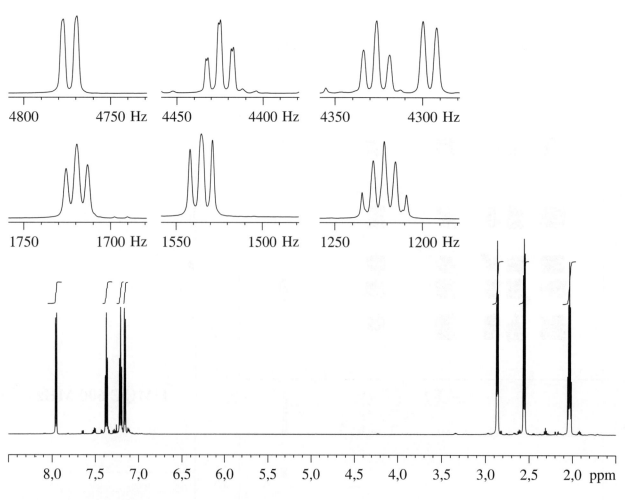
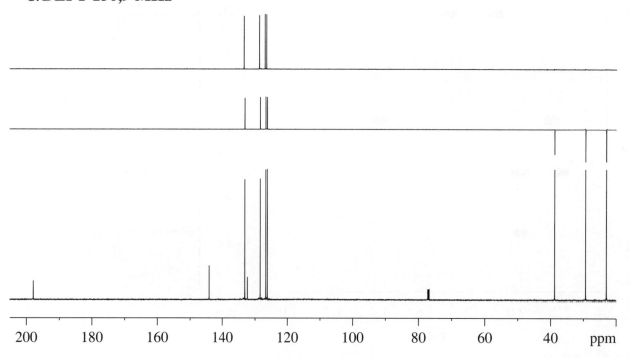

Exercício 5.5

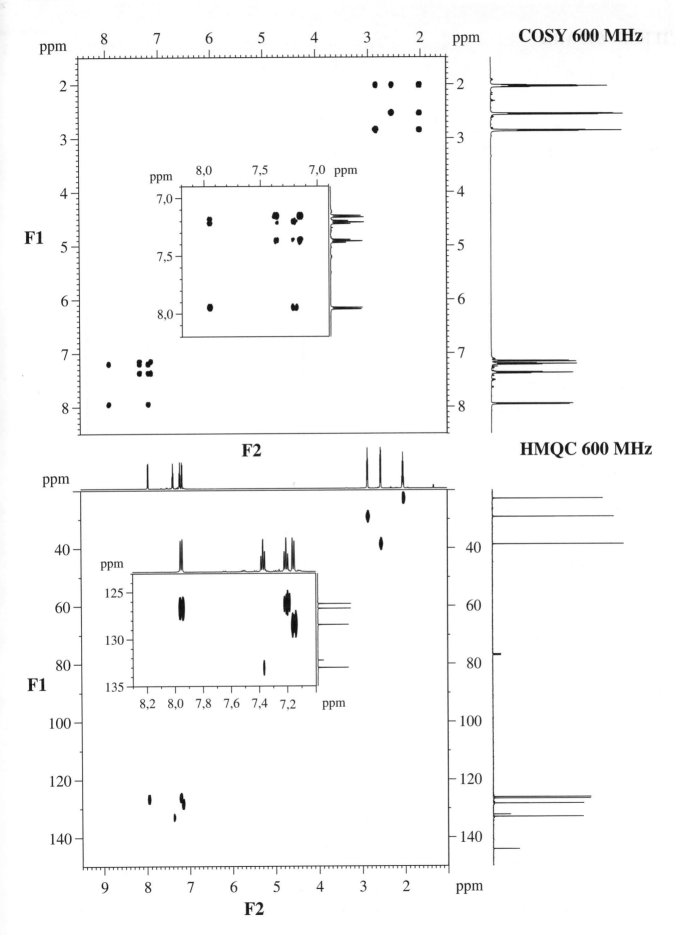

Exercício 5.6

¹H RMN 600 MHz

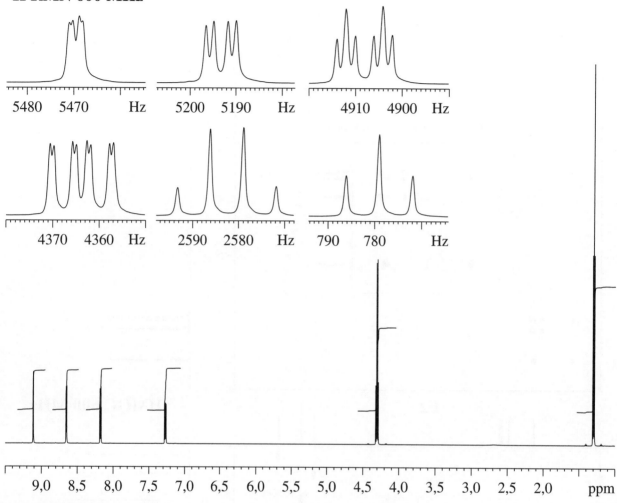

¹³C/DEPT 150,9 MHz

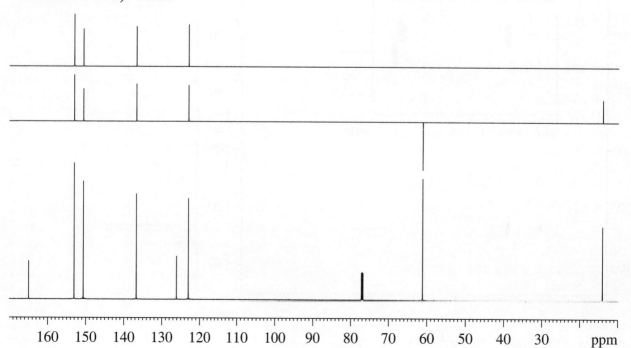

Exercício 5.6 ESPECTROSCOPIA DE RMN EM DUAS DIMENSÕES **275**

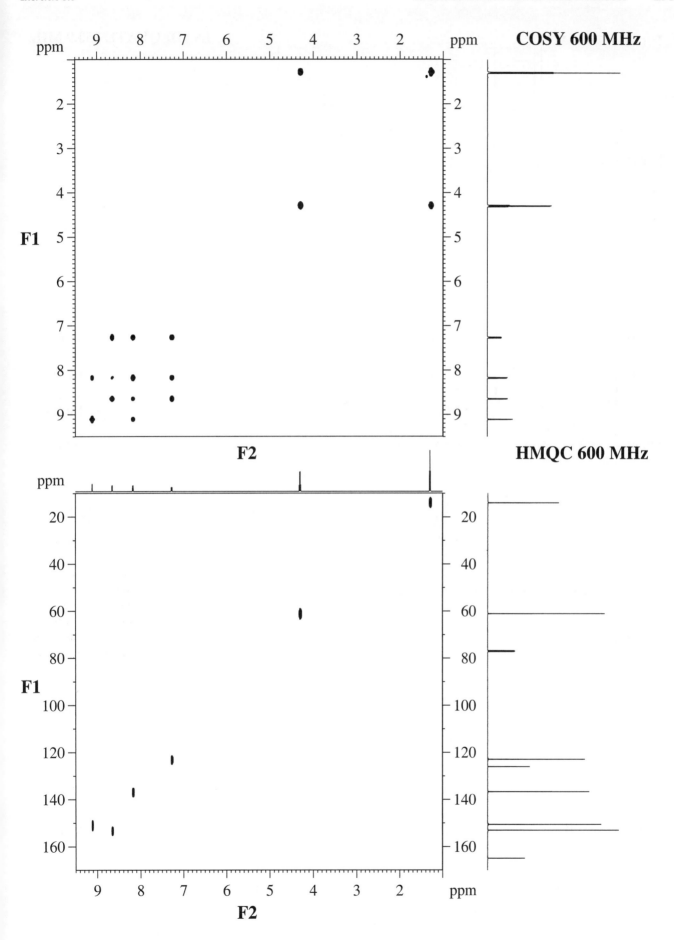

Exercício 5.6

INADEQUATE 150,9 MHz

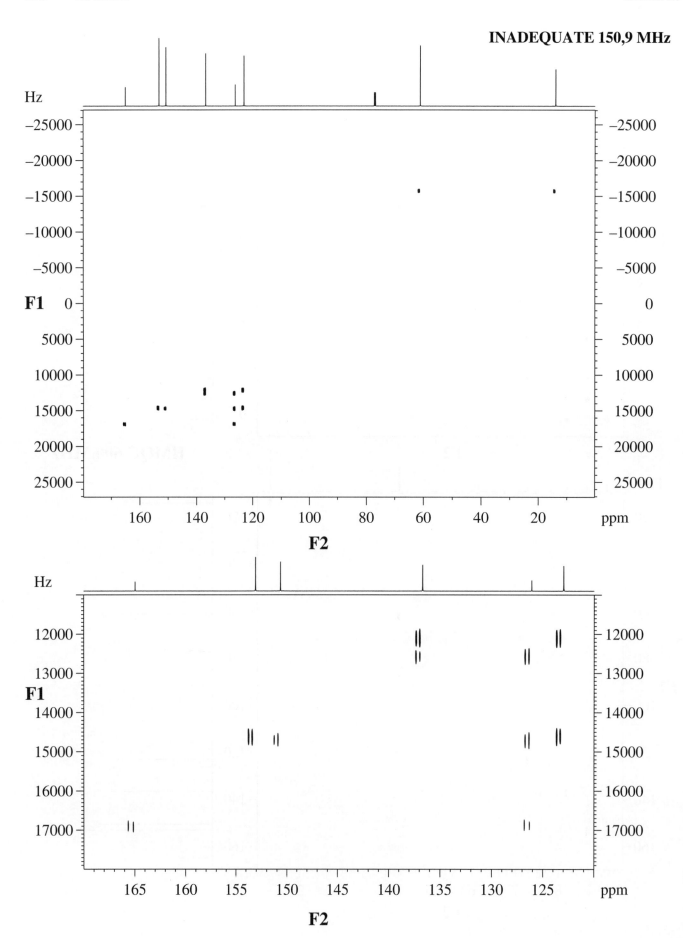

Exercício 5.8

¹H RMN 600 MHz

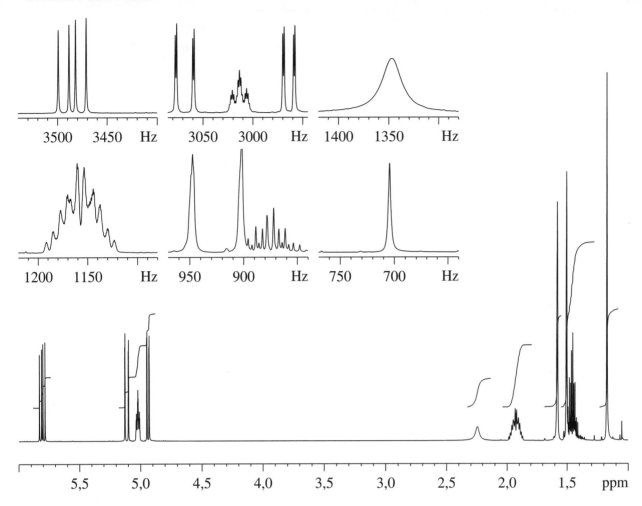

¹³C/DEPT 150,9 MHz

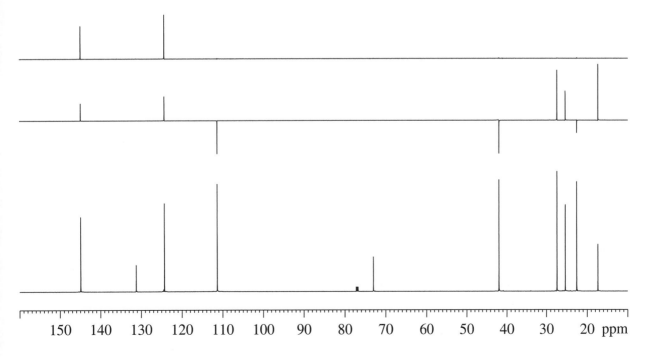

Exercício 5.8

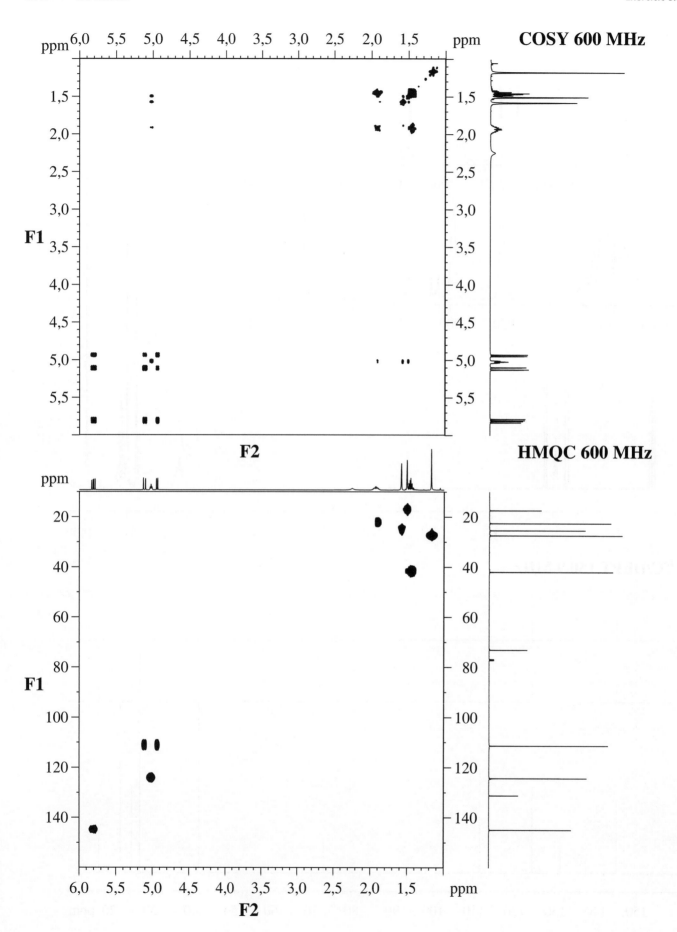

COSY 600 MHz

HMQC 600 MHz

Exercício 5.8

HMBC 600 MHz

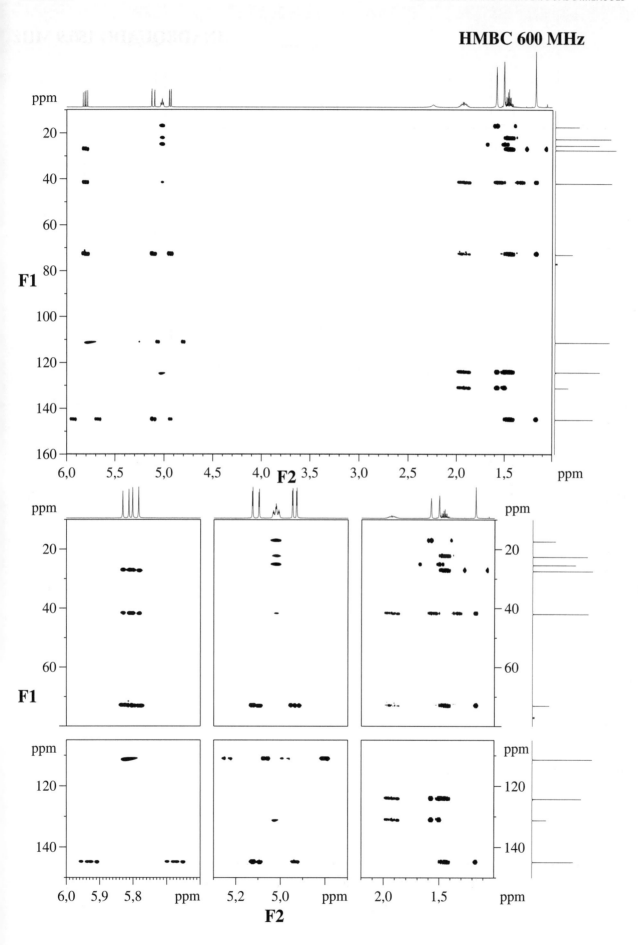

280 CAPÍTULO 5

Exercício 5.8

INADEQUADO 150,9 MHz

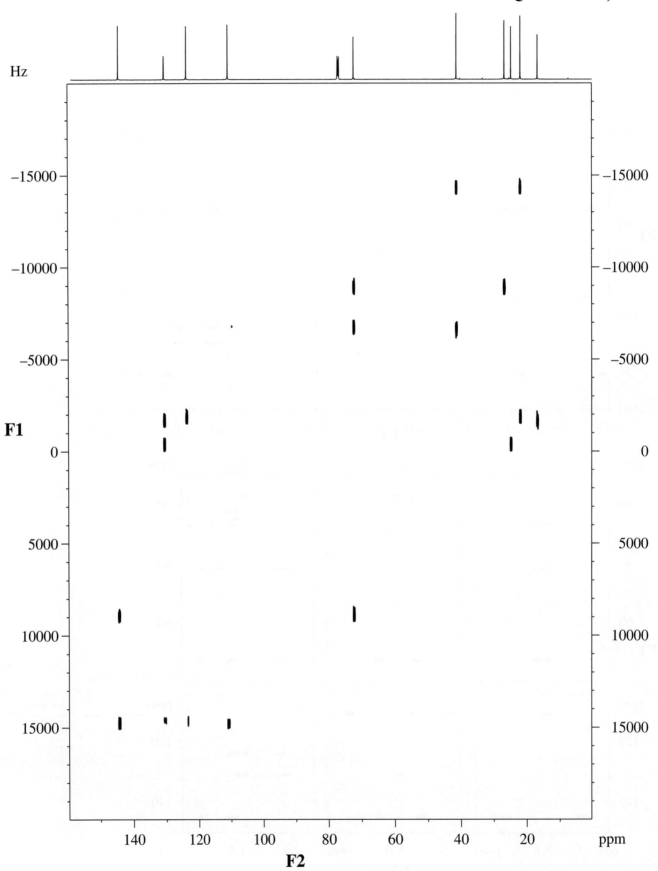

Exercício 5.10

^{1}H RMN 600 MHz

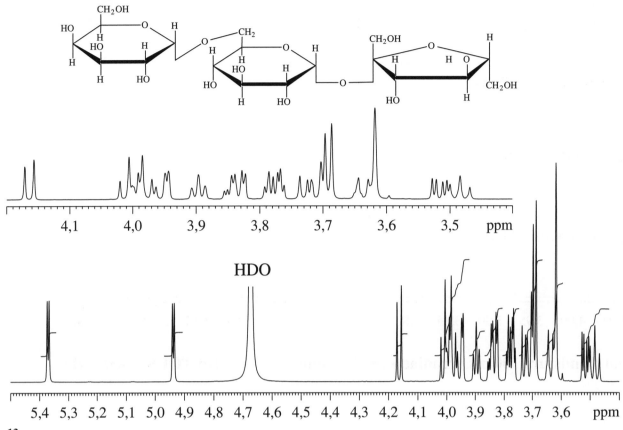

^{13}C/DEPT 150,9 MHz

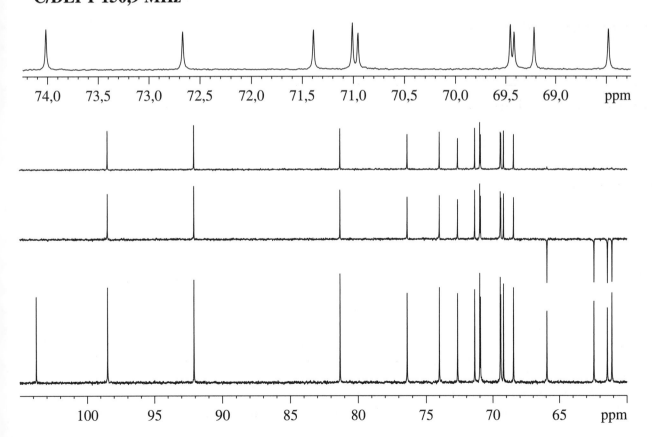

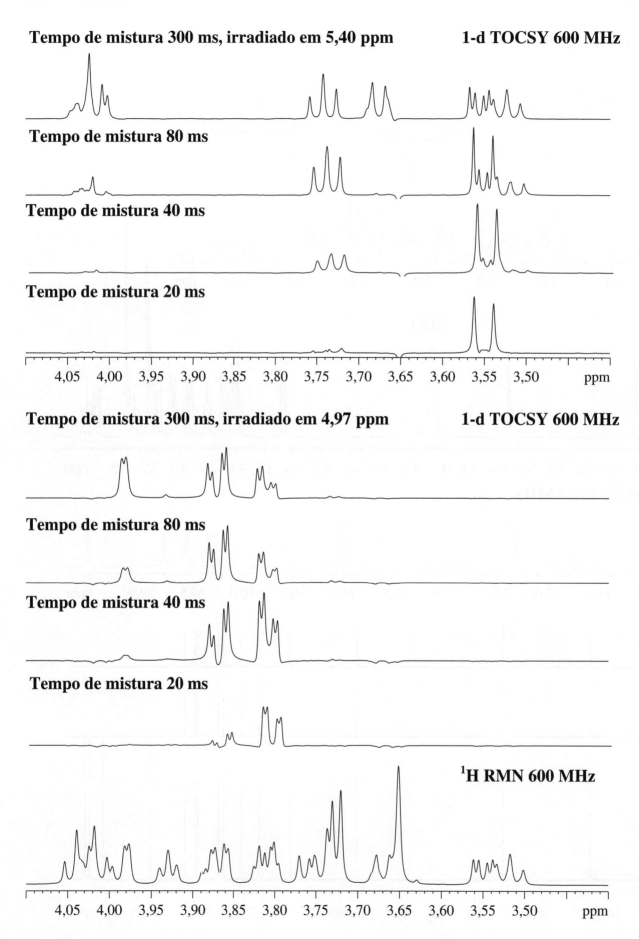

Exercício 5.10

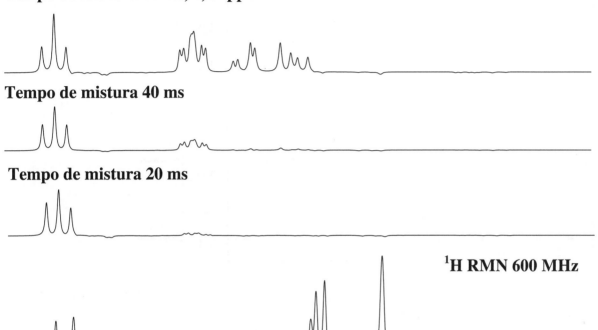

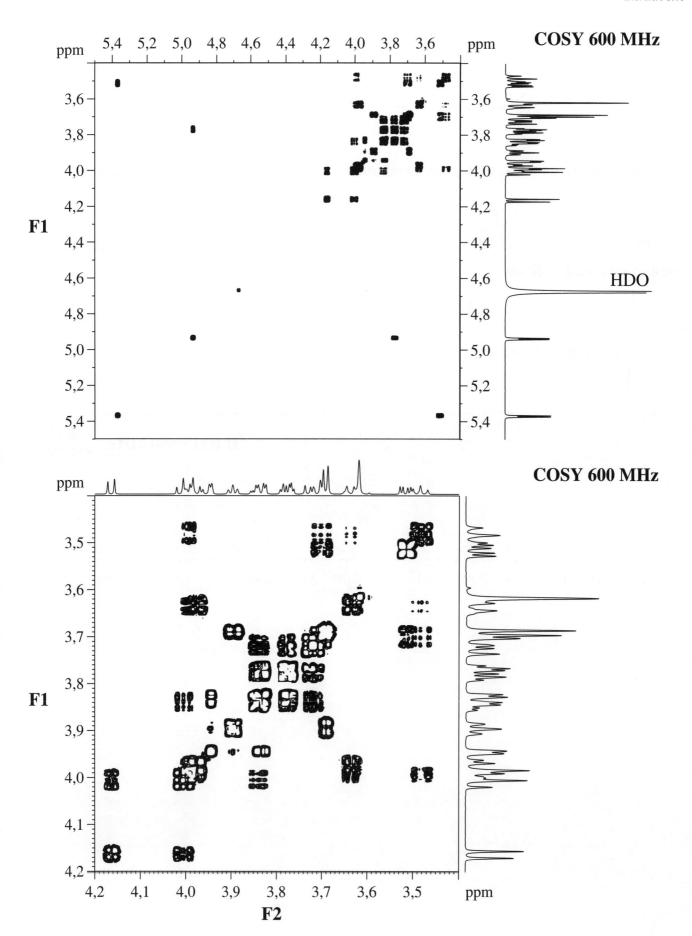

Exercício 5.10

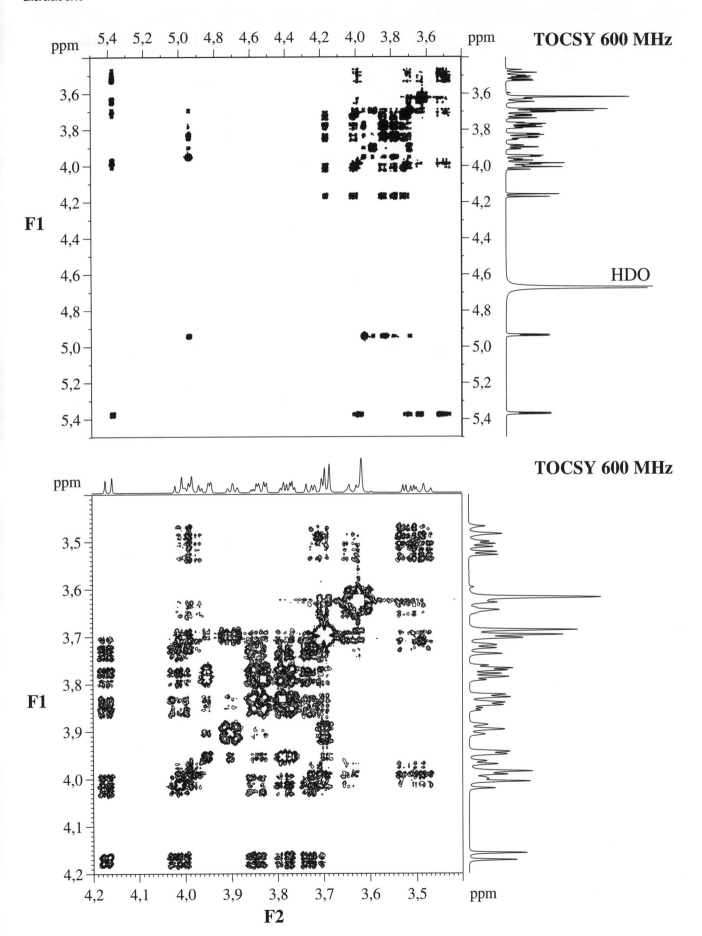

Exercício 5.10

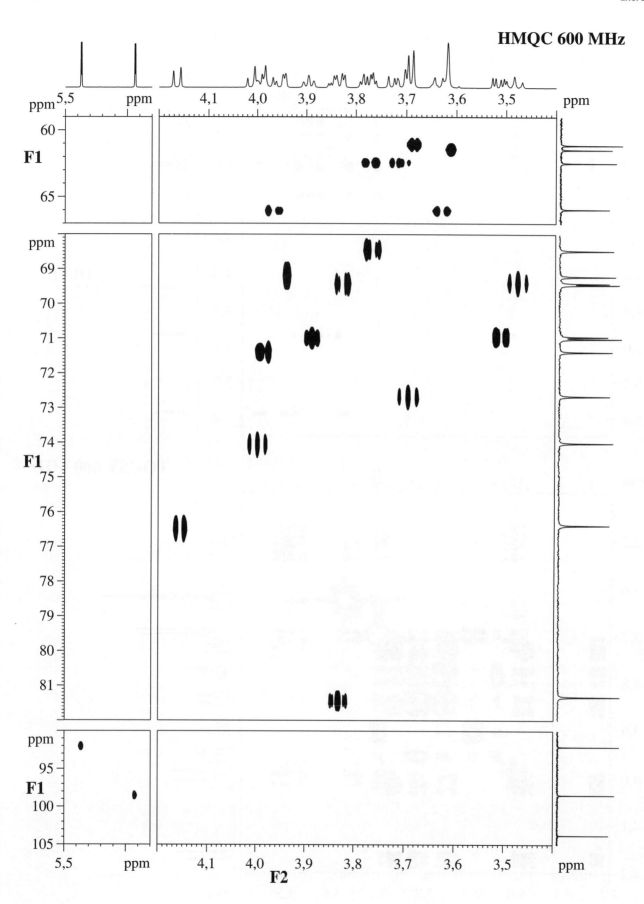

HMQC 600 MHz

Exercício 5.10

HMQC–TOCSY 600 MHz

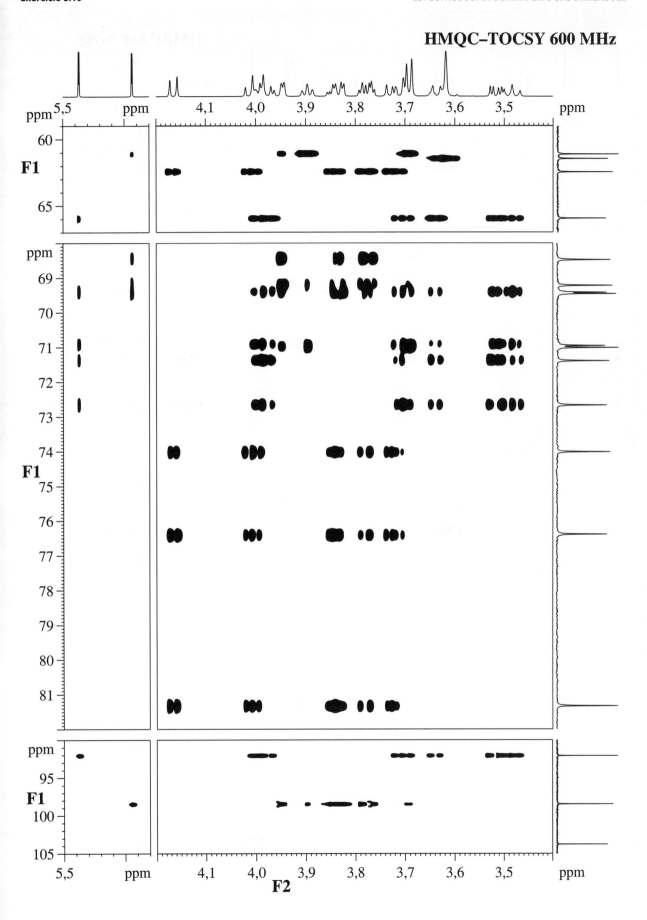

HMBC 600 MHz

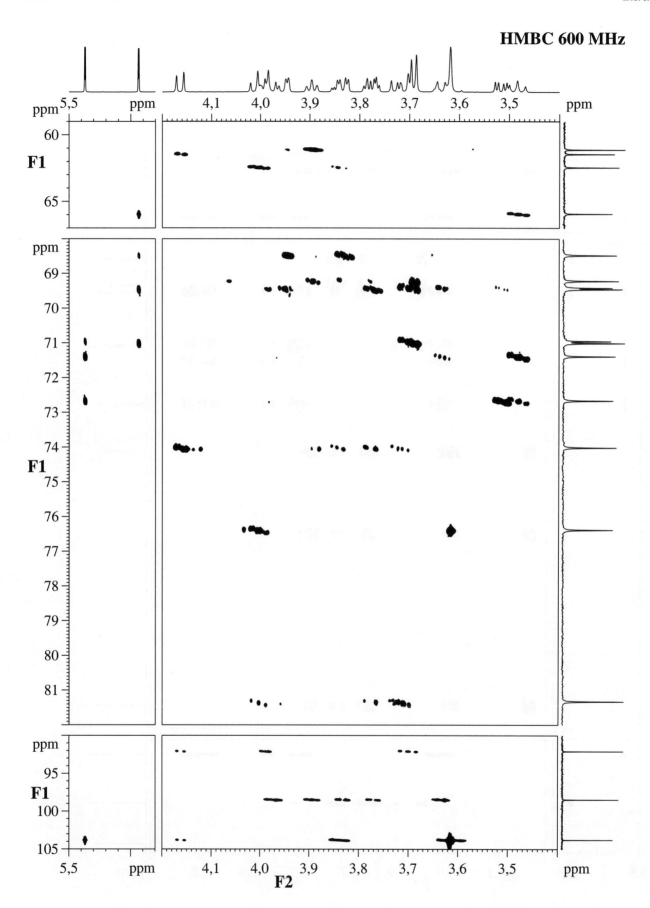

Exercício 5.10

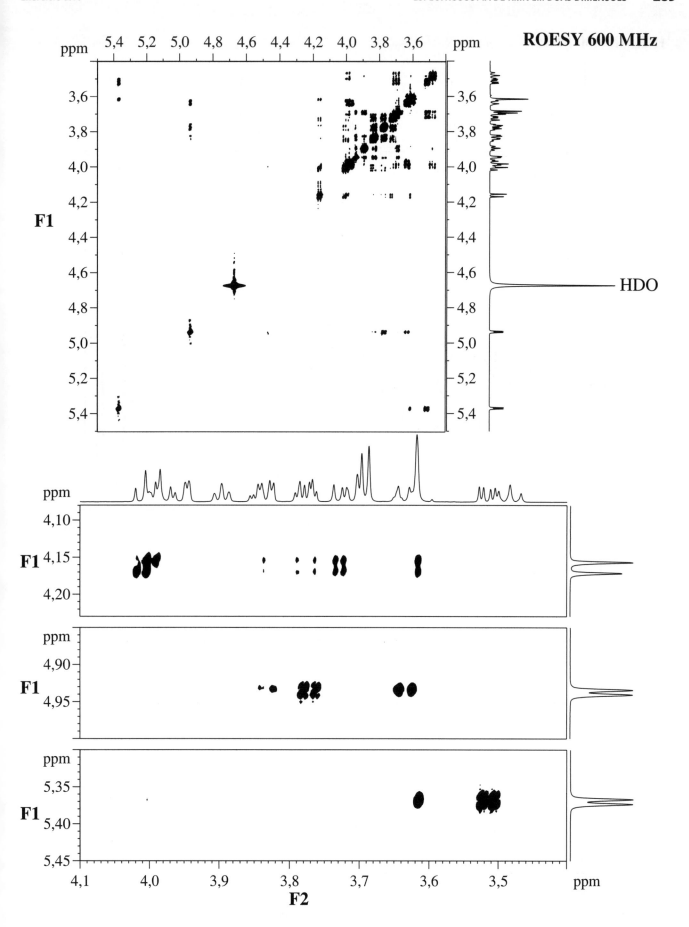

Exercício 5.11

¹H RMN 600 MHz

¹³C/DEPT 600 MHz

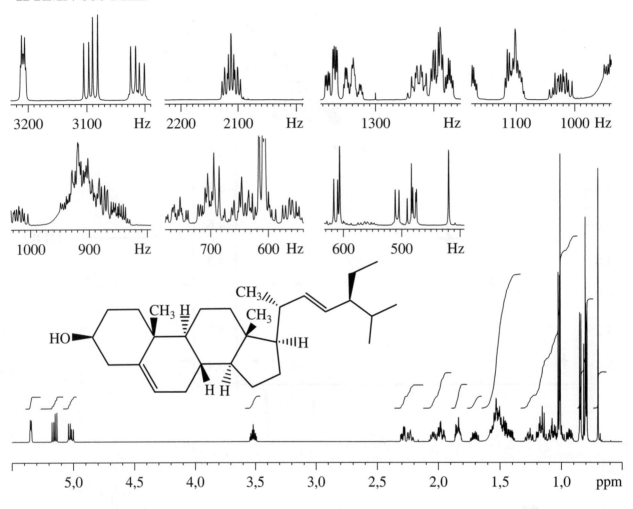
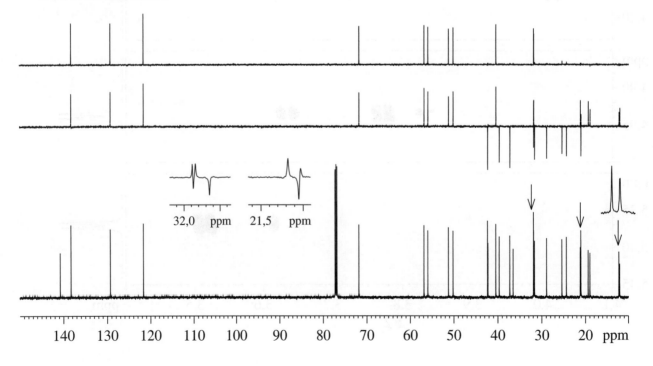

Exercício 5.11

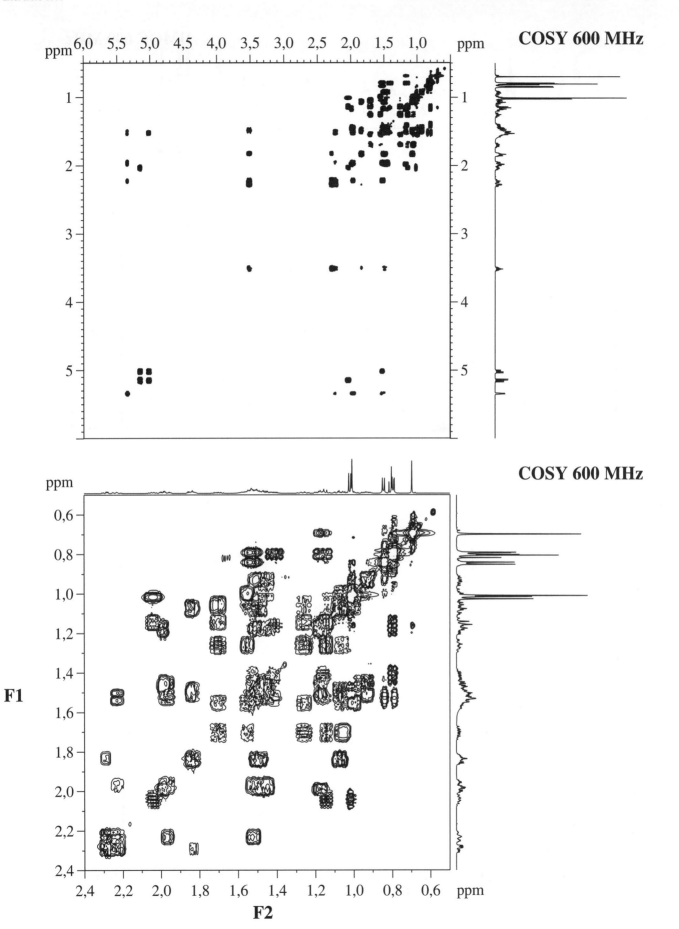

COSY 600 MHz

292 CAPÍTULO 5   Exercício 5.11

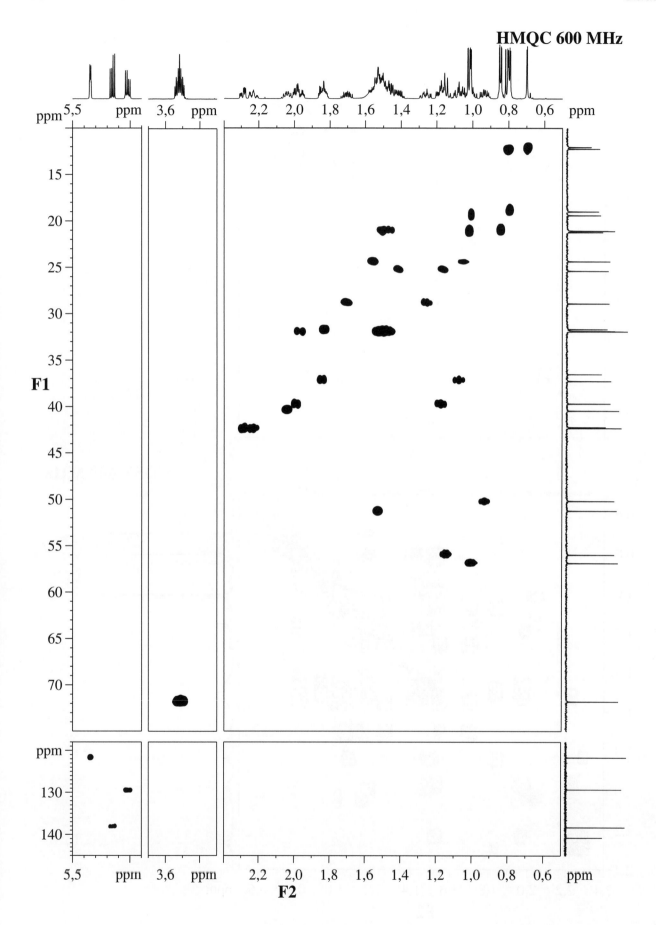

Exercício 5.11

HMBC 600 MHz

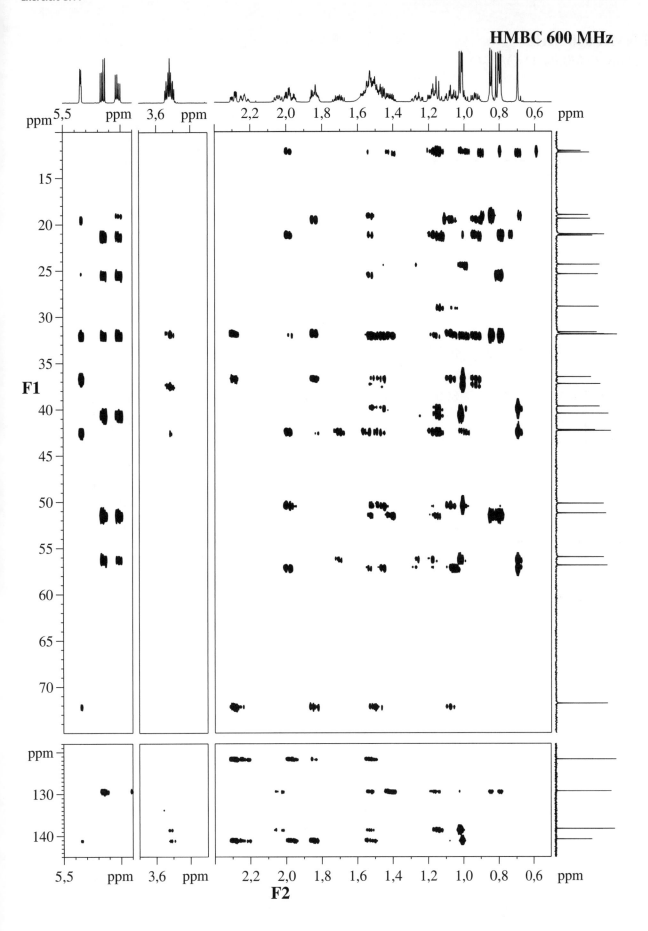

294 CAPÍTULO 5 — Exercício 5.12

^{1}H NMR 600 MHz
0° C em 5%/95% D$_2$O/H$_2$O

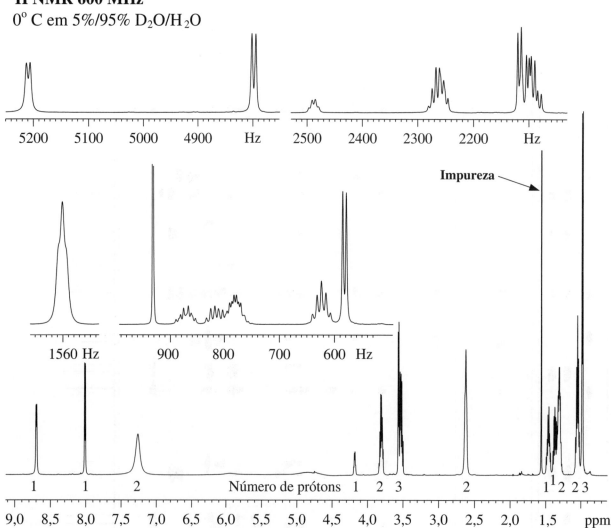

^{13}C/DEPT 150,9 MHz

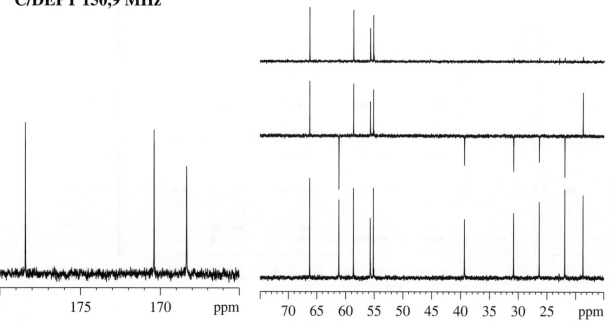

Exercício 5.12

ESPECTROSCOPIA DE RMN EM DUAS DIMENSÕES

COSY 600 MHz

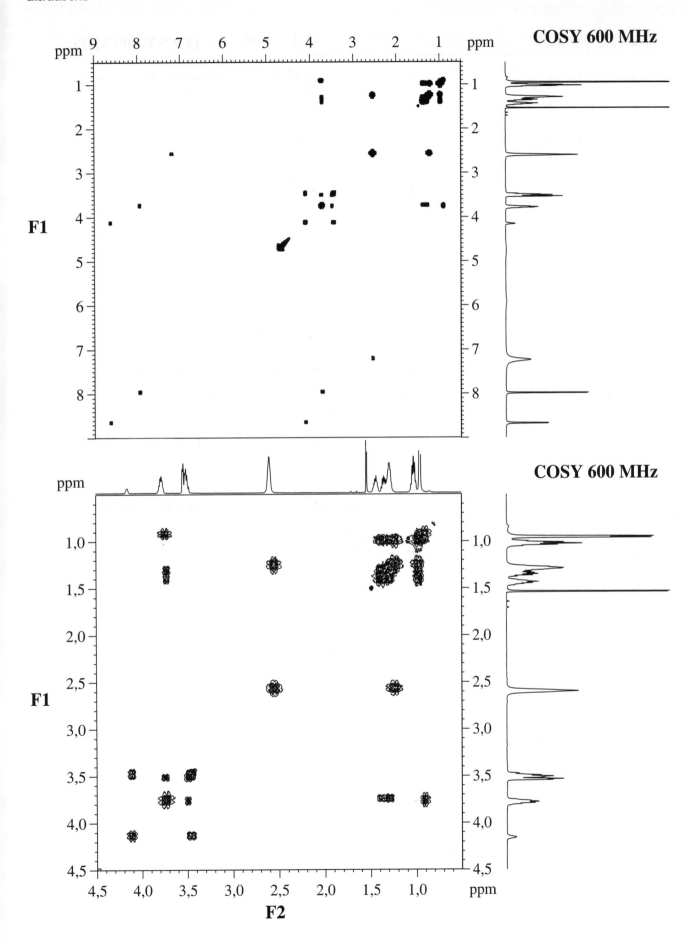

Exercício 5.12

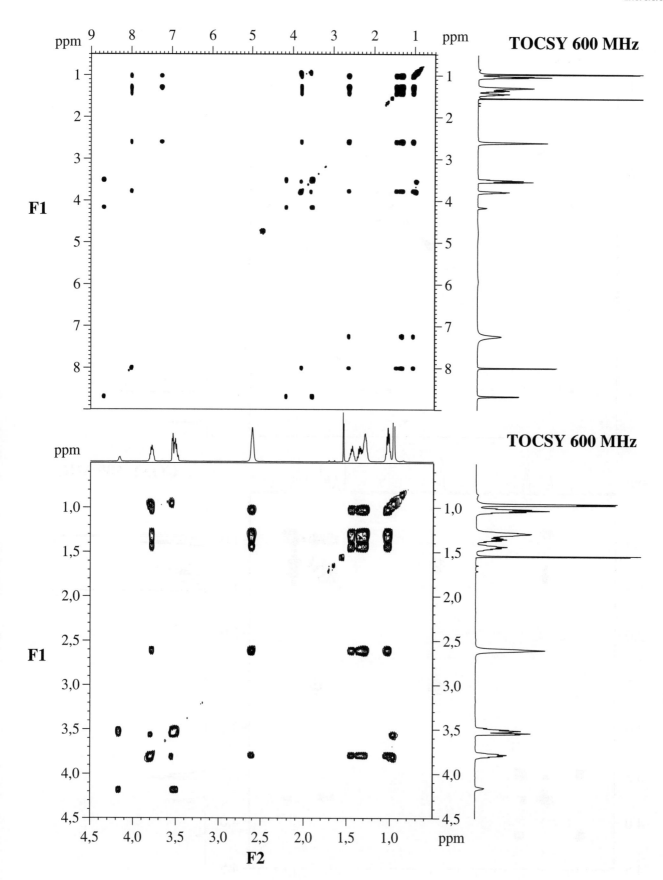

Exercício 5.12

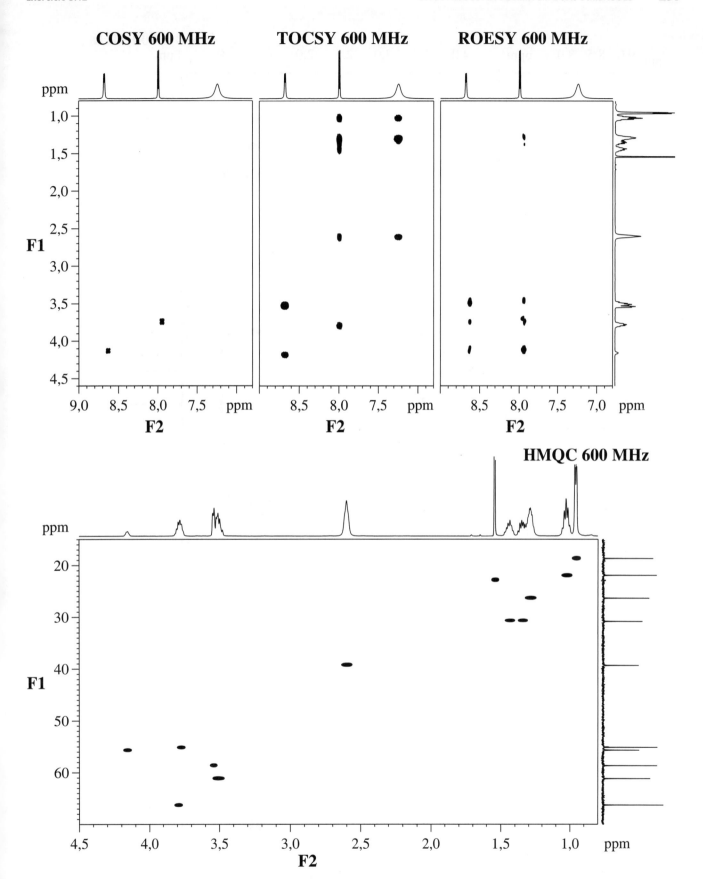

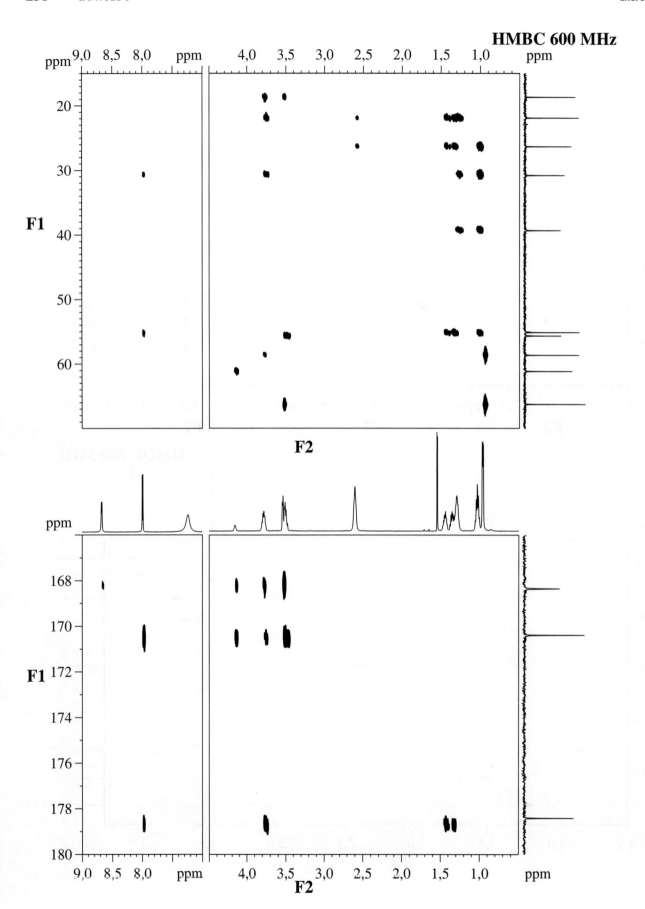

CAPÍTULO 6
ESPECTROSCOPIA DE RESSONÂNCIA MAGNÉTICA MULTINUCLEAR

6.1 INTRODUÇÃO

Os três capítulos anteriores mostraram que os experimentos de ressonância magnética nuclear com os núcleos de ^{1}H e ^{13}C são muito úteis para os químicos que trabalham com compostos orgânicos. Não há necessidade, entretanto, de nos limitarmos a esses dois núcleos importantes. Existem cerca de 130 núcleos diferentes cujo número de spin, I, é maior do que zero e que, por conseguinte, são, em princípio, observáveis em um experimento de RMN. Desses núcleos, 33 têm número quântico de spin igual a $\frac{1}{2}$ ($I = \frac{1}{2}$).

O Apêndice A lista todos os núcleos magneticamente ativos com algumas de suas propriedades. Vale a pena explorar um pouco o Apêndice A e comparar alguns dos núcleos listados com ^{1}H e ^{13}C (que foram também incluídos). Em primeiro lugar, pode-se notar que muitos elementos têm mais de um isótopo magneticamente ativo. Uma pequena parte do Apêndice A foi reproduzida na Tabela 6.1, com a adição de faixas de deslocamento. Em geral, a faixa de deslocamentos químicos observada para os vários elementos aumenta da esquerda para a direita e do alto para baixo na tabela periódica. (Embora uma discussão detalhada esteja além do escopo deste texto, o fator mais importante para a determinação das faixas típicas de deslocamentos químicos é a contribuição paramagnética para a blindagem magnética, que, por sua vez, depende do inverso do cubo da distância média elétron-núcleo.) Compare, por exemplo, as faixas para ^{1}H (~10 ppm), ^{13}C (~220 ppm) e ^{195}Pt (acima de 10.000 ppm).

Lembre-se de que os dados de deslocamentos químicos só são úteis se as referências corretas forem usadas. Na verdade, com a exclusão dos dados de ^{1}H e ^{13}C, devemos tomar muito cuidado ao comparar os deslocamentos químicos obtidos de fontes diversas, porque muitos dos demais núcleos podem ter sido medidos com relação a referências variadas. Em uma tentativa de padronização dos procedimentos, a IUPAC propôs uma escala unificada para referenciar os deslocamentos químicos de qualquer núcleo em qualquer amostra em relação a uma referência primária padrão. Nos instrumentos modernos, em determinado campo magnético, todas as frequências de ressonância são derivadas de uma única fonte: o ímã. É, portanto, possível relacionar as frequências observadas de todos os nuclídeos de determinada amostra com uma referência primária padrão; para simplificar, a ressonância do hidrogênio do TMS (0,00 ppm) foi escolhida como padrão. O uso de outros compostos como referência secundária não é mais o método oficial recomendado para relatar deslocamentos químicos, embora isso ainda seja feito, na prática, dessa maneira. A implementação dos procedimentos recomendados pela IUPAC pode ser muito fácil, dependendo dos programas de computador usados no espectrômetro.

O método da IUPAC usa a ressonância do hidrogênio do tetrametilsilano (TMS) para solventes orgânicos e do ácido 2,2-dimetilsilapentano-5-sulfônico (DSS) para amostras em água para medir a frequência primária do espectrômetro. Essa frequência é, então, usada como referência para outros núcleos (X) por meio da seguinte equação:

$$\Xi = 100 \, (\nu_X / \nu_{TMSobs})$$

em que Ξ é a razão de frequência (Apêndice A), ν_X é a frequência absoluta da posição 0,00 ppm no espectro de X, e ν_{TMSobs} é a frequência absoluta do ^{1}H do TMS medido no instrumento em questão. A vantagem desse método é que, uma vez calibrada a frequência de ^{1}H, toda a tabela periódica de núcleos com spin ativo pode ser analisada sem a necessidade de usar o padrão externo ou interno típico daquele núcleo.

Voltemos à Tabela 6.1, que lista os nuclídeos discutidos com alguns detalhes neste capítulo. Para determinar a adequação de determinado nuclídeo para um experimento de RMN, devemos considerar vários fatores, como a abundância natural, a sensibilidade e o número quântico de spin. Vejamos o elemento hidrogênio como um exemplo. O hidrogênio tem três isótopos: ^{1}H (prótio), ^{2}H (deutério) e ^{3}H (trítio). Todos eles são usados em RMN e têm suas vantagens. ^{1}H e ^{3}H têm número de spin igual a $\frac{1}{2}$ e altas sensibilidades relativas, proporcionais a $\gamma^3(I(I + 1))$. ^{3}H, porém, é radioativo e tem abundância natural praticamente igual a zero. O trítio só pode, portanto, ser observado se a molécula em estudo for sintetizada. O prótio, por outro lado, é extremamente abundante, e já sabemos como usá-lo. O deutério não é radioativo, tem número de spin igual a um e abundância natural de 0,0115%. É um isótopo útil em estudos mecanísticos em química orgânica e em bioquímica. Como a abundância natural é baixa, é possível ignorá-lo quando se estudam outros núcleos (acoplamentos com ^{2}H não são evidentes nos espectros), mas também é possível estudá-lo, porque os instrumentos modernos permitem a observação dos espectros de RMN de ^{2}H sem necessidade de enriquecimento isotópico.

Além do deutério, ^{11}B e ^{27}Al são outros dois nuclídeos listados na Tabela 6.1 que têm números quânticos de spin superiores a $\frac{1}{2}$. Grande parte dos elementos da tabela periódica têm núcleos quadrupolares ($I > \frac{1}{2}$). Esses núcleos quadrupolares

TABELA 6.1 Dados Úteis de Ressonância Magnética dos Núcleos Discutidos Neste Capítulo

Isótopo	Número Quântico de Spin	Abundância Natural %	Sensibilidade Relativa[a]	Frequência (MHz) em 7,046 T	Composto de Referência Primária	Faixa Típica de Deslocamento Químico (ppm)
^{1}H	$\frac{1}{2}$	99,9885	1,000	300,000	Si(CH$_3$)$_4$	10 a 0
^{2}H	1	0,0115	$1,11 \times 10^{-6}$	46,052	Si(CD$_3$)$_4$	10 a 0
^{3}H	$\frac{1}{2}$	0	0	319,993	Si(CT$_3$)$_4$	10 a 0
^{11}B	$\frac{1}{2}$	80,1	0,132	96,269	BF$_3$ · Et$_2$O em CDCl$_3$	135 a –130
^{13}C	$\frac{1}{2}$	1,07	$1,70 \times 10^{-4}$	75,451	Si(CH$_3$)$_4$	220 a 0
^{14}N	1	99,632	$1,00 \times 10^{-3}$	21,686	^{14}NH$_3$(1)[b]	900 a 0
^{15}N	$\frac{1}{2}$	0,368	$3,84 \times 10^{-6}$	30,419	^{15}NH$_3$(1)[b]	900 a 0
^{17}O	$\frac{5}{2}$	$3,7 \times 10^{-2}$	$2,91 \times 10^{-2}$	40,670	H$_2$O	1700 a –50
^{19}F	$\frac{1}{2}$	100	0,834	282,387	CFCl$_3$	276 a –280
^{27}Al	$\frac{5}{2}$	100	0,207	78,232	Al(NO$_3$)$_3$ (aq)	250 a –200
^{29}Si	$\frac{1}{2}$	4,6832	$3,68 \times 10^{-4}$	59,648	Si(CH$_3$)$_4$	175 a –380
^{31}P	$\frac{1}{2}$	100	$6,65 \times 10^{-2}$	121,554	85% H$_3$PO$_4$ (aq)	270 a –480
^{195}Pt	$\frac{1}{2}$	33,832	$3,51 \times 10^{-3}$	65,473	Na$_2$PtCl$_6$ (aq)	7500 a –6500

[a]Relativa a ^{1}H.
[b]Em 25°C.

podem ser, com frequência, observados em experimentos de RMN, porém existem muitos casos em que a relaxação quadrupolar rápida alarga os sinais e impede a detecção. ^{11}B e ^{27}Al têm boas propriedades espectroscópicas, no sentido de terem abundâncias naturais elevadas e boas sensibilidades relativas a ^{1}H. Além da consideração da abundância natural e da sensibilidade, o momento de quadrupolo de um nuclídeo particular, bem como o ambiente na molécula de interesse, determinará a taxa da relaxação quadrupolar, que é inversamente proporcional à largura do sinal no espectro de RMN. Núcleos quadrupolares com boas abundâncias naturais que existem em ambientes simétricos (isto é, tetraédricos ou octaédricos) podem dar sinais agudos no espectro de RMN e até mesmo levar, em alguns casos, a divisões decorrentes de acoplamentos J. Observe que a regra $2nI + 1$ aplica-se à predição de multipletos J de todos os núcleos, em que n é o número de núcleos equivalentes acoplados ao núcleo observado. Por outro lado, nuclídeos como ^{63}Cu, ^{105}Pd, ^{127}I ou ^{187}Re quase invariavelmente darão linhas extremamente largas, não sendo prático obter seus espectros. Sem enriquecimento isotópico, a espectroscopia de RMN de núcleos como ^{17}O, ^{33}S e ^{43}Ca é, com frequência, impraticável por causa das abundâncias naturais muito baixas.

Nossos objetivos neste capítulo serão modestos em comparação com o vasto campo que é a ressonância magnética multinuclear. Vimos, na Seção 3.7, o efeito de outros núcleos que têm momento magnético (especialmente os que têm spin igual a $\frac{1}{2}$) sobre os espectros de hidrogênio. Veremos, brevemente, a espectrometria de RMN de quatro núcleos com spin $\frac{1}{2}$, selecionados por sua importância histórica na química orgânica (e em produtos naturais e farmacêuticos), na bioquímica e na química de polímeros. Esses quatro núcleos, ^{15}N, ^{19}F, ^{29}Si e ^{31}P, serão apresentados por meio de alguns exemplos simples e de um exame simplificado dos fatores experimentais importantes e suas limitações.

Os fundamentos teóricos necessários para entender a espectroscopia de RMN desses quatro nuclídeos são análogos aos que foram apresentados para ^{1}H e ^{13}C nos Capítulos 3 e 4. Nosso tratamento dos spins, dos acoplamentos, do NOE, das transformações de Fourier etc. pode ser aplicado a esses núcleos sem modificações. Também usaremos o conceito de deslocamento químico, tendo o cuidado, entretanto, de não tentar aplicar a esses núcleos a capacidade de previsão que desenvolvemos para ^{1}H e ^{13}C. O uso da espectroscopia de RMN de núcleos diferentes de ^{1}H e ^{13}C para caracterizar e identificar compostos orgânicos tornou-se comum. As aplicações de outros núcleos incluem desde a simples verificação da presença de nitrogênio em uma amostra de composição desconhecida até questões mais complexas de estereoquímica e mecanismos de reação.

6.2 RESSONÂNCIA MAGNÉTICA NUCLEAR DE ^{15}N

Depois do carbono e do hidrogênio, os núcleos mais importantes em compostos orgânicos são o oxigênio e o nitrogênio. Para o químico orgânico, a presença de um desses elementos na molécula significa a existência de "grupos funcionais", informação que leva ao uso da espectroscopia de infravermelho para sua identificação. Sem diminuir a importância da espectroscopia de infravermelho, essa linha de ação é muito restritiva, principalmente no que diz respeito ao nitrogênio. A inspeção da Tabela 6.1 mostra que, no caso do oxigênio, somente um núcleo pode ser usado em RMN. ^{17}O tem spin $\frac{5}{2}$

e não é muito utilizado em estudos de RMN, e ^{16}O tem spin zero (por isso não foi incluído na Tabela 6.1).

O nitrogênio, por outro lado, tem dois isótopos magneticamente ativos, ^{14}N e ^{15}N. Ambos os isótopos têm sido alvo de estudos intensivos de RMN porque os compostos de nitrogênio são muito importantes na química orgânica, em geral, e em produtos naturais, farmacologia e bioquímica, em particular. Além das várias classes de compostos nitrogenados que já conhecemos, novos campos de estudo foram desenvolvidos. Esses campos incluem alcaloides, peptídeos, proteínas e ácidos nucleicos. Os ácidos nucleicos se prestam particularmente aos estudos de RMN porque neles há sempre nitrogênio e fósforo (veja a Seção 6.5). Se olharmos a Tabela 6.1 novamente, poderemos ver que nenhum dos isótopos do nitrogênio é ideal para RMN. O isótopo ^{14}N, que corresponde a mais de 99% da abundância natural do nitrogênio, tem spin igual a 1 e, em consequência, momento elétrico de quadrupolo. Esse núcleo tem sensibilidade muito baixa e linhas muito largas devido à relaxação quadrupolar, razão pela qual não vamos utilizá-lo.

O outro isótopo do nitrogênio, ^{15}N, tem também frequência da Larmor baixa, o que, aliado à baixa abundância do isótopo natural, leva a uma sensibilidade absoluta muito baixa. A instrumentação moderna, entretanto, permite resolver essa questão (por meio de amostras enriquecidas ou por detecção indireta), e, como o spin de ^{15}N é $\frac{1}{2}$ e os picos são agudos, esse é o nuclídeo normalmente utilizado e que estudaremos.

Dois fatores experimentais importantes devem ser levados em conta nos experimentos que envolvem ^{15}N. Em primeiro lugar, esse nuclídeo tende a relaxar muito lentamente. Tempos de relaxação, T_1, superiores a 80 segundos foram observados. Por isso, é necessário incluir atrasos longos na sequência de pulsos ou providenciar outro caminho eficiente para a relaxação do spin. Um procedimento comum é adicionar uma quantidade "catalítica" de acetil-acetonato de cromo (III), uma substância paramagnética cujos elétrons desemparelhados estimulam eficientemente a transferência de spin. Nos casos em que T_1 não é conhecido (nem se pretende medi-lo), devem-se considerar cuidadosamente atrasos e ângulos de pulso, porque o sinal de uma (ou mais de uma) ressonância de ^{15}N pode se acumular muito lentamente ou ser perdido completamente.

O segundo fator experimental importante é o NOE, que já discutimos nos Capítulos 3 e 4 e que veremos agora mais detalhadamente. Lembre-se de que os experimentos de ^{13}C de rotina são feitos com irradiação dos hidrogênios, isto é, com desacoplamento dos hidrogênios, o que, além de produzir singletos para todos os sinais de carbono, intensifica o sinal dos átomos de carbono ligados a hidrogênio. A intensificação é devida ao NOE. Em outras palavras, o aumento da intensidade é provocado pela polarização da população dos spins, com desvio da distribuição de Boltzmann. A extensão da polarização depende de dois fatores. O limite superior da intensificação é igual a $\frac{1}{2}$ da razão magnetogírica (γ). Além disso, a intensificação é proporcional à relaxação dipolar de ^{13}C—^1H. Assim, no caso de um experimento de ^{13}C com desacoplamento de hidrogênio, a intensificação máxima devida ao NOE é $\gamma_H/(2)\gamma_C$ ou $26.753/(2)6.728 = 1,98$.

O aumento total de sensibilidade é, portanto, de quase *três vezes*, porque a intensificação devida ao NOE se soma à intensidade original.

A real intensificação do sistema ^{13}C—^1H está entre 0 e 1,98, dependendo do mecanismo de relaxação de cada núcleo. Na prática, não há intensificação nos átomos de carbono que não estão diretamente ligados a hidrogênio porque a relaxação dipolar ^{13}C—^1H é quase inexistente. No caso de moléculas orgânicas pequenas e de tamanho médio, a relaxação dipolar de ^{13}C—^1H de átomos de carbono ligados a hidrogênio é muito eficiente, dando quase 200% de aumento de sinal. Quando aplicamos o mesmo raciocínio ao nuclídeo ^{15}N, o resultado é bem diferente. A razão magnetogírica de ^{15}N é pequena e *negativa* ($\gamma = -2,713 \times 10^7$ rad T^{-1} s^{-1}). Um cálculo simples mostra que a intensificação NOE máxima de ^{15}N é $\gamma_H/(2)\gamma_N$, isto é, $26.753/(2)(-2,713) = -4,93$. No caso geral, um núcleo com spin $\frac{1}{2}$ e razão magnetogírica positiva tem intensificação NOE positiva com desacoplamento de hidrogênio, e um núcleo com spin $\frac{1}{2}$ e razão magnetogírica negativa tem intensificação NOE negativa.

No caso de ^{15}N, a intensificação máxima é $-4,93 + 1 = -3,93$. Quando a relaxação spin-rede dipolar ^{15}N—^1H é o mecanismo dominante, o sinal se inverte (torna-se negativo) e a intensidade chega a ser quase quatro vezes maior do que seria sem irradiação do ^1H. Como a relaxação dipolar de ^{15}N, no entanto, é um dentre os muitos mecanismos de relaxação, o desacoplamento de hidrogênio leva a uma intensificação NOE que pode variar entre 0 e $-4,93$, isto é, a um sinal que pode variar entre 1 e $-3,93$. O lado ruim disso é que, experimentalmente, um NOE entre 0 e $-2,0$ reduz a intensidade absoluta do sinal observado. Um NOE exatamente igual a $-1,0$ anula o sinal. Em geral, como vimos para o carbono e agora para o nitrogênio, o desacoplamento de hidrogênios é de uso comum em experimentos de RMN heteronuclear. Ao fazer isso, devemos ter sempre em mente o resultado prático da intensificação NOE. É importante notar que o desacoplamento inverso do hidrogênio, discutido no Capítulo 4, pode ser usado para superar o problema da diminuição da intensidade causada pelo NOE no caso de ^{15}N.

Olhemos agora os espectros de ^{15}N. Como dissemos anteriormente, podem-se obter, nos instrumentos modernos, espectros de compostos com abundância natural de ^{15}N, embora o sinal de ^{15}N seja cerca de uma ordem de grandeza menos intenso do que o sinal de ^{13}C. Existe, hoje, acordo geral em usar externamente amônia líquida* como composto de referência para ^{15}N. No passado, muitos compostos, como nitrato de amônio, ácido nítrico e nitrometano, foram usados como referência. Quando se consulta a literatura, entretanto, é

---

*Ocasionalmente, utilizava-se o nitrometano como referência interna, atribuindo-lhe o deslocamento 0 ppm, porém os deslocamentos químicos de ^{15}N assim obtidos eram usualmente negativos. O uso de amônia líquida como referência externa leva a deslocamentos químicos positivos porque praticamente todos os núcleos de ^{15}N estão desblindados relativamente à amônia. O uso dessa referência, entretanto, é experimentalmente difícil, por isso costuma-se adicionar 380 ppm aos deslocamentos obtidos usando-se nitrometano como referência para, então, dar os deslocamentos relativos à amônia líquida.

sempre possível obter deslocamentos químicos precisos após correção para o padrão utilizado.

Já estamos familiarizados com a escala ppm e não vamos repetir aqui os detalhes. O nitrogênio, como o carbono, é um elemento da segunda camada da tabela periódica, por isso as influências eletrônicas são muito semelhantes. Em primeira aproximação, os deslocamentos químicos do nitrogênio em compostos orgânicos são quase paralelos aos deslocamentos químicos do carbono. A faixa de deslocamentos químicos do nitrogênio nos compostos orgânicos comuns é de cerca de 500 ppm, cerca de duas vezes a faixa de deslocamentos químicos do carbono. A Figura 6.1 dá os deslocamentos químicos de compostos com tipos diferentes de nitrogênio. Essas faixas de deslocamento químico relativamente grandes, juntamente com os sinais muito finos das ressonâncias de ^{15}N, significam que a possibilidade de sobreposição acidental em um espectro de ^{15}N é ainda menor do que nos espectros de ^{13}C. Além da comparação imediata dos deslocamentos químicos de ^{15}N com uma lista de valores tabelados, a predição e a interpretação dos resultados experimentais é mais bem-feita usando métodos modernos de química quântica, porque os modelos empíricos podem falhar.

Não podemos levar muito mais longe a analogia com o carbono. É preciso lembrar que o nitrogênio tem características de deslocamento químico que lhe são próprias. As duas mais importantes são consequência do par de elétrons desemparelhados do átomo de nitrogênio. Assim como esse par de elétrons tem importância crucial na química dos compostos de nitrogênio, tem importância também nos deslocamentos químicos do nitrogênio que está em certos ambientes. A dependência do deslocamento químico com o solvente é muito mais importante do que no caso dos compostos de carbono estruturalmente semelhantes. A outra característica importante é a protonação do par de elétrons do nitrogênio. A protonação pode ter efeito de blindagem ou de desblindagem do deslocamento químico do nitrogênio, dependendo do grupo funcional. Por exemplo, blindagem da ordem de 100 ppm causada pela protonação é observada para átomos de nitrogênio em heterociclos conjugados, enquanto pequena desblindagem é observada nas alquilaminas. Efeitos de solvente podem chegar a 45 ppm. A piridina, por exemplo, é encontrada em uma faixa de 33 ppm em diferentes solventes. Esses efeitos são maiores do que os observados para ^{13}C devido, em grande parte, à participação do átomo de nitrogênio em ligação hidrogênio

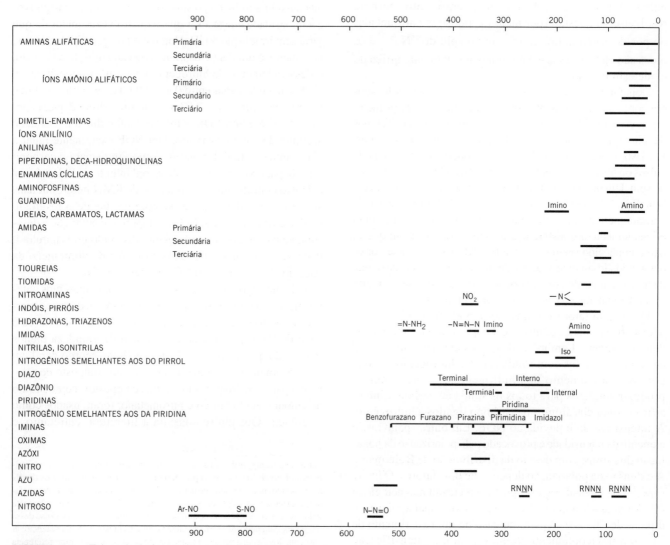

FIGURA 6.1 Faixas de deslocamento químico de vários compostos e grupos funcionais que contêm nitrogênio. Adaptado de Levy e Lichter (1979).

com o solvente. Deslocamentos em solventes apróticos são tipicamente menores. As revisões de Witanowski et al. (1986, 1993) resumem os efeitos da protonação, do solvente, da temperatura e da ligação hidrogênio nos deslocamentos químicos do nitrogênio de vários grupos funcionais.

O nitrogênio-15 vai se acoplar com outros spins, como vimos para ^{1}H e ^{13}C. A Tabela 6.2 sumariza as faixas típicas das várias constantes de acoplamento. Note que, por causa da baixa abundância natural do ^{15}N, não se observam acoplamentos com ^{15}N no espectro de ^{1}H-RMN. O contrário, entretanto, não é verdadeiro, porque, em uma ligação N—H, por exemplo, praticamente todos os spins ^{15}N estão ligados a um spin ^{1}H. Desdobramentos devidos a ^{19}F ou ^{31}P são facilmente observados nos espectros de ^{15}N-RMN por sua abundância natural. Entretanto, acoplamentos entre ^{13}C e ^{15}N não são observados nos espectros de RMN de ambos os núcleos, a menos que a amostra seja enriquecida com o isótopo respectivo.

TABELA 6.2 Constantes de Acoplamento J Típicas Envolvendo ^{15}N[a]

Constante de Acoplamento	Faixas Típicas (Hz)
$^{1}J_{NH}$	–40 a –136
$^{2}J_{NH}$	–15 a +15
$^{1}J_{NC}$	–77,5 a +36
$^{1}J_{NN}$	–25 a +15
$^{1}J_{NP}$	–82 a +92
$^{1}J_{NSi}$	< 20

[a]Veja Witanowski et al. (1986, 1993) e Berger et al. (1997).

A Figura 6.2 mostra o espectro de ^{15}N da formamida com desacoplamento dos hidrogênios. O espectro, com uma só ressonância, se parece muito com o espectro de ^{13}C do composto. Parecer com um espectro de ^{13}C e não com um espectro de ^{1}H será a norma neste capítulo, desde que haja desacoplamento de hidrogênios. O outro ponto a considerar é a fase do pico. Com o desacoplamento de hidrogênios, a formamida sofre intensificação NOE negativa e ela deveria ser negativa.* Em um experimento

*Note que, em geral, a fase do pico poderia depender de vários parâmetros experimentais, incluindo o atraso de relaxação, o ângulo do pulso, T1 etc. A discussão considera, aqui, apenas a magnitude teórica do NOE.

FT, entretanto, a fase inicial do FID é aleatória e poderia ter sido estabelecida para cima ou para baixo. Em outras palavras, a direção dos picos em um espectro é arbitrária e só tem significado se ambos os tipos de sinal aparecerem no mesmo espectro.[†] Na formamida, o nitrogênio tem caráter de dupla ligação parcial e sofre o deslocamento esperado para esse tipo de átomo (efeito de desblindagem).

A Figura 6.3 mostra os espectros de ^{15}N da etilenodiamina com e sem desacoplamento de hidrogênio. O primeiro ponto a notar é a posição do sinal do nitrogênio, mais blindado em relação ao sinal da formamida. O outro ponto a notar está na expansão, que mostra o espectro com acoplamento. Antes de discutir essa parte da figura, é necessário fazer alguns comentários. Os acoplamentos ^{15}N—^{1}H de uma, duas ou três ligações são comuns. Acoplamentos de longa distância exigem, usualmente, a interferência de ligações pi. A magnitude e o sinal das constantes de acoplamento foram compilados, porém sua discussão detalhada está além dos objetivos deste texto. Observamos, apenas, que $^{1}J_{NH}$ varia entre cerca de 40 Hz e 135 Hz, $^{2}J_{NH}$, entre 0 e 15 Hz e $^{3}J_{NH}$, entre 0 e 10 Hz. Se considerarmos agora a expansão da Figura 6.3, poderemos ver um quinteto aparente com uma constante de acoplamento relativamente pequena, igual a 2–3 Hz. Nossa interpretação é que não estamos vendo o acoplamento $^{1}J_{NH}$ devido à troca rápida de hidrogênio e que as constantes de acoplamento $^{2}J_{NH}$ e $^{3}J_{NH}$ são aproximadamente iguais. Em um sistema heteronuclear (isto é, $^{n}J_{XH}$), as regras de primeira ordem sempre se aplicam porque $\Delta\nu$ é da ordem de milhões de Hz.

A Figura 6.4 mostra o espectro de ^{15}N da piridina, que tem um nitrogênio em um anel aromático. Um modelo simples parece estar se revelando, e na verdade podemos dizer que não apareceu nada de muito extraordinário nos espectros que examinamos até agora. Como nosso objetivo neste capítulo não é catalogar os milhares de deslocamentos químicos que foram registrados, mas sim "abrir a porta" para os espectros RMN de núcleos que não sejam os de hidrogênio e de carbono, vamos terminar a seção que trata dos espectros simples ou de uma dimensão (1-D) de ^{15}N estudando brevemente o espectro de ^{15}N, com desacoplamento de hidrogênio, da quinina, um alcaloide natural muito estudado (Figura 6.5).

[†]Embora a origem dos picos positivos e negativos do experimento DEPT seja diferente do que discutimos aqui, os espectros DEPT são um exemplo de cenário em que picos de fase oposta são observados no mesmo espectro.

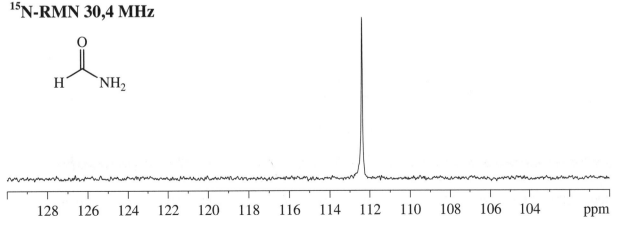

FIGURA 6.2 Espectro de ^{15}N-RMN com desacoplamento dos hidrogênios da formamida em CDCl$_3$, referência externa NH$_3$(l).

¹⁵N-RMN 30,4 MHz

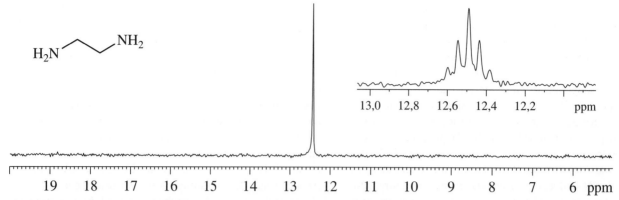

FIGURA 6.3 Espectro de ¹⁵N-RMN com desacoplamento de hidrogênios da etilenodiamina em CDCl₃, referência externa NH₃(l). O espectro sem desacoplamento de hidrogênios é mostrado na expansão.

¹⁵N-RMN 30,4 MHz

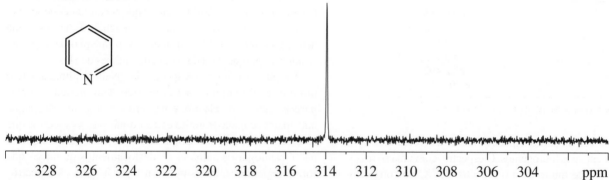

FIGURA 6.4 Espectro de ¹⁵N-RMN com desacoplamento de hidrogênios da piridina em CDCl₃, referência externa NH₃(l).

¹⁵N-RMN 30,4 MHz

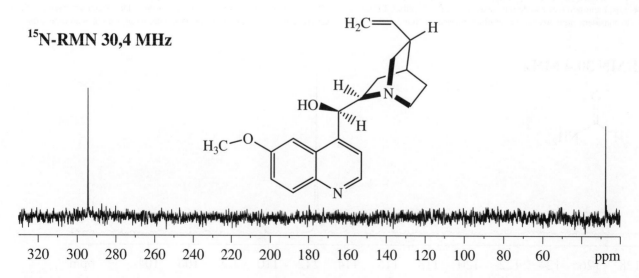

FIGURA 6.5 Espectro de ¹⁵N-RMN com desacoplamento dos hidrogênios da quinina em CDCl₃, referência externa NH₃(l).

Os dois átomos de nitrogênio da quinina são observados no espectro, e podemos fazer as atribuições sem dificuldades. Se tivéssemos isolado a quinina e não conhecêssemos sua estrutura, poderíamos imaginar um procedimento de identificação usando uma *combinação de espectros* que inclui a RMN heteronuclear. Nesse esquema, o espectro de RMN de ^{15}N teria a mesma importância dos espectros de massas, de infravermelho e das demais espectroscopias de RMN. Além disso, quando formos repetir o mesmo procedimento do Capítulo 5, ao passarmos das espectroscopias de ^{1}H e de ^{13}C para a espectroscopia de correlação, no caso da espectroscopia de RMN de ^{15}N, ficará óbvia a pergunta: será que podemos obter mais informações na espectroscopia de RMN de ^{15}N além dos espectros com e sem desacoplamento de hidrogênio? A questão é retórica, pois é evidente que os experimentos de correlação também são possíveis para ^{15}N (e para outros núcleos). Muitos desses experimentos, aliás, já foram desenvolvidos. Um bom exemplo é o HSQC ^{1}H—^{15}N, ilustrado aqui na Figura 6.6 para o tetrapeptídeo que usamos como exemplo no Capítulo 5 (valina-glicina-serina-glutamato). (HSQC dá o mesmo tipo de espectro que HMQC. HSQC produz menos alargamento na dimensão F1 e, portanto, leva a melhor resolução em F1.) O experimento foi feito em solução diluída (5 mg em 0,5 ml de uma mistura 95% H$_2$O/5% D$_2$O). Esse espectro nos dá indiretamente os deslocamentos químicos dos três nitrogênios de amida. Na parte inferior da figura está a comparação da projeção do espectro 2-D no eixo ^{15}N, que consumiu uma hora do tempo do instrumento para ser obtida, com uma tentativa de obter diretamente o espectro de ^{15}N, que não mostrou sinais mesmo após 15 horas. Como vimos no Capítulo 5, os experimentos com detecção inversa produzem um aumento de sensibilidade igual a $(\gamma\,^{1}H/\gamma\,^{15}N)^{\frac{3}{2}}$, cerca de 310 vezes para o HSQC ^{1}H—^{15}N em comparação com os métodos diretos. No campo da RMN biomolecular, as proteínas são preparadas para a análise de RMN por síntese a partir de resíduos de aminoácidos enriquecidos em ^{15}N. Como ^{15}N tem abundância natural igual a 0,368%, o enriquecimento aumenta a sensibilidade do experimento por um fator de cerca de 270, o que, combinado com o experimento HSQC dá um aumento de sensibilidade da ordem de 84.000 vezes em comparação com os métodos diretos e a abundância natural. Isso permite obter espectros de qualidade para proteínas de até 50 kDa (e acima, em condições favoráveis). A Figura 6.7 mostra o espectro ^{1}H—^{15}N HSQC, em 600 MHz, da mioglobina, a título de ilustração da técnica. A análise completa do espectro está além dos objetivos deste livro. Note, entretanto, que a mioglobina, que tem 153 resíduos de aminoácidos, mostra sobreposição muito severa na porção amida do espectro RMN de ^{1}H (veja o espectro no eixo F2). Entretanto, a separação dessas ressonâncias na dimensão ^{15}N (F1) permite achar grande parte das correlações ^{1}H—^{15}N. Essa é uma excelente demonstração do poder de resolução da espectroscopia de correlação bidimensional. A região de ^{15}N de amidas em peptídeos é uma janela de 40 ppm, aproximadamente, entre 110 e 150 ppm. Deve-se notar que, com a instrumentação moderna, é possível obter espectros de ^{15}N—^{1}H-HSQC-RMN e HMBC-RMN de moléculas pequenas com ^{15}N na abundância natural. Os experimentos de correlação bidimensional com ^{15}N abrem muitas possibilidades para a caracterização estrutural, e a interpretação dos espectros é, em geral, análoga ao que vimos para o ^{13}C no Capítulo 5.

6.3 RESSONÂNCIA MAGNÉTICA NUCLEAR DE ^{19}F

A RMN de ^{19}F tem grande importância histórica. O flúor tem apenas um isótopo natural, o ^{19}F, e podemos ver na Tabela 6.1 que ele é um núcleo ideal para estudo por RMN. A sensibilidade de ^{19}F é igual a cerca de 0,83 vez a sensibilidade de ^{1}H, e isso permitiu que o desenvolvimento da RMN de ^{19}F ocorresse paralelamente ao da RMN de ^{1}H. A literatura contém dados antigos de deslocamento químico e de constantes de acoplamento, e é preciso ter cuidado na utilização desses dados, porque se costumava usar CF$_3$COOH como referência externa. Hoje, usa-se tricloro-fluorometano, CFCl$_3$, como padrão de referência para ^{19}F (0 ppm contra $-78,5$ ppm), porque esse composto é inerte, volátil e dá um único sinal de ressonância de ^{19}F.

Nossa maneira de encarar a ressonância magnética nuclear de ^{19}F é bastante diferente da que tivemos em relação à RMN de ^{15}N, e por isso esta seção é curta. O flúor é monovalente e pode ser olhado como um substituto do hidrogênio em compostos orgânicos. Uma vez que compostos orgânicos naturais que contêm flúor são extremamente raros, nosso interesse em RMN de ^{19}F envolve compostos de síntese. A intensificação NOE não é importante no desacoplamento de hidrogênios em RMN de ^{19}F-RMN e não existem fatores experimentais novos a considerar. Muitos dos deslocamentos químicos e constantes de acoplamentos da literatura de RMN de ^{19}F são contemporâneos dos dados disponíveis de RMN de ^{1}H. A Figura 6.8 mostra as faixas de deslocamento químico de vários compostos que contêm flúor.

O espectro de RMN de ^{1}H da fluoroacetona foi apresentado no Capítulo 3 com o objetivo de mostrar o efeito do flúor sobre o espectro do hidrogênio. Lembre-se de que, naquele caso, os grupos metila e metileno eram divididos pelo átomo de ^{19}F em dubletos com diferentes constantes de acoplamento. A Figura 6.9 mostra o efeito dos hidrogênios sobre o espectro do flúor na fluoroacetona. A figura mostra um conjunto completo de espectros de ^{19}F, ^{1}H e ^{13}C. Como esperado, vê-se apenas um singleto para o flúor no espectro com desacoplamento de hidrogênios, que lembra os espectros de ^{13}C. No espectro sem desacoplamento, entretanto, pode-se ver que o átomo de flúor está acoplado com dois conjuntos de hidrogênios, o que produz um tripleto com uma grande constante de acoplamento. O tripleto é, por sua vez, dividido em três quartetos por um acoplamento de quatro ligações com o grupo metila. As constantes de acoplamento são dadas em cada espectro por conveniência. É necessário enfatizar, novamente, que a combinação dos espectros de ^{1}H, ^{13}C e ^{19}F é mais convincente e informativa do que os espectros usados separadamente.

306 CAPÍTULO 6

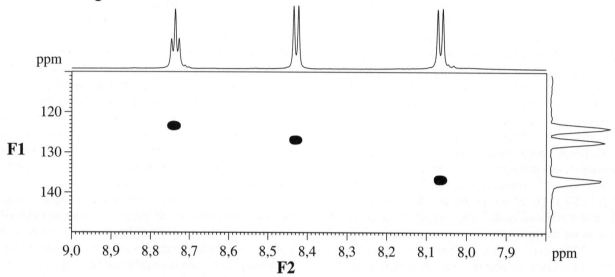

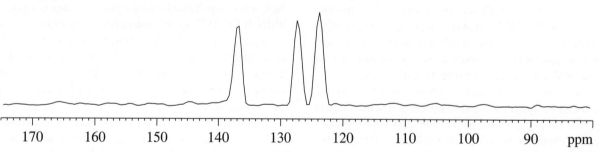

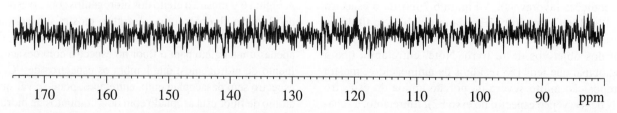

FIGURA 6.6 Espectro HSQC ^{1}H—^{15}N e sua projeção de um tetrapeptídeo (estrutura mostrada na figura) em solução diluída. O espectro 2-D exigiu uma hora de tempo de instrumento. O espectro da parte inferior é uma tentativa de obter um espectro de ^{15}N 1-D por 15 horas.

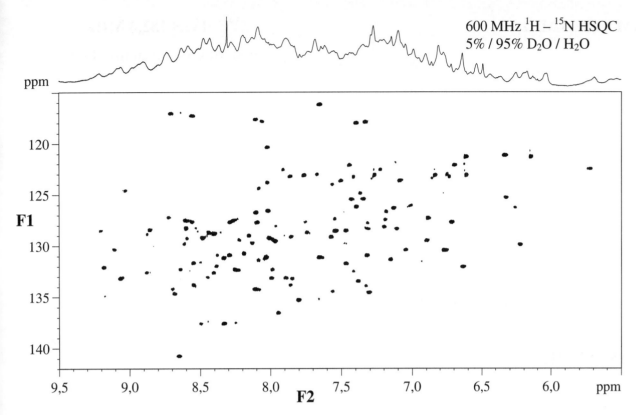

FIGURA 6.7 Espectro HSQC ^{1}H—^{15}N da mioglobina marcada com ^{15}N.

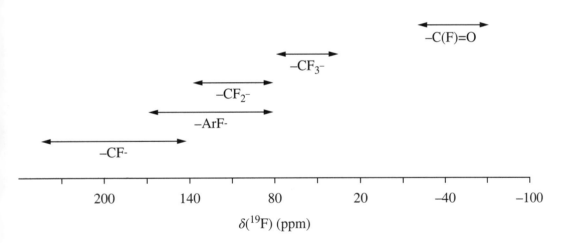

FIGURA 6.8 Faixas de deslocamento químico de ^{19}F de vários compostos com grupos funcionais que contêm flúor.

A Figura 6.10 mostra um exemplo de um composto aromático que contém flúor. Trata-se do espectro de RMN de ^{19}F do fluorobenzeno (com e sem acoplamento de hidrogênios), juntamente com os espectros de ^{1}H e ^{13}C. Novamente, encontramos um singleto para o átomo de flúor no espectro com desacoplamento de hidrogênios e um multipleto complexo no espectro com acoplamento. O átomo de flúor acopla-se diferentemente com os hidrogênios *orto*, *meta* e *para* desse composto monossubstituído. As constantes de acoplamento entre o hidrogênio e o flúor podem ser encontradas no Apêndice F do Capítulo 3. Note que todos os sinais de ^{13}C de aromáticos aparecem como dubletos por causa do acoplamento com o flúor, mesmo este estando afastado até quatro ligações. Esses acoplamentos de duas, três e quatro ligações com o flúor não são incomuns em sistemas rígidos.

É tentador tratar o espectro de hidrogênios de modo semelhante ao que fizemos para a fluoroacetona. Encontramos um sistema de spins de ordem superior, AA'GG'MX, em que X é um átomo de flúor. Os hidrogênios A e A' não são magneticamente equivalentes porque não se acoplam igualmente com os hidrogênios G ou G'. Por outro lado, os hidrogênios G e G' também não são magneticamente equivalentes, porque não se acoplam igualmente com os hidrogênios A e A'. A ressonância do flúor é enganosamente simples e parece poder ser descrita

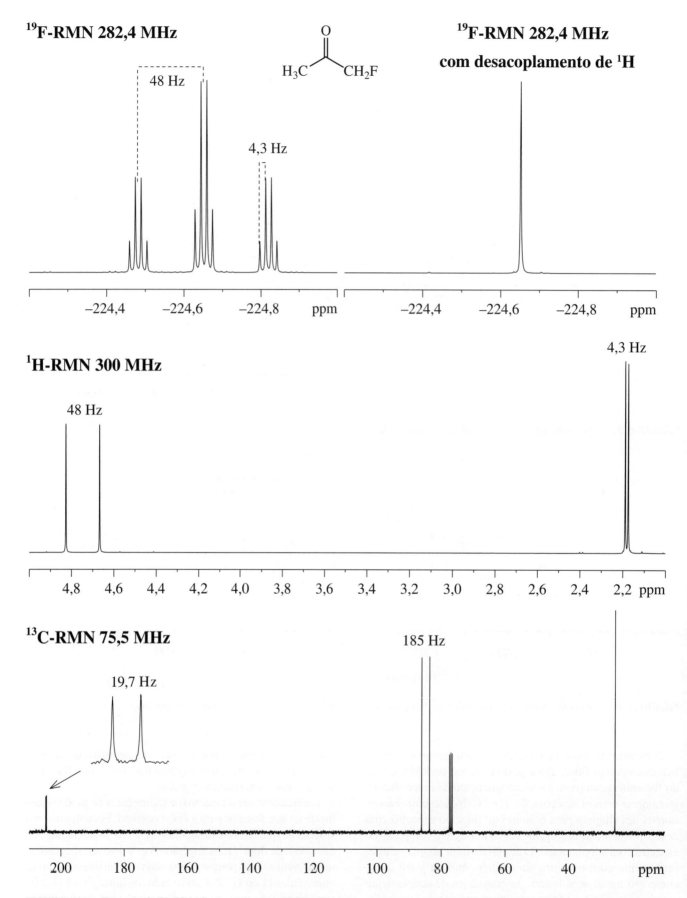

FIGURA 6.9 Espectro de RMN da fluoroacetona em CDCl₃. No alto à esquerda: espectro de ¹⁹F-RMN com acoplamento de hidrogênios. À direita: a versão com desacoplamento de hidrogênios do mesmo espectro. No meio: espectro de ¹H-RMN mostrando os dubletos devidos ao acoplamento com ¹⁹F. Embaixo: espectro de ¹³C-RMN mostrando os dubletos devidos ao acoplamento com ¹⁹F.

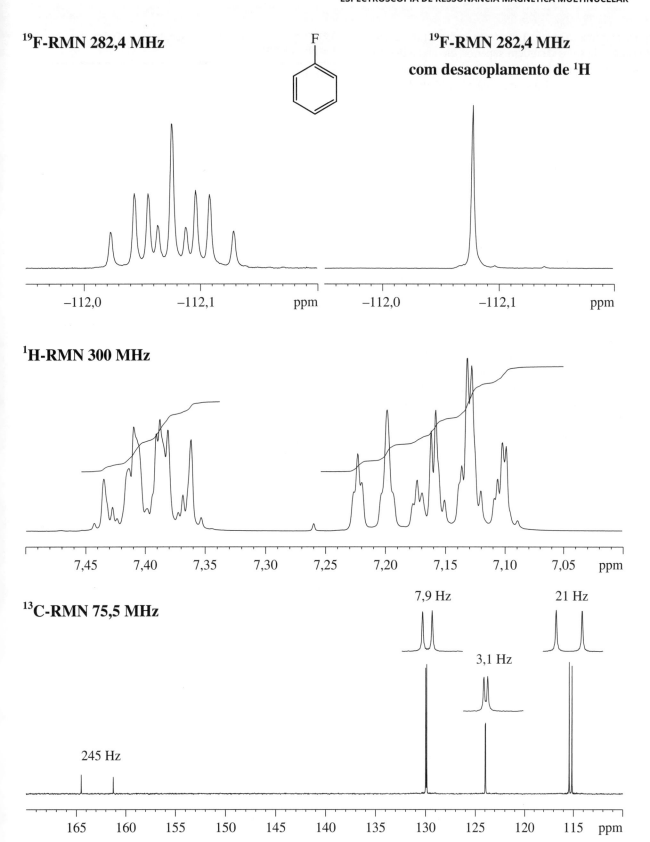

FIGURA 6.10 Em cima: espectro de ¹⁹F-RMN (282,4 MHz) do fluorobenzeno em CDCl₃ com acoplamento e desacoplamento de hidrogênios. No meio: espectro de ¹H-RMN. Embaixo: espectro de ¹³C-RMN com desacoplamento de hidrogênios. Observa-se acoplamento de longa distância ao ¹⁹F nos espectros de ¹H e ¹³C (veja o texto para a explicação).

por regras de primeira ordem. Entretanto, como o flúor é parte de um sistema de spins de ordem superior, ele não é descrito corretamente por regras de primeira ordem, e espectros muito complicados são obtidos dependendo da intensidade do campo magnético aplicado [veja Page Jr. (1967)].

Os deslocamentos químicos de ^{19}F são difíceis de predizer empiricamente e não apresentaremos nenhum modelo de predição. A Tabela 6.3 apresenta uma compilação empírica de deslocamentos químicos de ^{19}F em vários compostos fluorados. Uma das razões pelas quais é difícil prever e racionalizar os deslocamentos químicos de ^{19}F é que menos de 1% da blindagem do núcleo de ^{19}F em compostos orgânicos é causada por blindagem diamagnética. O fator dominante no processo que estamos examinando é a blindagem paramagnética, que é difícil prever usando modelos empíricos. Cálculos de mecânica quântica são mais úteis nesse contexto. Uma seleção de constantes de acoplamento J envolvendo ^{19}F está na Tabela 6.4.

Fechando esta seção, temos de mencionar que, além das aplicações de rotina da química orgânica, a ^{19}F-RMN é usada em várias áreas especializadas de pesquisa, incluindo química de polímeros, estudos de metabolismo, ciências biofarmacêuticas, imagens com ressonância magnética e estudos de proteínas marcadas com flúor. O leitor interessado pode consultar as revisões recentes de Kitevsi-LeBlanc e Prosser (2012) e Yu et al. (2013).

TABELA 6.3 Faixas de Deslocamentos Químicos de Vários Compostos que Contêm Flúor

Composto	δ (^{19}F) (ppm)
CFCl$_3$	0,0
CF$_2$Cl$_2$	8,0
CF$_3$Cl	28,6
CFBr$_3$	7,4
CF$_2$Br$_2$	7,0
CFBr$_3$	7,0
CFH$_3$	271,9
CF$_2$H$_2$	1436,0
CF$_3$H	78,6
CF$_4$	62,3
C$_4$F$_8$	135,15
C$_5$F$_{10}$	132,9
(CF$_3$)$_2$CO	84,6
CF$_3$C(O)OH	76,5
CF$_3$C(O)OCH$_3$	74,2
CF$_3$COOEt	78,7
(CF$_3$)$_3$N	56,0
CH$_2$FCN	251,0
FCH=CH$_2$	114,0
F$_2$C=CH$_2$	81,3
F$_2$C=CF$_2$	135,0
C$_6$F$_6$	164,9
C$_6$H$_5$F	113,5
p–C$_6$H$_4$F$_2$	106,0
C$_6$H$_5$CFH$_2$	207
C$_6$H$_5$C(O)OCF$_3$	73,9
C$_6$H$_5$C(CF$_3$)$_2$OH	74,7
C$_6$H$_5$CF$_3$	63,7
F$_2$ (elementar)	422,9
SF$_6$	57,4
SiF$_4$	163,3
HF (em água)	204,0
KF (em água)	125,3

TABELA 6.4 Constantes de Acoplamento Típicas J Envolvendo ^{19}F[a]

Estrutura	
	$^2J_{HF}$ (Hz)
FCH$_2$CH$_2$Cl	46
CFH$_3$	46
CF$_2$H$_2$	50
CF$_3$H	79
cis-C$_2$F$_2$H$_2$	72,7
trans-C$_2$F$_2$H$_2$	74,3
	$^3J_{HF}$ (Hz)
p-bromofluorobenzeno	8,62
FCH$_2$CH$_2$Cl	23
F$_3$CCH$_3$	12,8
cis-C$_2$F$_2$H$_2$	20,4
trans-C$_2$F$_2$H$_2$	4,4
FC≡CH	21
	$^4J_{HF}$ (Hz)
(CH$_3$)$_3$NBF$_3$	0,8
p-bromofluorobenzeno	4,90
CF$_3$C(CH$_3$)=CHNO$_2$	1,45
CF$_3$C≡CF	4,3
	$^2J_{FF}$ (Hz)
CF$_2$BrCHBrCl	154
CF$_2$ClCH$_2$Cl	170
CF$_2$=CBrCl	30
o-difluorobenzeno	$^3J_{FF}$ = −21 Hz
m-difluorobenzeno	$^4J_{FF}$ = 6 Hz
p-difluorobenzeno	$^5J_{FF}$ = 18 Hz
	$^1J_{CF}$ (Hz)
CFBr$_3$	372
CFCl$_3$	337
CF$_2$H$_2$	235
CF$_4$	257
FClC=CCl$_2$	303
p-fluoro-hidróxi-benzeno	$^1J_{CF}$ = 237 Hz
	$^2J_{CF}$ = 23 Hz
	$^3J_{CF}$ = 7,9 Hz
	$^4J_{CF}$ = 2,1 Hz
NF$_3$	$^1J_{NF}$ = 160 Hz
CH$_3$SiF$_3$	$^1J_{SiF}$ = 267 Hz
ClCH$_2$PF$_2$	$^1J_{PF}$ = −1203 Hz

[a]Veja Emsley et al. (1976) *Prog. Nucl. Magn. Reson. Spectrosc.* **10**, 83-756.

6.4 RESSONÂNCIA MAGNÉTICA NUCLEAR DE ^{29}Si

Os compostos orgânicos que contêm silício estão sendo cada vez mais usados pelos químicos orgânicos de sínteses e pelos químicos de polímeros. O núcleo ^{29}Si tem abundância natural de 4,7% e é o único isótopo do silício com momento magnético diferente de zero. Já encontramos o núcleo de ^{29}Si na espectroscopia de RMN de hidrogênio do TMS. Um pequeno dubleto, com constante de acoplamento ($^2J_{SiH}$) igual a cerca de 6 Hz, acompanha o singleto agudo e intenso do TMS com intensidade relativa de 2 a 3% (Seção 3.7.4). Esse pequeno dubleto corresponde aos 4,7% de átomos de ^{29}Si com spin $\frac{1}{2}$ que ocorrem naturalmente em todos os compostos de silício.

A Tabela 6.1 mostra que a sensibilidade do núcleo ^{29}Si é cerca de duas vezes a do núcleo ^{13}C quando ambos são registrados na abundância natural. A razão giromagnética de ^{29}Si (γ_{Si}) é negativa ($-5,319 \times 10^7$ rad T^{-1} s^{-1}), o que faz com que tenhamos novamente, nos espectros de rotina com desacoplamento de hidrogênio, a possibilidade de intensificação ^{29}Si NOE negativa, dependendo, é claro, da importância relativa da relaxação dipolar de spin. Nesse caso, o NOE máximo é $-2,51$. A situação é muito pior do que com ^{15}N, porque apenas NOEs entre $-2,01$ e o máximo, $-2,51$, provocam, na prática, a "intensificação". Todos os demais valores resultam em uma diminuição da intensidade do sinal em comparação com a situação em que não há desacoplamento de hidrogênio. Assim, as condições experimentais devem ser cuidadosamente controladas para que se possa obter o sinal mais intenso possível, especialmente porque o núcleo ^{29}Si pode ter longos tempos de relaxação. Como vimos para o ^{15}N, esse problema de intensidade pode ser em grande parte superado com o uso do desacoplamento inverso dos hidrogênios. Experimentos de correlação bidimencional envolvendo ^{29}Si (por exemplo, HMBC) podem ser usados em muitas aplicações, incluindo, por exemplo, a monitoração da migração de grupos protetores sila em compostos orgânicos.

Os deslocamentos químicos de ^{29}Si em compostos orgânicos comuns são muito menores do que os de ^{13}C em compostos semelhantes. O menor deslocamento químico observado provavelmente resulta da inexistência de ligações múltiplas envolvendo o silício, nos grupos funcionais comuns. A Figura 6.11 mostra as faixas de deslocamento químico de vários compostos que contêm silício e alguns valores específicos não fornecidos na Tabela 6.5. As constantes de acoplamento típicas que envolvem ^{29}Si são apresentadas na Tabela 6.6.

A Figura 6.12 (topo) mostra o espectro ^{29}Si do tetrametilsilano (TMS) com desacoplamento de hidrogênios. O espectro acoplado aparece como destaque na figura. O TMS é a escolha óbvia para composto de referência de ^{29}Si, e, por isso, à posição

TABELA 6.5 Alguns Deslocamentos Químicos de ^{29}Si Representativos[a]

Composto	(^{29}Si) (ppm)
(CH$_3$)$_4$Si (TMS)	0,00
(((CH$_3$)$_3$)Si)$_2$O	6,53
(EtO)$_4$Si (TEOS)	−82,04
Óleo de silicone ou graxa de silicone	−22,0
Ph$_4$Si	−14
SiF$_4$	−112
SiCl$_4$	−18
SiBr$_4$	−92
SiI$_4$	−350
SiH$_4$	−91,9
Me$_3$SiSiMe$_3$	−19,7
Me$_3$SiMn(CO)$_5$	17,95
Me$_3$SiOMe	20,72
Me$_3$SiOH	14,84
TBDMS-OMe	21,02
TBDMS-OEt	18,52

[a]Veja Williams, E.A. (1983) *Ann. Rep. Nucl. Magn. Reson. Spectrosc.*, **15**, 235–289.

TABELA 6.6 Constantes de Acoplamento *J* Típicas Envolvendo ^{29}Si[a]

Composto	Constante de Acoplamento (Hz)
(EtO)$_3$SiH	$^1J_{SiH} = -287$
H$_4$Si	$^1J_{SiH} = -202,5$
Me$_3$SiH	$^1J_{SiH} = -184,0$
F$_3$SiSiF$_3$	$^1J_{SiF} = 321,8$
F$_3$SiNMe$_2$	$^1J_{SiF} = 201,4$
CH$_2$=CHSiCl$_3$	$^1J_{SiC} = 113$
MeSiCl$_3$	$^1J_{SiC} = 86,6$
Me$_3$SiH	$^1J_{SiC} = 50,8$
(Cl$_3$Si)$_2$SiCl$_2$	$^1J_{SiSi} = 186$
Me$_3$SiSiMe$_2$F	$^1J_{SiSi} = 98,7$
(Me$_3$Si)$_4$Si	$^1J_{SiSi} = 52,5$
(H$_3$Si)$_3$P	$^1J_{SiP} = 42,2$
Me$_3$SiPH$_2$	$^1J_{SiP} = 16,2$

[a]Veja Williams, E.A. (1983) *Ann. Rep. Nucl. Magn. Reson. Spectrosc.*, **15**, 235–289.

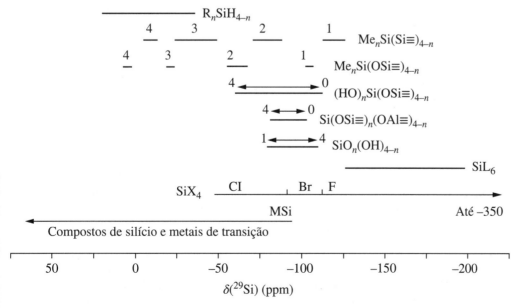

FIGURA 6.11 Faixa de deslocamentos químicos de vários compostos e grupos funcionais que contêm silício. Adaptado de Bruker Almanac 1995.

312 CAPÍTULO 6

²⁹Si-RMN 59,6 MHz

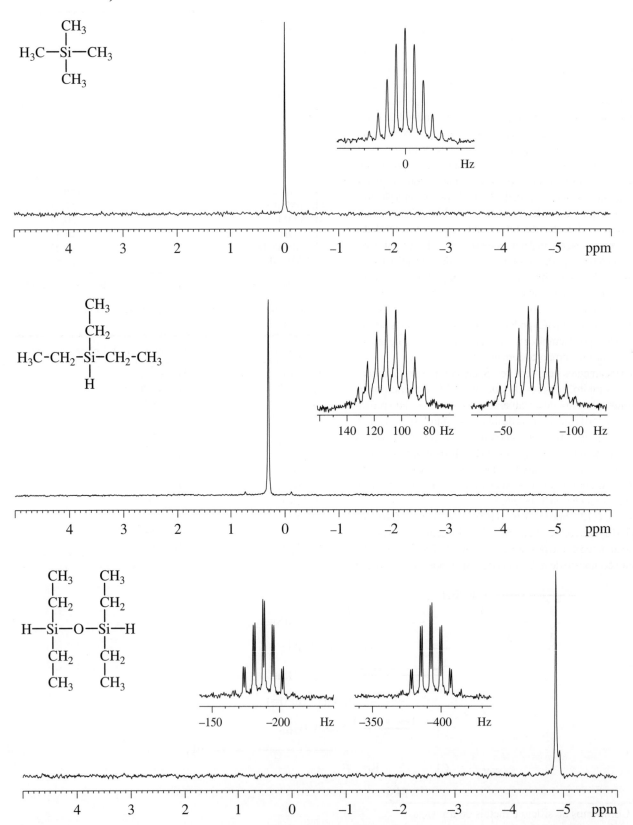

FIGURA 6.12 (a) Espectro de RMN de ²⁹Si (59,6 MHz) do tetrametilsilano (TMS) em CDCl₃, com e sem (destaque) desacoplamento de hidrogênios. Os picos externos do multipleto não são vistos devido à razão sinal/ruído insuficiente. (b) Espectro de RMN de ²⁹Si (59,6 MHz) do trietilsilano em CDCl₃, com e sem (destaque) desacoplamento de hidrogênios. (c) Embaixo, espectro de RMN de ²⁹Si (59,6 MHz) do 1,1,3,3-tetraetildissiloxano em CDCl₃, com e sem (destaque) desacoplamento de hidrogênios.

do singleto é dado o valor zero ppm. O espectro acoplado do TMS é muito interessante porque o núcleo de ^{29}Si está acoplado a 12 hidrogênios equivalentes. As regras de primeira ordem preveem um multipleto com 13 sinais. Nove picos são claramente visíveis, talvez 11. Os demais são muito fracos para serem vistos e se perdem no ruído de fundo.

A Figura 6.12 mostra o espectro RMN de ^{29}Si do trietilsilano com e sem acoplamento de hidrogênio. O espectro desacoplado mostra um singleto ligeiramente deslocado em relação ao TMS. No trietilsilano existe um hidrogênio ligado ao silício que corresponde a um acoplamento grande de uma ligação ($^1J_{SiH}$) de cerca de 175 Hz. Existem acoplamentos menos intensos de duas e três ligações que levam a multipletos complexos idênticos.

A Figura 6.12 (embaixo) mostra nosso último exemplo, o espectro de RMN de ^{29}Si do 1,1,3,3-tetraetildissiloxano com e sem desacoplamento de hidrogênio. Esse composto está disponível no comércio e é muito utilizado na manufatura de diversos polímeros que contêm silício. Antes de usá-lo, um químico consciencioso certamente gostaria de analisá-lo usando vários métodos, dentre eles RMN de ^{29}Si. Nesse caso, ele encontraria dois tipos de silício na amostra (isto é, uma impureza) indesejada, porque, associado ao pico principal, ocorre um pico com intensidade de 5 a 10% da intensidade do pico principal no espectro com desacoplamento de hidrogênio. Os deslocamentos químicos são negativos, comportamento típico de silício ligado a oxigênio.

O espectro acoplado mostra uma constante de acoplamento de uma ligação ($^1J_{SiH}$) maior, de cerca de 215 Hz. O acoplamento de duas e três ligações é complexo, porém o modo de acoplamento pode servir como ponto de partida para a interpretação dos espectros de ^{29}Si dos produtos de reação.

6.5 RESSONÂNCIA MAGNÉTICA NUCLEAR DE ^{31}P

O último dos quatro núcleos de que tratamos brevemente neste capítulo é ^{31}P, o único isótopo natural do fósforo. O fósforo é muito interessante para o químico orgânico porque ele usa muitos reagentes que contêm fósforo, que vão desde os vários compostos inorgânicos de fósforo até os fosfitos orgânicos, fosfinas, sais de fosfônio, ilídeos de fósforo etc. O núcleo é também de grande interesse para os bioquímicos em função dos ácidos nucleicos, que contêm ésteres fosfato, e, também, em função de moléculas menores como ADP, ATP etc.

Os experimentos de RMN com ^{31}P são muito fáceis. O nuclídeo ^{31}P tem spin $\frac{1}{2}$ e razão giromagnética positiva ($10,840 \times 10^7$ rad T^{-1} s^{-1}). A intensificação ^{31}P-NOE obtida com o desacoplamento de hidrogênios é positiva e tem o máximo de 1,23. A ressonância magnética nuclear de ^{31}P vem sendo desenvolvida há muito tempo, e, em consequência, dispomos de uma literatura muito abundante na área. Os dados publicados de RMN de ^{31}P podem ser, em geral, diretamente utilizados porque o H$_3$PO$_4$ 85% (aq) era e é praticamente o único composto de referência (externa) para ^{31}P (Figura 6.13, espectro da parte superior). A faixa de deslocamentos químicos é bastante larga, e as generalizações têm de ser feitas com cuidado. Mesmo os compostos com diferentes estados de valência do fósforo não têm espectros facilmente previsíveis. Existem, porém, muitos estudos confiáveis de deslocamentos químicos de ^{31}P. Valores típicos estão na Tabela 6.7. Constantes de acoplamento representativas entre hidrogênio e fósforo podem ser encontradas no Apêndice F do Capítulo 3, e um resumo das faixas de constantes de acoplamento de ^{31}P com hidrogênios e outros nuclídeos está na Tabela 6.8. A Figura 6.13 mostra o espectro de RMN de ^{31}P da trifenilfosfina, um reagente comum em sínteses orgânicas, com desacoplamento de hidrogênios. O espectro em si não tem nada de mais. Vemos só uma ressonância para o único átomo de fósforo da trifenilfosfina. O que é interessante é o fato de que a faixa de deslocamento químico dos três compostos (os dois primeiros da Figura 6.13 e o da Figura 6.14) é de apenas 10 ppm, e, no entanto, o estado de valência dos átomos de fósforo, os grupos ligados etc. são muito diferentes. Seria muito difícil tentar racionalizar esses dados e seria fútil tentar predizer esses deslocamentos químicos de ^{31}P.

TABELA 6.7 Deslocamentos Químicos de Vários Compostos que Contêm Fósforo.[a]

Compostos de Fósforo (III)	δ(ppm)[a]	Compostos de Fósforo (V)	δ(ppm)
PMe$_3$	62	Me$_3$PO	36,2
PEt$_3$	20	Et$_3$PO	48,3
P(n-Pr)$_3$	33	[Me$_4$P]$^+$	24,4
P(i-Pr)$_3$	19,4	[PO$_4$]$^{3-}$	6
P(n-Bu)$_3$	32,5	PF$_5$	80,3
P(i-Bu)$_3$	45,3	PCl$_5$	80
P(s-Bu)$_3$	7,9	MePF$_4$	29,9
P(t-Bu)$_3$	63	Me$_3$PF$_2$	158
PMeF$_2$	245	Me$_3$PS	59,1
PMeH$_2$	163,5	Et$_3$PS	54,5
PMeCl$_2$	192	[Et$_4$P]$^+$	40,1
PMeBr$_2$	184	[PS$_4$]$^{3-}$	87
PMe$_2$F	186	[PF$_6$]$^-$	145
PMe$_2$H	99	[PCl$_4$]$^+$	86
PMe$_2$Cl	96,5	[PCl$_6$]$^-$	295
PMe$_2$Br	90,5	Me$_2$PF$_3$	8

Adaptado de Bruker Almanac 1995.
[a]Referência para H$_3$PO$_4$ 85% em 0 ppm.

TABELA 6.8 Acoplamentos J Típicos Envolvendo ^{31}P[a]

Constante de Acoplamento	Faixa Típica de Valores (Hz)
$^1J_{PH}$	140 a 1115
$^1J_{PP}$	−620 a +766
$^1J_{PB}$	13 a 175
$^1J_{PC}$	−43 a 448
$^1J_{PF}$	−550 a −1441
$^1J_{PN}$	−82 a +92
$^1J_{PHg}$	140 a 17.500
$^1J_{PAg}$	210 a 1100

[a]Veja Verkade e Quin (1987) e Berger et al. (1997).

314 CAPÍTULO 6

³¹P-RMN 121,5 MHz, com desacoplamento de ¹H

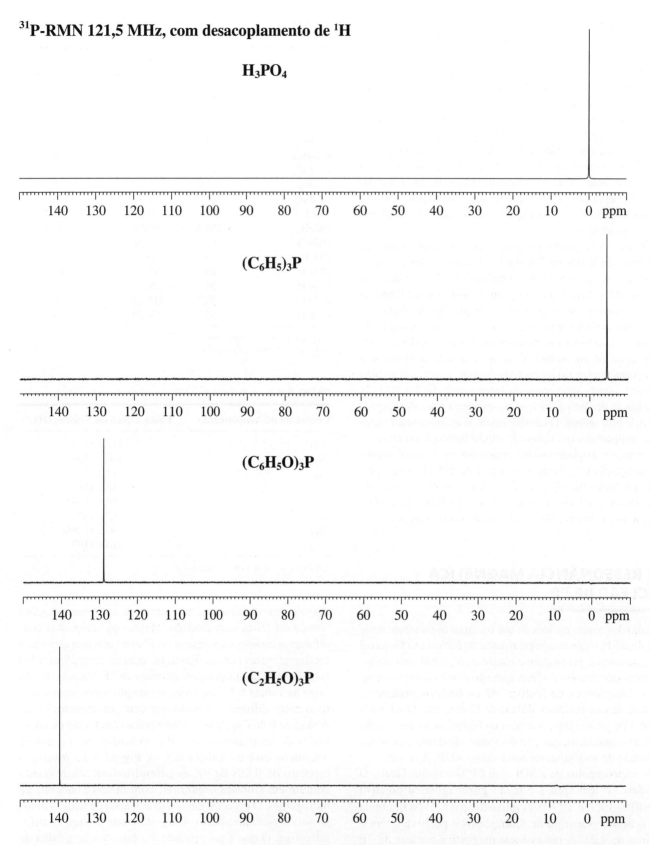

FIGURA 6.13 De cima para baixo, espectro de RMN de ³¹P (121,5 MHz) de ácido fosfórico 85% contendo uma pequena quantidade de D₂O, com desacoplamento de hidrogênios; espectro da trifenilfosfina em CDCl₃; espectro do fosfito de trifenila em CDCl₃ e do fosfito de trietila em CDCl₃.

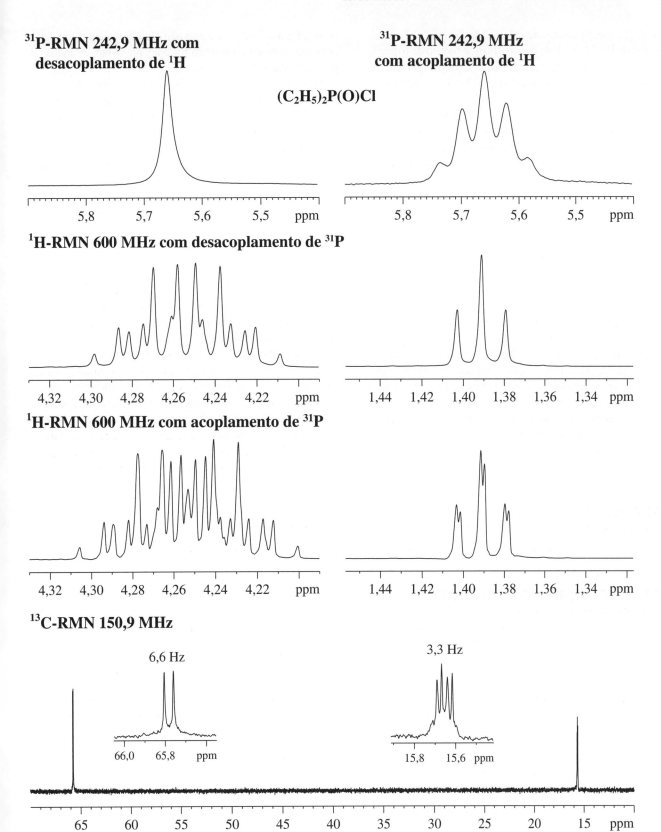

FIGURA 6.14 (a-d) De cima para baixo, espectros de RMN de ^{31}P (242,9 MHz) com e sem desacoplamento de hidrogênios, espectro RMN de ^1H sem e com desacoplamento de ^{31}P e espectro de RMN de ^{13}C com acoplamento de ^{31}P do clorofosfato de dietila em CDCl$_3$.

Os dois espectros da parte inferior da Figura 6.13 são os espectros de RMN de ^{31}P de dois fosfitos, o fosfito de trifenila e o fosfito de trietila, respectivamente. Como esperado, os dois espectros mostram um sinal agudo. Nosso objetivo aqui é mostrar que, mesmo sem um conjunto de regras que permitam a predição dos deslocamentos químicos, podemos esperar obter informações úteis com poucas chances de sobreposição. Sozinhos, esses espectros não dão muitas informações, mas associados a outros espectros eles adicionam uma nova perspectiva à composição, estrutura e estereoquímica.

A Figura 6.14 mostra o espectro de RMN de ^{31}P do clorofosfato de dietila com desacoplamento de hidrogênios juntamente com o espectro com acoplamento de hidrogênios. Incluímos na figura os espectros de RMN de ^{1}H e ^{13}C para fins de comparação. O espectro de ^{31}P acoplado com hidrogênios mostra um quinteto aparente que sugere não existir acoplamento apreciável entre o fósforo e os hidrogênios do grupo metila. A inspeção do espectro de hidrogênios correspondente mostra, entretanto, que os grupos metila são um tripleto de dubletos com a constante de acoplamento de quatro ligações entre ^{31}P e ^{1}H igual a cerca de 1 Hz. Nossa conclusão é que o acoplamento de ^{1}H não é resolvido no espectro de fósforo, observando-se, no máximo, o alargamento das linhas. Os quatro hidrogênios dos dois grupos metileno se acoplam igualmente (dentro de limites) com o átomo de fósforo para dar o quinteto observado. Os hidrogênios de metileno do espectro de ^{1}H podem parecer enganadoramente complexos. Na verdade, os hidrogênios de metileno no clorofosfato de dietila são diastereotópicos (veja a Figura 3.42) e por isso não são equivalentes em deslocamento químico e mostram forte acoplamento. A análise de primeira ordem é impossível.

Neste breve capítulo, não foi possível cobrir todas as áreas de aplicação da ^{31}P-RMN. A espectroscopia de ^{31}P-RMN tem grande aplicação no estudo de complexos de metais com fosfina e compostos relacionados e seu papel em catálise, por exemplo. O leitor interessado deve consultar Berger et al. (1997) e Nelson (2002). Também é importante notar que, como no caso dos outros núcleos que discutimos, ^{31}P pode ser estudado com vantagens em correlações bidimensionais, como HSQC e HMQC, para obter outras informações estruturais.

6.6 CONCLUSÃO

Vimos neste capítulo alguns outros núcleos úteis e exemplos de seus espectros. A discussão foi intencionalmente centrada em compostos orgânicos. É útil saber das possibilidades e limitações associadas à espectroscopia de RMN de núcleos menos comuns. A ressonância magnética multinuclear é um campo amplo de pesquisas com várias aplicações. Para o químico orgânico, muitos dos núcleos de interesse potencial, além de ^{1}H e ^{13}C, foram discutidos neste capítulo. O leitor interessado deve consultar as referências, bem como a literatura de RMN, para outras aplicações em química inorgânica, ciência de materiais, química de polímeros e além.

REFERÊNCIAS

As referências do capítulo estão disponíveis no GEN-IO, ambiente virtual de aprendizagem do GEN.

EXERCÍCIOS PARA OS ESTUDANTES

6.1 Deduza a estrutura do composto cuja fórmula molecular é $C_5H_{12}N_2$, a partir das informações dadas pelos espectros de ressonância magnética nuclear de ^{1}H, ^{13}C, DEPT e ^{15}N. Os espectros de ^{15}N com acoplamento de hidrogênio não foram incluídos porque eles não acrescentam informações relevantes.

6.2 O composto deste problema é um reagente comum em sínteses orgânicas. Sua fórmula molecular é $C_6H_{15}SiCl$. Os espectros de ^{1}H, ^{13}C, DEPT e ^{29}Si (com desacoplamento de hidrogênio) são dados.

6.3 Determine a estrutura do composto de fósforo cuja fórmula molecular é $C_{19}H_{18}PBr$ usando os espectros de ^{1}H, ^{13}C, DEPT e ^{31}P (com e sem acoplamento de hidrogênio).

6.4 Determine a estrutura do composto de flúor para o qual são dados a massa e os espectros de infravermelho e RMN de ^{1}H, DEPT-^{13}C e ^{19}F.

6.5 Use a informação do Apêndice A para calcular as frequências de Larmor de ^{7}Li, ^{23}Na e ^{207}Pb em um campo magnético de 21,1 T.

6.6 Quando os espectros de RMN de heteronúcleos mostram acoplamentos *J* a hidrogênios, por que eles nunca são "fortes" no sentido de Pople (AB)?

Exercício 6.1

¹H-RMN 300 MHz

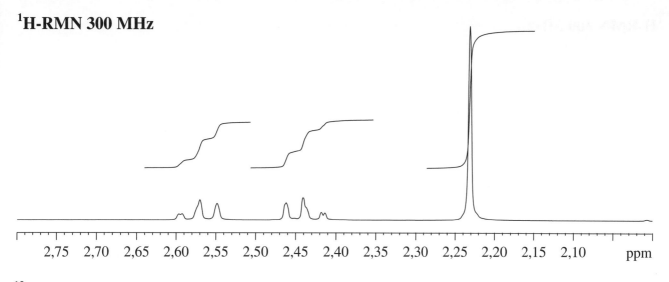

¹³C/DEPT RMN 75,5 MHz

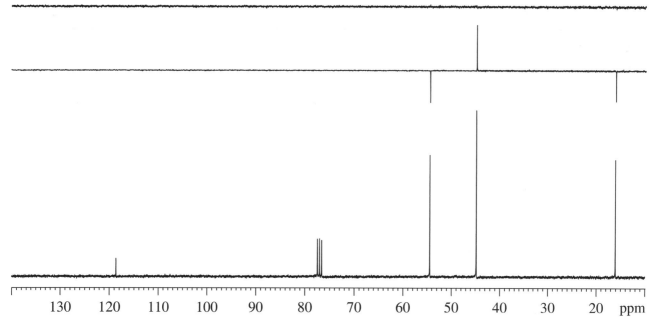

¹⁵N-RMN 30,4 MHz

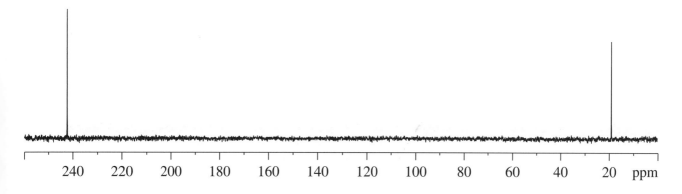

318 CAPÍTULO 6   Exercício 6.2

^{1}H-RMN 300 MHz

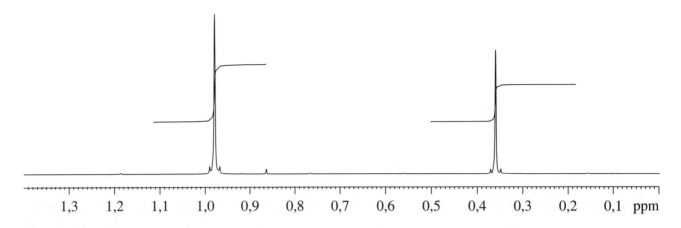

^{13}C/DEPT RMN 75,5 MHz

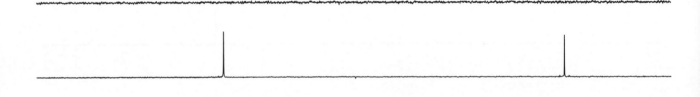

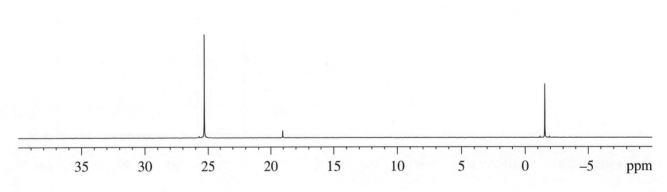

^{29}Si RMN 59,6 MHz

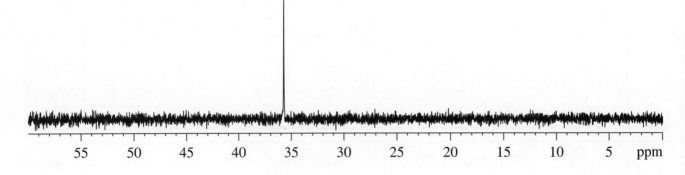

Exercício 6.3

¹H-RMN 300 MHz

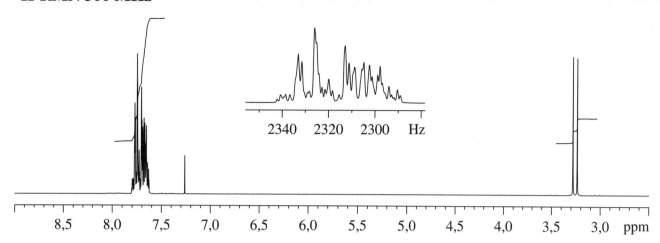

¹³C/DEPT RMN 75,5 MHz

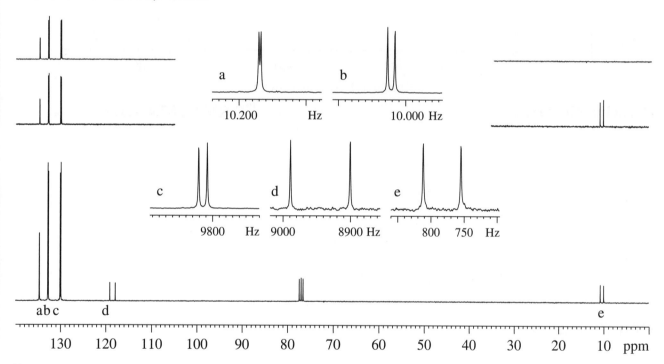

³¹P-RMN 121,5 MHz, com desacoplamento de ¹H

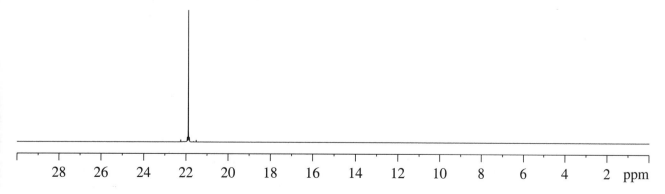

320 CAPÍTULO 6   Exercício 6.4

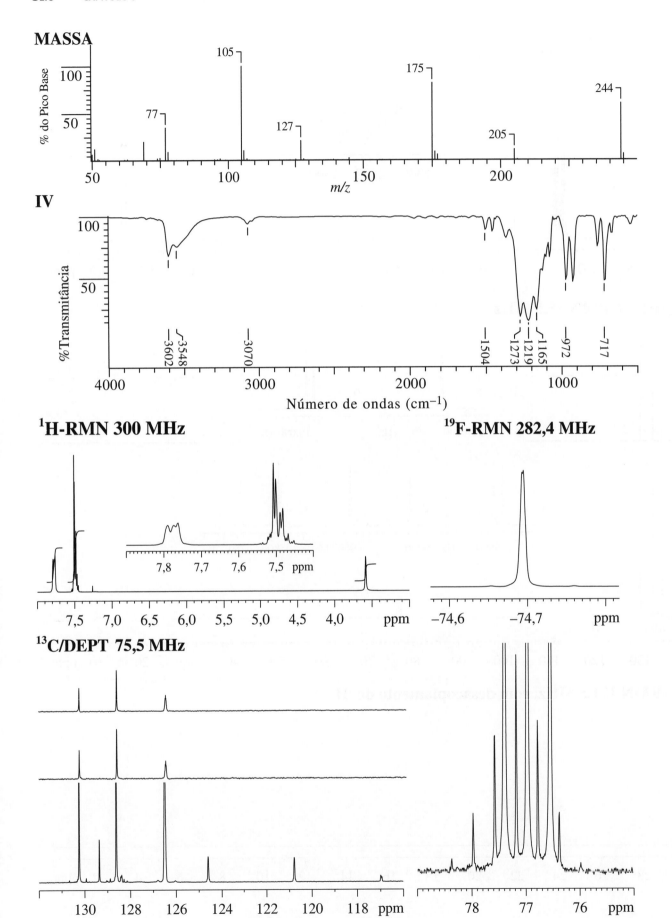

ESPECTROSCOPIA DE RESSONÂNCIA MAGNÉTICA MULTINUCLEAR

APÊNDICE A PROPRIEDADES DE NÚCLEOS MAGNETICAMENTE ATIVOS

Isótopo	Spin	Abundância Natural	Momento Magnético μ/μ_N	Razão Giromagnética $\gamma/10^7$ rad s^{-1} T^{-1}	Momento de Quadrupolo Q/fm^2	Razão de Frequência (Ξ)	Composto de Referência	Receptividade Relativa $D^{Hidrogênio}$	$D^{Carbono}$
^{1}H	1/2	99,9885	4,837353570	26,7522128	—	100,000000	Me$_4$Si	1	5,87 × 10^3
^{2}H	1	0,0115	1,21260077	4,106 62791	0,286	15,350609	(CD$_3$)$_4$Si	1,11 × 10^{-6}	6,52 × 10^{-3}
^{3}H	1/2	—	5,159714367	28,5349779	—	106,663974	Me$_4$Si-t$_1$	—	—
^{3}He	1/2	1,37 × 10^{-4}	−3,685154336	−20,3801587	—	76,179437	He(gás)	6,06 × 10^{-7}	3,56 × 10^{-3}
^{6}Li	1	7,59	1,1625637	3,9371709	−0,0808	14,716086	LiCl	6,45 × 10^{-4}	3,79
^{7}Li	3/2	92,41	4,20407505	10,3977013	−4,01	38,863797	LiCl	0,271	1,59 × 10^3
^{9}Be	3/2	100	−1,520136	−3,759666	5,288	14,051813	BeSO$_4$	1,39 × 10^{-2}	81,5
^{10}B	3	19,9	2,0792055	2,8746786	8,459	10,743658	BF$_3$,Et$_2$O	3,95 × 10^{-3}	23,2
^{11}B	3/2	80,1	3,4710308	8,5847044	4,059	32,083974	BF$_3$,Et$_2$O	0,132	7,77 × 10^2
^{13}C	1/2	1,07	1,216613	6,728284	—	25,145020	Me$_4$Si	1,70 × 10^{-4}	1
^{14}N	1	99,632	0,57100428	1,9337792	2,044	7,226317	CH$_3$NO$_2$	1,00 × 10^{-3}	5,9
^{15}N	1/2	0,368	−0,49049746	−2,71261804	—	10,136767	MeNO$_2$	3,84 × 10^{-6}	2,25 × 10^{-2}
^{17}O	5/2	0,038	−2,24077	−3,62808	−2,56	13,556457	D$_2$O	1,11 × 10^{-5}	6,50 × 10^{-2}
^{19}F	1/2	100	4,553333	25,18148	—	94,094011	CCl$_3$F	0,834	4,90 × 10^3
^{21}Ne	3/2	0,27	−0,854376	−2,11308	10,155	7,894296	Ne (gás)	6,65 × 10^{-6}	3,91 × 10^{-2}
^{23}Na	3/2	100	2,8629811	7,0808493	10,40	26,451900	NaCl	9,27 × 10^{-2}	5,45 × 10^2
^{25}Mg	5/2	10,00	−1,01220	−1,63887	19,94	6,121635	MgCl$_2$	2,68 × 10^{-4}	1,58
^{27}Al	5/2	100	4,3086865	6,9762715	14,66	26,056859	Al(NO$_3$)$_3$	0,207	1,22 × 10^3
^{29}Si	1/2	4,6832	−0,96179	−5,3190	—	19,867187	Me$_4$Si	3,68 × 10^{-4}	2,16
^{31}P	1/2	100	1,95999	10,8394	—	40,480742	H$_3$PO$_4$	6,65 × 10^{-2}	3,91 × 10^2
^{33}S	3/2	0,76	0,8311696	2,055685	−6,78	7,676000	(NH$_4$)$_2$SO$_4$	1,72 × 10^{-5}	0,101
^{35}Cl	3/2	75,78	1,061035	2,624198	−8,165	9,797909	NaCl	3,58 × 10^{-3}	21
^{37}Cl	3/2	24,22	0,8831998	2,184368	−6,435	8,155725	NaCl	6,59 × 10^{-4}	3,87
^{39}K	3/2	93,2581	0,50543376	1,2500608	5,85	4,666373	KCl	4,76 × 10^{-4}	2,79
(^{40}K)	4	0,0117	−1,4513203	−1,5542854	−7,30	5,802018	KCl	6,12 × 10^{-7}	3,59 × 10^{-3}
(^{41}K)	3/2	6,7302	0,2773961	0,68606808	7,11	2,561305	KCl	5,68 × 10^{-6}	3,33 × 10^{-2}
^{43}Ca	7/2	0,135	−1,494067	−1,803069	−4,08	6,730029	CaCl$_2$	8,68 × 10^{-6}	5,10 × 10^{-2}
^{45}Sc	7/2	100	5,3933489	6,5087973	−22,0	24,291747	Sc(NO$_3$)$_3$	0,302	1,78 × 10^3
^{47}Ti	5/2	7,44	−0,93294	−1,5105	30,2	5,637534	TiCl$_4$	1,56 × 10^{-4}	0,918
^{49}Ti	7/2	5,41	−1,25201	−1,51095	24,7	5,639037	TiCl$_4$	2,05 × 10^{-4}	1,2
(^{50}V)	6	0,25	3,6137570	2,6706490	21,0	9,970309	VOCl$_3$	1,39 × 10^{-4}	0,818
^{51}V	7/2	99,75	5,8380835	7,0455117	−5,2	26,302948	VOCl$_3$	0,383	2,25 × 10^3
^{53}Cr	3/2	9,501	−0,61263	−1,5152	−15,0	5,652496	K$_2$CrO$_4$	8,63 × 10^{-5}	0,507
^{55}Mn	5/2	100	4,1042437	6,645 2546	33,0	24,789218	KMnO$_4$	0,179	1,05 × 10^3
^{57}Fe	1/2	2,119	0,1569636	0,8680624	—	3,237778	Fe(CO)$_5$	7,24 × 10^{-7}	4,25 × 10^{-3}
^{59}Co	7/2	100	5,247	6,332	42,0	23,727074	K$_3$[Co(CN)$_6$]	0,278	1,64 × 10^3
^{61}Ni	3/2	1,1399	−0,96827	−2,3948	16,2	8,936051	Ni(CO)$_4$	4,09 × 10^{-5}	0,24
^{63}Cu	3/2	69,17	2,8754908	7,1117890	−22,0	26,515473	[Cu(CH$_3$CN)$_4$][ClO$_4$]	6,50 × 10^{-2}	3,82 × 10^2
^{65}Cu	3/2	30,83	3,07465	7,60435	−20,4	28,403693	[Cu(CH$_3$CN)$_4$][ClO$_4$]	3,54 × 10^{-2}	2,08 × 10^2
^{67}Zn	5/2	4,10	1,035556	1,676688	15,0	6,256803	Zn(NO$_3$)$_2$	1,18 × 10^{-4}	0,692

(*continuação*)

322 CAPÍTULO 6

APÊNDICE A (Continuação)

Isótopo	Spin	Abundância Natural	Momento Magnético μ/μ_N	Razão Giromagnética $\gamma/10^7$ rad s^{-1} T^{-1}	Momento de Quadrupolo Q/fm^2	Razão de Frequência (Ξ)	Composto de Referência	Receptividade Relativa $D^{\text{Hidrogênio}}$	D^{Carbono}
(^{69}Ga)	3/2	60,108	2,603405	6,438855	17,1	24,001354	Ga(NO$_3$)$_3$	$4,19 \times 10^{-2}$	$2,46 \times 10^2$
^{71}Ga	3/2	39,892	3,307871	8,181171	10,7	30,496704	Ga(NO$_3$)$_3$	$5,71 \times 10^{-2}$	$3,35 \times 102$
^{73}Ge	9/2	7,73	−0,9722881	−0,9360303	−19,6	3,488315	(CH$_3$)$_4$Ge	$1,09 \times 10^{-4}$	0,642
^{75}As	3/2	100	1,858354	4,596163	31,4	17,122614	NaAsF$_6$	$2,54 \times 10^{-2}$	$1,49 \times 10^2$
^{77}Se	1/2	7,63	0,92677577	5,1253857	–	19,071513	Me$_2$Se	$5,37 \times 10^{-4}$	3,15
(^{79}Br)	3/2	50,69	2,719351	6,725616	31,3	25,053980	NaBr	$4,03 \times 10^{-2}$	$2,37 \times 10^2$
^{81}Br	3/2	49,31	2,931283	7,249776	26,2	27,006518	NaBr	$4,91 \times 10^{-2}$	$2,88 \times 10^2$
^{83}Kr	9/2	11,49	−1,07311	−1,03310	25,9	3,847600	Kr(gás)	$2,18 \times 10^{-4}$	1,28
(^{85}Rb)	5/2	72,17	1,6013071	2,5927050	27,6	9,654943	RbCl	$7,67 \times 10^{-3}$	45
^{87}Rb	3/2	27,83	3,552582	8,786400	13,35	32,720454	RbCl	$4,93 \times 10^{-2}$	$2,90 \times 10^2$
^{87}Sr	9/2	7,00	−1,2090236	−1,1639376	33,5	4,333822	SrCl$_2$	$1,90 \times 10^{-4}$	1,12
^{89}Y	1/2	100	−0,23801049	−1,3162791	–	4,900198	Y(NO$_3$)$_3$	$1,19 \times 10^{-4}$	0,7
^{91}Zr	5/2	11,22	−1,54246	−2,49743	−17,6	9,296298	Zr(C$_2$H$_5$)$_2$Cl$_2$	$1,07 \times 10^{-3}$	6,26
^{93}Nb	9/2	100	6,8217	6,5674	−32,0	24,476170	K[NbCl$_6$]	0,488	$2,87 \times 10^3$
^{95}Mo	5/2	15,92	−1,0820	−1,7510	−2,2	6,516926	Na$_2$MoO$_4$	$5,21 \times 10^{-4}$	3,06
(^{97}Mo)	5/2	9,55	−1,1050	−1,7880	25,5	6,653695	Na$_2$MoO$_4$	$3,33 \times 10^{-4}$	1,95
^{99}Tc	9/2	–	6,2810	6,0460	−12,9	22,508326	NH$_4$TcO$_4$	–	–
^{99}Ru	5/2	12,76	−0,7588	−1,2290	7,9	4,605151	K$_4$[Ru(CN)$_6$]	$1,44 \times 10^{-4}$	0,848
^{101}Ru	5/2	17,06	−0,8505	−1,3770	45,7	5,161369	K$_4$[Ru(CN)$_6$]	$2,71 \times 10^{-4}$	1,59
^{103}Rh	1/2	100	−0,1531	−0,8468	–	3,186447	Rh(acac)$_3$	$3,17 \times 10^{-5}$	0,186
^{105}Pd	5/2	22,33	−0,7600	−1,2300	66,0	4,576100	K$_2$PdCl$_6$	$2,53 \times 10^{-4}$	1,49
(^{107}Ag)	1/2	51,839	−0,19689181	−1,0889181	–	4,047819	AgNO$_3$	$3,50 \times 10^{-5}$	0,205
^{109}Ag	1/2	48,161	−0,22636279	−1,2518634	–	4,653533	AgNO$_3$	$4,94 \times 10^{-5}$	0,290
(^{111}Cd)	1/2	12,80	−1,0303729	−5,6983131	–	21,215480	Me$_2$Cd	$1,24 \times 10^{-3}$	7,27
^{113}Cd	1/2	12,22	−1,0778568	−5,9609155	–	22,193175	Me$_2$Cd	$1,35 \times 10^{-3}$	7,94
(^{113}In)	9/2	4,29	6,1124	5,8845	79,9	21,865755	In(NO$_3$)$_3$	$1,51 \times 10^{-2}$	88,50
^{115}In	9/2	95,71	6,1256	5,8972	81,0	21,912629	In(NO$_3$)$_3$	0,338	$1,98 \times 10^3$
(^{115}Sn)	1/2	0,34	−1,5915	−8,8013	–	32,718749	Me$_4$Sn	$1,21 \times 10^{-4}$	0,711
(^{117}Sn)	1/2	7,68	−1,73385	−9,58879	–	35,632259	Me$_4$Sn	$3,54 \times 10^{-3}$	20,8
^{119}Sn	1/2	8,59	−1,81394	−10,0317	–	37,290632	Me$_4$Sn	$4,53 \times 10^{-3}$	26,6
^{121}Sb	5/2	57,21	3,9796	6,4435	−36,0	23,930577	KSbCl$_6$	$9,33 \times 10^{-3}$	$5,48 \times 10^2$
(^{123}Sb)	7/2	42,79	2,8912	3,4892	−49,0	12,959217	KSbCl$_6$	$1,99 \times 10^{-2}$	$1,17 \times 10^2$
(^{123}Te)	1/2	0,89	−1,276431	−7,059098	–	26,169742	Me$_2$Te	$1,64 \times 10^{-4}$	0,961
^{125}Te	1/2	7,07	−1,5389360	−8,5108404	–	31,549769	Me$_2$Te	$2,28 \times 10^{-3}$	13,40
^{127}I	5/2	100	3,328710	5,389573	−71,0	20,007486	KI	$9,54 \times 10^{-2}$	$5,60 \times 10^2$
^{129}Xe	1/2	26,44	−1,347494	−7,452103	–	27,810186	XeOF$_4$	$5,72 \times 10^{-3}$	33,60
^{131}Xe	3/2	21,18	0,8931899	2,209076	−11,4	8,243921	XeOF$_4$	$5,96 \times 10^{-4}$	3,50
^{133}Cs	7/2	100	2,9277407	3,5332539	−0,343	13,116142	CsNO$_3$	$4,84 \times 10^{-2}$	$2,84 \times 10^2$

Isótopo	Spin	Abund. (%)	μ	Q	ν (MHz)	Ref.	Receptividade
(¹³⁵Ba)	3/2	6,592	1,08178	16,0	2,67550	BaCl₂	3,30 × 10⁻⁴	1,93
¹³⁷Ba	3/2	11,232	1,21013	24,5	2,99295	BaCl₂	7,87 × 10⁻⁴	4,62
¹³⁸La	5	0,09	4,068095	45,0	3,557239	LaCl₃	8,46 × 10⁻⁵	0,497
¹³⁹La	7/2	99,91	3,155677	20,0	3,8083318	LaCl₃	6,05 × 10⁻²	3,56 × 10²
¹⁴¹Pr	5/2	100	5,0587	−5,89	8,1907	—	—	—
¹⁴³Nd	7/2	12,2	−1,208	−63,0	−1,4570	—	—	—
¹⁴⁵Nd	7/2	8,3	−0,7440	−33,0	−0,8980	—	—	—
¹⁴⁷Sm	7/2	14,99	−0,9239	−25,9	−1,1150	—	—	—
¹⁴⁹Sm	7/2	13,82	−0,7616	7,4	−0,9192	—	—	—
¹⁵¹Eu	5/2	47,81	4,1078	90,3	6,6510	—	—	—
¹⁵³Eu	5/2	52,19	1,8139	241,2	2,9369	—	—	—
¹⁵⁵Gd	3/2	14,80	−0,33208	127,0	−0,82132	—	—	—
¹⁵⁷Gd	3/2	15,65	−0,4354	135,0	−1,0769	—	—	—
¹⁵⁹Tb	3/2	100	2,6000	143,2	6,4310	—	—	—
¹⁶¹Dy	5/2	18,91	−0,5683	250,7	−0,9201	—	—	—
¹⁶³Dy	5/2	24,90	0,7958	264,8	1,2890	—	—	—
¹⁶⁵Ho	7/2	100	4,7320	358,0	5,7100	—	—	—
¹⁶⁷Er	7/2	22,93	−0,63935	356,5	−0,77157	—	—	—
¹⁶⁹Tm	1/2	100	−0,4011	—	−2,2180	—	—	—
¹⁷¹Yb	1/2	14,28	0,85506	—	4,7288	—	—	—
¹⁷³Yb	5/2	16,13	−0,80446	280,0	−1,3025	—	—	—
¹⁷⁵Lu	7/2	97,41	2,5316	349,0	3,0552	—	—	—
¹⁷⁶Lu	7	2,59	3,3880	497,0	2,16844	—	—	—
¹⁷⁷Hf	7/2	18,60	0,8997	336,5	1,0860	—	2,61 × 10⁻⁴	1,54
¹⁷⁹Hf	9/2	13,62	−0,7085	379,3	−0,6821	—	7,45 × 10⁻⁵	0,438
¹⁸¹Ta	7/2	99,988	2,6879	317,0	3,2438	KTaCl₆	3,74 × 10⁻²	2,20 × 10²
¹⁸³W	1/2	14,31	0,20400919	—	1,1282403	Na₂WO₄	1,07 × 10⁻⁵	6,31 × 10⁻²
(¹⁸⁵Re)	5/2	37,4	3,7710	218,0	6,1057	KReO₄	5,19 × 10⁻²	3,05 × 10²
¹⁸⁷Re	5/2	62,6	3,8096	207,0	6,1682	KReO₄	8,95 × 10⁻²	5,26 × 10²
¹⁸⁷Os	1/2	1,96	0,1119804	—	0,6192895	OsO₄	2,43 × 10⁻⁷	1,43 × 10⁻³
¹⁸⁹Os	3/2	16,15	0,851970	85,6	2,10713	OsO₄	3,95 × 10⁻⁴	2,32
(¹⁹¹Ir)	3/2	37,3	0,1946	81,6	0,4812	—	1,09 × 10⁻⁵	6,38 × 10⁻²
¹⁹³Ir	3/2	62,7	0,2113	75,1	0,5227	—	2,34 × 10⁻⁵	0,137
¹⁹⁵Pt	1/2	33,832	1,0557	—	5,8385	Na₂PtCl₆	3,51 × 10⁻³	20,7
¹⁹⁹Hg	1/2	16,87	0,87621937	—	4,8457916	Me₂Hg	1,00 × 10⁻³	5,89
¹⁹⁷Au	3/2	100	0,191271	54,7	0,473060	—	2,77 × 10⁻⁵	0,162
²⁰¹Hg	3/2	13,18	−0,7232483	38,6	−1,788769	(CH₃)₂Hg	1,97 × 10⁻⁴	1,16
(²⁰³Tl)	1/2	29,524	2,80983305	—	15,5393338	Tl(NO₃)₃	5,79 × 10⁻²	3,40 × 10²
²⁰⁵Tl	1/2	70,476	2,8374709	—	15,6921808	Tl(NO₃)₃	0,142	8,36 × 10²
²⁰⁷Pb	1/2	22,1	1,00906	—	5,58046	Me₄Pb	2,01 × 10⁻³	11,8
²⁰⁹Bi	9/2	100	4,5444	−51,6	4,3750	Bi(NO₃)₂	0,144	8,48 × 10²
²³⁵U	7/2	0,72	−0,4300	493,6	−0,5200	—	—	—

Os núcleos entre parênteses não são considerados os mais favoráveis para a RMN.

Adaptado de Harris, R.K., Becker, E.D., Cabral de Menezes, S.M., Goodfellow, R., and Granger, P. (2001). NMR nomenclature, Nuclear spin properties and conventions for chemical shifts. *Pure Appl. Chem.* **73**, 1795–1818.

CAPÍTULO 7
PROBLEMAS RESOLVIDOS

7.1 INTRODUÇÃO

A eterna pergunta dos estudantes é "por onde começar?". A reação do instrutor é, normalmente, tentar ajudar, sem dizer exatamente o que fazer. Os procedimentos usualmente recomendados partem da sugestão: *comece pela fórmula molecular*. Por que isso? Simplesmente porque a fórmula molecular é a informação mais útil para os químicos, e obtê-la vale o esforço que, às vezes, é necessário. Ela dá uma ideia geral da molécula (isto é, o número e o tipo dos átomos), além do *índice de deficiência de hidrogênios* — a soma do número de anéis e ligações duplas e triplas (Seção 1.5.3).

A obtenção da fórmula molecular começa com a localização do pico do íon molecular (Seção 1.5). Entretanto, a situação mais comum é que normalmente não se dispõe de instrumentação para a espectrometria de massas de alta resolução. Imaginemos, por enquanto, que o pico de maior *m/z*, seja, exceto pelos picos dos isótopos, o pico do íon molecular e que ele seja suficientemente intenso para permitir a determinação acurada das intensidades dos picos dos isótopos e, em consequência, do número de átomos de enxofre, bromo e cloro, se estiverem presentes. Olhemos também o espectro de massas para procurar fragmentos que possam ser reconhecidos. Se o pico do íon molecular é ímpar, um número ímpar de átomos de nitrogênio poderá estar presente.

Com frequência, as dificuldades começam com a incerteza na escolha do íon molecular. Muitos laboratórios usam ionização química (CI) como complemento de rotina ao impacto de elétrons (EI), e, é claro, é desejável ter acesso a instrumentos de alta resolução no caso de problemas mais difíceis.

Olhe, em seguida, o espectro de infravermelho para determinar os grupos funcionais característicos. Procure, em especial, pelas deformações axiais de C—H, O—H e N—H e determine a presença ou não de grupos funcionais insaturados.

De posse dessas informações, use o espectro de RMN de hidrogênio para confirmação e para obter outros indícios. Se o espectro permitir, determine o número total de hidrogênios e a razão entre os grupos de hidrogênios com deslocamento químico equivalente, a partir da curva de integração. Procure os acoplamentos de primeira ordem e os deslocamentos químicos característicos. Olhe os espectros ^{13}C/DEPT. Determine o número de átomos de carbono e hidrogênio e o número de grupos CH$_3$, CH$_2$ e CH. Diferenças entre a integração dos hidrogênios e o número de hidrogênios representados no espectro ^{13}C/DEPT correspondem a hidrogênios em heteroátomos.

A sobreposição de absorções de hidrogênio é comum, mas a coincidência total de picos de ^{13}C não equivalentes é muito rara em instrumentos de alta resolução. Selecione no Apêndice A do Capítulo 1 a fórmula molecular mais provável e determine o índice de deficiência de hidrogênios de cada uma delas. Além das dificuldades causadas por picos não resolvidos ou em coincidência, podem aparecer, devido à presença de elementos de simetria, discrepâncias entre as fórmulas moleculares selecionadas e o número de hidrogênios e carbonos obtidos dos espectros. Embora a identificação desses elementos exija algum esforço, a informação da simetria é muito útil para a determinação da estrutura.

Os estudantes devem desenvolver sua metodologia própria. Para permitir a prática no uso das técnicas mais novas, demos às vezes mais informações do que o necessário. Os problemas sugeridos, porém, foram projetados para aproximar os estudantes das situações encontradas na vida real. Lembre-se sempre da estratégia básica: jogar um espectro contra o outro, usando as características mais óbvias. É importante estabelecer uma hipótese de trabalho a partir de um espectro e procurar confirmação ou rejeição da hipótese no outro e modificá-la, se necessário. *O efeito é sinérgico*, isto é, a informação resultante deve ser maior do que a soma das informações parciais.

Com a alta resolução disponível atualmente, muitos espectros de RMN são de primeira ordem, ou aproximadamente de primeira ordem, e podem ser interpretados por inspeção direta, com o auxílio dos espectros de massas e de infravermelho. Uma nova leitura das Seções 3.8 a 3.12, entretanto, aconselha cautela.

Assim, por exemplo, considere dois compostos semelhantes:

Os anéis de ambos os compostos estão em conformações flexíveis, porém somente os hidrogênios dos grupos CH$_2$ do composto A são intercambiáveis e equivalentes em deslocamento químico (enantiotópicos). Somente o composto A tem um plano de simetria, no plano do papel, através do qual os hidrogênios trocam de posição.

Da esquerda para a direita no espectro, podemos prever para o composto A: H-5, um tripleto de dois hidrogênios; H-3, um tripleto de dois hidrogênios, H-4, um quinteto de dois hidrogênios (admitindo constantes de acoplamento quase iguais). Em resolução moderada, o espectro é de primeira ordem.

O composto B não tem elementos de simetria na configuração planar. C-5 é um centro quiral, e os hidrogênios dos grupos CH₂ são pares diastereotópicos. Cada hidrogênio do par tem seu deslocamento químico próprio. Os hidrogênios H-4, adjacentes ao centro quiral, são bem separados, porém os hidrogênios H-3, em 300 MHz, não se separam. Cada hidrogênio de um par diastereotópico tem acoplamento geminal com o outro e com os hidrogênios vicinais (com constantes de acoplamento diferentes) para dar multipletos complexos.

A possibilidade de um centro quiral deve estar sempre presente: *toujours la stéréochimie.*[1]

O poder dos espectros 2-D ficará mais evidente à medida que avançarmos no estudo dos problemas dos Capítulos 7 e 8. Frequentemente, não é necessário analisar todos os detalhes dos espectros antes de ser possível propor uma estrutura hipotética para o composto ou para alguns fragmentos. As características espectrais previstas para os fragmentos ou estruturas hipotéticos com base na estrutura postulada são, então, comparadas com os espectros observados, e as modificações apropriadas são feitas.

Essas sugestões são ilustradas pelos problemas resolvidos que são apresentados neste capítulo em ordem crescente de dificuldade. Os problemas do Capítulo 8 são também propostos em ordem crescente de dificuldade com o intuito de permitir que o leitor adquira progressivamente a prática necessária.

A maior parte dos estudantes gosta de resolver problemas e do desafio que eles representam. Os estudantes também começam a apreciar a elegância das estruturas químicas ao interpretar os detalhes dos espectros. Boa sorte! Cuidado com a quiralidade, com os diastereótopos, com os acoplamentos virtuais, com os ângulos diedro próximos de 90° e com a não equivalência química e magnética.

Por fim, o que é necessário para provar uma estrutura? No limite extremo, é a congruência entre todos os espectros da substância sob análise e de uma amostra autêntica obtida sob as mesmas condições nos mesmos instrumentos. É claro que alguns compromissos são aceitáveis. A congruência com espectros da literatura é aceitável para a publicação de trabalhos, mas isso não se aplica a novos compostos, que devem ser sintetizados.

Existem programas de computador próprios para a simulação de espectros de RMN.* Se medidas acuradas de deslocamentos químicos e constantes de acoplamento entre todos os hidrogênios puderem ser obtidas, o espectro simulado será idêntico ao espectro da substância. Em muitos casos, pelo menos alguns dos sistemas de spin serão de primeira ordem. Se isso não acontecer, estimativas razoáveis de deslocamentos químicos e constantes de acoplamento podem ser feitas e o programa iterativo do computador fará os ajustes necessários até que a simulação coincida com o espectro da substância — desde que, é claro, a identificação tenha sido correta. Hoje em dia, essas simulações são muito confiáveis para os espectros de RMN de hidrogênio e continuam a melhorar para os espectros de ^{13}C-RMN. O usuário deve se lembrar de que, embora as simulações possam ser úteis, elas são baseadas, em parte, em observações empíricas ou em bases de dados e, portanto, nem sempre dão informações confiáveis, em particular no caso de estruturas pouco usuais. Cálculos de mecânica quântica levam a predições de RMN mais confiáveis, mas consomem mais tempo.

Lista completa de tópicos lógicos e pedagógicos, não necessariamente na ordem:

1. Mostre como a fórmula molecular foi obtida.
2. Calcule o índice de deficiência de hidrogênios.
3. *Assinale* as bandas de diagnóstico do espectro de infravermelho.
4. *Assinale todos* os hidrogênios do espectro de RMN de hidrogênio.
5. *Assinale todos* os carbonos do espectro de RMN ^{13}C/DEPT. (Note que os espectros de ^{13}C/DEPT-RMN deste livro são sempre apresentados na seguinte ordem, de cima para baixo: DEPT-90, DEPT-135 e espectro de ^{13}C-RMN com desacoplamento de hidrogênios.)
6. Calcule ou estime $\Delta v/J$ quando apropriado.
7. Explique as multiplicidades quando apropriado. Use os acoplamentos *J* sempre que possível para obter informações estruturais (por exemplo, estereoquímica *cis* ou *trans*, acoplamento vicinal *versus* geminal etc.).
8. Assinale todas as correlações nos espectros 2-D.
9. Mostre como o espectro de massas EI suporta a estrutura.
10. Considere os possíveis isômeros.

Os problemas deste capítulo foram organizados de modo a que a estrutura molecular e os espectros apareçam antes da discussão. A estrutura molecular é dada na maior parte dos espectros para evitar o manuseio excessivo das páginas. O objetivo é encorajar os estudantes a chegar a suas próprias conclusões quanto à ligação entre os espectros e as estruturas. Isso tornará a discussão que se segue mais proveitosa.

---

[1]*Sempre a estereoquímica.* Em francês no original. (N.T.)

*Os espectros podem ser simulados no computador dos instrumentos modernos de RMN. Companhias como a Bruker Biospin (Billerica, MA, EUA), Mestrelab (Santiago de Compostela, Espanha) e ACD Labs (Toronto, Canadá) oferecem programas de simulação de espectros de RMN.

MASSAS EI

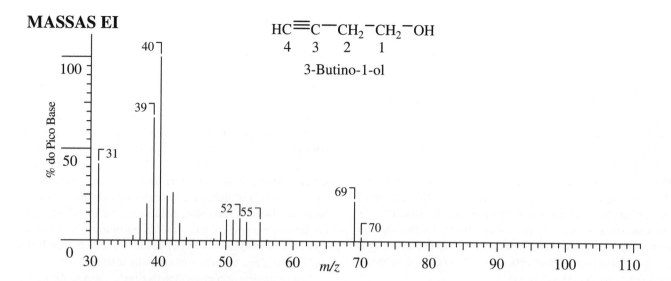

3-Butino-1-ol

MASSA CI reagente gás metano

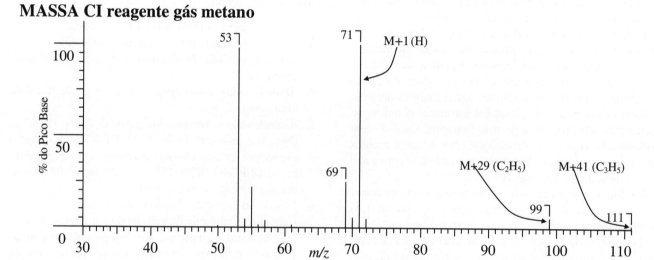

IV

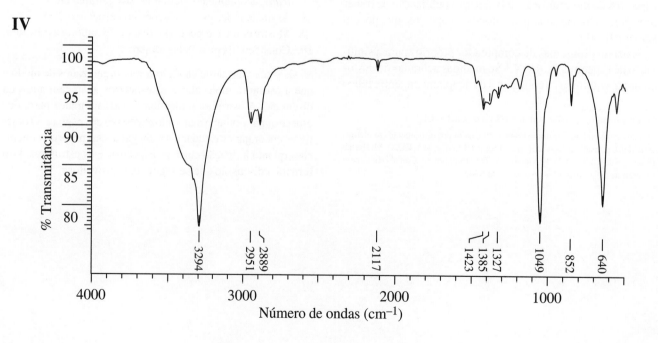

Exercício 7.1B

^{1}H-RMN 600 MHz

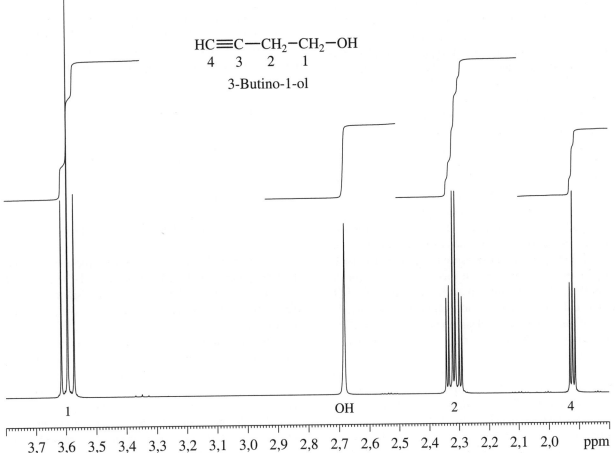

^{13}C/DEPT-RMN 150,9 MHz

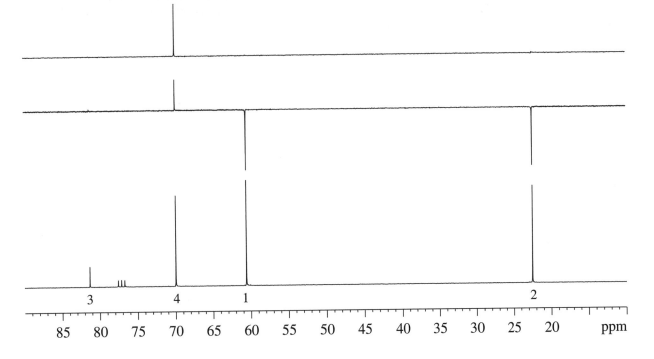

PROBLEMA 7.1 DISCUSSÃO

Tudo aponta para uma molécula pequena. Aparentemente, não existem outros picos no espectro de massas acima de m/z 69, que é rejeitado como pico do íon molecular porque o próximo pico está em m/z 55, com perda de 14 unidades de massa. O espectro de massas CI tem um bico base em m/z 71, que representa um íon pseudomolecular M + 1. O peso molecular desse composto é, portanto, tentativamente 70 uam. O espectro de infravermelho sugere um álcool com uma banda larga de deformação axial de O—H em cerca de 3350 cm^{-1} e uma banda intensa de deformação axial de C—O em 1049 cm^{-1}.

O espectro de hidrogênios é formado por multipletos clássicos de primeira ordem. Da esquerda para a direita, as multiplicidades e integrações são: tripleto (2), singleto (1), dubletos de tripletos (2), tripleto (1), o que dá seis átomos de hidrogênio. Da esquerda para a direita, os espectros de ^{13}C/DEPT dão C, CH, CH$_2$, CH$_2$. A discrepância significa que um dos hidrogênios está ligado a um heteroátomo. O hidrogênio de OH em 2,68 ppm no espectro de hidrogênios explica a diferença na contagem de hidrogênios entre os espectros de ^{1}H e ^{13}C/DEPT.

A hipótese de m/z 70 como o pico molecular agora é fundamentada. Uma fórmula molecular tentativa é C$_4$H$_6$O, com o índice de deficiência de hidrogênios igual a dois. As opções são: duas ligações duplas, uma ligação dupla e um anel, dois anéis ou uma ligação tripla. Podemos considerar essas opções a seguir.

Vejamos duas ligações duplas. Será que algum dos picos de hidrogênio ou carbono cai nas faixas usuais de alquenos? O exame dos Capítulos 3 e 4 elimina essa possibilidade. Isso nos deixa com anéis ou uma ligação tripla.

É difícil eliminar os anéis somente na base dos deslocamentos químicos, mas, se fosse o caso, os acoplamentos de spin seriam difíceis de explicar. Vamos examinar a ligação tripla.

Positivamente, uma ligação tripla seria possível, na base dos deslocamentos químicos de hidrogênios e carbonos. A primeira questão é se a ligação tripla é terminal ou interna. Em outras palavras, existe um hidrogênio de alquino?

$$H-C\equiv C-R \quad ou \quad R-C\equiv C-R'$$

O espectro de ^{13}C é inequívoco. Ele mostra dois picos na faixa dos carbonos de alquino. O pico em 70 ppm tem mais ou menos a mesma altura dos dois picos de CH$_2$, mas o pico em 81,2 ppm é claramente menos intenso, indicando que ele não está ligado a hidrogênio. Além disso, os subespectros ^{13}C/DEPT mostram que o pico em 70 ppm representa um grupo CH. Podemos agora escrever dois fragmentos ou subestruturas:

$$H-C\equiv C- \quad e \quad -CH_2-OH$$

A inserção do grupo CH$_2$ que falta dá a molécula completa:

$$H-C\equiv C-CH_2-CH_2-OH$$

Essa estrutura está completamente de acordo com os espectros de hidrogênio e ^{13}C/DEPT. O espectro de ^{1}H dá uma bela demonstração de acoplamento a longa distância através da ligação tripla (de H-4 a H-2), dividindo o tripleto em dubletos adicionais.

Voltando ao espectro de infravermelho, podemos perceber a banda intensa de deformação axial de H—C≡ em 3294 cm^{-1} sobreposta na banda de O—H. Existe também uma banda forte de ≡C—H em 640 cm^{-1}. Além disso, existe uma banda fraca mas característica de deformação axial de C≡C em 2117 cm^{-1}.

Vários dos picos importantes do espectro de massas são difíceis de interpretar porque existem dois grupos funcionais muito próximos. Embora seja trivial, a verificação dos assinalamentos dos hidrogênios e suas multiplicidades fica para o estudante. Da mesma forma, a verificação dos assinalamentos das ressonâncias nos espectros ^{13}C/DEPT fica para os estudantes.

Exercício 7.2A

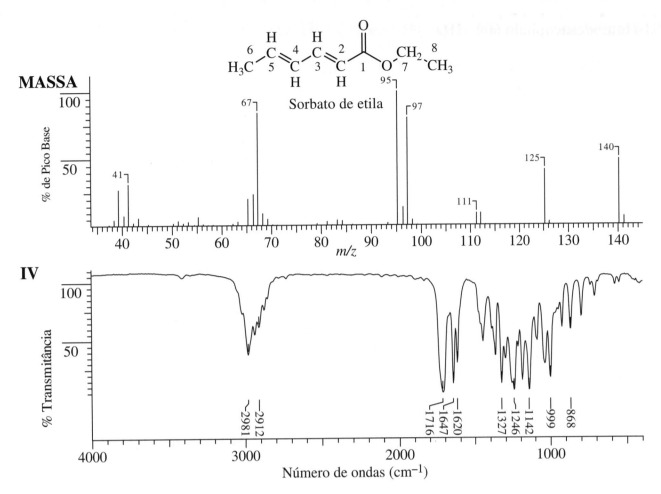

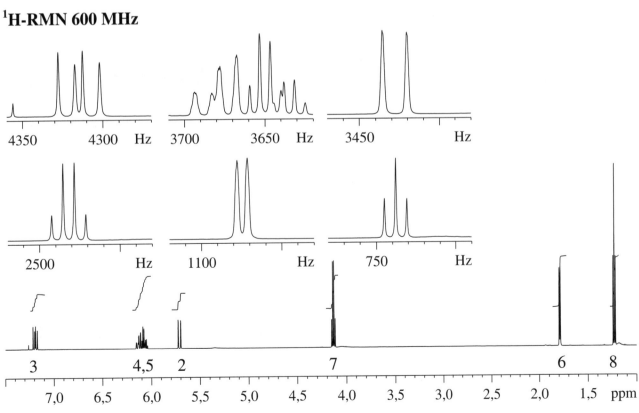

Exercício 7.2B

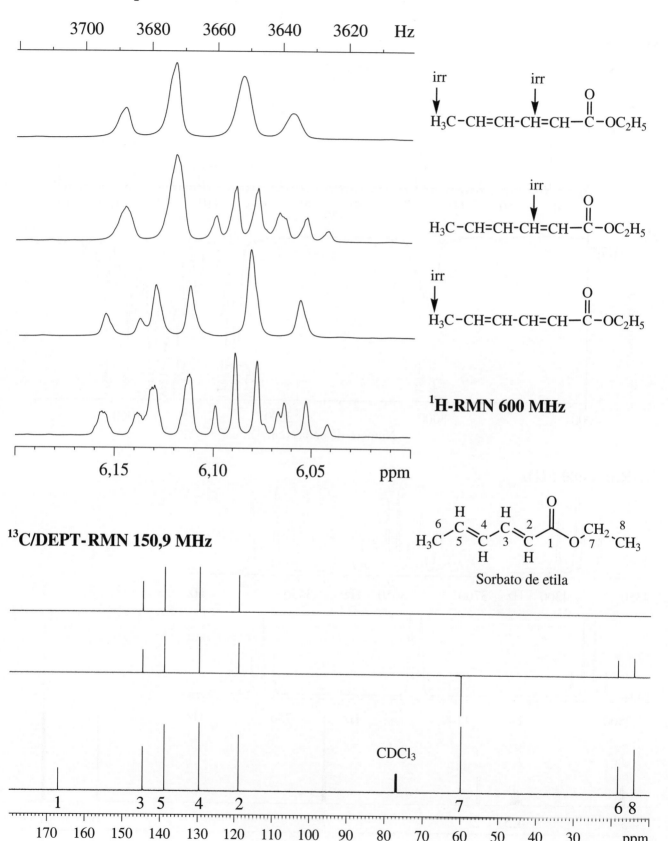

Exercício 7.2C

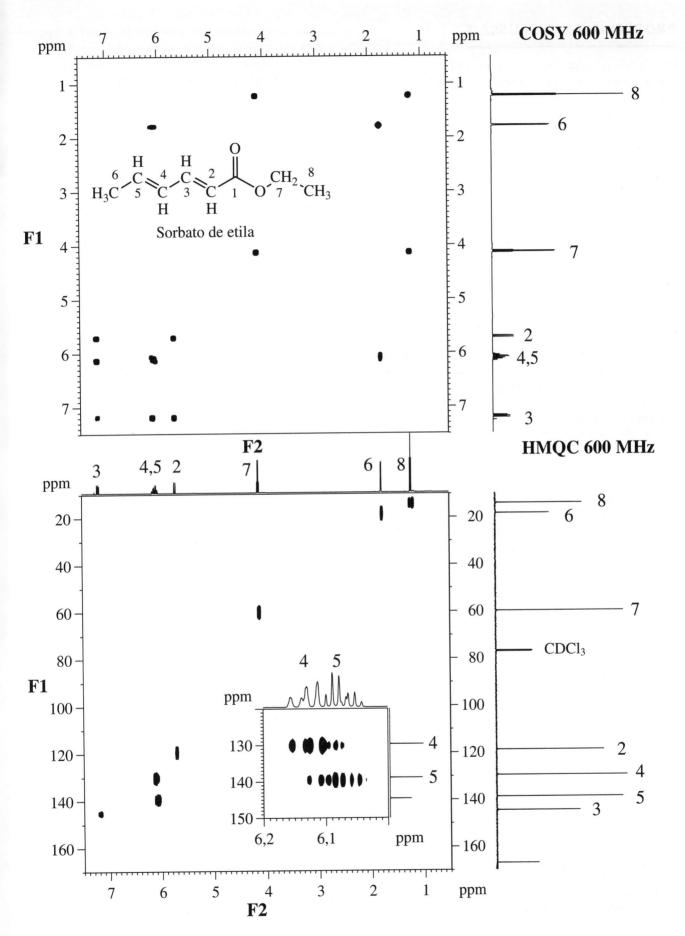

PROBLEMA 7.2 DISCUSSÃO

O pico relativamente intenso em m/z 140 no espectro de massas é uma escolha razoável para o pico do íon molecular, porque não existem picos superiores em massa, e o fragmento em m/z 125 corresponde à perda de CH_3. Como 140 é um número par, existem 0,2,4,... átomos de nitrogênio, e podemos começar com zero. Os picos M + 1 e M + 2 muito pequenos eliminam S, Cl e Br.

A banda intensa em 1716 cm^{-1} indica um grupo carbonila. As duas bandas agudas em 1647 cm^{-1} e 1620 cm^{-1} indicam uma ou mais de uma ligações duplas carbono–carbono (C=C) que podem estar conjugadas (veja a Seção 2.6.4.1).

Existem seis tipos diferentes de hidrogênios no espectro de RMN de ^1H, na razão, da esquerda para a direita, 1:2:1:2:3:3, um total de 12 hidrogênios. Contamos oito picos no espectro de ^{13}C (imaginando um carbono por pico) e no subespectro ^{13}C/DEPT encontramos (a partir da esquerda): (C=O) (do infravermelho), CH, CH, CH, CH, CH_2, CH_3, CH_3. Com as informações que temos até agora, podemos escrever $C_8H_{12}O$, com massa 124, isto é, 16 unidades a menos do que o previsto pelo pico do íon molecular m/z 140. Será que existe um outro átomo de oxigênio no íon molecular?

Isso se confirma porque o deslocamento químico do grupo CH_2 em 60 ppm sugere uma sequência —(C=O)OCH_2— (veja a Tabela 4.20). O deslocamento químico do grupo carbonila no espectro de ^{13}C (168 ppm) também sugere um derivado de ácido carboxílico, como um éster. A fórmula molecular parcial pode ser agora modificada para $C_8H_{12}O_2$, com um índice de deficiência de hidrogênios igual a três.

O espectro de RMN de hidrogênio mostra imediatamente que o tripleto de CH_3 na extrema direita está ligado diretamente a um grupo CH_2 desblindado (quarteto) em 4,1 ppm. O espectro COSY confirma essa correlação. A sequência, anterior, é agora um dos extremos da molécula: —(C=O)OCH_2CH_3.

Nos espectros ^{13}C/DEPT veem-se quatro picos CH de alqueno entre ~119 ppm e ~145 ppm. Existe também o pico CH_3 restante em ~18,5 ppm, que aparece no espectro de hidrogênios como um dubleto em ~1,8 ppm, obviamente ligado a um dos quatro grupos CH.

Parece prematuro formular uma estrutura molecular neste ponto, mas temos um dos extremos da estrutura, quatro grupos CH com um grupo CH_3 ligado, nenhuma possibilidade de cadeias laterais, e não esqueçamos as outras duas insaturações. Com alguma cautela, oferecemos a seguinte estrutura:

$$CH_3-CH=CH-CH=CH-\overset{\overset{O}{\|}}{C}-O-CH_2-CH_3$$
$$65432178$$

O sinergismo entre os espectros ^{13}C/DEPT e o espectro de hidrogênio pode ser explorado. Existem dois aspectos em um espectro de hidrogênios: os multipletos de primeira ordem podem ser usualmente resolvidos e os multipletos de ordem superior são fonte de frustração. No presente espectro de hidrogênios existem cinco multipletos de primeira ordem e dois multipletos sobrepostos que não são de primeira ordem.

Os hidrogênios de etila são representados pelo tripleto em ~1,2 ppm acoplado ao quarteto desblindado em ~4,1 ppm. O outro grupo CH_3 é representado por um dubleto em ~1,8 ppm, acoplado a um dentre quatro hidrogênios de CH de alqueno. Não tentaremos interpretar os multipletos de ordem superior, e vamos aos espectros 2-D.

No espectro COSY, um dos dois grupos CH sobrepostos, que estão centrados em ~6,1 ppm (marcados H-5 e H-4), acopla-se com o dubleto em ~1,8 ppm. Esse acoplamento confirma a hipótese de que o grupo CH_3 é terminal. O hidrogênio H-5 também se acopla com o outro grupo C—H sobreposto (H-4), que, por sua vez, se acopla com o grupo C—H vizinho em ~7,2 ppm (marcado H-3). O dubleto ligeiramente alargado em ~5,7 ppm (marcado H-2) é o resultado do acoplamento com H-3 e do acoplamento de longa distância. Resumindo,

$$CH_3-CH=CH-CH=CH-\overset{\overset{O}{\|}}{C}-O-CH_2-CH_3$$
1,8   6,1   7,2   5,7   4,1   1,2 ppm
6   5   4   3   2   1   7   8

Agora que temos o assinalamento de todos os hidrogênios e as correlações diretas entre os carbonos e os hidrogênios ligados, podemos assinalar todas as ressonâncias de carbono, exceto o carbono quaternário, que, nesse caso, é um assinalamento trivial. Um exemplo interessante é encontrado na expansão do espectro HMQC, que mostra as correlações dos dois hidrogênios sobrepostos, H-4 e H-5. Embora estejam sobrepostos no espectro de hidrogênio, eles estão bem resolvidos no espectro HMQC porque as ressonâncias de carbono não se sobrepõem.

Uma questão importante permanece. As ligações duplas são E (trans) ou Z (cis)? Essa questão pode ser resolvida se os valores de J dos hidrogênios de olefina puderem ser determinados. Um ponto de partida óbvio é o dubleto H-2, que é o resultado do acoplamento com H-3. O valor de J é 16 Hz. Essa constante de acoplamento cai na faixa das ligações duplas E dada no Apêndice F, Capítulo 3.

Os multipletos sobrepostos complexos de H-4 e H-5 não são acolhedores. Entretanto, H-3 mostra um par de dubletos em consequência do acoplamento de 16 Hz (trans) com H-2 e de um acoplamento de 10 Hz de uma ligação com H-4. Infelizmente, a constante de acoplamento da ligação 4,5 não é facilmente acessível. Porém, vale a pena investigar o desacoplamento de spin (homodesacoplamento) (veja a Seção 3.15). A irradiação de H-6 simplifica consideravelmente o complexo H-5, H-4. Na verdade, existe um dubleto de 16 Hz (um pouco distorcido) no lado de menor frequência. A irradiação de H-3, individualmente, simplifica o multipleto complexo e evidencia um dubleto de 16 Hz no lado de maior frequência. A irradiação simultânea de H-6 e H-3 leva a um par de dubletos de 16 Hz. As intensidades dos dubletos não são ideais devido à pequena razão $\Delta v/J$. Não há, agora, dúvidas de que as ligações duplas são E.

Exercício 7.3A

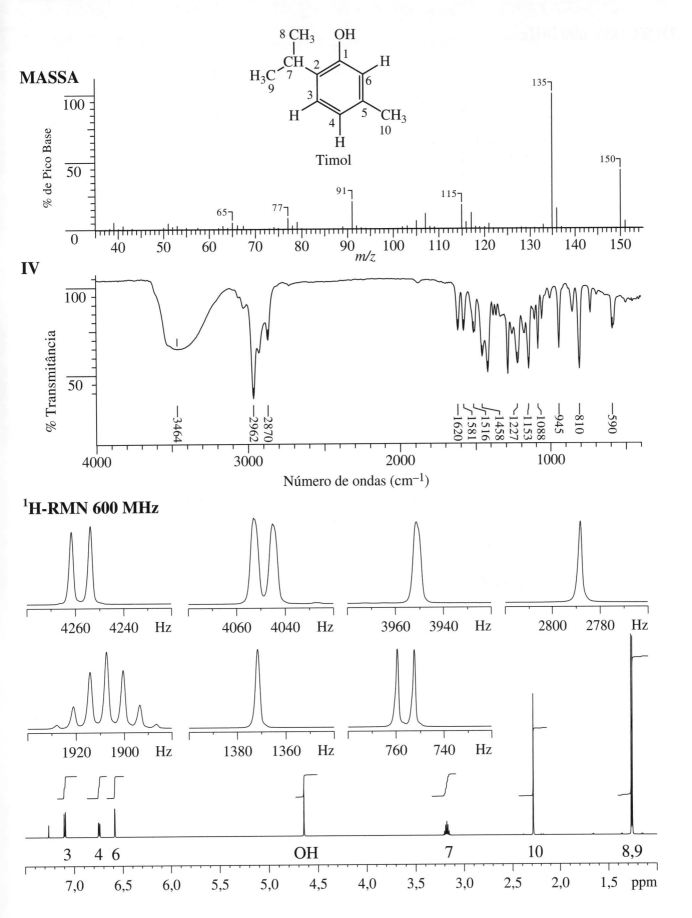

DQFCOSY 600 MHz

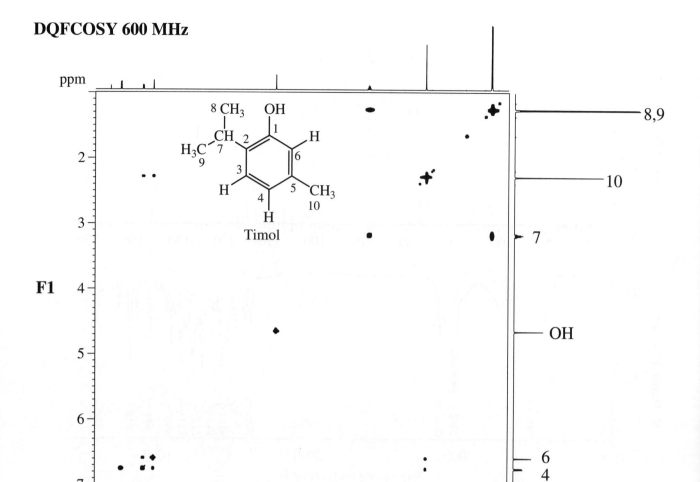

¹³C/DEPT-RMN 150,9 MHz

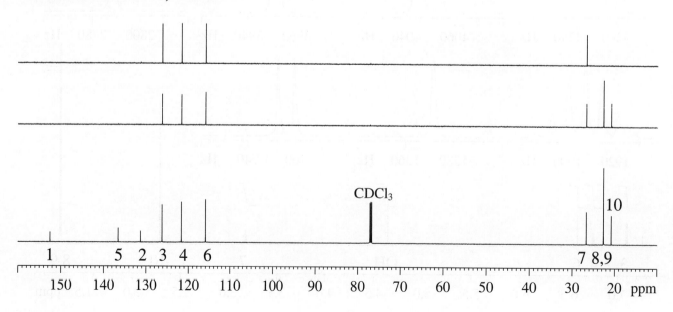

Exercício 7.3C

PROBLEMAS RESOLVIDOS **335**

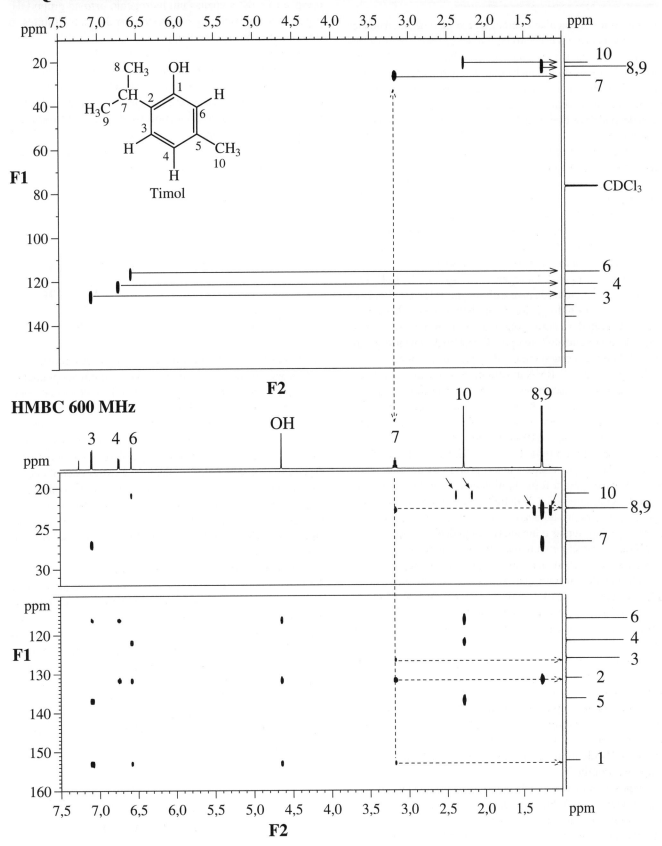

PROBLEMA 7.3 DISCUSSÃO

O pico do íon molecular é certamente o pico de intensidade média que ocorre no espectro de massas em m/z 150. Ocorre um pico de perda de CH_3 para dar o pico base em m/z 135. Os picos de isótopos do íon molecular não permitem a presença de S, Cl ou Br. Vamos imaginar que a massa par do pico do íon molecular indique a ausência de nitrogênio. Se isso é verdade, podemos usar o Apêndice A (Capítulo 1) para limitar a fórmula molecular a estas possibilidades: $C_6H_{14}O_4$, $C_8H_6O_3$, $C_9H_{10}O_2$ e $C_{10}H_{14}O$. O espectro de infravermelho é notável pelo pico intenso de OH em 3464 cm^{-1}. A questão imediata é a presença ou a ausência de aromaticidade. Se um anel aromático está presente, será que está diretamente ligado ao grupo OH como um fenol? Os espectros de ^1H e ^{13}C dão as respostas com picos nas regiões de aromáticos. Os picos intensos de infravermelho entre 1660 e 600 cm^{-1} sugerem aromáticos, e os íons em 77 e 91 m/z confirmam nossas conclusões.

Existem sete tipos de hidrogênios no espectro de ^1H-RMN, com a razão, da esquerda para a direita, de 1:1:1:1:1:3:6, isto é, um total de 14 hidrogênios. O dubleto de seis hidrogênios em δ 1,25 ppm deve corresponder a dois grupos CH_3 equivalentes de um fragmento isopropila. O septeto de um hidrogênio em δ 3,2 ppm é o grupo metino do grupo isopropila.

O espectro de ^{13}C-RMN mostra nove picos, mas um deles (em 23 ppm) é intenso demais, e, como ele está correlacionado com o dubleto de seis hidrogênios no espectro HMQC, concluímos que existem dois grupos CH_3 sobrepostos, o que leva o total de carbonos a 10. O espectro ^{13}C/DEPT especifica, da esquerda para a direita, C, C, C, CH, CH, CH, CH, CH_3 ($\times$ 2) e CH_3, a que adicionamos o grupo OH. O fragmento mais provável para a fórmula molecular, sob massa 150, é $C_{10}H_{14}O$, com um índice de deficiência de hidrogênios igual a 4. Esse grau de insaturação explica o anel de benzeno (isto é, três ligações duplas e um anel). Além disso, o espectro de RMN de ^{13}C mostra uma região alifática e uma aromática.

Na região de aromáticos, os três picos fracos representam três átomos de carbono quaternários, e os três picos mais intensos representam os átomos de carbono ligados a átomos de hidrogênio. O pico fraco mais desblindado em 153 ppm representa o átomo de carbono ligado ao grupo OH (veja a Tabela 4.12).

Os substituintes na parte alifática devem ser um grupo metila e um grupo isopropila. Para confirmação, a região de alifáticos no espectro de hidrogênio mostra (da esquerda para a direita) um septeto de um hidrogênio (isto é, CH), um singleto de três hidrogênios (isto é, CH_3) e um dubleto de seis hidrogênios. É um dubleto porque é formado por dois grupos CH_3 idênticos acoplados ao grupo CH, isto é, um grupo isopropila.

Temos agora a questão de como distribuir os dois substituintes alquila em relação ao grupo OH, e faremos isso de forma indireta examinando os deslocamentos químicos e as constantes de acoplamento dos três hidrogênios do anel. Podemos considerar o hidrogênio em δ 6,6 como sendo *orto* em relação ao grupo OH (veja a Carta D-1, Capítulo 3). Como esse pico é um singleto alargado, não existe hidrogênio adjacente, mas ele é afetado por um hidrogênio *meta* com constante de acoplamento muito pequena. Além disso, o espectro mostra apenas um hidrogênio *orto* ao grupo OH, logo a outra posição *orto* deve ter um dos substituintes, o grupo metila ou o grupo isopropila.

O dubleto agudo em δ 7,1 com $J \sim 8$ Hz representa um átomo de hidrogênio de aromático com acoplamento *orto*. Como os picos são agudos, não existe acoplamento *meta*. O deslocamento químico sugere que ele seja *meta* em relação a OH. Os grupos alquila afetam pouco o deslocamento químico (veja a Carta D-1, Capítulo 3). O dubleto alargado em δ 6,75 é *para* em relação ao grupo OH, e o acoplamento é *orto* e fracamente *meta*. A escolha está entre *I* e *II*.

Timol
I

II

O espectro COSY confirma essas hipóteses e mostra que os hidrogênios do substituinte metila estão em acoplamento de longa distância (^4J) com H-4 e H-6. É interessante notar que o hidrogênio de CH do grupo isopropila não mostra acoplamento de longa distância com H-3, possivelmente devido à alta multiplicidade da absorção de CH, que produziria um pico cruzado muito difuso que não é observado. Como esperado, os hidrogênios aromáticos mostram acoplamento *meta* (^4J) entre H-6 e H-4 e acoplamento *orto* (^3J) entre H-4 e H-3. A estrutura I (timol) está agora muito favorecida. Observe que o importante acoplamento de longa distância entre o substituinte CH_3 e H-4 e H-6 não foi resolvido no espectro de ^1H unidimensional.

O espectro HMQC mostra os acoplamentos $^1J_{CH}$. A Tabela 4.12 do Capítulo 4 permite que arranjemos, da esquerda para a direita, os átomos de carbono aromáticos não substituídos como C-6, C-4 e C-3. O espectro HMQC confirma a mesma sequência para H-6, H-4 e H-3. Agora os átomos de carbono aromáticos não substituídos podem ser correlacionados com os hidrogênios alifáticos já resolvidos. Os átomos de carbono aromáticos substituídos não podem ainda ser assinalados.

O espectro HMBC permite observar as correlações entre sistemas isolados de spins de hidrogênio — isto é, que passam através de átomos "isolados" como O, S, N e carbonos tetrassubstituídos.

Mesmo em uma molécula pequena o número de acoplamentos $^2J_{CH}$ e $^3J_{CH}$ pode ser muito grande. Por onde começar?

Bem, faça a seguinte pergunta importante: como podemos confirmar as posições dos grupos alquila? O espectro COSY detectou o acoplamento de longa distância para o substituinte metila, mas não para o grupo isopropila. A confirmação pode ser encontrada no septeto de CH de isopropila no espectro HMBC que mostra que existem quatro picos cruzados que correlacionam esse hidrogênio de CH com C-8,9 (^2J), C-2 (^2J), C-3 (^3J) e C-1 (^3J) na estrutura do timol. Já dá para convencer. Note, porém, ainda no espectro HMBC, que os hidrogênios do substituinte metila se correlacionam com C-6 (^3J), C-4 (^3J) e C-5 (^2J). Observe que os seis hidrogênios de metila do grupo isopropila correlacionam-se com C-7(^2J), C-4(^3J) e com C-2(^3J). Note, ainda, as correlações de H-8 com C-9 (^3J) e de H-9 com C-8 (^3J).

A utilidade de HMBC em correlacionar carbonos tetrassubstituídos com hidrogênios já assinalados pode ser mostrada pelas correlações com C-1, C-5 e C-2. O assinalamento inicial de C-1 na base desse deslocamento foi correto, mas o assinalamento de C-5 e C-2 com apoio somente no deslocamento precisa ser confirmado pelas correlações. Esse exercício fica por conta do estudante.

A ligação através dos átomos de carbono tetrassubstituídos foi mostrada no decorrer do exame das correlações descritas anteriormente. Dois pontos, para terminar: (1) existem quatro contornos, marcados por setas, que representam acoplamentos ^1J (grandes) que não foram totalmente suprimidos. Esses dubletos de CH são óbvios porque eles acompanham os sinais de hidrogênio. Podem ser ignorados. (2) As correlações do hidrogênio de OH com C-6, C-2 e C-1 devem ser levadas em conta. As correlações com o hidrogênio de OH podem ser muito úteis, mas são vistas raramente no HMBC porque são, em geral, muito largas para serem detectadas.

338 CAPÍTULO 7 — Exercício 7.4A

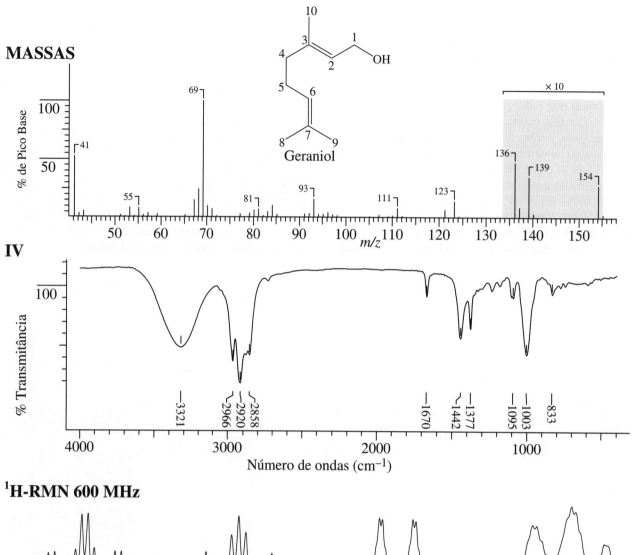

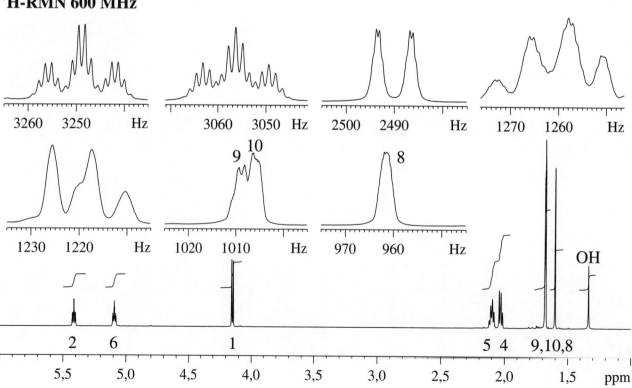

Exercício 7.4B

DQFCOSY 600 MHz

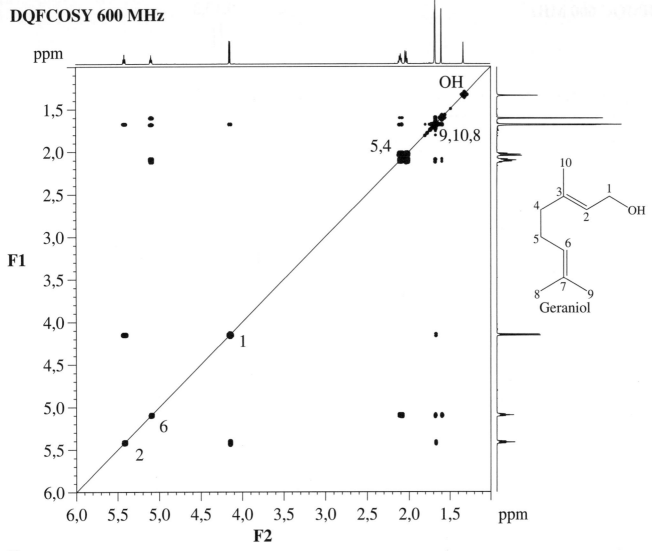

^{13}C/DEPT-RMN 150,9 MHz

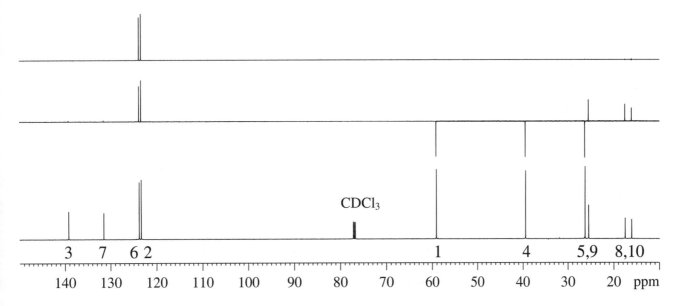

340 CAPÍTULO 7

HMQC 600 MHz

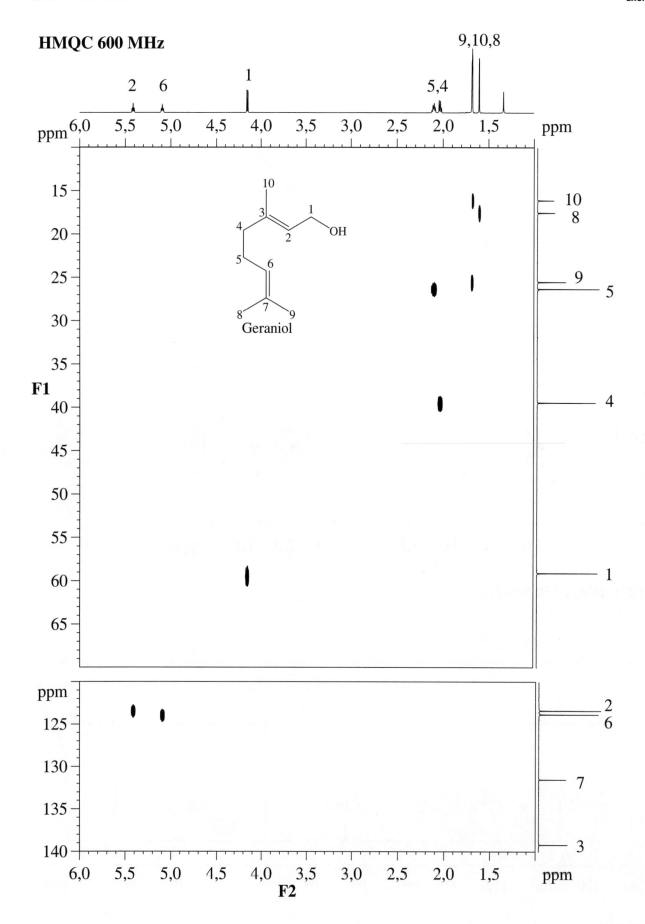

Exercício 7.4D

INADEQUATE 600 MHz

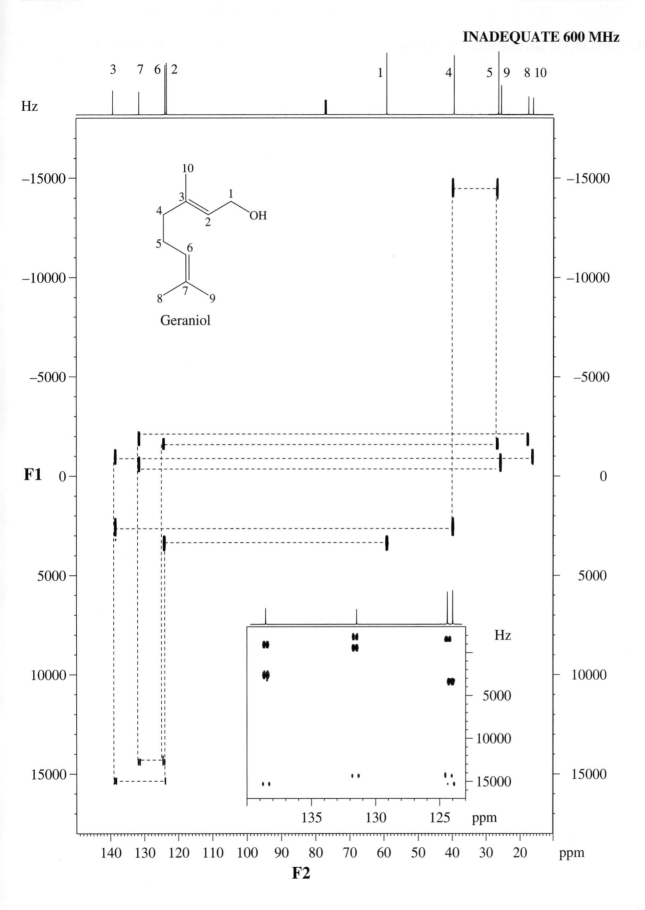

Espectro NOE de Diferença, 600 MHz

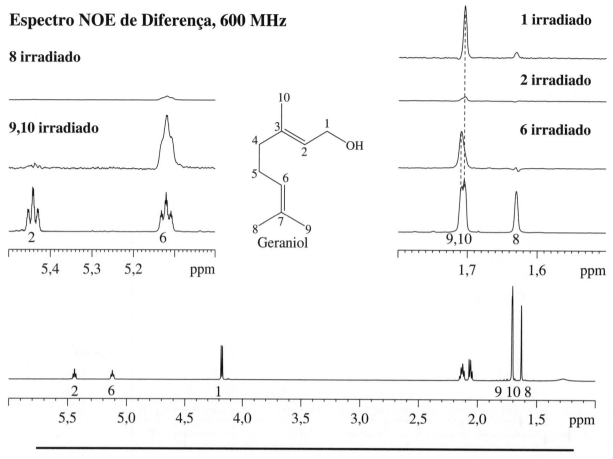

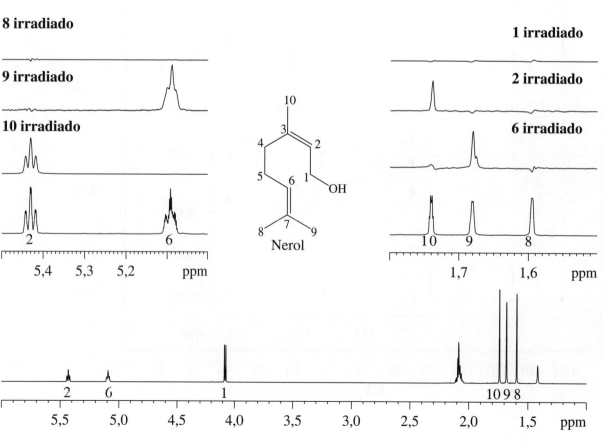

PROBLEMA 7.4 DISCUSSÃO

É muito provável que o pico em *m/z* 154, embora pequeno (a área cinzenta está multiplicada por 10), seja o pico do íon molecular. O pico *m/z* 139, também pouco intenso, resulta da eliminação de um grupo metila. O estudante atento perceberá o pico M-18 em *m/z* 136 e correlacionará essa informação com o pico largo de OH em 3321 cm^{-1} no espectro de infravermelho da substância pura para confirmação. A banda intensa em 1003 cm^{-1} provavelmente corresponde à deformação axial de C—O. Novamente, como no Problema 7.3, fica a pergunta: fenol ou álcool, aromático ou não?

O pico muito fraco do íon molecular e a eliminação de H$_2$O sugerem, embora não provem, que o composto é um álcool e não um fenol. Pode ser útil, por enquanto, imaginar que o fragmento do pico base (*m/z* 69) é C$_5$H$_9^+$ e que ele provém diretamente do pico do íon molecular por meio de um mecanismo muito favorável. Se isso for verdade, a molécula contém pelo menos uma ligação dupla.

O espectro ^{13}C/DEPT mostra 10 átomos de carbono e 17 átomos de hidrogênio, da esquerda para a direita: C, C, CH, CH, CH$_2$, CH$_2$, CH$_2$, CH$_3$, CH$_3$, CH$_3$. Os primeiros quatro são muito provavelmente de olefina. Se adicionarmos o hidrogênio de hidroxila, a fórmula molecular inicialmente proposta é C$_{10}$H$_{18}$O, concordando com o íon molecular, *m/z* 154. O índice de deficiência de hidrogênios é dois, o que permitiria duas ligações duplas, o que é coerente com os quatro carbonos de olefina.

Agora é possível resolver a estrutura com as muitas informações do espectro de RMN 1-D. Exploraremos inicialmente essa metodologia (tradicional) e a seguir usaremos os espectros de RMN 2-D. Deixemos claro, neste ponto, que a estereoquímica dessa molécula não pode ser *provada* usando somente os espectros de RMN de ^{1}H e ^{13}C.

Comecemos com o espectro de ^{1}H-RMN cuja integração dá, da esquerda para a direita, 1:1:2:2:2:6:3:1, que concorda com os 18 átomos de hidrogênio da molécula. Ele também pode ser lido como: (CH, CH de olefina), (CH$_2$, desblindado por OH), CH$_2$, CH$_2$, CH$_3$, CH$_3$ (quase sobrepostos), CH$_3$, OH. Lembre-se de que o espectro ^{13}C/DEPT mostra dois átomos de carbono que não estão ligados a hidrogênio. Lembre-se também de que o espectro ^{13}C/DEPT mostra três grupos CH$_3$ distintos, enquanto o espectro de ^{1}H-RMN mostra os sinais de H-9 e H-10 aparentemente sobrepostos mesmo em 600 MHz. Entretanto, quando expandidos, eles não estão completamente sobrepostos; eles estão parcialmente sobrepostos com algum acoplamento de longa distância.

O carbono de carbinila é um grupo metileno (do espectro ^{13}C/DEPT) e é um dubleto (com acoplamento de longa distância com H-10) em δ 4,15 no espectro de ^{1}H-RMN. Como os únicos grupos metino da estrutura são de olefina (também do espectro ^{13}C/DEPT), o composto deve ser um álcool alílico. Os três grupos metila estão relativamente desblindados e não mostram acoplamento vicinal, o que nos força a colocá-los nos átomos de carbono de olefina. Isso nos leva a duas estruturas possíveis de álcoois alílicos:

$$\begin{array}{c}H_3C\\ \\ H_3C\end{array}\!\!\!C\!=\!\!\overset{H}{\underset{|}{C}}\!-CH_2-OH \quad \text{ou} \quad \overset{H_3C}{\underset{|}{-}}\!\!\overset{|}{C}\!=\!\!\overset{H}{\underset{|}{C}}\!-CH_2-OH$$

A estrutura da esquerda é uma molécula completa, sem valências abertas, que não pode ser um "fragmento" de um álcool. O fragmento da esquerda parece plausível.

$$H_3C\!-\!\overset{H_3C}{\underset{|}{C}}\!=\!\overset{H}{\underset{|}{C}}\!- \quad \text{e} \quad -\overset{H_3C}{\underset{|}{C}}\!=\!\overset{H}{\underset{|}{C}}\!-CH_2-OH$$

Podemos construir outro "fragmento" levando em conta que temos outra ligação dupla com dois grupos metila que não têm acoplamento vicinal (isto é, são geminais) e um metino de olefina, mostrado à esquerda, acima. Se olharmos os dois fragmentos que temos e lembrarmos de que as duas peças restantes, ainda não usadas, são grupos metileno, basta inseri-los entre os dois fragmentos anteriores para chegar à estrutura seguinte:

$$H_3C\!-\!\overset{H_3C}{\underset{|}{C}}\!=\!\overset{H}{\underset{|}{C}}\!-CH_2-CH_2-\overset{H_3C}{\underset{|}{C}}\!=\!\overset{H}{\underset{|}{C}}\!-CH_2-OH$$

Esse é um álcool terpênico duplamente insaturado. A estereoquímica é mais acessível (e mais óbvia) com a estrutura convencional de um terpeno:

[estrutura do terpeno com numeração: 10, 1, 4, 3, 2, OH, 5, 6, 8, 7, 9]

A estrutura não tem centros quirais. O único elemento de simetria é o plano de simetria do plano do papel. Assim, os hidrogênios de cada grupo metileno são intercambiáveis (enantiotópicos). Os hidrogênios H-4 mostram um tripleto distorcido pelo acoplamento com os hidrogênios de H-5, que, por sua vez, mostram um quarteto distorcido por acoplamento com os hidrogênios H-4 e com o hidrogênio H-6, com constantes de acoplamento ligeiramente diferentes. A pequena razão $\Delta v/J$ para H-4 e H-5 também contribui para a distorção. Os dois grupos metila, H-8 e H-9, estão no plano de simetria, logo não são intercambiáveis. Os três grupos de hidrogênios de metila têm deslocamentos químicos distintos.

Essa interpretação é certamente convincente, porém as evidências baseiam-se apenas nos deslocamentos químicos e nos acoplamentos. Não é aceitável basear a análise somente nos deslocamentos químicos e nos acoplamentos quando uma análise detalhada dos experimentos 2-D pode ser feita sem ambiguidades.

Uma melhor metodologia para resolver as estruturas se apoia menos nos espectros 1-D e usa a riqueza de informações que podem ser obtidas dos espectros 2-D. Obtemos a fórmula molecular como fizemos anteriormente, anotando a presença de um álcool no espectro de infravermelho confirmada pelos espectros de ^{1}H-RMN e ^{13}C/DEPT. Neste ponto, passamos a usar os dados de 2-D. Evidência para hidrogênios diastereotópicos pode ser procurada no HMQC verificando se existem dois hidrogênios com deslocamentos químicos diferentes que se correlacionam com o mesmo pico de ^{13}C. Não existem essas correlações diaestereotópicas.

Os dados de conectividade do espectro COSY são muito mais seguros e um bom ponto para começar. Os picos que estão na diagonal estão numerados por conveniência. Um bom ponto de partida nos dados de COSY é o metileno de carbinila em δ 4,15 (H-1). (Se você quer se convencer de que esse pico é do metileno de carbinila, examine os espectros HMQC e ^{13}C/DEPT.) O acoplamento vicinal de longa distância do metino de olefina (H-2) em δ 5,41 e a correlação com um grupo metila em δ 1,68 (H-10) também é evidente. Como sabemos que o multipleto de hidrogênios em δ 5,41 é um metino? Usando as relações naturais dos espectros, podemos ver que o multipleto em δ 5,41 se correlaciona com uma ressonância de carbono em 123 ppm no HMQC. Essa informação volta aos espectros ^{13}C/DEPT, e podemos ver que a ressonância de carbono em 123 ppm é de um metino. Da mesma forma, a absorção de hidrogênio em δ 1,68 correlaciona-se com um átomo de carbono de metila no HMQC.

Podemos continuar a acompanhar as conectividades pelo COSY até H-4 porque existe um fraco acoplamento de longa distância da metila H-10 com o metileno H-4 em δ 2,11. (O estudante deve confirmar que o multipleto em δ 2,11 é um grupo metileno passando do COSY para o HMQC e daí para o ^{13}C/DEPT.) A única outra correlação de H-4 é com H-5. Essa correlação é difícil de ver porque os picos cruzados estão quase na diagonal. O grupo metileno H-5 correlaciona-se com H-6 (o outro metino de olefina) em δ 2,03. H-6 mostra duas outras correlações, ambas de longa distância, com os grupos metila H-8 e H-9. Não existem outras correlações nesse espectro COSY. O hidrogênio de OH não tem pico cruzado por causa da troca rápida.

Até agora, assinalamos todos os hidrogênios, mas ainda não podemos diferenciar os grupos metila em H-8 e H-9. Como conhecemos todos os assinalamentos dos hidrogênios, é trivial transferi-los para os sinais de ^{13}C através do espectro HMQC. Os carbonos tetrassubstituídos C-3 e C-7 não têm hidrogênios ligados e não podem ser correlacionados no espectro HMQC. Um espectro HMBC poderia ser usado para correlacionar os átomos de carbono tetrassubstituídos, mas, em vez disso, resolveremos o problema com as conectividades dos carbonos.

O espectro INADEQUATE mostra as conectividades entre átomos de ^{13}C adjacentes. É uma ferramenta muito útil. Afinal, a química orgânica estuda principalmente cadeias e anéis de carbono. As linhas que mostram as conectividades entre carbonos correlacionados foram adicionadas. Como ponto de partida, examinemos os três carbonos dos grupos metila C-8, C-9 e C-10. Podemos ver que C-10 está ligado a C-3 e que C-8 e C-9 estão ligados a um carbono de olefina (C-7). Essas conectividades confirmam nosso assinalamento de C-10; entretanto, ainda não podemos distinguir C-8 e C-9. Isso será feito na próxima seção. Se continuarmos a partir de C-3, veremos duas outras conectividades, uma para um carbono de olefina (C-2) (veja a expansão) e o outro para um carbono alifático (C-4). As demais conectividades são deixadas como exercício para que o estudante transforme as correlações em um esqueleto de carbonos.

Temos ainda duas tarefas: assinalar a estereoquímica da ligação dupla C-2,C-3 e assinalar os grupos metila C-8 e C-9. A espectrometria NOE de diferença foi descrita na Seção 3.16. Trata-se de um experimento 1-D que determina a proximidade de ^{1}H—^{1}H através do espaço, com base no efeito Overhauser nuclear. A "diferença" é obtida subtraindo-se o espectro ^{1}H "normal" do espectro NOE. Isso deixa somente os picos que foram "intensificados".

A tarefa que enfrentamos neste caso — distinguir entre uma ligação dupla trissubstituída (E) e o isômero (Z) — não é trivial. Como, aliás, também não o é a distinção entre os grupos metila H-8 e H-9. Para ter resultados definitivos, examinemos a ligação dupla em C-2 dos dois isômeros. O isômero (E) é o geraniol e o isômero (Z) é o nerol.

O espectro NOE de diferença mostra, na parte superior, o espectro de RMN de ^{1}H do geraniol, juntamente com o subespectro NOE de diferença que resulta da irradiação de certos grupos de hidrogênios. Na parte inferior está o espectro de RMN de ^{1}H do nerol (o isômero geométrico do geraniol), juntamente com o subespectro NOE de diferença correspondente. No geraniol, a irradiação do metino de olefina H-2 não mostra intensificação NOE do grupo metila H-10. A irradiação recíproca do grupo metila H-10 não mostra intensificação do grupo metino H-2. Podemos concluir que esses dois grupos estão em lados opostos da ligação dupla e que se trata de uma ligação dupla E. Esse assinalamento é confirmado pela irradiação do grupo metileno alílico H-1 e a intensificação concomitante do grupo metila H-10, que mostra que eles estão do mesmo lado da ligação dupla. Como os grupos metila H-9 e H-10 se sobrepõem no espectro de hidrogênio, eles são irradiados ao mesmo tempo, e podemos ver uma intensificação NOE do metino de olefina H-6. Verifique o resultado da irradiação do metino H-6.

Muito frequentemente em problemas da "vida real", especialmente os que envolvem produtos naturais, o isômero geométrico não está disponível (embora, em princípio, ele possa ser sintetizado). Incluímos, com fins pedagógicos, os dados do nerol. Nesse caso, a irradiação do H-2 de olefina provoca a intensificação do sinal do grupo metila H-10, e podemos concluir que o nerol tem uma ligação dupla Z. Os assinalamentos dos grupos metila H-8 e H-9 ficam para os estudantes.

Podemos agora reconhecer o fragmento m/z 69 (o pico base) como sendo o resultado da quebra alílica de uma olefina. De ordinário, o uso desse tipo de quebra para localizar as ligações duplas é duvidoso, porém, no geraniol, a quebra da ligação bis-alílica entre C-4 e C-5 resulta em um fragmento estabilizado em m/z 69. Veja na Seção 1.6.1.2 a quebra alílica, análoga, do β-mirceno para dar fragmentos em m/z 69 e 67.

Exercício 7.5A

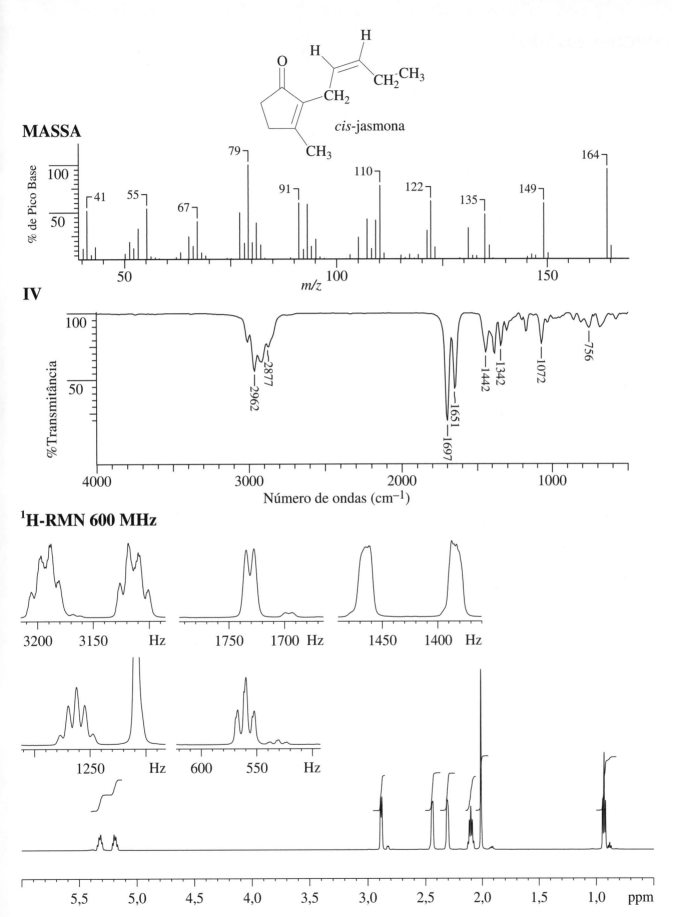

Exercício 7.5B

DQFCOSY 600 MHz

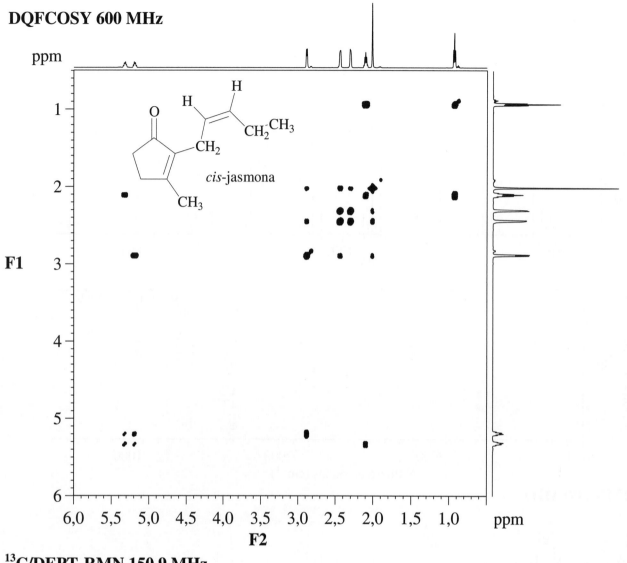

cis-jasmona

¹³C/DEPT-RMN 150,9 MHz

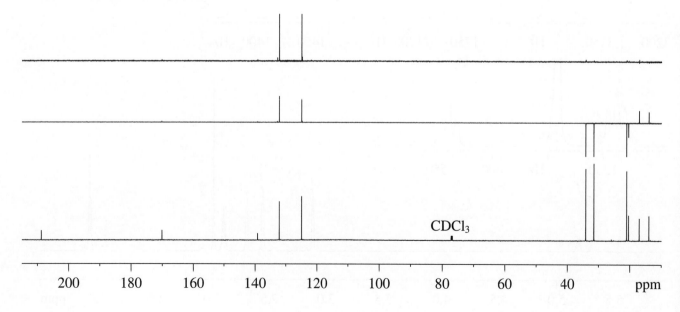

Exercício 7.5C   PROBLEMAS RESOLVIDOS   **347**

HMQC 600 MHz

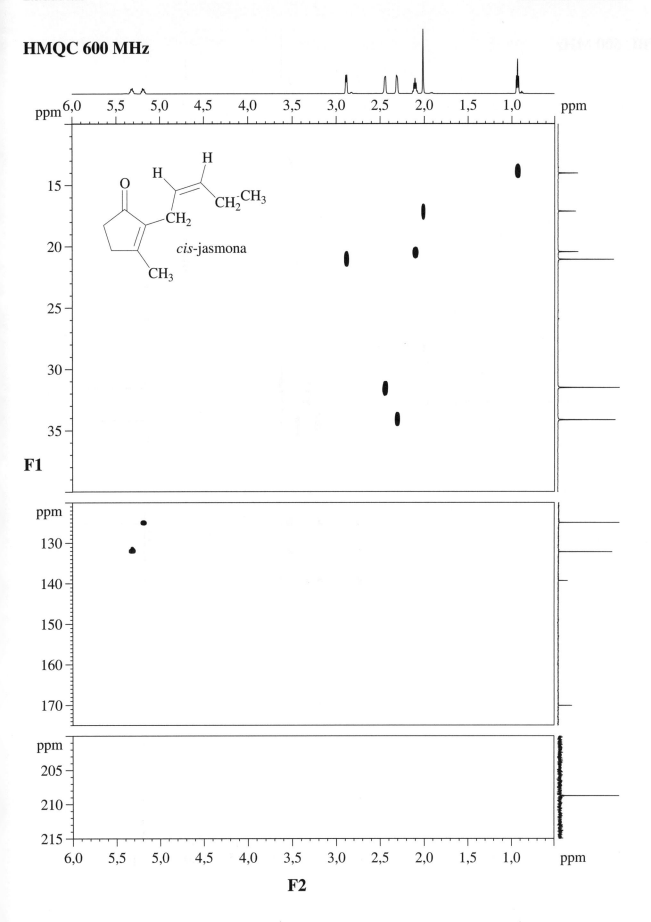

HMBC 600 MHz

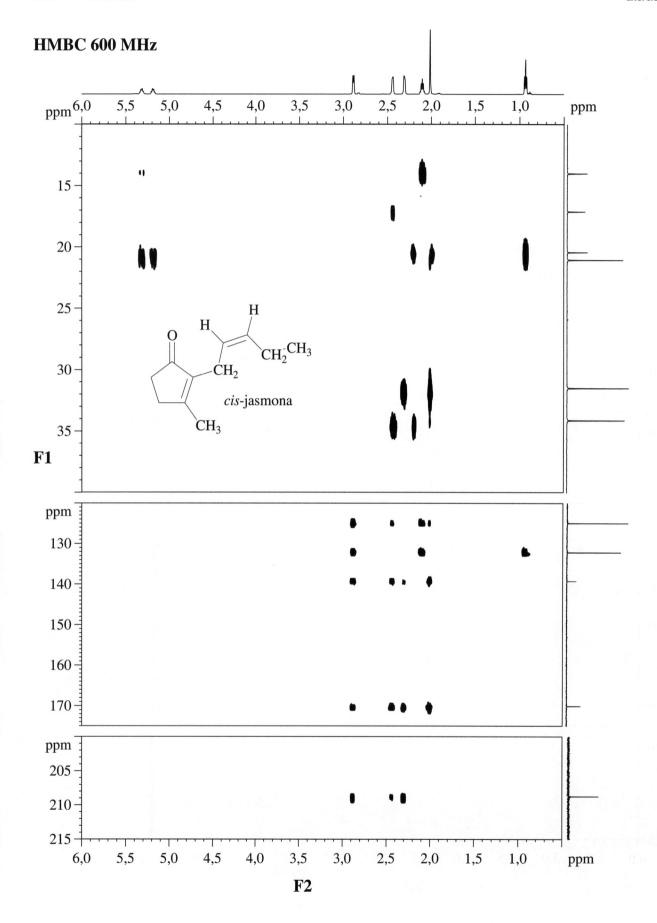

PROBLEMA 7.5 DISCUSSÃO

No espectro de massas, o pico em *m/z* 149 corresponde à perda de um grupo CH$_3$ (M-15) e indica que o pico *m/z* 164 é o pico do íon molecular. A ausência do pico M + 2 indica que Cl, Br e S não estão presentes. O espectro de infravermelho mostra um pico intenso em 1697 cm^{-1}, que sugere um grupo C=O, o que é confirmado pelo pico no espectro de RMN de ^{13}C em 208 ppm (na faixa das cetonas). A integração dos sinais no espectro de RMN de ^{1}H é 1:1:2:2:2:2:3:3 (16 hidrogênios). O espectro de RMN de ^{13}C indica 11 carbonos. Assim, a fórmula molecular tentativa é C$_{11}$H$_{16}$O, que concorda com o pico do íon molecular em *m/z* 164. O índice de deficiência de hidrogênios é quatro. Da esquerda para a direita nos espectros ^{13}C/DEPT, os números de hidrogênios ligados a cada carbono são: C, C, C, CH, CH, CH$_2$, CH$_2$, CH$_2$, CH$_2$, CH$_3$, CH$_3$.

Três dos quatro graus de insaturação podem ser tratados diretamente pelo espectro de RMN de ^{13}C. Já notamos o pico da carbonila, que, por sua posição, associamos a uma cetona. Existem quatro ressonâncias de carbono de olefina, o que explica mais dois graus de insaturação. Por inferência, o último grau de insaturação é atribuído a um anel.

Os espectros ^{13}C/DEPT já deram os vários fragmentos da molécula, o que é um passo largo na direção da estrutura. Passamos aos espectros 2-D para juntar as peças. Na medida do necessário, passaremos de um espectro para outro. O grupo metila mais blindado em δ 0,93, que se correlaciona com a ressonância do carbono de metila em 15 ppm no HMQC, é um bom ponto de partida. Esse grupo metila acopla-se com um grupo metileno em δ 2,12 ppm, como se pode ver pelo pico cruzado intenso no espectro COSY. A ressonância de carbono associada com esse grupo está em 21 ppm no espectro HMQC. Esse grupo metileno também se correlaciona com um dos metinos de olefina em δ 5,33 no COSY. O grupo metileno em δ 2,12 mostra um quinteto praticamente de primeira ordem.

O outro metino de olefina em δ 5,18 correlaciona-se no COSY com o primeiro metino (δ 5,33), sugerindo fortemente uma ligação dupla dissubstituída. Além disso, o metino em δ 5,18 acopla-se a um grupo metileno razoavelmente desblindado em δ 2,88. Esse metileno é um dubleto alargado que não tem outros acoplamentos vicinais. De acordo com o COSY, esse grupo metileno mostra acoplamento de longa distância com dois outros grupos que ainda não usamos (um dos grupos metileno não usados e o outro grupo metila). Até agora temos um grupo 2-pentenila, que deve estar ligado a um dos carbonos de olefina substituídos. O singleto alargado de metila em δ 2,01 deve estar ligado ao outro carbono de metino quaternário de olefina.

Se levarmos em conta as peças que faltam dos espectros ^{13}C/DEPT (um grupo carbonila, dois grupos metileno e dois carbonos de olefina substituídos) e o fato de que ainda há o grau de insaturação do anel, chegaremos à conclusão de que temos de desenhar uma cetona cíclica insaturada com cinco átomos no anel. Outras evidências nos permitem ordenar essas peças. Em primeiro lugar, o COSY nos diz que os dois grupos metileno (δ 2,30 e 2,45) estão em acoplamento vicinal e, portanto, são adjacentes. Em segundo lugar, o deslocamento químico de ^{13}C de um dos carbonos de olefina substituídos é 170 ppm. Essa desblindagem só pode ser explicada pela conjugação com a carbonila de cetona. Uma estrutura óbvia está abaixo. O HMBC (veja as correlações com o carbono da carbonila) confirma a estrutura do anel, e a falta de um carbono assimétrico (o plano do papel é um plano de simetria) explica a ausência de grupos metileno diastereoméricos.

Antes de terminar, devemos perguntar se existem isômeros constitucionais a considerar. Sim, se trocarmos os dois substituintes (isto é, o grupo 2-pentenila e o grupo metila), a estrutura resultante também se ajusta aos dados que apresentamos até agora. O espectro HMBC complexo também resolve o problema. Por exemplo, a ressonância do grupo metila ligado ao anel em 17 ppm mostra só uma correlação com o grupo metileno em δ 2,45. Esse grupo metileno está na posição β em relação à carbonila, confirmando, portanto, a estrutura dada anteriormente. Será que existem outras correlações no HMBC que também confirmam a estrutura? O estudante pode completar os assinalamentos.

350 CAPÍTULO 7 Exercício 7.6A

LCMS ES

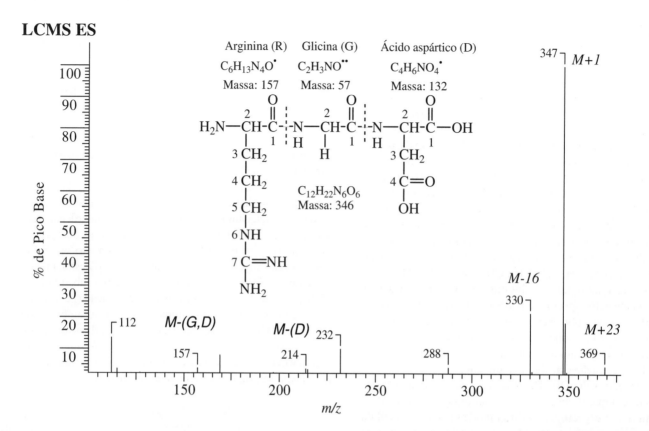

HMQC 600 MHz

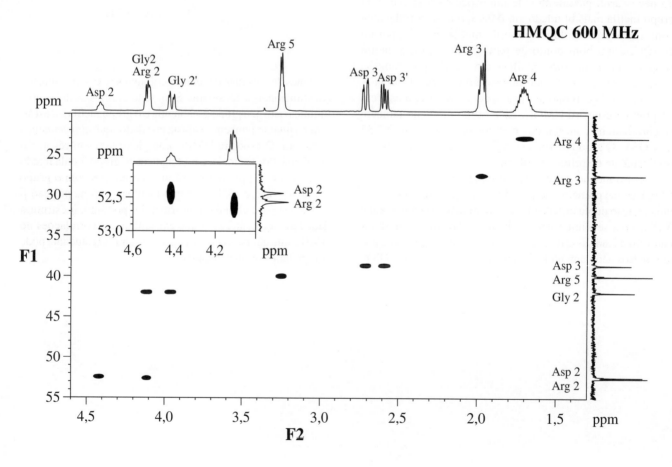

Exercício 7.6B

^{1}H-RMN 600 MHz

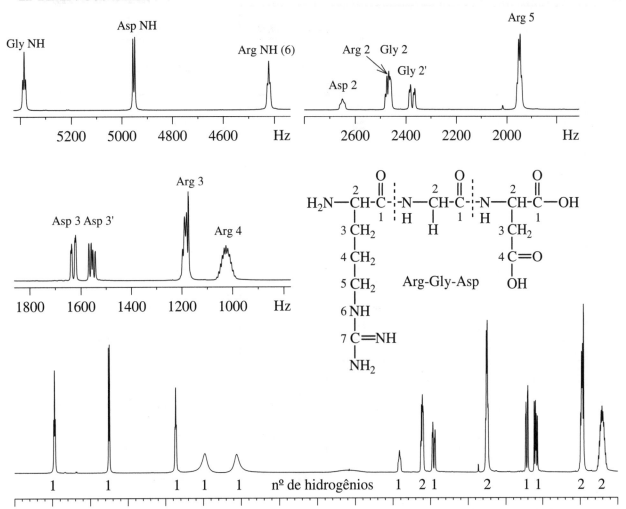

^{13}C/DEPT-RMN 150,9 MHz

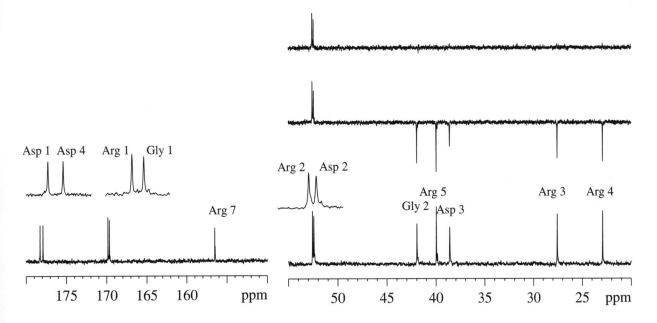

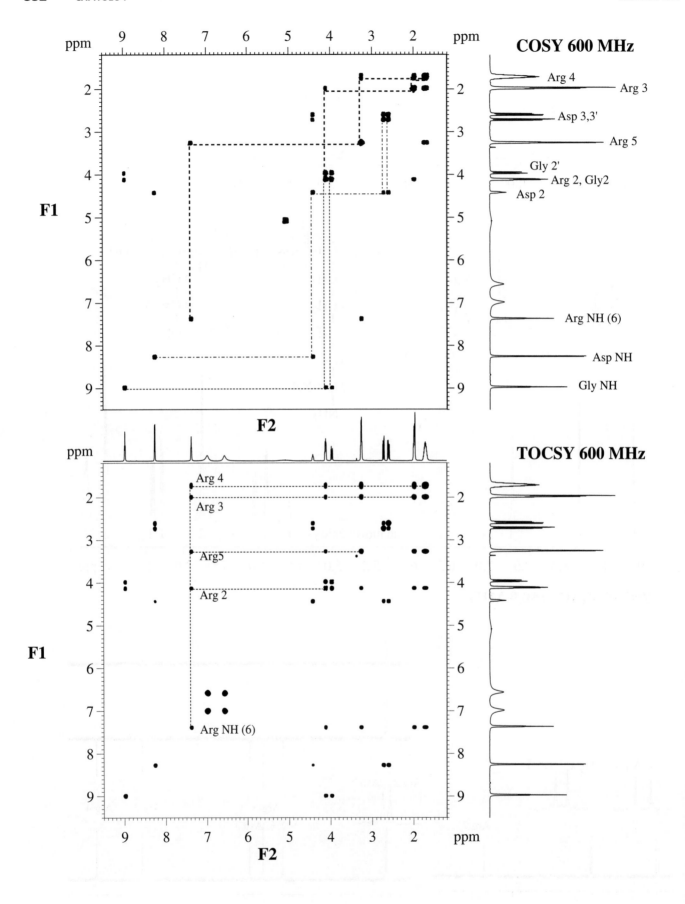

Exercício 7.6D

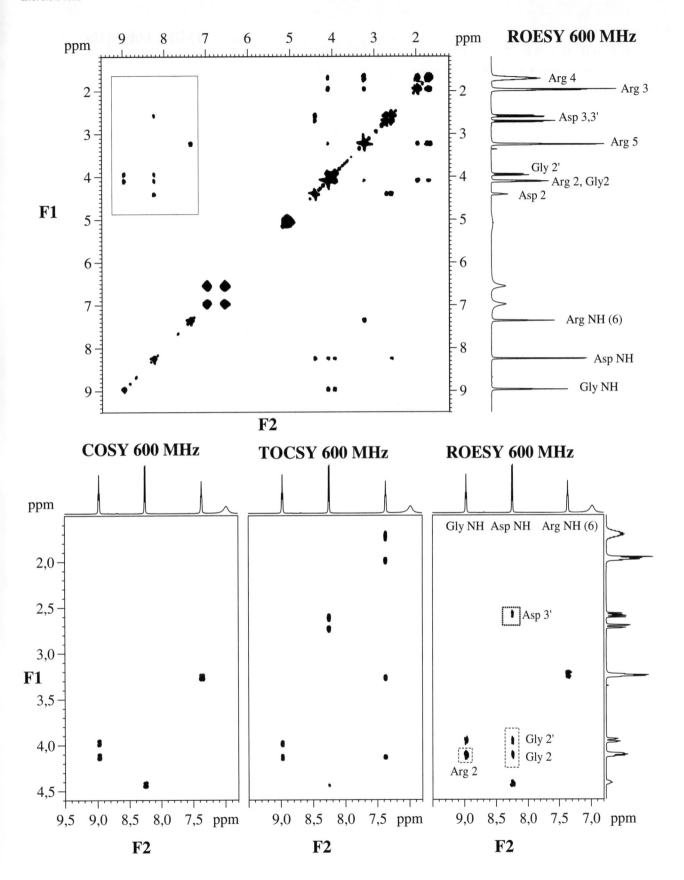

354 CAPÍTULO 7   Exercício 7.6E

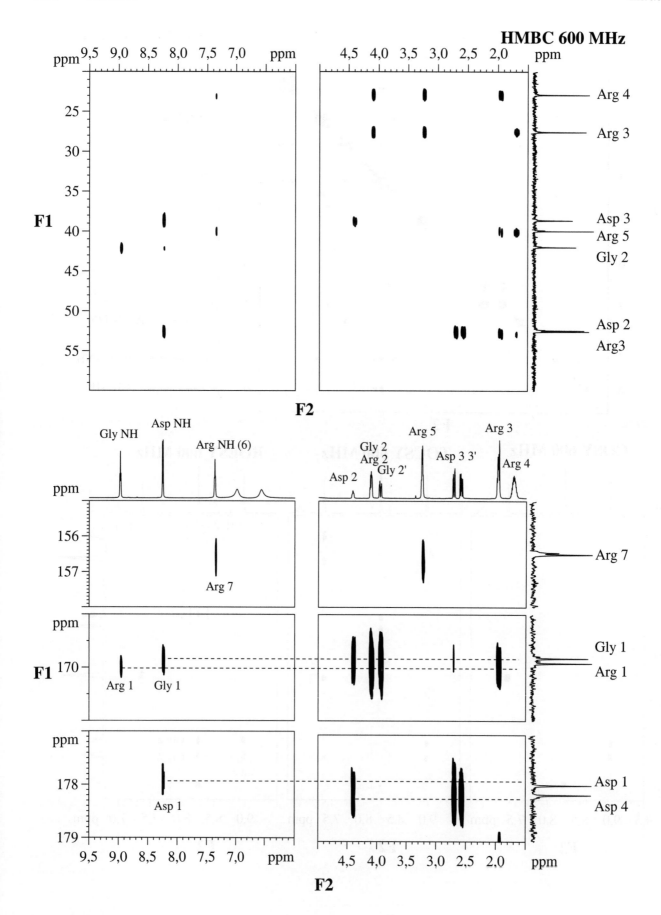

PROBLEMA 7.6 DISCUSSÃO

O último dos problemas resolvidos neste capítulo é muito diferente dos problemas apresentados anteriormente, e nosso método de trabalho também mudará. O composto é um tripeptídeo, e a elucidação da estrutura de peptídeos requer duas "soluções" distintas. Primeiro, determinam-se os aminoácidos (e seu número) e, depois, põem-se em ordem as unidades de aminoácidos (sequência). Esses exercícios não são triviais porque existem mais de 20 aminoácidos comuns, e a natureza da ligação peptídica é tal que eles podem estar em qualquer ordem.

Antes de tratar os dados relevantes, vale a pena discutir o manuseio da amostra. O espectro de massas do tripeptídeo foi obtido com um CL-EM com nebulização com elétrons (veja o Capítulo 1). A nebulização com elétrons (SE) é uma técnica "branda" de ionização (um tipo de ionização química) que elimina ou reduz a fragmentação e intensifica os íons pseudomoleculares (depende do número de cargas do íon, z). Os experimentos de RMN foram feitos em 95% H_2O e 5% D_2O em 0°C. A razão do uso desses solventes e os detalhes foram dados na Seção 5.11.

O LC-EM ES dá um M + 1 em m/z 347, que corresponde à fórmula molecular $C_{12}H_{22}N_6O_6$. Não trataremos em detalhes a obtenção dessa fórmula, porque o Apêndice A do Capítulo 1 só vai até 250 unidades de massa atômica. O pequeno pico em m/z 369 (M + 23) vem dos íons sódio, ubíquos nas soluções em água. Embora a fragmentação seja limitada, os picos que aparecem podem ser muito úteis para um analista experiente, e algumas das quebras estão mostradas como expansões no espectro de massas.

Para determinar os três aminoácidos, usaremos as informações dos espectros de RMN de ^1H, ^{13}C/DEPT, COSY, TOCSY e HMQC. Os deslocamentos químicos dos hidrogênios de aminoácidos são dados no Apêndice I do Capítulo 3. Os peptídeos são moléculas quirais, e todos os grupos metileno são diaestereotópicos, mesmo os da glicina. (O grupo metileno livre da glicina livre é enantiotópico.) Um bom ponto de partida para os peptídeos (e outros compostos formados por unidades distintas como os oligossacarídeos e polissacarídeos) é o TOCSY. O TOCSY 2-D mostra correlações entre todos os spins de um sistema de spins e nenhuma correlação fora do sistema. No caso de um tripeptídeo, existem três sistemas distintos de spins que são fáceis de achar no espectro TOCSY (Problema 7.6C). A ressonância de N—H em 8,95 ppm mostra um sistema de spins em que existem correlações com duas ressonâncias em 3,96 e 4,13 ppm. Se usarmos essa informação no espectro HMQC, veremos que essas duas ressonâncias de hidrogênios correlacionam-se com o mesmo átomo de carbono em 41,9 ppm (isto é, trata-se de um grupo metileno diastereotópico). Esse aminoácido é identificado como um resíduo glicina, e, como existe correlação com um grupo N—H de amida, podemos concluir que a glicina não é o término N. (Esse ponto será confirmado em outros espectros.)

Outro sistema de spins evidente tem um ponto de partida conveniente, a ressonância de N—H em 8,26 ppm. Existem três correlações com essa ressonância em um total de quatro partes nesse sistema de spins. Se usarmos essa informação no espectro HMQC, poderemos achar as ressonâncias de carbono correspondentes. É claro, não há correlação com a ressonância de N—H. A ressonância de hidrogênio em 4,41 ppm correlaciona-se com uma ressonância de carbono em 52,4 ppm, e os espectros ^{13}C/DEPT confirmam que se trata de um grupo metino. Os spins que restam no sistema são ressonâncias de hidrogênio em 2,58 e 2,72 ppm, que se correlacionam com uma única ressonância de carbono em 38,6 ppm. Os espectros ^{13}C/DEPT confirmam que se trata de um grupo metileno. O resíduo é identificado como sendo ácido aspártico, e, novamente, podemos concluir que ele não é o término N.

Um bom ponto de partida para o sistema de spins que falta é a ressonância em 7,35 ppm. Existem quatro outras ressonâncias nesse sistema de spins. O espectro HMQC e os espectros ^{13}C/DEPT indicam que essas ressonâncias correspondem a um grupo metino e três grupos metileno. Assim, o resíduo é o aminoácido arginina.

O espectro COSY poderia ser usado para confirmação de nossa análise, mas até agora não foi necessário. Entretanto, o COSY e o TOCSY não são redundantes e, na verdade, são complementares em pelo menos um aspecto importante. Enquanto o TOCSY mostra todos os spins de um sistema de spins, ele não dá informações sobre os acoplamentos dos spins uns com os outros. Por exemplo, o hidrogênio de N—H em 8,26 ppm (do ácido aspártico) mostra somente uma correlação com o grupo metino no COSY. Podemos concluir, sem perigo, que esse grupo N—H está envolvido em uma ligação peptídica e que o grupo metino está na posição α, o carbono quiral do aminoácido. (A glicina é um caso trivial que não discutiremos aqui.) O hidrogênio N—H em 7,35 ppm, que atribuímos a um ácido aspártico, correlaciona-se com todos os spins no TOCSY, mas só mostra acoplamento com um grupo metileno em 2,24 ppm no COSY. Essa informação nos permite chegar a duas conclusões que não poderiam ter sido obtidas do TOCSY. Em primeiro lugar, a ressonância de N—H não se acopla com o carbono α da arginina e, portanto, deve corresponder ao grupo guanidino e não ao grupo α-amino. Em segundo lugar, o resíduo de arginina deve ser o resíduo N-terminal porque não há correlação do hidrogênio de metino em 4,13 ppm com um hidrogênio de N—H nem no espectro COSY nem no TOCSY. Na discussão da sequência de aminoácidos, confirmaremos esse segundo ponto.

A informação obtida dos espectros ^{13}C/DEPT, COSY, TOCSY e HMQC permitiu a atribuição de todos os hidrogênios do espectro de ^1H, exceto os que têm troca rápida (o grupo carboxila e os hidrogênios livres dos grupos amino) e todos os átomos de carbono do espectro de ^{13}C que não são tetrassubstituídos. Não é necessário assinalar os hidrogênios em troca rápida, e os carbonos que não são tetrassubstituídos serão assinalados na discussão da sequência.

O segundo objetivo importante é estabelecer a "sequência" do peptídeo, isto é, colocar os aminoácidos em ordem. Duas ferramentas importantes de nosso repertório são os espectros HMBC e ROESY (ou NOESY). Lembre-se de que o HMBC mostra os acoplamentos de longa distância ^1H—^{13}C (geralmente de duas ligações, $^2J_{CH}$, e de três ligações, $^3J_{CH}$). Para fins de sequenciamento, esse experimento mostra as correlações entre os aminoácidos adjacentes, como se estivesse "vendo através" da carbonila de amida (peptídeo) até o N—H da amida. Este exercício também nos permitirá assinalar as carbonilas.

O experimento ROESY facilita o sequenciamento porque usa as correlações inevitáveis através do espaço entre os aminoácidos adjacentes. Esperamos encontrar conectividades através do espaço entre um N—H de aminoácido e os hidrogênios α ou C-2 do aminoácido adjacente. Os dados obtidos em cada um dos espectros são normalmente suficientes. Juntos, eles fornecem evidências poderosas de confirmação.

O Problema 7.6D mostra, na parte superior, o espectro ROESY completo. Os picos cruzados do ROESY mostram as correlações COSY e NOE. Para que a comparação seja mais fácil, a área de interesse para o sequenciamento (marcada com um quadrado) foi evidenciada juntamente com os espectros COSY e TOCSY (parte inferior do Problema 7.6D). O N—H de glicina, que se correlaciona com o grupo metileno adjacente nos espectros COSY e TOCSY, mostra uma correlação adicional no espectro ROESY com H-2 da arginina. Essa correlação mostra uma ligação entre a glicina e a arginina. Algumas pessoas poderiam considerar essa correlação não conclusiva devido à sobreposição entre H-2 da arginina e um dos H-2 da glicina. Nesse caso, é desejável confirmar o assinalamento (veja adiante).

A outra conectividade pode ser estabelecida pela interação NOE entre o N—H do ácido aspártico e os dois H-2 da glicina. Não há ambiguidade ou sobreposição nessa correlação, o que prova a sequência dada no Problema 7.6A. Um detalhe interessante é a correlação NOE entre o N—H do ácido aspártico e um dos dois hidrogênios de metileno diastereotópicos do ácido aspártico (H-3). Essa interação seletiva sugere rotação restrita e permite a diferenciação estérica e o assinalamento dos hidrogênios diastereotópicos.

A confirmação da sequência e do assinalamento dos carbonos tetrassubstituídos é feita com o HMBC mostrado no Problema 7.6E. A parte inferior da página é pertinente. Antes de confirmar a sequência, faremos o assinalamento de um carbono tetrassubstituído. O assinalamento do carbono C-7 da arginina pode ser feito pela correlação entre o N—H da arginina (H-6) e o carbono tetrassubstituído em 156,5 ppm.

A análise do HMBC na região dos carbonos da carbonila é dificultada pela falta de resolução digital no eixo F1. Lembre-se de que nos experimentos HMBC ocorre a detecção de hidrogênios, o que dá boa resolução na dimensão F2 dos hidrogênios. A única maneira de melhorar a resolução no eixo F1 é aumentar o número de FIDs do experimento, o que tem limitações experimentais severas. As linhas adicionadas ajudam a explicar as correlações.

O N—H da glicina correlaciona-se com o carbono da carbonila da arginina (C-1), o que confirma a ligação arginina–glicina. O assinalamento da carbonila da arginina é feito com o auxílio da correlação da ressonância de carbonila em 170 ppm com o metino H-2 da arginina. A outra ligação é estabelecida com o auxílio da correlação do N—H do ácido aspártico com a carbonila da glicina (C-1). A carbonila da glicina é evidenciada por suas correlações com os hidrogênios diastereotópicos da glicina. A sequência do tripeptídeo foi confirmada por dois métodos independentes.

EXERCÍCIOS PARA OS ESTUDANTES

Os exercícios seguintes são oferecidos aos estudantes para "resolução". As estruturas e os espectros de dois compostos estão nas próximas páginas. O estudante deve provar a estrutura a partir dos espectros e assinalar todos os hidrogênios e carbonos.

Exercício 7.7A

MASSA

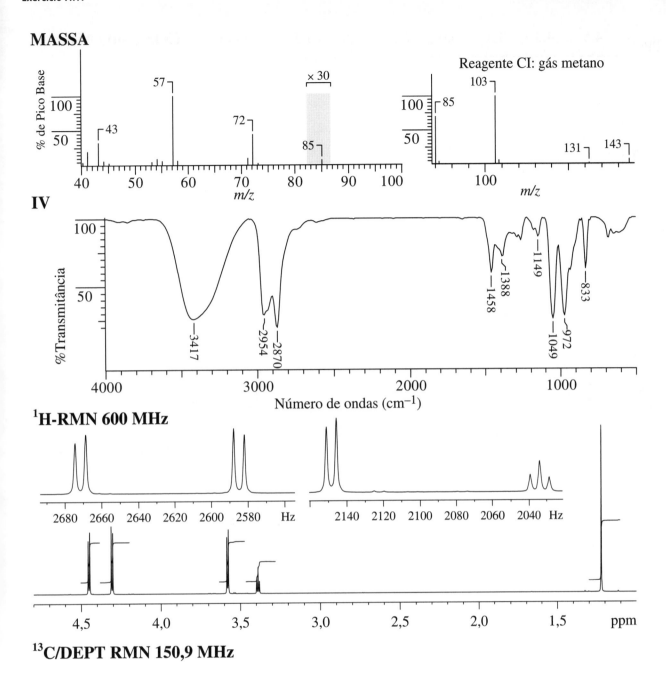

¹H-RMN 600 MHz

¹³C/DEPT RMN 150,9 MHz

3-metil-3-oxetanametanol

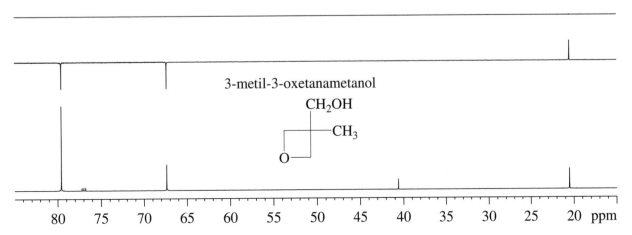

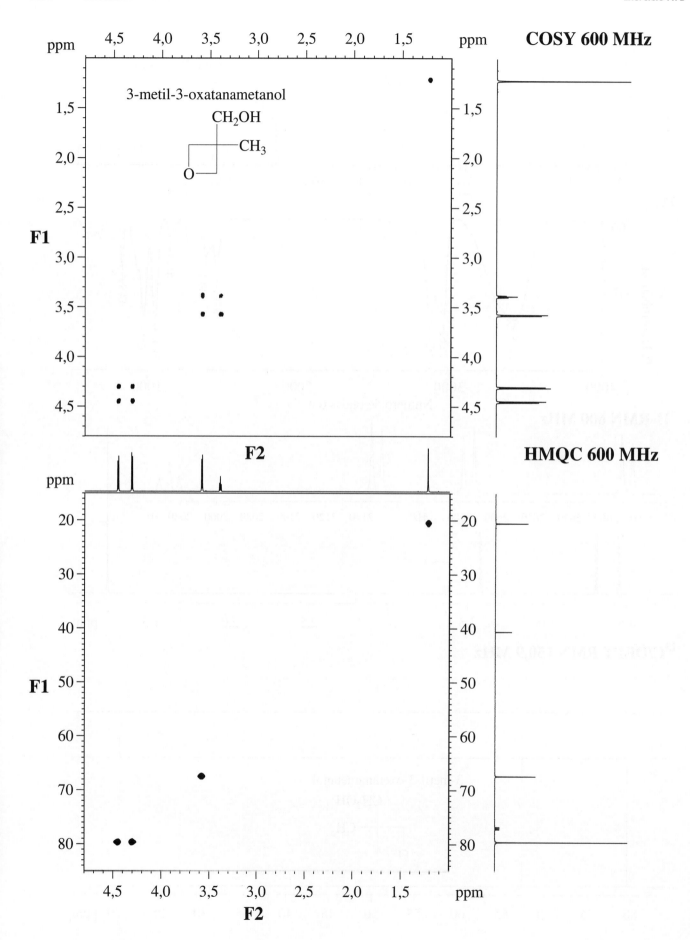

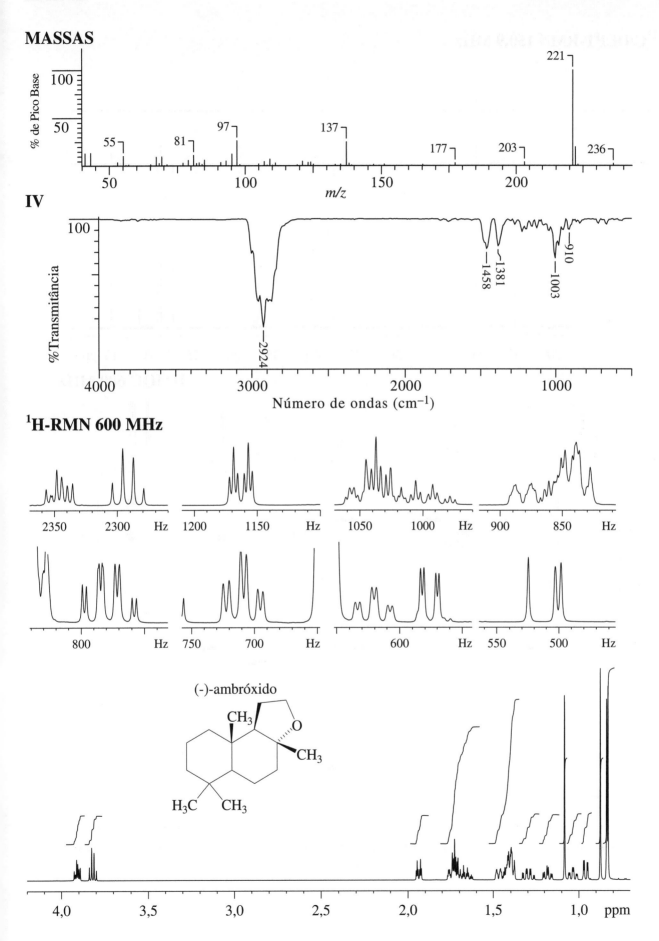

Exercício 7.8B

¹³C/DEPT-RMN 150,9 MHz

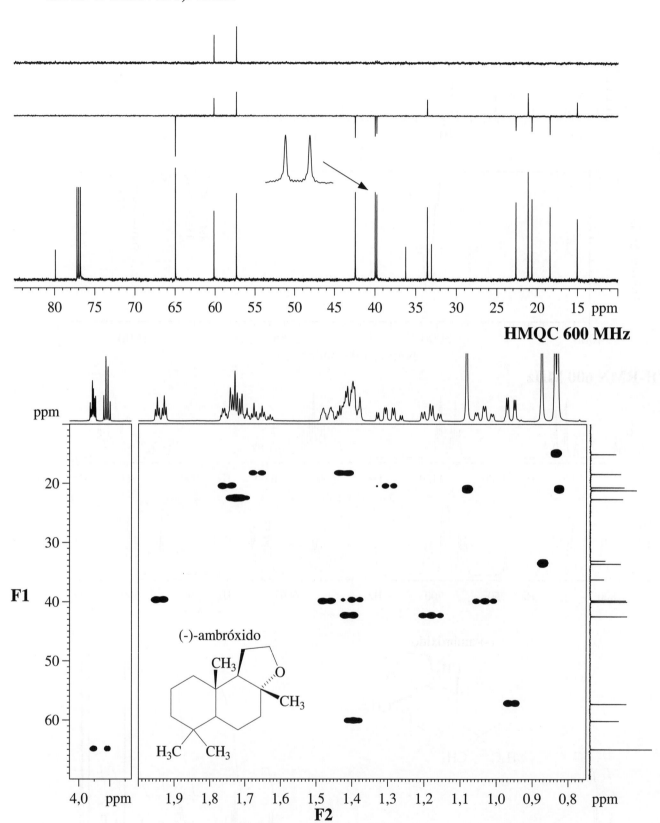

Exercício 7.8C

HMBC 600 MHz

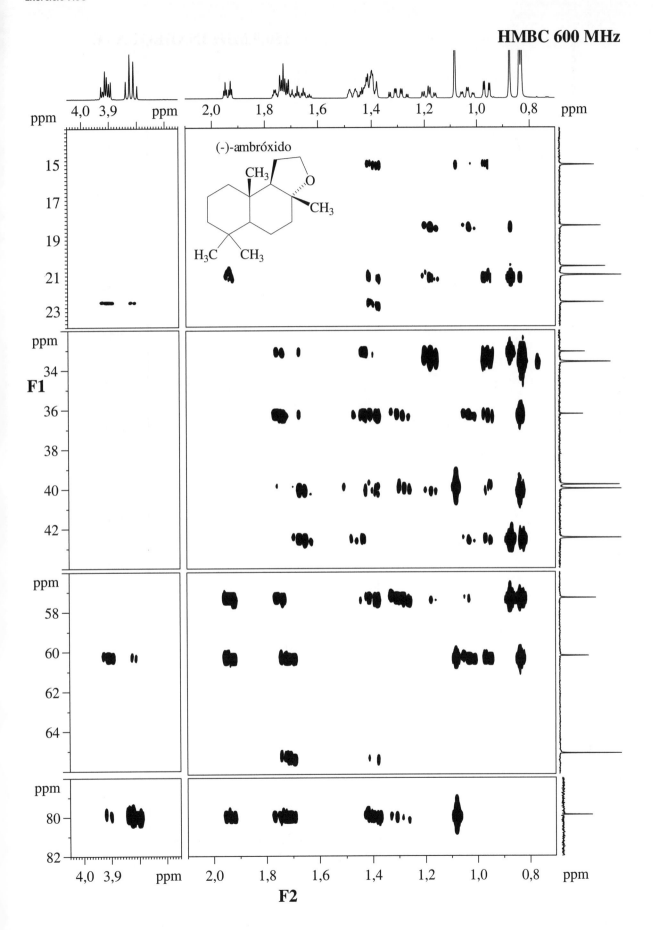

(-)-ambróxido

Exercício 7.8D

150,9 MHz INADEQUATE

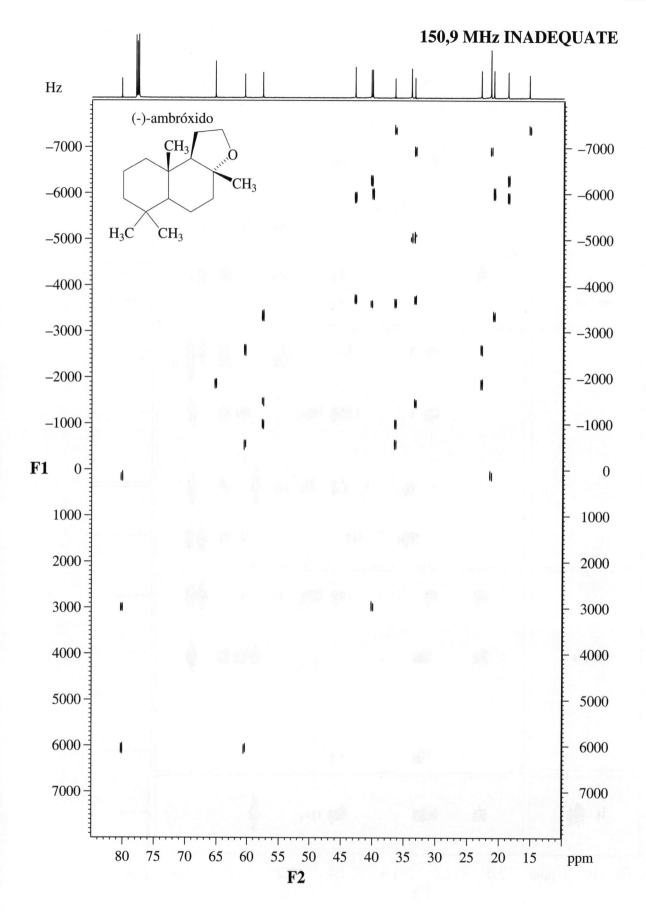

CAPÍTULO 8
PROBLEMAS PROPOSTOS

8.1 INTRODUÇÃO

O Capítulo 7 foi organizado como se os autores estivessem resolvendo problemas desconhecidos. Isso não é bem verdade porque os autores conheciam as estruturas. Os estudantes certamente consultaram as estruturas para acompanhar as explicações. A experiência adquirida foi, portanto, mais de racionalização das estruturas dadas do que de análise dos espectros. Porém, a experiência foi certamente importante.

O Capítulo 8 será uma experiência diferente (exceto o grupo final de problemas). Em vez de olhar para trás, para uma estrutura conhecida, e tentar entender os espectros, o estudante terá de olhar para a frente, procurando a estrutura. Esperamos que os primeiros problemas, muito simples, sirvam de encorajamento, como os problemas que apresentamos no fim de cada capítulo. Admitimos que os estudantes enfrentarão algumas dificuldades, mas acreditamos que encontrarão, também, muita satisfação.

Os espectros de RMN foram obtidos em 300 ou 600 MHz para os hidrogênios e 75,5 ou 150,9 MHz para os carbonos. O solvente é $CDCl_3$, e as exceções são mencionadas. Em 600 MHz, todos os espectros 2-D foram obtidos com gradientes, exceto INADEQUATE. Os espectros de infravermelho foram obtidos com as substâncias puras (isto é, sem solvente). Quando for o caso, o solvente é mencionado. Os espectros de massas foram obtidos por EI GC/MS. Metano foi usado nos espectros de ionização química.

Os problemas que se seguem cobrem uma ampla faixa de tipos de compostos e classificam-se de "fáceis" a "moderados" a "difíceis". É claro que essa classificação é relativa. Para quem está começando, nenhum desses problemas é fácil.

Com a experiência, muitos dos problemas moderadamente difíceis parecerão fáceis com os espectros 2-D. O primeiro grupo de problemas tem um espectro de massas, um espectro de infravermelho e espectros de RMN de ^1H e ^{13}C/DEPT. Em todos os casos, os espectros de ^{13}C-DEPT-RMN aparecem na seguinte ordem, de cima para baixo: DEPT-90, DEPT-135 e espectro de ^{13}C-RMN com desacoplamento de hidrogênios. O segundo grupo de problemas tem também alguns espectros 2-D. Muitos deles podem ser resolvidos sem os espectros 2-D. O terceiro grupo de problemas é apresentado com a estrutura do composto e tem, em geral, mais espectros 2-D.

Os problemas do terceiro grupo foram projetados para que o estudante possa praticar a resolução de estruturas mais complexas. Esses problemas podem ser utilizados com o objetivo de verificar a estrutura e reconhecer os sinais correspondentes dos espectros.

Em muitos dos problemas, existem mais informações do que o necessário para a resolução completa das estruturas, inclusive a estereoquímica, exceto, é claro, a estereoquímica absoluta. Alguns dos problemas não dão informações suficientes para a determinação da estereoquímica. Nesses casos, o estudante deve indicar os possíveis estereoisômeros e sugerir modos de distinção entre eles. Exercícios Adicionais para os Estudantes podem ser achados no GEN-IO, ambiente virtual de aprendizagem do GEN.

Neste ponto, podemos apreciar uma declaração mais literária: "é fácil ser sábio depois que o fato aconteceu, muito mais difícil enquanto está acontecendo".*

---
*Stegner, W. (1954). *Beyond the Hundredth Meridian*. Boston: Houghton Mifflin. Reedição, Penguin Books, 1992, Capítulo 3.

Problema 8.1

MASSAS

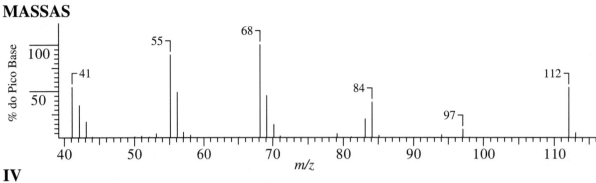

IV

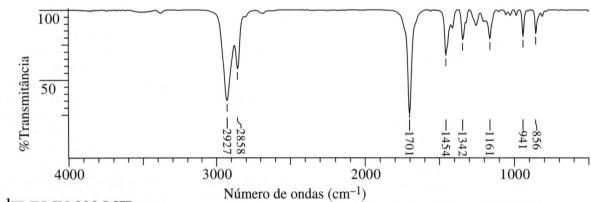

¹H-RMN 300 MHz

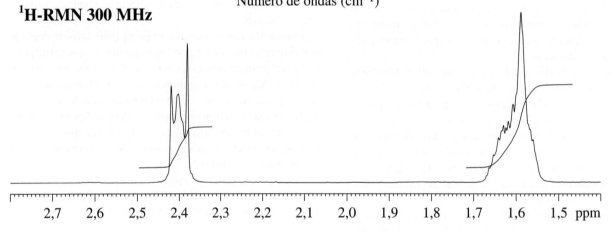

¹³C/DEPT-RMN 75,5 MHz

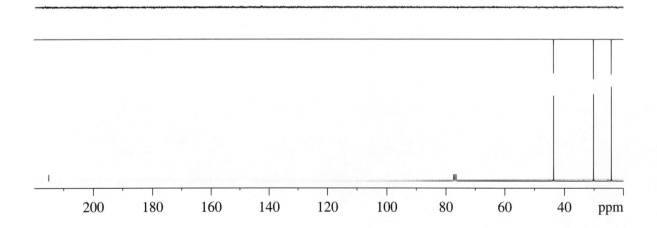

Problema 8.2

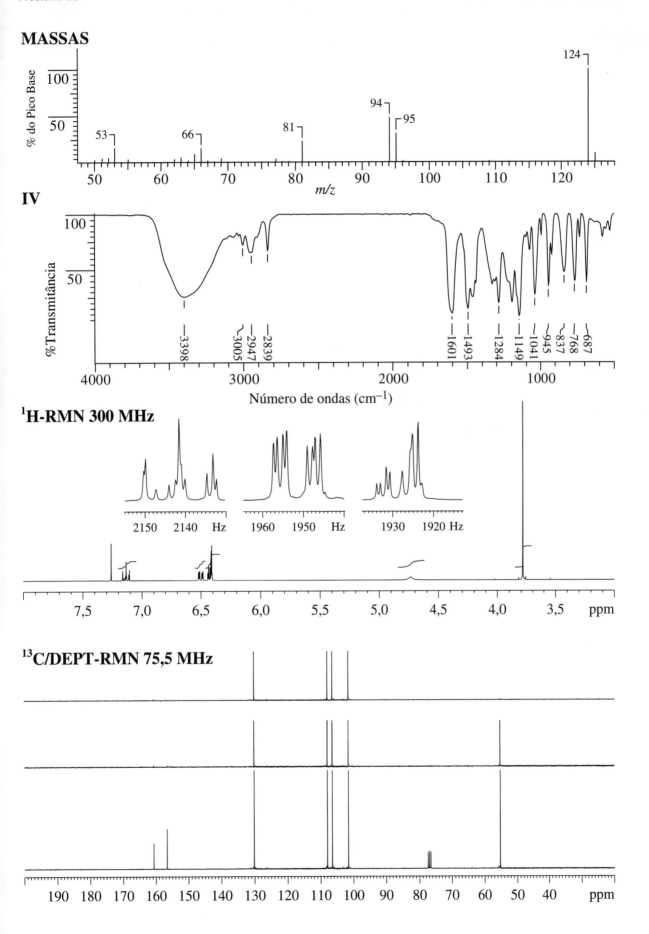

Problema 8.3

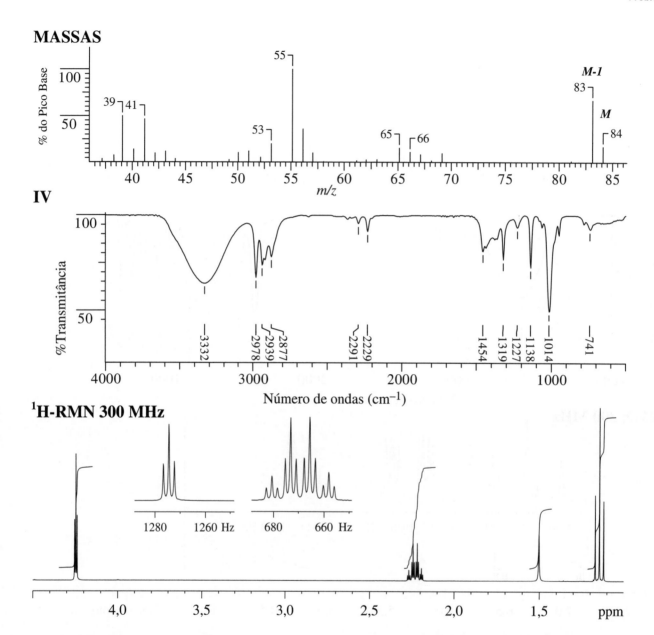

Problema 8.4

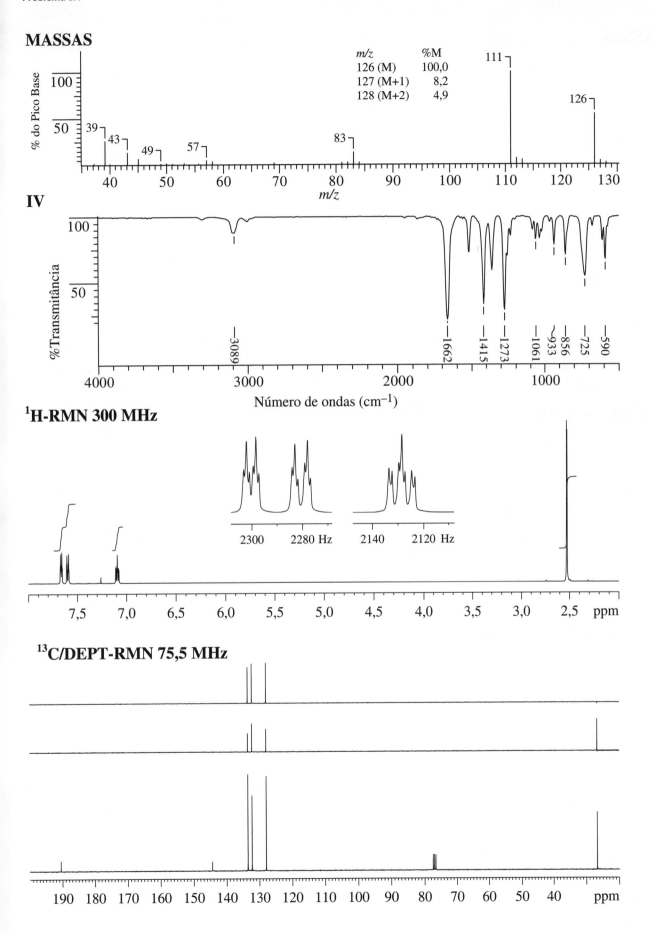

Problema 8.5

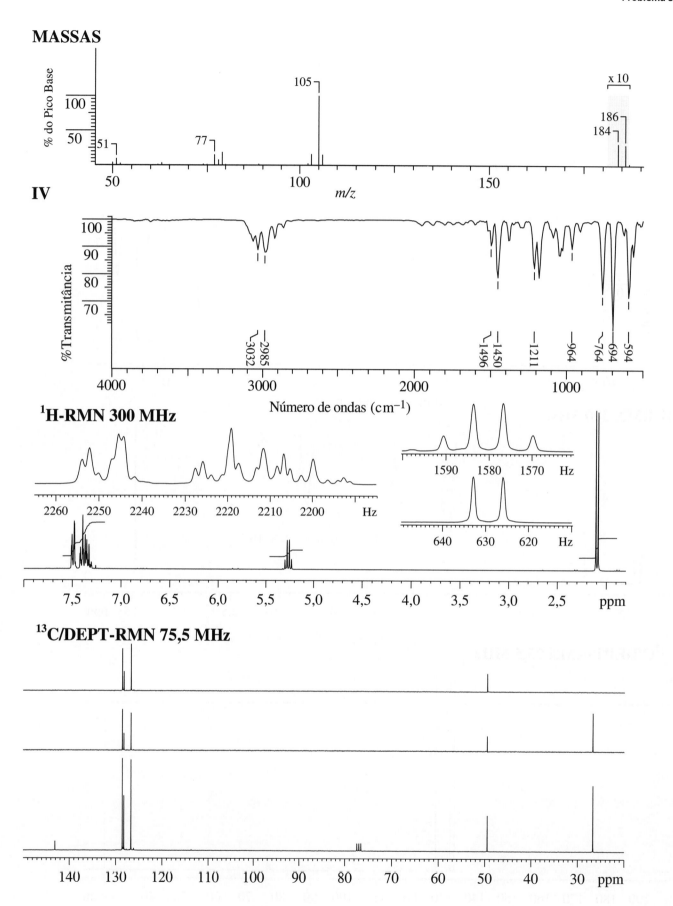

Problema 8.6

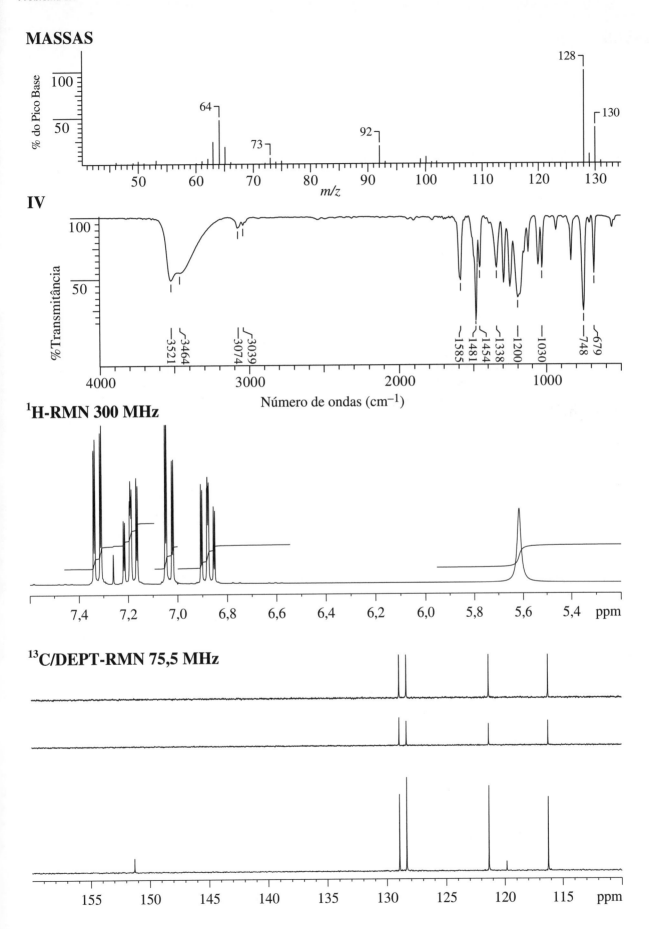

Problema 8.7

MASSAS

IV

¹H-RMN 300 MHz

¹³C/DEPT-RMN 75,5 MHz

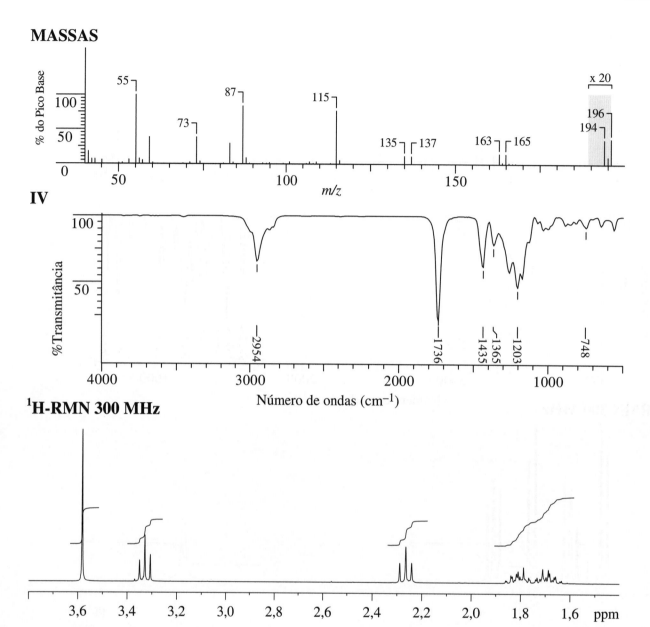

Problema 8.8

MASSAS

IV

¹H-RMN 300 MHz

¹³C/DEPT-RMN 75,5 MHz

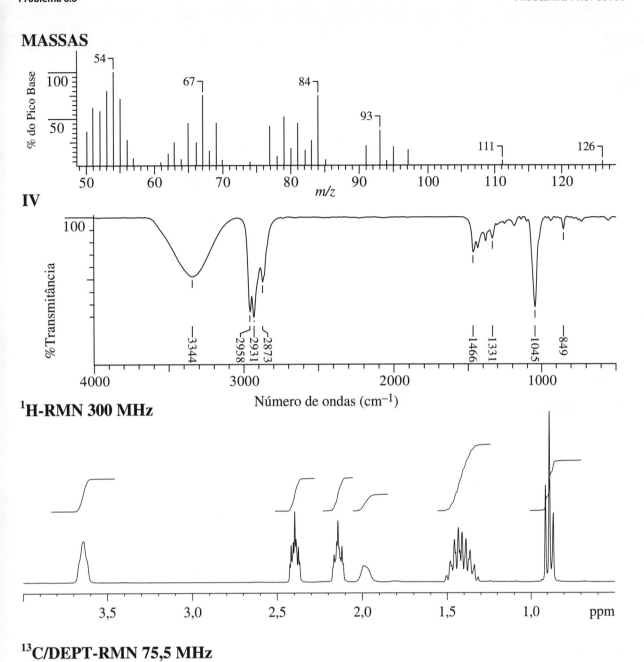

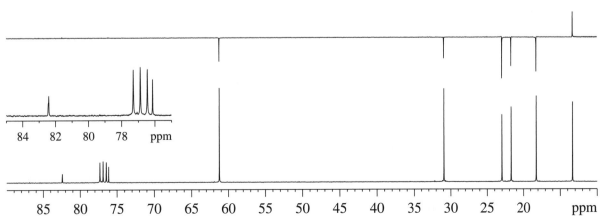

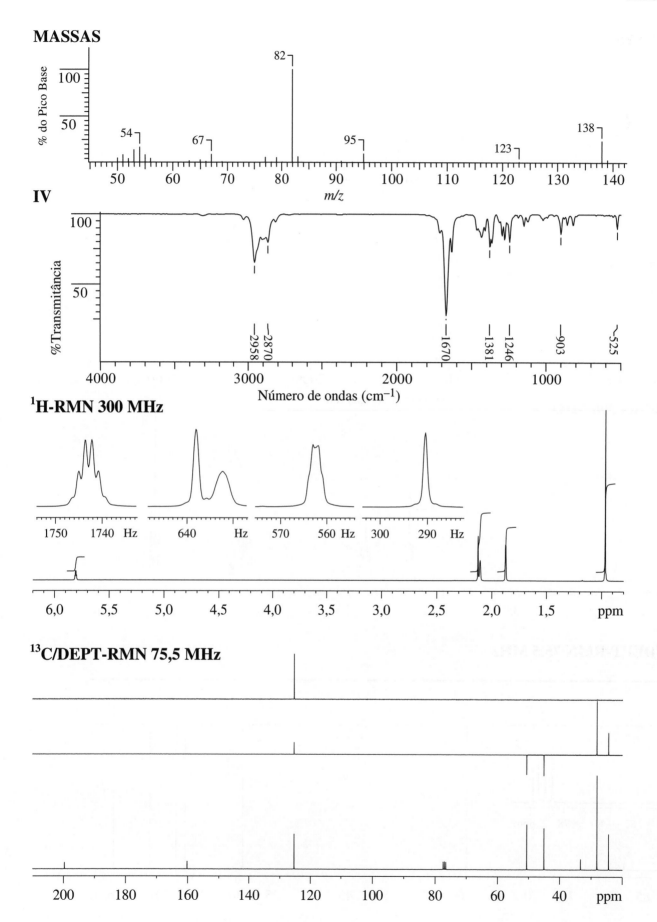

Problema 8.10

MASSAS

IV

¹H-RMN 300 MHz

¹³C/DEPT-RMN 75,5 MHz

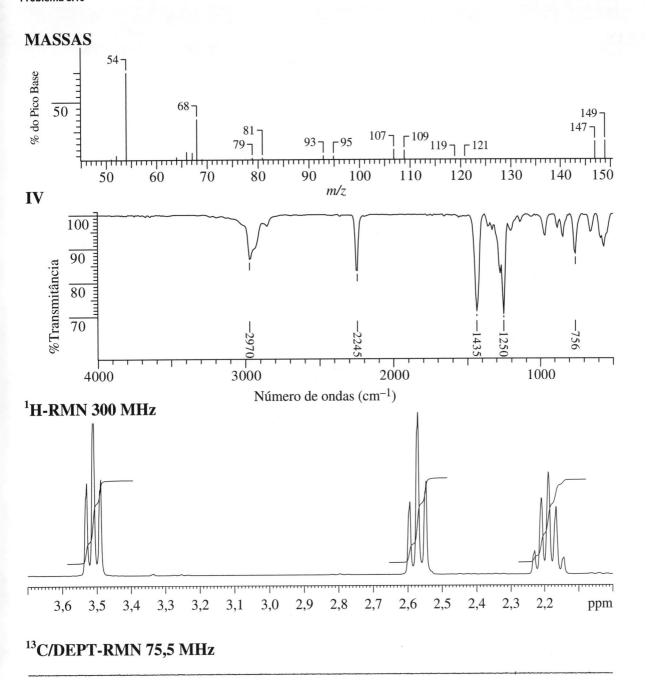

374 CAPÍTULO 8 Problema 8.11

MASSAS

IV

^{1}H-RMN 300 MHz

^{13}C/DEPT-RMN 75,5 MHz

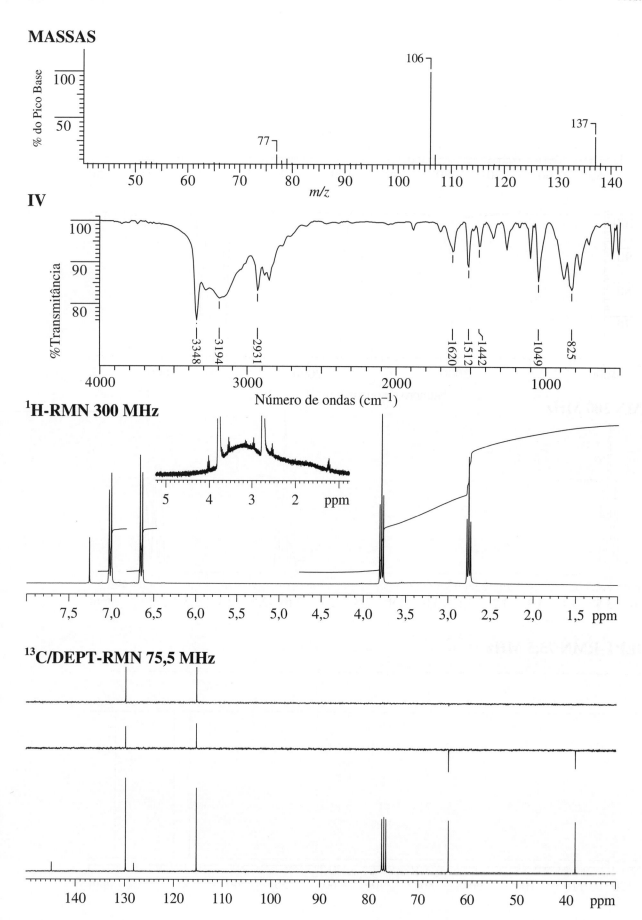

Problema 8.12

MASSAS

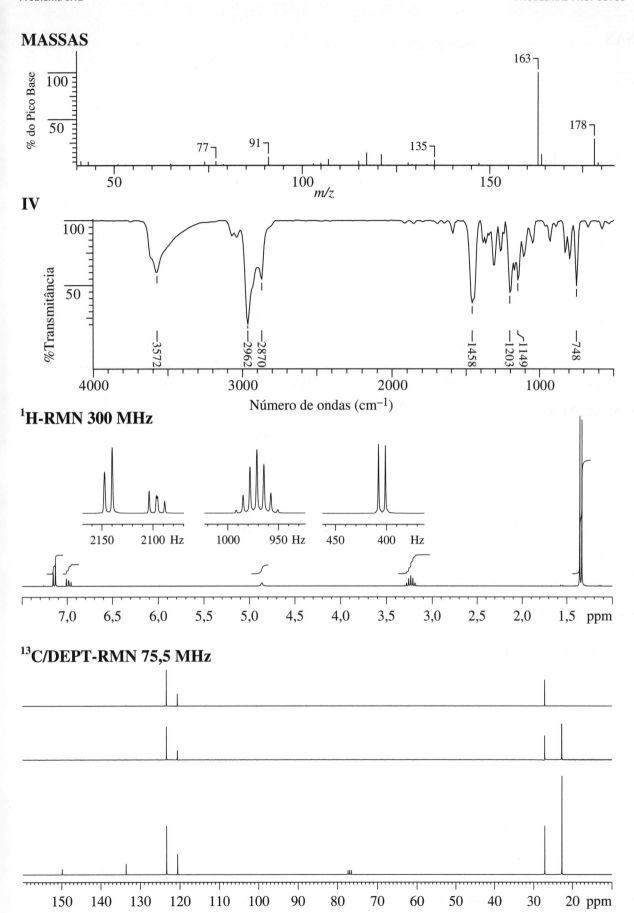

IV

¹H-RMN 300 MHz

¹³C/DEPT-RMN 75,5 MHz

376 CAPÍTULO 8   Problema 8.13

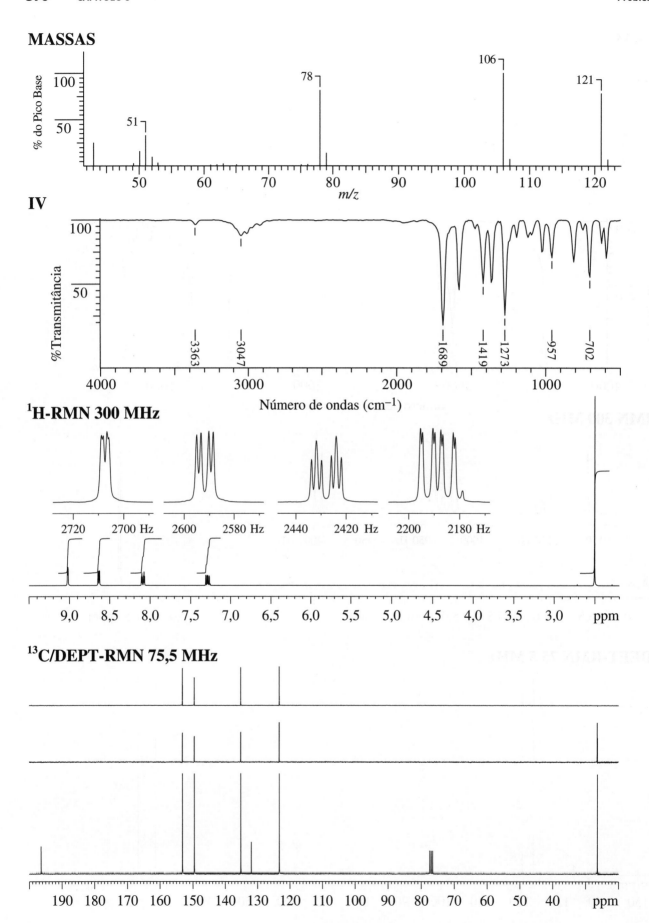

Problema 8.14

MASSAS

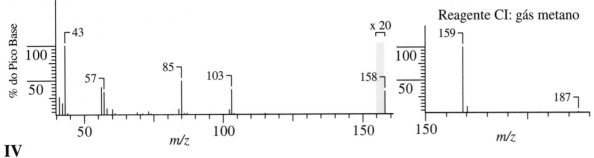

IV

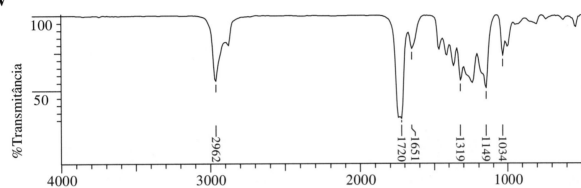

¹H-RMN 300 MHz

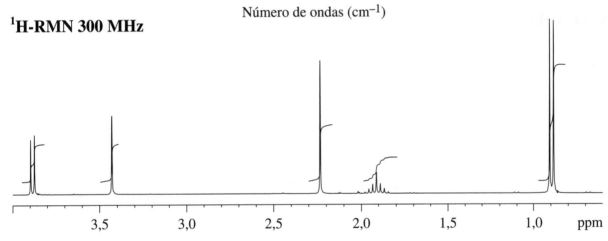

¹³C/DEPT-RMN 75,5 MHz

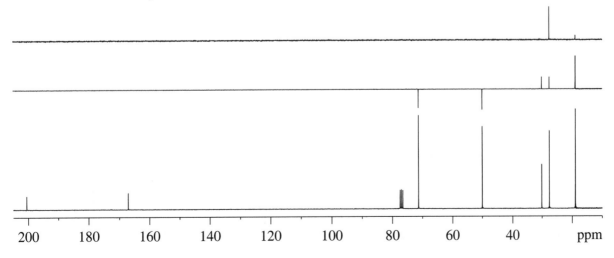

378 CAPÍTULO 8   Problema 8.15

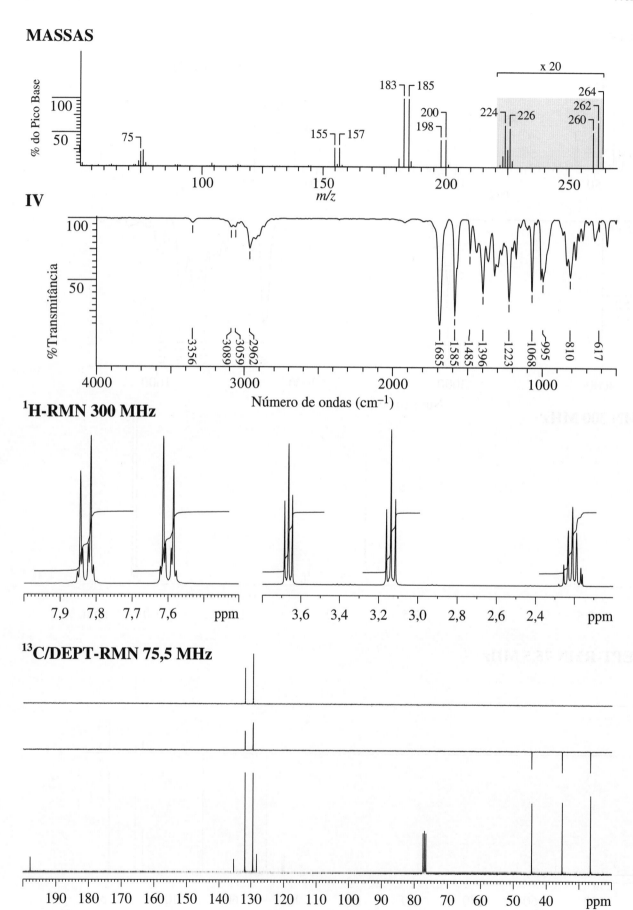

Problema 8.16

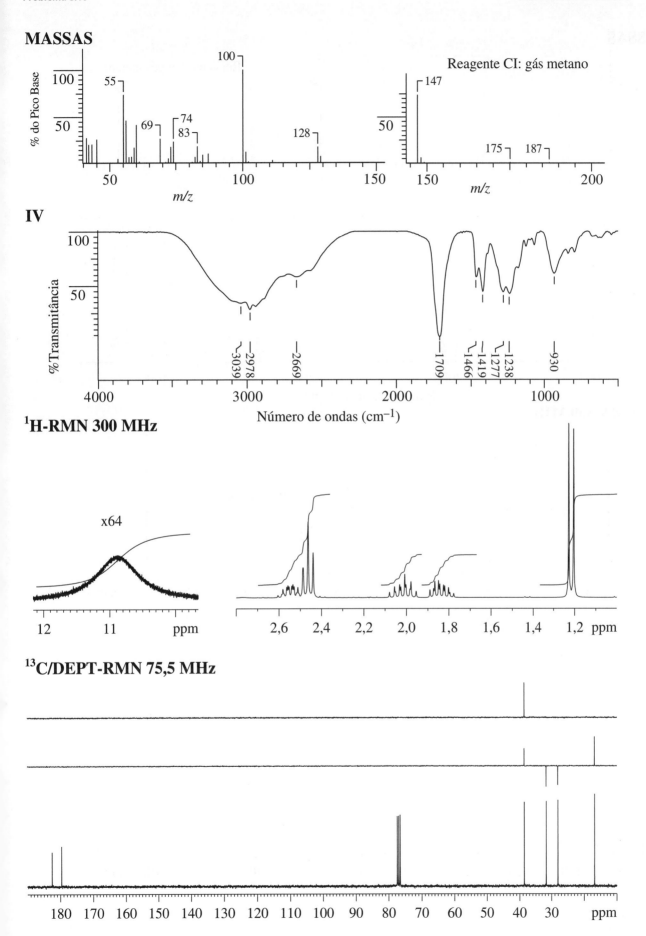

Problema 8.17

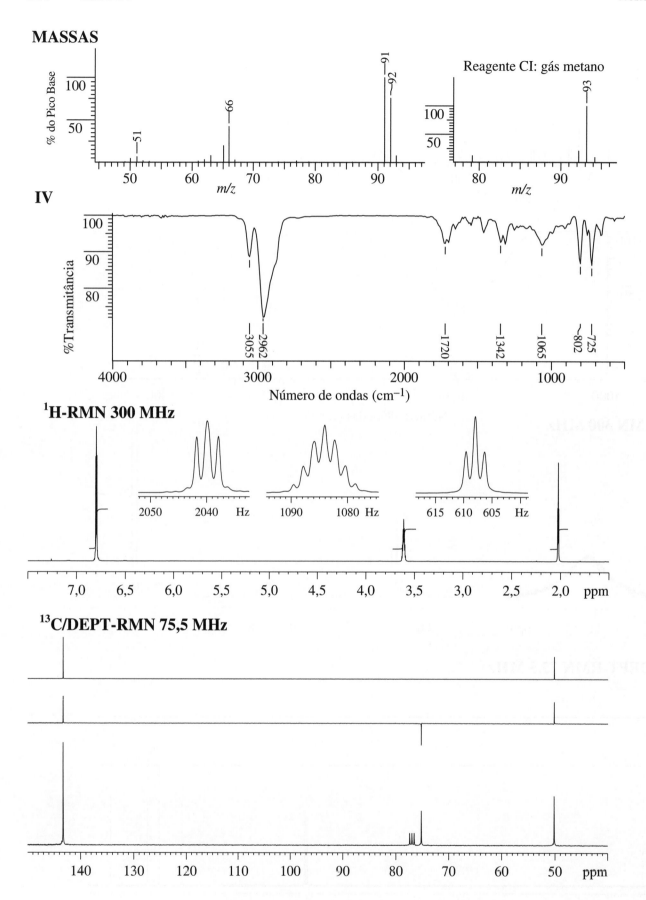

Problema 8.18

MASSAS

IV

^{1}H-RMN 600 MHz

^{13}C/DEPT-RMN 150,9 MHz

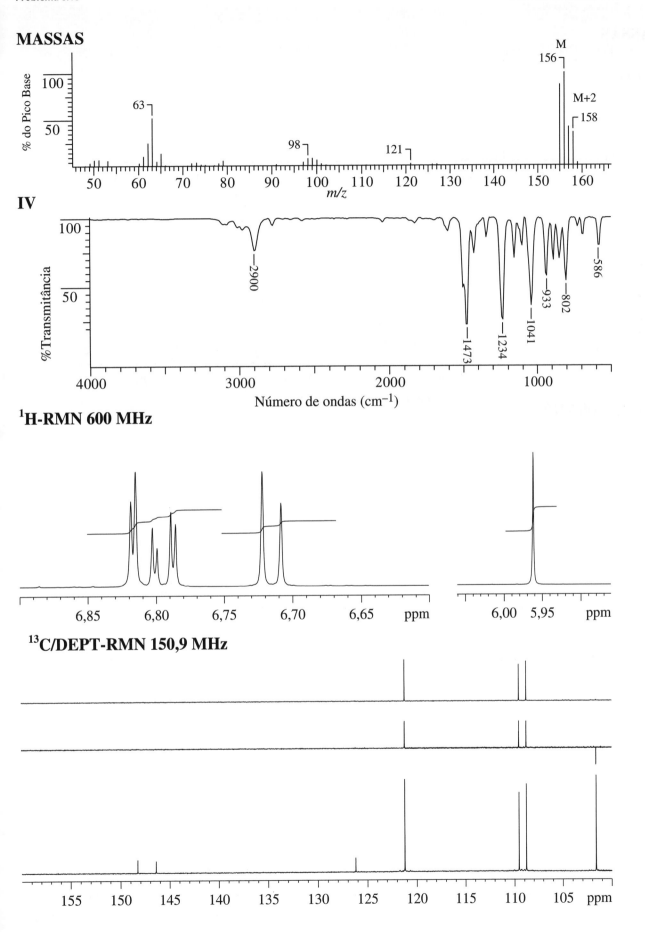

Problema 8.19A

MASSAS

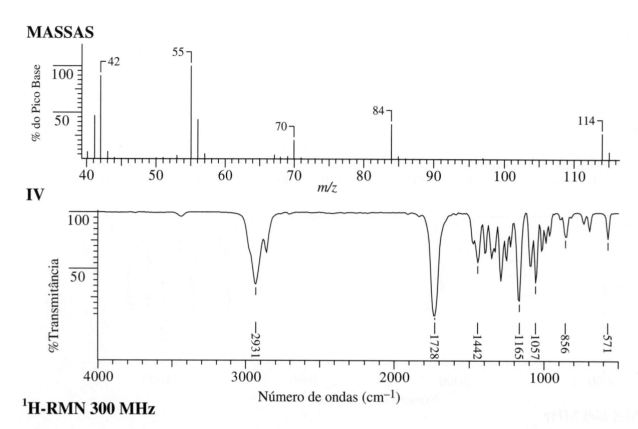

IV

¹H-RMN 300 MHz

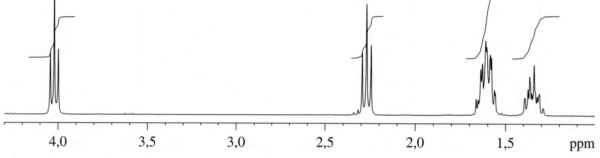

¹³C/DEPT-RMN 75,5 MHz

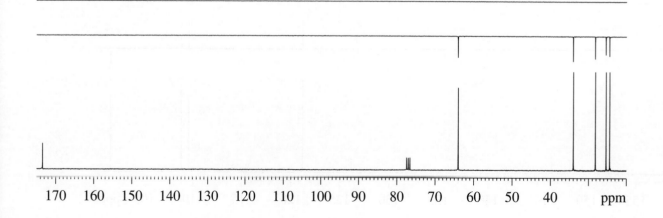

Problema 8.19B

PROBLEMAS PROPOSTOS **383**

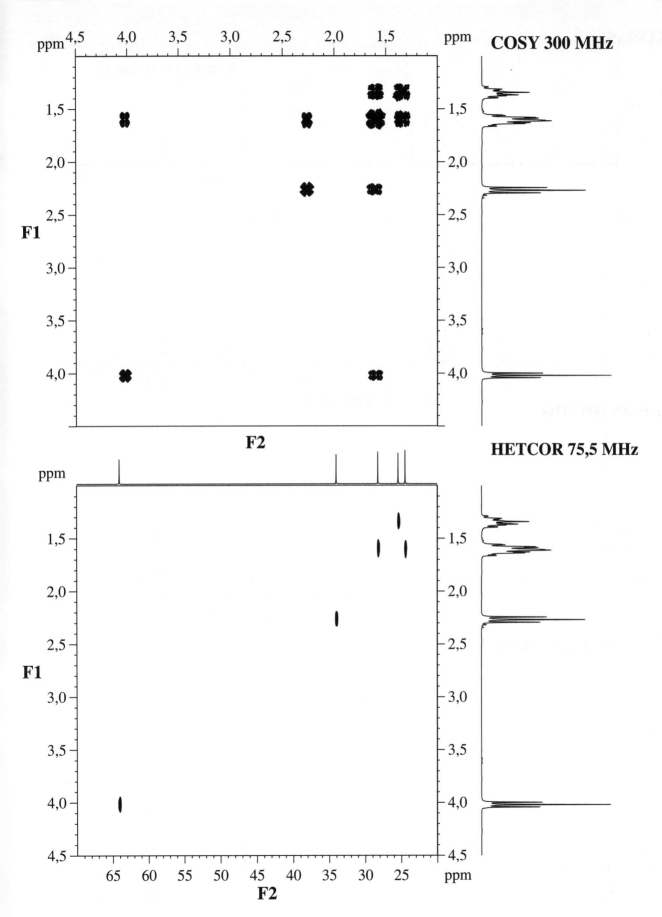

CAPÍTULO 8

Problema 8.20A

MASSAS

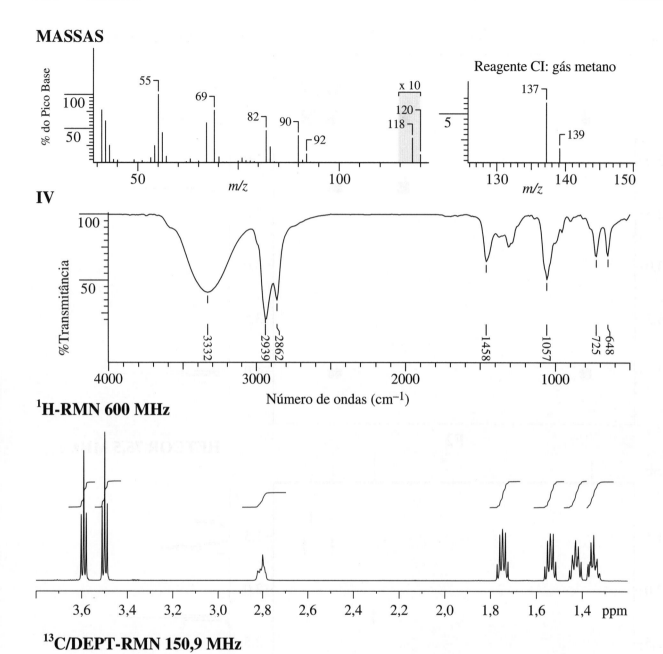

IV

¹H-RMN 600 MHz

¹³C/DEPT-RMN 150,9 MHz

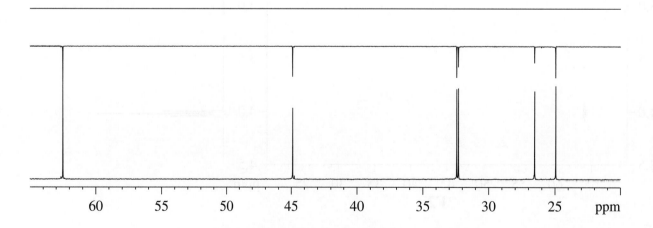

Problema 8.20B

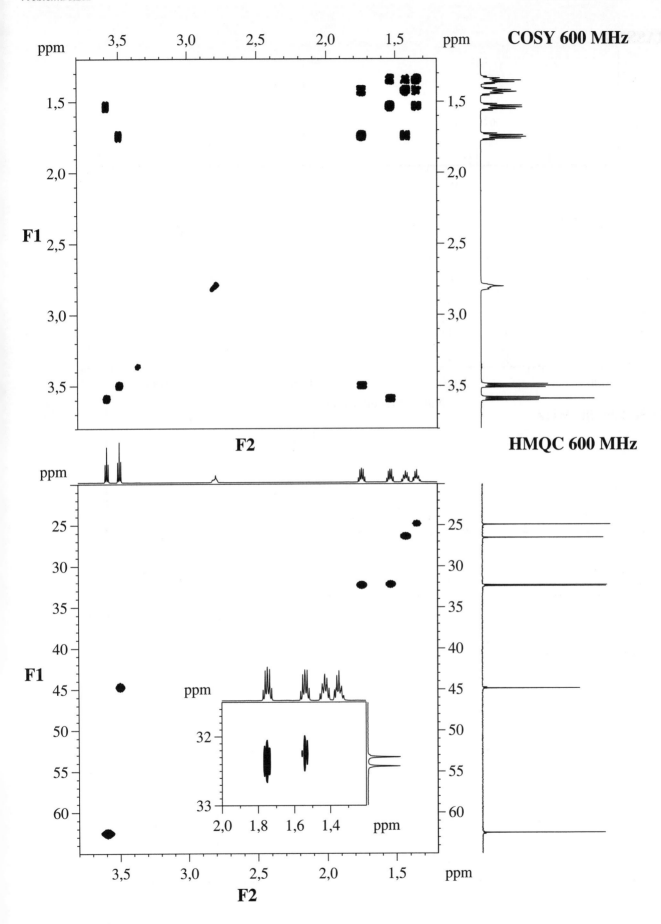

COSY 600 MHz

HMQC 600 MHz

Problema 8.21A

MASSAS

IV

¹H-RMN 300 MHz

¹³C/DEPT-RMN 75,5 MHz

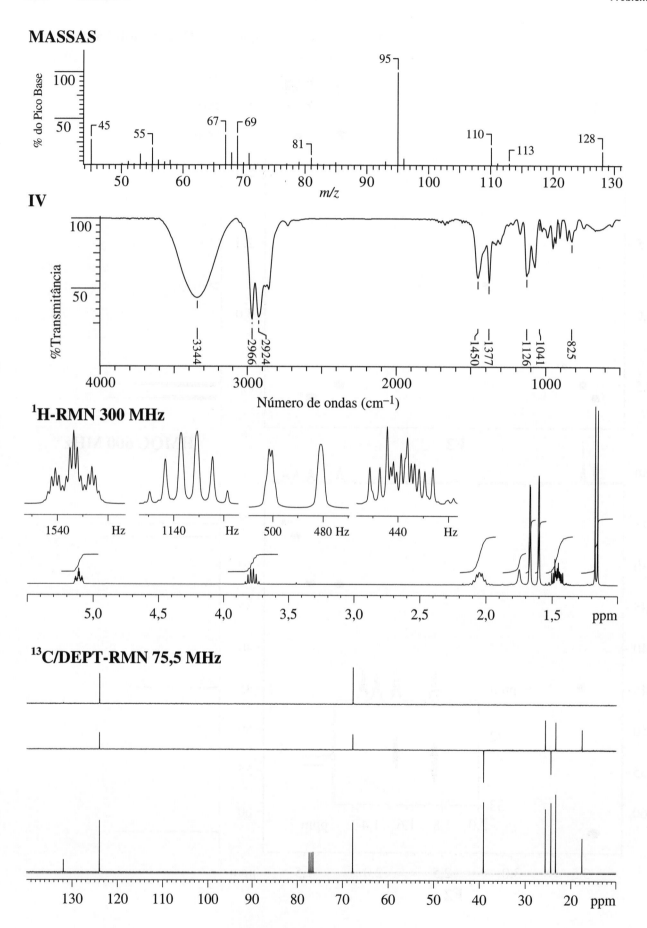

Problema 8.21B

PROBLEMAS PROPOSTOS 387

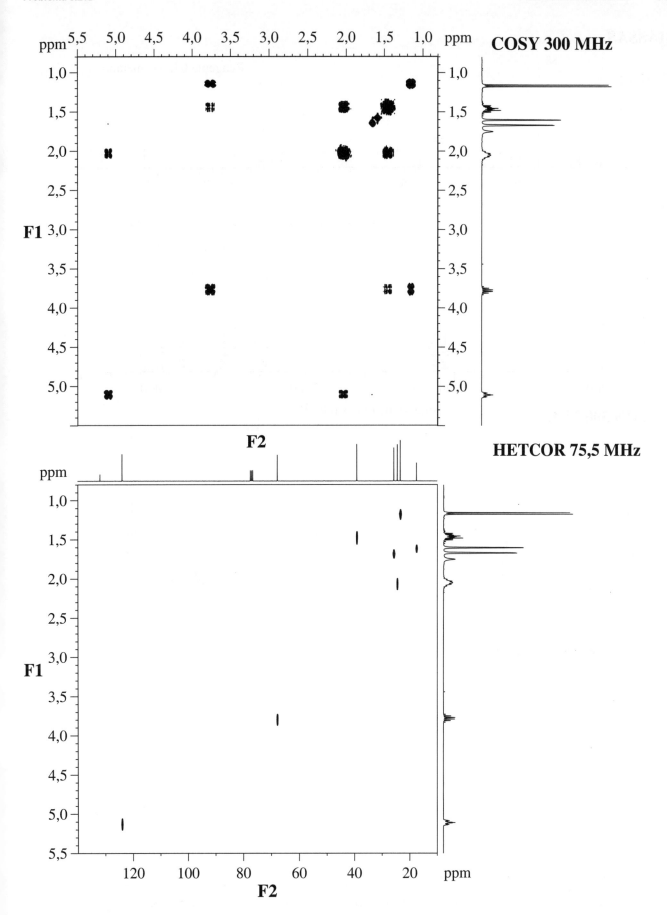

Problema 8.22A

MASSAS

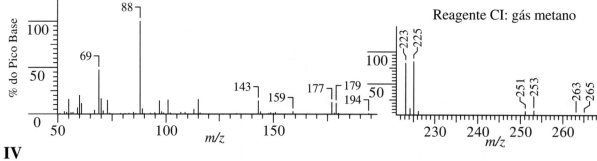

IV

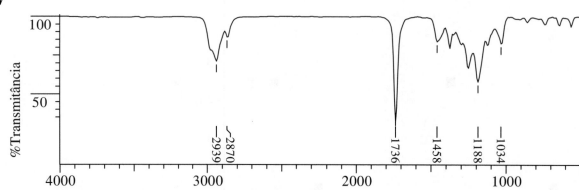

¹H-RMN 300 MHz

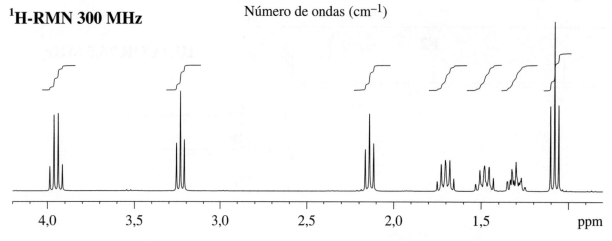

¹³C/DEPT-RMN 75,5 MHz

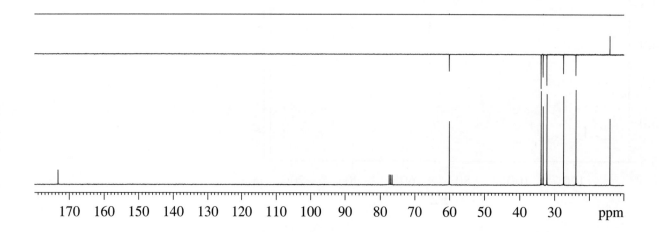

Problema 8.22B

PROBLEMAS PROPOSTOS **389**

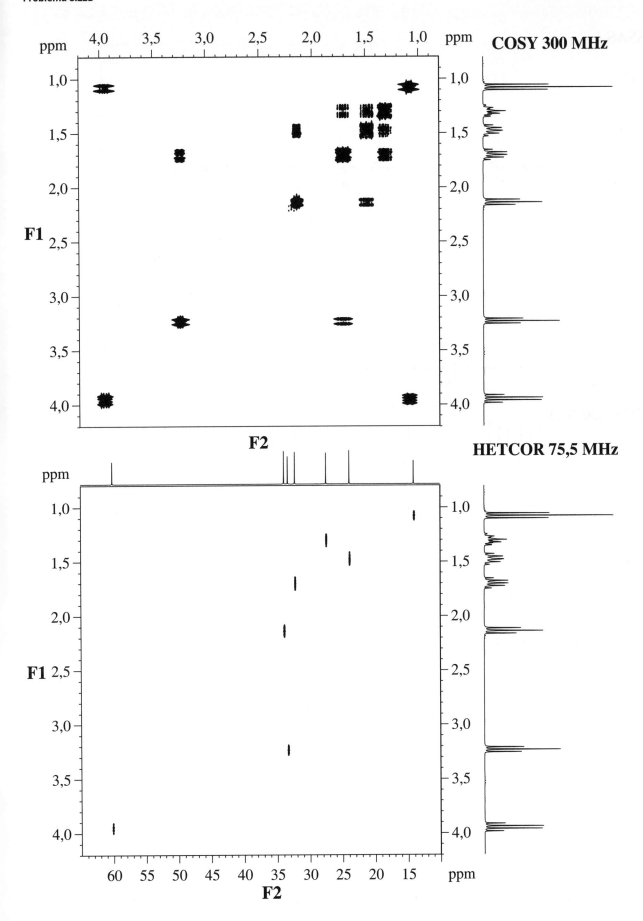

Problema 8.23A

MASSAS

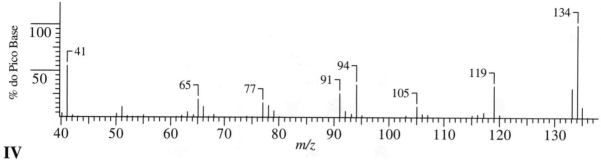

IV

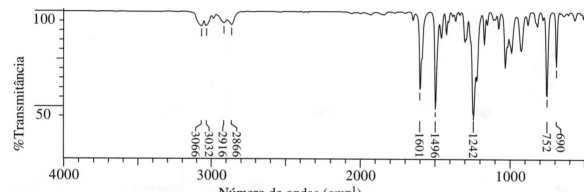

¹H-RMN 600 MHz

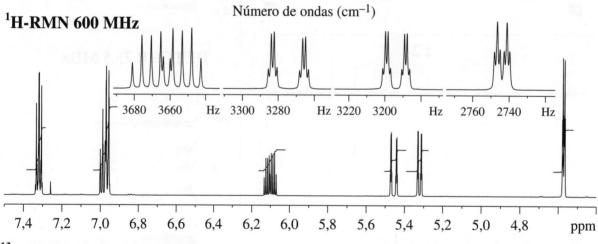

¹³C/DEPT-RMN 150,9 MHz

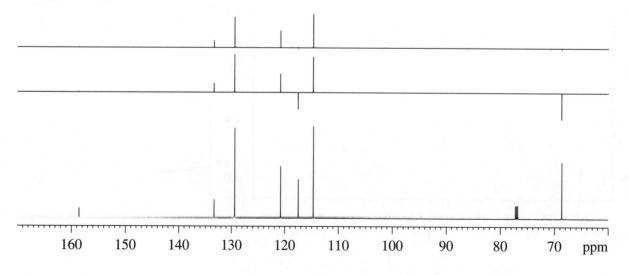

Problema 8.23B

PROBLEMAS PROPOSTOS **391**

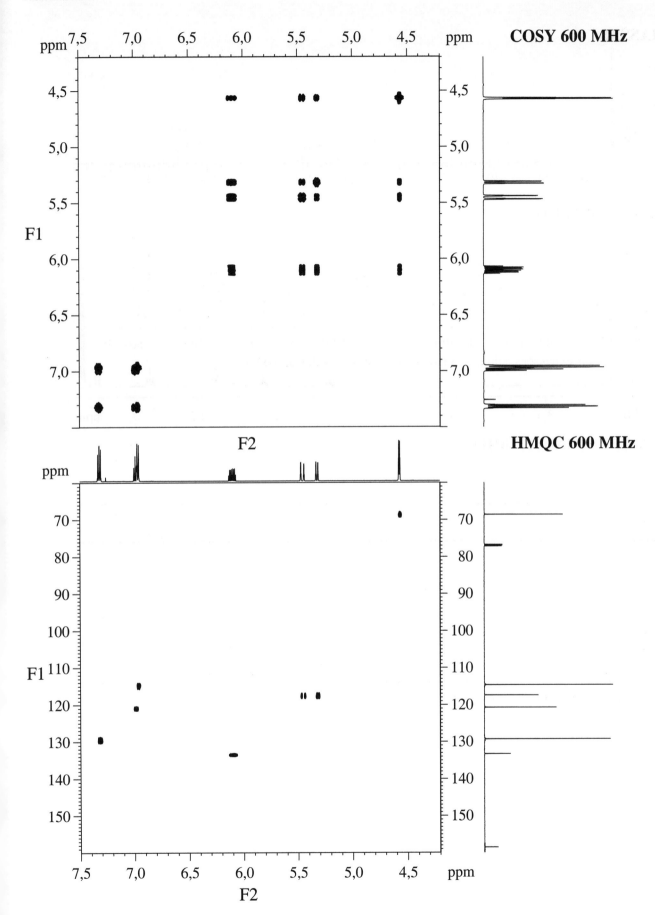

Problema 8.24A

MASSAS

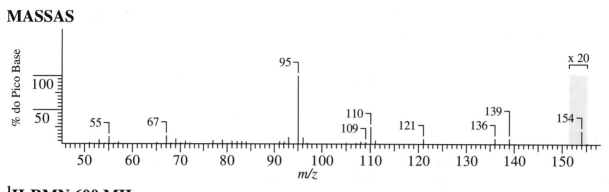

¹H-RMN 600 MHz

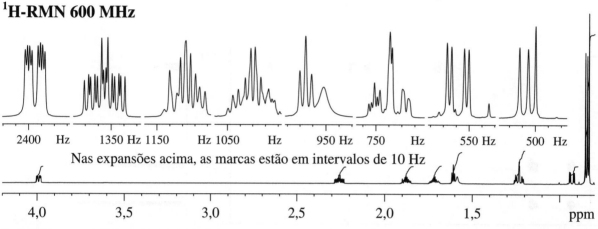

Nas expansões acima, as marcas estão em intervalos de 10 Hz

¹³C/DEPT-RMN 150,9 MHz

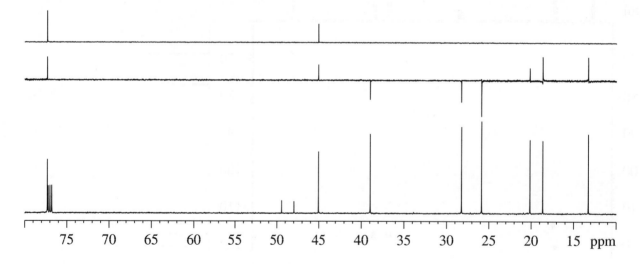

Problema 8.24B

PROBLEMAS PROPOSTOS **393**

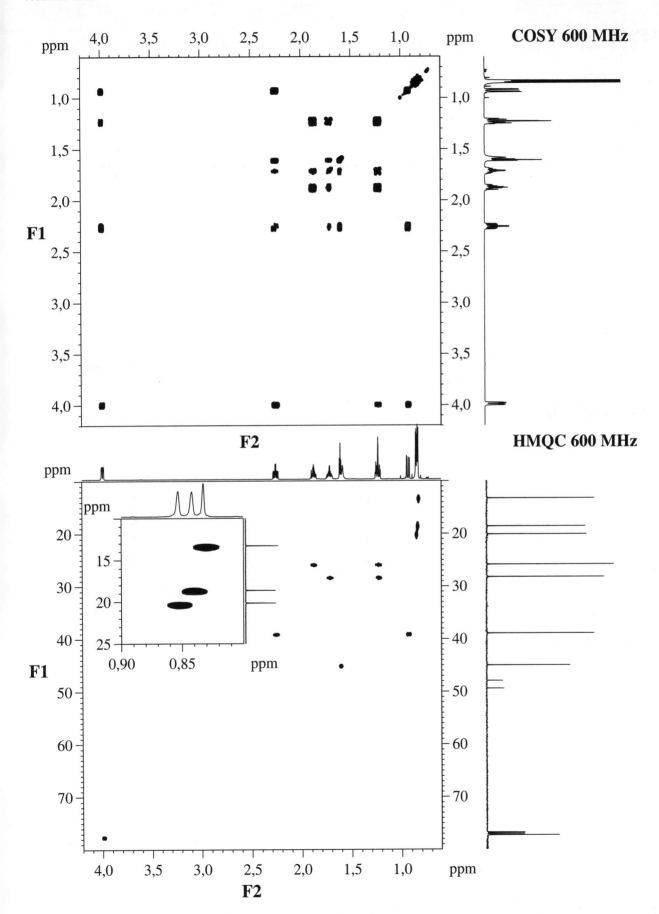

COSY 600 MHz

HMQC 600 MHz

CAPÍTULO 8

Problema 8.25A

MASSAS

IV

¹H-RMN 600 MHz

¹³C/DEPT-RMN 150,9 MHz

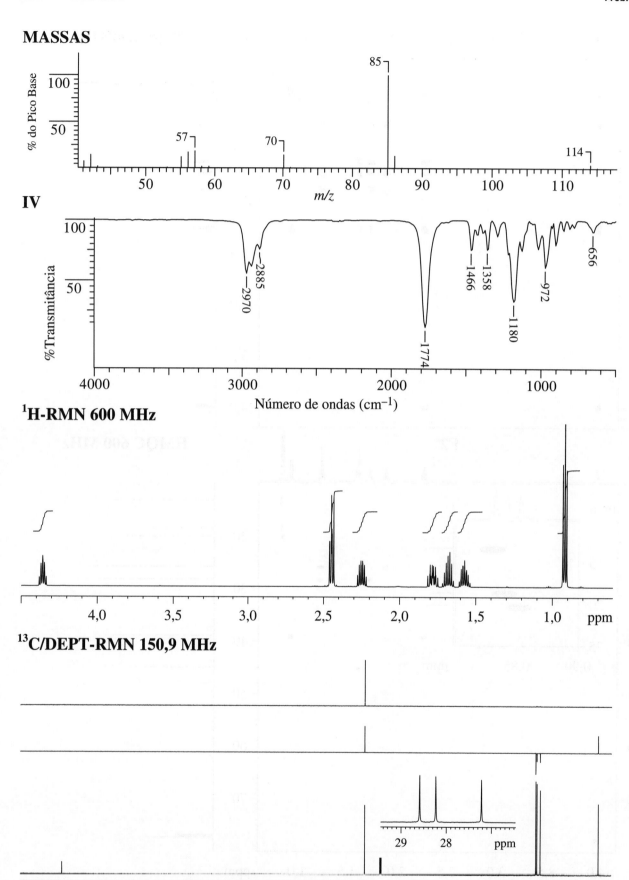

Problema 8.25B

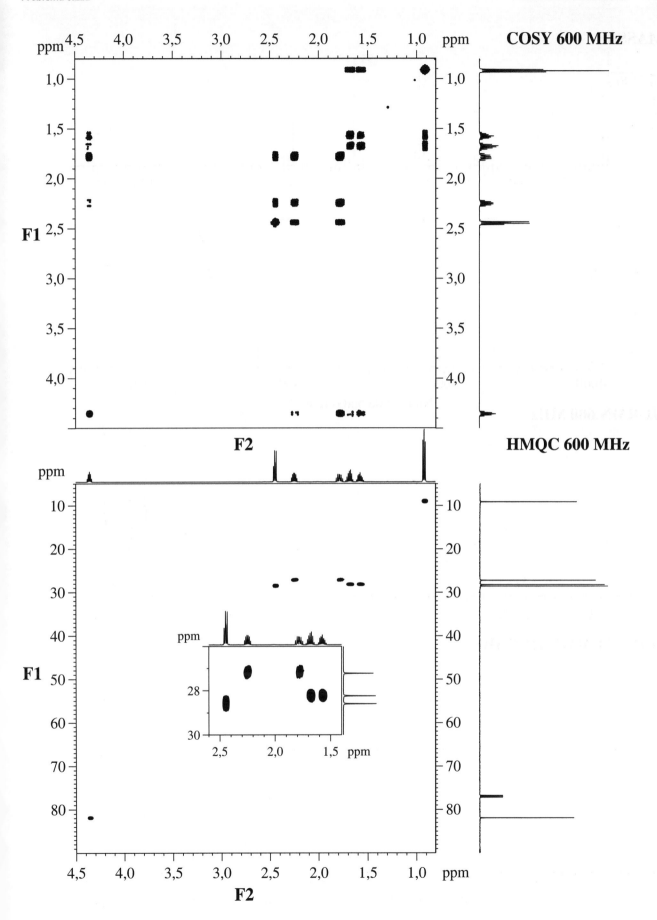

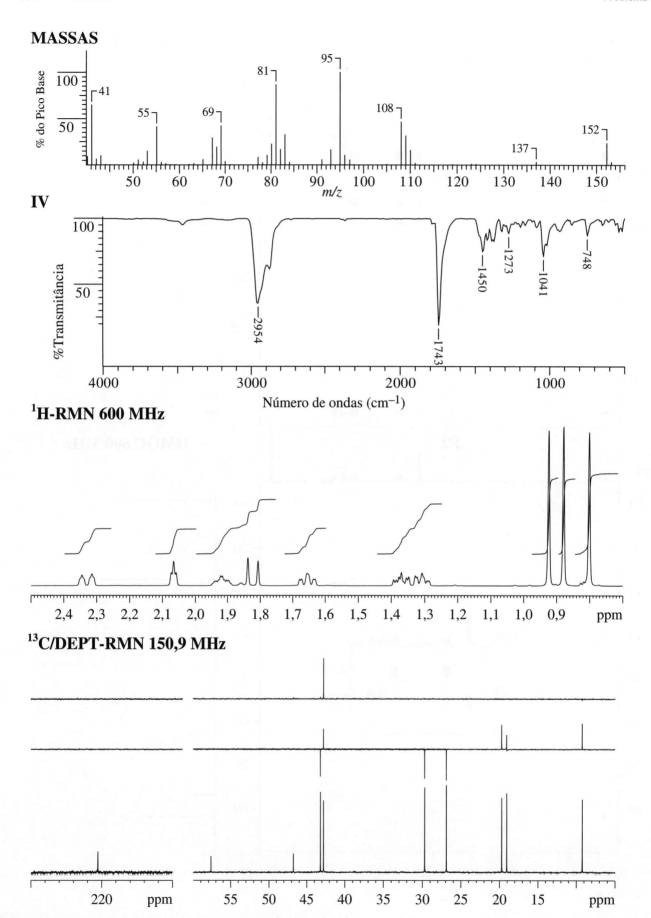

Problema 8.26B

PROBLEMAS PROPOSTOS 397

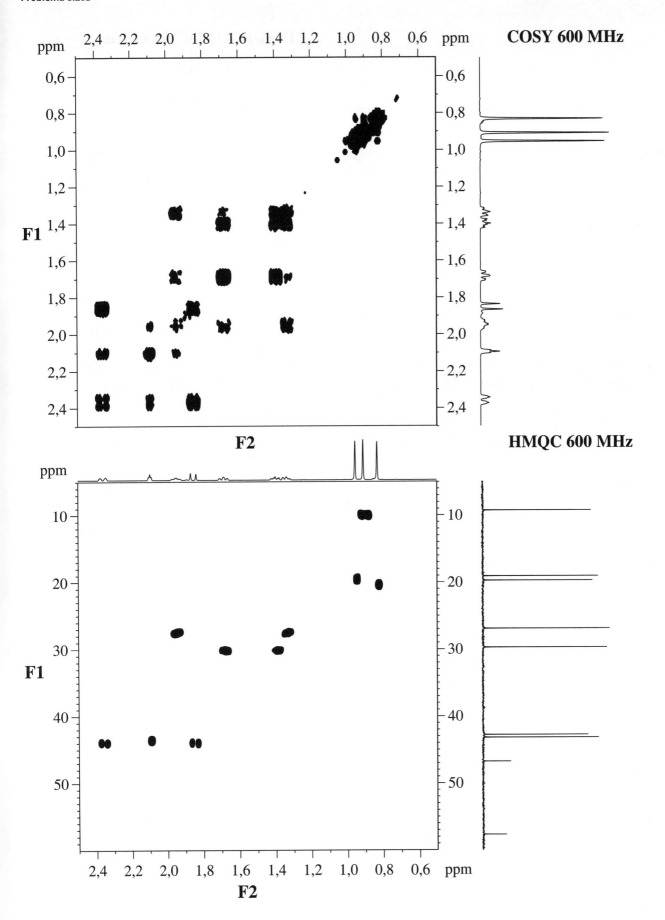

Problema 8.26C

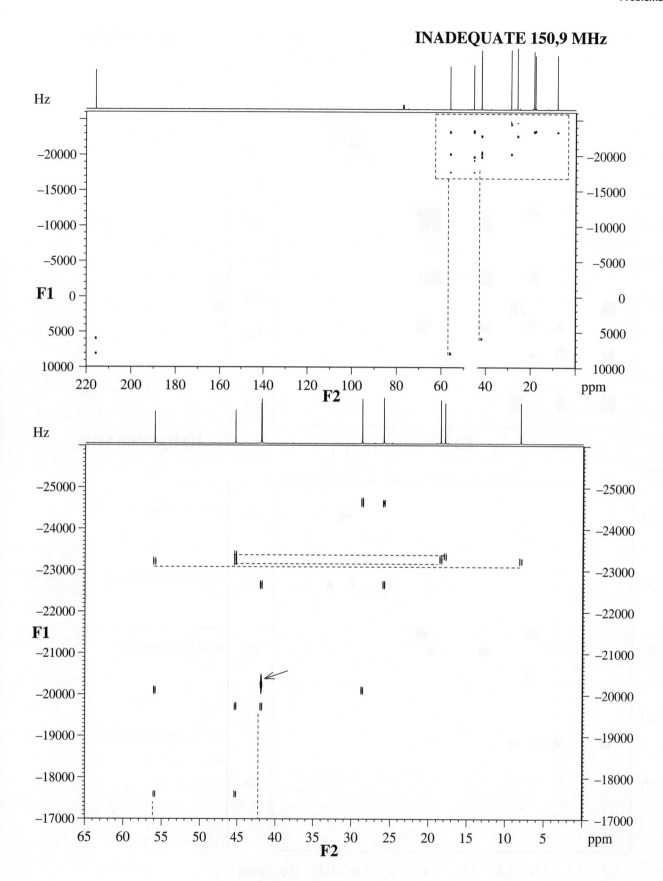

Problema 8.27A

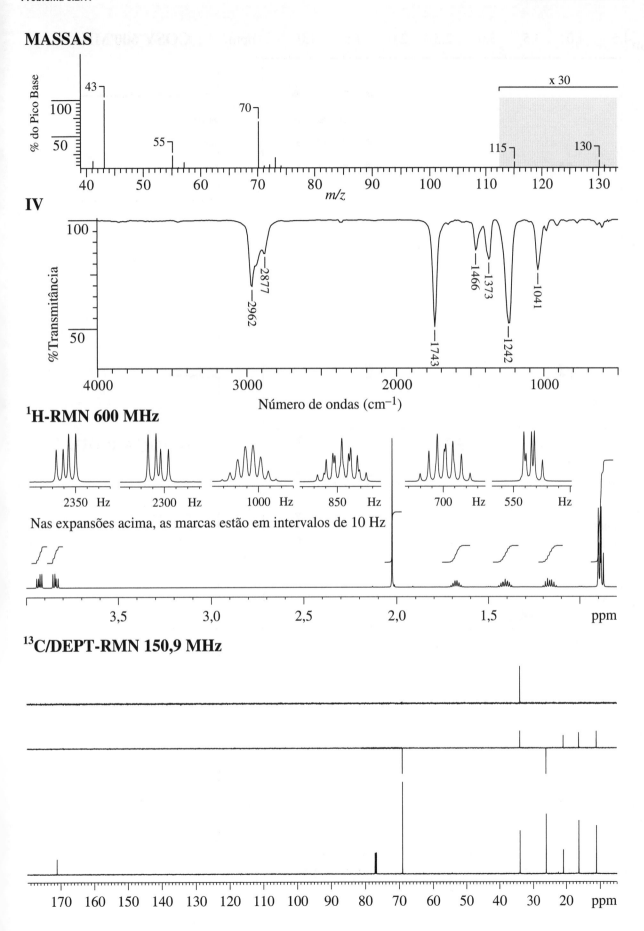

Problema 8.27B

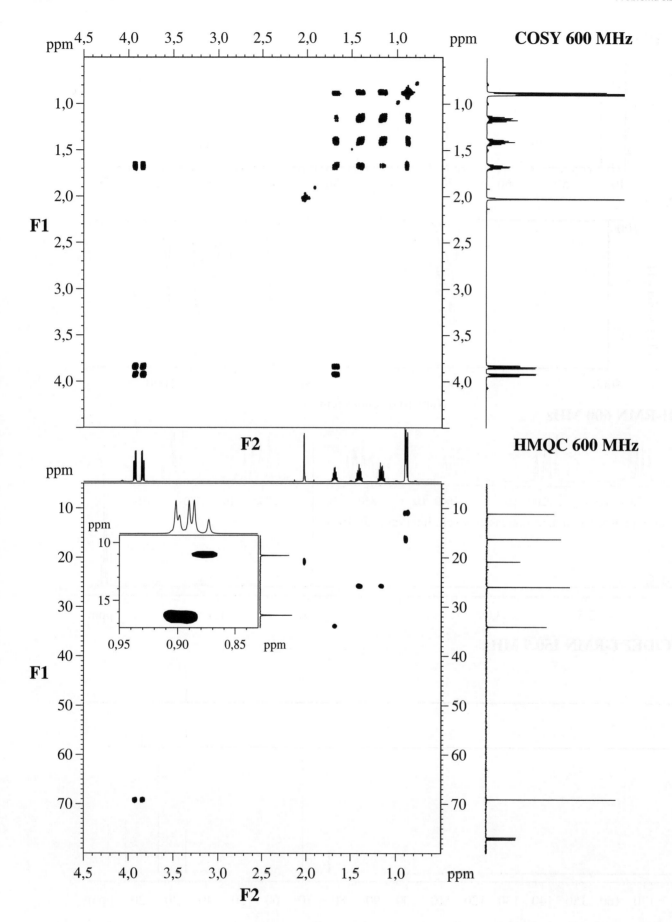

COSY 600 MHz

HMQC 600 MHz

Problema 8.28A

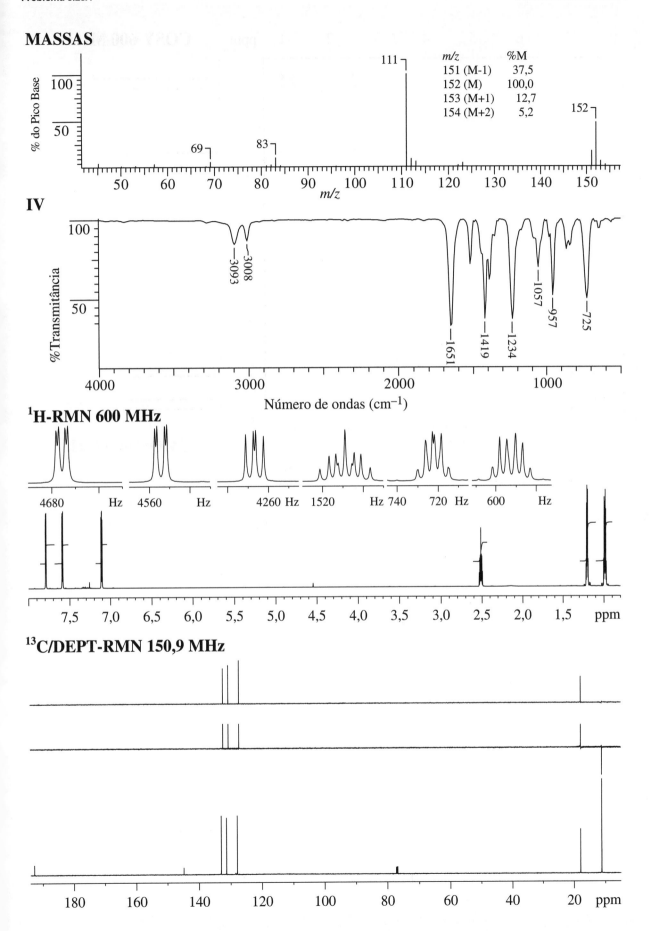

Problema 8.28B

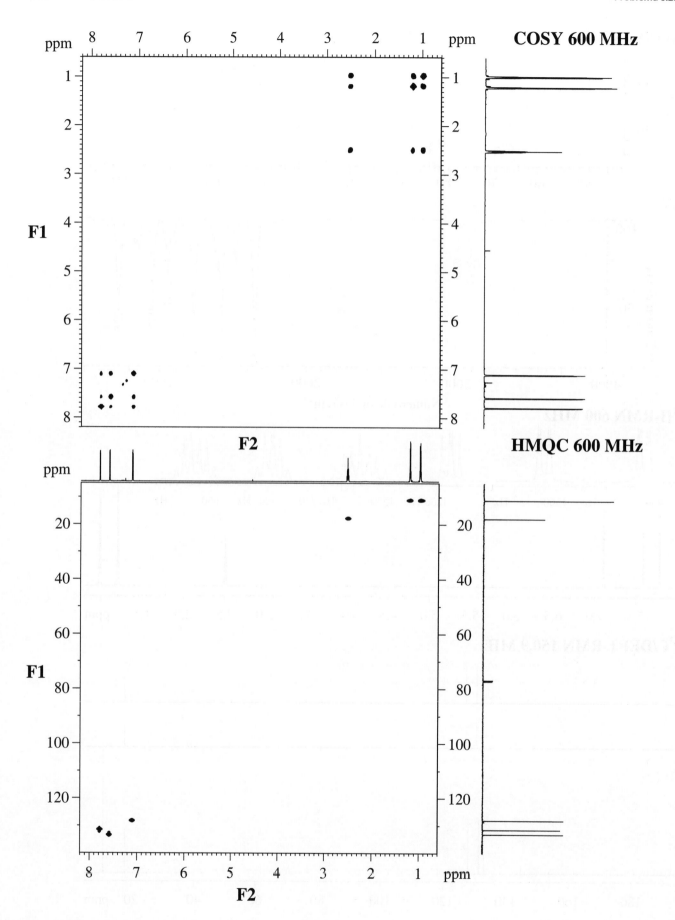

Problema 8.29A

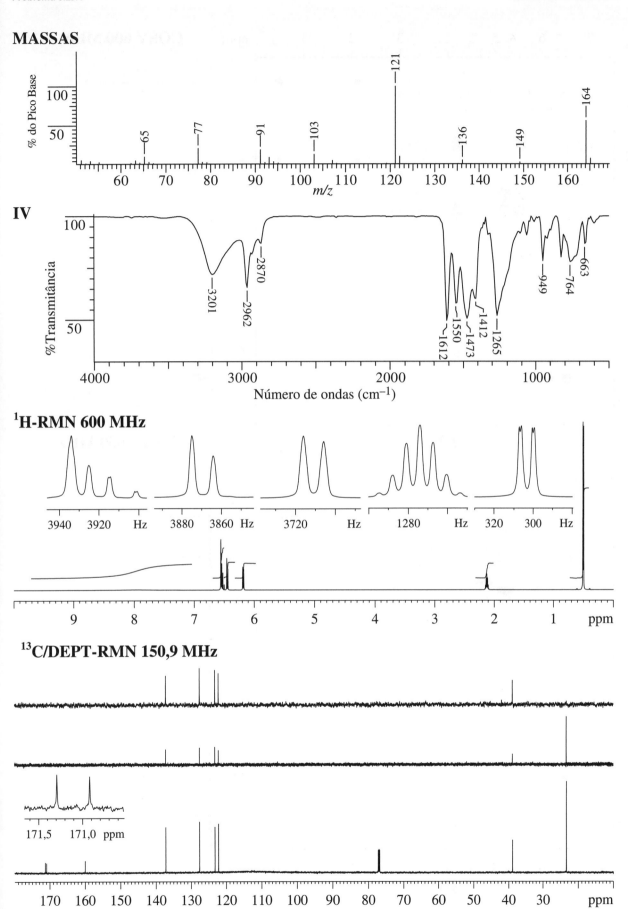

404 CAPÍTULO 8   Problema 8.29B

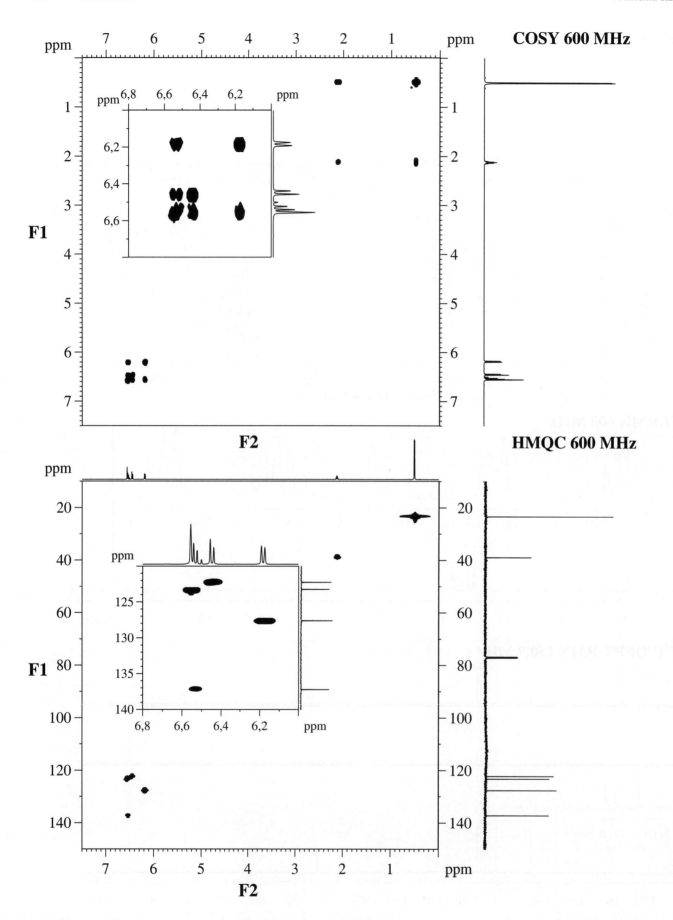

Problema 8.29C

PROBLEMAS PROPOSTOS **405**

INADEQUATE 150,9 MHz

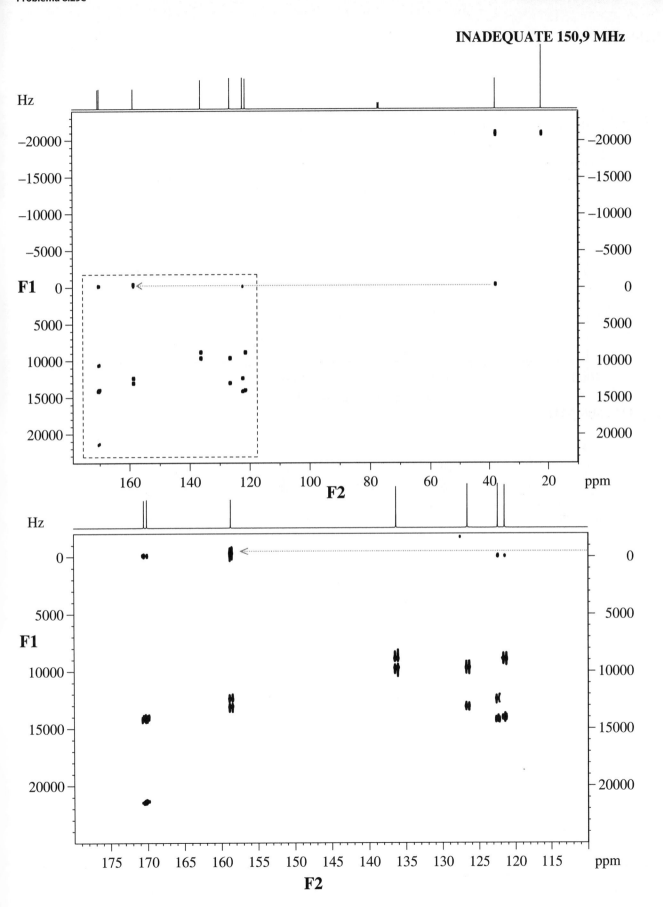

406 CAPÍTULO 8 — Problema 8.30A

MASSAS

IV

¹H-RMN 600 MHz

¹³C/DEPT-RMN 150,9 MHz

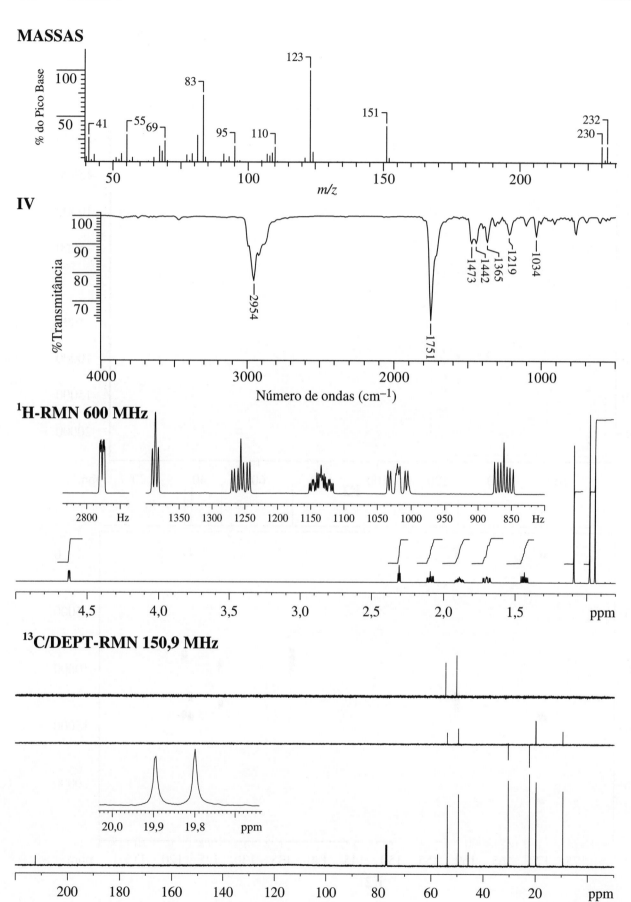

Problema 8.30B

PROBLEMAS PROPOSTOS **407**

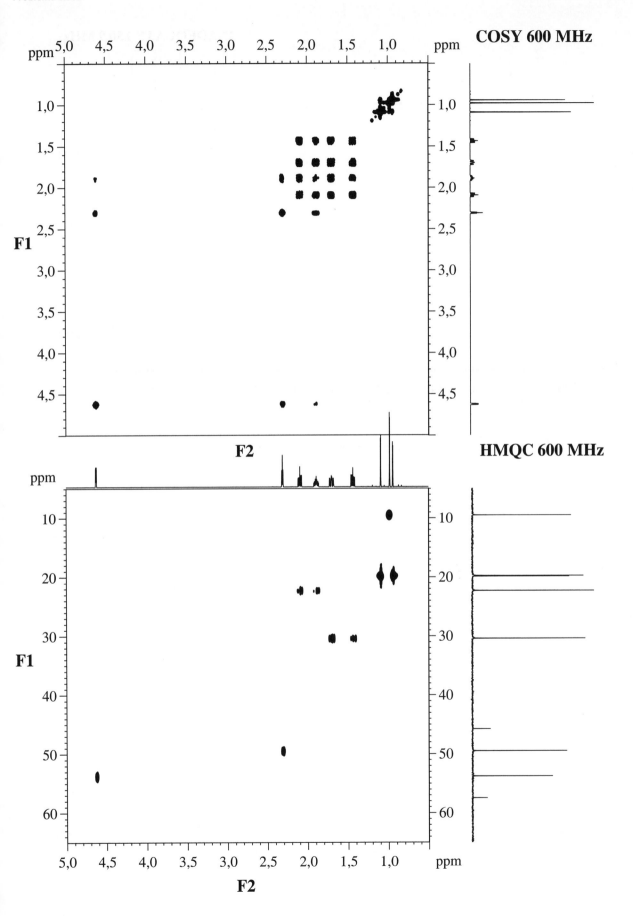

Problema 8.30C

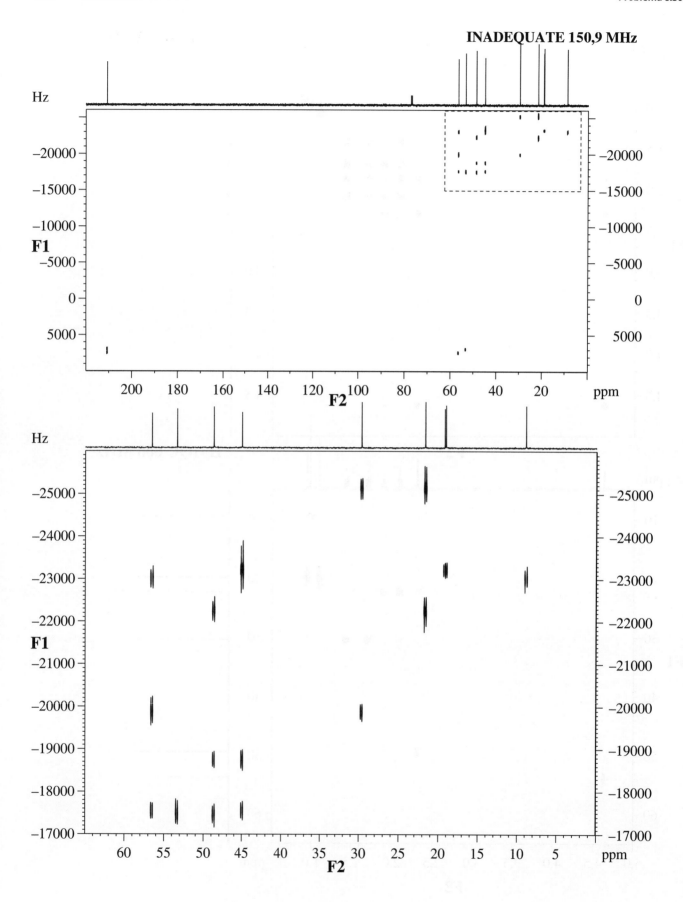

Problema 8.31A

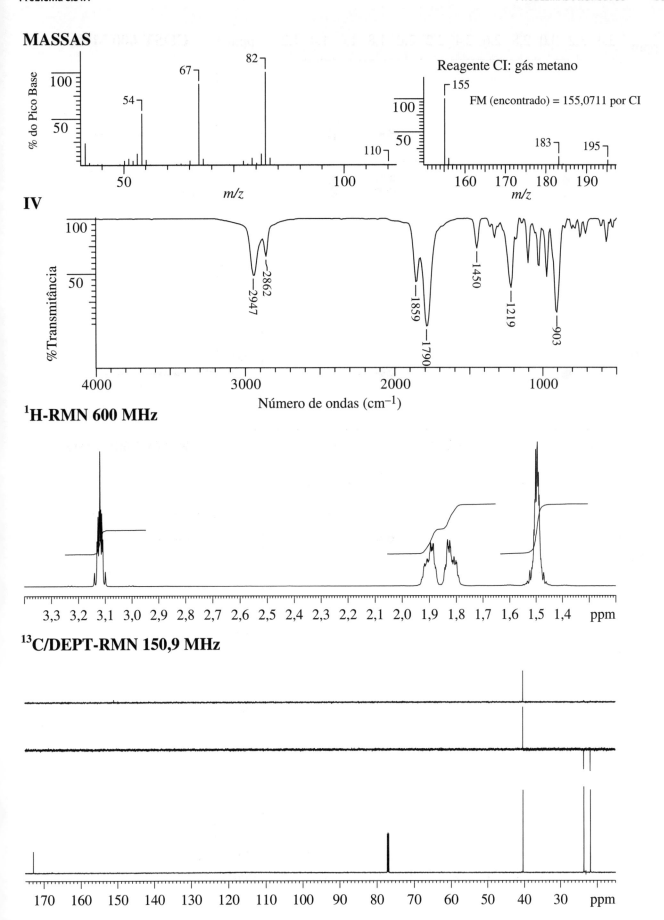

Problema 8.31B

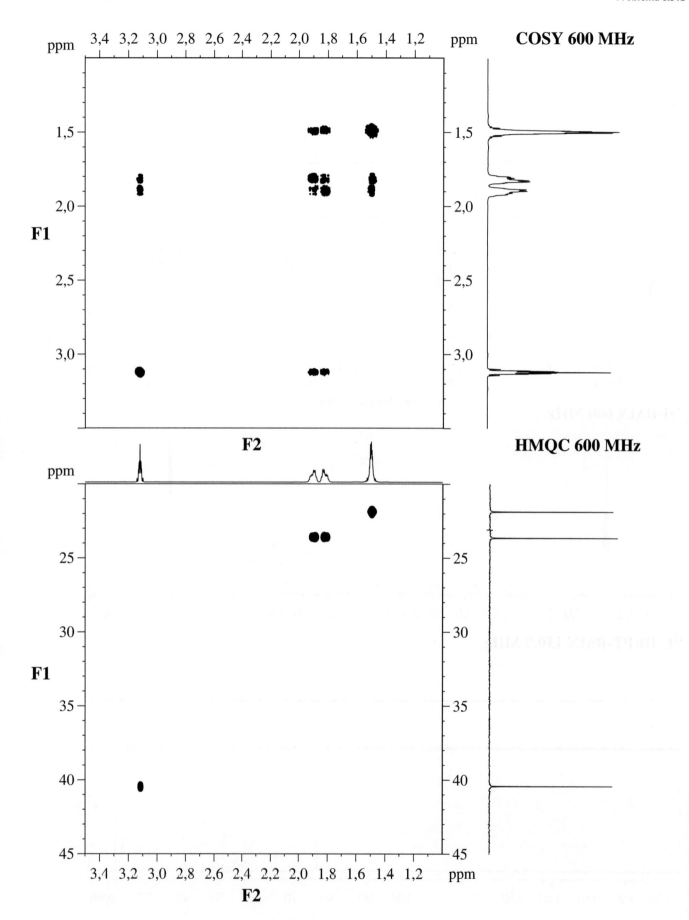

COSY 600 MHz

HMQC 600 MHz

Problema 8.32A

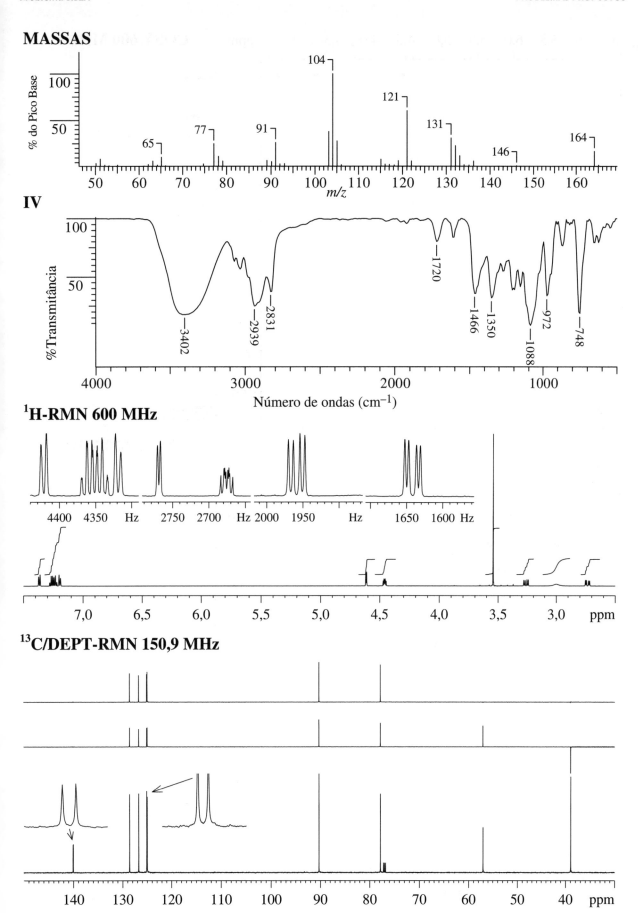

412 CAPÍTULO 8 Problema 8.32B

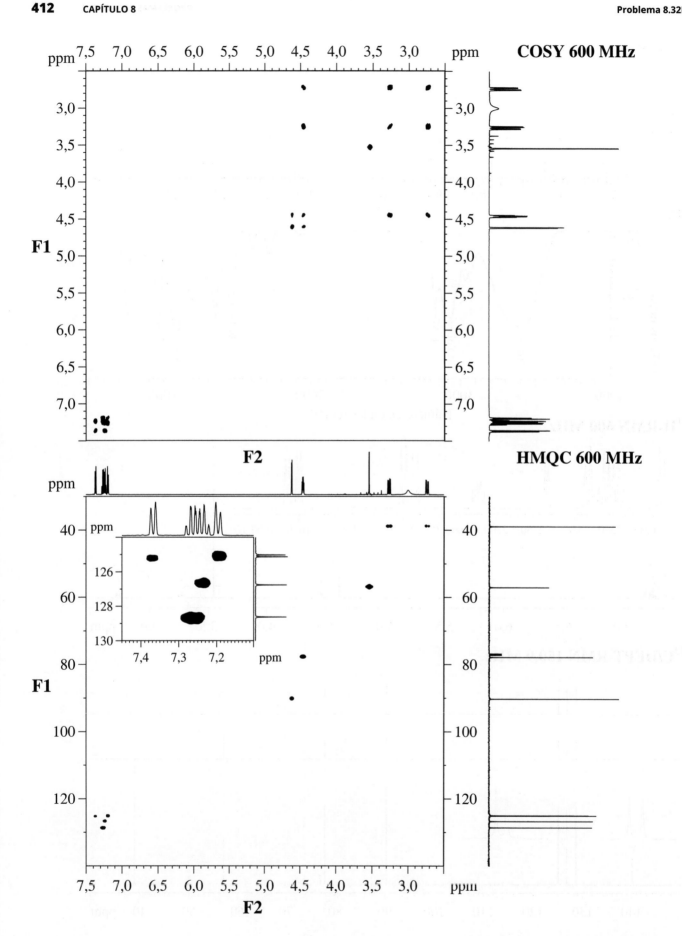

Problema 8.32C

HMBC 600 MHz

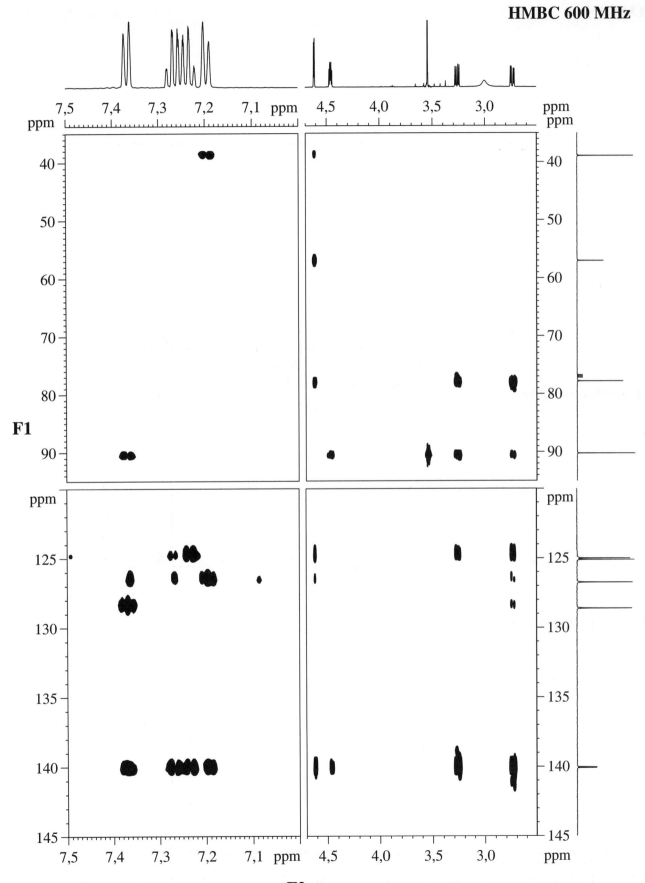

Problema 8.33A

MASSAS

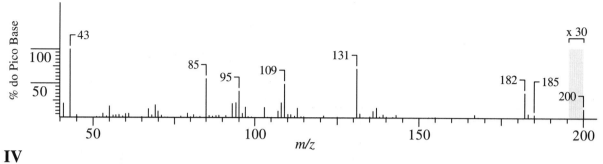

IV

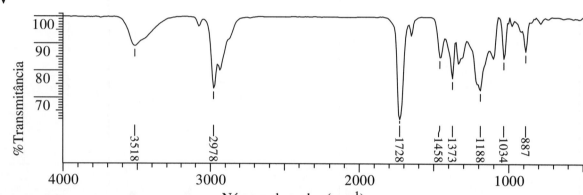

¹H-RMN 600 MHz

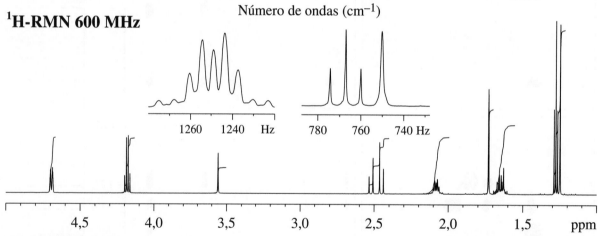

¹³C/DEPT-RMN 150,9 MHz

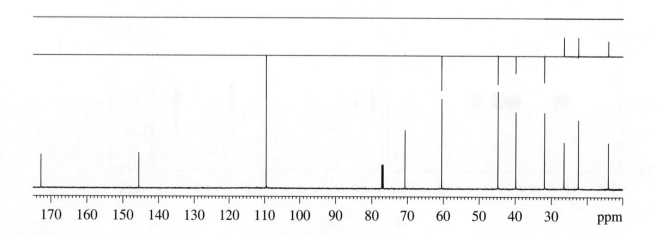

Problema 8.33B

PROBLEMAS PROPOSTOS **415**

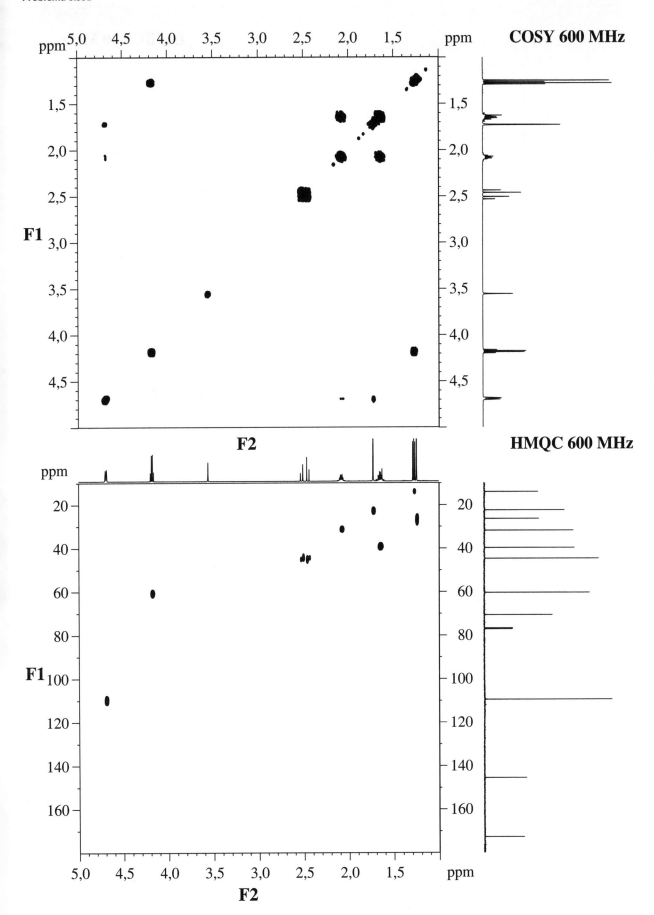

Problema 8.33C

HMBC 600 MHz

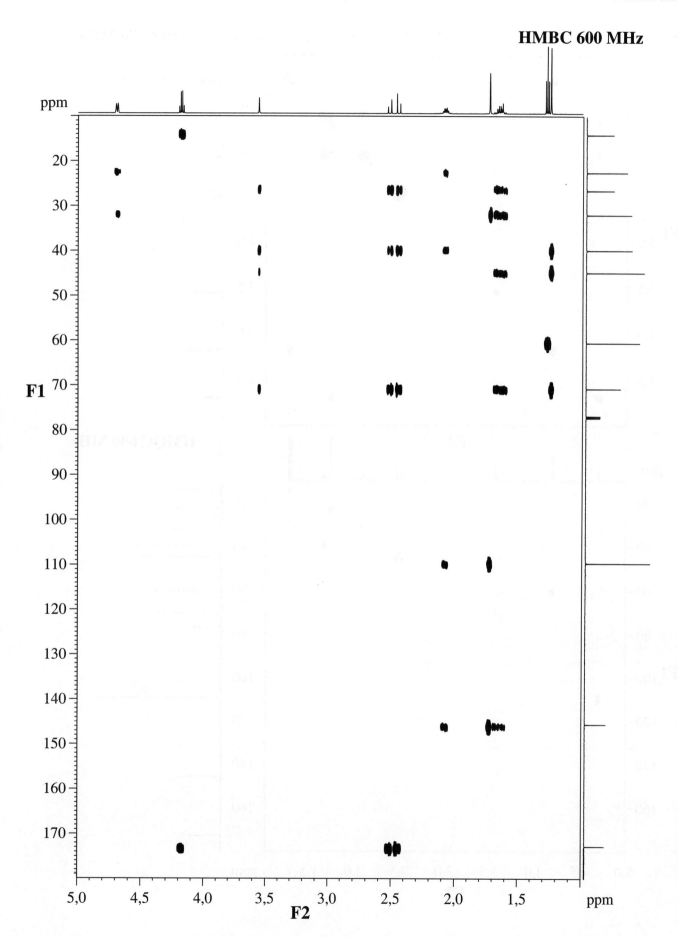

Problema 8.34A

MASSAS

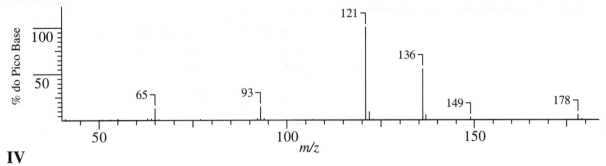

IV

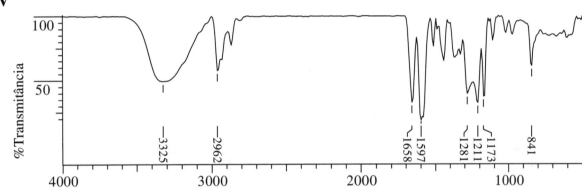

¹H-RMN 600 MHz

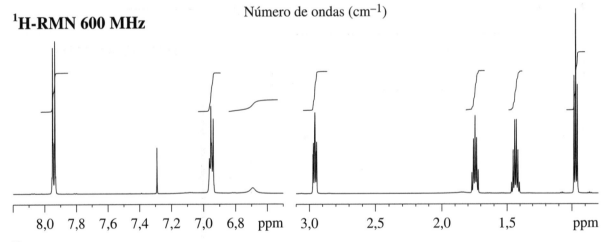

¹³C/DEPT-RMN 150,9 MHz

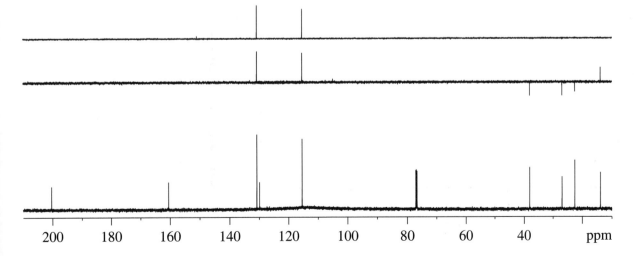

418 CAPÍTULO 8

Problema 8.34B

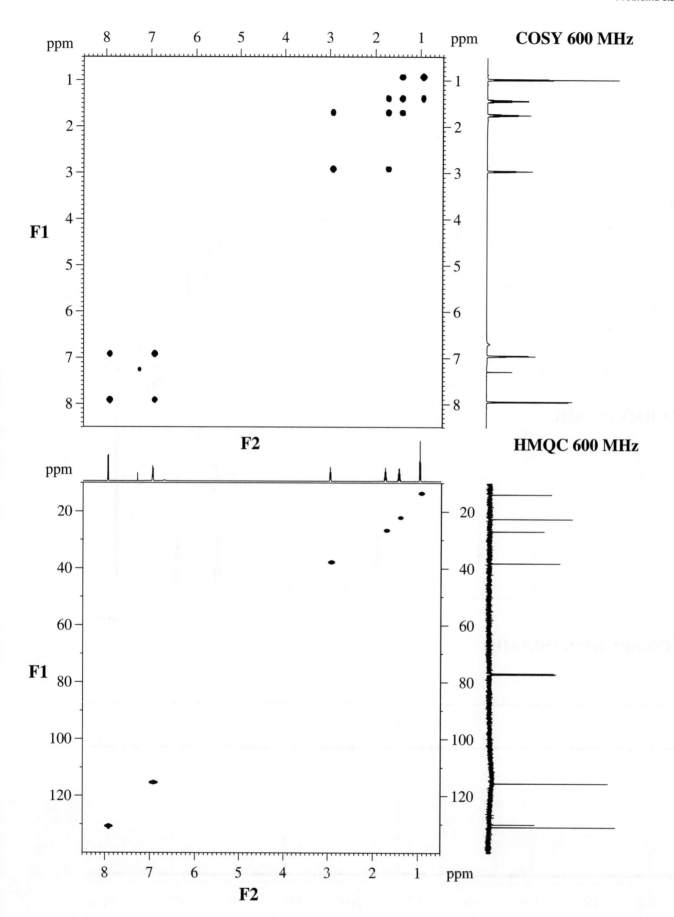

COSY 600 MHz

HMQC 600 MHz

Problema 8.34C

HMBC 600 MHz

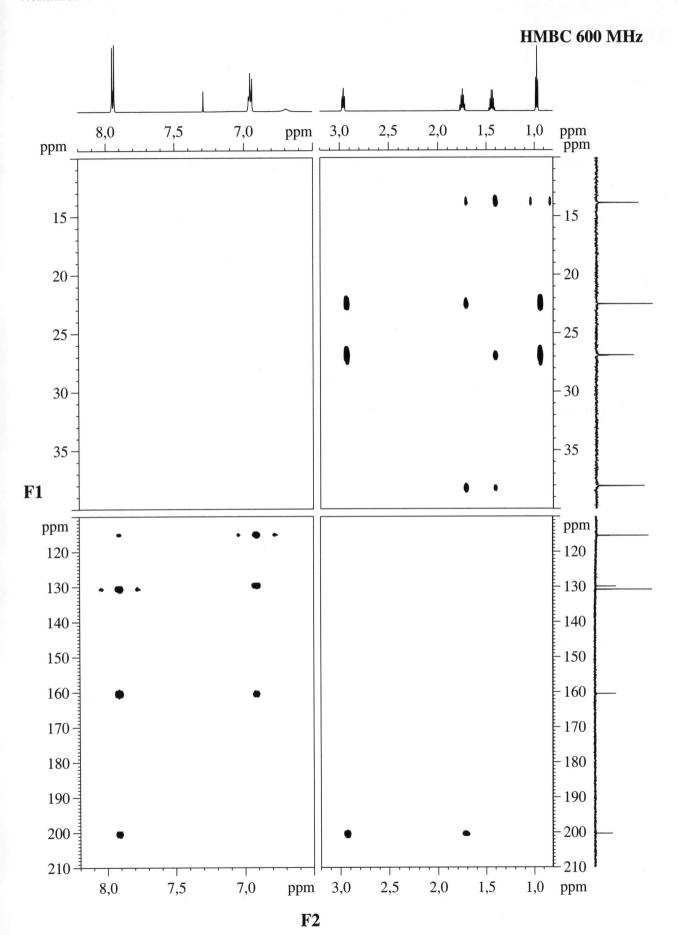

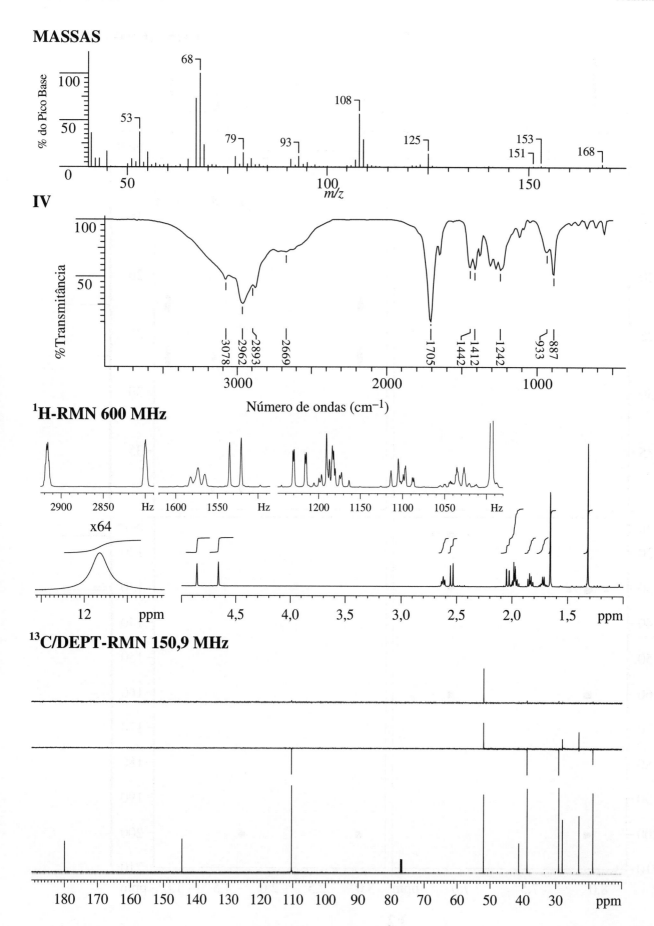

Problema 8.35B

PROBLEMAS PROPOSTOS 421

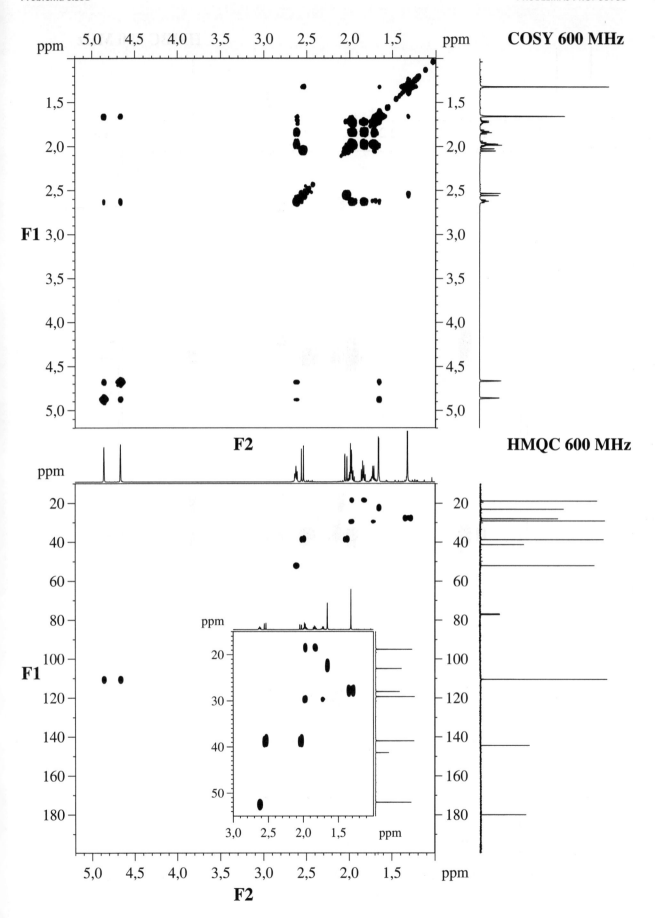

422 CAPÍTULO 8   Problema 8.35C

HMBC 600 MHz

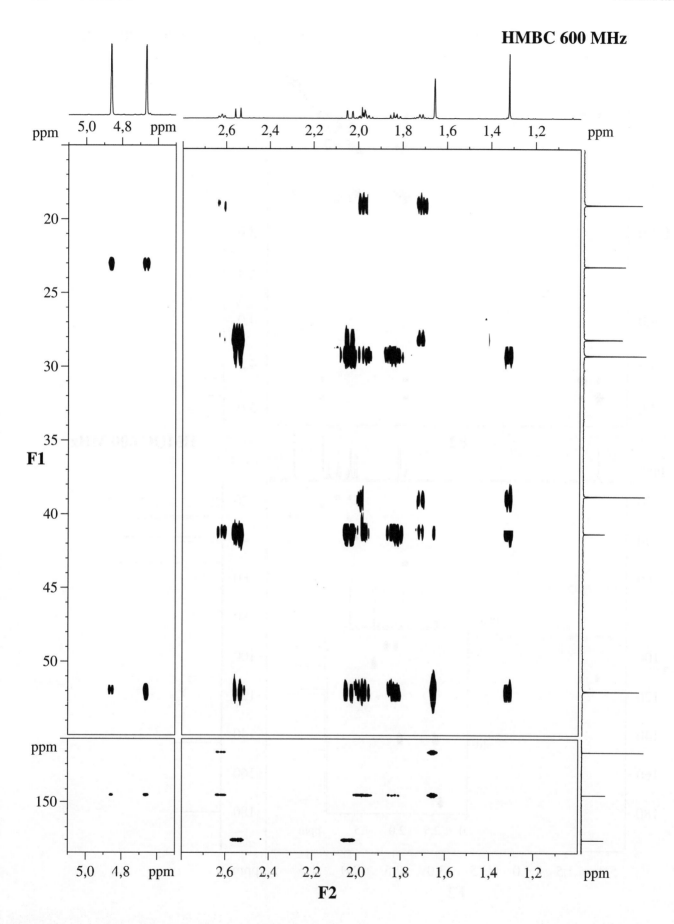

Problema 8.36A

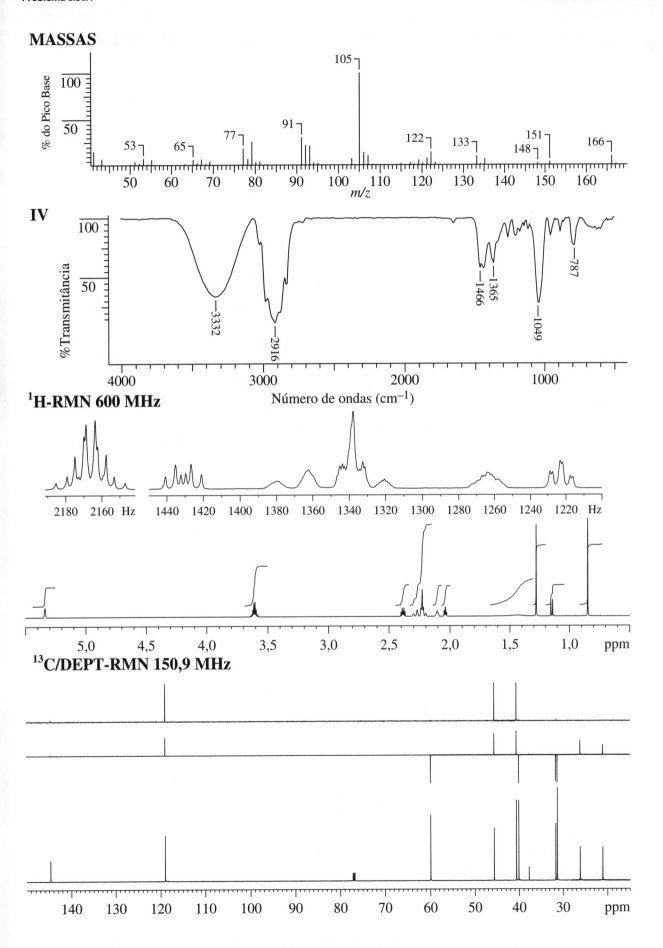

Problema 8.36B

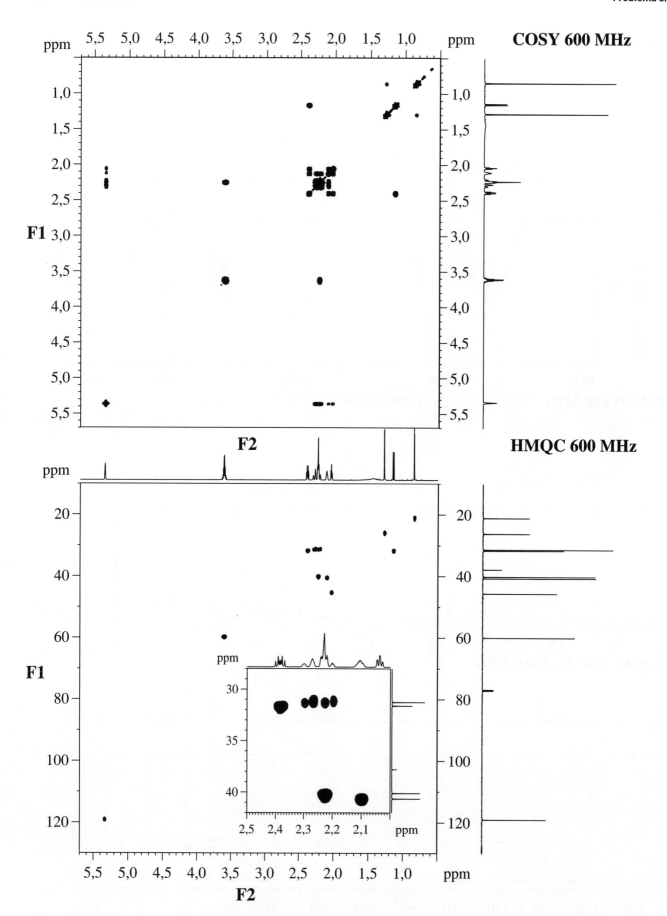

Problema 8.36C

INADEQUATE 150,9 MHz

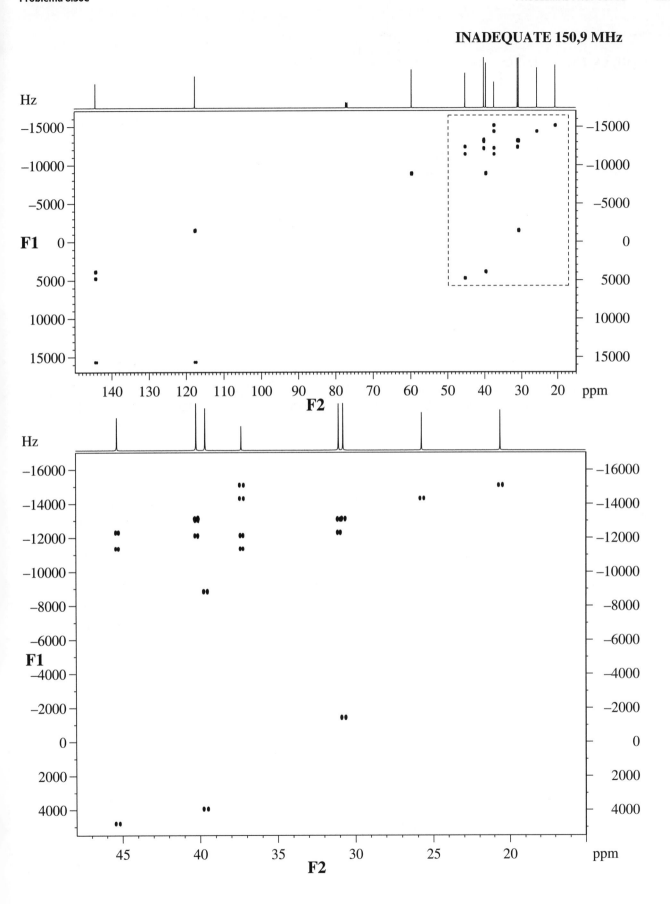

Problema 8.37A

MASSAS ES

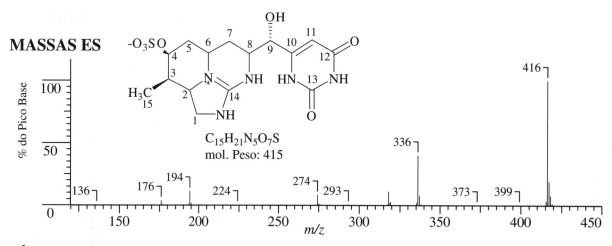

¹H-RMN 600 MHz em D₂O

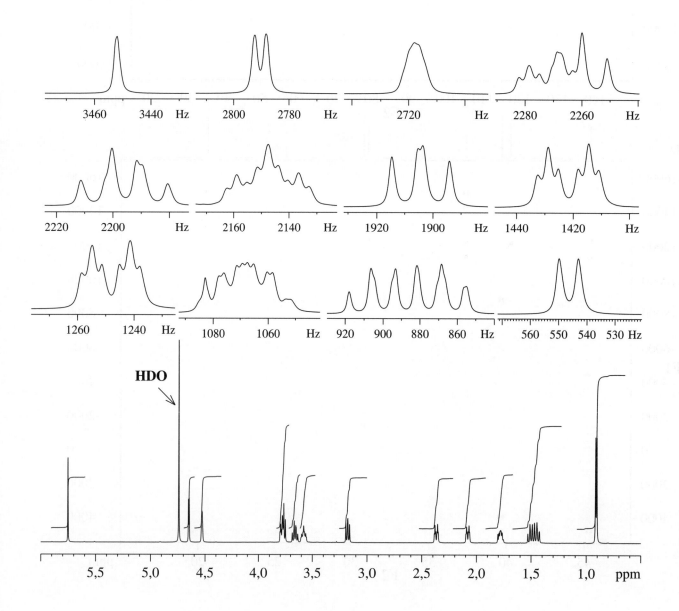

Problema 8.37B

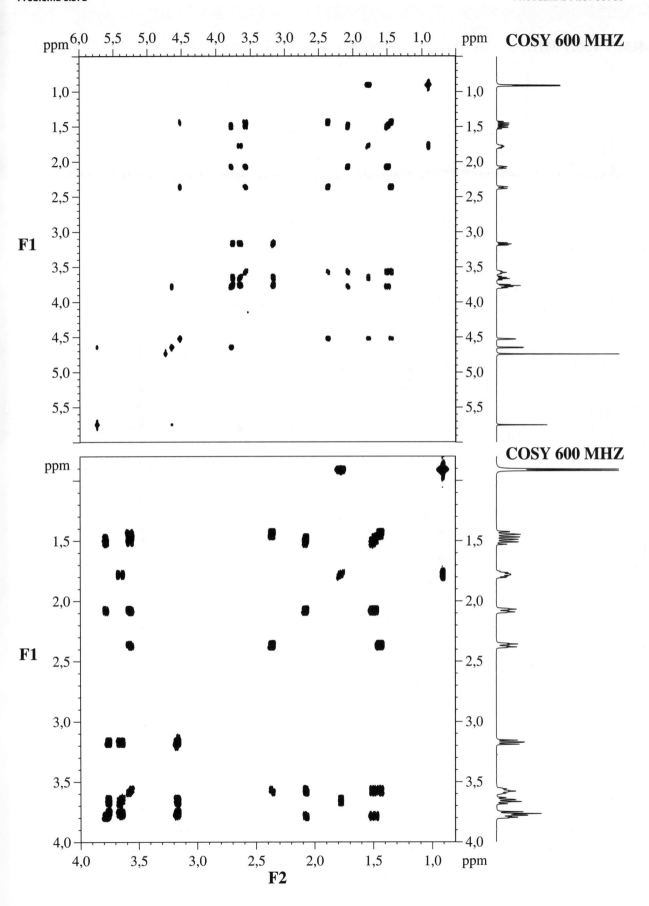

COSY 600 MHZ

COSY 600 MHZ

428 CAPÍTULO 8   Problema 8.37C

^{13}C-RMN 150,9 MHz

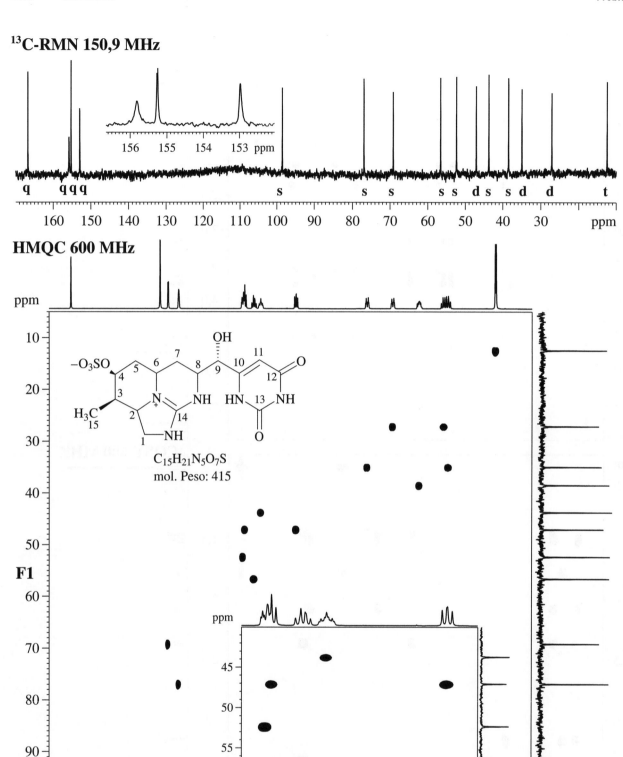

Problema 8.37D

HMBC 600 MHz

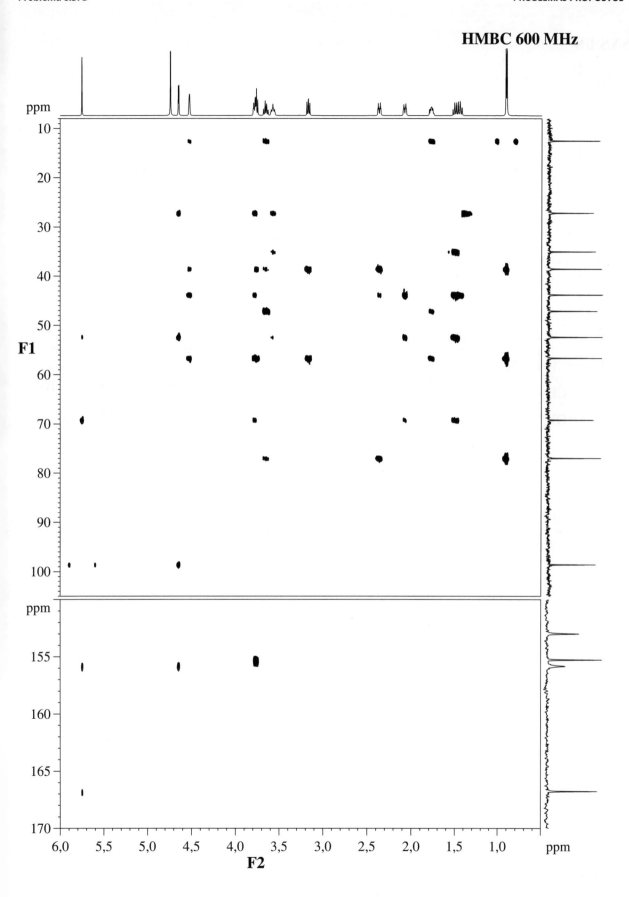

Problema 8.38A

MASSAS ES

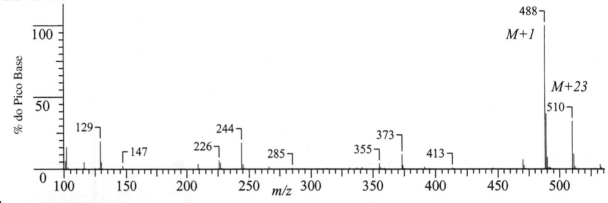

¹H-RMN 600 MHz
0°C em 5%/95% D₂O/H₂O

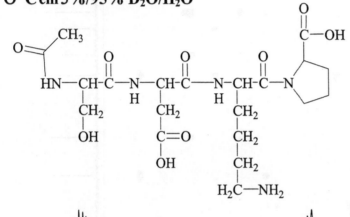
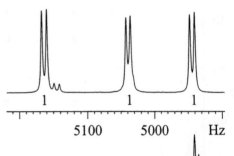
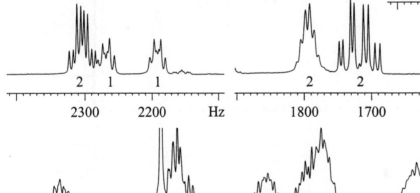
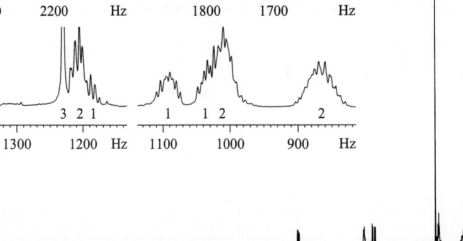
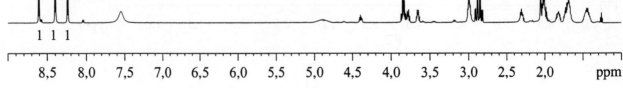

Problema 8.38B PROBLEMAS PROPOSTOS **431**

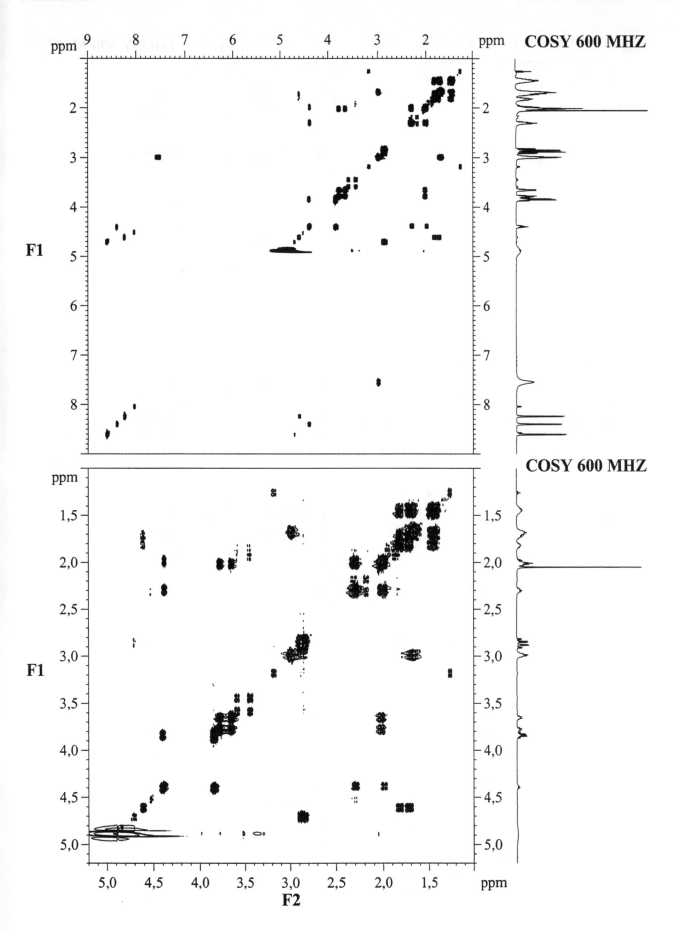

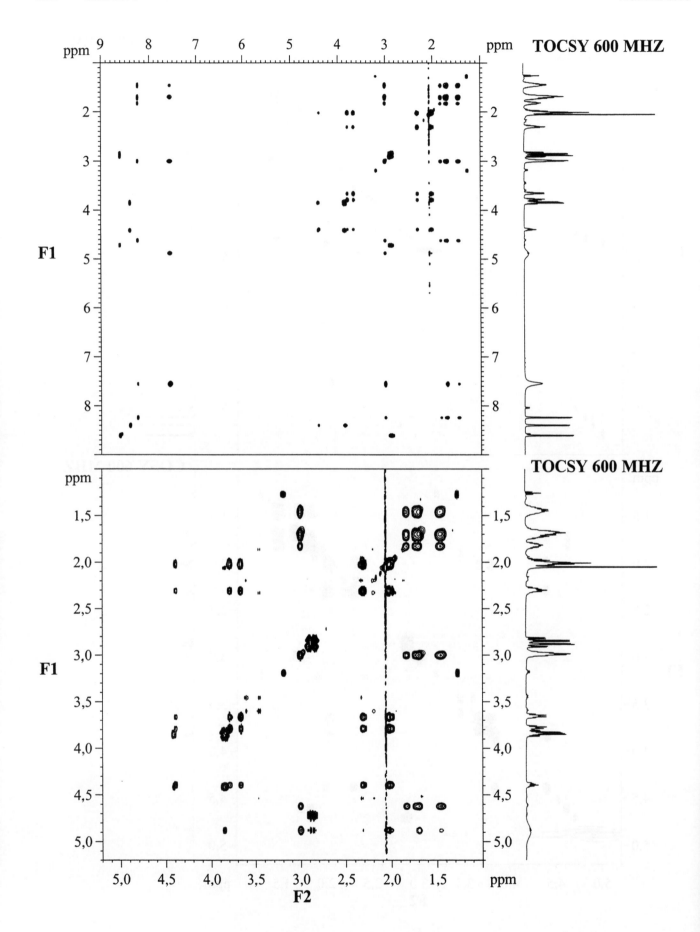

Problema 8.38D

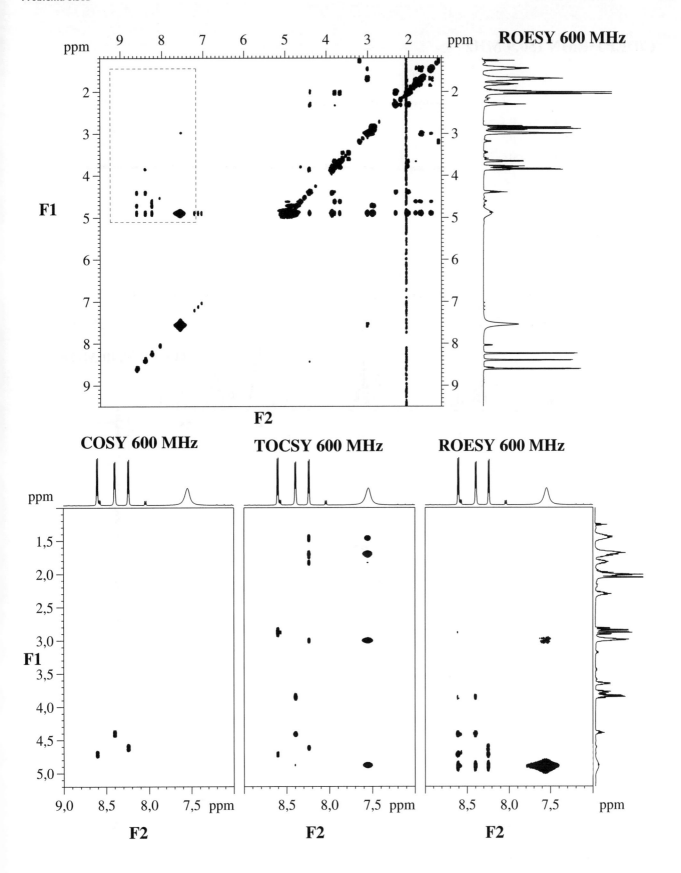

434 CAPÍTULO 8 Problema 8.38E

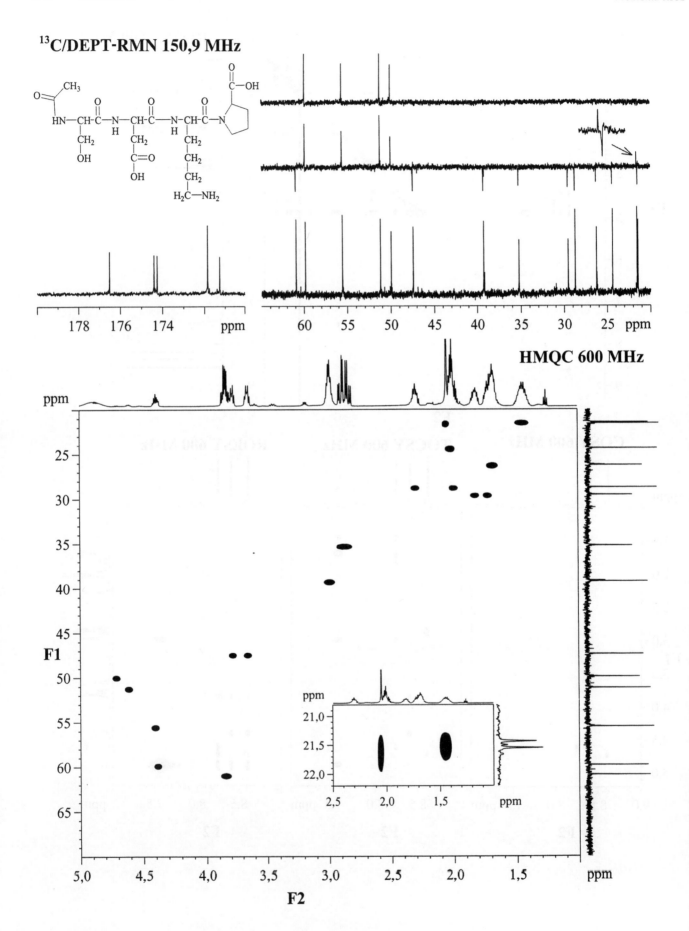

Problema 8.39A

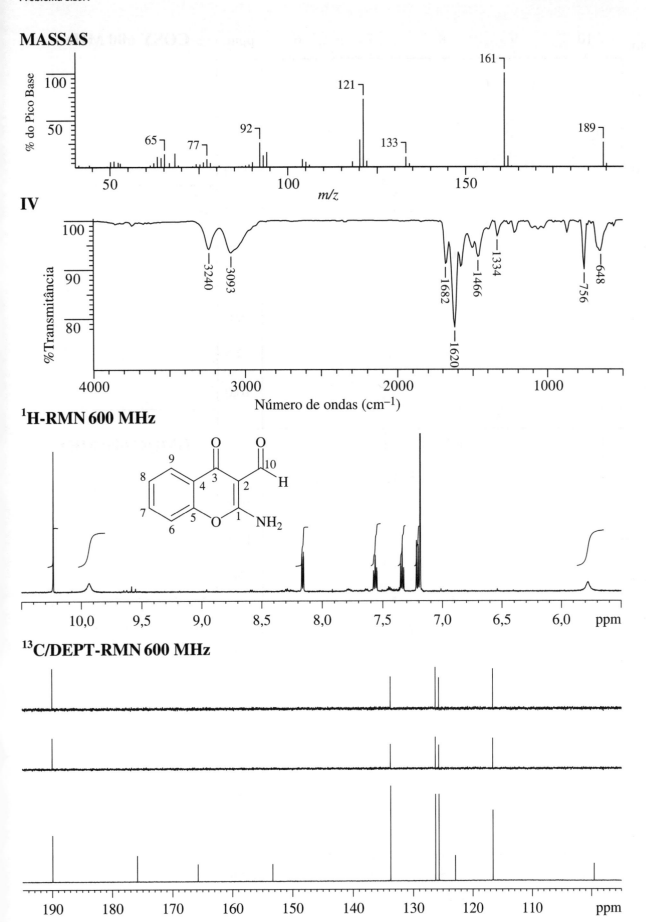

436 CAPÍTULO 8 — Problema 8.39B

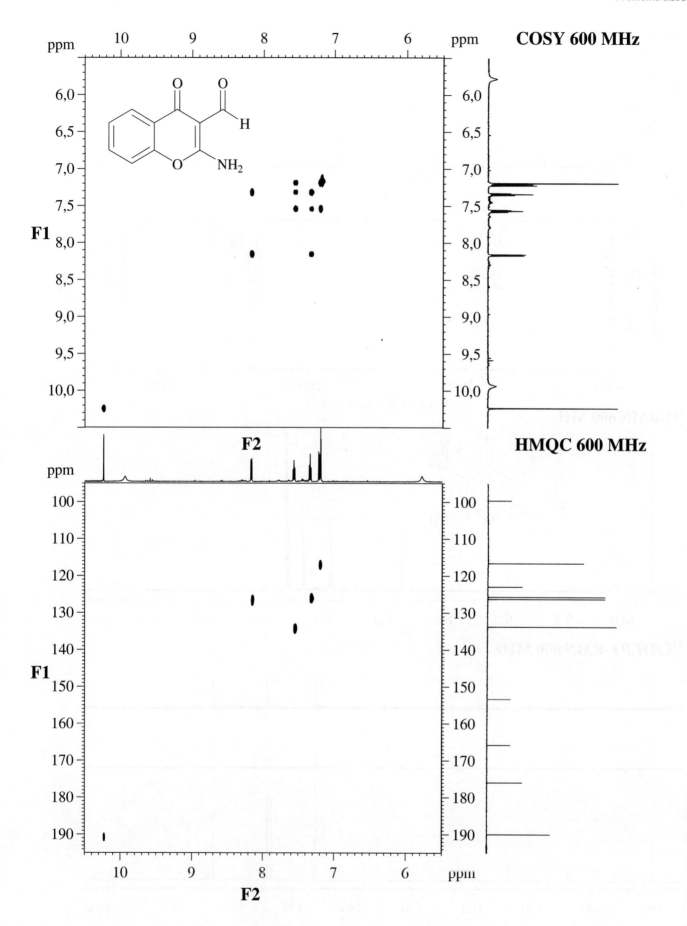

Problema 8.39C PROBLEMAS PROPOSTOS **437**

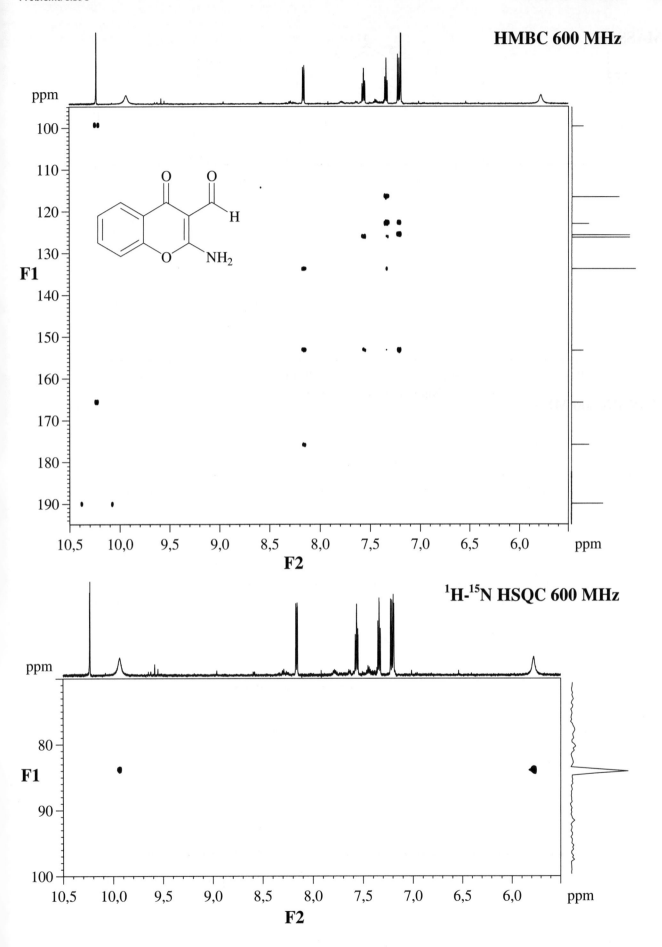

438 CAPÍTULO 8 Problema 8.40A

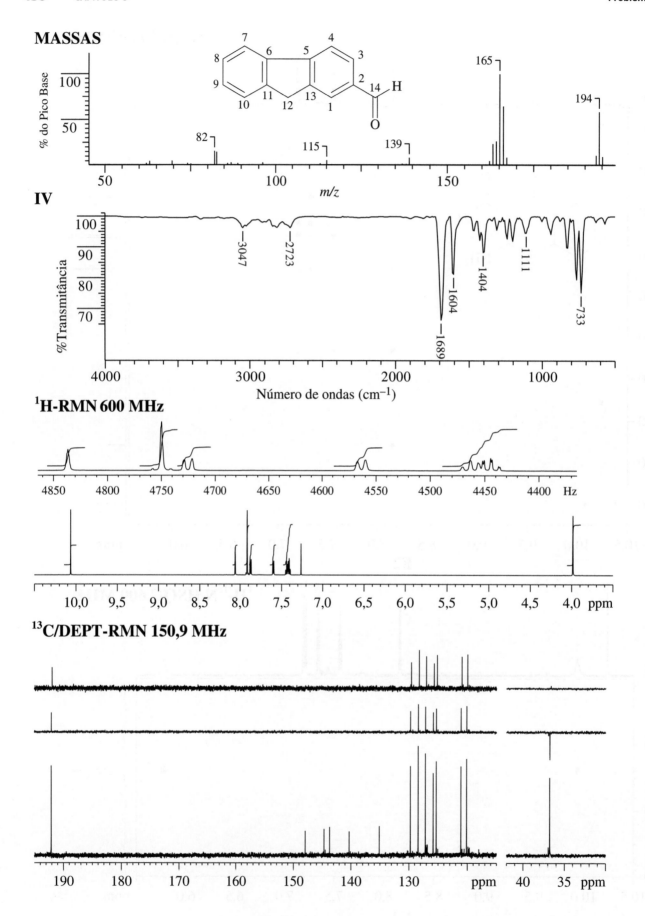

Problema 8.40B PROBLEMAS PROPOSTOS **439**

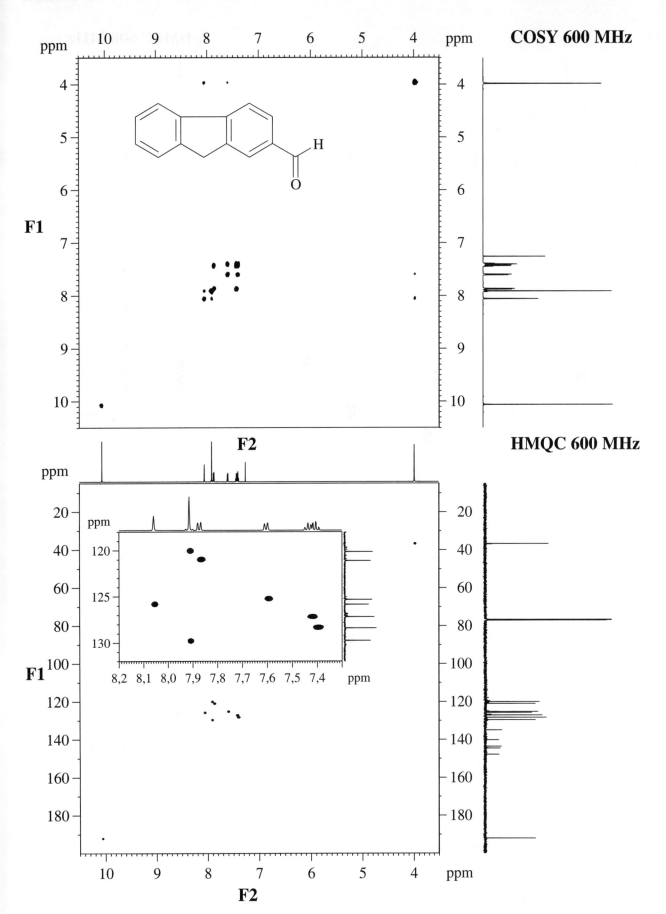

Problema 8.40C

HMBC 600 MHz

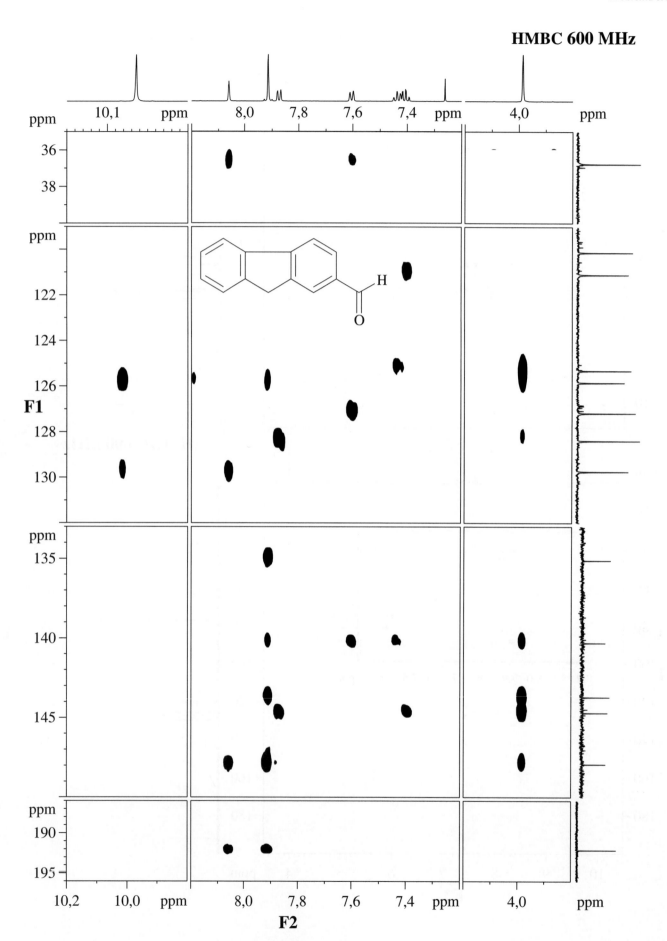

Problema 8.41A

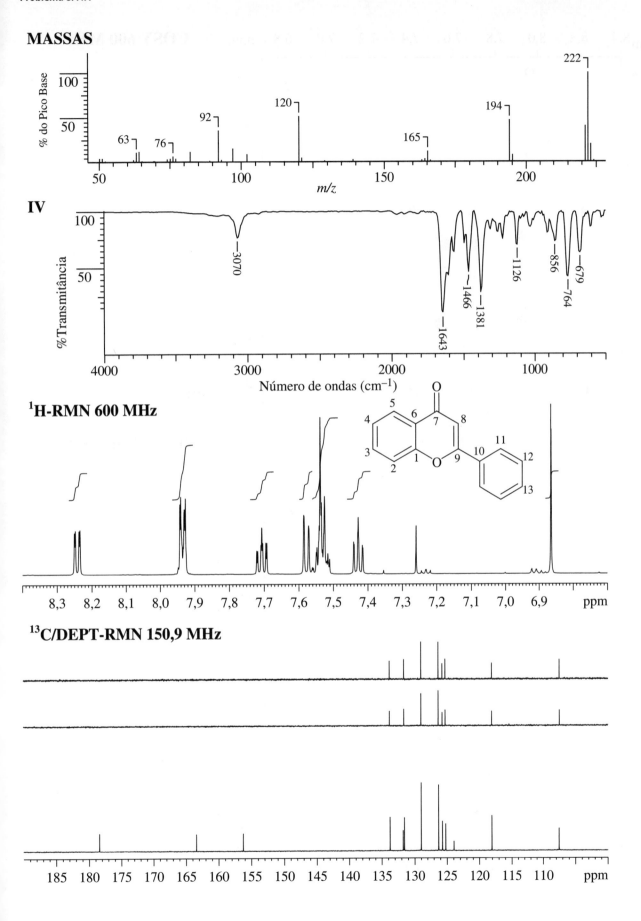

442 CAPÍTULO 8   Problema 8.41B

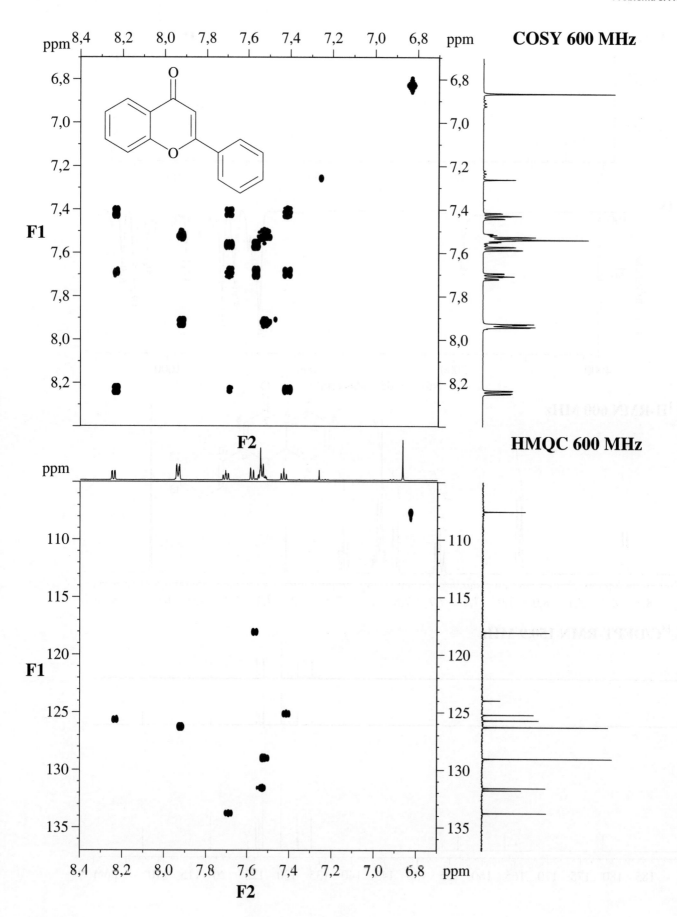

Problema 8.41C

HMBC 600 MHz

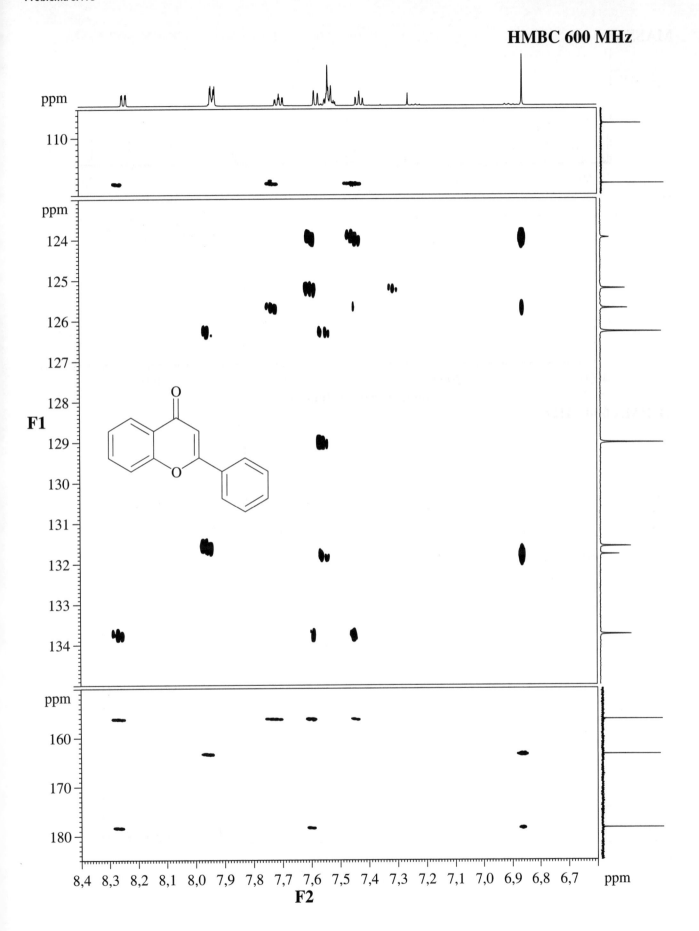

444 CAPÍTULO 8 Problema 8.42A

MASSAS

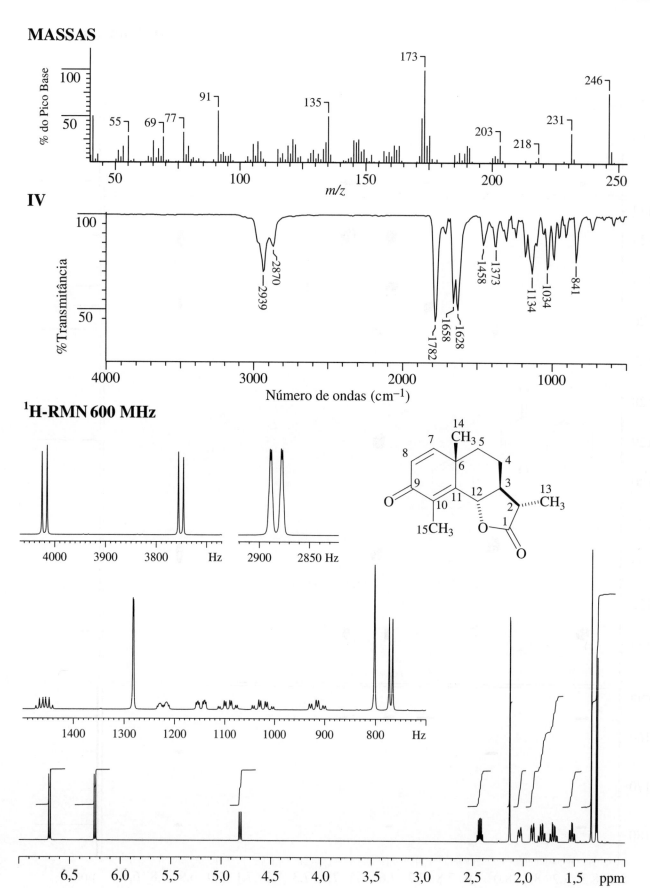

Problema 8.42B PROBLEMAS PROPOSTOS

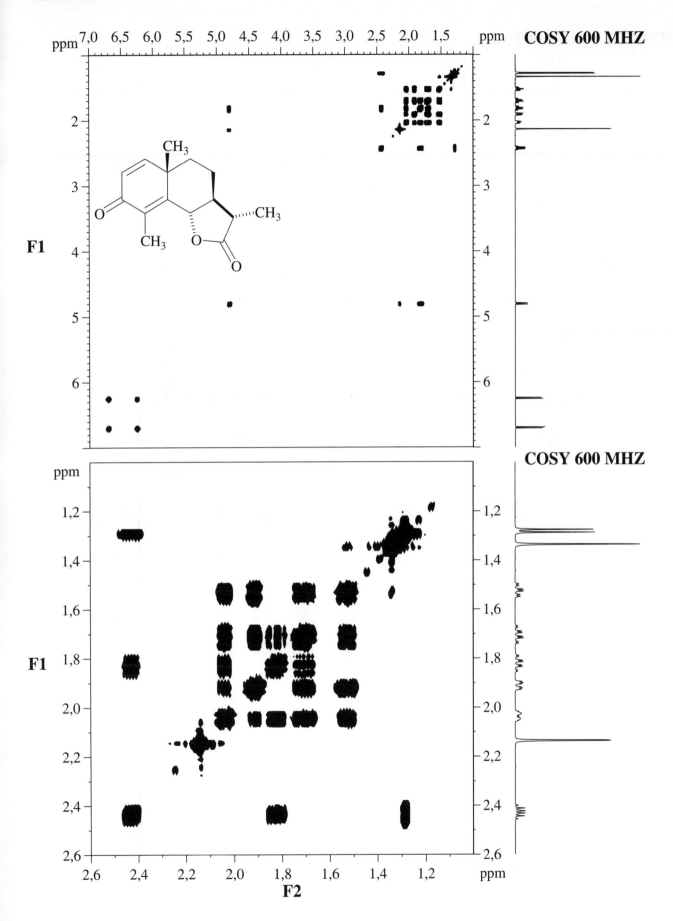

Problema 8.42C

^{13}C/DEPT-RMN 150,9 MHz

HMQC 600 MHz

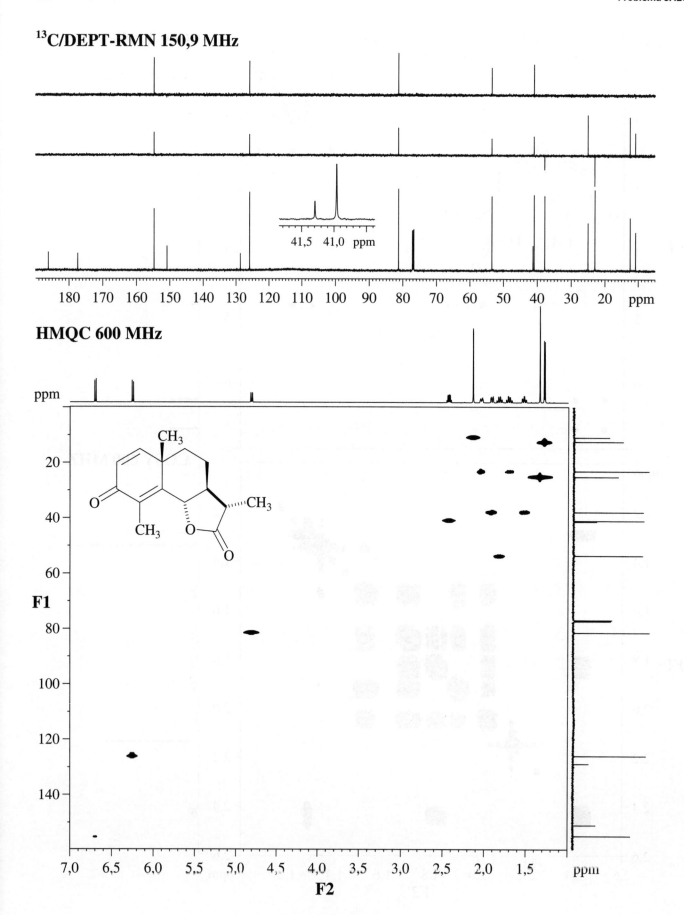

Problema 8.42D

PROBLEMAS PROPOSTOS **447**

HMBC 600 MHz

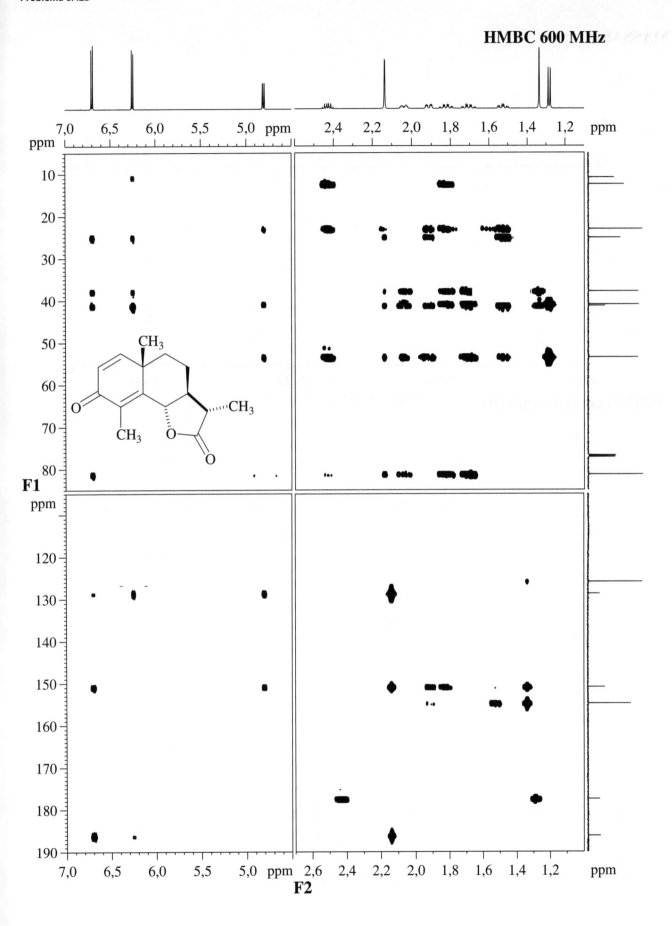

448 CAPÍTULO 8   Problema 8.43A

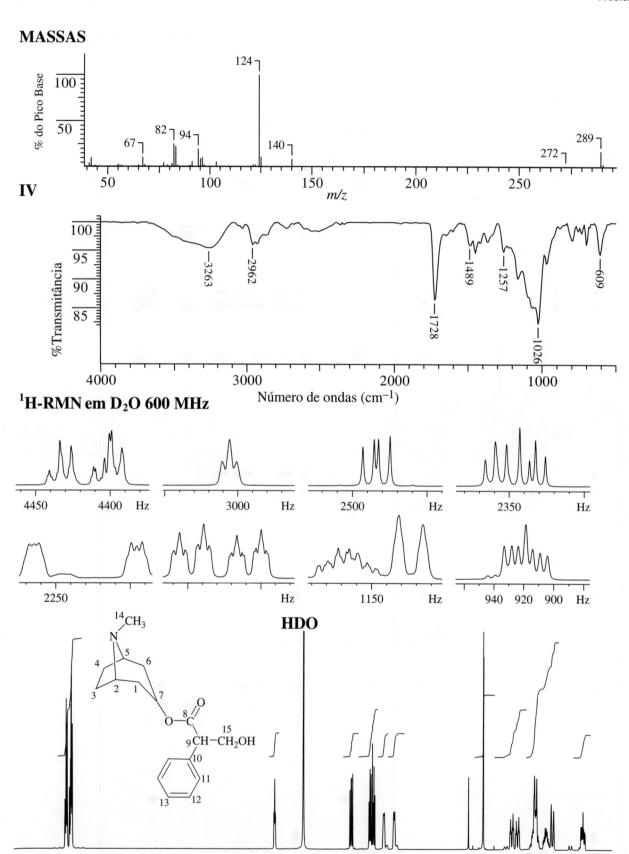

Problema 8.43B

PROBLEMAS PROPOSTOS **449**

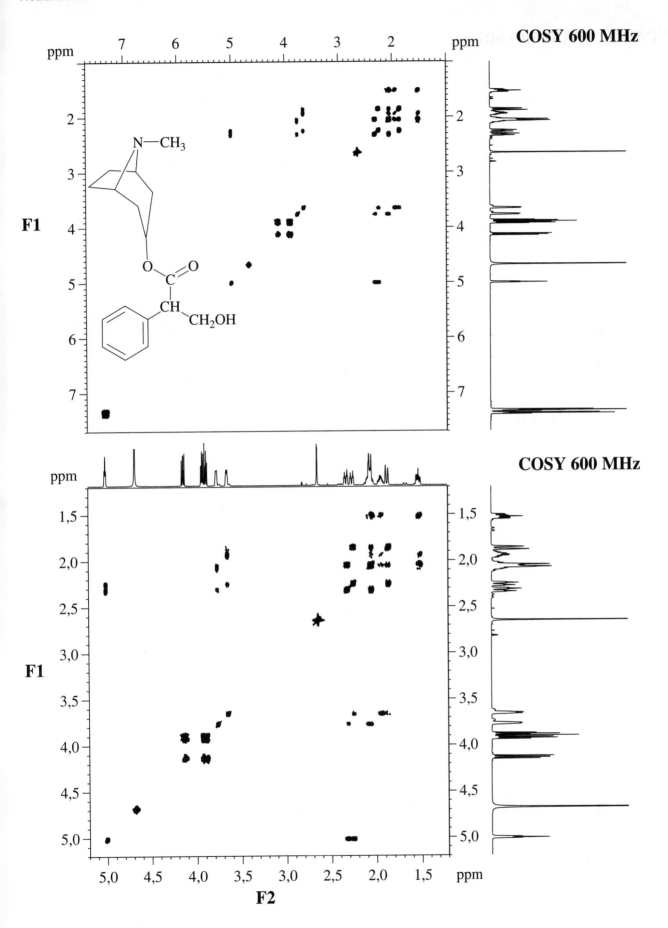

Problema 8.43C

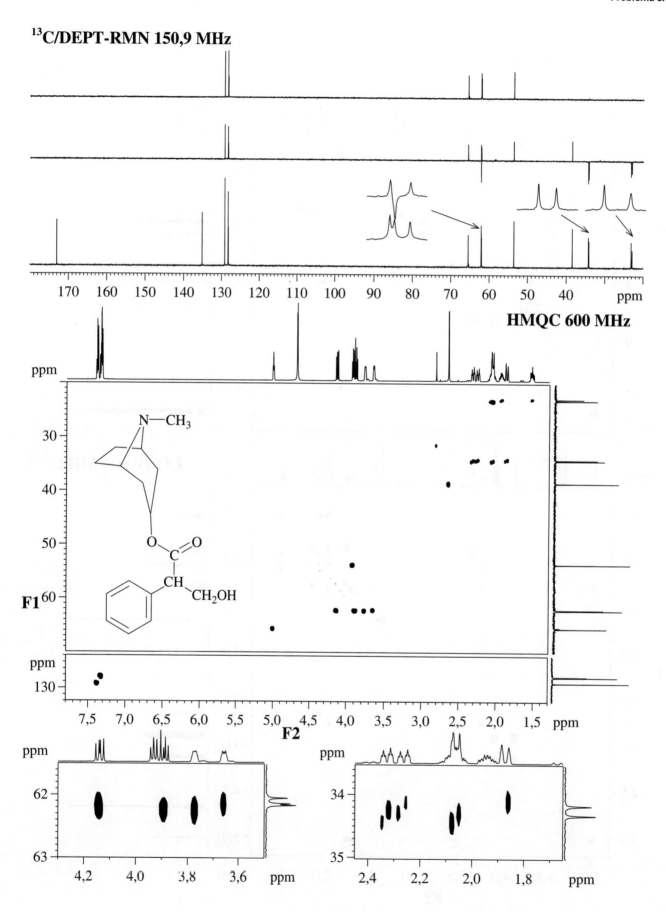

Problema 8.43D

PROBLEMAS PROPOSTOS 451

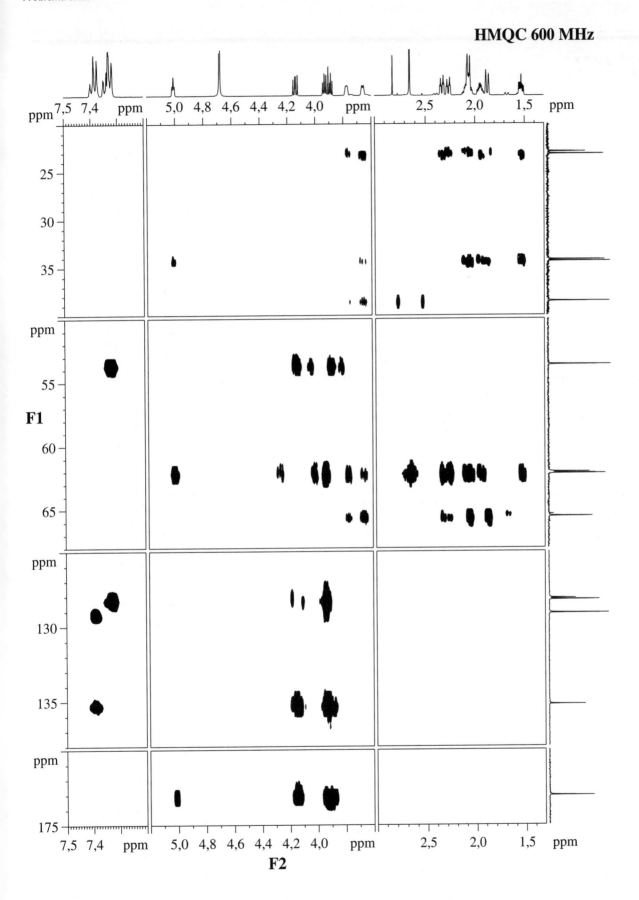

ÍNDICE

A

Absorbância, 71
Absorções características de grupos, 81
Absorvância, 71
Ácidos
    alifáticos, 28
    aromáticos, 29
    carboxílicos, 95
Acoplamento(s)
    cis, 151
    de hidrogênio com
        ^{13}C, 150
        ^{29}Si, 150
        ^{31}P, 150
        D(^{2}H), 149
    de longa distância, 137, 161
    geminal, 137, 159, 160
    H—C—N—H, 147
    hidrogênio–hidrogênio em
        CH$_3$CH$_2$Cl, 149
    meta, 161
    para, 161
    spin-spin, 169
        mútuo, 236
    trans, 151
    vicinal, 137, 155, 159, 160
    virtual, 156, 158
Alcanos
    normais (parafinas), 81
    ramificados, 82
Álcoois, 22, 88
Aldeídos, 94
    alifáticos, 28
    aromáticos, 28
Alquenos (olefinas), 20, 83
    cumulados, 84
Alquinos, 85
Alto campo e baixo campo, 133
Amidas, 99
    alifáticas, 32
    aromáticas, 32
Aminas, 100
    alifáticas, 31
    aromáticas (anilinas), 31
    cíclicas, 32
Aminoácidos, 102
Analisador(es)
    de massas, 7
    eletrostático (ESA), 9
Ângulo
    de Ernst, 232
    de ligação θ, 160
    diedro ϕ, 160
Anidridos de ácidos carboxílicos, 98
Ânion carboxilato, 96
Anisotropia diamagnética, 135, 136, 204
Anulenos, 135
Armadilha de íons, 10
Átomos de nitrogênio, 14

B

Blindagem diamagnética, 132
Bombardeio com átomos rápidos (FAB), 4
Brometos alifáticos, 36

C

Calços, 131
Campo mais baixo, 244
Centímetro inverso (cm^{-1}), 71
Centro de simetria, 84, 150
Cetonas, 92
    alifáticas, 25
    aromáticas, 26
    cíclicas, 26
Ciclagem de fases, 236, 240
Cicloalcanos, 83
Cicloalquenos, 84
Cloretos alifáticos, 36
Composto(s)
    de enxofre, 33
    de referência, 134
    halogenados, 35
    heteroaromáticos, 37
    hidroxilados, 22
    nitroalifáticos, 33
    nitroaromáticos, 33
Comprimento de onda, 71
Conectividades, 163, 239
Conformação W, 162
Constante(s)
    de acoplamento
        J, 138
        J_{AM} e J_{MX}, 156
        negativa, 141
        positiva, 141
    de blindagem, 133
Contornos, 236
Correlações, 239
    COSY, 244
    HMQC, 242
COrrelation SpectroscopY (COSY), 236
    ^{1}H—^{13}C, 236

D

Dalton (Da), 1
Decaimento livre induzido (FID), 12
Deformação
    angular, 72
    axial, 72
DEPT, 201
Desacoplamento
    com pulso composto (CPD), 191
    controlado, 232
    de ^{1}H, 191
    de hidrogênios com pulso controlado
        (*gated proton decoupling*), 196
    seletivo de spins, 162
Desblindagem, 135, 144, 303
Deslocamento químico, 132
Dessorção
    de campo (FD), 4
    /ionização a laser com matriz ou
        MALDI, 6
Detecção em quadratura, 236
Diamagnetismo, 133
Dimensão, 231, 232
Dipolo magnético, 126
Dissulfetos alifáticos, 35
Distribuição de Boltzmann, 127-129
Dubleto, 158

E

Efeito(s)
    de átomo pesado, 210
    efeito de corrente de anel, 135
    overhauser nuclear (NOE), 163
Eixo(s)
    de frequências, 232
    de simetria, 141
Eletronegatividade, 134
Eliminação de água, 22
Emulsões, 78, 91
Enantiômeros, 151
Enantiotópicos, 151, 152
Epóxidos, 91
Equivalência
    de deslocamento químico, 151, 200
    magnética, 153
Espectro(s)
    de RMN 2-D, 232
    HMQC, 255
    no domínio do tempo, 234
    por transformações de Fourier, 6
    Raman, 74
    simulados, 134
Espectrometria
    de massas, 1
        com transformações de Fourier
            (FT-IV), 12
        em sequência, 12
        por captura de íons, 10
        por tempo de voo, 11
    de ressonância magnética nuclear, 127
Espectrômetro
    de 300 MHz, 127
    de infravermelho por dispersão, 76
    de massas, 1
        com quadrupolo, 10
        com setores magnéticos, 8
        por nebulização
            com elétrons, 6
            térmica, 6

452

ÍNDICE **453**

de RMN com transformações de Fourier, 130
de tempo de voo (TOF-EM), 6
Éster(es), 96
   alifáticos, 29
   carboxílicos, 29
   de ácidos aromáticos, 30
   de benzila e de fenila, 30
Éter(es), 91
   alifáticos (e acetais), 24
   aromáticos, 25
Experimentos de espectros de RMN, 129-131
Explosão coulômbica, 7

F

Fenóis, 88
Fluoretos alifáticos, 36
Focalização dupla, 9
Fórmula molecular, 15
Fragmentação, 1, 3
Fragmentos iônicos, 1, 3

G

Gás reagente, 3
Grade de difração, 76
Grau(s)
   de insaturação, 15, 16
   de liberdade, 72
Grupamento hidroxila "livre", 89

H

Halogeneto(s)
   aromáticos, 37
   de acila, 98
   de benzila, 37
HETCOR (*HETeronuclear CORrelation* – Correlação Heteronuclear), 236, 239
Hidrocarbonetos aromáticos, 19
   e alquil-aromáticos, 21
   mononucleares, 85
   polinucleares, 86
HMBC (*Heteronuclear Multiple Bond Coherence* – Coerência Heteronuclear através de Muitas Ligações), 239, 242
HMQC (*Heteronuclear Multiple Quantum Correlation* – Correlação Heteronuclear Múltiplo-Quântica), 240
   -TOCSY, 258
HOHAHA (*Homonuclear Hartmann-Hahn*), 258
Homopolímero, 86
Homotópico, 151

I

Ímã supercondutor, 130
Impacto de elétrons, 1, 3
INADEQUATE (*Incredible Natural Abundance DoublE QUAntum Transfer Experiment* – Incrível Experimento de Transferência Duplo-Quântica com Abundância Natural), 250, 252
Índice de deficiência de hidrogênios, 15, 324
Instrumentação, 129

Intensificação
   NOE, 205
   sem distorções por transferência de polarização (DEPT), 202
Interações de acoplamento, 74
Interconversão
   cetoenol, 151
   em torno das ligações simples de anéis, 152
   em torno de ligações simples de cadeias, 152
   em torno de uma ligação dupla parcial (rotação restrita), 151
Interferograma, 12, 76
Interferômetro, 76
Iodetos alifáticos, 36
Íon(s)
   filhos, 12
   molecular
     com alta resolução, 15
     $M^{\bullet+}$, 1
   principal, 12
   quasimoleculares, 3, 18
Ionização
   à pressão atmosférica (API), 6, 10
   por dessorção
     com plasma, 5
     de campo (FD), 4
   por impacto de elétrons (EI), 3
   química (CI), 3

L

Lactamas, 99
Lactonas, 31, 96
Lei de Hooke, 72
Ligações hidrogênio, 75

M

Magnetização
   com spin travado, 255
   resultante (M_0), 128
MALDI, 2, 6, 12
Massa(s)
   dos fragmentos, 15
   exatas, 9
Medida
   acurada da massa, 2
   de RMN em solução, 131
Mercaptans alifáticos (tióis), 33
Método
   da IUPAC, 299
   da separação dos íons, 1
   de impacto de elétrons (EI), 2, 3
   de ionização, 1, 3
     em fase gás, 3
     por desserção, 4
       de campo (FD), 4
     por evaporação, 6
     de nebulização térmica, 6
   DRIFTS, 78
   FAB, 5
Micrômetros, 71
Mícron, 71
Modulado em função de t_1, 235
Momento angular do spin nuclear, 126
Multiplicidade, 139, 141, 193

N

Nitratos alifáticos, 33
Nitrilas, 103
   alifáticas, 32
Nitritos alifáticos, 33
Nitrocompostos, 33
NOE (efeito overhauser nuclear), 163
NOESY (espectroscopia com o efeito overhauser nuclear), 260
Notação de Pople, 141
Número
   de graus (ou sítios) de instauração, 15
   de ondas, 71
   de spins, 126

O

Onda(s)
   contínua, 127
   evanescentes, 78
   permanentes, 78

P

Paramagnetismo, 133
Pastilha (disco prensado), 78
Período
   de evolução, 233
   de mistura, 255
Peróxidos, 91
Pico(s)
   base, 1
   de isótopos, 14
   fora da diagonal ou picos cruzados, 235
   satélites ^{13}C, 244
Plano de simetria, 150
Polímeros, 86
Projeções de Newman, 152

Q

Quiralidade, 159

R

Radiofrequência, 127
Razão
   ^{13}C/^{12}C, 15
   magnetogírica, 127
   massa/carga, 1
Rearranjo(s), 18
   aleatórios, 19
   de McLafferty, 18
Refletância difusa, 78
Região dos grupos funcionais, 79
Regra do nitrogênio, 13
Relaxação, 129
   cruzada, 163
   longitudinal, 129, 193
   spin
     -rede, 193
     -spin, 129
   transversa, 129

Repulsão eletrostática, 7
Resolução unitária, 2, 9, 12, 15
Ressonância, 127
    de Fermi, 75
    de íons com cíclotron, 12
    dupla, 162
    magnética nuclear (RMN), 126
ROESY, 260, 268
Rotâmero, 152
    anti, 152
    vici, 153

S

Sal(is)
    de aminoácidos, 102
    de amônio, 101
Satélites ^{13}C, 150, 242, 244

Separação de íons, 1, 2
Sequência de pulsos, 192, 196, 200, 203, 232, 240
Sinal da hidroxila, 144
Sistemas
    de ordem superior, 141
    de spins, 137, 150
        de primeira ordem, 140
Solventes deuterados, 131
Spin
    nuclear, 126
    travado, 255
Sulfetos alifáticos, 34

T

Técnicas de uma dimensão, 231
Tempo de voo (TOF), 5

TOCSY – *TOtally Correlation SpectroscopY* (espectroscopia totalmente correlacionada), 255
    1-D, 258, 259
    2-D, 258, 264
Transferência de coerência, 260
Transformações de Fourier, 12, 76, 129
Transmitância, 71
Triângulo de Pascal, 139, 143, 154, 198
Triplo quadrupolo, 11

V

Vantagem de Felgett, 77
Vetor magnético resultante, 128
Vibração molecular, 71, 72

Z

Zwitteríon, 102

Pré-impressão, impressão e acabamento

grafica@editorasantuario.com.br
www.graficasantuario.com.br
Aparecida-SP